4.7 玫瑰花开

4.8 水墨过渡效果

5.1.1 打字效果

5.2.1 烟飘文字

5.3.1 手写字

5.4 飞舞数字流

5.5 运动模糊文字

5.6 中秋宣传海报

6.2.1 精彩闪白

6.3.1 水墨效果

6.3.5 修复逆光的照片

6.4.1 动感模糊文字

6.4.4 透视光芒

6.5.1 四射的光芒

6.6.1 降噪

6.7.1 汽泡

6.8.1 水波文字

6.9 颜色替换

6.10 单色保留

6.11 随机线条

6.12 火烧效果

7.1.1 单点跟踪

7.1.3 四点跟踪

7.2.1 放大镜效果

7.3 跟踪汽车运动

7.4 美丽的蝴蝶

8.1.1 抠像

8.2.1 复杂抠像

8.3 抠像效果

8.4 外挂抠像

9.1.1 为新闻栏目添加背景音乐

9.2.1 为公共频道添加特效音乐

9.3 为都市前沿添加背景音乐

9.4 为动画片头添加声音特效

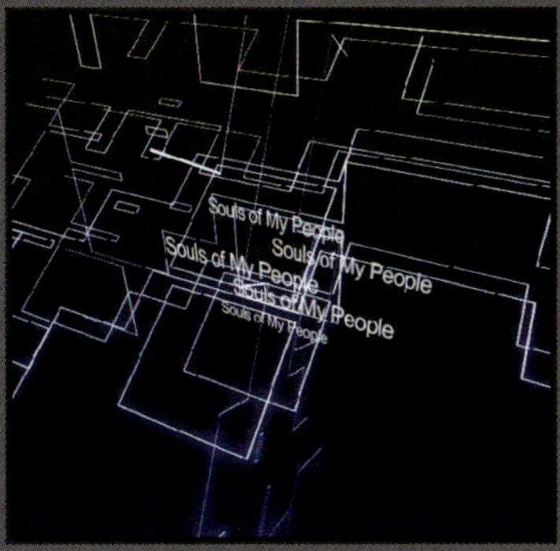

10.1.1 三维空间

10.2.1 彩色光芒效果

10.3 另类光束

10.4 冲击波

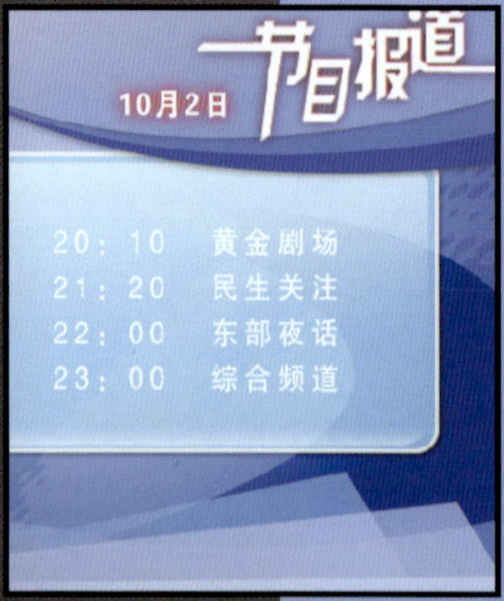

12.1 制作电视节目报道

12.2 作传统节目片头

12.3 制作楼房节目宣传片

12.4 制作科技在线片头

12.5 制作公益系列宣传片

After Effects影视后期制作标准教程（CS4版）

21世纪高等院校数字艺术类规划教材

AE

金日龙　编著

人民邮电出版社
北京

图书在版编目（CIP）数据

After Effects 影视后期制作标准教程 : CS4版 / 金日龙编著. -- 北京 : 人民邮电出版社, 2011.12（2017.1 重印）
21世纪高等院校数字艺术类规划教材
ISBN 978-7-115-26365-0

Ⅰ. ①A… Ⅱ. ①金… Ⅲ. ①图象处理软件，After Effects CS4－高等学校－教材 Ⅳ. ①TP391.41

中国版本图书馆CIP数据核字(2011)第207858号

内容提要

本书全面系统地介绍 After Effects 的基本操作方法和影视后期制作技巧，内容包括 After Effects 入门知识、图层的应用、制作蒙版动画、应用时间轴制作特效、创建文字和 Paint 绘图、应用滤镜制作特效、跟踪与表达式、抠像、添加声音特效、制作三维合成特效、渲染与输出及综合实训案例等。

本书内容的介绍均以课堂案例为主线，通过实际操作各案例，学生可以快速熟悉软件功能和影视后期设计思路。书中的软件功能解析部分使学生能够深入学习软件功能和影视后期制作技巧。课堂练习和课后习题，可以拓展学生的实际应用能力，提高学生的软件使用技巧。

本书适合作为本科院校数字媒体艺术类专业 After Effects 课程的教材，也可作为 After Effects 自学人员的参考用书。

21 世纪高等院校数字艺术类规划教材

After Effects 影视后期制作标准教程（CS4 版）

◆ 编　著　金日龙
　责任编辑　李海涛
◆ 人民邮电出版社出版发行　　北京市丰台区成寿寺路 11 号
　邮编　100164　　电子邮件　315@ptpress.com.cn
　网址　http://www.ptpress.com.cn
　北京隆昌伟业印刷有限公司印刷
◆ 开本：787×1092　1/16　　彩插：2
　印张：20　　2011 年 12 月第 1 版
　字数：578 千字　　2017 年 1 月北京第 11 次印刷

ISBN 978-7-115-26365-0

定价：48.00 元（附光盘）

读者服务热线：(010) 81055256　印装质量热线：(010) 81055316

反盗版热线：(010) 81055315

广告经营许可证：京东工商广字第 8052 号

前言

After Effects 是由 Adobe 公司开发的影视后期制作软件。它功能强大、易学易用，深受广大影视制作爱好者和影视后期设计师的喜爱，已经成为这一领域最流行的软件之一。目前，我国很多本科院校的数字媒体艺术类专业，都将 After Effects 作为一门重要的专业课程。为了帮助本科院校的教师全面、系统地讲授这门课程，使学生能够熟练地使用 After Effects 来进行影视后期制作，我们几位长期从事 After Effects 教学的教师和专业影视制作公司经验丰富的设计师合作，共同编写了本书。

本书具有完善的知识结构体系，精心设计了课堂案例，力求通过课堂案例演练，使学生快速掌握软件的应用技巧；通过对软件基础知识的讲解，使学生深入学习软件功能；在学习了基础知识和基本操作后，通过课后习题实践，拓展学生的实际应用能力。在本书的最后一章，精心安排了专业设计公司的几个精彩实例，力求通过这些实例的制作，使学生提高影视后期制作能力。本书在内容编写方面，力求细致全面、重点突出；在文字叙述方面，注意言简意赅、通俗易懂；在案例选取方面，强调案例的针对性和实用性。

本书配套光盘中包含了书中所有案例的素材及效果文件。另外，为方便教师教学，本书配备了详尽的课堂练习和课后习题的操作步骤以及 PPT 课件、教学大纲等丰富的教学资源，任课教师可登录人民邮电出版社教学服务与资源网（www.ptpedu.com.cn）免费下载使用。本书的参考学时为 56 学时，其中实践环节为 21 学时，各章的参考学时可以参见下面的学时分配表。

章　节	课程内容	学时分配	
		讲　授	实　训
第 1 章	After Effects 入门知识	1	
第 2 章	图层的应用	3	2
第 3 章	制作蒙版动画	3	2
第 4 章	应用时间轴制作特效	3	2
第 5 章	创建文字和 Paint 绘图	3	2
第 6 章	应用滤镜制作特效	4	2
第 7 章	跟踪与表达式	2	2
第 8 章	抠像	3	2
第 9 章	添加声音特效	3	2
第 10 章	制作三维合成特效	3	2
第 11 章	渲染与输出	2	
第 12 章	综合实训案例	5	3
课时总计		35	21

本书由金日龙编著，参与本书编写工作的还有周建国、吕娜、王世宏、陈东生、张萧、周亚宁、葛润平、张敏娜、张文达、孟庆岩、张旭、张丽丽、郝洁、闫宇、刘遥、于淼、程磊、张洁等。

由于编者水平有限，加之时间仓促，书中难免存在错误和不妥之处，敬请广大读者批评指正。

编者

2011 年 8 月

After Effects 影视后期制作标准教程（CS4 版）

目录

第1章 After Effects 入门知识

本章对 After Effects CS4 的工作界面、文件的基础知识、文件格式、视频输出和视频参数设置进行详细讲解。读者通过对本章的学习，可以快速了解并掌握 After Effects 的入门知识，为后面的学习打下坚实的基础。

【教学目标】

- After Effects CS4 的工作界面。
- 软件相关的基础知识。
- 文件格式以及视频的输出。

1.1 After Effects 的工作界面

After Effects 允许用户定制工作区的布局，用户可以根据工作的需要移动和重新组合工作区中的工具箱和面板，下面将详细介绍常用工作面板。

1.1.1 菜单栏

菜单栏几乎是所有软件都有的重要界面要素之一，它包含了软件全部功能的命令操作。After Effects CS4 提供了 9 项菜单，分别为 File（文件）、Edit（编辑）、Composition（合成）、Layer（层）、Effect（效果）、Animation（动画）、View（视图）、Window（窗口）、Help（帮助），如图 1-1 所示。

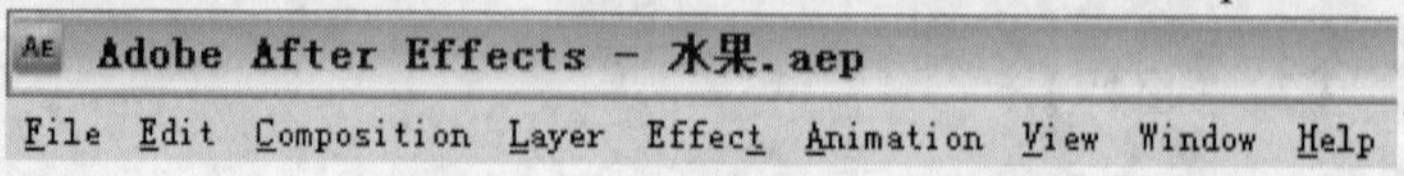

图 1-1

1.1.2 项目面板

导入 After Effects CS4 中的所有文件、创建的所有合成文件、图层等，都可以在项目面板中找到，并可以清楚地看到每个文件的类型、尺寸、时间长短、文件路径等。当选中某一个文件时，可以在项目面板的上部查看对应的缩略图和属性，如图 1-2 所示。

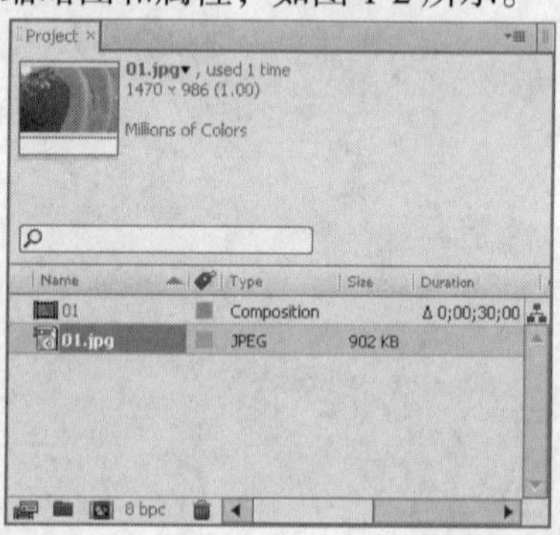

图 1-2

1.1.3 工具面板

工具面板中包括了经常使用的工具，有些工具按钮不是单独的按钮，在其右下角有三角标记的都含有多重工具选项，如在“轨道摄像机工具”上按住鼠标不放，即会展开新的按钮选项，拖动鼠标可进行选择。

工具栏中的工具分为常用工具、绘图工具和坐标模式工具，如图 1-3 所示。

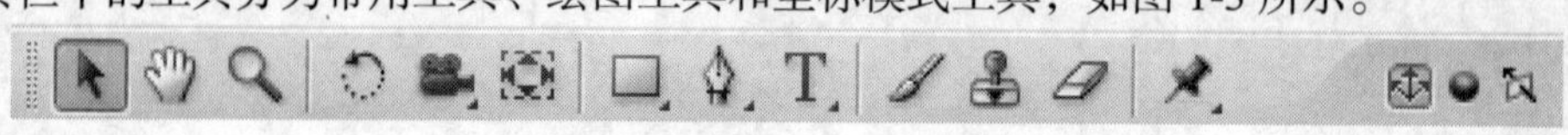

图 1-3

常用工具包括选择移动工具、抓手工具、缩放工具、旋转工具、轨道摄像机工具、平移拖后工具。

绘图工具包括遮罩工具、钢笔工具、文字工具、笔刷工具、复制图章工具、橡皮工具。

坐标模式包括当前坐标系、世界坐标系、视图坐标系。

1.1.4 合成预览窗口

合成窗口（Composition）可直接显示出素材组合特效处理后的合成画面。该窗口不仅具有预览功能，还具有控制、操作、管理素材、缩放窗口比例、当前时间、分辨率、图层线框、3D 视图模式、标尺等操作功能，是 After Effects CS4 中非常重要的工作窗口，如图 1-4 所示。

图 1-4

1.1.5 时间轴面板

时间轴面板包括播放、逐帧播放、倒放、声音开关、内存预览等按钮和一些选项设置，如图 1-5 所示。

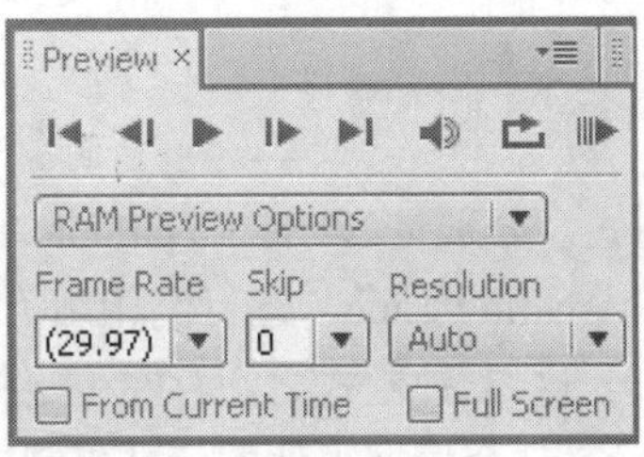

图 1-5

1.2 软件相关的基础知识

在常见的影视制作中，素材的输入和输出格式设置的不统一，视频标准的多样化，都会导致视频产生变形、抖动等错误，还会出现视频分辨率和像素比的标准问题。这些都是在制作前需要了解清楚的。

1.2.1 模拟化与数字化

传统的模拟录像机被用来把实际生活中看到、听到的东西录制为模拟格式。如果是用模拟摄像机或者其他模拟设备（使用录像带）进行制作，还需要将模拟视频数字化的捕获设备。

一般计算机中安装的视频捕获卡就是起这种作用的。模拟视频捕获卡有很多种，它们之间的区别表现在可以数字化的视频信号的类型和被数字化视频的品质等。

Premiere 或者其他软件都有可以用来进行数字化制作。一旦视频数字化以后，就可以使用 Premiere、After Effects 或者其他软件在计算机中进行编辑了。编辑结束以后，为了方便使用，也可以再次通过视频进行输出。输出时可以使用 Web 数字格式，或者 VHS、Bata SP 这样的模拟格式。

在科技飞速发展的今天，数码摄像机的使用越来越普及，价格也日趋稳定。因为数码摄像机是把录制方式保存为数字格式，所以可以直接把数字信息载入到计算机中进行制作。普及最广的数码摄像机使用的是称作 DV 的数字格式。

将 DV 传送到计算机上要比传送模拟视频更加简单。因为计算机和数据的通路最常见的连接方式就是使用这种格式进行传输。这种方法是最普遍、最经济、最常用的。

1.2.2 逐行扫描与隔行扫描

扫描是指显像管中电子枪发射出的电子束扫描电视或计算机屏幕的过程。在扫描的过程中电子束从左向右、从上到下扫描画面。对于 PAL 制作信号来说，采用每帧 625 行扫描；对于 NTSC 制信号来说，采用每帧 525 行扫描。画面扫描分为逐行扫描和隔行扫描两种方式。

逐行扫描是每一行按顺序进行扫描，一次扫描显示一帧完整的画面，属于非交错场。逐行扫描更适合在高分辨率下使用，同时对显示器的扫描频率和视频率的带宽也提出了较高的要求。扫描频率越高，刷新速度越快，显示效果就越稳定，如电影胶片、大屏幕彩显都采用逐行扫描方式。

隔行扫描是先扫描奇数行，再扫描偶数行，两次扫描后形成一帧完整的画面，属于交错场。在对隔行扫描的视频做移动、缩放、旋转等操作的时候，会产生画面抖动、运动不平滑等现象，画面质量会降低。

1.2.3 播放制式

目前正在使用的有 3 种电视制式，分别是 NTSC（National Television System Committee，美国电视系统委员会）、PAL（Phase Alternating Line，逐行倒相制）和 SECAM（Sequentiel Couleur A Memoire，按顺序传送彩色与存储），这 3 种制式之间存在一定的差异。在各个地区购买的摄像机或者电视机以及其他的一些视频设备，都会根据当地的标准来制造。如果是要制作国际通用的内容，或者想要在自己的作品上插入国外制作的内容，必须考虑制式的问题。虽然各种制式相互之间可以转换，但因为存在帧频和分辨率的差异，在品质方面会有一定的变化。SECAM 制式只能用于电视，在使用 SECAM 制式的国家都有使用 PAL 制式的摄像机和数字设备。在这里要特别注意视频制式和录像磁带制式的不同。例如，VHS 制式的视频可以被录制成 NTSC 或者 PAL 制式的视频形式。

表 1-1 所示为基本模拟视频制式和典型连接方式。

表 1-1

播放制式	国　家	水平线	帧　频
NTSC	美国、加拿大、日本、韩国等	525 线	29.97 帧/秒
PAL	澳大利亚、中国、欧洲、拉美	625 线	25 帧/秒
SECAM	法国、中东、非洲大部分国家	625 线	25 帧/秒

1.2.4　像素比

不同规格的电视像素的长宽比都是不一样的，在计算中播放时，使用 Square Pixels（即 1:1 的像素比或方形像素比）；在电视上播放时，使用 D1/DV PAL（1.07）的像素比制作，以保证在实际播放时画面不变形。

选择 Composition（合成片段）> New Composition（新建合成片段）命令，在打开的对话框中设置相应的像素比，如图 1-6 所示。

选择动画素材时按<Ctrl>+<Alt>+<G>组合键，打开如图 1-7 所示的对话框，在其中可以对导入的素材进行设置，如设置透明度、帧速率、场、像素比等。

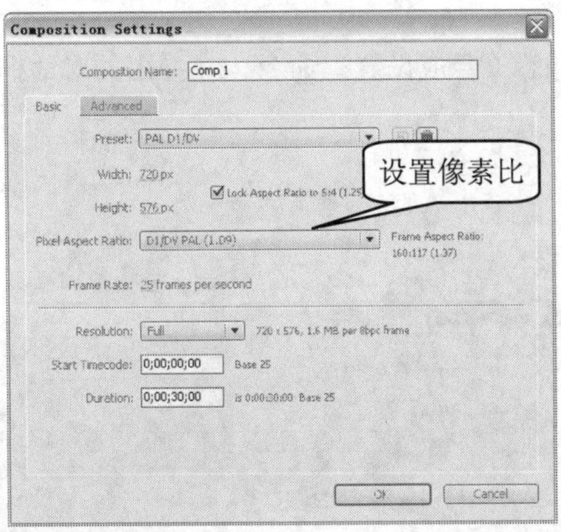

图 1-6

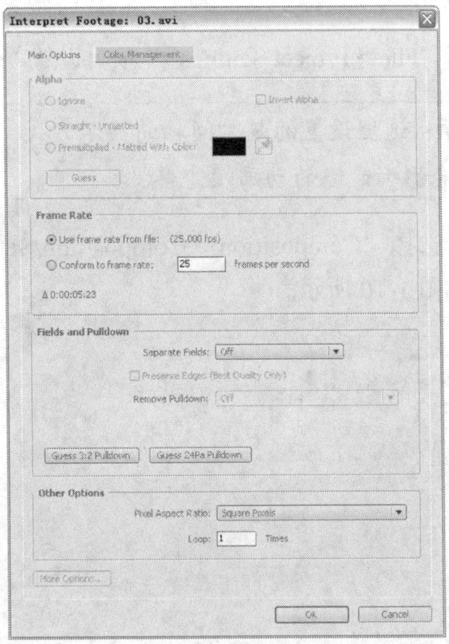

图 1-7

1.2.5　分辨率

普通电视和 DVD 的分辨率是 720 × 576 像素。软件设置时应尽量使用同一尺寸，以保证分辨率的统一。

过大分辨率的图像在制作时会占用大量制作时间和计算机资源，过小分辨率的图像则会使图像在播放时清晰度不够。

选择“Composition > New Composition”（新建合成片段）命令，在弹出的对话框中进行设置，如图 1-8 所示。

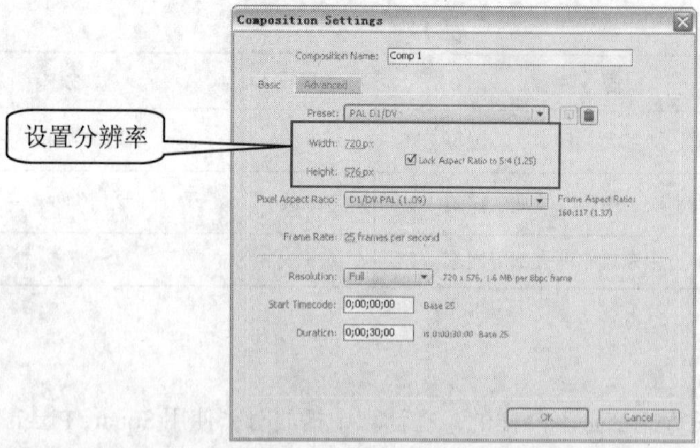

图 1-8

1.2.6 帧速率

PAL 制式电视的播放设备使用的是每秒 25 幅画面，也就是 25 帧/秒，只有使用正确的播放帧速率才能流畅地播放动画。过高的帧速率会导致资源浪费，过低的帧速率会使画面播放不流畅从而产生抖动。

选择“File > Project Settings”（项目设置）命令，在弹出的对话框中设置帧速率，如图 1-9 所示。

> **提示：** 这里设置的是时间轴的显示方式。如果要按帧制作动画可以选择 Frames 方式显示，这样不会影响最终的动画帧速率。

也可选择“Composition > Composition Settings”（合成设置）命令，在弹出的对话框中设置帧速率，如图 1-10 所示。

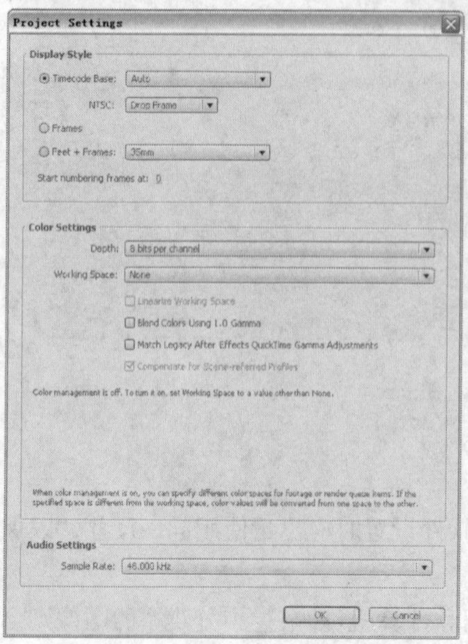

图 1-9

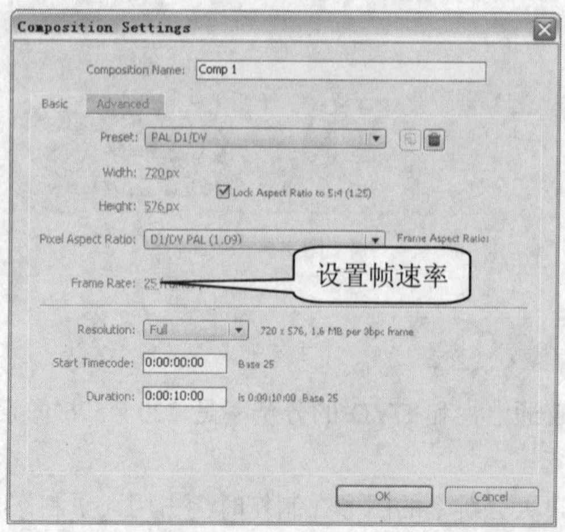

图 1-10

如果是动画素材则可以按<Ctrl>+<Alt>+<G>组合键，在弹出的对话框中改变帧速率，如图 1-11 所示。

提示： 如果是动画序列，需要将帧速率值设置为 25 帧/秒；如果是动画文件，则不需要修改帧速率，因为动画文件会自动包括帧速率信息，并且会被 After Effects 识别，如果修改这个设置会改变原有动画的播放速度。

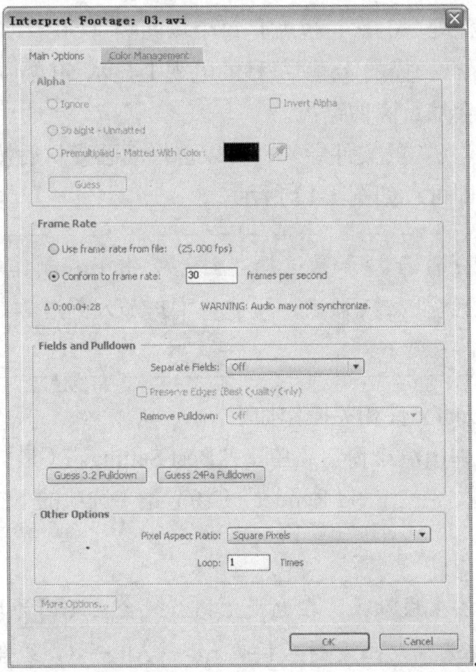

图 1-11

1.2.7　安全框

安全框是画面可以被用户看到的范围。“显示安全框”以外的部分电视设备将不会显示，“文字安全框”以内的部分可以保证被完全显示。

单击按钮，在弹出的列表中选择“Title/Action Safe”（安全框）选项，即可打开安全框参考可视范围，如图 1-12 所示。

图 1-12

1.2.8 抗抖动的场

场是隔行扫描的产物，扫描一帧画面时由上到下扫描，先扫描奇数行，再扫描偶数行，两次扫描完成一幅图像。由上到下扫描一次叫做一个场，一幅画面需要两次场扫描来完成。在每秒 25 帧图像的时候，由上到下扫描需要 50 次，也就是每个场间隔 1/50s。如果制作奇数行和偶数行间隔 1/50s 的有场图像，可以在隔行扫描的 25 帧每秒的电视上显示 50 幅画面。画面多了自然流畅，跳动的效果就会减弱，但是场会加重图像锯齿。

要在 After Effects 将有“场”的文件导入，可以选择动画素材后按<Ctrl>+<Alt>+<G>组合键，在弹出的对话框中进行设置即可，如图 1-13 所示。

提示：这个步骤叫做“分离场”，如果选择“上场”，并且在制作中加入了后期效果，那么在最终渲染输出的时候，输出文件必须带场，才能将下场加入到后期效果；否则“下场”就会自动丢弃，图像质量也就只有一半。

在 After Effects 输出有场的文件相关操作如下。

按<Ctrl>+<M>组合键，弹出渲染窗口，单击“Best Settings”（最佳设置）按钮，弹出“Render Settings”（渲染设置）对话框，在“Field Render”（场渲染）选项的下拉列表中选择输出场的方式，如图 1-14 所示。

提示：如果使用这种方法生成动画，在电视上播放时会出现因为场错误而导致的问题；这说明素材使用的是下场，需要选择动画素材后按<Ctrl>+<Alt>+<G>组合键，在弹出的对话框中选择下场。

如果出现画面跳格是因为 30 帧转换 25 帧产生帧丢失，需要选择 3:2 Pulldown 的一种场偏移方式。

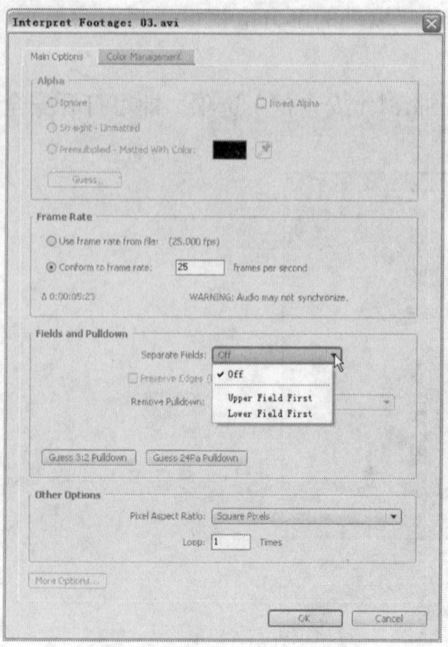

图 1-13

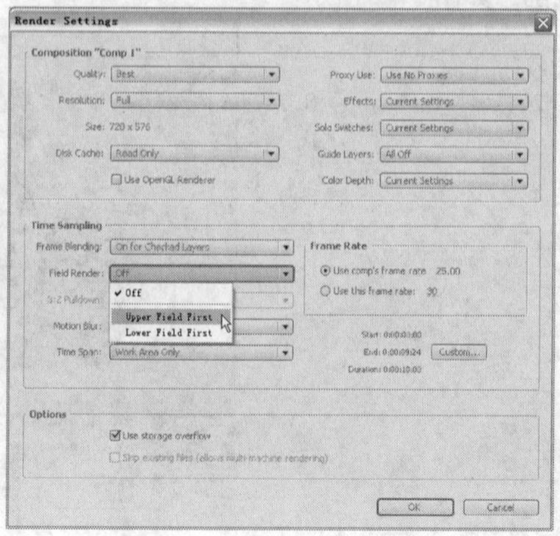

图 1-14

1.2.9　运动模糊

运动模糊会产生拖尾效果，使每帧画面更接近，以减少每帧之间因为画面差距大而引起的闪烁或抖动，但这要牺牲图像的清晰度。

按<Ctrl>+<M>组合键，弹出渲染窗口，单击“Best Settings”按钮，在弹出的“Render Settings”对话框中进行运动模糊设置，如图 1-15 所示。

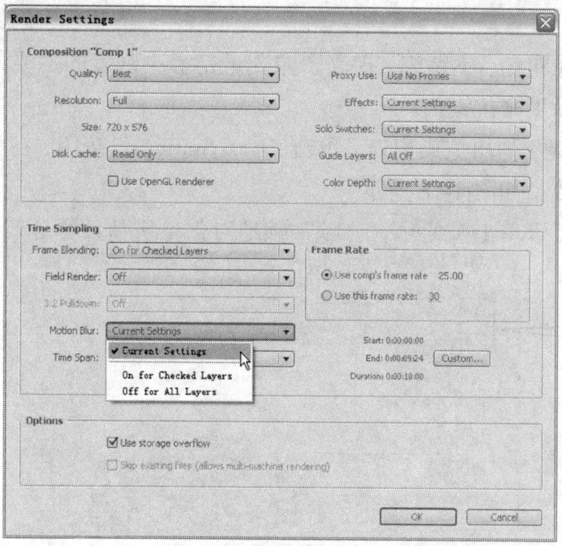

图 1-15

1.2.10　帧融合

帧融合是用来消除画面轻微抖动的方法，有场的素材也可以用来抗锯齿，但效果有限。在 After Effects 中帧融合设置如图 1-16 所示。

按<Ctrl>+<M>组合键，弹出渲染窗口，单击“Best Settings”按钮，在弹出的“Render Settings”对话框中设置帧融合参数，如图 1-17 所示。

图 1-16

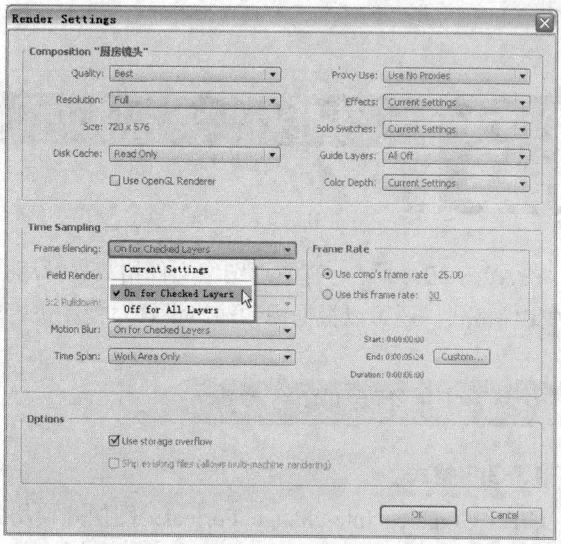

图 1-17

提示：下拉菜单中的第一项为全局加入帧融合；第二项为层使用帧融合。如果有静态图层则不需要使用全局帧融合设置，以节省资源。用帧融合来抗抖动，可以在素材被减速后使用，但素材减速的修改在片头制作当中是要尽量避免的。

1.2.11 抗锯齿

锯齿的出现会使图像粗糙，不精细。提高图像质量是解决锯齿的主要方法，但有场的图像只有通过添加模糊、牺牲清晰度来抗锯齿。

按<Ctrl>+<M>组合键，弹出渲染窗口，单击“Best Settings”按钮，在弹出的“Render Settings”对话框中设置抗锯齿参数，如图 1-18 所示。

如果是矢量图像，可以单击按钮，一帧一帧地对矢量重新计算分辨率，如图 1-19 所示。

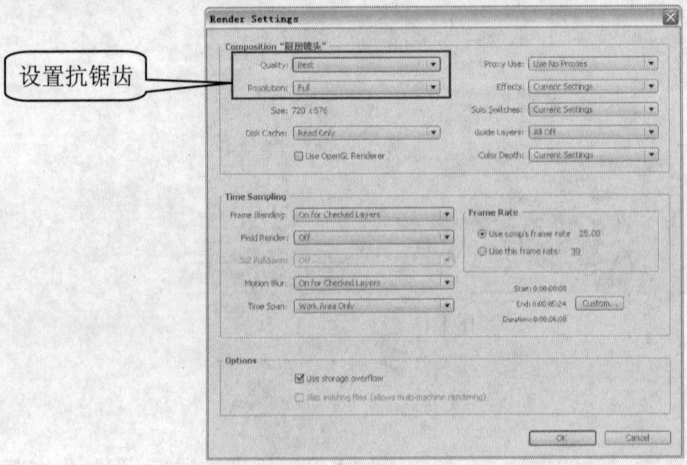

图 1-18

图 1-19

1.3 文件格式及视频的输出

在 After Effects 中，有图形图像文件格式、常用视频压缩编码格式、常用音频压缩编码格式等多种文件格式。还可以根据视频输出设置对视频进行输出。

1.3.1 常用图形图像文件格式

1. GIF 格式

GIF（Graphics Interchange Format，图像互换格式）是 CompuServe 公司开发的存储 8 位图像的文件格式，支持图像的透明背景，采用无失真压缩技术，多用于网页制作和网络传输。

2．JPEG 格式

JPEG（Joint Photographic Experts Group，联合图像专家组）是采用静止图像压缩编码技术的图像文件格式，是目前网络上应用最广的图像格式，支持不同程度的压缩比。

3．BMP 格式

BMP 格式最初是 Windows 操作系统的画笔所使用的图像格式，现在已经被多种图形图像处理软件所支持和使用。它是位图格式，有单色位图、16 色位图、256 色位图、24 位真彩色位图等。

4．PSD 格式

PSD 格式是 Adobe 公司开发的图像处理软件 Photoshop 所使用的图像格式，它能保留 Photoshop 制作流程中各图层的图像信息，现在有越来越多的图像处理软件开始支持这种文件格式。

5．FLM 格式

FLM 格式是 Premiere 输出的一种图像格式。Adobe Premiere 将视频片段输出成序列帧图像，每帧的左下角为时间编码，以 SMPTE 时间编码标准显示，右下角为帧编号，可以在 Photoshop 软件中对其进行处理。

6．TGA 格式

TGA（Tagged Graphics）文件的结构比较简单，属于一种图形、图像数据的通用格式，在多媒体领域有着很大影响，是计算机生成图像向电视转换的一种首选格式。

7．TIFF 格式

TIFF（Tag Image File Format）是 Aldus 和 Microsoft 公司为扫描仪和台式计算机出版软件开发的图像文件格式。它定义了黑白图像、灰度图像和彩色图像的存储格式，格式可长可短，与操作系统平台以及软件无关，扩展性好。

8．DXF 格式

DXF（Drawing-Exchange Files）是用于 Macintosh Quick Draw 图片的格式。

9．PIC 格式

PIC（Quick Draw Picture Format）是用于 Macintosh Quick Draw 图片的格式。

10．PCK 格式

PCK（PC Paintbrush Images）是 Z-soft 公司为存储画笔软件产生的图像而建立的图像文件格式，是位图文件的标准格式，是一种基于 PC 绘图程序的专用格式。

11．EPS 格式

EPS（Encapsulated Post Script）语言文件格式包含矢量和位图图形，几乎支持所有的图形和页面排版程序。EPS 格式用于在应用程序之间传输 PostScript 语言图稿。

在 Photoshop 中打开其他程序创建的包含失量图形的 EPS 文件时，Photoshop 会对此文件进行栅格化，将矢量图形转换为像素。EPS 格式支持多种颜色模式，还支持剪贴路径，但不支持 Alpha 通道。

12．SGI 格式

SGI（SGI Sequence）输出的是基于 SGI 平台的文件格式，可以用于 After Effects 7.0 与其他 SGI 上的高端产品间的文件交换。

13．RLA/RPF 格式

RLA/RPF 是一种可以包括 3D 信息的文件格式，通常用于三维软件在特效合成软件中的后期合成。该格式中可以包括对象的 ID 信息、z 轴信息、法线信息等。RPF 相对于 RLA 来说，可以包含更多的信息，是一种较先进的文件格式。

1.3.2　常用视频压缩编码格式

1．AVI 格式

AVI（Audio Video Interleaved）即音频视频交错格式，所谓“音频视频交错”就是可以将视频和音频交织在一起进行同步播放。这种视频格式的优点是图像质量好，可以跨多个平台使用；缺点是体积过于庞大，更加糟糕的是压缩标准不统一，因此经常会遇到高版本 Windows 媒体播放器又播放不了采用早期编码编辑的 AVI 格式视频，而低版本 Windows 媒体播放器又播放不了采用最新编码编辑的 AVI 视频。

2．DV-AVI 格式

DV-AVI（Digital Video AVI），目前非常流行的数码摄像机就是使用这种格式记录视频数据。它可以通过计算机的 IEEE 1394 端口传输视频数据到计算机，也可以将计算机中编辑好的视频数据回录到数码摄像机中。这种视频格式的文件扩展名一般也是.avi，所以人们习惯地叫它为 DV-AVI 格式。

3．MPEG 格式

MPEG（Moving Picture Expert Group，动态图像专家组），常见的 VCD、SVCD、DVD 就使用这种格式。MPEG 文件格式是运动图像的压缩算法的国际标准，它采用了有损压缩方法从而减少运动图像中的冗余信息。MPEG 的压缩方法就是保留相邻两幅画面绝大多数相同的部分，而把后续图像中和前面图像冗余的部分去除，从而达到压缩的目的。目前，MPEG 格式有 3 个压缩标准，分别是 MPEG-1、MPEG-2 和 MPEG-4。

MPEG-1：它是针对 1.5Mbit/s 以下数据传输率的数字存储媒体运动图像及其伴音编码而设计的国际标准，也就是通常所见到的 VCD 制式格式。这种视频格式的扩展名包括.mpg、.mlv、.mpe、.mpeg 及 VCD 光盘中的.dat 文件等。

MPEG-2：设计目标为高级工业标准的图像质量以及更高的传输率。这种格式主要应用在 DVD/SCVD 的制作（压缩）方面，同时在一些 HDTV（高清晰电视广播）和一些高要求视频编辑、处理上面也有相当的应用。这种视频格式的文件扩展名包括.mpg、.mlv、.mpe、.mpeg、.m2v 及 DVD 光盘中的.vob 文件等.

MPEG-4：MPEG-4 是为了播放流式媒体的高质量视频而专门设计的，它可以利用很窄的带宽，通过帧重建技术压缩和传输数据，以求使用最少的数据获得最佳的图像质量。MPEG-4 最有吸引力的地方在于它能够保存接近于 DVD 画质的小体积视频文件。这种视频格式的文件扩展名包括.asf、.mov、.DivX、AVI 等。

4．H.264 格式

H.264 是由 ISO/IEC 与 ITU-T 组成的联合视频组（JVI）制定的新一代视频压缩编码标准。在 ISO/IEC 中该标准命名为 AVC（Advanced Video Coding），作为 MPEG-4 标准的第 10 个选项，在 ITU-T 中正式命名为 H.264 标准。

H.264 和 H.261、H.263 一样，也是采用 DCT 变换编码加 DPCM 的差分编码，即混合编码结构。同时，H.264 在混合编码的框架下引入新的编辑方式，提高了编辑效率，更贴近实际应用。

H.264 没有烦琐的选项，而是力求简洁的"回归基本"。它具有比 H.263++更好的压缩性能，又具有适应多种信道的能力。

H.264 应用广泛，可满足各种不同速率、不同场合的视频应用，具有良好的抗误码和抗丢包的处理能力。

H.264 的基本系统无须使用版权，具有开放的性质，能很好适应 IP 和无线网络的使用环境，这对目前 Internet 传输多媒体信息、移动网中传输宽带信息等都具有重要意义。

H.264 标准使运动图像压缩技术上升到了一个更高的阶段，在较低带宽上提供高质量的图像传输是 H.264 的应用亮点。

5．DivX 格式

这是由 MPEG-4 衍生出的另一种视频编码（压缩）标准，也就是通常所说的 DVDrip 格式。它采用了 MPEG-4 的压缩算法，同时又综合了 MPEG-4 与 MP3 各方面的技术，就是使用 DivX 压缩技术对 DVD 盘片的视频图像进行高质量压缩，同时用 MP3 和 AC3 对音频进行压缩，然后再将视频与音频合成并加上相应的外挂字幕文件而形成的视频格式。其画质接近 DVD 并且体积只有 DVD 的数分之一。

6．MOV 格式

这是由美国 Apple 公司开发的一种视频格式，默认的播放器是苹果的 Quick Time Player。MOV 格式具有较高的压缩比率、较完美的视频清晰度等特点，但是其最大的特点还是跨平台性，不仅能支持 Mac OS，同样也能支持 Windows 系列。

7．ASF 格式

ASF（Advanced Streaming Format），是 Microsoft 公司为了和现在的 Real Player 竞争而推出的一种视频格式，用户可以直接使用 Windows Media Player 对其进行播放。由于它使用了 MPEG-4 的压缩算法，所以压缩率和图像的质量都很不错。

8．RM 格式

Networks 公司所制定的音频视频压缩规范，称之为 Real Media，用户可以使用 RealPlayer 和 Real One Player 对符合 Real Media 技术规范的网络音频/视频资源进行实时播放。Real Media 还可以根据不同的网格传输速率制定出不同的压缩比率，从而实现在低速率的网络上进行影像数据实时传送和播放。这种格式的另一个特点是用户使用 RealPlayer 或 Real One Player 播放器可以在不下载音频/视频内容的条件下实现在线播放。

9．RMVB 格式

这是一种由 RM 视频格式升级延伸出的新视频格式，它的先进之处在于 RMVB 视频格式打破了原 RM 格式那种平均压缩采样的方式，在保证平均压缩比的基础上合理利用比例率资源，即静止和动作场面少的画面场景采用较低的编码速率，这样可以留出更多的带宽空间，而这些带宽会在出现快速运动的画面场景时被利用。这样在保证了静止画面质量的前提下大幅提高运动图像的画面质量，从而使得图像和文件大小之间达到了巧妙的平衡。

1.3.3 常用音频压缩编码格式

1. CD 格式

当今音质最好的音频格式是 CD。在大多数播放软件的“打开文件类型”中，都可以看到*.cda 文件，这就是 CD 音轨。标准 CD 格式是 44.1kHz 的采样频率，速率为 88kbit/s，16 位量化位数，因为 CD 音轨可以说是近似无损的，因此它的声音是非常接近原声的。

CD 光盘可以在 CD 唱片机中播放，也能用计算机里的各种播放软件来重放。一个 CD 音频文件是一个*.cda 文件，这只是一个索引信息，并不是真正的包含声音信息，所以不论 CD 音乐长短，在计算机上看到的*.cda 文件都是 44 字节长。

提示：不能直接复制 CD 格式的.cda 文件到硬盘上播放，需要使用像 EAC 这样的抓音轨软件把 CD 格式的文件转换成 WAV 格式。如果光盘驱动器质量过关而且 EAC 的参数设置得当的话，可以说是基本上无损抓音频，推荐大家使用这种方法。

2. WAV 格式

WAV 是 Microsoft 公司开发的一种声音文件格式，它符合 RIFF （Resource Interchange File Format）文件规范，用于保存 Windows 平台的音频资源，被 Windows 平台及其应用程序所支持。WAV 格式支持 MSADPCM、CCITT ALAW 等多种压缩算法，支持多种音频位数、采样频率和声道，标准格式的 WAV 文件和 CD 格式一样，也是 44.1kHz 的采样频率，速率为 88kbit/s，16 位量化位数。

3. MP3 格式

MP3 格式诞生于 20 世纪 80 年代的德国，所谓的 MP3 指的是 MPEG 标准中的音频部分，也就是 MPEG 音频层。根据压缩质量和编码处理的不同分为 3 层，分别对应*.mp1、*.mp2、*.mp3 这 3 种声音文件。

提示：MPEG 音频文件的压缩是一种有损压缩，MPEG3 音频编码具有 10:1~12:1 的高压缩率，同时基本保持低音频部分不失真，但是牺牲了声音文件中 12kHz~16kHz 高音频这部分的质量来换文件的尺寸。

相同长度的音乐文件，用 MP3 格式来存储，一般只有 WAV 格式文件的 1/10，而音质次于 CD 格式或 WAV 格式的声音文件。

4. MIDI 格式

MIDI（Musical Instrument Digital Interface）文件格式由 MIDI 继承而来，它允许数字合成器和其他设备交换数据。MIDI 文件并不是一段录制好的声音，而是记录声音的信息，然后再告诉声卡如何再现音乐的一组指令。这样一个 MIDI 文件每存 1min 的音乐只有 5~10KB。

MIDI 文件主要用于原始乐器作品，流行歌曲的业余表演，游戏音轨以及电子贺卡等。*.mid 文件重放的效果完全依赖声卡的档次。*.mid 格式的最大用处是在计算机作曲领域。*.mid 文件可以用作曲软件写出，也可以通过声卡的 MIDI 口把外接乐器演奏的乐曲输入计算机里，制成*.mid 文件。

5．WMA 格式

WMA（Windows Media Audio）音质要强于 MP3 格式，更远胜于 RA 格式，它和日本 YAMAHA 公司开发的 VQF 格式一样，是以减少数据流量但保持音质的方法来达到比 MP3 压缩率更高的目的。WMA 的压缩率一般都可以达到 1:18 左右。

WMA 另一个优点是内容提供商可以通过 DRM（Digital Rights Management）方案，如 Windows Media Rights Manager 7 加入防拷贝保护。这种内置的版权保护技术可以限制播放时间和播放次数甚至播放的机器等，这对被盗版搅得焦头烂额的音乐公司来说是一个福音。另外，WMA 还支持音频流（Stream）技术，适合网络上在线播放。

WMA 这种格式在录制时可以对音质进行调节。同一格式，音质好的可与 CD 媲美，压缩率较高的可用于网格广播。

1.3.4　视频输出的设置

按 <Ctrl>+<M> 组合键，弹出渲染面板，单击“Lossless”（缺省）按钮，弹出“Output Module Settings”（输出设置）对话框，在其中可以对视频的输出格式及其相应的编码方式、视频大小、比例以及音频等进行输出设置，如图 1-20 所示。

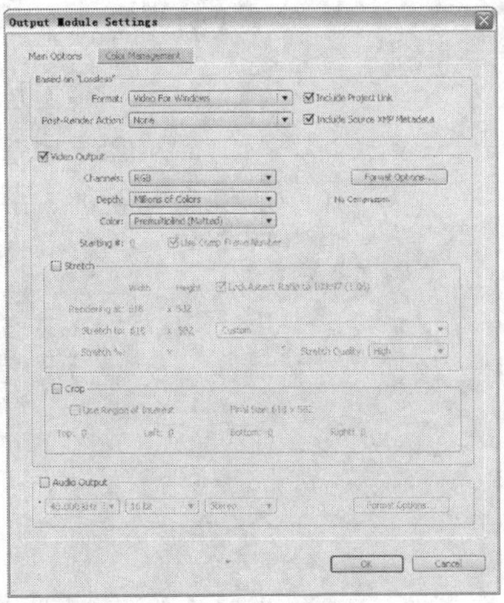

图 1-20

Format：在文件格式下拉列表中可以选择输出格式和输出图序列，一般使用 TGA 格式的序列文件，输出样品成片可以使用 AVI 和 MOV 格式，输出贴图可以使用 TIF 和 PIC 格式。

Format Options（格式选项）：输出图片序列时，可以选择输出颜色位数；输出影片时，可以设置压缩方式和压缩比。

1.3.5　视频文件的打包设置

在一些影视合成或者编辑团体软件中用到的素材可能分布在硬盘的各个地方，使得在另外的设备上打开工程文件的时候会碰到部分文件丢失的情况。如果要一个一个地把素材找出来并复制显然很麻烦，而使用“打包”命令可以自动把文件收集在一个目录中打包。

这里主要介绍 After Effects 的打包功能。选择“File > Collect Files”命令，在弹出的对话框中单击“Collect”（收集）按钮，完成打包操作，如图 1-21 所示。

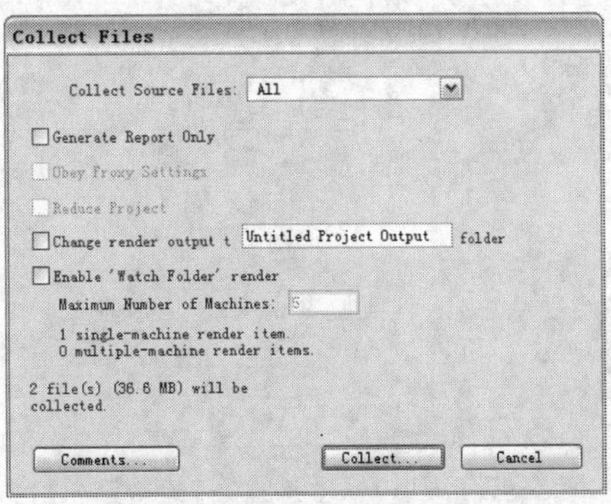

图 1-21

第2章 图层的应用

本章对 After Effects 中图层的应用与操作进行详细介绍。读者通过对本章的学习，可以充分理解图层的概念，并能够掌握图层的基本操作方法和使用技巧。

【教学目标】

- 理解图层概念。
- 图层的基本操作。
- 层的 5 个基本变化属性和关键帧动画。

2.1 理解图层概念

在 After Effects 中无论是创作合成、动画，还是特效处理等操作都离不开图层，因此制作动态影像的第一步就是真正了解和掌握图层。在“Timeline”（时间轴）窗口中的素材都是以图层的方式按照上下位置关系依次排列组合的，如图 2-1 所示。

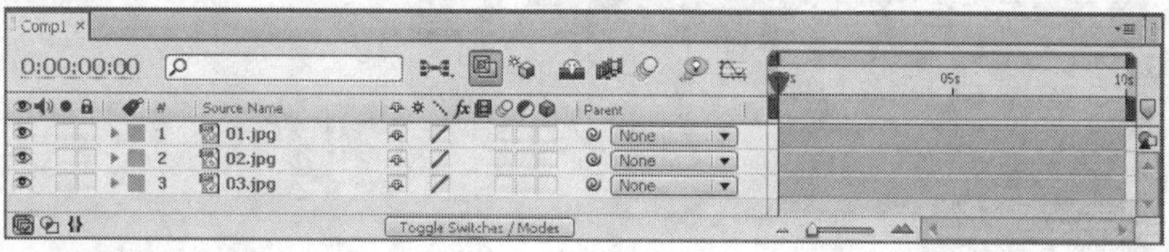

图 2-1

可以将 After Effects 软件中的图层想象为一层层叠放的透明胶片，上一层有内容的地方将遮盖住下一层的内容，而上一层没有内容的地方则露出下一层的内容，如果是上一层的部分处于半透明状态时，将依据半透明程度混合显示下层内容，这是图层的最简单、最基本的概念。图层与图层之间还存在更复杂的合成组合关系，如叠加模式、蒙版合成方式等。

2.2 图层的基本操作

图层有改变图层上下顺序、复制层与替换层、给层加标记、让层自动适合合成图像尺寸、层与层对齐、自动分布功能等多种基本操作。

2.2.1 课堂案例——飞舞组合字

案例学习目标：学习使用文字的动画控制器来实现丰富多彩的文字特效动画。

案例知识要点：使用“File”命令导入文件。新建合成并命名为“飞舞组合字”，为文字添加动画控制器，同时设置相关的关键帧制作文字飞舞并最终组合效果。为文字添加“Bevel Alpha”、“Drop Shadow”命令制作立体效果。飞舞组合字效果如图 2-2 所示。

效果所在位置：光盘\Ch02\飞舞组合字. aep。

图 2-2

1. 输入文字

Step 01 按<Ctrl>+<N>组合键，弹出“Composition Settings”对话框，在“Composition Name”选项的文本框中输入“飞舞组合字”，其他选项的设置如图 2-3 所示。单击“OK”按钮，创建一个新的合成“飞舞组合字”。选择“File > Import > File”命令，弹出“Import File”对话框，选择光盘中的“Ch02 > 飞舞组合字 > (Footage) > 01”文件，单击“打开”按钮导入背景图片，如图 2-4 所示，并将其拖曳到“时间轴”面板中。

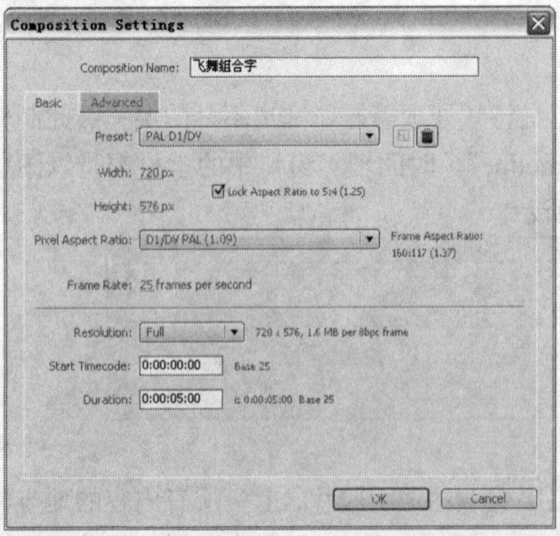

图 2-3

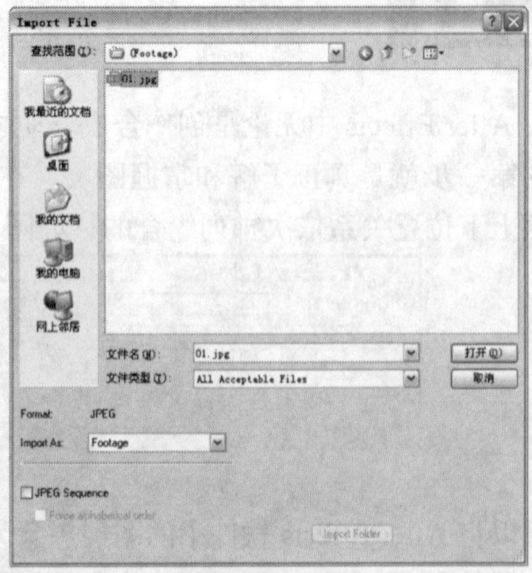

图 2-4

Step 02 选择“Horizontal Type Tool”（水平类型工具）![T]，在合成窗口输入文字“都市频道 娱乐与您行”，设置文字的颜色为橙色（其 R、G、B 的值分别为 202、86、0），填充文字。选中文字“都市频道”，在“Character”面板中设置文字参数，如图 2-5 所示。选中文字“娱乐与您行”，在“Character”面板中设置文字参数，如图 2-6 所示。合成窗口中的效果如图 2-7 所示。

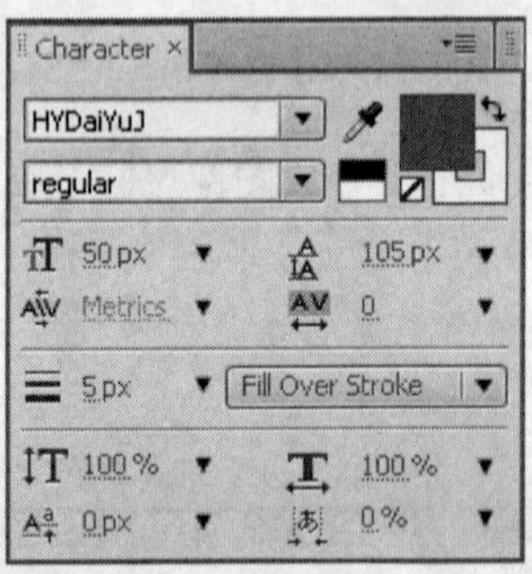

图 2-5

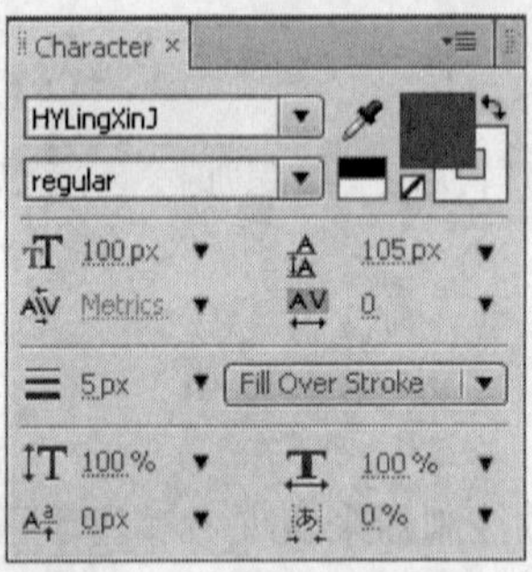

图 2-6

图 2-7

Step 03 选中“文字”层，单击“Paragraph”面板的右对齐按钮，如图 2-8 所示。合成窗口中的效果如图 2-9 所示。

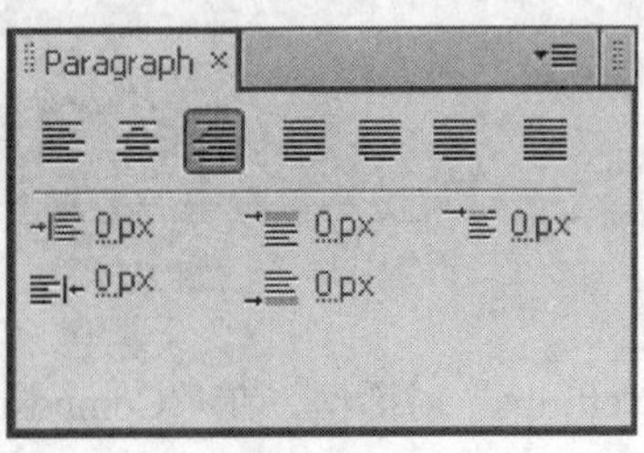

图 2-8

图 2-9

2．添加关键帧动画

Step 01 展开文字层属性，单击“Animate”右侧的按钮，在弹出的选项中选择“Anchor Point”，如图 2-10 所示，在“时间轴”面板中自动添加一个“Animator 1”选项。设置“Anchor Point”选项的数值为 0、-30，如图 2-11 所示。

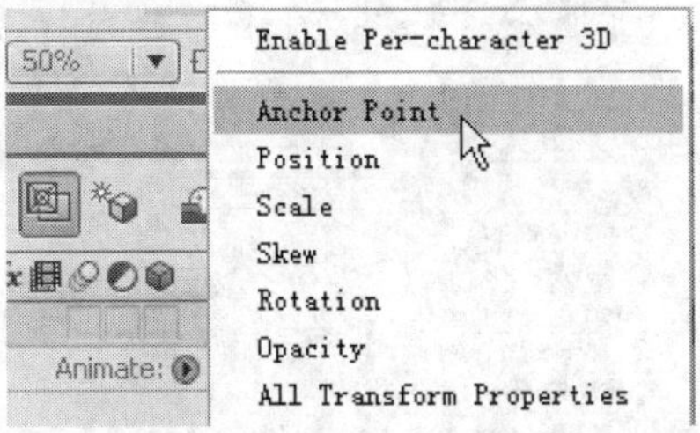

图 2-10

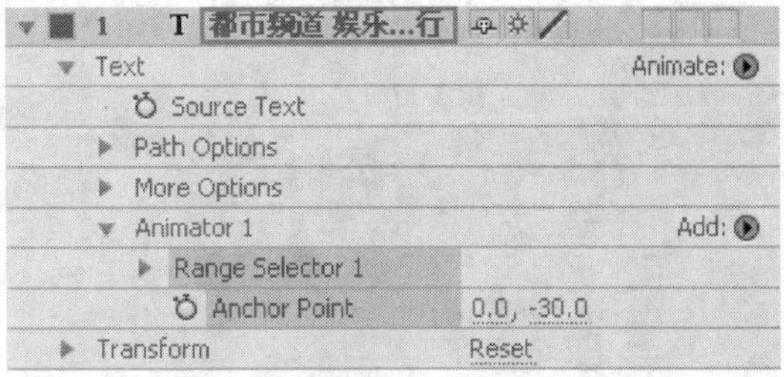

图 2-11

Step 02 按照上述方法再添加一个“Animator 2”选项。单击“Animator 2”选项后的“Add”按钮，如图 2-12 所示。在弹出的列表中选择“Selector > Wiggly”，展开“Wiggly Selector 1”属性，设置“Wiggles/Second”选项的数值为 0，“Correlation”选项的数值为 73，如图 2-13 所示。

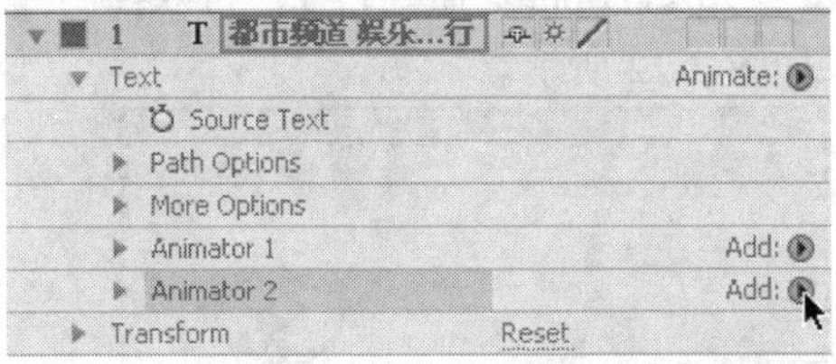

图 2-12

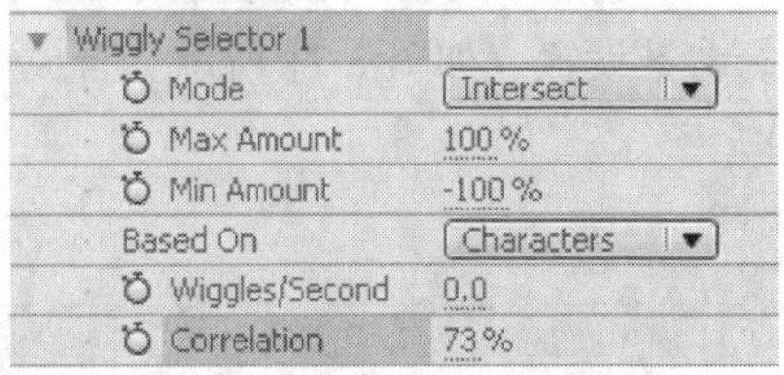

图 2-13

Step 03 再次单击“Add”按钮，添加“Position”、“Scale”、“Rotation”、“Fill Color > Hue”选项，分别选择后再设定各自的参数值，如图 2-14 所示。在“时间轴”面板中将时间标签放置在 3s 的位置，分别单击这 4 个选项前面的“关键帧自动记录器”按钮，如图 2-15 所示，记录第 1 个关键帧。

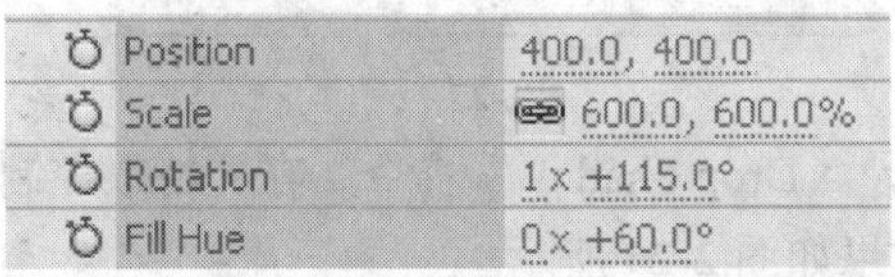

图 2-14

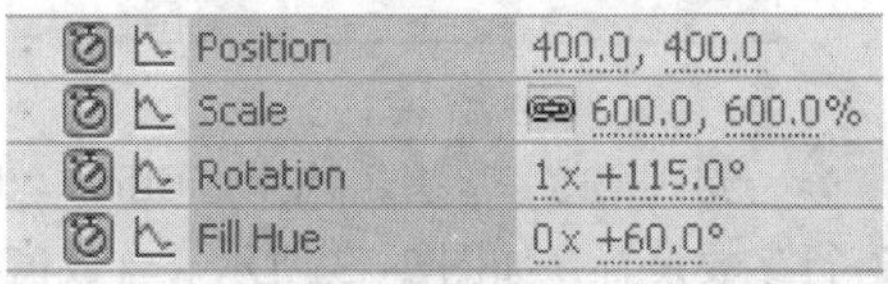

图 2-15

Step 04 在“时间轴”面板中将时间标签放置在 4s 的位置，设置“Position”选项的数值为 0、0，“Scale”选项的数值为 100、100，“Rotation”选项的数值为 0、0，“Fill Hue”选项的数值为 0、0，如图 2-16 所示，记录第 2 个关键帧。

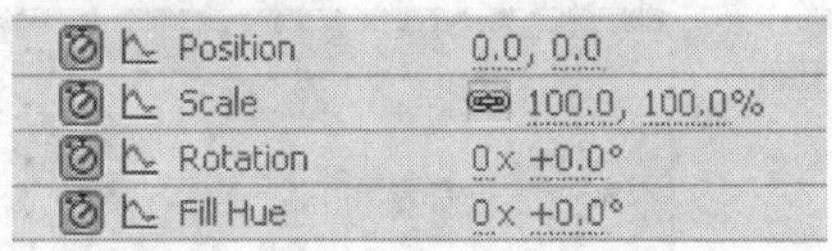

图 2-16

Step 05 展开“Wiggly Selector 1”属性，将时间标签放置在 0s 的位置，设置“Temporal Phase”选项的数值为 2、0，“Spatial Phase”选项的数值为 2、0，如图 2-17 所示。将时间标签放置在 1s 的位置，设置“Temporal Phase”选项的数值为 2、200，“Spatial Phase”选项的数值为 2、150，如图 2-18 所示。将时间标签放置在 2s 的位置，设置“Temporal Phase”选项的数值为 4、160，“Spatial Phase”选项的数值为 4、125，如图 2-19 所示。将时间标签放置在 3s 的位置，设置“Temporal Phase”选项的数值为 4、150，“Spatial Phase”选项的数值为 4、110，如图 2-20 所示。

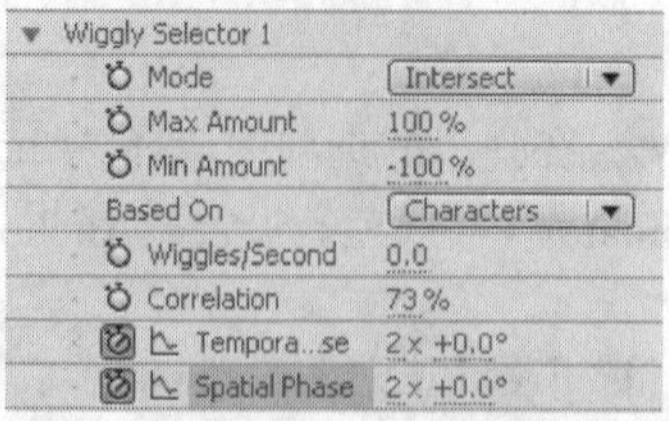

图 2-17

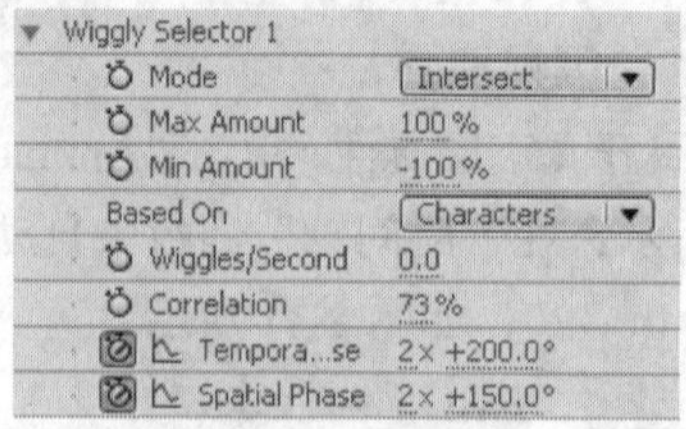

图 2-18

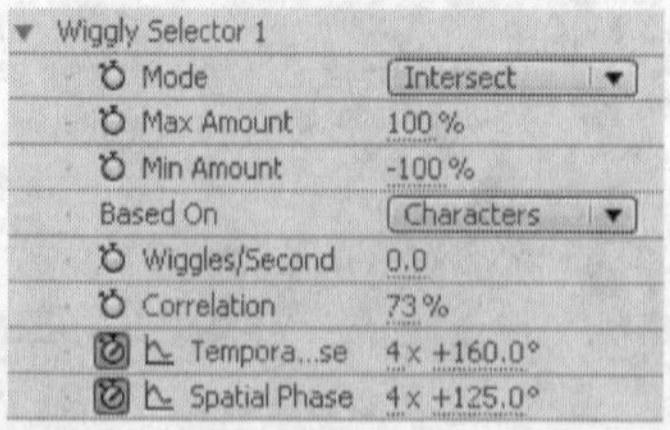

图 2-19

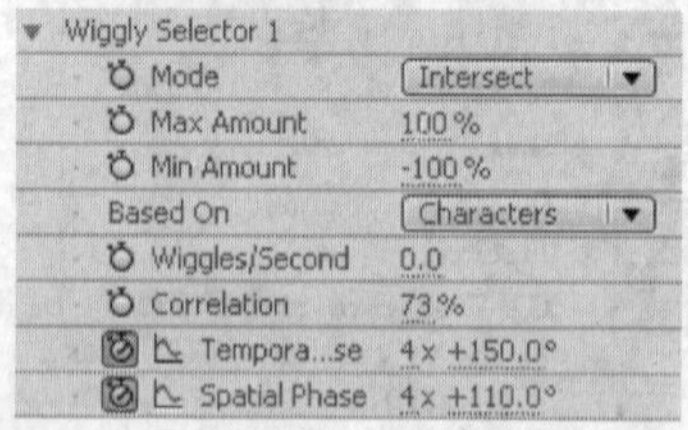

图 2-20

3．添加立体效果

Step 01 选中“文字”层，选择“Effect > Perspective > Bevel Alpha”命令，在“特效控制”面板中进行参数设置，如图 2-21 所示。合成窗口中的效果如图 2-22 所示。

图 2-21

图 2-22

Step 02 选中“文字”层，选择“Effect > Perspective > Drop Shadow”命令，在“特效控制”面板中进行参数设置，如图 2-23 所示。合成窗口中的效果如图 2-24 所示。

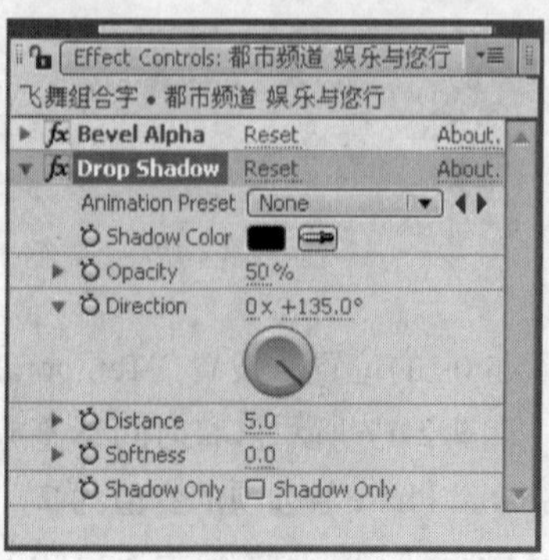

图 2-23

图 2-24

Step 03 单击“文字”层右面的“运动模糊”按钮，并开启“时间轴”面板上的动态模糊开关，如图 2-25 所示。飞舞组合字制作完成，如图 2-26 所示。

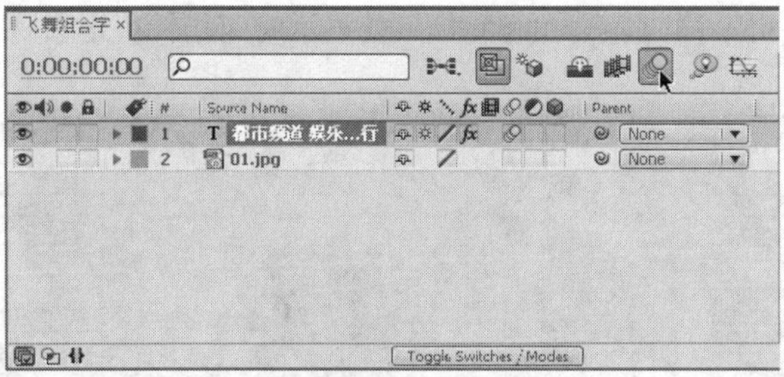

图 2-25

图 2-26

2.2.2　素材放置到“Timeline”（时间轴）的多种方式

• 将素材直接从“Project”（项目）窗口拖曳到“Composition”（合成）预览窗口中，如图 2-27 所示，可以决定素材在合成画面中的位置。

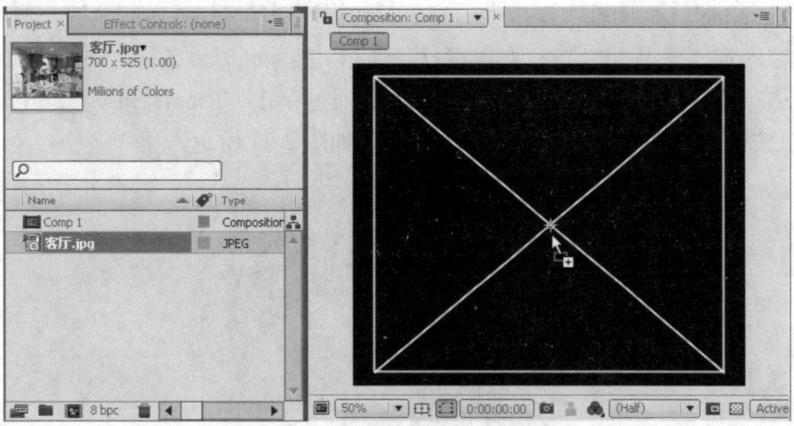

图 2-27

• 在“Project”（项目）窗口拖曳素材到合成层上，如图 2-28 所示。

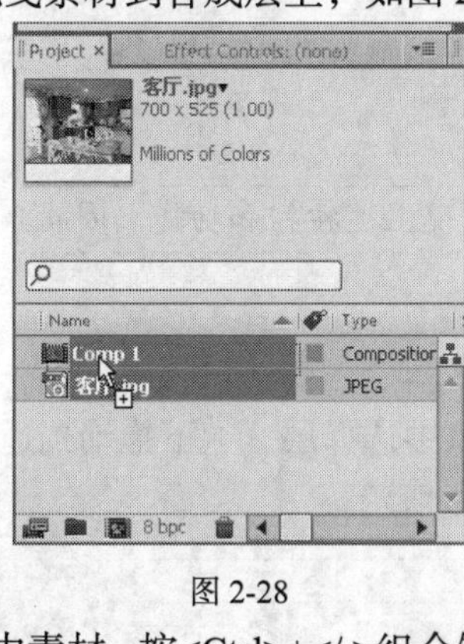

图 2-28

• 在“Project”（项目）窗口选中素材，按<Ctrl>+</ >组合键将所选素材置入到当前“Timeline”（时间轴）面板中。

• 将素材从“Project”（项目）窗口拖曳到“Timeline”（时间轴）控制面板区域，在未松开鼠标时，时间轴窗口中显示的是一条灰色线，根据它所在的位置可以决定置入到哪一层，如图 2-29 所示。

- 将素材从“Project”（项目）窗口拖曳到“Timeline”（时间轴）控制面板区域，在未松开鼠标时，不仅出现一条灰色线决定置入到哪一层，同时还会在时间标尺处显示时间指针决定素材入场的时间，如图 2-30 所示。

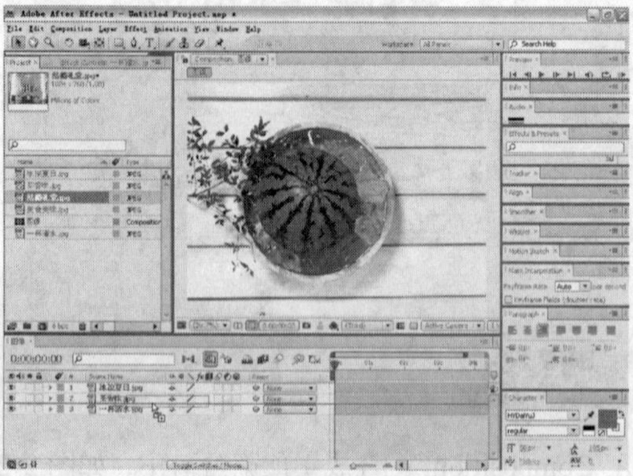

图 2-29

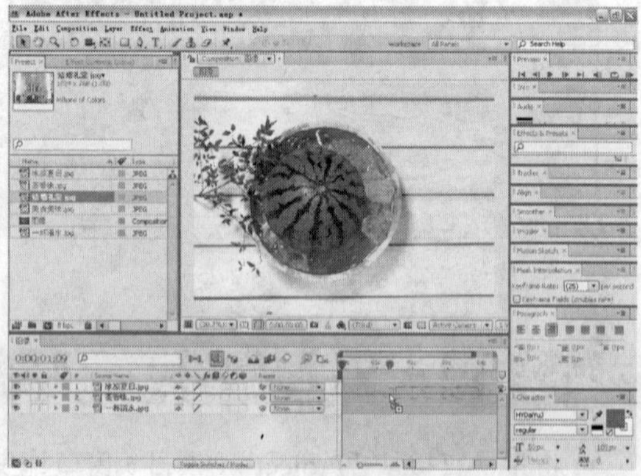

图 2-30

- 调整“Timeline”（时间轴）窗口中的当前时间指针到目标插入时间位置，然后在按住<Alt>键的同时，在“Project”（项目）窗口双击素材，通过“Footage”（素材）预览窗口打开素材，单击 、 两个按钮设置素材的入点和出点，最后再通过单击“Ripple Insert Edit”按钮 或者“Overlay Edit”按钮 插入“Timeline”（时间轴），如图 2-31 所示。

图 2-31

提示： 如果是图像素材将无法出现上述按钮和功能，因此只能对视频素材使用此方法。

2.2.3 改变图层上下顺序

- 在“Timeline”（时间轴）窗口中选择层，上下拖动到适当的位置，可以改变图层顺序。注意观察灰色水平线的位置，如图 2-32 所示。

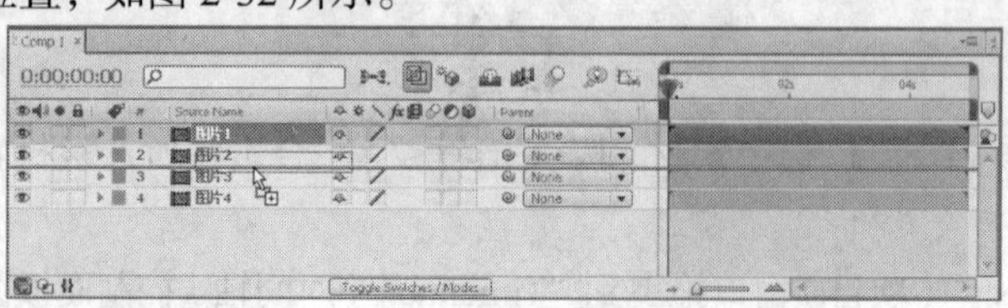

图 2-32

● 在“Timeline”（时间轴）窗口中选择层，通过菜单和快捷键移动上下层位置。

● 选择“Layer > Bring Layer to Front”（移至最上层）命令，或按<Ctrl>+<Shift>+<] >组合键将层移到最上方。

● 选择“Layer > Bring Layer Forward”（往上移动一层）命令，或按<Ctrl>+<] >组合键将层往上移一层。

● 选择“Layer > Send Layer Backward”（往下移动一层）命令，或按<Ctrl>+<[>键组合将层往下移一层。

● 选择“Layer > Send Layer to Back”（移至最低层）命令，或按<Ctrl>+<Shift>+<[> 组合键将层移到最下方。

2.2.4　复制层和替换层

1. 复制层的方法一

● 选中层，选择“Edit > Copy”（复制）命令，或按<Ctrl>+<C >组合键复制层。

● 选择“Edit > Paste”（粘贴）命令，或按<Ctrl>+<V >组合键粘贴层，粘贴出来的新层将保持开始所选层的所有属性。

2. 复制层的方法二

● 选中层，选择“Edit > Duplicate”（副本）命令，或按<Ctrl>+<D>组合键快速复制层。

3. 替换层的方法一

● 在“Timeline”（时间轴）窗口中选择需要替换的层，在“Project”（项目）窗口中，按住<Alt>键的同时，拖曳替换的新素材到“Timeline”（时间轴）窗口，如图 2-33 所示。

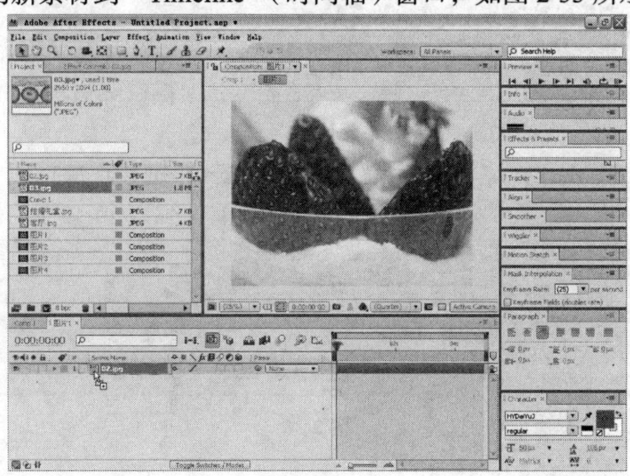

图 2-33

4. 替换层的方法二

● 在“Timeline”（时间轴）窗口中选择需要替换的层，单击鼠标右键，在弹出菜单中选择“Reveal Layer in Project Flowchart View”（将层在流程图中展示）命令，打开“Flowchart”（流程图）窗口。

● 在“Project”（项目）窗口中，拖曳替换的新素材到流程图窗口中目标层图标上方，如图 2-34 所示。

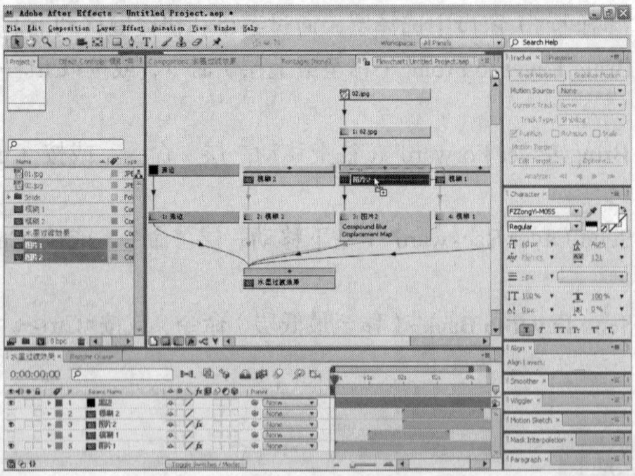

图 2-34

2.2.5　给层加标记

标记功能对于声音来说有着特殊的意义，如在某个高音处或者某个鼓点处设置层标记，在整个创作过程中，可以快速而准确地知道某个时间位置发生些什么。

1. 添加层标记

- 在“Timeline”（时间轴）窗口中选择层，并移动当前时间指针到指定时间点上，如图 2-35 所示。

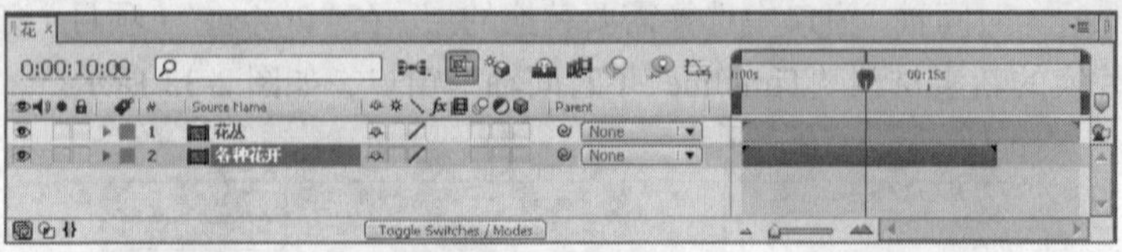

图 2-35

- 选择“Layer > Add Marker”（添加标记）命令，或按<*>键实现层标记的添加操作，如图 2-36 所示。

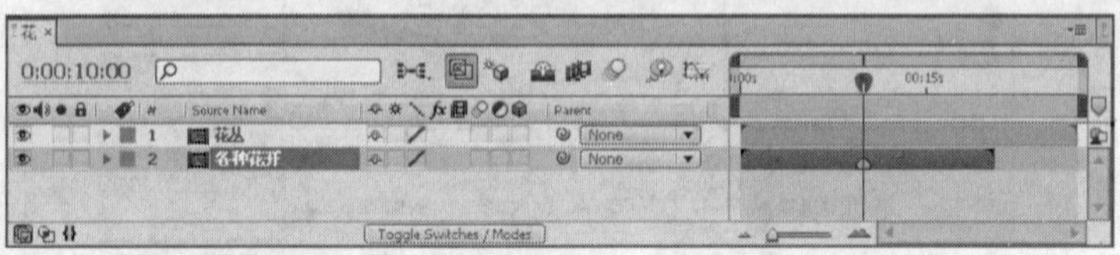

图 2-36

> **提示：**在视频创作过程中，视觉画面总是与音乐匹配的，选择背景音乐层，按<.>键预听音乐。注意一边听一边在音乐变化时按<*>键设置标记作为后续动画关键帧位置参考，停止音乐播放后将呈现所有标记。

按<.>键预听音乐的默认时间只有 8s，可以选择“Edit > Preferences > Previews”（预览设置）命令，弹出“Previews”对话框，调整“Audio Preview”（音频预览）设置中的“Duration”（持续时间）选项，延长音频预听时间，如图 2-37 所示。或选择 “Composition > Preview > Audio Preview

(Here Forward)”（从当前时间指针往后预听）命令，或“Composition > Preview > Audio Preview (Work Area)”（预听整个工作区域）命令，延长音频预览时间。

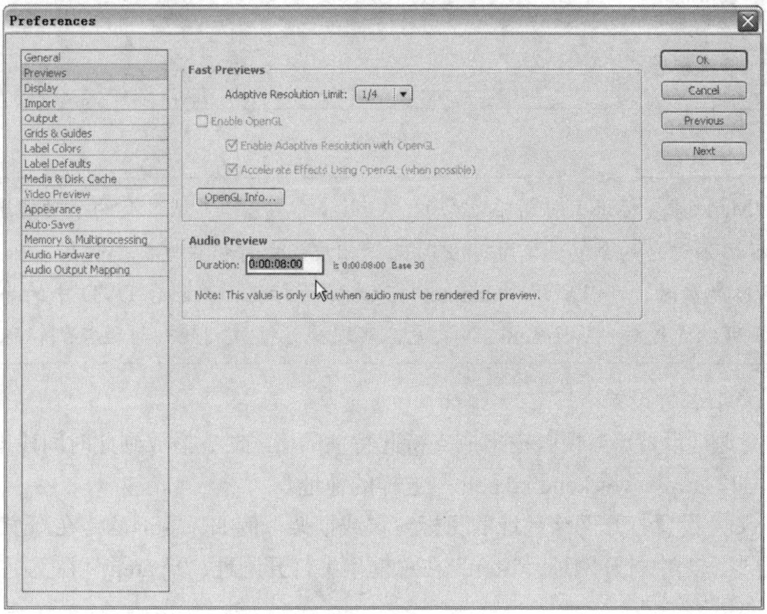

图 2-37

2. 修改层标记

单击并拖曳层标记到新的时间位置上即可；或双击层标记，打开“Marker”（标记）对话框，在“Time”（时间码）输入框中输入目标时间，精确修改层标记的时间位置，如图 2-38 所示。

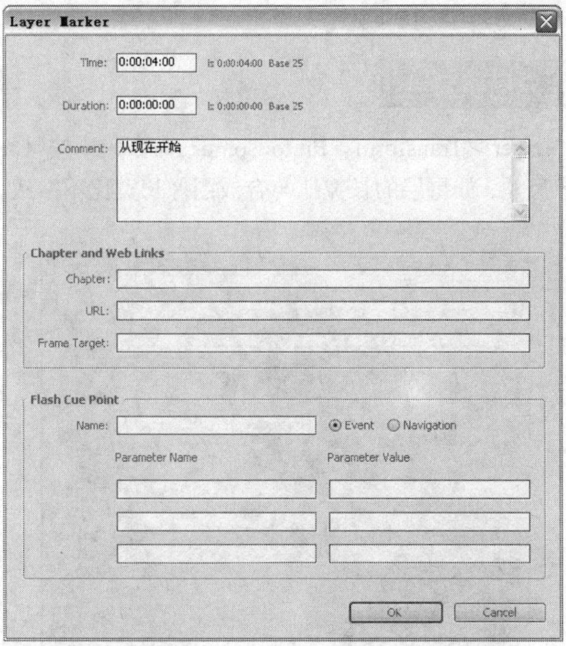

图 2-38

另外，为了更好地识别各个标记，可以给标记添加注释。双击标记，在打开的“Marker”（标记）对话框的“Comment”（注释）处输入说明文字，如“从现在开始”，如图 2-39 所示。

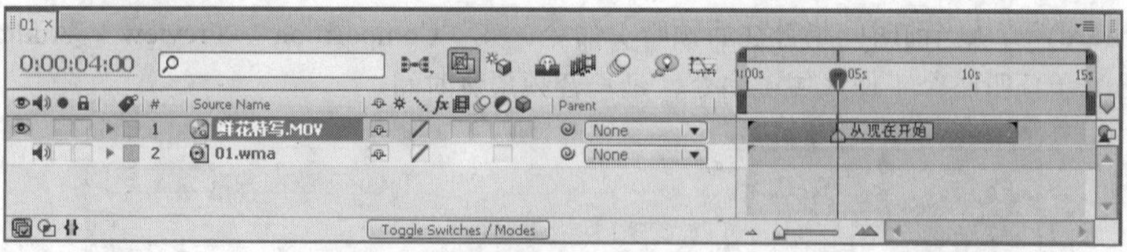

图 2-39

提示：在“Marker”（标记）对话框下面的“Options”（选项）区，有两个功能选项“Chapter”和“Web Links”，不过这两个功能需要输出时选择相应的文件格式才能起作用，如 QuickTime 格式。在制作 DVD 光盘时，可以利用“Chapter”产生章节标记，以配合 DVD 中的导航功能；在制作网络视频时，可以通过对“Web Links”设置，实现视频播放到此刻时链接到特殊网络地址。

- Chapter：章节名称设置。
- URL：网络地址设置。当视频输出成支持此特性的格式时，播放到此时间段即打开制作时设置的网络地址，如“http//www.kendikd.com”这样的地址。
- Frame Target：设置打开网络地址的目标窗口或框架。例如，“-blank”在新窗口中打开网址，“-self”在网页自身框架中打开网址，“-top”在总框架中打开网址，“-parent”在父框架中打开网址。

3. 删除层标记

- 在目标标记上单击鼠标右键，在弹出的菜单中选择“Delete This Marker”（删除此标记）或者“Delete All Markers”（删除所有标记）命令。
- 按住<Ctrl>键的同时，将鼠标指针移至标记处，鼠标指针变为✂（剪刀）符号时，单击鼠标即可删除标记。

2.2.6 让层自动适合合成图像尺寸

- 选择图层，选择“Layer > Transform > Fit to Comp”命令，或按<Ctrl>+<Alt>+<F >组合键实现层尺寸完全配合成图像尺寸，如果层的长宽比与合成图像长宽比不一致，将导致层图像变形，如图 2-40 所示。

图 2-40

• 选择 “Layer > Transform > Fit to Width” 命令，或按<Ctrl>+<Alt>+<Shift>+<H>组合键实现层宽与合成图像宽适配命令，如图 2-41 所示。

• 选择 “Layer > Transform > Fit to Comp Height” 命令，或按<Ctrl>+<Alt>+<Shift>+<G>组合键实现层高与合成图像高适配命令，如图 2-42 所示。

图 2-41

图 2-42

2.2.7 层与层对齐和自动分布功能

选择“Window > Align & Distribute”命令，打开“Align”（对齐）面板，如图 2-43 所示。

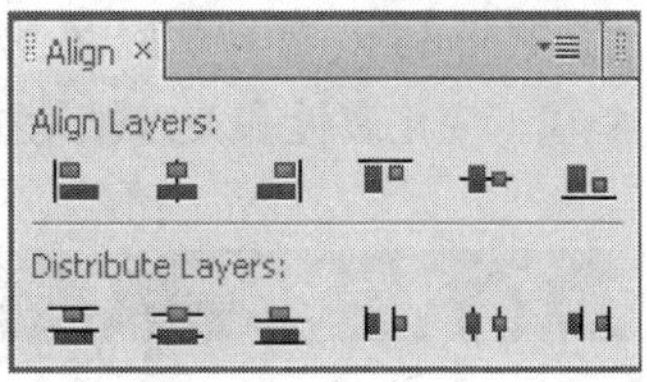

图 2-43

“Align”（对齐）面板上的按钮第 1 行从左到右分别为：“左对齐”按钮、“垂直居中”按钮、“右对齐”按钮、“上对齐”按钮、“水平居中”按钮、“下对齐”按钮。第 2 行从左到右分别为：“按顶平均分布”按钮、“垂直平均分布”按钮、“按底平均分布”按钮、“按左平均分布”按钮、“水平平均分布”按钮和“按右平均分布”按钮。

• 在“Timeline”（时间轴）窗口，同时选中 1~4 层所有文本层的方法是，选择第 1 层，按住<Shift>键的同时选择第 4 层，如图 2-44 所示。

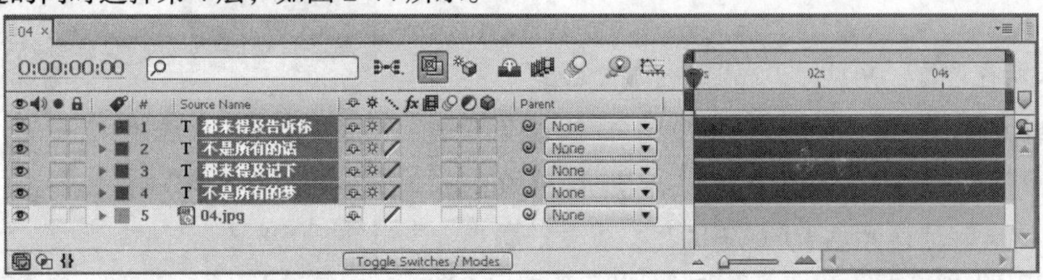

图 2-44

• 单击“Align”（对齐）面板中的“左对齐”按钮，将所选中的层齐左端对齐；再次单击“垂直平均分布”按钮，以“Composition”（合成）预览窗口画面位置最上层和最下层为基准，平均分布中间两层，达到垂直间距一致，如图 2-45 所示。

图 2-45

2.3 层的 5 个基本变化属性和关键帧动画

在 After Effects 中，层的 5 个基本变化属性分别是：Position（位置）属性、Scale（缩放）属性、Rotation（旋转）属性、Anchor Point（轴心点）属性和 Opacity（不透明）属性。下面将对这 5 个基本变化属性和关键帧动画进行讲解。

2.3.1 课堂案例——可爱的瓢虫

案例学习目标：学习使用层的 5 个属性和关键帧动画。

案例知识要点：使用“File”命令导入素材，使用“Scale”选项、“Rotation”选项、“Position”选项制作瓢虫动画，使用“Auto-Orient”命令、“Drop Shadow”命令制作投影和自动转向效果。可爱的瓢虫效果如图 2-46 所示。

图 2-46

效果所在位置：光盘\Ch02\可爱的瓢虫.aep。

1. 导入素材

Step 01 选择“File > Import > File”命令，弹出“Import File”对话框，选择光盘中的“Ch02 > 可爱的瓢虫 > (Footage)中的 01、02”文件，单击“打开”按钮导入图片，如图 2-47 所示。弹出“02.psd”对话框，单击“OK”按钮，导入图片。在“项目”面板中选中“01”文件，将其拖曳到项目窗口下方的创建项目合成按钮，如图 2-48 所示，自动创建一个项目合成。

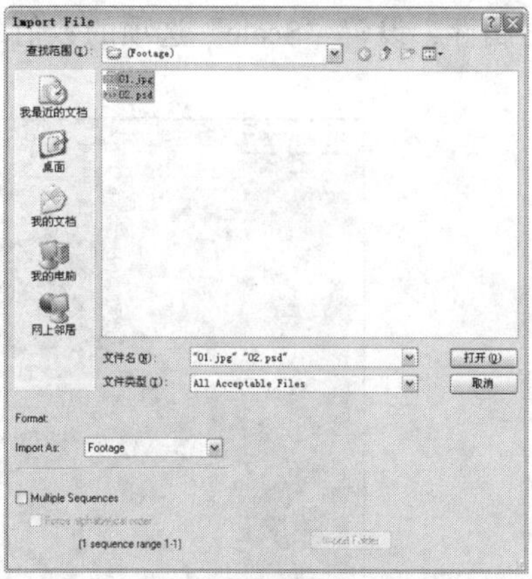

图 2-47

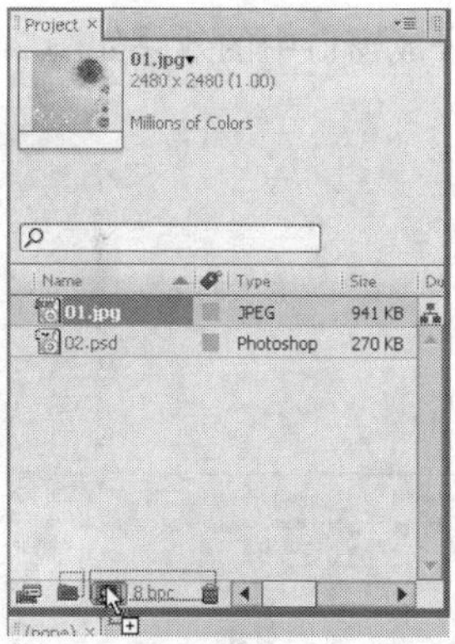

图 2-48

Step 02 在“时间轴”面板中，按<Ctrl>+<K>组合键，弹出“Composition Settings”对话框，在“Composition Name”选项的文本框中输入“可爱的瓢虫”，单击“OK”按钮，将合成命名为“可爱的瓢虫”，如图 2-49 所示。合成窗口中的效果如图 2-50 所示。

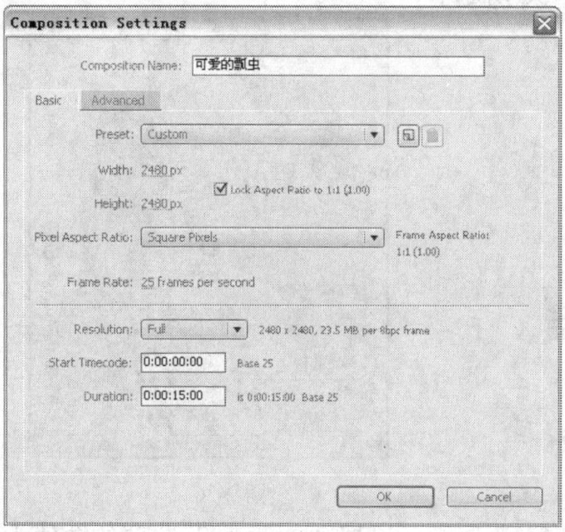

图 2-49

图 2-50

2. 编辑瓢虫动画

Step 01 在“项目”面板中选择“02”文件并将其拖曳到“时间轴”面板中，如图 2-51 所示。合成窗口中的效果如图 2-52 所示。

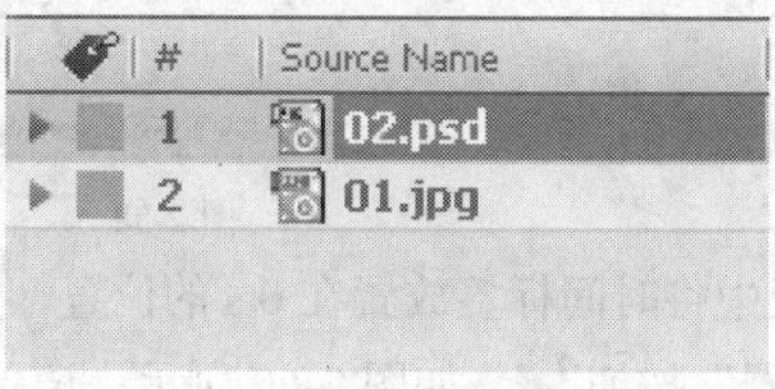

图 2-51

图 2-52

Step 02 选中“02”文件，按<S>键展开“Scale”属性，设置“Scale”选项的数值为 60，如图 2-53 所示。合成窗口中的效果如图 2-54 所示。

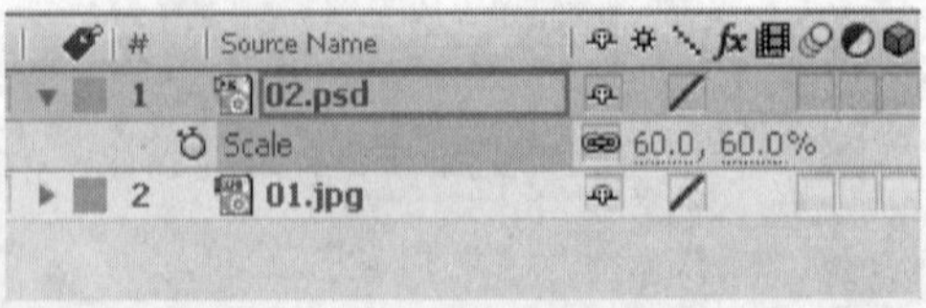

图 2-53

图 2-54

Step 03 选中“02”文件，按<R>键展开“Rotation”属性，设置“Rotation”选项的数值为 0、-240，如图 2-55 所示。合成窗口中的效果如图 2-56 所示。

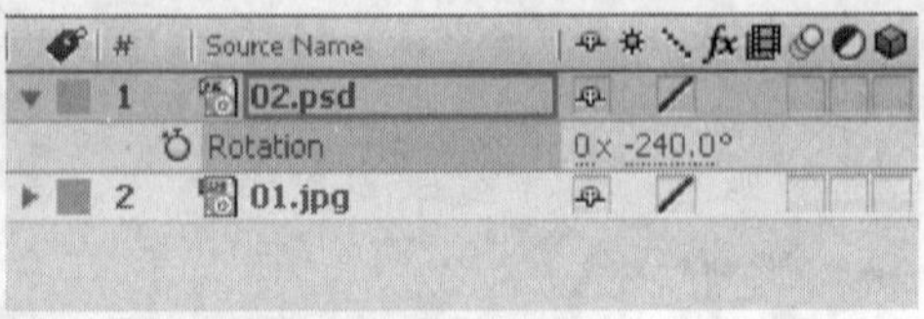

图 2-55

图 2-56

Step 04 选中“02”文件，按<P>键展开“Position”属性，设置“Position”选项的数值为 2144、1128，如图 2-57 所示。合成窗口中的效果如图 2-58 所示。

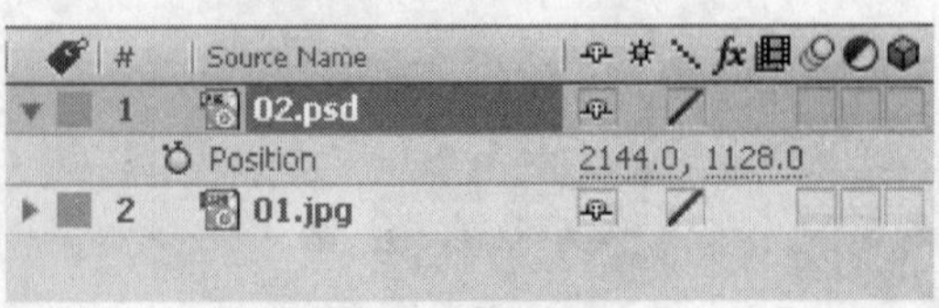

图 2-57

图 2-58

Step 05 选中“02”文件，在“时间轴”面板中将时间标签放置在 0 s 的位置，如图 2-59 所示，单击“Position”选项前面的“关键帧自动记录器”按钮，如图 2-60 所示，记录第 1 个关键帧。

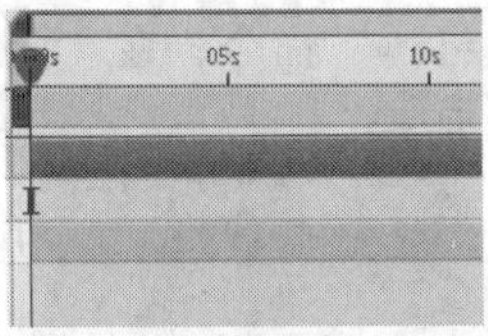

图 2-59

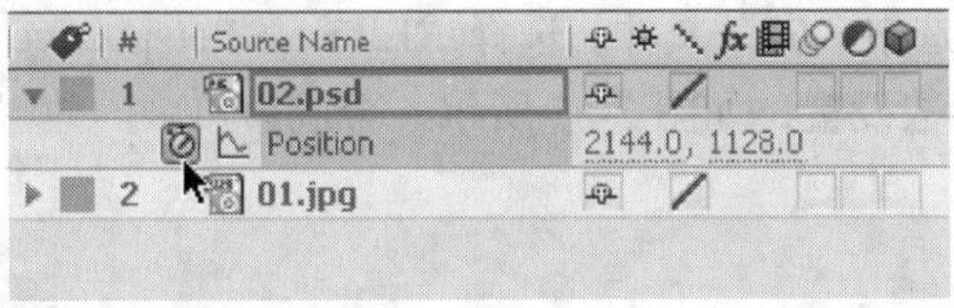

图 2-60

Step 06 将时间标签放置在 14:24s 的位置，如图 2-61 所示。设置“Position” 选项的数值为 1388、484，如图 2-62 所示，记录第 2 个关键帧。

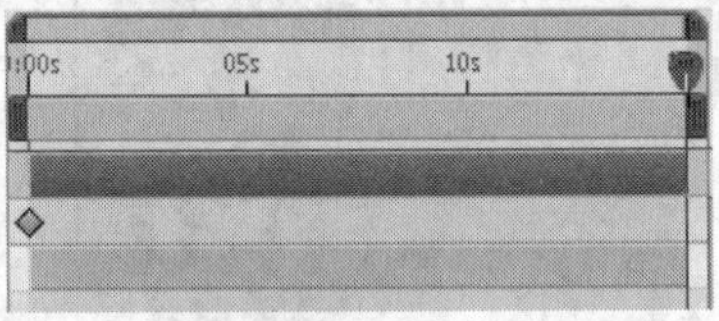

图 2-61

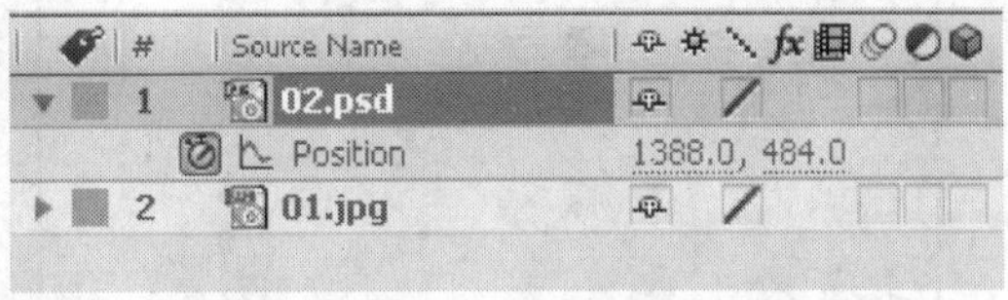

图 2-62

Step 07 将时间标签放置在 5s 的位置，选择“Selection Tool”（选择工具），在合成窗口中选中瓢虫，拖曳到如图 2-63 所示的位置，记录第 3 个关键帧。将时间标签放置在 10s 的位置，选择“Selection Tool”（选择工具），在合成窗口中选中瓢虫，拖曳到如图 2-64 所示的位置，记录第 4 个关键帧。

图 2-63

图 2-64

Step 08 选中“02”文件，选择“Layer > Transform > Auto-Orient”命令，弹出“Auto-Orientation”对话框，在对话框中选择“Orient Along Path”选项，如图 2-65 所示，单击“OK”按钮。合成窗口中的效果如图 2-66 所示。

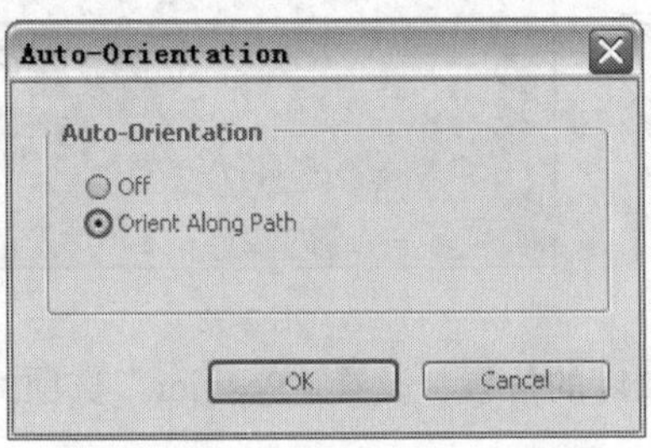

图 2-65

图 2-66

Step 09 选中“02”文件，选择“Effect > Perspective > Drop Shadow”命令，在“特效控制”面板中进行参数设置，如图 2-67 所示。合成窗口中的效果如图 2-68 所示。

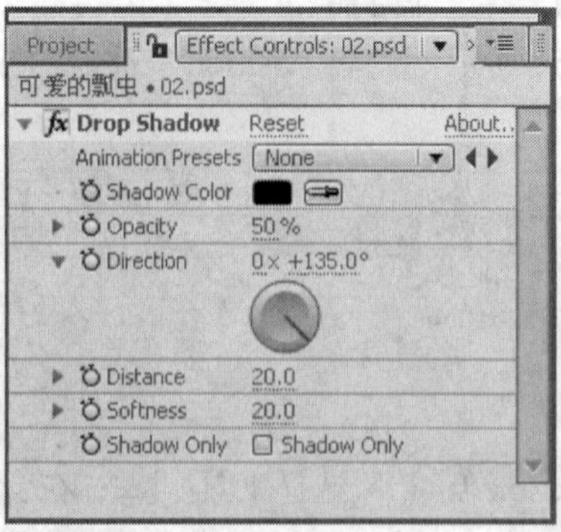

图 2-67

图 2-68

3. 复制瓢虫

Step 01 选中“02”文件，按<Ctrl>+<D>组合键复制一层，如图 2-69 所示。按<S>键展开新复制层的“Scale”属性，设置“Scale”选项的数值为 40，如图 2-70 所示。

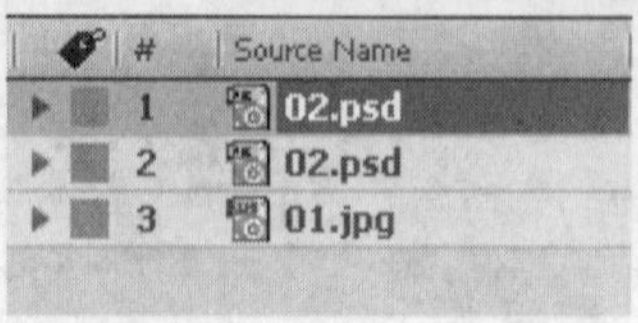

图 2-69

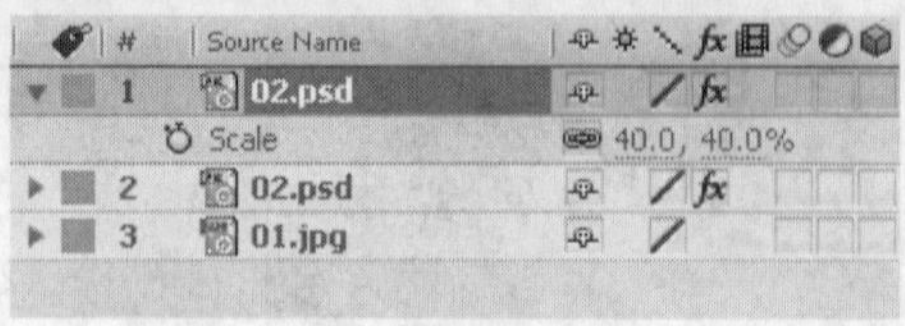

图 2-70

Step 02 选中新复制层，在“时间轴”面板中将时间标签放置在 0s 的位置，按<P>键展开“Position”属性，设置“Position”选项的数值为 2242、412，如图 2-71 所示。合成窗口中的效果如图 2-72 所示。

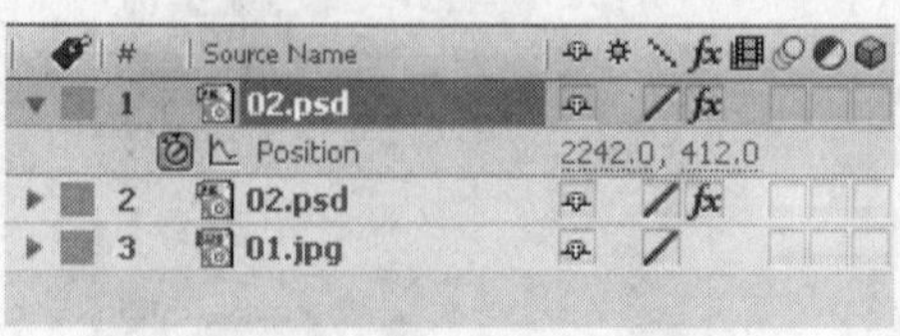

图 2-71

图 2-72

Step 03 选中新复制层，将时间标签放置在 14:24s 的位置，设置“Position”选项的数值为 1824、1132，如图 2-73 所示，记录第 2 个关键帧。

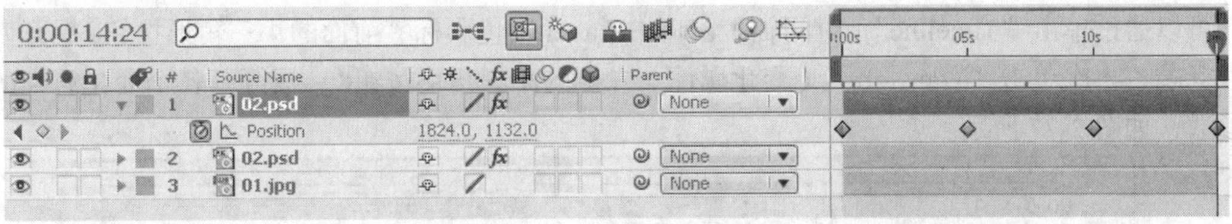

图 2-73

Step 04 将时间标签放置在 5s 的位置，选择“Selection Tool”（选择工具），在合成窗口中选中瓢虫，拖曳到如图 2-74 所示的位置，记录第 3 个关键帧。将时间标签放置在 10s 的位置，选择“Selection Tool”（选择工具），在合成窗口中选中瓢虫，拖曳并调整两端的控制手柄到如图 2-75 所示的位置，记录第 4 个关键帧。

图 2-74

图 2-75

Step 05 可爱的瓢虫制作完成，效果如图 2-76 所示。

图 2-76

2.3.2 了解层的 5 个基本变化属性

除了单独的音频层以外，各类型层至少有 5 个基本变化属性，分别是 Position（位置）属性、Scale（缩放）属性、Rotation（旋转）属性、Anchor Point（轴心点）属性和 Opacity（不透明）属性。可以通过单击“Timeline”（时间轴）窗口中 Label 层色彩标签前面的小三角形按钮▷展开变化属性标题，再次单击“Transform”（变化属性）左侧的小三角形按钮▷，展开其各个变化属性的具体参数，如图 2-77 所示。

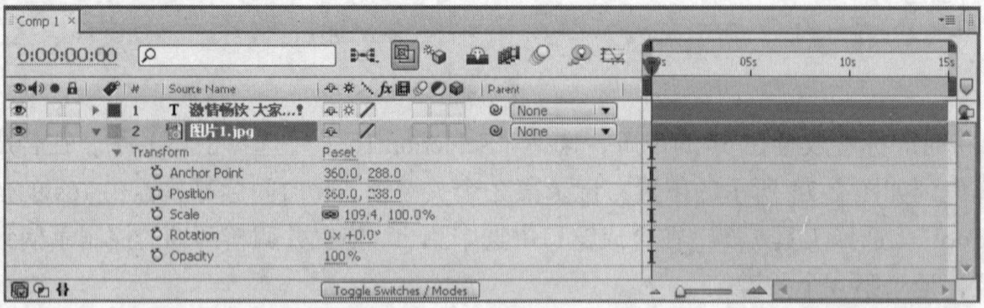

图 2-77

1. Position（位置）属性

选择需要的层，按<P>键打开 Position（位置）属性，如图 2-78 所示。以轴心点为基准，如图 2-79 所示，在层的位置属性后方的数字上拖曳鼠标（或单击输入需要的数值），如图 2-80 所示。松开鼠标，效果如图 2-81 所示。普通二维层的位置属性由 x 轴向和 y 轴向两个参数组成，如果是三维层则由 x 轴向、y 轴向和 z 轴向 3 个参数组成。

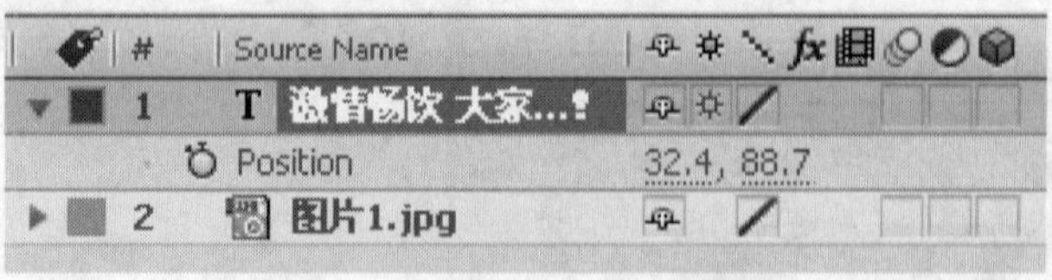

图 2-78

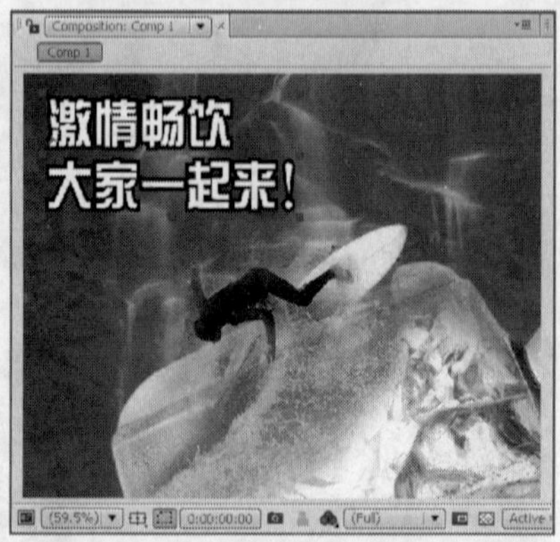

图 2-79

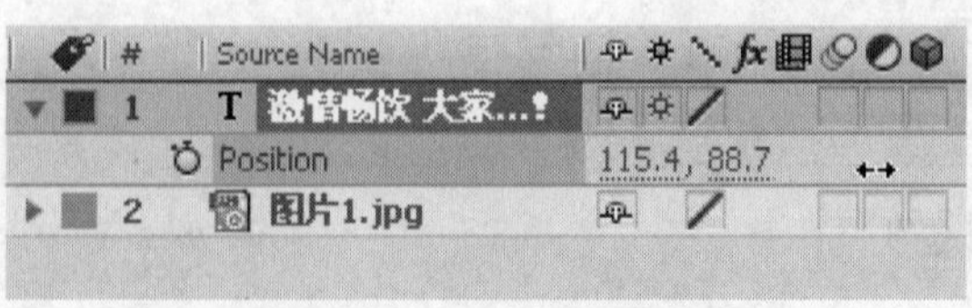

图 2-80

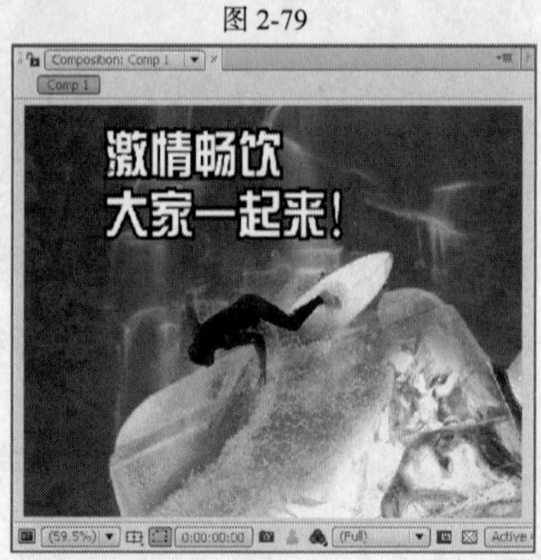

图 2-81

提示：在制作 Position（位置）动画时，为了保持移动时的方向性，可以通过选择“Layer > Transform > Auto-Orient”命令，打开自动校正方向对话框，选择“Orient Along Path”选项。

2. Scale（缩放）属性

选择需要的层，按<S>键打开 Scale（缩放）属性，如图 2-82 所示。以轴心点为基准，如图 2-83 所示，在层的缩放属性后方的数字上拖曳鼠标（或单击输入需要的数值），如图 2-84 所示。松开鼠标，效果如图 2-85 所示。普通二维层缩放属性由 x 轴向和 y 轴向两个参数组成，如果是三维层则由 x 轴向、y 轴向和 z 轴向 3 个参数组成。

图 2-82

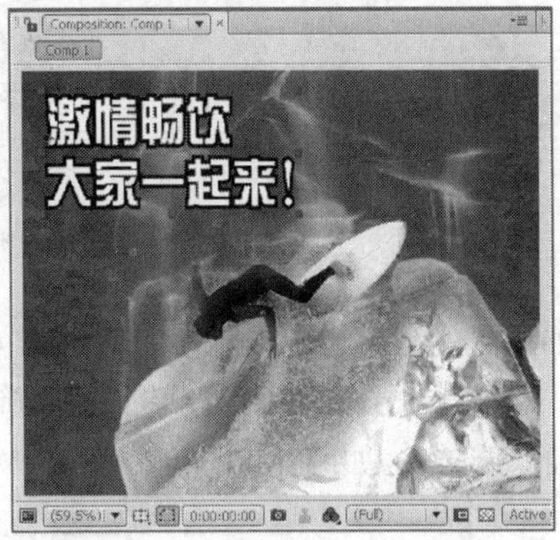

图 2-83

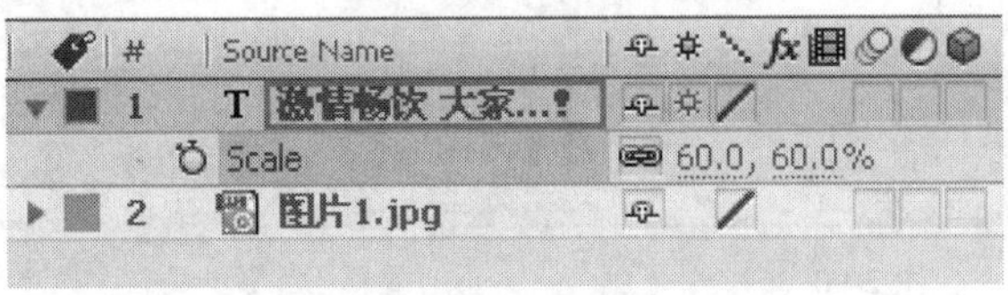

图 2-84

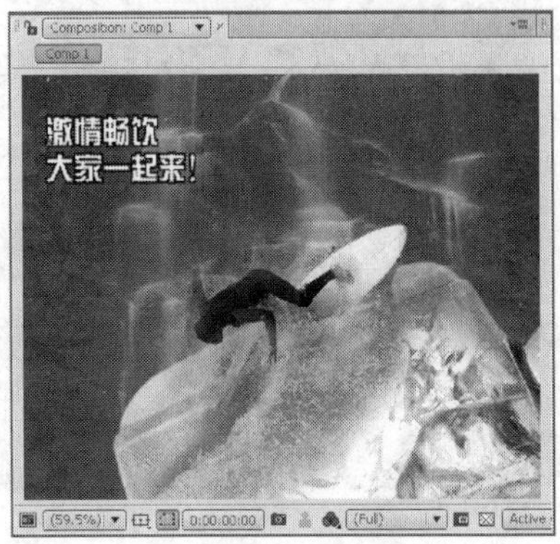

图 2-85

3. Rotation （旋转）属性

选择需要的层，按<R>键打开 Rotation（旋转）属性，如图 2-86 所示。以轴心点为基准，如图 2-87 所示，在层的旋转属性后方的数字上拖曳鼠标（或单击输入需要的数值），如图 2-88 所示。松开鼠标，效果如图 2-89 所示。普通二维层旋转属性由圈数和度数两个参数组成，如“1×+180°”。

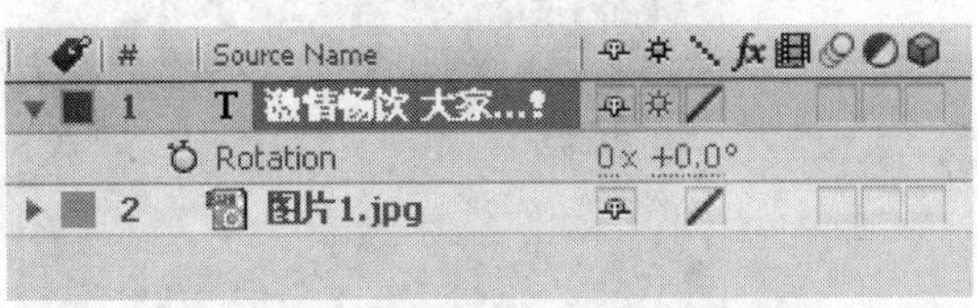

图 2-86

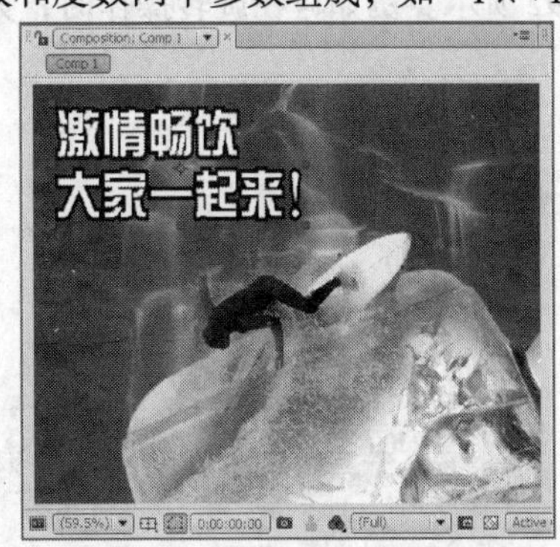

图 2-87

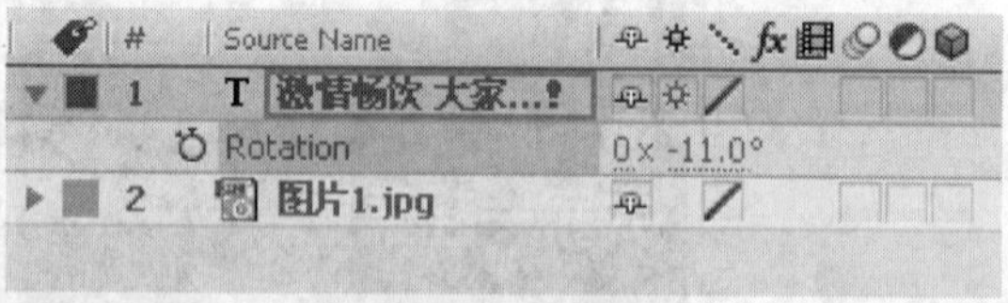

图 2-88

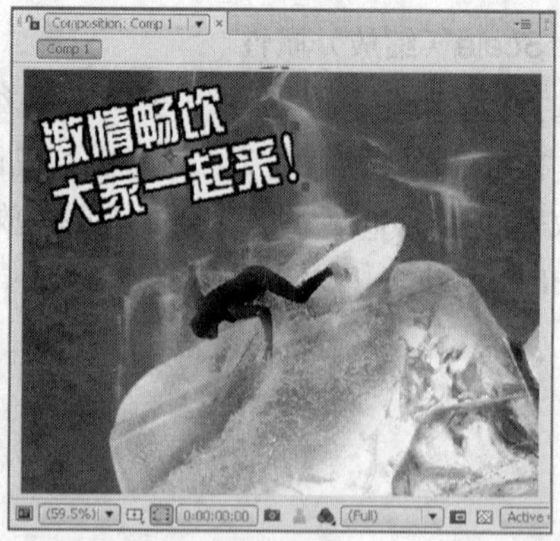

图 2-89

如果是三维层，旋转属性将增加为 4 个：Orientation（定位旋转）可以同时设定 *x*、*y*、*z* 3 个轴向，以及 X Rotation（仅调整 *x* 轴向旋转）、Y Rotation（仅调整 *y* 轴向旋转）、Z Rotation（仅调整 *z* 轴向旋转），如图 2-90 所示。

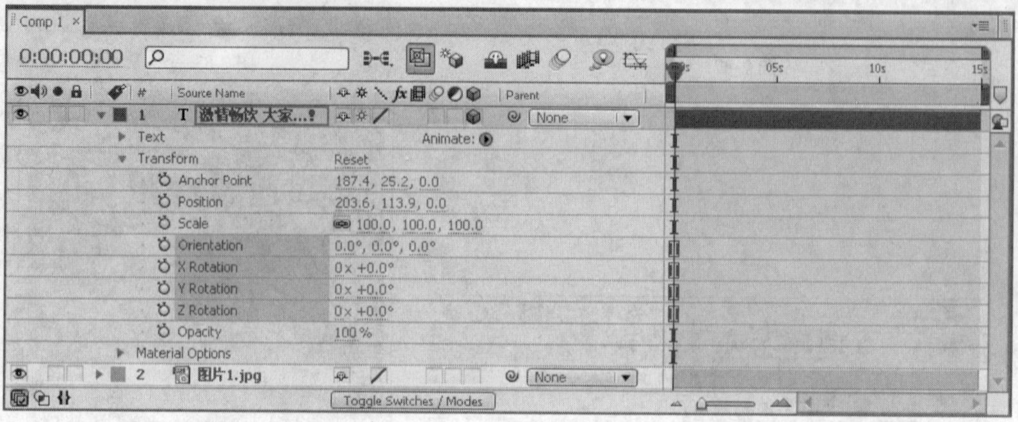

图 2-90

4. Anchor Point（轴心点）属性

无论一个层的面积多大，当其位置移动、旋转和缩放时，都是依据一个点来操作的，这个点就是 Anchor Point（轴心点）。

选择需要的层，按<A>键打开 Anchor Point（轴心点）属性，如图 2-91 所示。以轴心点为基准，如图 2-92 所示。例如，在旋转操作时，如图 2-93 所示。在缩放操作时，如图 2-94 所示。

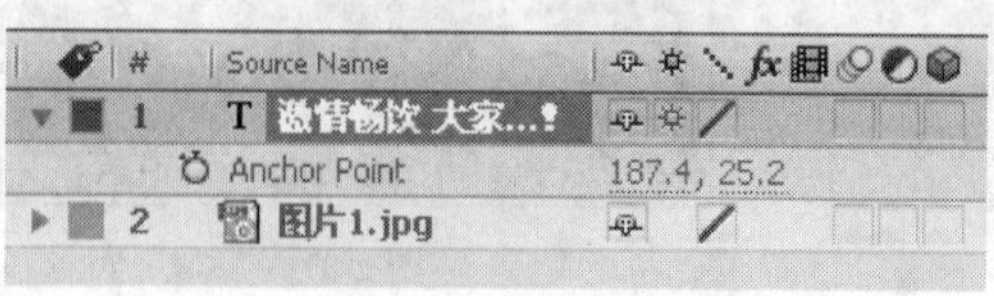

图 2-91

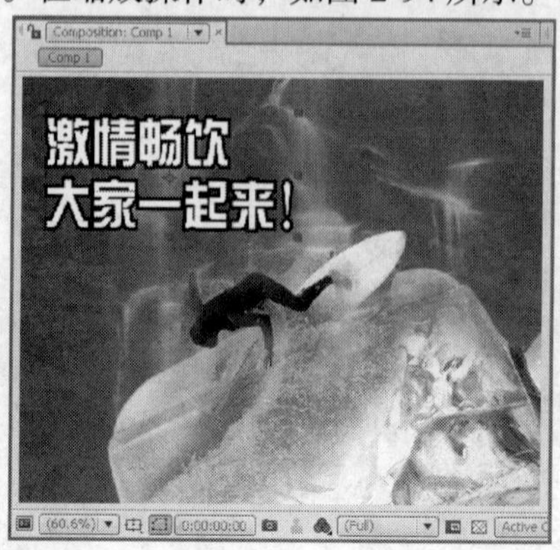

图 2-92

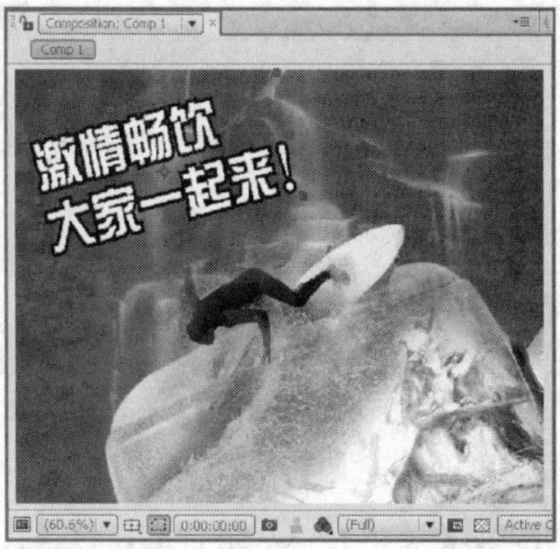

图 2-93

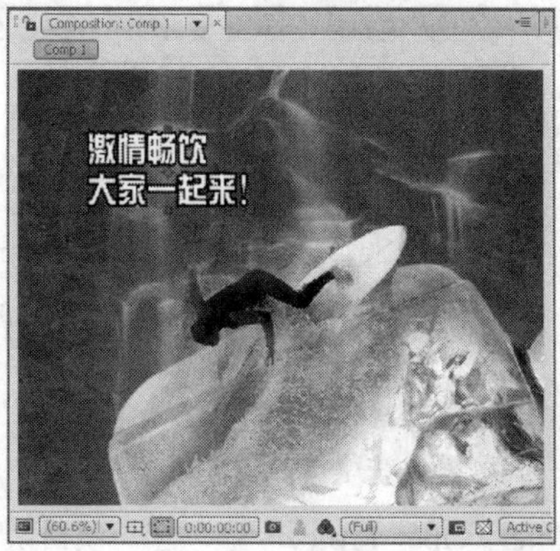

图 2-94

5. Opacity（不透明）属性

选择需要的层，按<T>键打开 Opacity（不透明）属性，如图 2-95 所示。以轴心点为基准，如图 2-96 所示，在层的不透明属性后方的数字上拖曳鼠标（或单击输入需要的数值），如图 2-97 所示。松开鼠标，效果如图 2-98 所示。

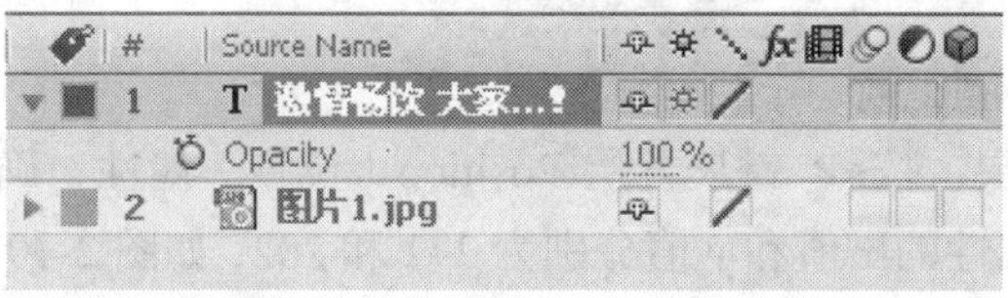

图 2-95

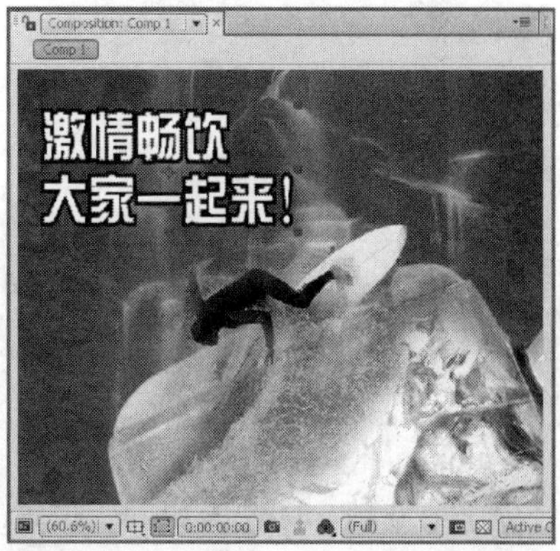

图 2-96

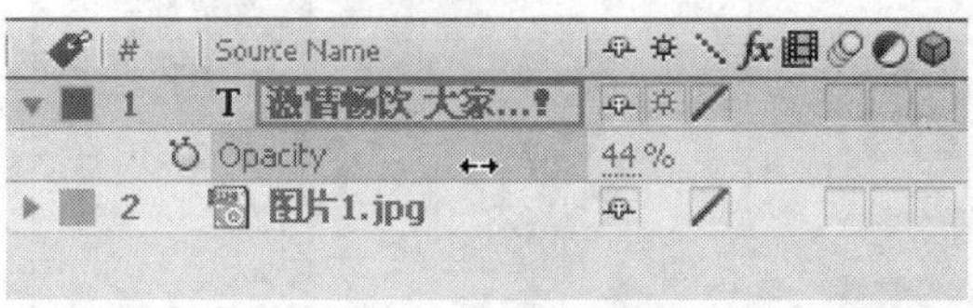

图 2-97

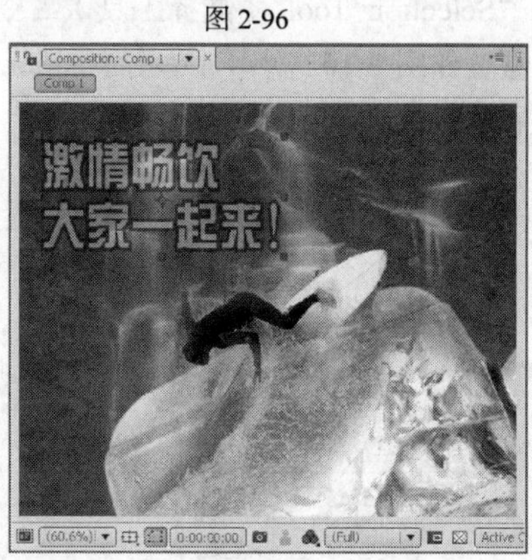

图 2-98

提示：可以通过按住<Shift>键的同时按下显示各属性的快捷键的方法，达到自定义组合显示属性的目的。例如，只想看见层的位置和不透明属性，可以通过选中层之后按<P>键，然后在按住<Shift>键的同时，按<T>键完成，如图 2-99 所示。

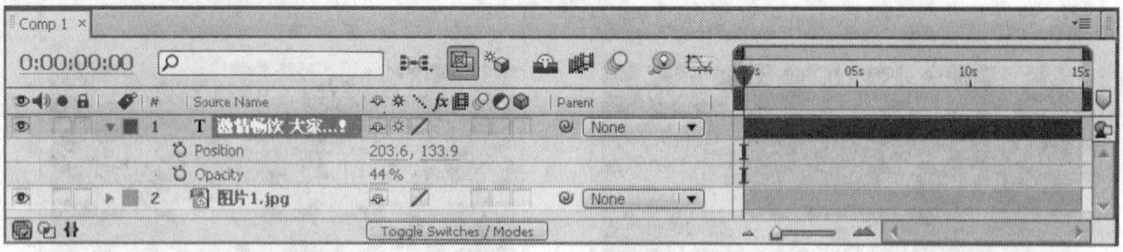

图 2-99

2.3.3 利用 Position 制作位置动画

选择“File > Open Project…”（打开项目）命令，或按<Ctrl>+<O>组合键，选择光盘目录下的“基础素材 > Ch02 > 春天来了 > 春天来了.aep”文件，如图 2-100 所示，单击“打开”按钮打开此文件。

图 2-100

在“Timeline”（时间轴）窗口选择第 3 层，按<P>键展开层 Position（位置）属性，确定当前时间指针处于第 0 帧。调整 Position（位置）属性的 x 值和 y 值分别为 272 和 202，如图 2-101 所示。或选择“Selection Tool”（选择工具），在“Composition”（合成）窗口将第 3 层移动到画面的中心位置，如图 2-102 所示。单击 Position 属性名称前的“关键帧自动记录器”按钮，开始自动记录位置关键帧信息。

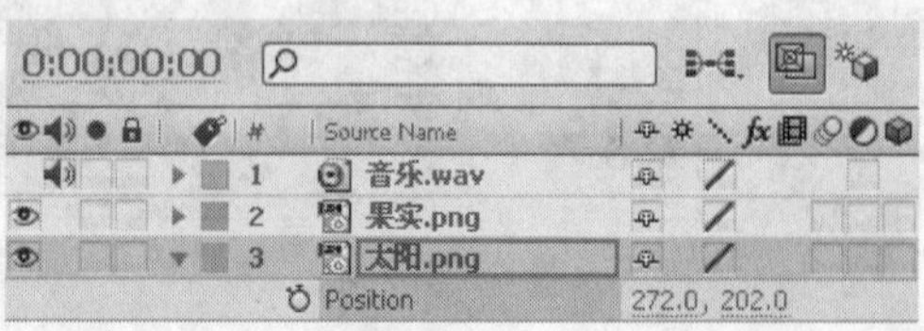

图 2-101

图 2-102

提示：按<Alt> +<Shift >+<P>组合键也可以实现上述操作，此快捷键可以实现在任意地方添加或删除位置属性关键帧的操作。

移动当前时间指针到 0:00:22:00 位置，调整 Position（位置）属性的 x 值和 y 值均为 90，或选择“Selection Tool”（选择工具），在“Composition”（合成）窗口将第 3 层移动到画面的左上角位置，在“Timeline”（时间轴）窗口当前时间下 Position（位置）属性自动添加一个关键帧，如图 2-103 所示，并在“Composition”（合成）窗口中显示出动画路径，如图 2-104 所示。按<0>键，进行动画内存预览。

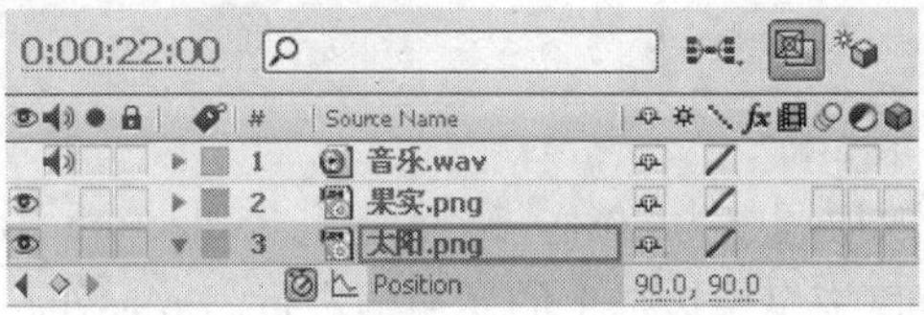

图 2-103

图 2-104

1. 手动方式调整 Position（位置）属性

- 选择“Selection Tool”（选择工具），直接在“Composition”（合成）窗口中拖动层。
- 在“Composition”（合成）窗口中拖动层时，按住<Shift>键，以水平或垂直方向移动层。
- 在“Composition”（合成）窗口中拖动层时，按住<Alt>+<Shift>组合键，将使层的边逼近合成图像边缘。
- 以 1 个像素点移动层可以使用上、下、左、右 4 个方向键实现；以 10 个像素点移动可以在按住<Shift>键的同时按下上、下、左、右 4 个方向键实现。

2. 数字方式调整 Position（位置）属性

- 当光标呈现形状时，在参数值上按下并左右拖动鼠标可以修改值。
- 单击参数将会出现输入框，可以在其中输入具体数值。输入框也支持加减法运算，如可以输入“+20”，在原来的轴向值上加上 20 个像素，如图 2-105 所示；如果是减法，则输入“360-20”。

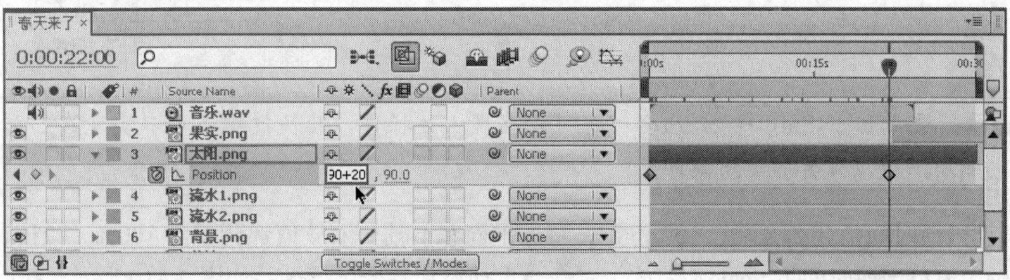

图 2-105

- 在属性标题或参数值上单击鼠标右键，在弹出的菜单中，选择“Edit Value”（编辑参数）命令，或按<Ctrl>+<Shift>+<P>组合键，打开参数数值对话框。在该对话框中可以调整具体参数值，并且可以选择调整所依据的尺寸，如 Pixels（像素）、Inches（英寸）、Millimeters（毫米）、% of source（以原素材尺寸为依据的百分比）、% of composition（以合成项目尺寸为依据的百分比），如图 2-106 所示。

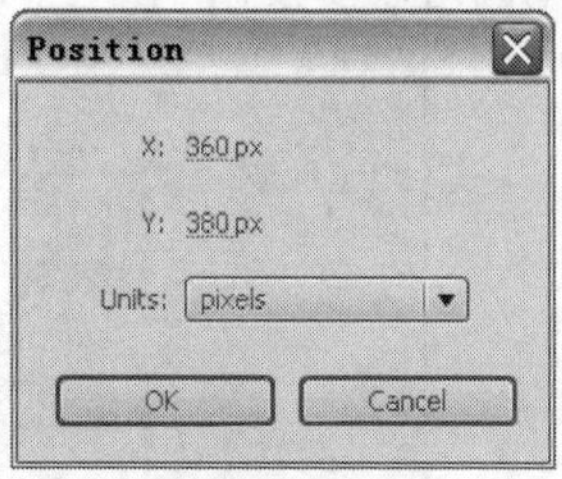

图 2-106

2.3.4 加入 Scale（缩放）动画

在“Timeline”（时间轴）窗口中选择第 3 层，在按住<Shift>键的同时按<S>键，展开层 Scale（缩放）属性，如图 2-107 所示。

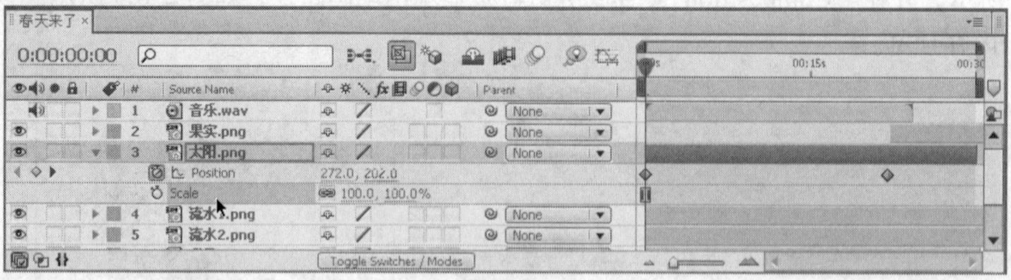

图 2-107

返回到第 0 帧处，将 x 轴向和 y 轴向缩放值调整为 60%，或者选择“Selection Tool”（选择工具），在“Composition”（合成预览）窗口拖曳层边框上的变换框进行缩放操作，如图 2-108 所示。

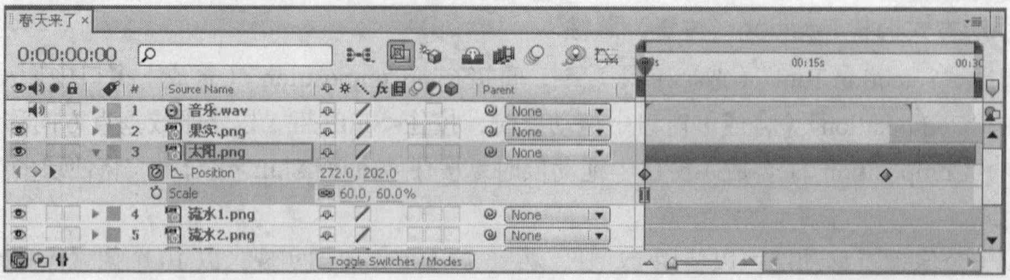

图 2-108

如果同时按下<Shift>键则可以实现等比缩放，还可以通过观察“Info”（信息）面板和“Timeline”（时间轴）窗口中的 Scale（缩放）属性了解表示具体缩放程度的数值，如图 2-109 所示。单击 Scale 缩放属性名称前的“关键帧自动记录器”按钮，开始记录缩放关键帧信息。

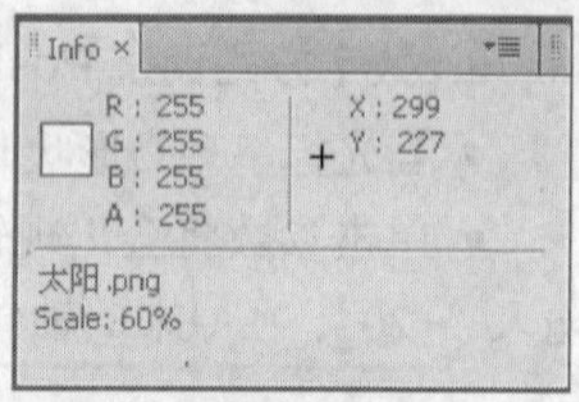

图 2-109

提示：按<Alt>+<Shift>+<S>组合键也可以实现上述操作，此快捷键还可以实现在任意地方添加或删除缩放属性关键帧的操作。

移动当前时间指针到 0:00:22:00 位置，将 x 轴向和 y 轴向缩放值都调整为 100%。“Timeline”（时间轴）窗口当前时间下 Scale（缩放）属性会自动添加一个关键帧，如图 2-110 所示。按<0>键，进行动画内存预览。

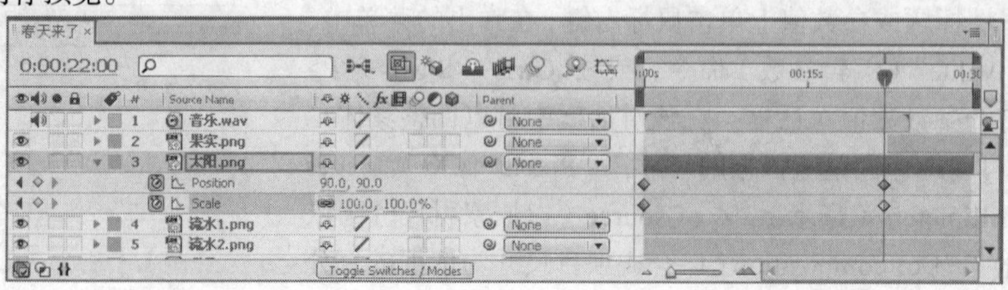

图 2-110

1. 手动方式调整 Scale（缩放）属性

• 选择“Selection Tool”（选择工具），直接在“Composition”（合成）窗口中拖曳层边框上的变换框进行缩放操作，如果同时按住<Shift>键，则可以实现等比例缩放。

• 可以通过按住<Alt>键的同时按<+>（加号）键实现以 1%递增缩放百分比，也可以通过按住<Alt>键的同时按<->（减号）键实现以 1%递减缩放百分比；如果要以 10%为递增或者递减调整，只需要在按下上述快捷键的同时再按<Shift>键即可，如按<Shift>+<Alt>+<->组合键，以 10%递减缩放。

2. 数字方式调整 Scale（缩放）属性

• 当光标呈现形状时，在参数值上按下并左右拖动鼠标可以修改缩放值。

• 单击参数将会弹出输入框，可以在其中输入具体数值。输入框也支持加减法运算，如可以输入“+10”，在原有的值上加上 10%，如果是减法，则输入“100-10”，如图 2-111 所示。

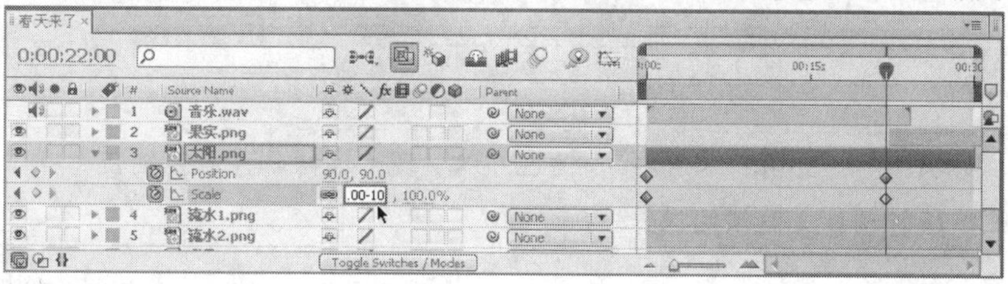

图 2-111

• 在属性标题或参数值上单击鼠标右键，在弹出的菜单中选择“Edit Value”（编辑参数）命令，在弹出的对话框中进行设置，如图 2-112 所示。

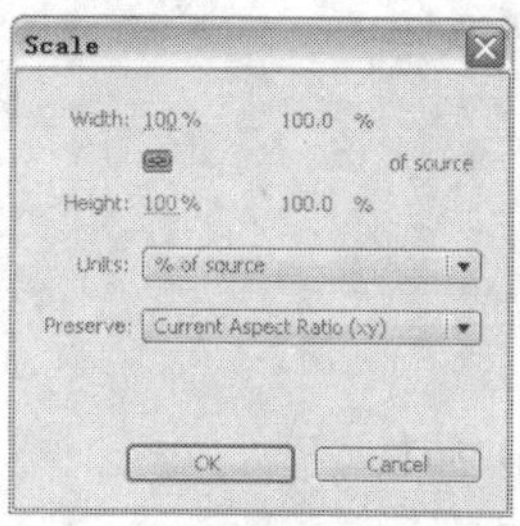

图 2-112

提示：如果使缩放值变为负值，将实现图像翻转特效。

2.3.5　制作 Rotation（旋转）动画

在“Timeline”（时间轴）窗口中选择第 3 层，在按住<Shift>键的同时按<R>键，展开层 Rotation（旋转）属性，如图 2-113 所示。

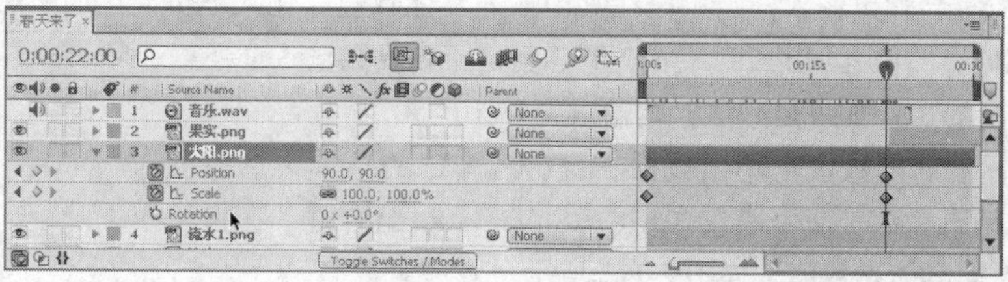

图 2-113

移动当前时间指针到 0 帧处，调整旋转值为“1×+180°”，旋转一圈半，单击 Rotation（旋转）属性名称前的“关键帧自动记录器”按钮，开始记录旋转关键帧信息，如图 2-114 所示。或者选择“Rotation Tool”（旋转工具），在“Composition”（合成）窗口以顺时针方向旋转图层，同时可以通过观察“Info”（信息）面板和“Timeline”（时间轴）窗口中的 Rotation（旋转）属性了解具体旋转圈数和度数。旋转后的效果如图 2-115 所示。

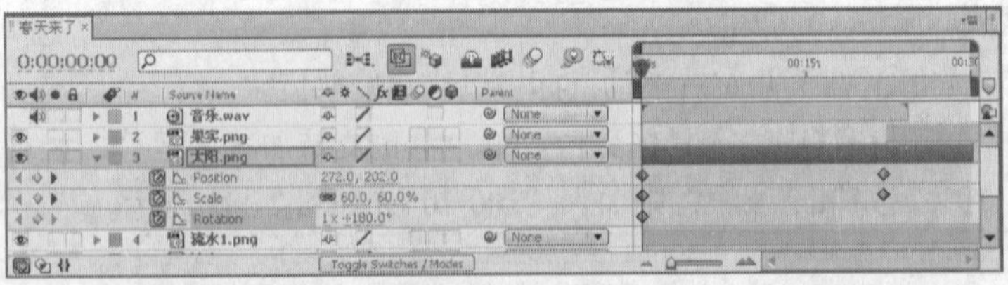

图 2-114

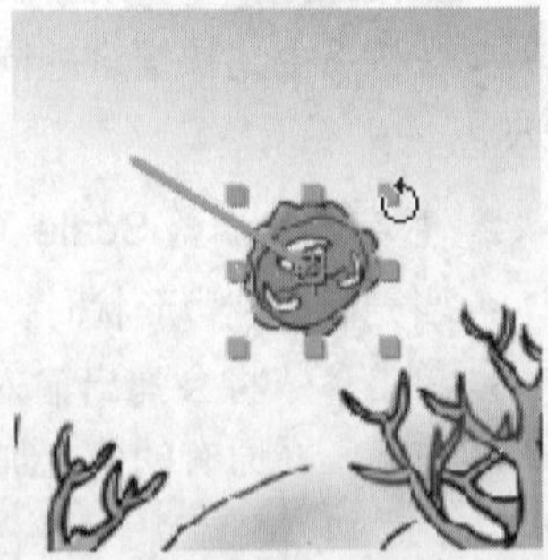

图 2-115

提示：按<Alt> + <Shift> +< R>组合键也可以实现上述操作，此快捷键还可以实现在任意地方添加或删除旋转属性关键帧的操作。

移动当前时间指针到 0:00:22:00 位置，调整旋转值为“0×+0°”，如图 2-116 所示。按<0>键，进行动画内存预览。

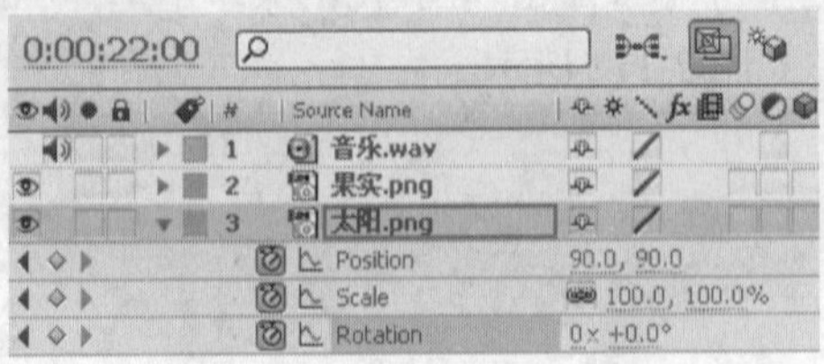

图 2-116

1. 手动方式调整 Rotation（旋转）属性

- 选择“Rotation Tool”（旋转工具），在“Composition”（合成）窗口以顺时针方向或者逆时针方向旋转图层，如果同时按住<Shift>键，将以 45° 为调整幅度。
- 可以通过数字键盘的<+>（加号）键实现以 1° 顺时针方向旋转层，也可以通过数字键盘<->（减号）键实现以 1° 逆时针方向旋转层；如果要以 10° 旋转调整层，只需要在按下上述快捷键的同时再按下<Shift>键即可，如按<Shift>+数字键盘的<->组合键，以 10° 逆时针旋转。

2. 数字方式调整 Rotation（旋转）属性

- 当光标呈现形状时，在参数值上按下并左右拖动鼠标可以修改。
- 单击参数将会弹出输入框，可以在其中输入具体数值。输入框也支持加减法运算，如可以输入“+2”，在原有的值上加上 2° 或者 2 圈（新定于在度数输入框还是圈数输入框中输入）；如果是减法，则输入“45-10”。
- 在属性标题或参数值上单击鼠标右键，在弹出的菜单中选择“Edit Value”（编辑参数）命令或按<Ctrl>+<Shift>+<R>组合键，在弹出的对话框中调整具体参数值，如图 2-117 所示。

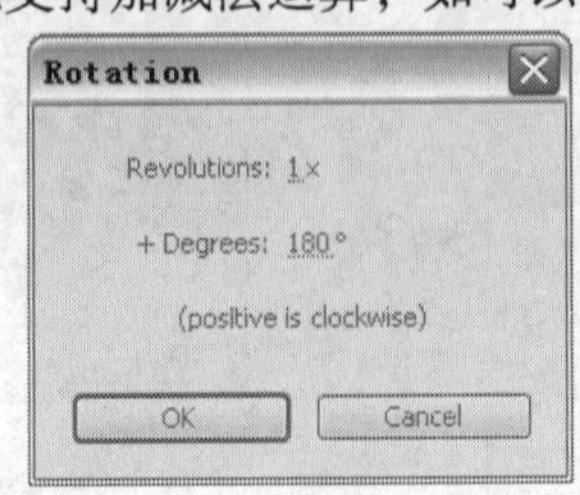

图 2-117

2.3.6　了解 Anchor Point（轴心点）的功用

在“Timeline”（时间轴）窗口中选择第 3 层，在按住<Shift>键的同时按<A>键，展开层 Anchor Point（轴心点）属性，如图 2-118 所示。

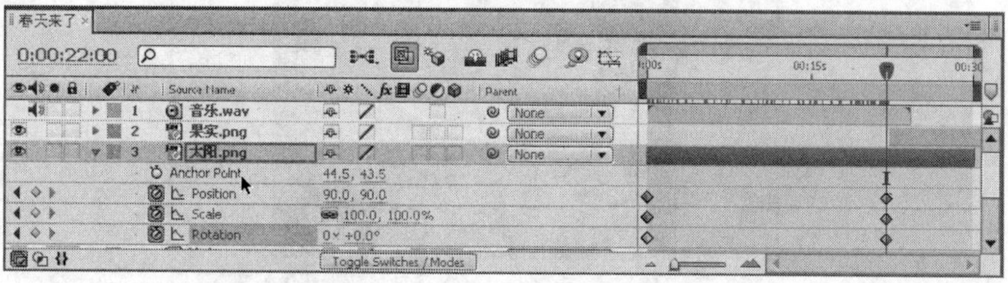

图 2-118

改变 Anchor Point（轴心点）属性中的第一个值（y 轴向值）为 50，或者选择“Pan Behind Tool”（平移拖后工具），在“Composition”（合成）窗口单击并移动轴心点，同时通过观察“Info”（信息面板）和“Timeline”（时间轴）窗口中的 Anchor Point（轴心点）属性值，了解具体位置移动参数，如图 2-119 所示。按<0>键，进行动画内存预览。

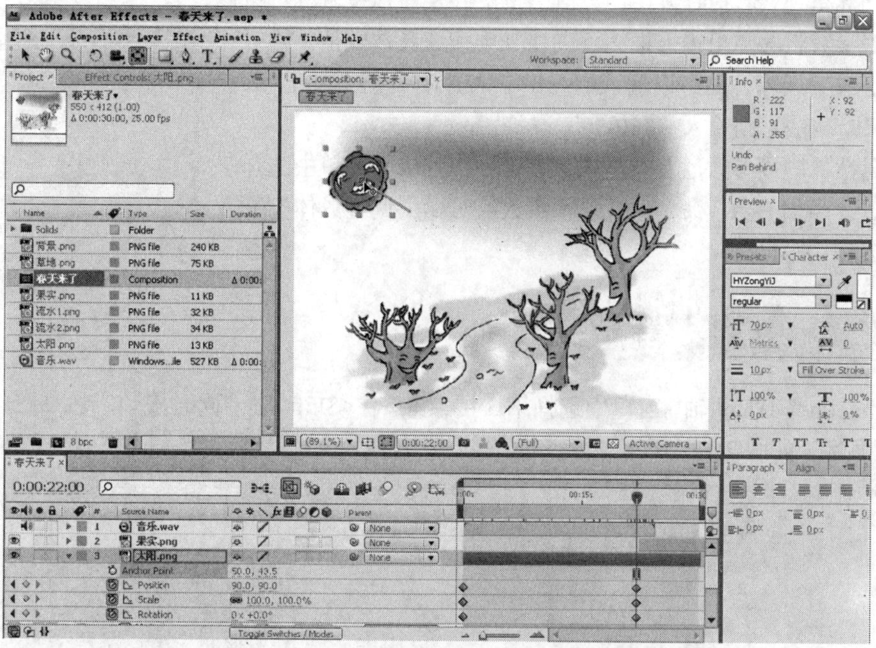

图 2-119

提示：轴心点的坐标是相对于层，而不是相对于合成图像的。

1. 手动方式调整 Anchor Point（轴心点）

- 选择“Pan Behind Tool”（平移拖后工具），在“Composition”（合成）窗口单击并移动轴心点。
- 在“Timeline”（时间轴）窗口中双击层，将层在“Layer”（层）预览窗口中打开，选择“Selection Tool”（选择工具），或者选择“Pan Behind Tool”（平移拖后工具），单击并移动轴心点，如图 2-120 所示。

图 2-120

2. 数字方式调整 Anchor Point（轴心点）

- 当光标呈现形状时，在参数值上按下并左右拖曳鼠标可以修改。
- 单击参数将会弹出输入框，可以在其中输入具体数值。输入框也支持加减法运算，如可以输入“+30”，在原有的值上加上 30 像素；如果是减法，则输入“360-30”。
- 在属性标题或参数值上单击鼠标右键，在弹出的菜单中选择“Edit Value”（编辑参数）命令，打开参数数值对话框调整具体参数值，如图 2-121 所示。

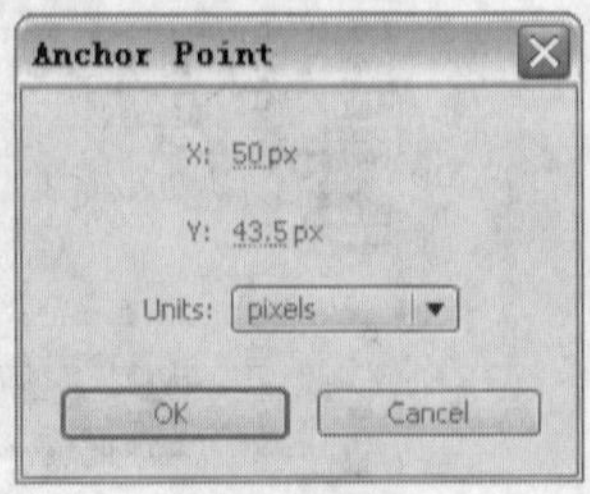

图 2-121

2.3.7 添加 Opacity（不透明）动画

在“Timeline”（时间轴）窗口中选择第 3 层，在按住<Shift>键的同时按<T>键，展开层 Opacity（不透明）属性，如图 2-122 所示。

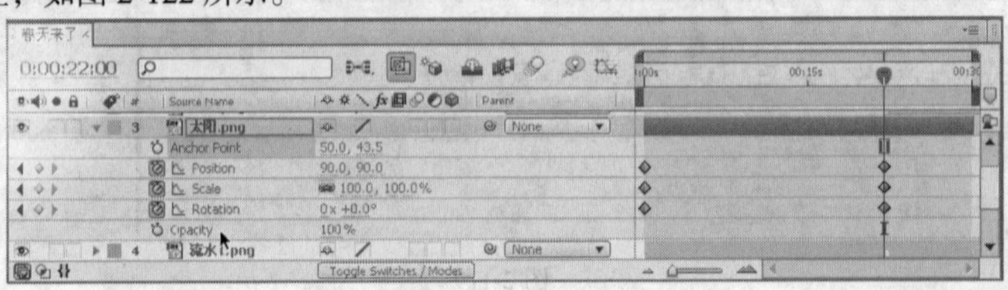

图 2-122

返回到第 0 帧处，将透明度属性值调整为 0%，使层完全透明。单击 Opacity 属性名称前的“关键帧自动记录器”按钮，开始记录不透明关键帧信息。

提示：按<Alt>+<Shift>+<T>组合键也可以实现上述操作，此快捷键还可以实现在任意地方添加或删除不透明属性关键帧的操作。

移动当前时间指针到 0:00:22:00 位置，将不透明属性值调整为 100%，使层完全不透明，注意观察“Timeline”（时间轴）窗口，当前时间下的 Opacity 属性会自动添加一个关键帧，如图 2-123 所示。按<0>键，进行动画内存预览。

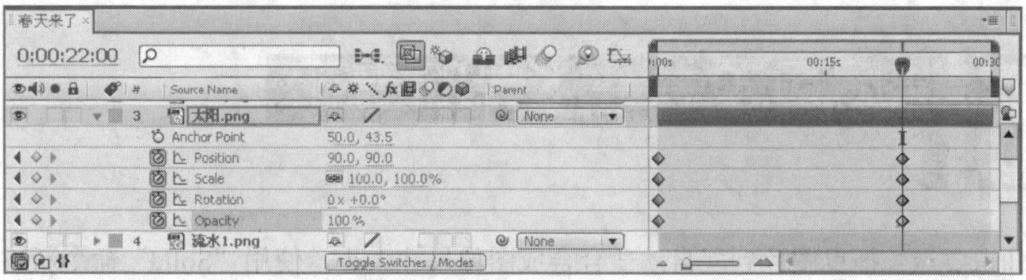

图 2-123

数字方式调整 Opacity（不透明）属性

- 当光标呈现形状时，在参数值上按下并左右拖曳鼠标可以修改。
- 单击参数将会弹出输入框，可以在其中输入具体数值。输入框也支持加减法运算，如可以输入“+20”，在原有的值上增加 10%；如果是减法，则输入“100-20”。
- 在属性标题或参数值上单击鼠标右键，在弹出的菜单中选择“Edit Value”（编辑参数）命令或按<Ctrl>+<Shift>+<O>组合键，在弹出的对话框调整具体参数值，如图 2-124 所示。

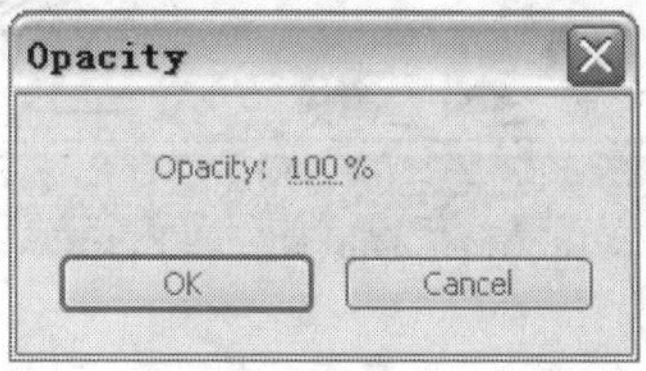

图 2-124

2.4 课堂练习——运动的线条

练习知识要点：使用“Particle Playground”命令、“Transform”命令、“Fast Blur”命令制作线条效果，使用 Scale 属性制作缩放效果。运动的线条效果如图 2-125 所示。

效果所在位置：光盘\Ch02\运动的线条. aep。

图 2-125

2.5 课后习题——飞舞的雪花

习题知识要点：拖曳图片到层自动适合合成图像尺寸大小，使用“Solid”命令新建层，使用“CC Snow”命令制作雪花并添加关键帧效果。飞舞的雪花效果如图 2-126 所示。

效果所在位置：光盘\Ch02\飞舞的雪花. aep。

图 2-126

第3章 制作蒙版动画

本章主要讲解蒙版的功能，其中包括蒙版设计图形、调整蒙版图形形状、蒙版的变换、应用多个蒙版、编辑蒙版的多种方式等。通过对本章的学习，读者可以掌握蒙版的使用方法和应用技巧，并通过蒙版功能制作出绚丽的视频效果。

【教学目标】

- 初步了解蒙版（Mask）。
- 设置蒙版。
- 蒙版的基本操作。

3.1 初步了解蒙版

蒙版（Mask）其实就是一个封闭的贝塞尔曲线所构成的路径轮廓，轮廓之内或之外的区域就是抠像的依据，如图 3-1 所示。

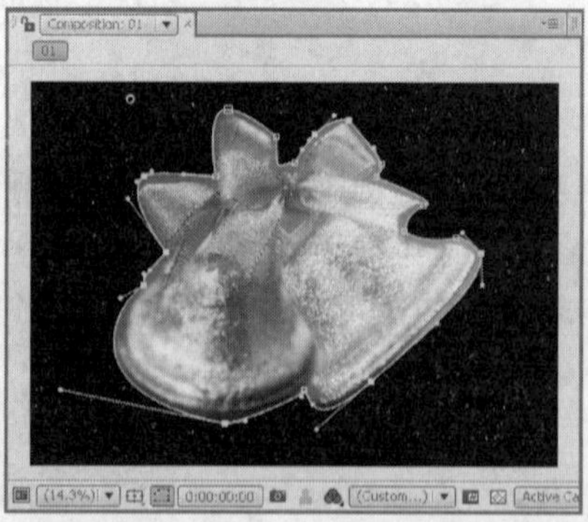

图 3-1

提示：虽然蒙版是由路径组成的，但是千万不要误认为路径只是用来创建蒙版的，它还可以用在描绘勾边特效处理、沿路径制作动画特效等方面。

3.2 设置蒙版

通过设置蒙版，可以将两个以上的图层合成并制作出一个新的画面。蒙版可以在 Composition（合成）窗口中进行调整，也可以在 Timeline（时间线）面板中调整。

3.2.1 课堂案例——粒子文字

案例学习目标：学习使用 Particular 制作粒子属性控制和调整蒙版图形。

案例知识要点：建立新的合成并命名，使用"水平类型工具"输入并编辑文字，使用"Ramp"命令编辑渐变背影，将多个合成拖曳到时间线面板中，编辑形状蒙版。粒子文字效果如图 3-2 所示。

图 3-2

效果所在位置：光盘\Ch03\粒子文字.aep。

1. 输入文字

Step 01 按 <Ctrl>+<N> 组合键，弹出"Composition Settings"对话框，在"Composition Name"选项的文本框中输入"文字"，其他选项的设置如图 3-3 所示。单击"OK"按钮，创建一个新的合成"文字"。

Step 02 选择“Horizontal Type Tool”（水平类型工具）![T]，在合成窗口输入文字“全新奉献 精彩不断”。选中输入的文字，在“Character”面板中设置文字的颜色为白色，其他参数设置如图 3-4 所示。设置完成后合成窗口中的效果如图 3-5 所示。

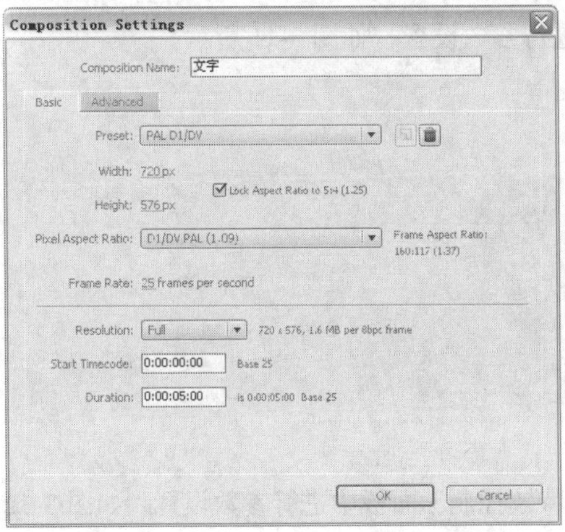

图 3-3

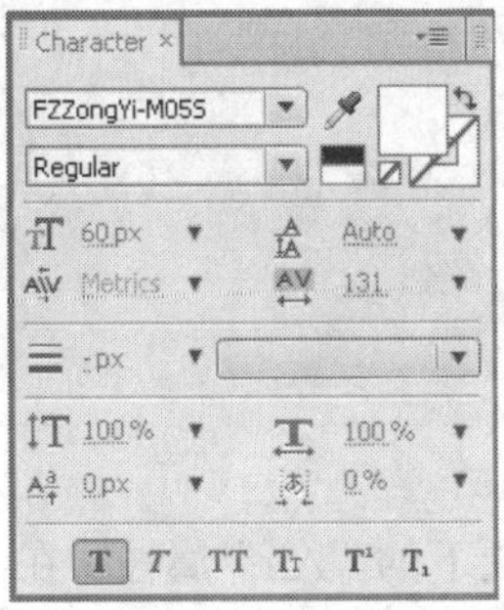

图 3-4

图 3-5

Step 03 再次创建一个新的合成并命名为“粒子文字”。在当前合成中建立一个新的黑色 Solid 层“背景”。选中“背景”层，选择“Effect > Generate > Ramp”命令，在“特效控制”面板中设置“Start Color”的颜色为蓝色（其 R、G、B 的值分别为 0、15、150），“End Color”的颜色为黑色，其他参数设置如图 3-6 所示。设置完成后合成窗口中的效果如图 3-7 所示。

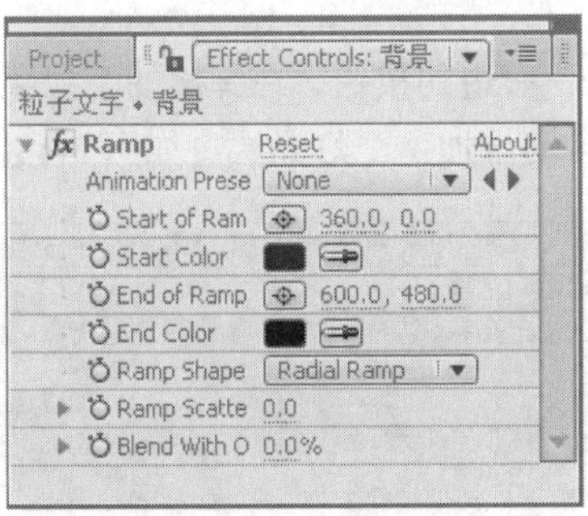

图 3-6

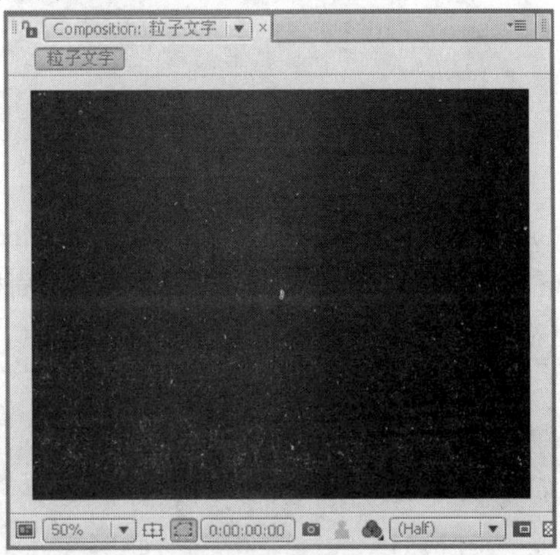

图 3-7

Step 04 在“项目”面板中选中“文字”合成并将其拖曳到“时间轴”面板中，单击“文字”层前面的眼睛按钮![眼睛]，关闭该层的可视性，如图 3-8 所示。单击“文字”层右面的“3D layer”按钮![3D]，打开三维属性，如图 3-9 所示。

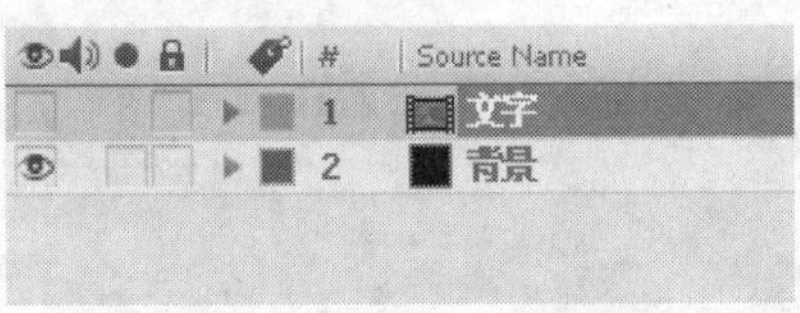

图 3-8

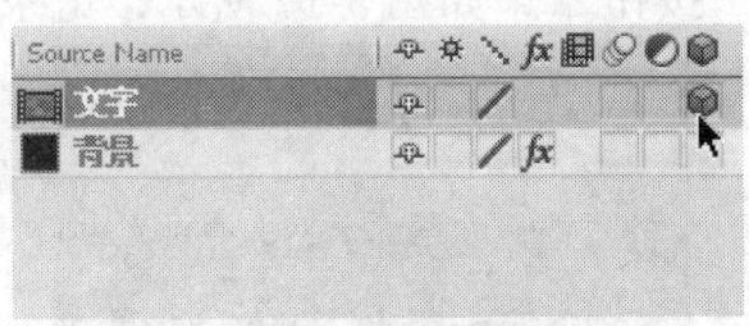

图 3-9

2．制作粒子

Step 01 在当前合成中建立一个新的黑色 Solid 层“粒子 1”。选中“粒子 1”层，选择“Effect > Trapcode > Particular”命令，展开“Emitter”属性，在“特效控制”面板中进行参数设置，如图 3-10 所示。展开“Particle”属性，在“特效控制”面板中进行参数设置，如图 3-11 所示。

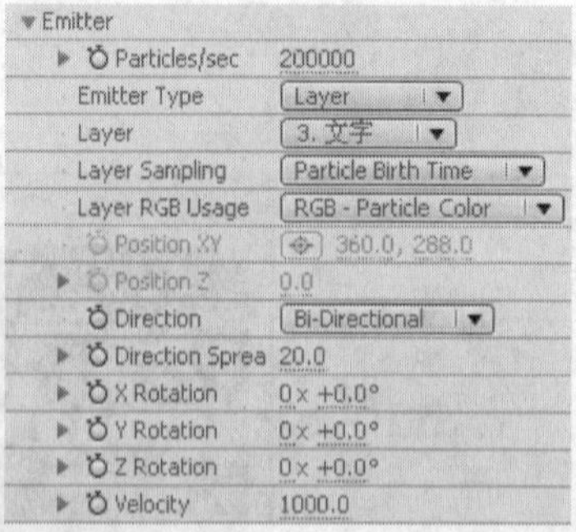

图 3-10

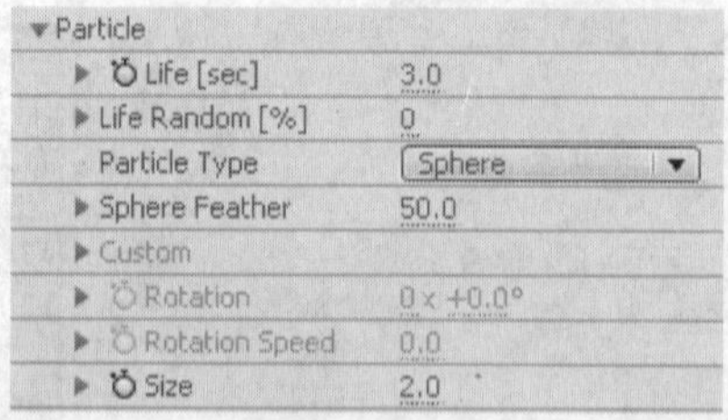

图 3-11

Step 02 展开“Physics”选项下的“Air”属性，在“特效控制”面板中进行参数设置，如图 3-12 所示。展开“Turbulence Field”属性，在“特效控制”面板中进行参数设置，如图 3-13 所示。

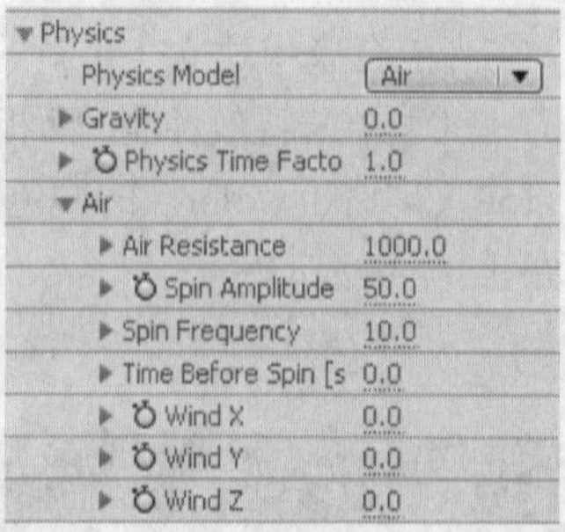

图 3-12

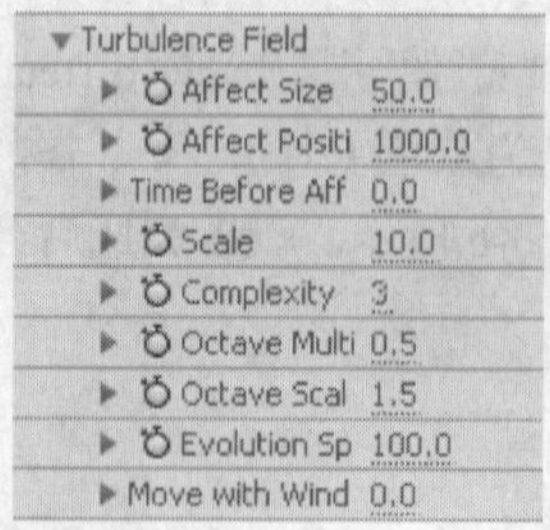

图 3-13

Step 03 展开“Motion Blur”属性，单击“Motion Blur”右边的按钮，在弹出的下拉菜单中选择“On”，如图 3-14 所示。设置完毕后，“时间轴”面板中自动添加一个灯光层，如图 3-15 所示。

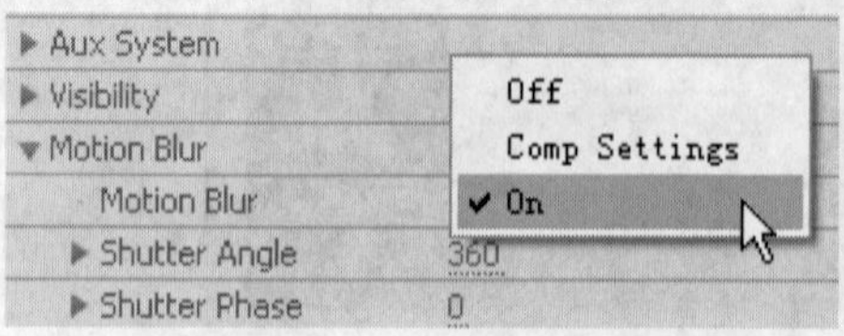

图 3-14

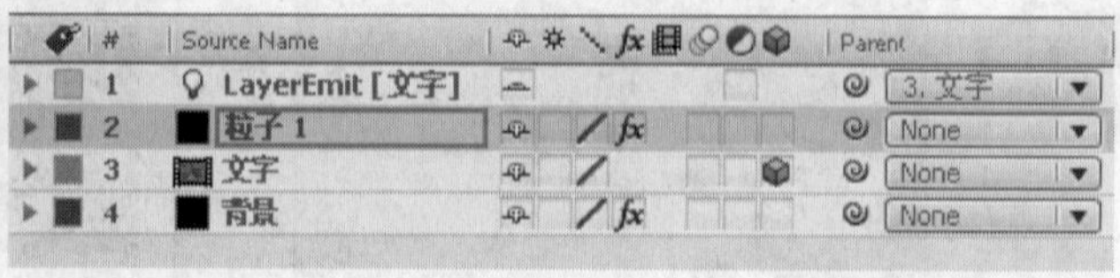

图 3-15

Step 04 选中“粒子 1”层，在“时间轴”面板中将时间标签放置在 0 s 的位置，如图 3-16 所示。在“时间轴”面板中分别单击“Emitter”下的“Particles/sec”、“Physics/Air”下的“Spin Amplitude”、“Turbulence Field”下的“Affect Size”和“Affect Position”选项前面的“关键帧自动记录器”按钮，如图 3-17 所示，记录第 1 个关键帧。

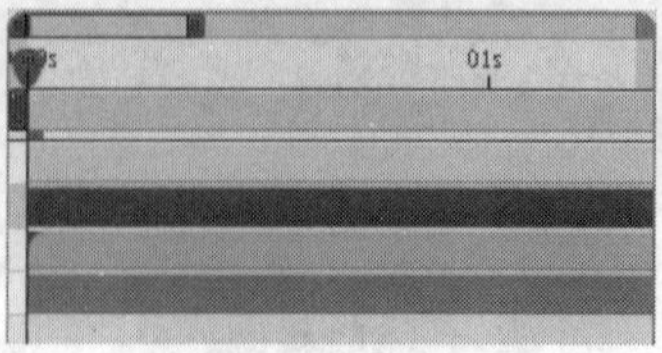

图 3-16

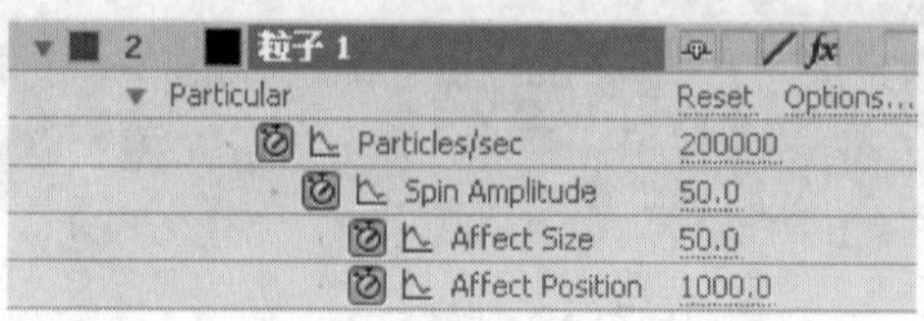

图 3-17

Step 05 在“时间轴”面板中将时间标签放置在 1s 的位置，如图 3-18 示。在“时间轴”面板中设置“Particles/sec”选项的数值为 0，“Spin Amplitude”选项的数值为 20，“Affect Size”选项的数值为 20，“Affect Position”选项的数值为 500，如图 3-19 所示，记录第 2 个关键帧。

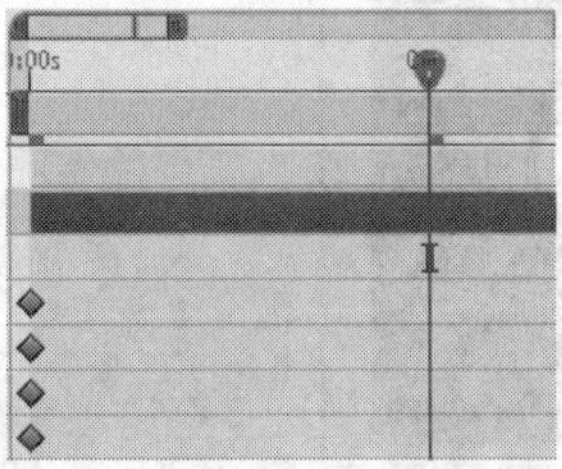

图 3-18

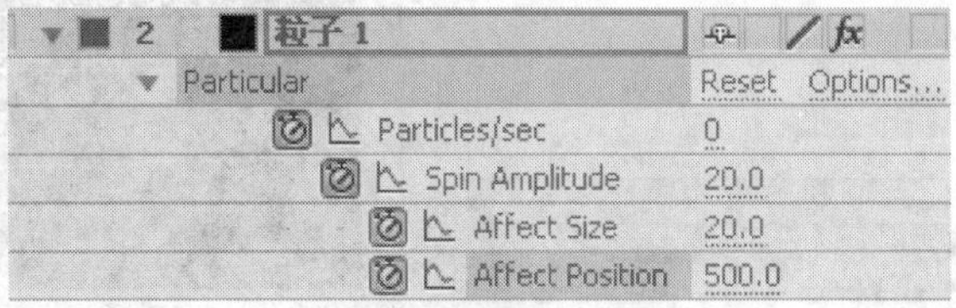

图 3-19

Step 06 在“时间轴”面板中将时间标签放置在 3s 的位置，如图 3-20 所示。在“时间轴”面板中设置“Spin Amplitude”选项的数值为 10，“Affect Size”选项的数值为 5，“Affect Position”选项的数值为 5，如图 3-21 所示，记录第 3 个关键帧。

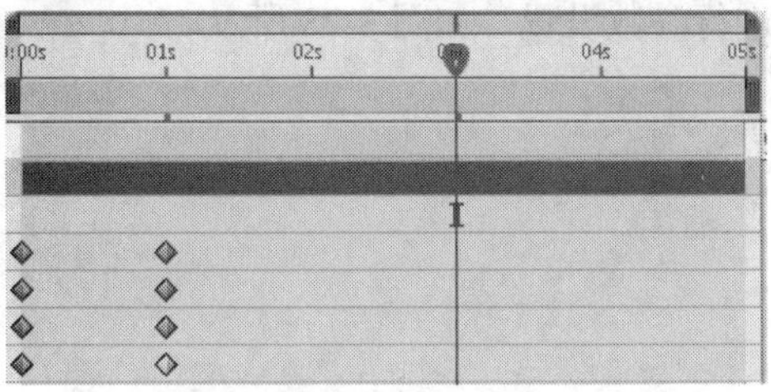

图 3-20

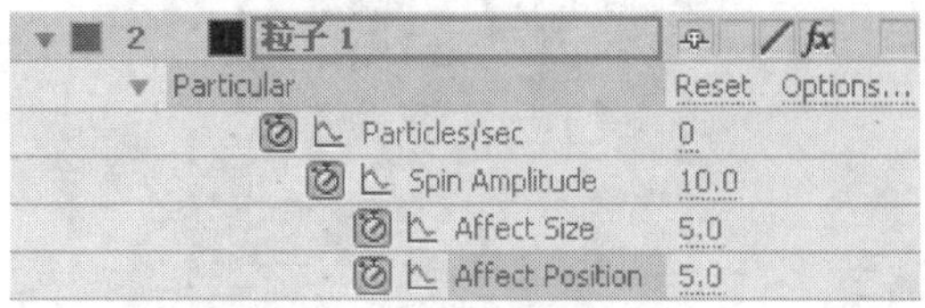

图 3-21

3．制作形状蒙版

Step 01 在“项目”面板中选中“文字”合成并将其拖曳到“时间轴”面板中，并将时间标签放置在 2s 的位置上，如图 3-22 所示。选择“Rectangular Mask Tool”（矩形遮罩工具），在合成窗口中拖曳鼠标绘制一个矩形 Mask，如图 3-23 所示。

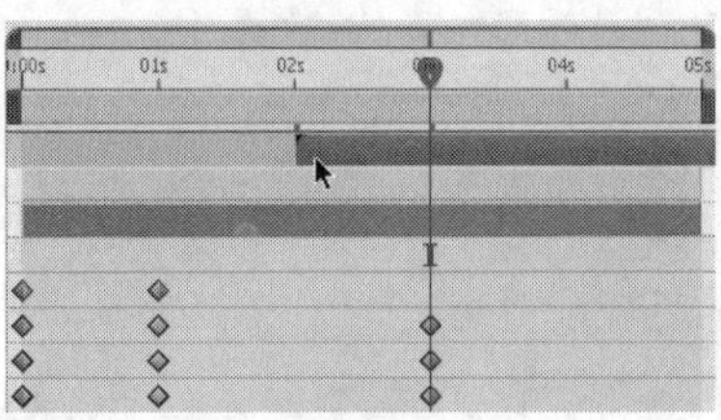

图 3-22

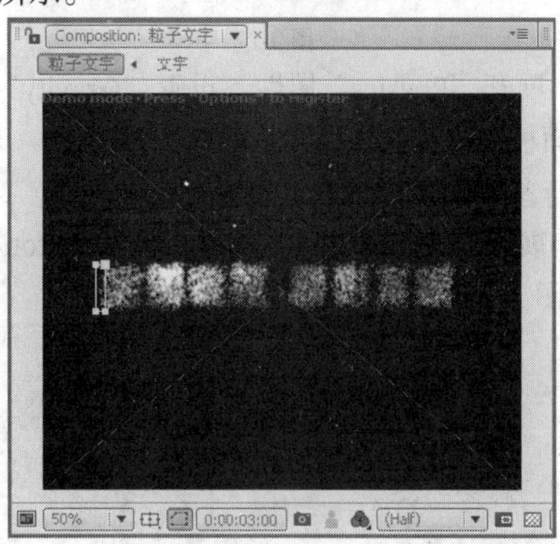

图 3-23

Step 02 选中“文字”层，按<M>键展开 Mask 属性，如图 3-24 所示。将时间标签放置在 2s 的位置，单击“Mask Shape”选项前面的“关键帧自动记录器”按钮，记录下一个 Mask 形状关键帧。把时间标签移动到 4s 的位置。选择“Selection Tool”（选择工具），在合成窗口中同时选中 Mask 左边的两个控制点，将控制点向右拖曳到如图 3-25 所示的位置，在 4s 的位置再次记录一个关键帧，如图 3-26 所示。

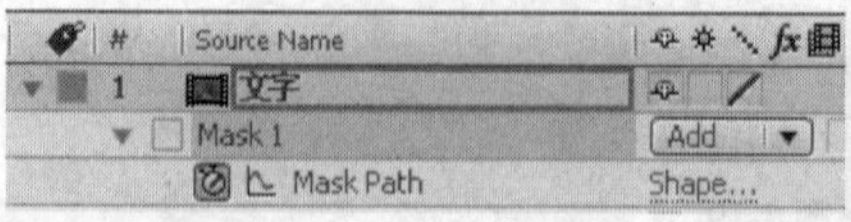

图 3-24

图 3-25

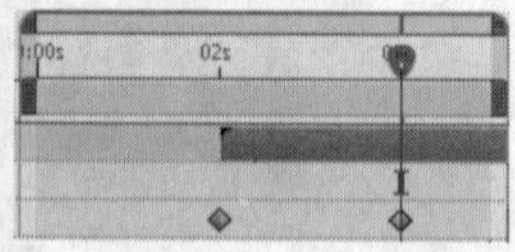

图 3-26

Step 03 在当前合成中建立一个新的黑色 Solid 层“粒子 2”。选中“粒子 2”层，选择“Effect > Trapcode > Particular”命令，展开“Emitter”属性，在“特效控制”面板中进行参数设置，如图 3-27 所示。展开“Particle”属性，在“特效控制”面板中进行参数设置，如图 3-28 所示。

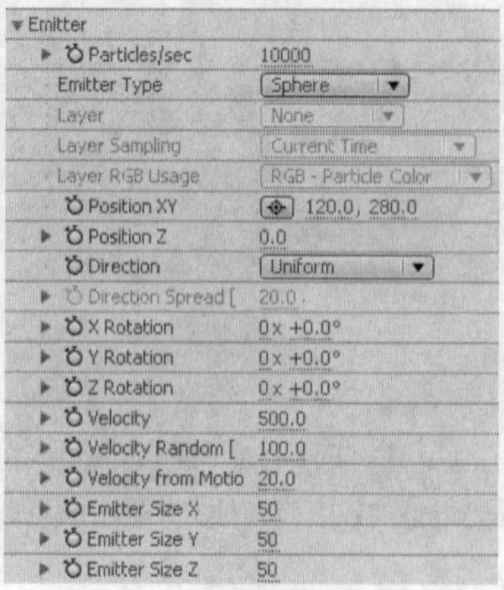

图 3-27

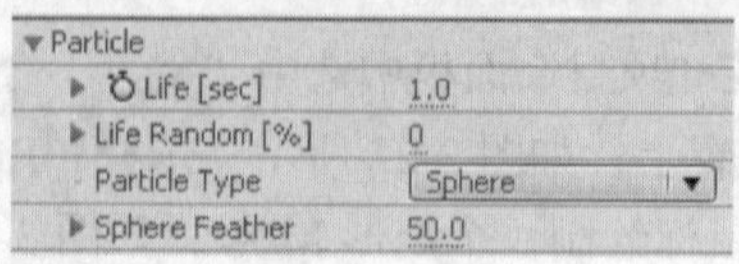

图 3-28

Step 04 展开“Physics”属性，设置“Gravity”选项的数值为-100，展开“Air”属性，在“特效控制”面板中进行参数设置，如图 3-29 所示。展开“Turbulence Field”属性，在“特效控制”面板中进行参数设置，如图 3-30 所示。

Step 05 展开“Motion Blur”属性，单击“Motion Blur”右边的按钮，在弹出的下拉菜单中选择“On”，如图 3-31 所示。

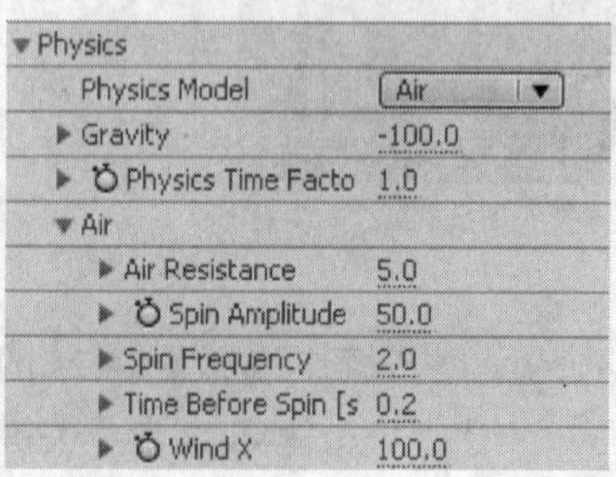

图 3-29

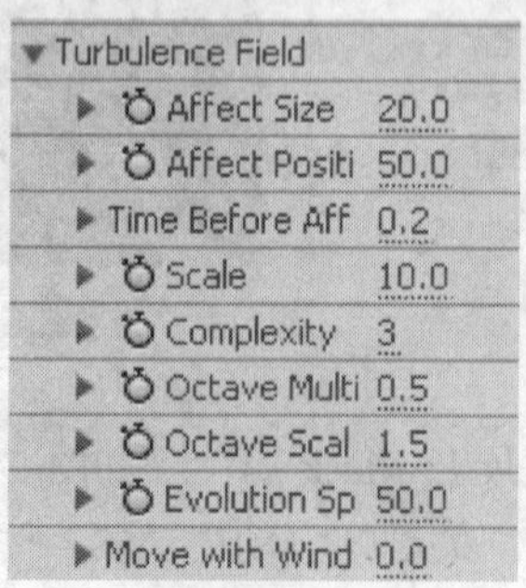

图 3-30

图 3-31

Step 06 选中“粒子 2”层并将时间轴拖到 2s 的位置上，在“时间轴”面板中将时间标签放置在 2s 的位置，在“时间轴”面板中分别单击“Emitter”下的“Particles/sec”和“Position XY”选项前面的“关键帧自动记录器”按钮，如图 3-32 所示，记录第 1 个关键帧。在“时间轴”面板中将时间标签放置在 3s 的位置，在“时间轴”面板中设置“Particles/sec”选项的数值为 0，“Position XY”选项的数值为 600、280，如图 3-33 所示，记录第 2 个关键帧。

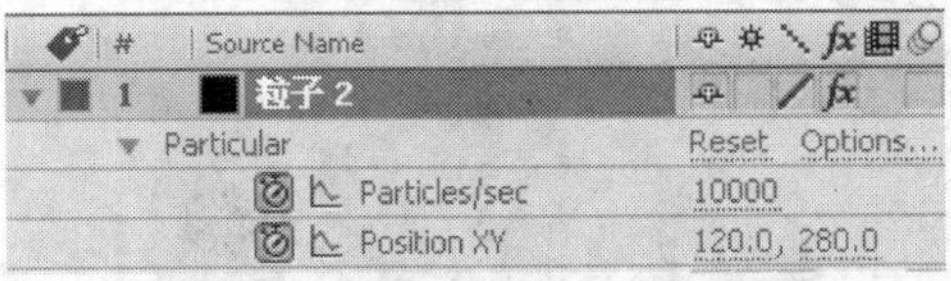

图 3-32

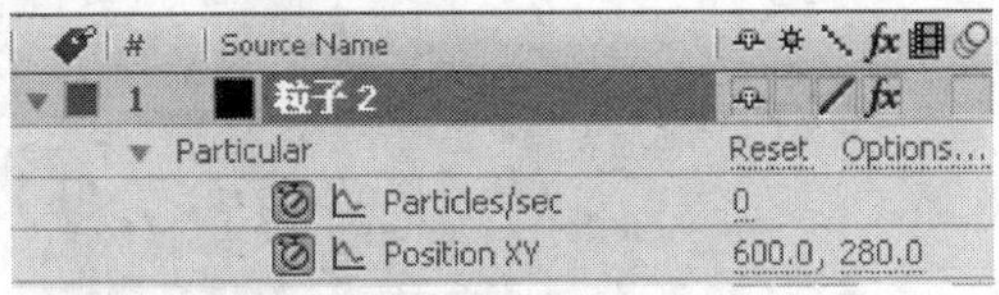

图 3-33

Step 07 粒子文字制作完成，如图 3-34 所示。

图 3-34

3.2.2　使用蒙版设计图形

在 Project（项目）面板中单击鼠标右键，在弹出的菜单中选择“New Composition”（新建合成影像）命令，弹出“Composition Settings”（合成设置）对话框，在“Composition Name”（合成名字）文本框中输入“遮罩”，其他选项的设置如图 3-35 所示，设置完成后，单击“OK”按钮。

在 Project（项目）面板中单击鼠标右键，在弹出的菜单中选择“Import（输入）> File（文件）”命令，在弹出的对话框中选择“素材> Ch03 > 02.jpg、03.jpg、04.jpg、05.jpg”文件，单击“打开”按钮，效果如图 3-36 所示，并拖曳到 Timeline（时间线）面板中。

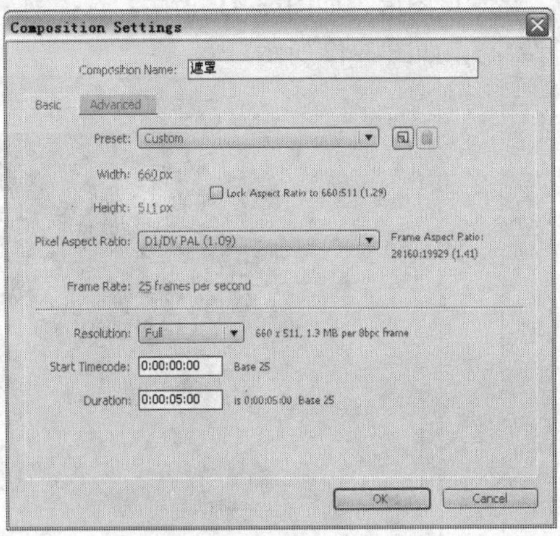

图 3-35

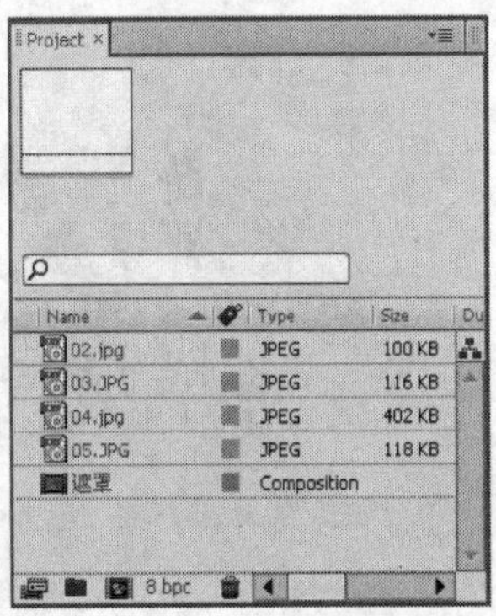

图 3-36

在 Timeline（时间线）面板中单击眼睛按钮，隐藏图层 1 和图层 2。选择图层 3，如图 3-37 所示，使用矩形遮罩工具，在“Composition”（合成）窗口右侧拖曳鼠标绘制矩形遮罩，效果如图 3-38 所示。

图 3-37

图 3-38

选择图层 2，单击图层 2 前面的方框，显示该图层，如图 3-39 所示。选择椭圆遮罩工具，在“Composition”（合成）窗口拖曳鼠标绘制椭圆遮罩，效果如图 3-40 所示。

图 3-39

图 3-40

选择图层 1，单击图层 1 前面的方框，显示该图层，如图 3-41 所示。选择钢笔工具，在“Composition”（合成）窗口沿花的轮廓进行绘制，如图 3-42 所示。

图 3-41

图 3-42

3.2.3　调整蒙版图形形状

选择钢笔工具，在“Composition”（合成）窗口绘制遮罩图形，如图 3-43 所示。使用“Convert Vertex Tool”（路径曲率工具）单击一个节点，则该节点处的线段转换为折角；在节点处拖曳鼠标可以拖出调节手柄，拖动调节手柄，可以调整线段的弧度，如图 3-44 所示。

图 3-43

图 3-44

选择“Add Vertex Tool”（增加节点工具），将鼠标移动到需要添加节点的线段处单击鼠标，则该线段会添加一个节点，如图 3-45 所示；选择“Delete Vertex Tool”（减少节点工具），单击任意节点，则节点被删除，如图 3-46 所示。

图 3-45

图 3-46

3.2.4　蒙版的变换

在 Mask（蒙版）边线上双击鼠标，会创建一个遮罩调节框，将鼠标指针移动到边框的右上角，出现旋转光标，拖动鼠标可以对整个遮罩图形进行旋转，如图 3-47 所示；将鼠标指针移动到边线中心点的位置，出现双向键头时，拖动鼠标可以调整该边框的位置，如图 3-48 所示。

图 3-47

图 3-48

3.2.5 应用多个蒙版

在 Project（项目）面板中单击鼠标右键，在弹出的菜单中选择“Import > File”（输入文件）命令，在弹出的对话框中选择“基础素材 > Ch03 > 08.jpg、09.jpg”文件，单击“打开”按钮，将其拖曳至时间线面板中，如图 3-49 所示。

图 3-49

选择椭圆遮罩工具，在右侧绘制椭圆遮罩，利用键盘上的方向键微调遮罩的位置，如图 3-50 所示。

在 Composition（合成）窗口单击鼠标右键，在弹出的菜单中选择“Mask > Mask Feather”命令，弹出“Mask Feather”对话框，将“Horizontal”（水平）和“Vertical”（垂直）的羽化值均设为 100，如图 3-51 所示。单击“OK”按钮完成羽化设置，效果如图 3-52 所示。

图 3-50

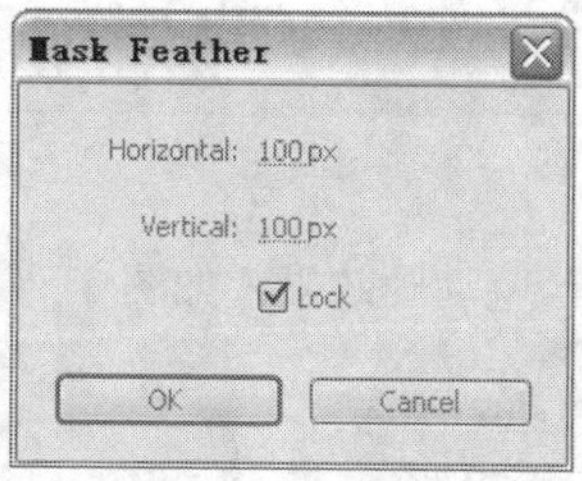

图 3-51

图 3-52

在遮罩边线上双击鼠标，创建遮罩调节框，单击鼠标右键，在弹出的菜单中选择“Mask > Mode > None”命令，隐藏椭圆遮罩，效果如图 3-53 所示。

选择钢笔工具，沿着左侧人物的轮廓绘制遮罩图形，如图 3-54 所示。双击遮罩边线，在 Composition（合成）窗口单击鼠标右键，在弹出的菜单中选择“Mask > Mask Feather”（遮罩羽化）命令，弹出“Mask Feather”（遮罩羽化）对话框，将“Horizontal”（水平）和“Vertical”（垂直）的羽化值均设为 50，如图 3-55 所示。单击“OK”按钮完成羽化设置，效果如图 3-56 所示。

选择移动工具，双击鼠标椭圆遮罩边线，创建遮罩调节框，单击鼠标右键，在弹出的菜单中选择“Mask > Mode > Add”命令，显示椭圆遮罩，效果如图 3-57 所示。

图 3-53

图 3-54

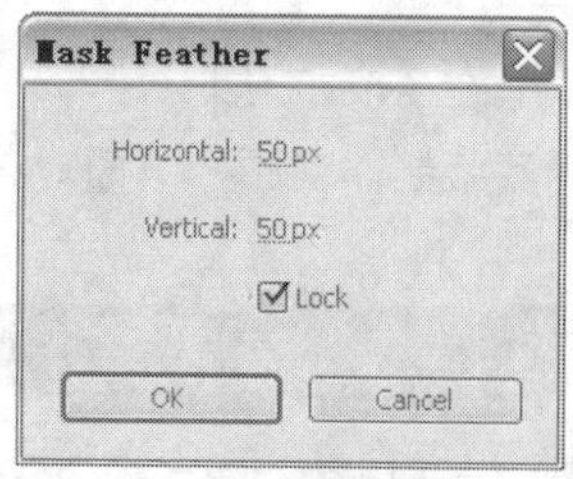

图 3-55

图 3-56

图 3-57

在 Timeline（时间线）面板上将时间指针拖曳到起点的位置，选择图层 1，按<T>键显示“Opacity”（不透明度）属性，调整不透明度值为 0，单击“关键帧自动记录器”按钮，将时间指针拖曳到出点的位置，将不透明度值调整为 100，时间线面板状态如图 3-58 所示。

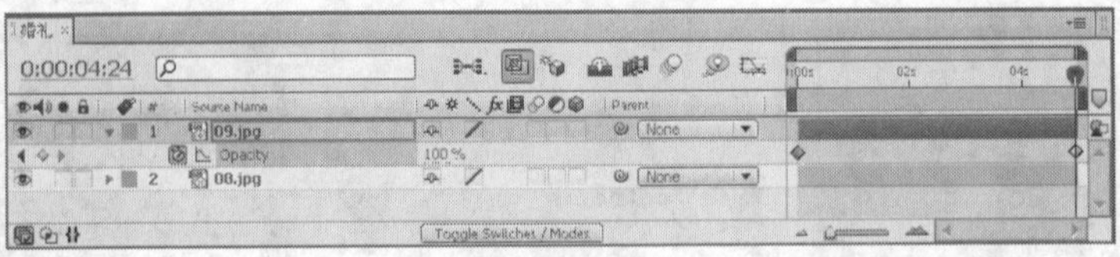

图 3-58

动画设置完成后，按<0>键开始预览动画效果，如图 3-59、图 3-60 所示。

图 3-59

图 3-60

3.3 蒙版的基本操作

在 After Effects 中，可以使用多种方式来编辑蒙版，还可以在时间轴面板中调整蒙版的属性，用蒙版制作动画。下面对这些蒙版的基本操作进行详细讲解。

3.3.1 课堂案例——粒子破碎效果

案例学习目标：学习使用蒙版操作。

案例知识要点：使用“Ramp”命令制作渐变效果，使用“矩形遮罩工具”制作蒙版效果，使用“Shatter”命令制作图片粒子破碎效果。粒子破碎效果如图 3-61 所示。

效果所在位置：光盘\Ch03\粒子破碎效果. aep。

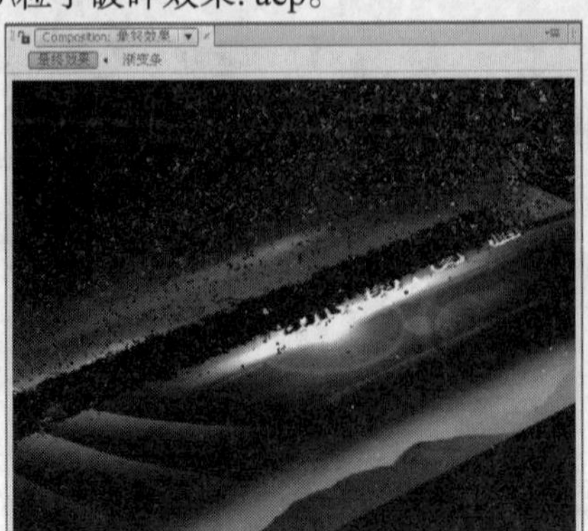

图 3-61

1．添加图形蒙版

Step 01 按<Ctrl>+<N>组合键，弹出“Composition Settings”对话框，在“Composition Name”选项的文本框中输入“渐变条”，其他选项的设置如图 3-62 所示，单击“OK”按钮，创建一个新的合成“渐变条”。选择“Layer > New > Solid”命令，弹出“Solid Settings”对话框，在“Name”选项的文本框中输入“渐变条”，将“Color”选项设置为黑色，单击“OK”按钮，在“时间轴”面板中新增一个 Solid 层，如图 3-63 所示。

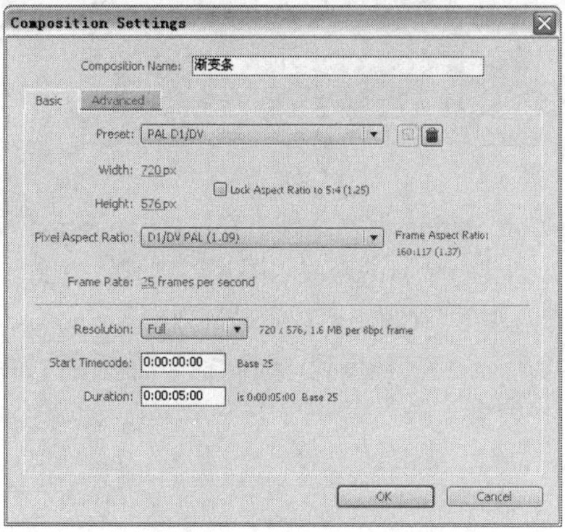

图 3-62

图 3-63

Step 02 选中“渐变条”层，选择“Effect > Generate > Ramp”命令，在“特效控制”面板中设置“Start Color”的颜色为白色，“End Color”的颜色为黑色，其他参数设置如图 3-64 所示，设置完成后合成窗口中的效果如图 3-65 所示。

Step 03 选择“Rectangular Mask Tool”（矩形遮罩工具），在合成窗口中拖曳鼠标绘制一个矩形Mask，如图 3-66 所示。

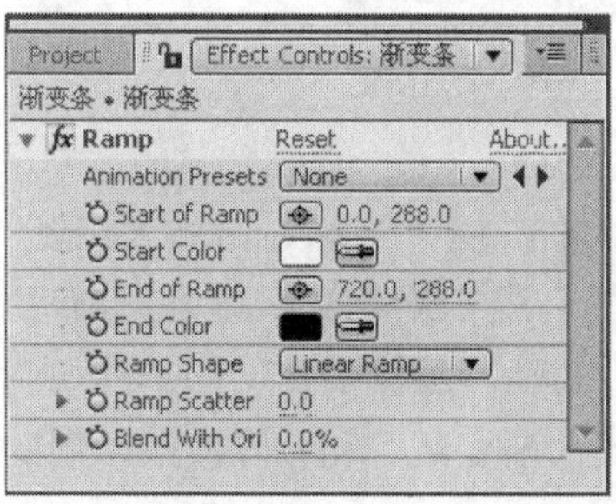

图 3-64

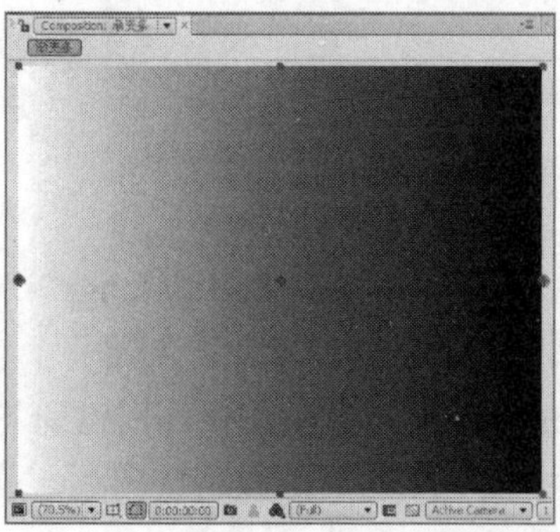

图 3-65

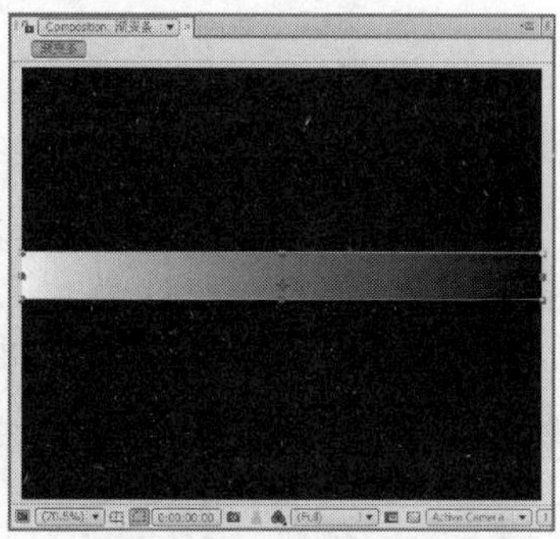

图 3-66

2．制作粒子破碎动画

Step 01 按<Ctrl>+<N>组合键，弹出“Composition Settings”对话框，在“Composition Name”选项的文本框中输入“噪波”，单击“OK”按钮，创建一个新的合成“噪波”。选择“Layer > New > Solid”命令，弹出“Solid Settings”对话框，在“Name”选项的文本框中输入“噪波”，将“Color”选项设置为黑色，单击“OK”按钮，在“时间轴”面板中新增一个 Solid 层，选中“噪波”层，选择“Effect > Noise & Grain > Noise”命令，在“特效控制”面板中进行参数设置，如图 3-67 所示。合成窗口中的效果如图 3-68 所示。

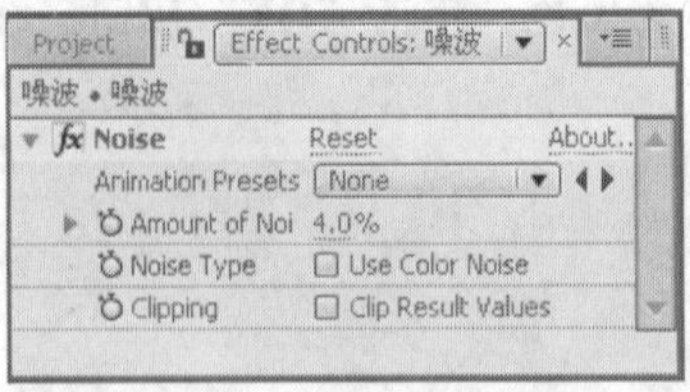

图 3-67

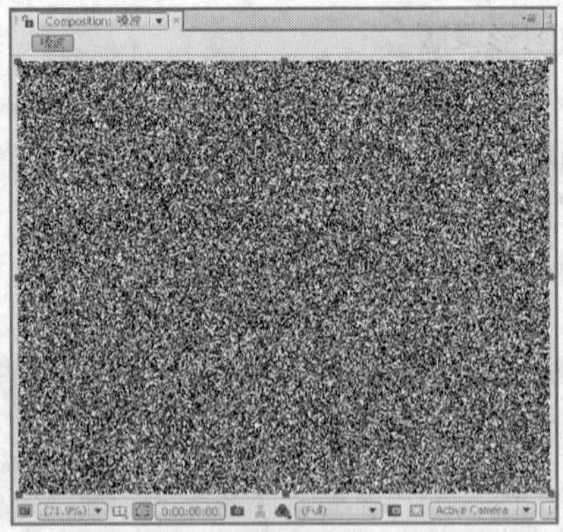

图 3-68

Step 02 按<Ctrl>+<N>组合键，弹出“Composition Settings”对话框，在“Composition Name”选项的文本框中输入“图片”，单击“OK”按钮，创建一个新的合成“图片”。选择“File > Import > File”命令，弹出“Import File”对话框，选择光盘中的“Ch03 > 粒子破碎效果> (Footage) > 01”文件，单击“打开”按钮，导入图片，如图 3-69 所示。将其拖曳到“时间轴”面板中，如图 3-70 所示。

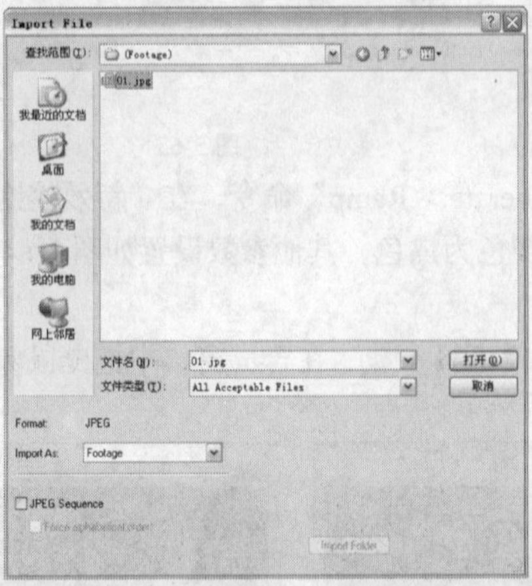

图 3-69

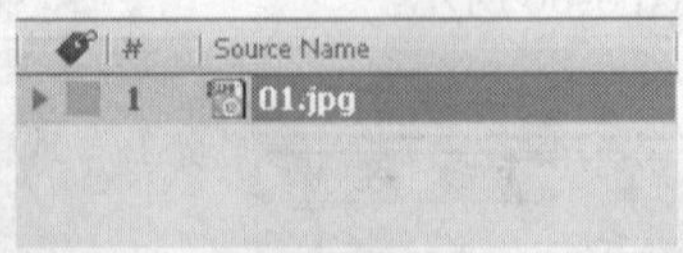

图 3-70

Step 03 按<Ctrl>+<N>组合键，弹出“Composition Settings”对话框，在“Composition Name”选项的文本框中输入“最终效果”，单击“OK”按钮，创建一个新的合成“最终效果”。在“项目”面板中选中“渐变条”、“噪波”和“图片”合成并将其拖曳到“时间轴”面板中，层的排列如图 3-71 所示。单击“渐变条”和“噪波”层前面的眼睛按钮，关闭“渐变条”和“噪波”两层的可视性，如图 3-72 所示。

图 3-71

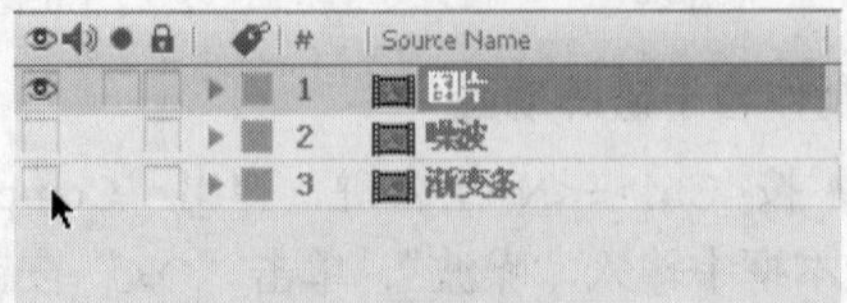

图 3-72

Step 04 选中“图片”层，选择“Effect > Simulation > Shatter”命令，在“特效控制”面板中将“View”选项改为“Rendered”模式，展开“Shape”、“Force 1”属性，在“特效控制”面板中进行参数设置，如图 3-73 所示。合成窗口中的效果如图 3-74 所示。

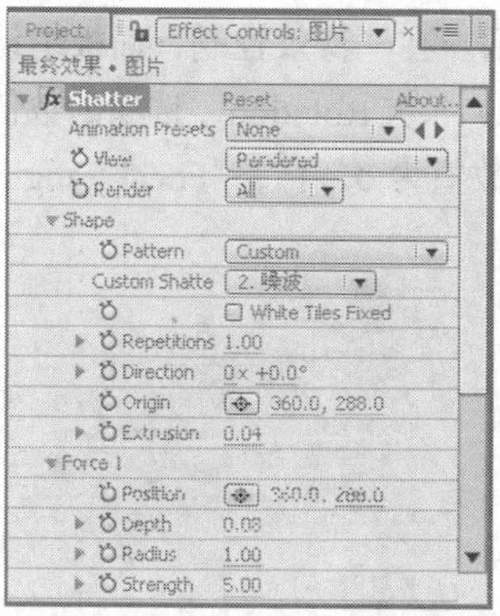

图 3-73

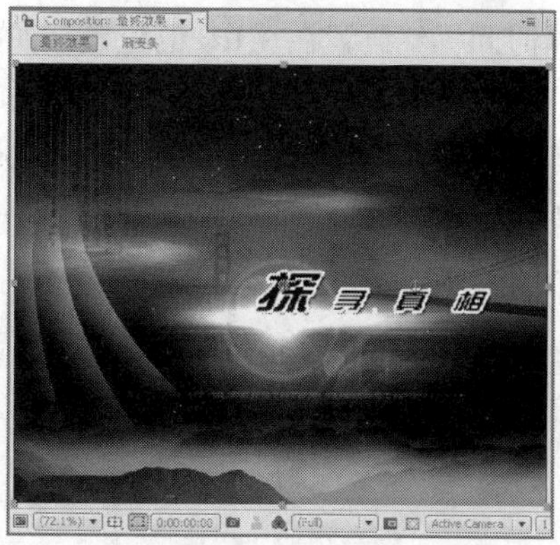

图 3-74

Step 05 展开“Gradient”和“Physics”、“Camera Position”属性，在“特效控制”面板中进行参数设置，如图 3-75 所示。合成窗口中的效果如图 3-76 所示。

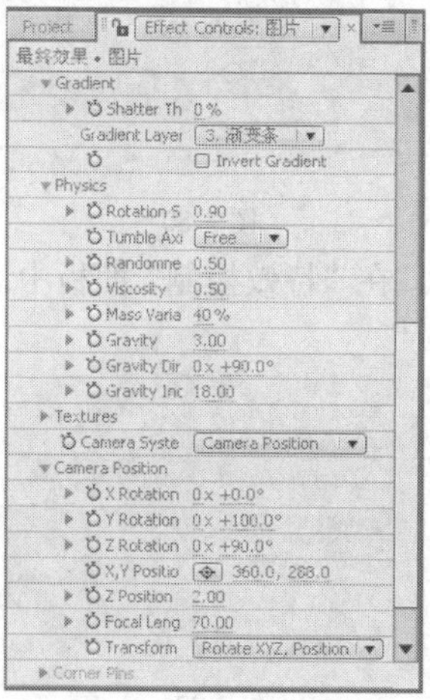

图 3-75

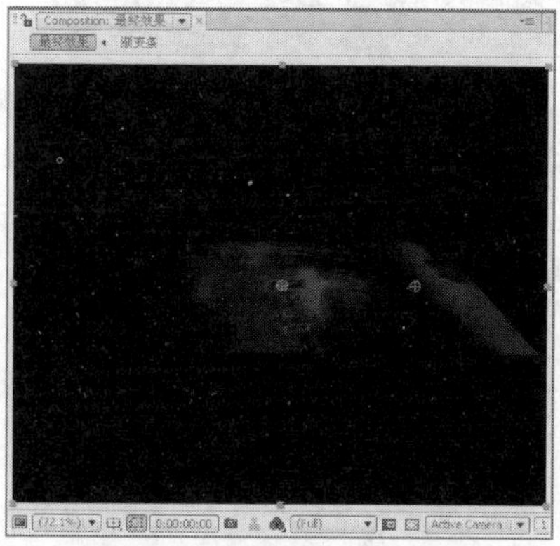

图 3-76

Step 06 选中“图片”层，在“时间轴”面板中将时间标签放置在 0 s 的位置，如图 3-77 所示。在“特效控制”面板中分别单击“Gradient”下的“Shatter Threshold”、“Physics”下的“Gravity”和“Camera Position”下的“X Rotation”、“Y Rotation”、“Z Rotation”，单击“Focal Length”选项前面的“关键帧自动记录器”按钮，如图 3-78 所示，记录第 1 个关键帧。

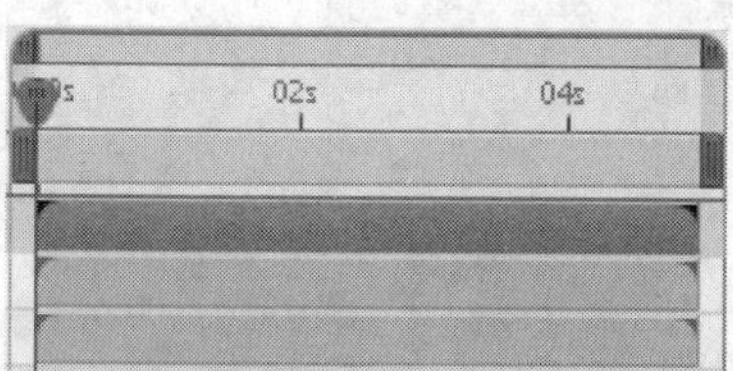

图 3-77

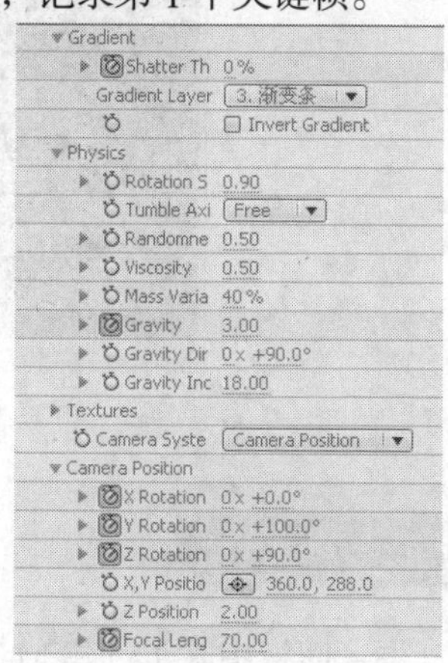

图 3-78

Step 07 将时间标签放置在 3:10s 的位置，如图 3-79 所示。在“特效控制”面板中设置“Shatter Threshold”选项的数值为 100，“Gravity”选项的数值为 2.7，“X Rotation”选项的数值为 0、-60，“Y Rotation”选项的数值为 0、-45，“Z Rotation”选项的数值为 0、15，“Focal Length”选项的数值为 100，如图 3-80 所示，记录第 2 个关键帧。

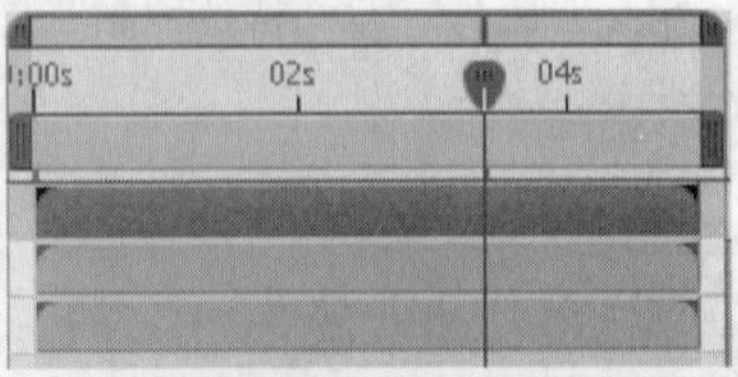
图 3-79

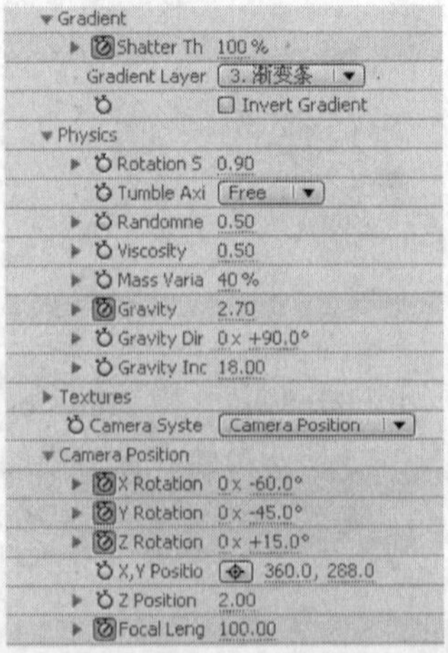
图 3-80

Step 08 将时间标签放置在 4:24s 的位置，如图 3-81 所示。在“特效控制”面板中设置“Gravity”选项的数值为 100，如图 3-82 所示，记录第 3 个关键帧。

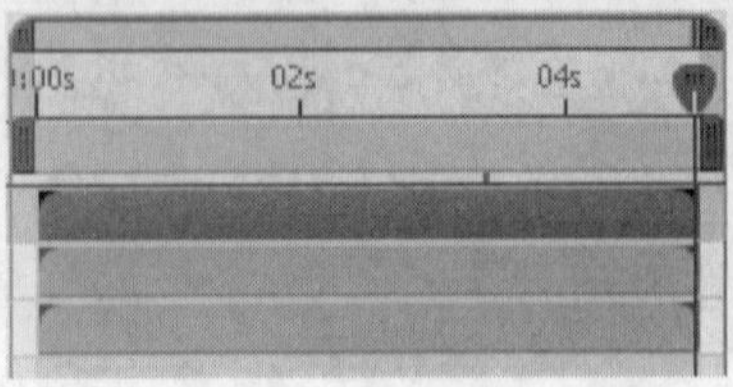
图 3-81

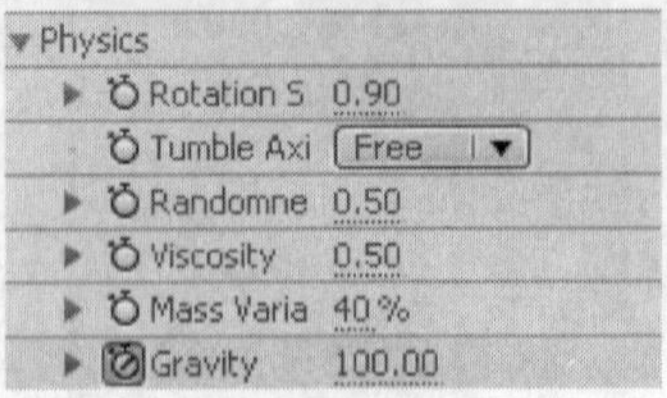
图 3-82

Step 09 粒子破碎效果绘制完成，如图 3-83 所示。

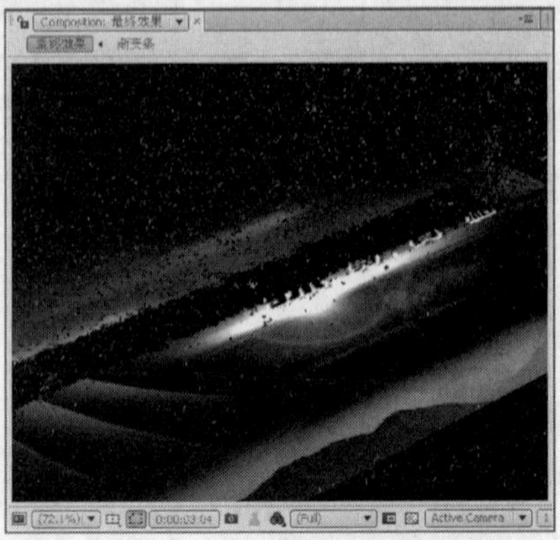
图 3-83

3.3.2 编辑蒙版的多种方式

在“Tools”（工具）面板中除了创建 Mask（蒙版）工具以外，还提供了多种修整编辑 Mask（蒙版）的工具。

"Selection Tool"（选择工具）：使用此工具可以在"Composition"（合成）预览窗口或者"Layer"（层）预览窗口中选择和移动路径点或者整个路径。

"Add Vertex Tool"（增加节点工具）：使用此工具可以增加路径上的节点。

"Delete Vertex Tool"（减少节点工具）：使用此工具可以减少路径上的节点。

"Convert Vertex Tool"（路径曲率工具）：使用此工具可以改变路径的曲率。

提示：由于在"Composition"（合成）预览窗口可以看到很多层，所以在其中调整 Mask（蒙版）很有可能遇到干扰，不方便操作。建议双击目标图层，然后到"Layer"（层）预览窗口中对 Mask（蒙版）进行各种操作。

1．点的选择和移动

使用"Selection Tool"（选择工具），选中目标图层，然后直接单击路径上的节点，可以通过拖曳鼠标或利用键盘上的方向键来实现位置移动；如果要取消选择，只需要在空白处单击鼠标即可。

2．线的选择和移动

使用"Selection Tool"（选择工具），选中目标图层，然后直接单击路径上两个节点之间的线，可以通过拖曳鼠标或利用键盘上的方向键来实现位置移动；如果要取消选择，只需要在空白处单击鼠标即可。

3．多个点或者多余线的选择、移动、旋转和缩放

使用"Selection Tool"（选择工具），选中目标图层，首先单击路径上第一个点或第一条线，然后在按住<Shift>键的同时，单击其他的点或者线，实现同时选择的目的。也可以通过拖曳一个选区，用框选的方法进行多点、多线的选择，或者是全部选择。

同时选中这些点或者线之后，在被选的对象上双击鼠标就可以形成一个控制框。在这个边框中，可以非常方便地进行位置移动、旋转或者缩放等操作，如图 3-84、图 3-85、图 3-86 所示。

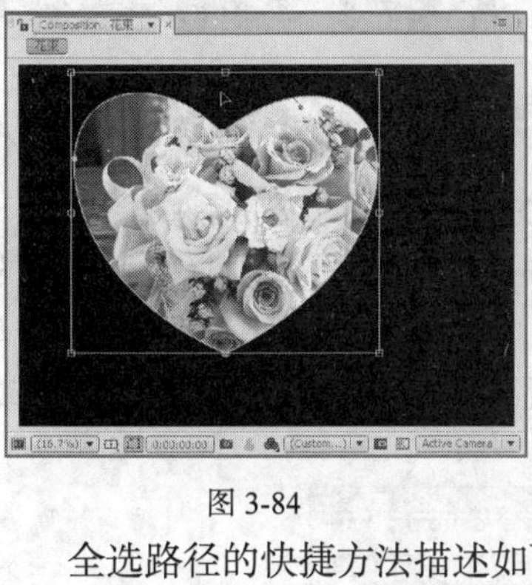

图 3-84

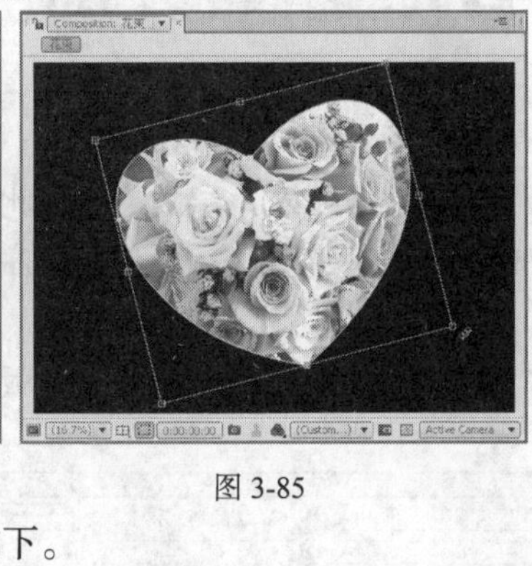

图 3-85

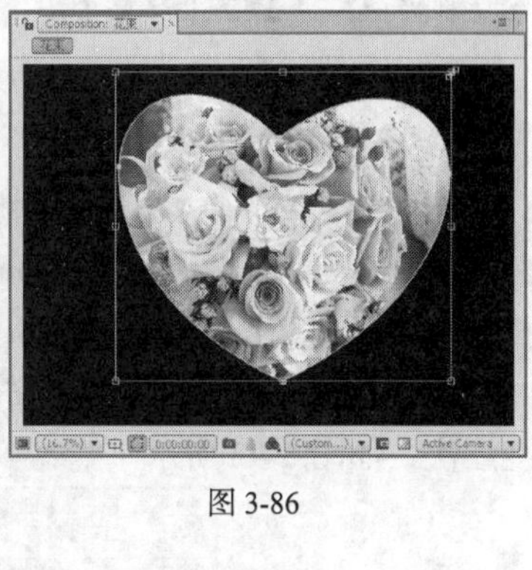

图 3-86

全选路径的快捷方法描述如下。

- 通过鼠标框选的方法，将路径全选取，但是不会出现控制框，如图 3-87 所示。
- 按住<Alt>键的同时单击路径，即可完成路径的全选，但是同样不会出现控制框。
- 在没有选择多个节点的情况下，在路径上双击鼠标，即可全选路径，并出现一个控制框。
- 在"Timeline"（时间轴）窗口下，选中有 Mask（蒙版）的图层，按<M>键，展开"Mask Shape"属性，单击属性名称或 Mask（蒙版）名称即可全选路径，此方法也不会出现控制框，如图 3-88 所示。

图 3-87

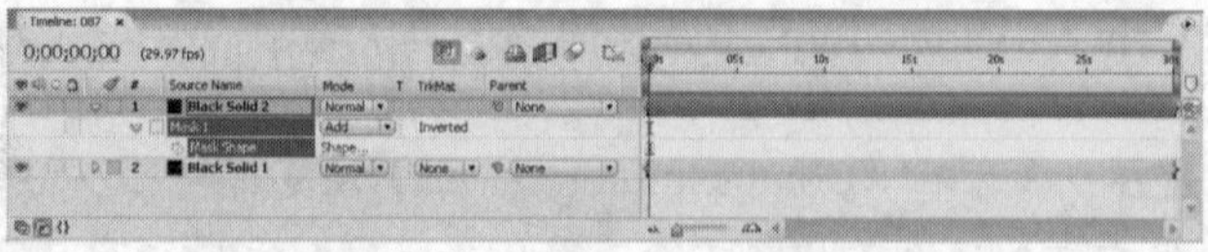

图 3-88

提示：将节点全部选中，选择“layer > Mask > Free Transform Points”命令或按<Ctrl>+<T>组合键出现控制框。

4．Mask（蒙版）外形的调整

通过对路径节点的修改，可以实现 Mask（蒙版）外形的调整。

在“Tool”（工具）面板中的“钢笔工具”上单击鼠标，在弹出的工具选项中选择“增加节点工具”或“减少节点工具”，在路径上或路径的节点上单击鼠标，即可对节点进行增加和减少的操作，如图 3-89、图 3-90 所示。

选择“路径曲率工具”，在节点上单击鼠标并拖曳出贝赛尔曲线控制柄，可以修改路径曲率，改变 Mask（蒙版）外形，如图 3-91 所示。

图 3-89

图 3-90

图 3-91

5．多个 Mask（蒙版）上下层的调整

当层中含有多个 Mask（蒙版）时，就存在上下层的关系，此关系关联到非常重要的部分——蒙版混合模式的选择，因为 After Effects 处理多个蒙版的先后次序是从上至下的，所以上下关系的排列直接影响最终的混合效果。

在“Timeline”（时间轴）窗口中，直接选中某个 Mask（蒙版）的名称，然后上下拖曳即可改变层次，如图 3-92 所示。

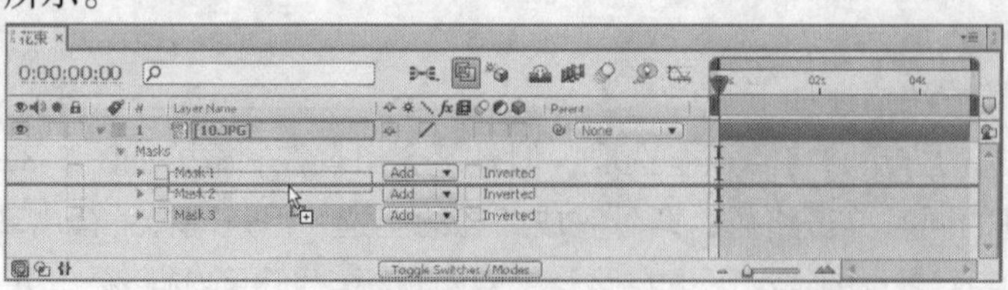

图 3-92

在“Composition”（合成）预览窗口或者“Layer”（层）预览窗口中，可以通过选中一个 Mask（蒙版），然后选择以下菜单命令，实现蒙版层次调整。

● 选择“Layer > Bring Mask Front”命令，将选中的 Mask（蒙版）放置到顶层，或按<Ctrl>+<Shift>+<J>组合键。

● 选择“Layer > Bring Mask Forward”命令，将选中的 Mask（蒙版）往上移动一层，或按<Ctrl +<J>组合键。

● 选择“Layer > Bring Backward”命令，将选中的 Mask（蒙版）往下移动一层，或按<Ctrl> +<［>组合键。

● 选择“Layer > Bring Mask to Back”命令，将选中的 Mask（蒙版）放置到底层，或按<Ctrl> + <Shift>+<［>组合键。

3.3.3　在时间轴面板中调整蒙版的属性

Mask（蒙版）不是一个简单的轮廓那么简单，在“Timeline”（时间轴）中，可以对 Mask（蒙版）的其他属性进行详细设置和动画处理。

单击层标签颜色前面的小三角形按钮▶，展开层属性，其中如果层上含有蒙版，就可以看到 Mask（蒙版），单击 Mask（蒙版）名称前小三角形按钮▶，即可展开各个 Mask 路径，单击其中任意一个 Mask 路径颜色前面的小三角形按钮▶，即可展开关于此 Mask 路径的属性，如图 3-93 所示。

提示： 选中某层，连续按两次<M>键，即可展开此层 Mask 路径的所有属性。

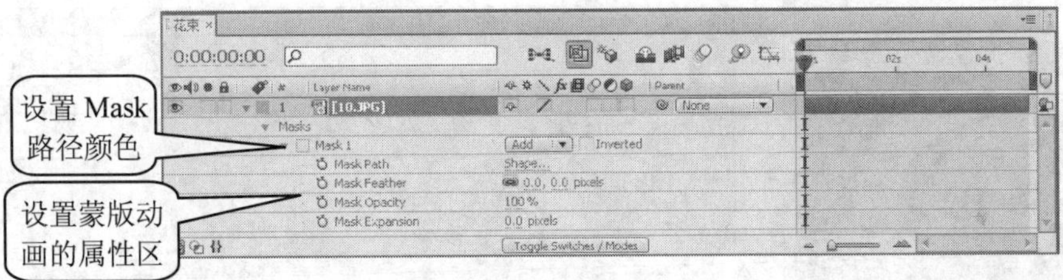

图 3-93

● Mask 路径颜色设置：在上面单击鼠标，可以弹出颜色对话框，选择适合的颜色加以区别。

● 设置 Mask 路径名称：按<Enter>键即可出现修改输入框，修改完成后再次按<Enter>键即可。

● 选择蒙版混合模式：当本层含有多个 Mask（蒙版）时，可以在此选择各种混合模式。需要注意的是，多个蒙版的上下层次关系对混合模式产生的最终效果有很大影响。After Effects 处理过程是从上至下逐一处理。

None：选择此模式的路径将不起到蒙版作用，仅仅作为路径存在，作为勾边、光线动画或者路径动画的依据，如图 3-94、图 3-95 所示。

图 3-94

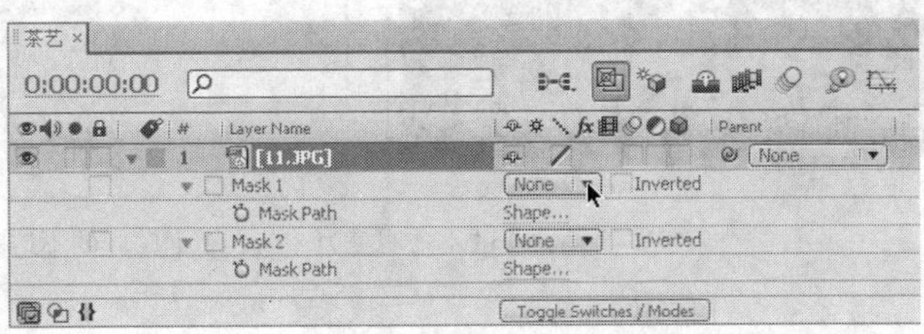

图 3-95

Add：蒙版相加模式，将当前蒙版区域与之上的蒙版区域进行相加处理，对于蒙版重叠处的不透明度则采取在不透明度的值的基础上再进行一个百分比相加的方式处理。例如，某蒙版作用前，蒙版重叠区域画面不透明度为 50%，如果当前蒙版的不透明度是 50%，运算后的最终得出的蒙版重叠区域画面不透明度是 70%，如图 3-96、图 3-97 所示。

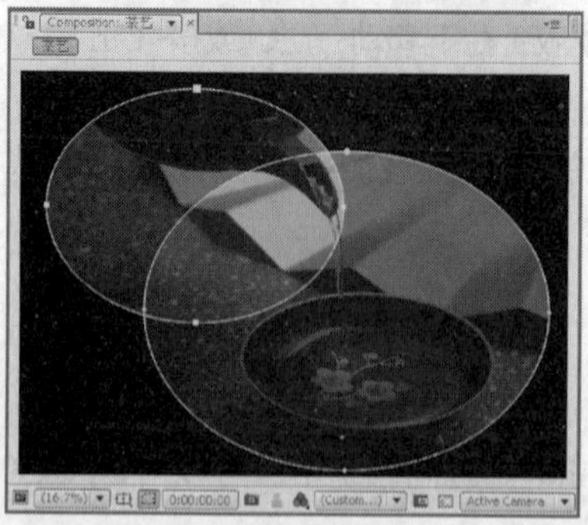

图 3-96

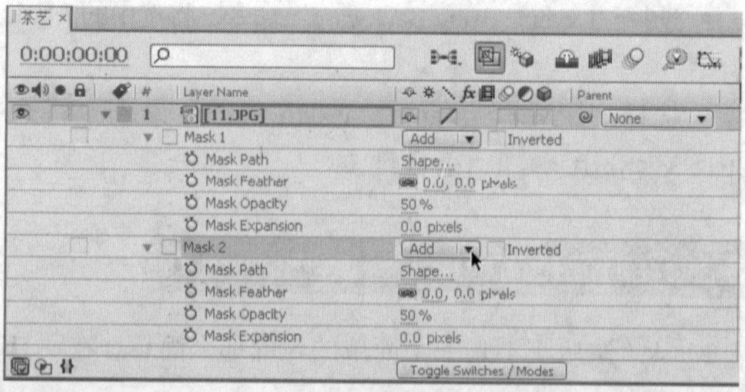

图 3-97

Subtract：蒙版相减模式，将当前蒙版上面所有蒙版组合的结果进行相减，当前蒙版区域内容不显示。如果同时调整蒙版的不透明度，则不透明度值越高，蒙版重叠区域内越透明，因为相减混合完全起作用；而不透明度值越低，蒙版重叠区域内变得越不透明，相减混合越来越弱，如图 3-98、图 3-99 所示。例如，某蒙版作用前，蒙版重叠区域画面不透明度为 80%，如当前蒙版设置的不透明度是 50%，运算后最终得出的蒙版重叠区域画面不透明度为 40%，如图 3-100、图 3-101 所示。

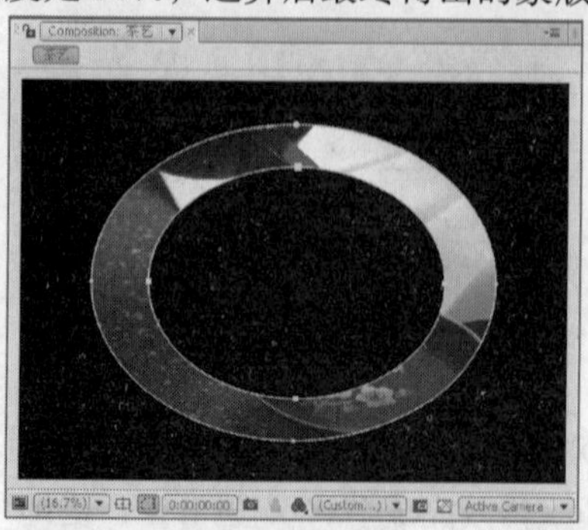

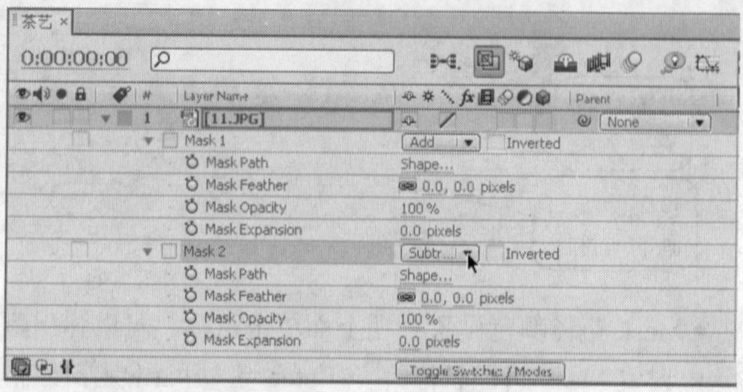

上下两个蒙版不透明度都为 100%的情况

图 3-98　　图 3-99

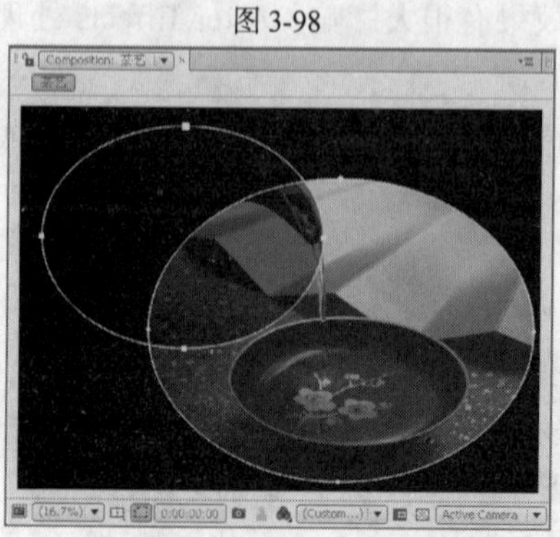

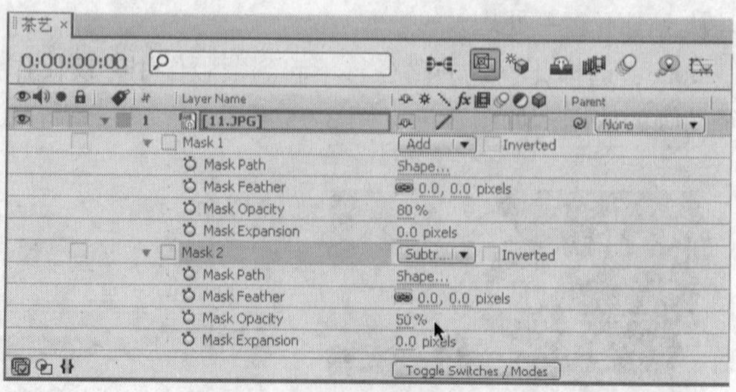

上面蒙版的不透明度为 80%，下面蒙版的不透明度为 50%的情况

图 3-100　　图 3-101

Intersect：采取交集方式混合蒙版，只显示当前蒙版与上面所有蒙版组合的结果相交部分的内

容，相交区域内的透明度是在上面蒙版的基础上再进行一个百分比运算，如图 3-102、图 3-103 所示。例如，某蒙版作用前蒙版重叠画面不透明度为 60%，如果当前蒙版设置的不透明度为 50%，运算后的最终得出的画面的不透明度为 30%，如图 3-104、图 3-105 所示。

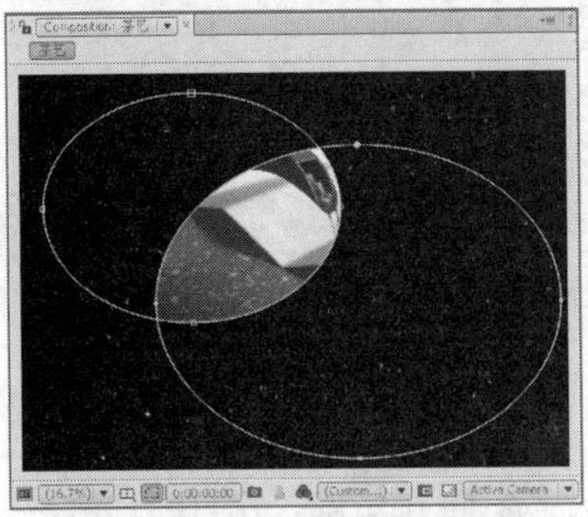

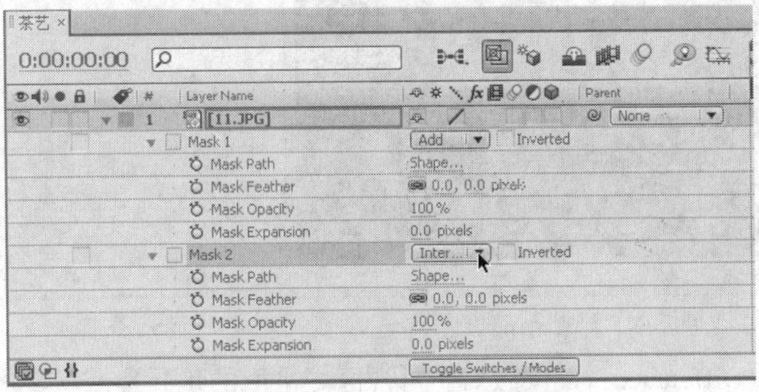

上下两个蒙版不透明度都为 100%的情况

图 3-102　　　　图 3-103

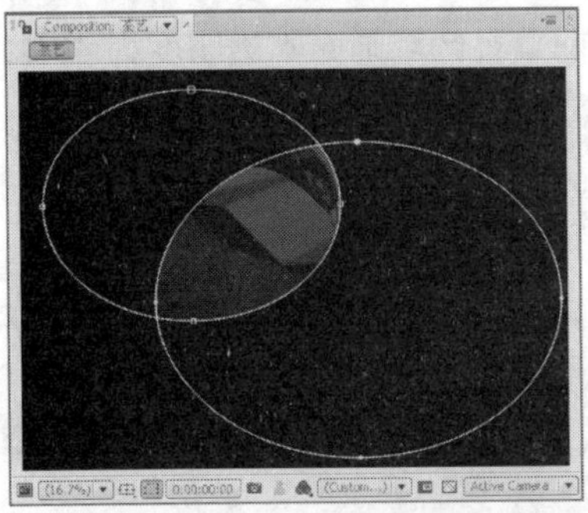

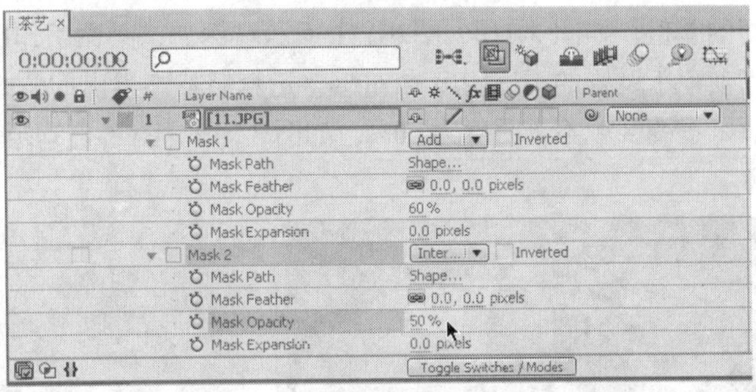

上面蒙版的不透明度为 60%，下面蒙版的不透明度为 50%的情况

图 3-104　　　　图 3-105

Lighten：对于可视区域范围来讲，此模式与“Add”模式一样，但是对于蒙版重叠处的不透明度则采用不透明度值较高的那个值。例如，某蒙版作用前蒙版的重叠区域画面不透明度为 60%，如果当前蒙版设置的不透明度为 80%，运算后最终得出的蒙版重叠区域画面不透明度为 80%，如图 3-106、图 3-107 所示。

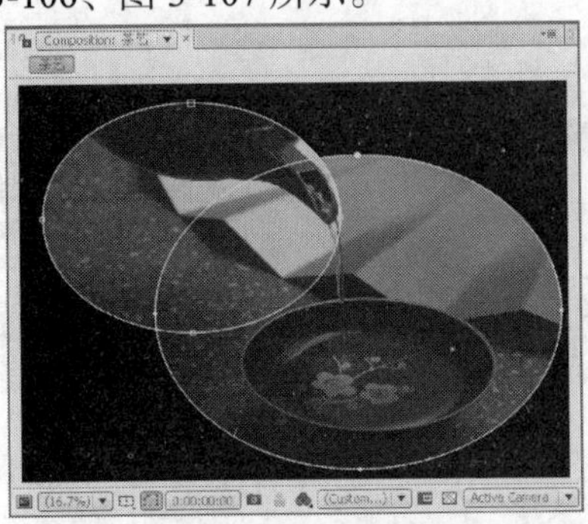

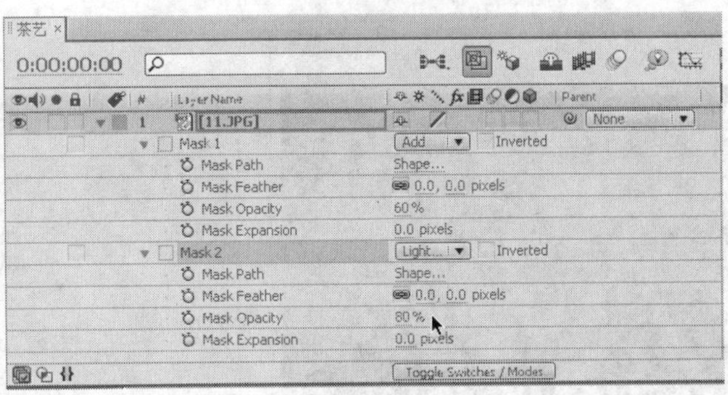

图 3-106　　　　图 3-107

Darken：对于可视区域范围来讲，此模式与“Intersect”交集模式一样，但是对于蒙版重叠处的不透明度采用不透明度值较低的那个值。例如，某蒙版作用前重叠区域画面不透明度是 40%，如果当前蒙版设置的不透明度为 100%，运算后最终得出的蒙版重叠区域画面不透明度为 40%，如图 3-108、图 3-109 所示。

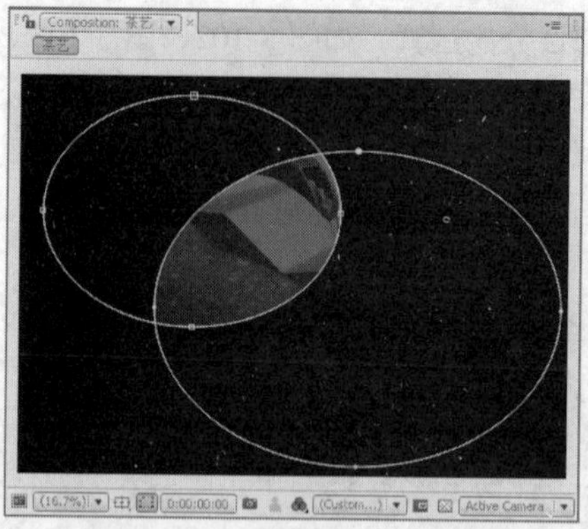

图 3-108

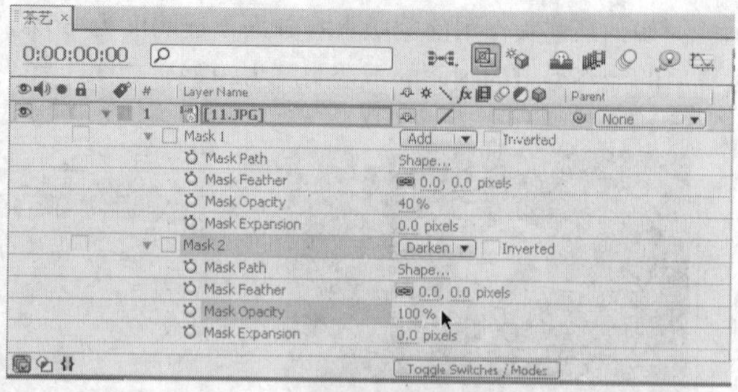

图 3-109

Difference：此蒙版对于可视区域采取的是并集减交集的方式。也就是说，先将当前蒙版与上面所有蒙版组合的结果进行并集运算，然后再将当前蒙版与上面所有蒙版组合的结果相交部分进行相减。关于不透明度，与上面蒙版结果未相交部分采取当前蒙版不透明度设置，相交部分采用两者之间的差值，如图 3-110、图 3-111 所示。例如，某蒙版作用前重叠区域画面不透明度为 40%，如果当前蒙版设置的不透明度为 60%，运算后最终得出的蒙版重叠区域画面不透明度为 20%，当前蒙版未重叠区域不透明度为 60%，如图 3-112、图 3-113 所示。

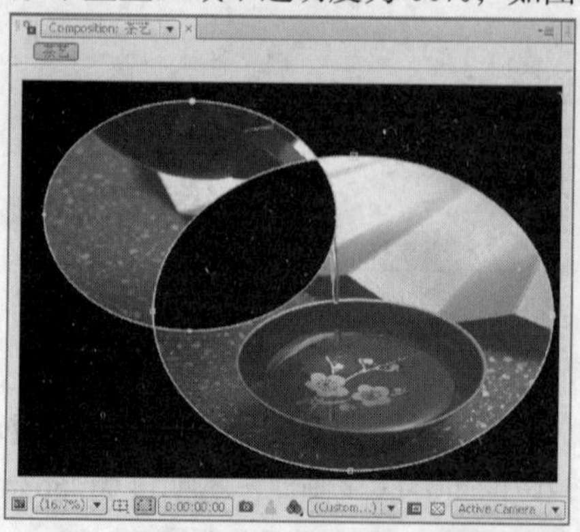

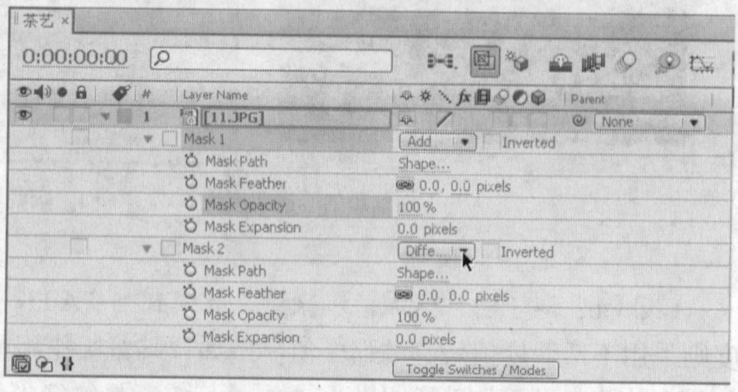

上下两个蒙版不透明度都为 100%的情况

图 3-110　　图 3-111

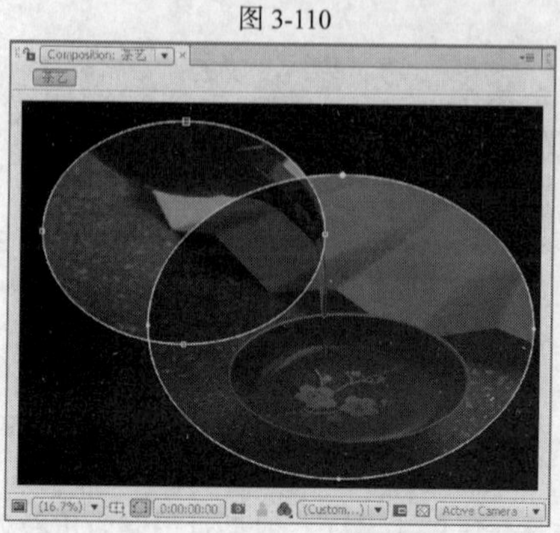

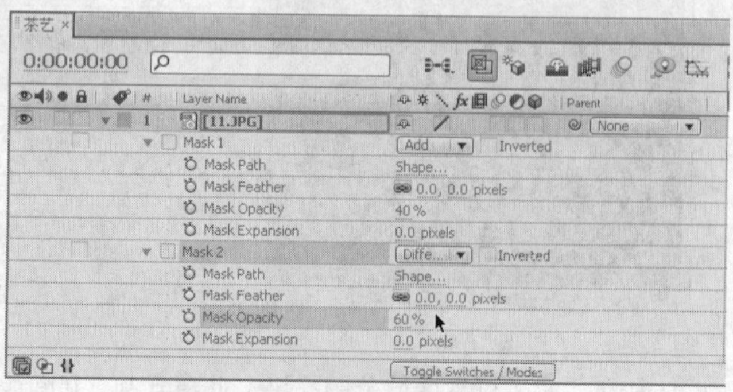

上面蒙版的不透明度为 40%，下面蒙版的不透明度为 60%的情况

图 3-112　　图 3-113

- Inverted：将蒙版进行反向处理，如图 3-114、图 3-115 所示。

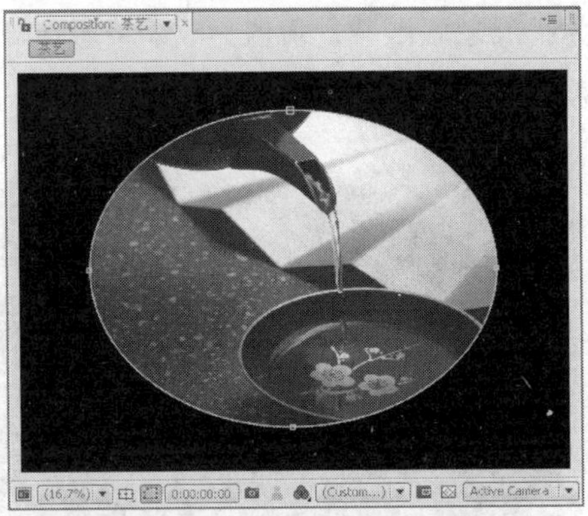

未激活的 Inverted 时的状况

图 3-114

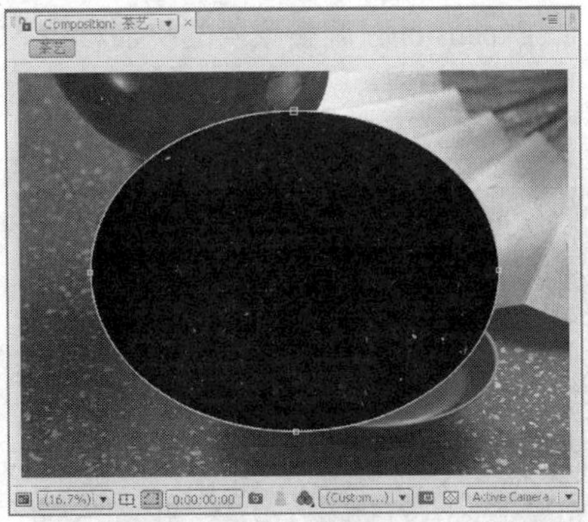

激活了 Inverted 时的状况

图 3-115

- 设置蒙版动画的属性区：在此列中可以进行关键帧动画处理的蒙版属性。

Mask Shape：蒙版形状设置，单击右侧的“Shape”文字按钮，可以弹出“Mask Shape”（蒙版形状）对话框，同选择“Layer > Mask > Mask Shape”命令一样。

Mask Feather：蒙版羽化控制，可以通过羽化 Mask（蒙版）得到更自然的融合效果，并且 x 轴向和 y 轴向可以有不同的羽化程度。单击前面的按钮，可以将两个轴向锁定和释放，如图 3-116 所示。

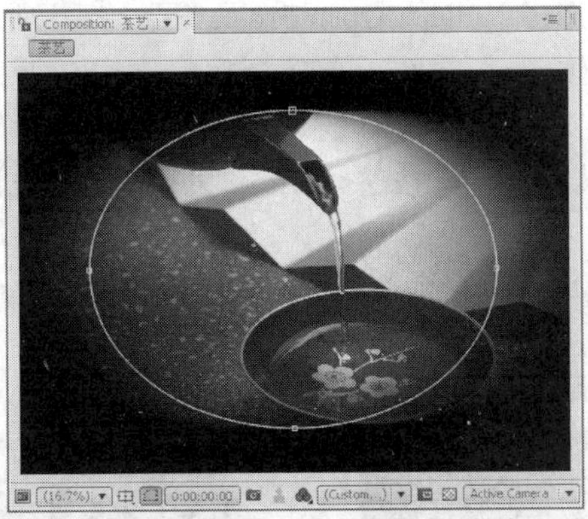

图 3-116

Mask Opacity：蒙版不透明度的调整，如图 3-117、图 3-118 所示。

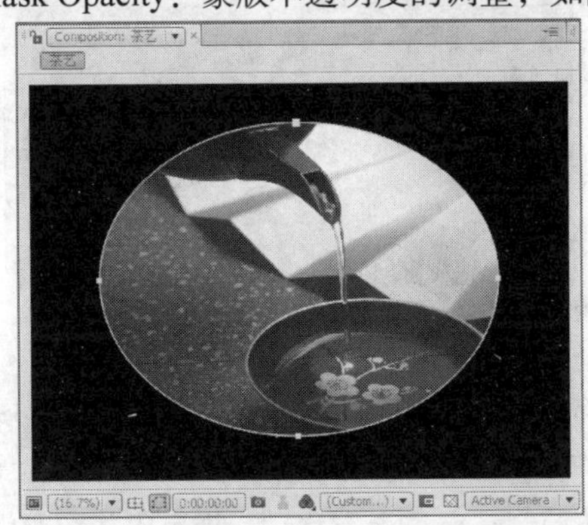

不透明度为 100%时的状况

图 3-117

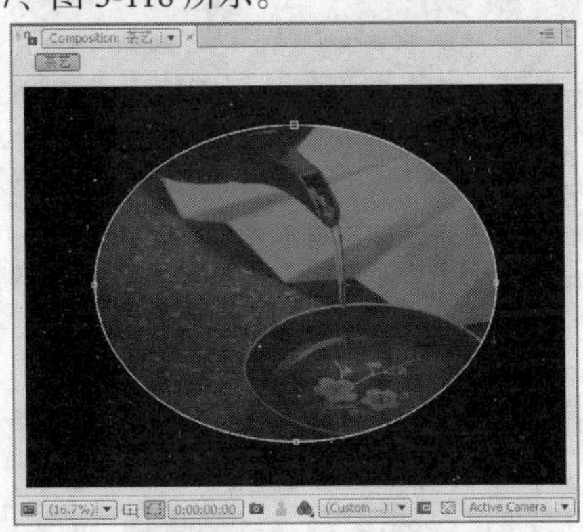

不透明度为 50%时的状况

图 3-118

Mask Expansion：调整蒙版的扩展程度，正值为扩展蒙版区域，负值为收缩蒙版区域，如图 3-119、图 3-120 所示。

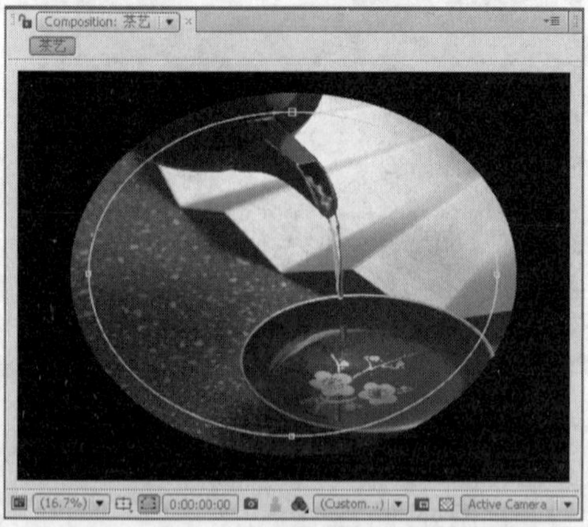

Mask Expansion 设置为 100 时的状况

图 3-119

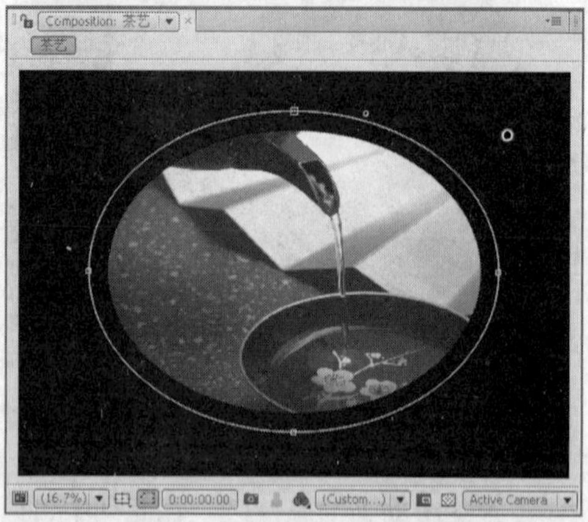

Mask Expansion 设置为-100 时的状况

图 3-120

3.3.4 用蒙版制作动画

打开 After Effects 软件，选择“File > Open Project…”（打开项目）命令，在弹出的对话框中选择“基础素材 > Ch03 > 蜡烛.aep”文件，单击“打开”按钮打开此文件。

在“Timeline”（时间轴）窗口中选择第 1 层，选择“Tools”（工具）面板中的“椭圆工具”，在“Composition”（合成）预览窗口中，按住<Shift>键的同时，拖曳鼠标绘制一个圆形蒙版，如图 3-121 所示。

在“Tools”（工具）面板中选择“增加节点工具”，在刚刚绘制的圆形蒙版上添加 4 个节点，如图 3-122 所示。

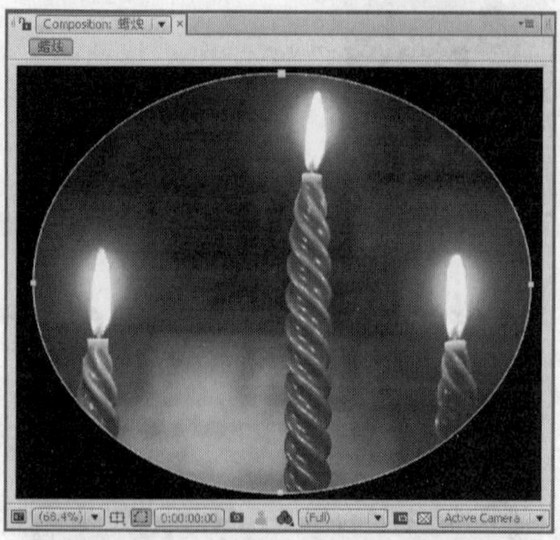

图 3-121

图 3-122

选择“选择工具”，以框选的形式选择新添加的节点，如图 3-123 所示。选择“Layer > Mask and Shape Path > Free Transform Points”命令，出现控制框，如图 3-124 所示。

按住<Ctrl>+<Shift>组合键的同时，拖曳左上角的控制点向右上方移动，拖曳出如图 3-125 所示的效果。

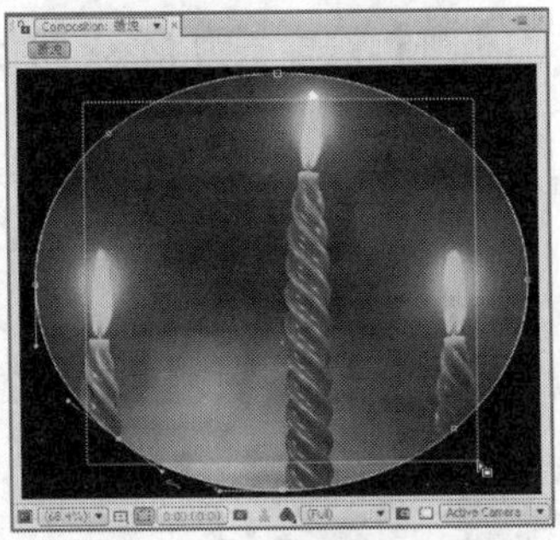

图 3-123

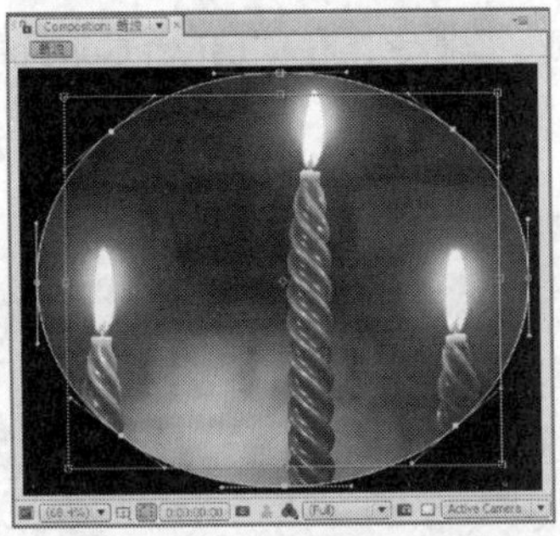

图 3-124

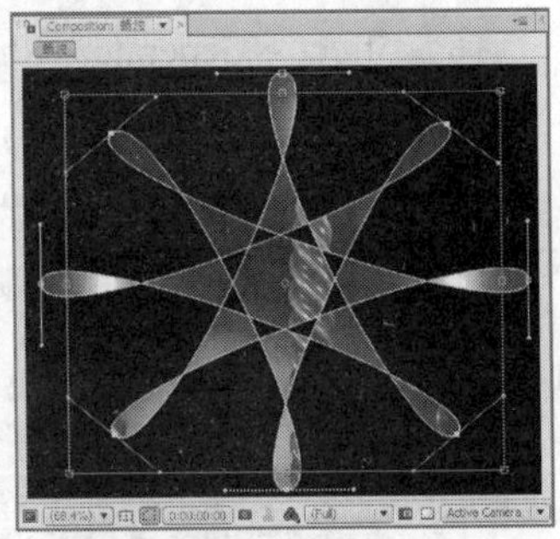

图 3-125

调整完成后，按<Enter>键。在“Timeline”（时间轴）窗口中，按两次<M>键，展开 Mask（蒙版）所有属性，单击“Mask Shape”属性前的“关键帧自动记录器”按钮，成生第 1 个关键帧，如图 3-126 所示。

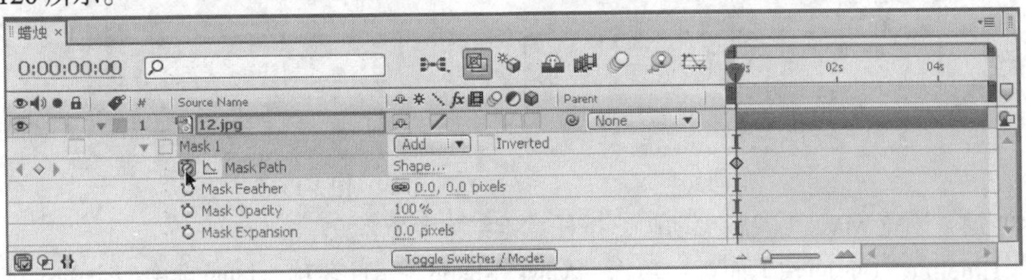

图 3-126

将当前时间指针移动到第 3s 的位置，选择最外侧的 4 个节点，如图 3-127 所示。按<Ctrl>+<T>组合键，出现控制框，按住<Ctrl>+<Shift>组合的同时，拖曳左上角的控制点向右下角移动，拖曳出如图 3-128 所示的效果。

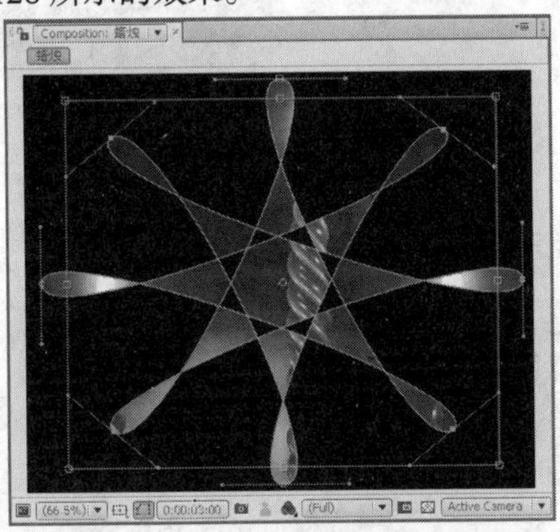

图 3-127

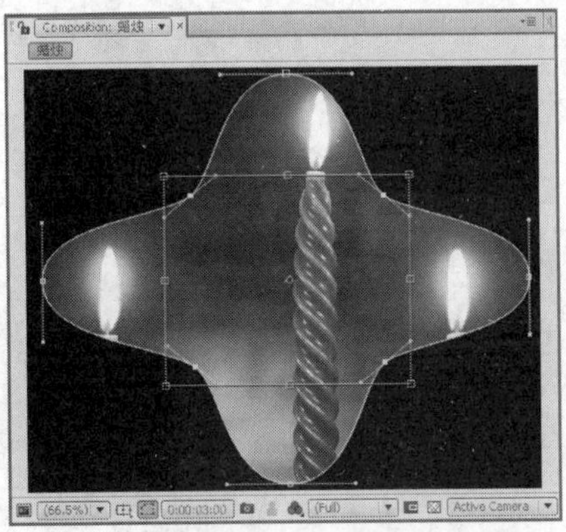

图 3-128

调整完成后，按<Enter>键。在“Timeline”（时间轴）窗口中，“Mask Shape”属性自动生成第 2 关键帧，如图 3-129 所示。

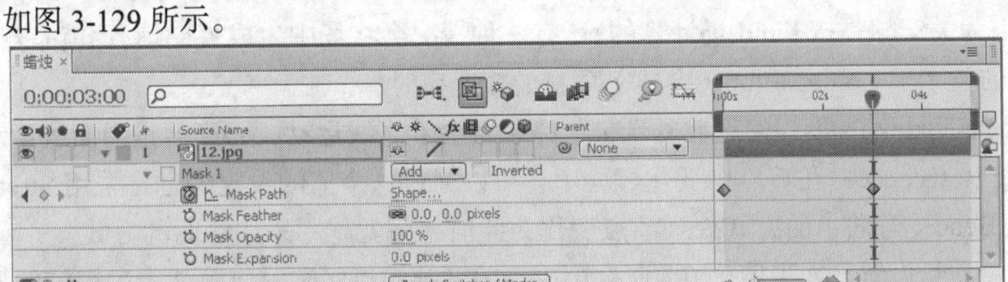

图 3-129

选择“Effect > Generate > Stroke”命令，在“Effect Controls”面板进行设置，为 Mask 路径添加勾边特效，如图 3-130 所示。

选择“Effect > Stylize > Glow”命令，在“Effect Controls”面板中进行设置，为 Mask 路径添加发光特效，如图 3-131 所示。

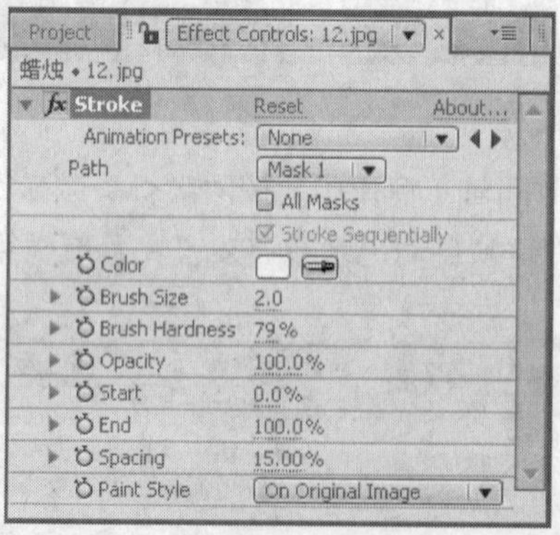

图 3-130

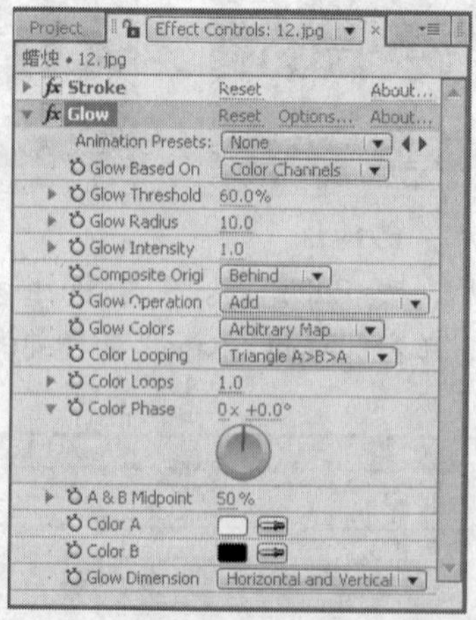

图 3-131

按<0>键，预览 Mask（蒙版）动画，按任意键结束预览。

在“Timeline”（时间轴）面板中单击“Mask Shape”属性名称，同时选中两个关键帧，如图 3-132 所示。

选择“Window > Mask Interpolation”命令，打开“Smart Mask Interpolation”（智能化蒙版插值运算）面板，在面板中进行设置，如图 3-133 所示。

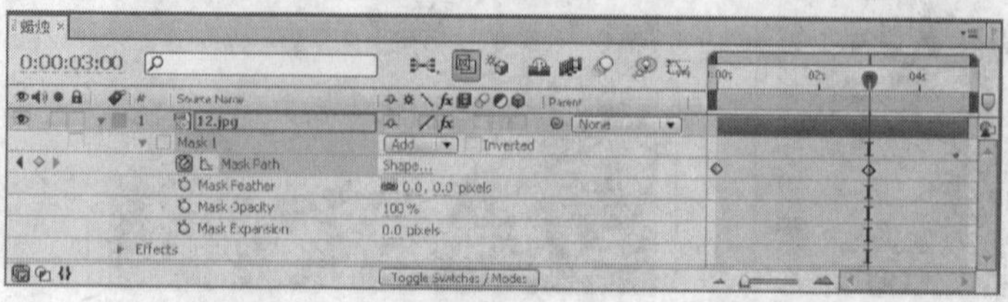

图 3-132

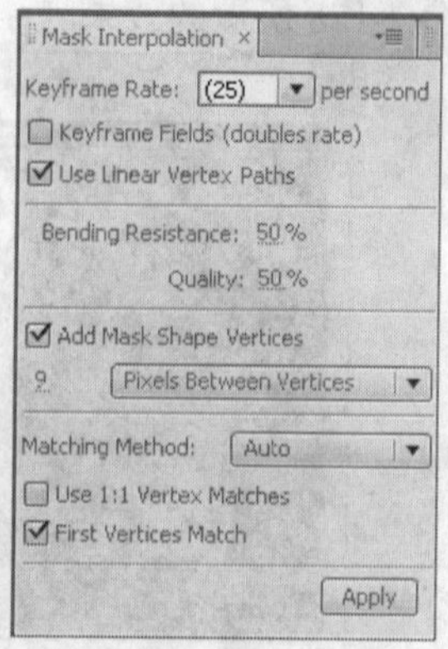

图 3-133

Keyframe Rate：决定每秒钟内在两个关键帧之间产生多少个关键帧。

Keyframe Rate（doubles Rate）：勾选此复选框，关键帧数目会增加到设定在“Keyframe Rate”中的两倍，因为关键帧是按 Field 场计算的。还有一种情况会在场中生成关键帧，那就是当“Keyframe Rate”设置的值大于 Composition（合成）项目的帧速率时。

Use Linear Vertex Paths：勾选此复选框，路径会沿着直线运动，否则就是沿曲线运动。

Bending Resistance：在节点中变化过程中，可以通过这个值的设定决定是采用 Stretch（拉伸）的方式还是 Bend（弯曲）的方式处理节点变化，此值越高就越不采用弯曲的方式。

Quality：质量设置。如果值为 0，那么第 1 个关键帧的点必须对应第 2 个关键帧的那个点。例如，第 1 个关键帧的第 8 个点，必须对应第 2 个关键帧的第 8 个点做变化。如果值为 100，那么第

1 个关键帧的点可以模糊地对应第 2 个关键帧的任何点。这样，越高的值得到的动画效果越平滑、越自然，但是计算的时间越长。

Add Mask Shape Vertices：勾选此复选框，将在变化过种中自动增加 Mask（蒙版）节点。第 1 个选项是数值设置，第 2 个选项是选择 After Effects 提供的 3 种增加节点的方式。“Pixels Between Vertices”，每多少个像素增加一个节点，如果前面的数值设置为 18，则 18 个像素增加一个节点；“Total Vertices”，决定节点的总数，如果前面的数值设为 60，则由 60 个节点组成一个 Mask（蒙版）；“Percentage of Outline”，以 Mask（蒙版）的周长的百分比距离放置节点，如果前面的数值设置为 5，则表示每隔 5%Mask（蒙版）的周长的距离放置一个节点，最后 Mask（蒙版）将由 20 个节点构成，如果设置 1%，则最后 Mask（蒙版）将由 100 个节点构成。

Matching Method：前一个关键帧的节点与后一个关键帧的节点动画过程中的匹配设置。分别有 3 个选项：“Auto”，自动处理；“Curve”，当 Mask 路径上有曲线时选用此选项；“Polyline”，当 Mask 路径上没有曲线时选用此选项。

Use 1:1 Vertex Matches：使用 1:1 的对应方式，如果前后两个关键帧里的 Mask（蒙版）的节点数目相同，此选项将强制节点绝对对应，即第 1 个节点对应第 1 个节点，第 2 个节点对应第 2 个节点，但是如果节点数目不同，会出现一些无法预料的效果。

First Vertices Match：决定是否强制起始点对应。

单击“Apply”按钮应用设置，按<0>键，预览优化后的 Mask（蒙版）动画。

3.4 课堂练习——卡片翻转

练习知识要点：使用“Card Wipe”命令制作翻转动画，使用矩形遮罩工具添加蒙版效果并进行编辑，使用“Ramp”命令制作渐变效果，使用 3D layer 选择编辑形状变形，使用“Drop Shadow”命令制作投影效果。卡片翻转效果如图 3-134 所示。

效果所在位置：光盘\Ch03\卡片翻转. aep。

图 3-134

3.5 课堂练习——调色效果

练习知识要点：使用“Levels”命令、“Directional Blur”命令制作图片特效，使用钢笔工具制作人物蒙版效果和形状。编辑“Mode”选择的叠加模式。调色效果如图 3-135 所示。

效果所在位置：光盘\Ch03\调色效果. aep。

图 3-135

3.6 课后习题——爆炸文字

习题知识要点：使用“Ramp”命令制作渐变效果，使用“File”命令导入素材，使用“Shatter”命令、“Shine”命令、“Drop Shadow”命令、“Lens Flare”命令制作爆炸文字效果。爆炸文字效果如图 3-136 所示。

效果所在位置：光盘\Ch03\爆炸文字. aep。

图 3-136

第4章 应用时间轴制作特效

应用时间轴制作特效是 After Effects 的重要功能，本章详细讲解重置时间、理解关键帧概念、关键帧的基本操作、初识 Graph Editor(动画曲线编辑器)、使用 Graph Editor(动画曲线编辑器) 等功能。读者通过学习本章的内容，能够应用时间轴来制作视频特效。

【教学目标】

- 时间轴。
- 重置时间。
- 理解关键帧概念。
- 关键帧的基本操作。
- 初识 Graph Editor(动画曲线编辑器)。
- 使用 Graph Editor(动画曲线编辑器)。

4.1 时间轴

通过对时间轴的控制，可以把正常播放速度的画面加速或减慢，甚至反向播放，还可以产生一些非常有趣的或者富有戏剧性的动态图像效果。

4.1.1 课堂案例——粒子汇集文字

案例学习目标：学习使用输入文字、在文字上添加滤镜和动画倒放效果。

案例知识要点：使用“水平类型工具”编辑文字，使用“FE Pixel Polly”命令制作文字粒子特效，使用“Glow”命令、“Shine”命令制作文字发光，使用“Time Stretch”命令制作动画倒放效果。粒子汇集文字效果如图 4-1 所示。

效果所在位置：光盘\Ch04\粒子汇集文字.aep。

图 4-1

1.输入文字

Step 01 按<Ctrl>+<N>组合键，弹出“Composition Settings”对话框，在“Composition Name”选项的文本框中输入“粒子发散”，其他选项的设置如图 4-2 所示。单击“OK”按钮，创建一个新的合成“粒子发散”。

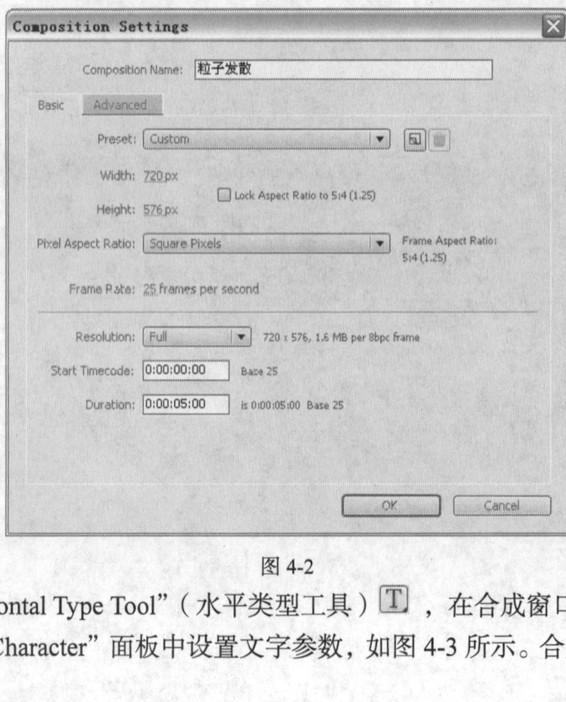

图 4-2

Step 02 选择“Horizontal Type Tool”（水平类型工具），在合成窗口输入文字“精彩不断”。选中输入的文字，在“Character”面板中设置文字参数，如图 4-3 所示。合成窗口中的效果如图 4-4 所示。

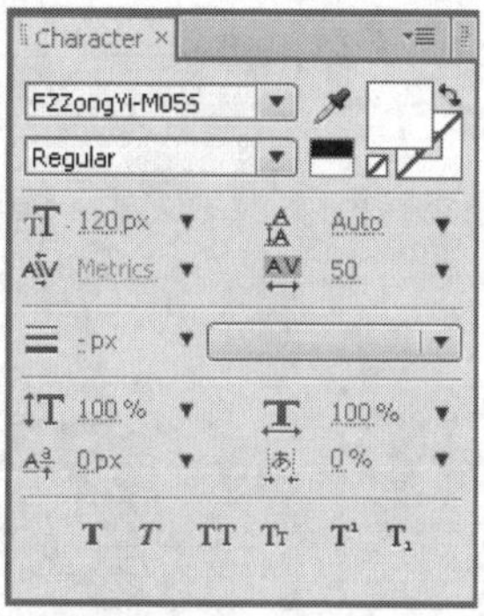

图 4-3

图 4-4

2.添加文字特效

Step 01 选中“文字”层，选择“Effect > Particle > FE Pixel Polly”命令，在“特效控制”面板中进行参数设置，如图 4-5 所示。合成窗口中的效果如图 4-6 所示。

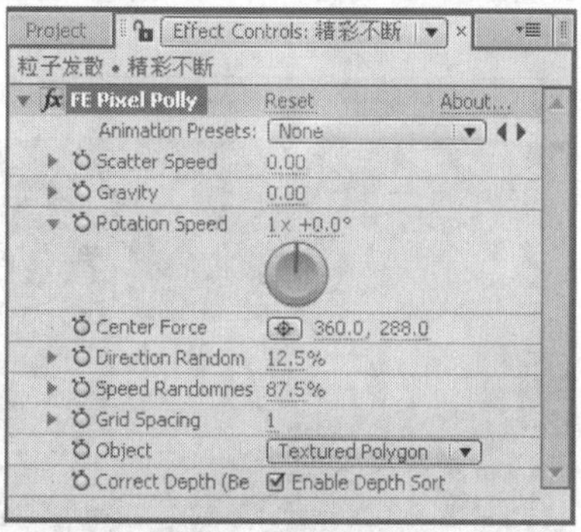

图 4-5

图 4-6

Step 02 选中“文字”层，在“时间轴”面板中将时间标签放置在 0 s 的位置，如图 4-7 所示。在“特效控制”面板中单击“Scatter Speed”选项前面的“关键帧自动记录器”按钮，记录第 1 个关键帧。将时间标签放置在 4:24s 的位置，如图 4-8 所示。在“特效控制”面板中设置“Scatter Speed”选项的数值为-0.6，如图 4-9 所示，记录第 2 个关键帧。

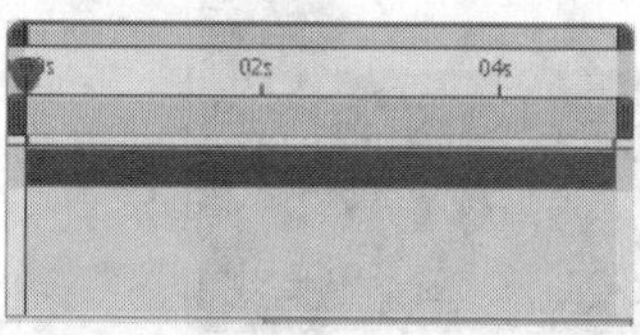

图 4-7

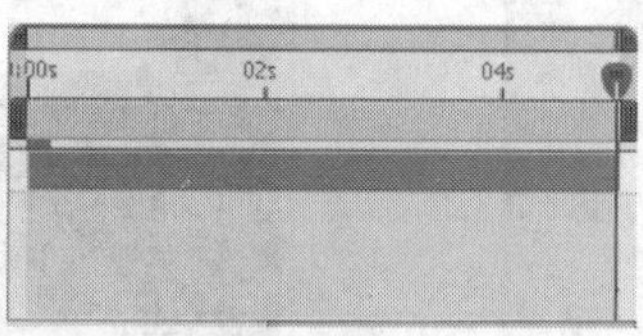

图 4-8

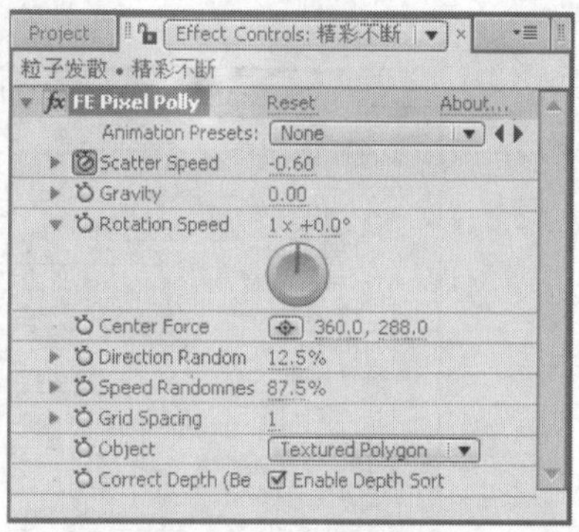

图 4-9

Step 03 选中“文字”层，将时间标签放置在 3s 的位置，设置“Gravity”选项的数值为 0，在“特效控制”面板中单击“Gravity”选项前面的“关键帧自动记录器”按钮，记录第 1 个关键帧，如图 4-10 所示。将时间标签放置在 4s 的位置，设置“Gravity”选项的数值为 3，如图 4-11 所示，记录第 2 个关键帧。

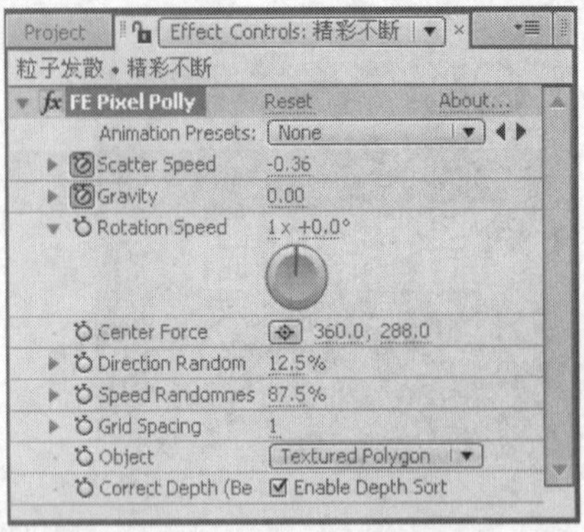

图 4-10

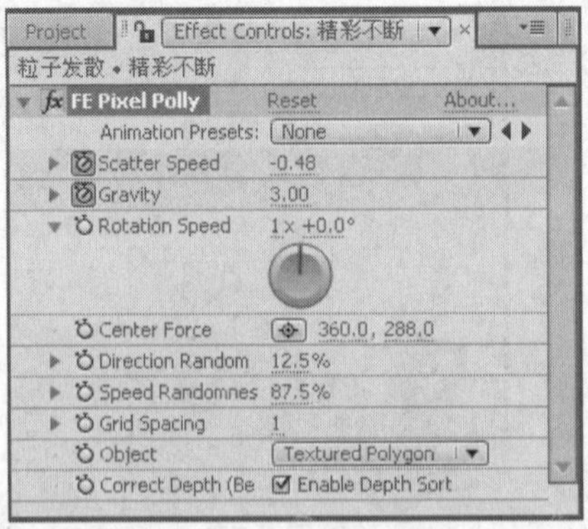

图 4-11

Step 04 选中“文字”层，选择“Effect > Stylize > Glow”命令，在“特效控制”面板中设置“Color A”的颜色为红色（其 R、G、B 的值分别为 255、0、0），“Color B”的颜色为橙黄色（其 R、G、B 的值分别为 255、114、0），其他参数设置如图 4-12 所示。合成窗口中的效果如图 4-13 所示。

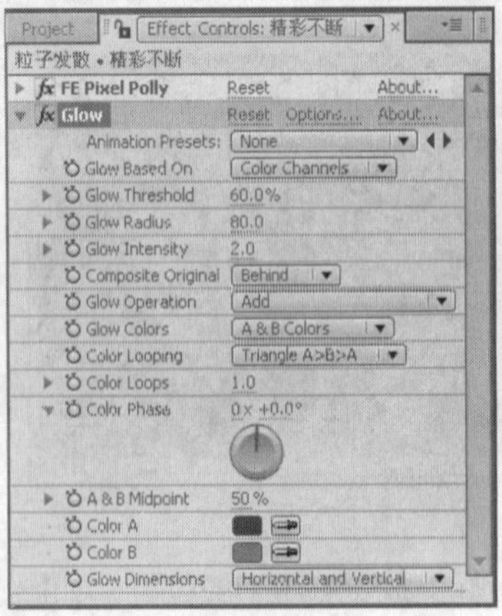

图 4-12

图 4-13

Step 05 选中文字层，选择“Effect > Trapcode > Shine”命令，在“特效控制”面板中进行参数设置，如图 4-14 所示。合成窗口中的效果如图 4-15 所示。

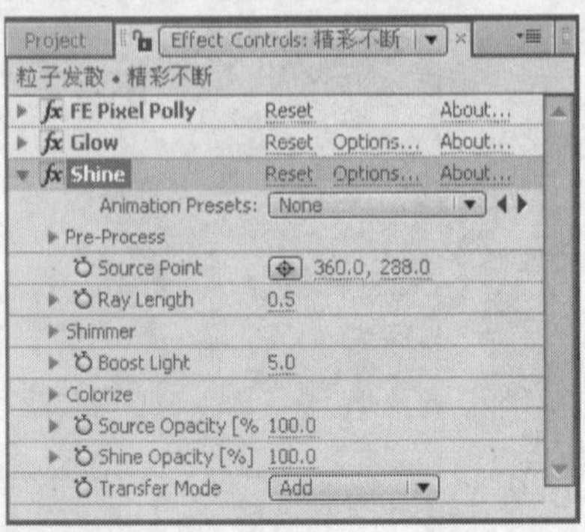

图 4-14

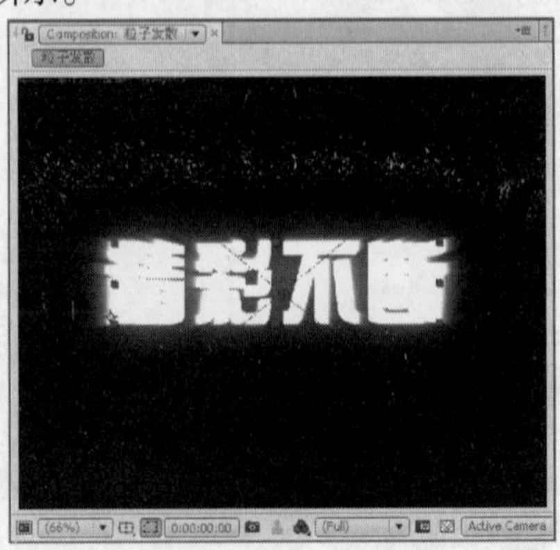

图 4-15

3.制作动画倒放效果

Step 01 按<Ctrl>+<N>组合键，弹出“Composition Settings”对话框，在“Composition Name”选项的文本框中输入“粒子汇集”，其他选项的设置如图 4-16 所示。单击“OK”按钮，创建一个新的合成“粒子汇集”。在“项目”面板中选中“粒子发散”合成并将其拖曳到“时间轴”面板中，如图 4-17 所示。

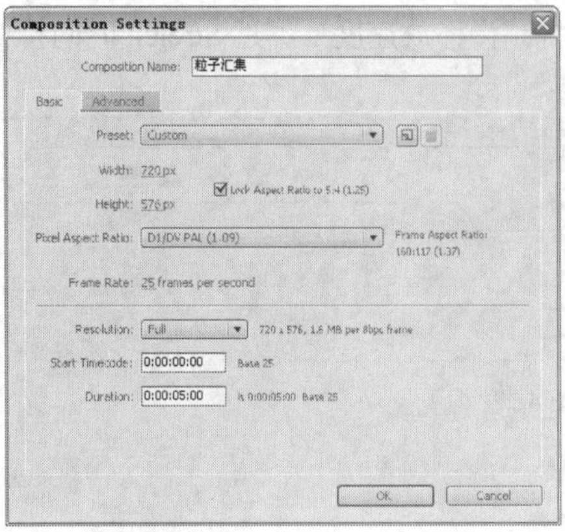

图 4-16

图 4-17

Step 02 选中“粒子发散”层，选择“Layer > Time > Time Stretch”命令，弹出“Time Stretch”对话框，在对话框中设置“Stretch Factor”选项的数值为-100，如图 4-18 所示，单击“OK”按钮。时间标签自动移到 0 帧位置，如图 4-19 所示，按<［>键将素材对齐，如图 4-20 所示，实现倒放功能。

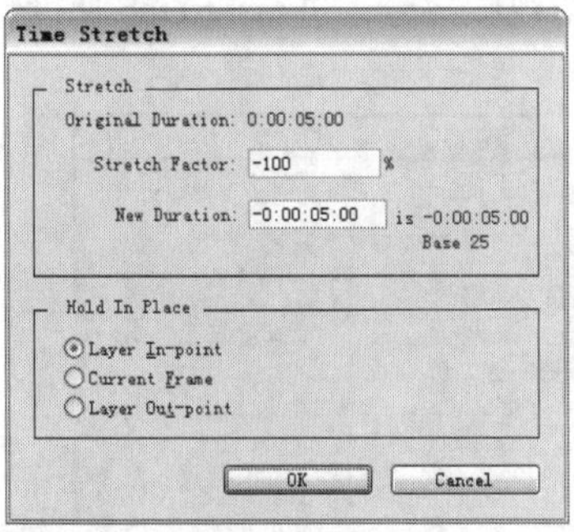

图 4-18

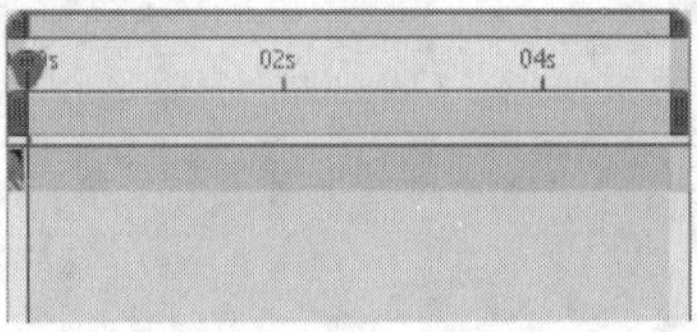

图 4-19

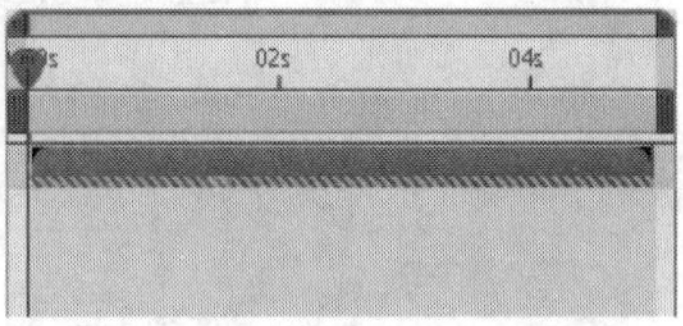

图 4-20

Step 03 粒子汇集文字制作完成，如图 4-21 所示。

图 4-21

4.1.2　使用时间轴控制速度

▌ 选择“File > Open Project…”（打开项目）命令，选择光盘目录下的“素材 > 04 > Stretch.aep”文件，单击“打开”按钮打开文件。

在“Timeline”（时间轴）中，单击按钮展开 Stretch 时间拉伸属性，如图 4-22 所示。Stretch 可以加快或者放慢动态素材层的时间，默认情况下 Stretch 值为 100%，代表正常速度播放片段；小于 100%时，会加快播放速度；大小 100%时，将减慢播放速度。不过 Stretch 时间拉伸不可以形成关键帧，因此不能制作时间速度变速的动画特效。

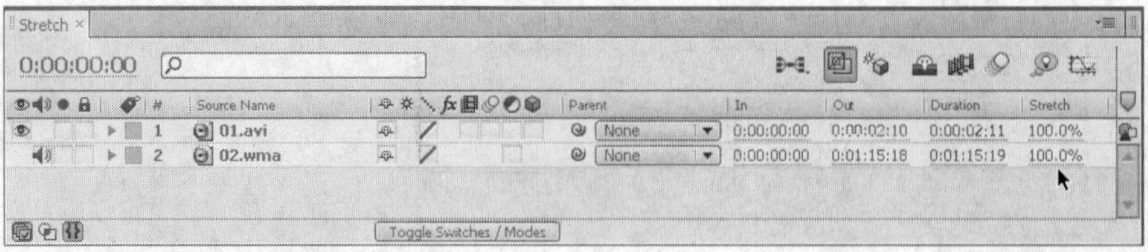

图 4-22

4.1.3 设置声音的时间轴属性

除了视频，在 After Effects 里还可以对音频应用 Stretch 功能。调整音频层中的 Stretch 值，随着 Stretch 值变化，可以听到声音的变化。

如果某个素材层同时包含音频和视频信息，在进行 Stretch 速度调整时，希望只影响视频信息，音频信息保持正常速度播放。这样，就需要将该素材层复制一份，两个层中一个关闭视频信息，但保留音频部分，不做 Stretch 速度改变；另一个关闭音频信息，保留视频部分，进行 Stretch 速度调整，如图 4-23 所示。

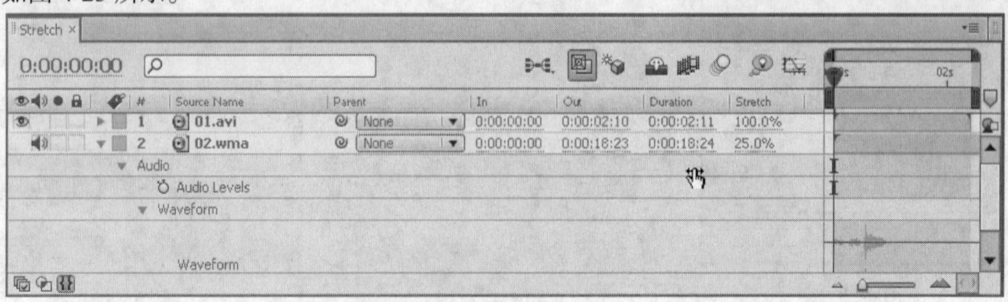

图 4-23

4.1.4 使用入点和出点控制面板

In（入点）和 Out（出点）参数面板可以方便地控制层的入点和出点信息，不过它还隐藏了一些快捷功能，通过它们同样可以改变素材片段的播放速度，改变 Stretch 值。

在“Timeline”（时间轴）窗口，调整当前时间指针到某个时间位置，按住<Ctrl>键的同时，单击 In（入点）或者 Out（出点）参数，即可实现素材片段播放速度的改变，如图 4-24 所示。

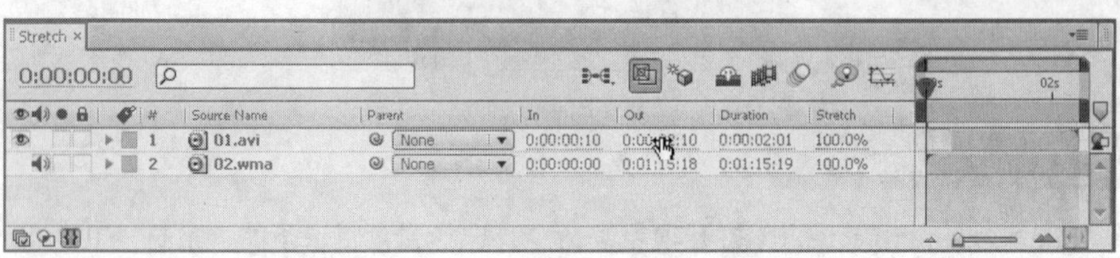

图 4-24

4.1.5 时间轴上的关键帧

如果素材层上已经制作了关键帧动画，那么在改变其 Stretch 值时，不仅仅会影响其本身的播放速度，关键帧之间的时间距离也会随之改变。例如，将 Stretch 值设置为 50%，那么原来关键帧之间的距离就会缩短一半，关键帧动画速度同样也会加快一倍，如图 4-25 所示。

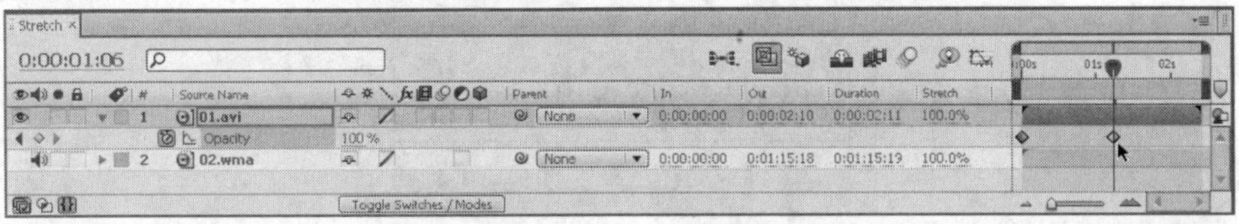

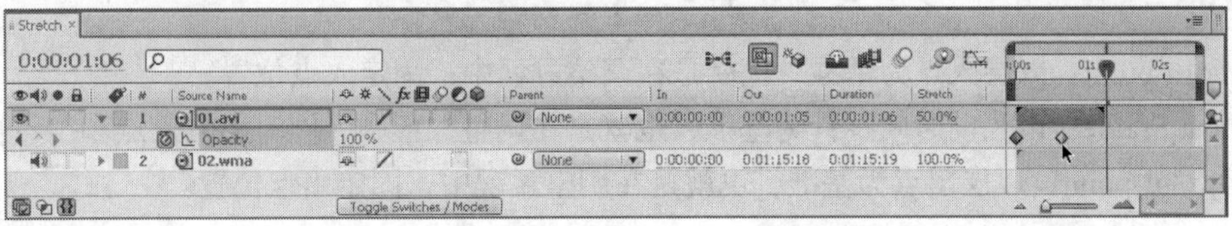

图 4-25

如果不希望改变 Stretch 值时影响关键帧时间位置，则需要全选当前层的所有关键帧，然后选择“Edit > Cut”（剪切）命令，或按<Ctrl>+<X>组合键，暂时将关键帧信息剪切到系统剪贴板中，调整 Stretch 值，在改变素材层的播放速度后，再选择“Edit > Paste”（粘贴）命令，或按<Ctrl>+<V>组合键，将关键帧粘贴回当前层。

4.1.6 颠倒时间

在视频节目中，经常会看到倒放的动态影像，利用 Stretch 属性其实可以很方便地实现这一点，即把 Stretch 调整为负值就可以了。例如，保持片段原来的播放速度，只是实现倒放，可以将 Stretch 值设置为-100，如图 4-26 所示。

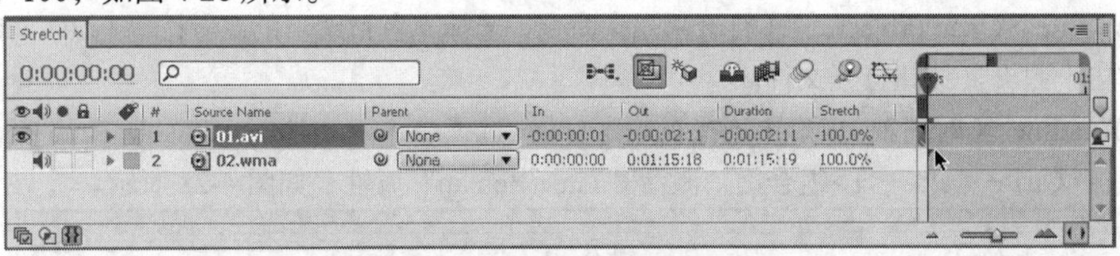

图 4-26

当 Stretch 属性设置为负值时，图层上出现了红色的斜线，表示已经颠倒了时间。但是图层会移动到别的地方，这是因为在颠倒时间过程中，是以图层的入点为变化基准，所以反向时导致位置上的变动，将其拖曳到合适位置即可。

4.1.7 确定时间调整基准点

在进行 Stretch 时间拉伸的过程中，已经发现了变化时的基准点在默认情况下是以入点为标准的，特别是在颠倒时间的练习中更明显地感受到了这一点。其实在 After Effects 中，时间调整的基准点同样是可以改变的。

单击 Stretch 参数，弹出“Time Stretch”对话框，在对话框中的“Hold In Place”设置区域可以设置在改变 Stretch 时间拉伸值时层变化的基准点，如图 4-27 所示。

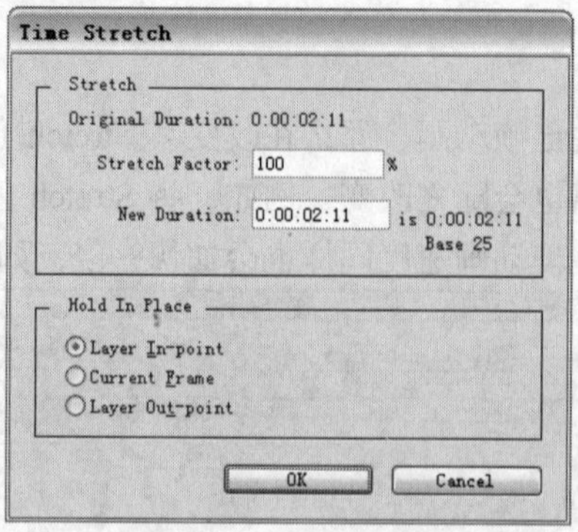

图 4-27

Layer In-point：以层入点为基准，也就是在调整过程中，固定入点位置。

Current Frame：以当前时间指针为基准，也就是在调整过程中，同时影响入点和出点位置。

Layer Out-point：以层出点为基准，也就是在调整过程中，固定出点位置。

4.2 重置时间

Time Remap（重置时间）是一种可以随时重新设置素材片断播放速度的超强功能。与 Stretch 不同的是，它可以设置关键帧，进行各种时间变速动画创作。Time Remap 可以应用在动态素材上，如视频素材层、音频素材层、嵌套合成等。

4.2.1 应用重置时间命令

选择“File > Open Project...”（打开项目）命令，选择光盘目录下的“素材 > Ch04 > Time.aep”文件，单击“打开”按钮打开文件。

在“Timeline”（时间轴）窗口中选择视频素材层，选择“Layer > Time > Enable Time Remapping”命令，或按<Ctrl>+<Alt>+<T>组合键，激活“Time Remap”属性，如图 4-28 所示。

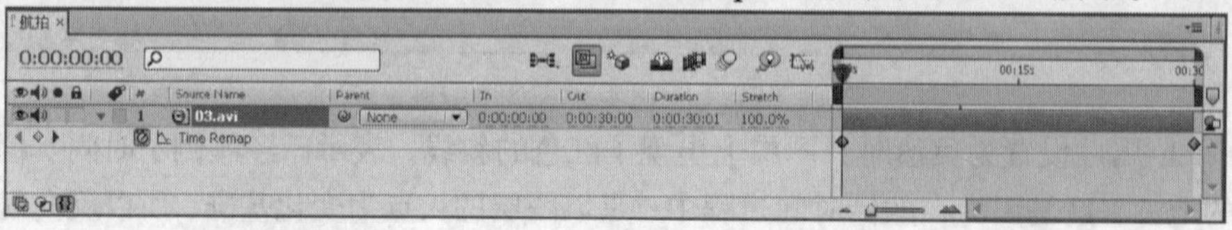

图 4-28

在添加“Time Remap”自动在视频层的入点和出点位置加入了两个关键帧，入点位置的关键帧记录了片段 0 秒 0 帧这个时间，出点关键帧记录了片段最后的时间，也就是 30s。

4.2.2 重置时间的方法

在“Timeline”（时间轴）窗口中，移动当前时间指针到 15s 位置，在“Keys”（关键帧）面板中，单击“关键帧”按钮◇，生成一个关键帧，这个关键帧记录了片段 15s 这个时间，如图 4-29 所示。

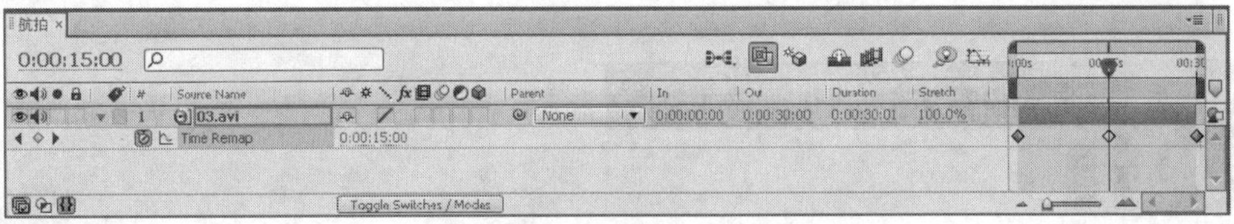

图 4-29

将刚刚生成的那个关键帧往左边拖动，移动到第 10s 的位置，这样得到的结果从开始一直到 10s 位置，会播放片段 0s 0 帧到 15s 的片段内容。因此，从开始到第 10s 时，素材片段会快速播放，而过了 10s 以后，素材片段会慢速播放，因为最后的那个关键帧并没有发生位置移动，如图 4-30 所示。

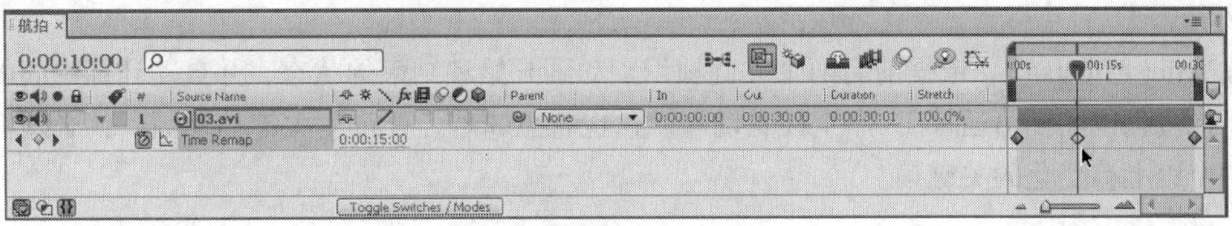

图 4-30

按<0>键预览动画效果，按任意键结束预览。

再次将当前时间指针移动到 15s 位置，在“Keys”（关键帧）面板中，单击“关键帧”按钮◇，生成一个关键帧，这个关键帧记录了片段的 18s18 帧这个时间，如图 4-31 所示。

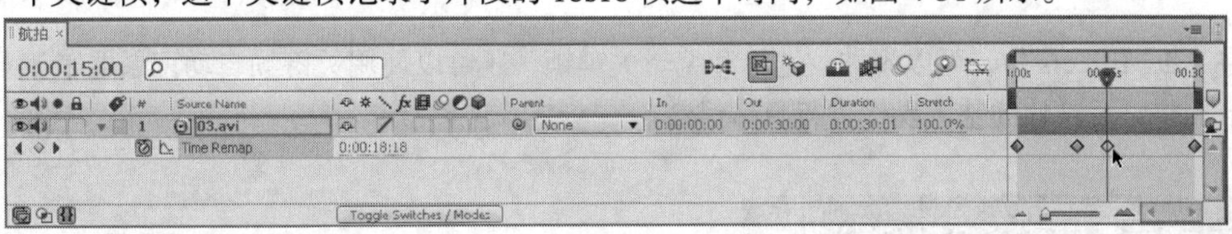

图 4-31

将记录了片段 18s18 帧的这个关键帧，移动到第 5s 位置，会播放片段 0s0 帧到 18s18 帧的片段内容，速度非常快；然后从 5s 到 10s 位置，会反向播放片段 18s18 帧到 15s 的内容；过了 10s 以后直到最后，会重新播放 15s 到 30s 的内容，如图 4-32 所示。

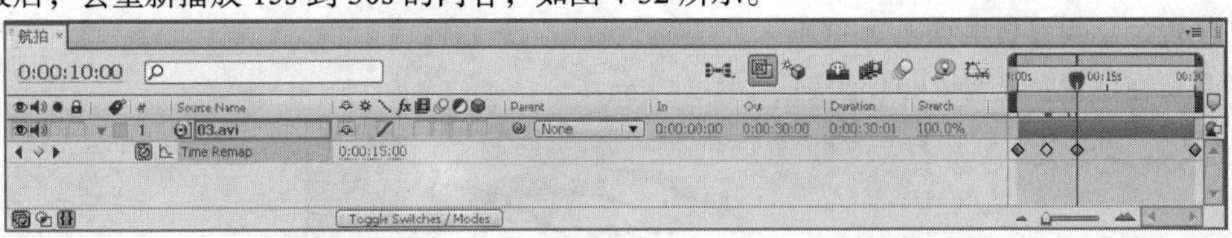

图 4-32

可以切换到 Graph Editor（动画曲线编辑器）模式下，调整这些关键帧的运动速率，形成各种变速时间变化，如图 4-33 所示。

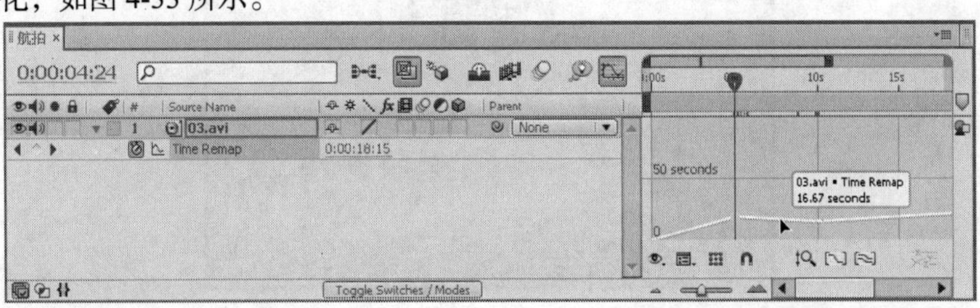

图 4-33

4.3 理解关键帧概念

在 After Effects 中，把包含着关键信息的帧称为关键帧。Position（坐标值）、Rotation（旋转尺度）、Opacity（透明度）等所有能够用数值表示的信息都包含在关键帧中。

在制作电影中，通常是要制作许多不同的片断，然后将片断连接到一起才能制作成电影。对于制作的人来说，每一个片段的开头和结尾都要做上一个标记，这样在看到标记时就知道这一段内容是什么。

在 After Effects 中，依据前后两个关键帧识别动画开始和结束的状态，并自动计算中间的动画过程（此过程也叫插值运算），产生视觉动画。这也就意味着，要产生关键帧动画，就必须拥有两个或两个以上有变化的关键帧。

4.4 关键帧的基本操作

在 After Effects 中，可以添加、选择和编辑关键帧，还可以使用关键帧自动记录器来记录关键帧。下面将对关键帧的基本操作进行具体讲解。

4.4.1 课堂案例——活泼的小蝌蚪

案例学习目标：学习使用编辑关键帧，使用关键帧制作活泼的小蝌蚪效果。

案例知识要点：使用层编辑蝌蚪大小或方向，使用“Motion Sketch”命令绘制动画路径并自动添加关键帧，使用“The Smoother”命令自动减少关键帧，使用“Drop Shadow”命令给蝌蚪添加投影。活泼的小蝌蚪效果如图 4-34 所示。

效果所在位置：光盘\Ch04\活泼的小蝌蚪. aep。

图 4-34

1. 导入文件并编辑动画蝌蚪

Step 01 按<Ctrl>+<N>组合键，弹出“Composition Settings”对话框，在“Composition Name”选项的文本框中输入“活泼的小蝌蚪”，其他选项的设置如图 4-35 所示，单击“OK”按钮，创建一个新的合成“活泼的小蝌蚪”。选择“File > Import > File”命令，弹出“Import File”对话框，选择光盘中的“Ch04 > 活泼的小蝌蚪 > (Footage)”中的 01、02 文件，单击“打开”按钮，导入图片，如图 4-36 所示。

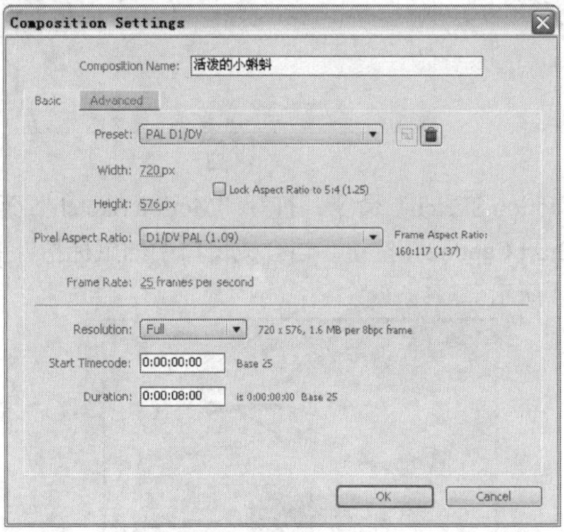

图 4-35

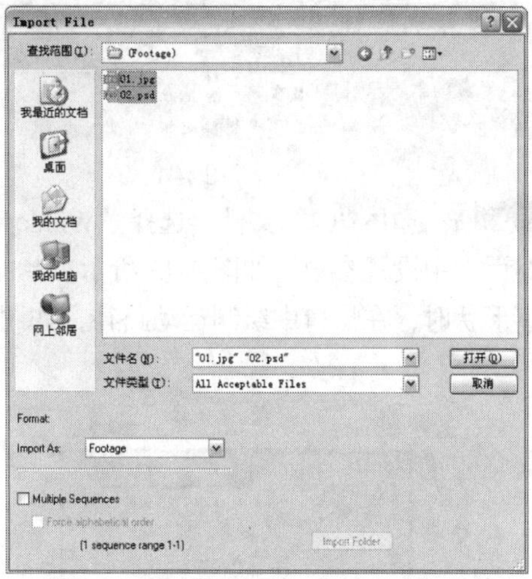

图 4-36

Step 02 在“项目”面板中选择“01”、“02”文件并将其拖曳到“时间轴”面板中，如图 4-37 所示。选中“02”文件，按<P>键展开“Position”属性，设置“Position”选项的数值为 238、438，如图 4-38 所示。

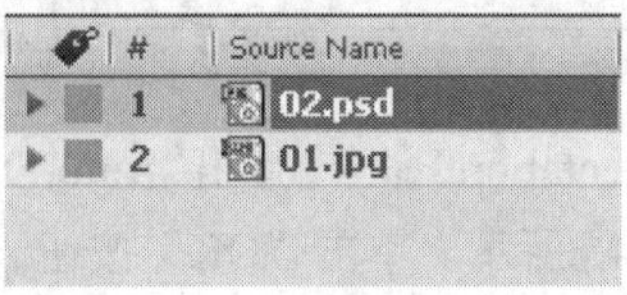

图 4-37

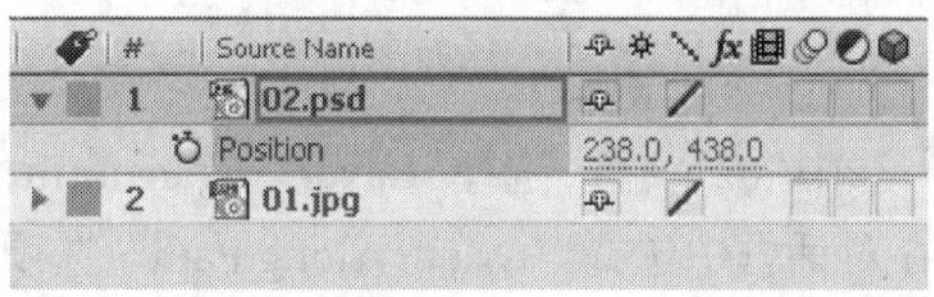

图 4-38

Step 03 选中“02”文件，按<S>键展开“Scale”属性，设置“Scale”选项的数值为 52，如图 4-39 所示。选择“Pan Behind Tool”（平移拖后工具），在合成窗口中按住鼠标左键，调整小蝌蚪的中心点位置，如图 4-40 所示。

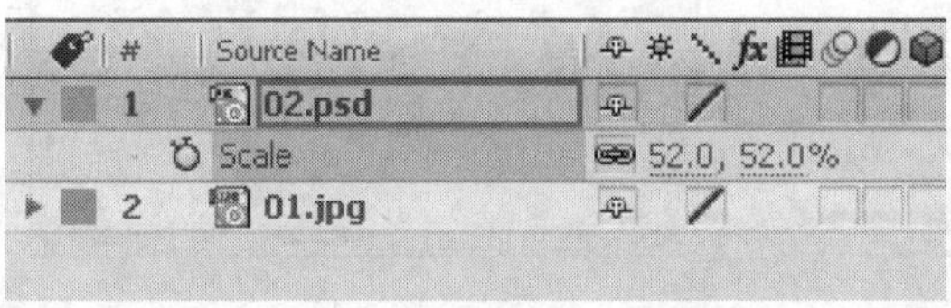

图 4-39

图 4-40

Step 04 选中“02”文件，按<R>键展开“Rotation”属性，设置“Rotation”选项的数值为 0、100，如图 4-41 所示。合成窗口中的效果如图 4-42 所示。

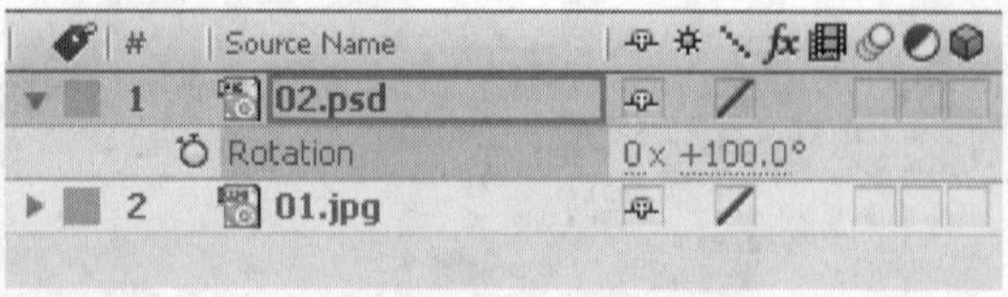

图 4-41

图 4-42

Step 05 选中“02”文件，选择“Window > Motion Sketch”命令，打开“Motion Sketch”面板，在对话框中设置参数，如图 4-43 所示，单击“Start Capture”按钮。当合成窗口中的鼠标指针变成十字形状时，在窗口中绘制运动路径，如图 4-44 所示。

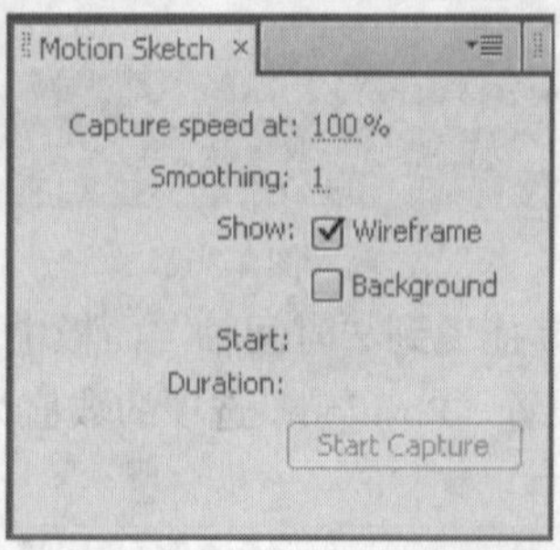

图 4-43

图 4-44

Step 06 选中“02”文件，选择“Layer > Transform > Auto-Orientation”命令，弹出“Auto-Orientation”对话框，在对话框中选择“Orient Along Path”选项，如图 4-45 所示。单击“OK”按钮。合成窗口中的效果如图 4-46 所示。

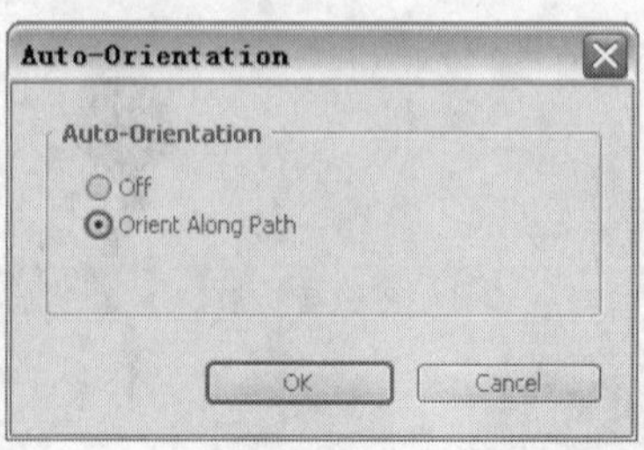

图 4-45

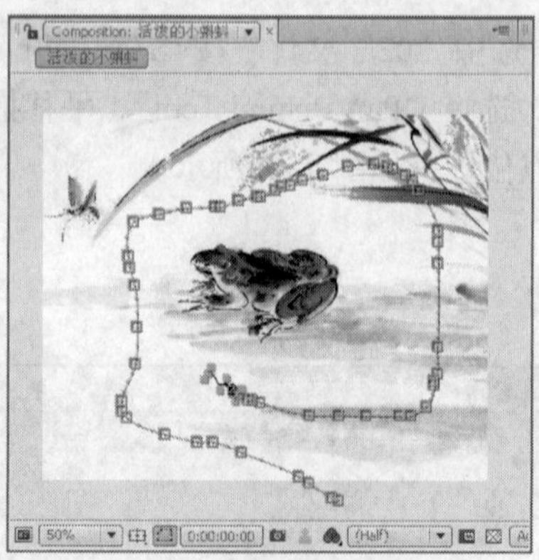

图 4-46

Step 07 选中“02”文件，按<P>键展开“Position”属性，用框选的方法选中所有的关键帧，选择“Window > Smoother”命令，打开“Smoother”面板，在对话框中设置参数，如图 4-47 所示。单击“Apply”按钮，合成窗口中的效果如图 4-48 所示，制作完成后动画更加流畅。

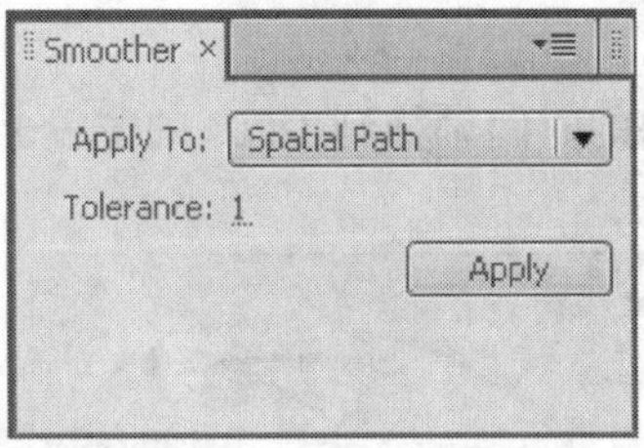

图 4-47

图 4-48

Step 08 选中“02”文件，选择“Effect > Perspective > Drop Shadow”命令，在“特效控制”面板中进行参数设置，如图 4-49 所示。合成窗口中的效果如图 4-50 所示。

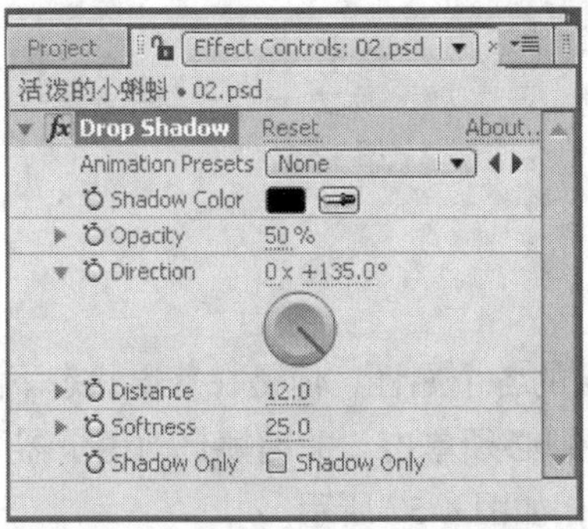

图 4-49

图 4-50

Step 09 选中“02”文件，单击鼠标右键，选择“Switches > Motion Blur”命令，在“时间轴”面板中打开 Motion Blur 开关，如图 4-51 所示。合成窗口中的效果如图 4-52 所示。

图 4-51

图 4-52

2．编辑复制层

Step 01 选中“02”文件，按<Ctrl>+<D>组合键复制一层，如图 4-53 所示。按<P>键展开新复制层的的“Position”属性，单击“Position”选项前面的“关键帧自动记录器”按钮，取消所有的关键帧，如图 4-54 所示。按照上述的方法再制作出另外一个小蝌蚪的路径动画。

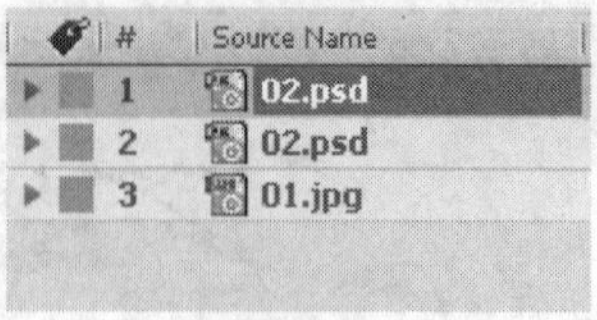

图 4-53

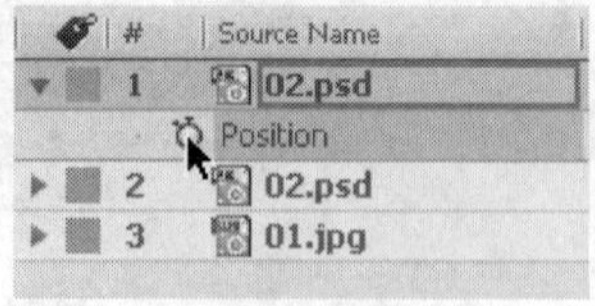

图 4-54

Step 02 选中新复制“02”文件，将新复制“02”文件的时间轴拖到 1:20s 的位置上，如图 4-55 所示。活泼的小蝌蚪制作完成，如图 4-56 所示。

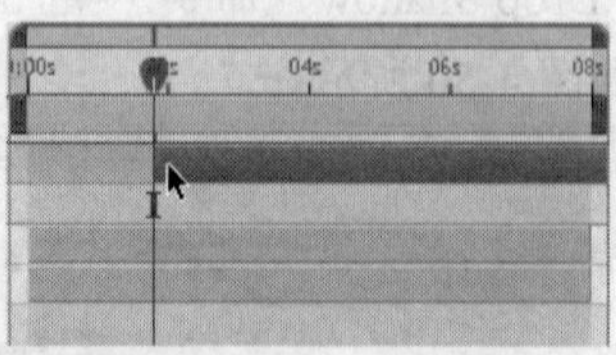

图 4-55

图 4-56

4.4.2 关键帧自动记录器

After Effects 提供了非常丰富的手段调整和设置层的各个属性，但是在普通状态下这种设置被看做为针对整个持续时间的，如果要进行动画处理，则必须单击“关键帧自动记录器”按钮，记录两个或两个以上的、含有不同变化信息的关键帧，如图 4-57 所示。

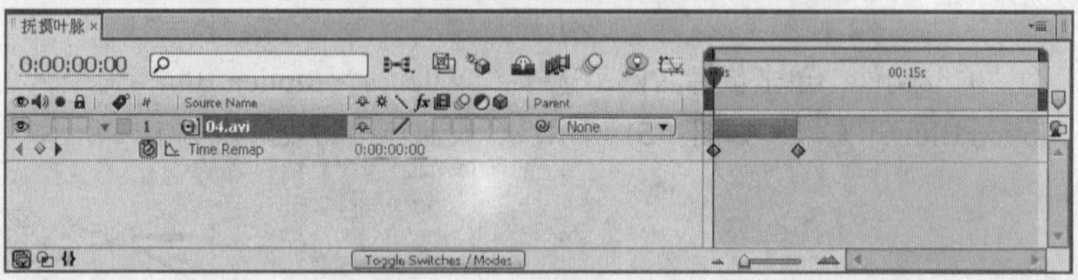

图 4-57

关键帧自动记录器为启用状态，此时 After Effects 将自动记录当前时间指针下该层该属性的任何变动，形成关键帧。如果关闭属性关键帧自动记录器，则此属性的所有已有的关键帧将被删除，由于缺少关键帧，动画信息丢失，再次调整属性时，被视为针对整个持续时间的调整。

4.4.3 添加关键帧

添加关键帧的方式有很多，基本方法是首先激活某属性的关键帧自动记录器，然后改变属性值，在当前时间指针处将形成关键帧，具体操作步骤如下。

Step 01 选择某层，通过单击小三角形钮或按属性的快捷键，展开层的属性。

Step 02 将当前的时间指针移动到建立第一个关键帧的时间位置。

Step 03 单击某属性的“关键帧自动记录器”按钮，当前时间指针位置将产生第 1 个关键帧，调整此属性到合适值。

Step 04 将当前时间指针移动到建立下一个关键帧的时间位置，在“Composition”（合成）预览窗口或者“Timeline”（时间轴）窗口调整相应的层属性，关键帧将自动产生。

Step 05 按<0>键，预览动画。

> **提示**：如果某层的 Mask（蒙版）属性打开了关键帧自动记录器，那么在“Layer”（层）预览窗口中调整 Mask（蒙版）时也会产生关键帧信息。

另外，单击“Timeline”（时间轴）控制区中的关键帧面板中间的按钮，可以添加关键帧；如果是在已经有关键帧的情况下单击此按钮，则将已有的关键帧删除，其快捷键是<Alt>+<Shift>+属性快捷键，如<Alt>+<Shift>+<P>组合键。

4.4.4　关键帧导航

在上一小节中，提到了“Timeline”（时间轴）控制区的关键帧面板，在此面板中最主要的功能就是关键帧导航，通过关键帧导航可以快速跳转到上一个或下一个关键帧位置，还可以方便地添加或者删除关键帧。如果此面板没有出现，则单击“Timeline”（时间轴）右上方的按钮，在弹出的列表中选择“Columns > Keys”命令，即可打开此面板，如图 4-58 所示。

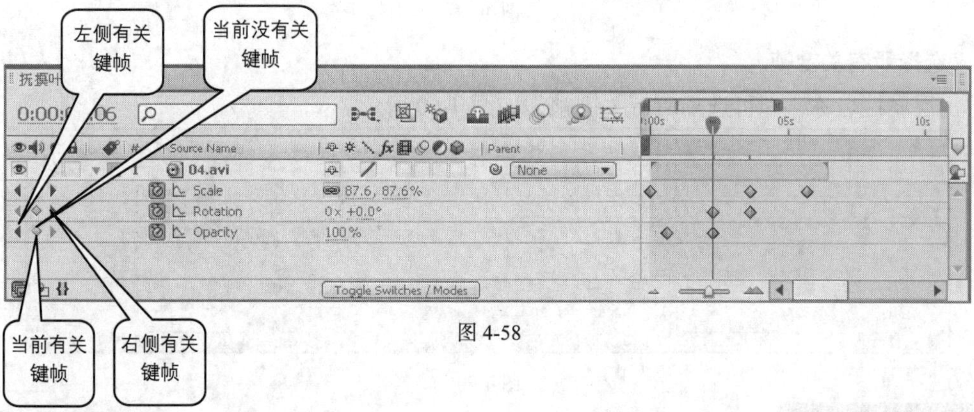

图 4-58

> **提示**：既然要对关键帧进行导航操作，就必须将关键帧呈现出来，按<U>键，则展示层中所有关键帧动画信息。

跳转到上一个关键帧位置，其快捷键是<J>。

跳转到下一个关键帧位置，其快捷键是<K>。

> **提示**：关键帧导航按钮仅针对本属性的关键帧进行导航，而快捷键<J>和<K>则可以针对画面中展现的所有关键帧进行导航，这是有区别的。可以打开光盘中“Kdyfame”文件夹下的“Kdyfame.aep”文件进行练习，并对比两种方法导致当前时间指针位置变化的差异。

“添加删除关键帧”按钮：当前无关键帧状态，单击此按钮将生成关键帧。

“添加删除关键帧”按钮：当前已有关键帧状态，单击此按钮将删除关键帧。

4.4.5 选择关键帧

1．选择单个关键帧

在“Timeline”（时间轴）窗口中，展开某含有关键帧的属性，用鼠标单击某个关键帧，此关键帧即被选中。

2．选择多个关键帧

- 在“Timeline”（时间轴）窗口中，按住<Shift>键的同时，逐个选择关键帧，即可完成多个关键帧的选择。
- 在“Timeline”（时间轴）窗口中，用鼠标拖曳出一个选取框，选取框内的所有关键帧即被选中，如图 4-59 所示。

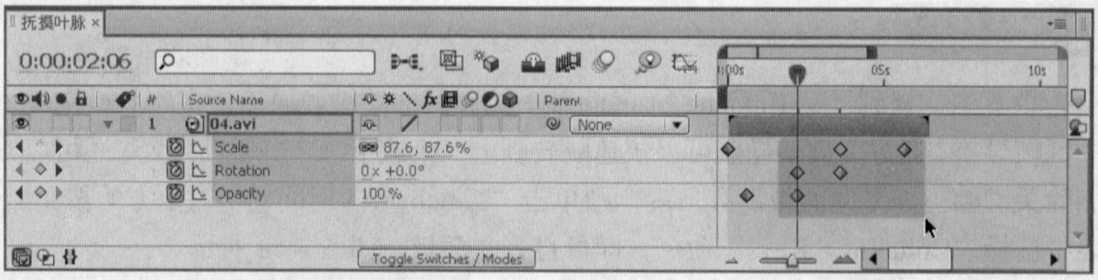

图 4-59

3．选择所有关键帧

单击层属性名称，即可选择所有关键帧，如图 4-60 所示。

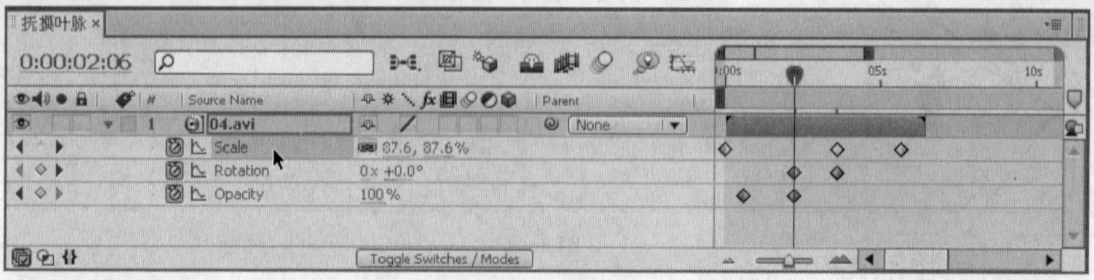

图 4-60

4.4.6 编辑关键帧

1．编辑关键帧值

在关键帧上双击鼠标，在弹出的对话框中进行设置，如图 4-61 所示。

提示：不同的属性对话框中呈现的内容也会不同，图 4-61 展现的是双击“Rotation”属性关键帧时弹出的对话框。

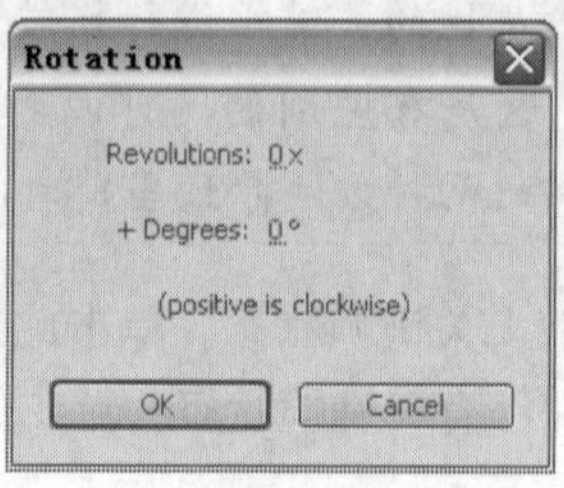

图 4-61

如果在“Composition”（合成）预览窗口或者“Timeline”（时间轴）窗口中调整关键帧，就必须要选中当前关键帧，否则编辑关键帧操作将变成生成新的关键帧操作，如图 4-62 所示。

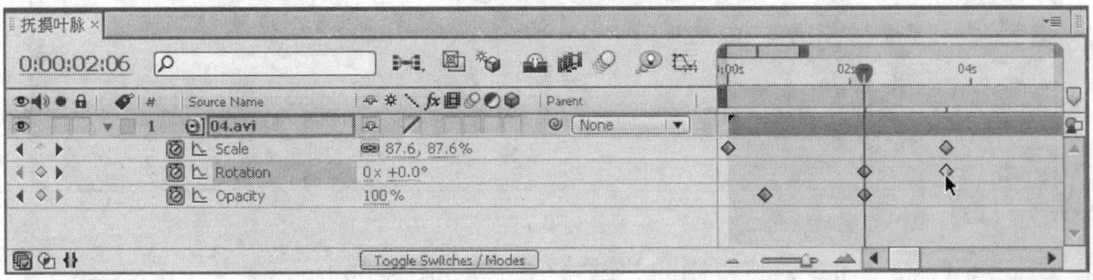

图 4-62

提示：按住<Shift>键的同时，移动当前时间指针，当前指针将自动对齐最近的一个关键帧，如果按住<Shift>键的同时移动关键帧，关键帧将自动对齐当前时间指针。

同时改变某属性的几个或所有关键帧的值，还需要同时选中几个或者所有关键帧，并确定当前时间指针刚好对齐被选中的某一个关键帧，再进行修改，如图 4-63 所示。

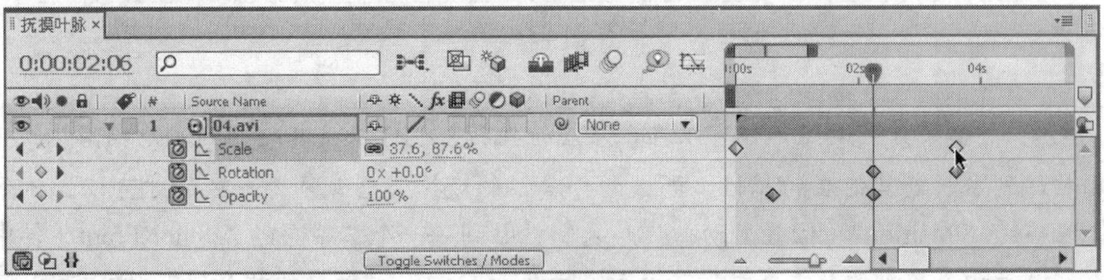

图 4-63

2．移动关键帧

选中单个或者多个关键帧，按住鼠标，将其拖曳到目标时间位置即可。还可以按住<Shift>键的同时，锁定到当前时间指针位置。

3．复制关键帧

复制关键帧操作可以大大提高创作效率，避免一些重复性的操作，但是在粘贴操作前一定要注意当前选择的目标层、目标层的目标属性，以及当前时间指针所在位置，因为这是粘贴操作的重要依据。具体操作步骤如下。

选中要复制的单个帧或多个关键帧，甚至是多个属性的多个关键帧，如图 4-64 所示。

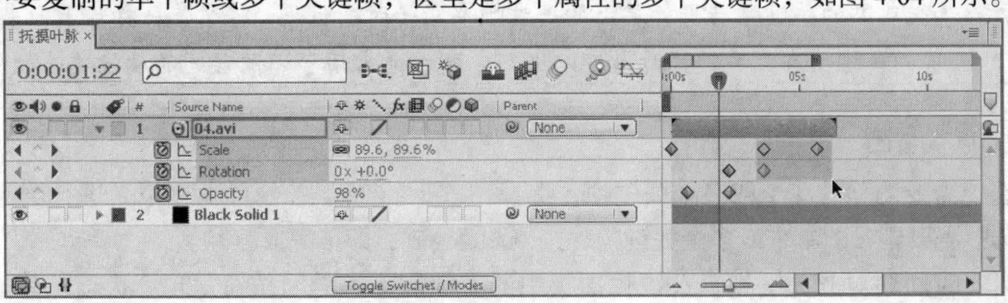

图 4-64

选择“Edit > Copy”命令，将选中的多个关键帧复制。选择目标层，将时间指针移动到目标时间位置，如图 4-65 所示。

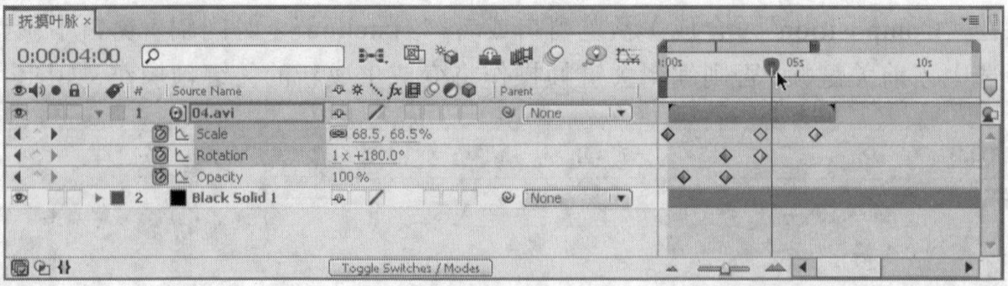

图 4-65

选择“Edit > Paste”命令，将复制的关键帧粘贴，如图 4-66 所示。

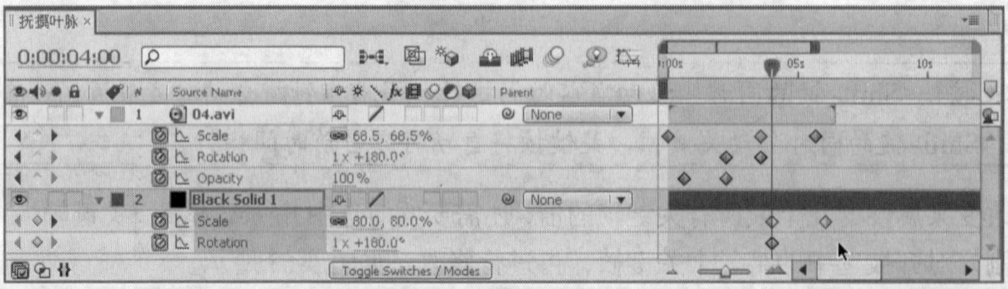

图 4-66

> **提示：** 关键帧复制粘贴不仅可以在本层属性执行，也可以将其粘贴到其他相同属性上。如果复制粘贴到本层或其他层的属性，那么两个属性的数据类型必须是一致的才可以。例如，将某个二维层的“Position”（位置）动画信息复制粘贴到另一个二维层的 Anchor Point（轴中心）属性上，由于两个属性的数据类型是一致的（都是 x 轴向和 y 轴向的两个值），所以可以实现复制操作。只要粘贴操作前，确定选中目标层的目标属性即可，如图 4-67 所示。

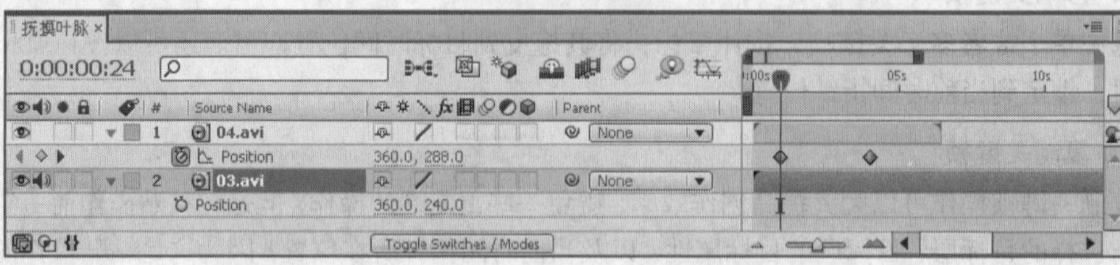

图 4-67

> **提示：** 如果粘贴的关键帧与目标层上的关键帧在同一时间位置，将覆盖目标层上原来的关键帧。另外，层的属性值在无关键帧时也可以进行复制，通常用于不同层间的属性统一操作。

4．删除关键帧

- 选中需要删除的单个或多个关键帧，选择“Edit > Clear”（清除）命令，进行删除操作。
- 选中需要删除的单个或多个关键帧，按<Delete>键，即可完成删除。
- 当前时间帧对齐关键帧，关键帧面板中的添加删除关键帧按钮呈现◇状态，单击此状态下的这个按钮将删除当前关键帧，或按<Alt>+<Shift>+属性快捷键，如按<Alt>+<Shift>+<P>组合键。
- 如果要删除某属性的所有关键帧，则单击属性的名称选中全部关键帧，然后按<Delete>键；或者单击关键帧属性前的“关键帧自动记录器”按钮将其关闭，也起到删除关键帧的作用。

4.5 初识 Graph Editor

通过 Graph Editor（动画曲线编辑器）可以精确地浏览和调节各属性的变化过程。下面通过实践逐步掌握如何在 Graph Editor（动画曲线编辑器）中调整属性值和时间速率。

打开 After Effects 软件，选择“Flie > Open Project”命令，在弹出的对话框中选择“素材> Ch04 > Graph Editor.aep”文件，单击“打开”按钮打开此文件。

在“Timeline”（时间轴）窗口中，单击第一层的“Rotation”（旋转）属性，此属性含有多个关键帧和动画信息，如图 4-68 所示。

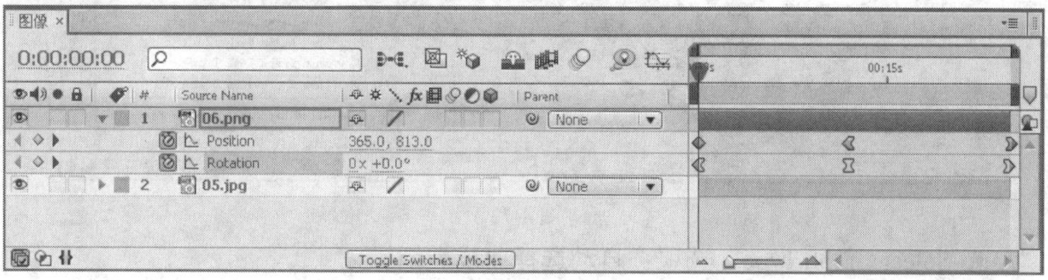

图 4-68

单击“动画曲线编辑器切换”按钮，切换动画曲线编辑器模式，如图 4-69 所示。

单击按钮，在弹出的下拉列表中，确认“Show Selected Properties”（显示被选择的属性运动曲线）选项处于被选择的状态，如图 4-70 所示。

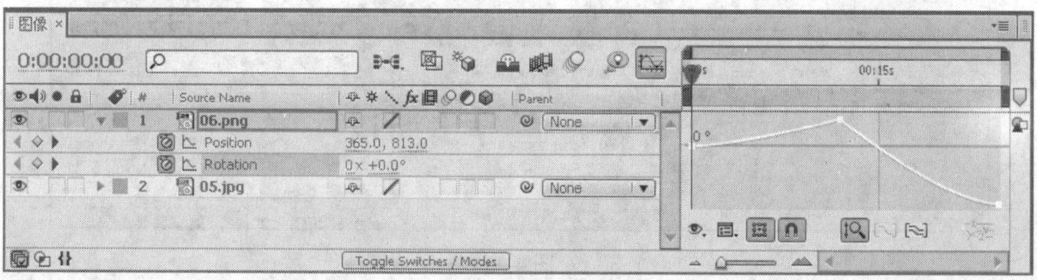

图 4-69

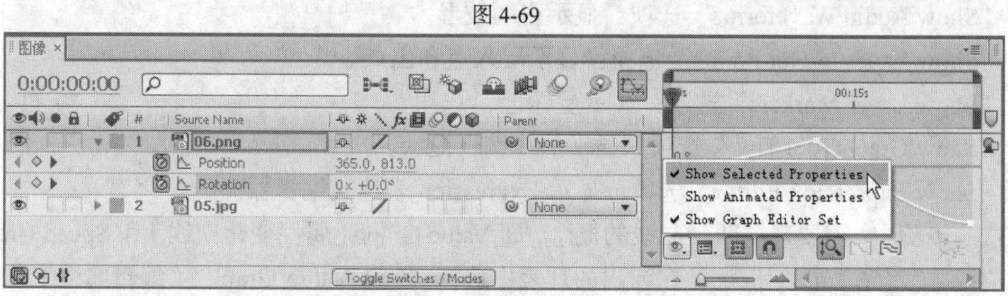

图 4-70

- “Show Selected Properties”选项：显示被选择的属性运动曲线。
- “Show Animated Properties”选项：显示所有动画信息属性的运动曲线。
- “Show Graph Editor Set”选项：单击属性前面的按钮，开启属性的运动曲线，如图 4-71 所示。

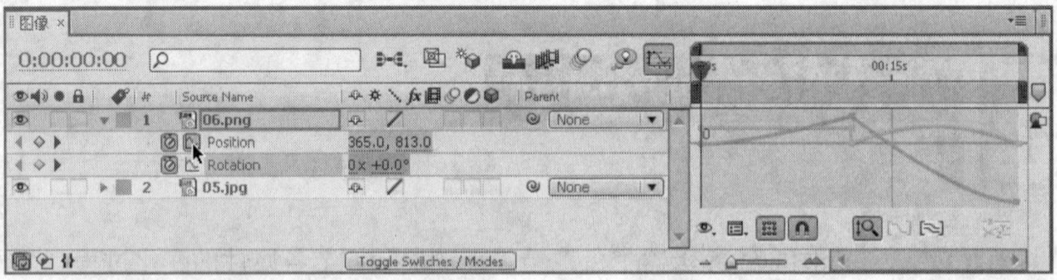

图 4-71

单击按钮，浏览一下指定的动画曲线类型的各个菜单选项是否显示其他附加信息的各个菜单选项，如图 4-72 所示。

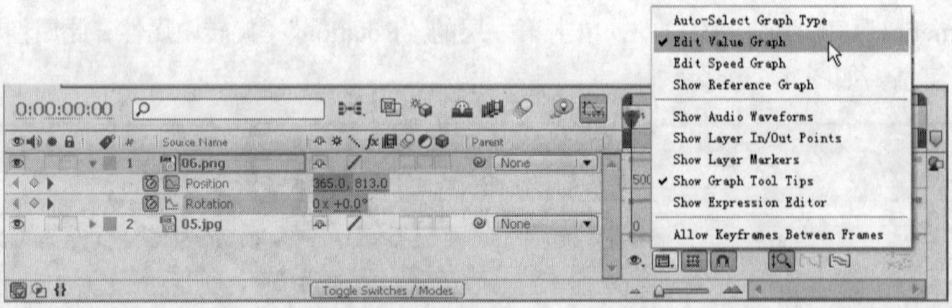

图 4-72

- “Auto-Select Graph Type”选项：自动选择曲线类型。
- “Edit Value Graph”选项：编辑属性变化曲线。
- “Edit Speed Graph”选项：编辑速度变化曲线。
- “Show Reference Graph”选项：在任何编辑状态时，是否同时显示 Value Graph 属性变化曲线和 Speed Graph 速度变化曲线作为相互的参考曲线，如图 4-73 所示。

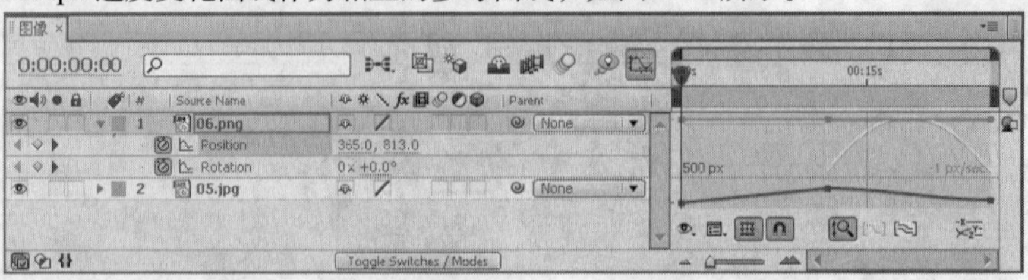

图 4-73

- “Show Audio Waveforms”选项：显示音频波形。
- “Show Layer In/Out Points”选项：显示层入点和出点。
- “Show Layer Markers”选项：显示层标记。
- “Show Graph Tool Tips”选项：显示曲线编辑提示。
- “Show Expression Editor”选项：显示 Expression 表达式编辑器。

在这一步骤中，需要理解两种曲线的概念，即 Value Graph（属性变化曲线）和 Speed Graph（速度变化曲线）。首先单击按钮，在弹出的列表中选择“Edit Value Graph”（编辑属性变化曲线）选项。

Value Graph（属性变化曲线）纵坐标代表属性值的变化，横坐标代表时间变化，其中纵坐标的单位取决于被选择的属性类型。例如，当前选择的是“Position”（位置）属性，那么纵坐标单位是 Pixel 像素，如果当前选择的是“Rotation”（旋转）属性，那么纵坐标单位变成度数，如图 4-74 所示。

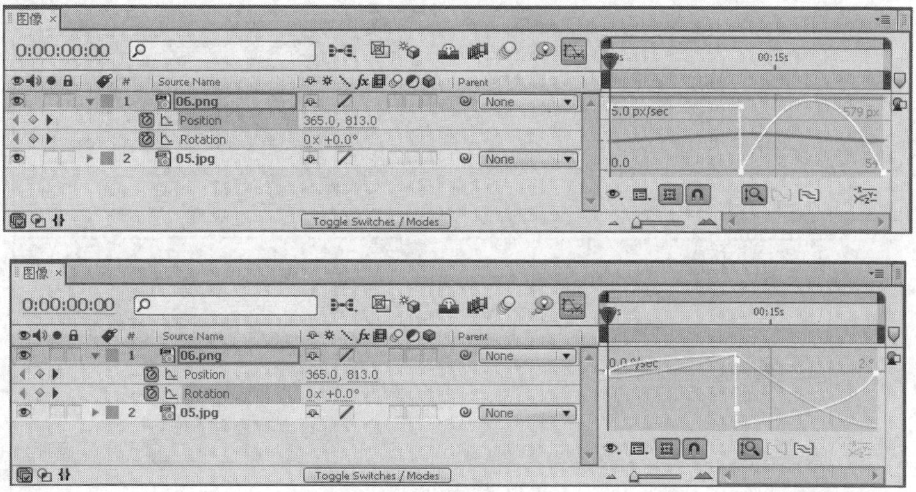

图 4-74

单击选中一层的“Position”（位置）属性，在动画曲线编辑器中将呈现动画曲线。

一些属性包含一个以上的变化值，或者维度。例如，选中的这个二维层的位置属性就包含 x 轴向和 y 轴向，因此可以发现画面中有两条运动曲线，红色的那条描绘的是 x 轴向运动曲线，绿色的那条描绘的是 y 轴向运动曲线，如图 4-75 所示。

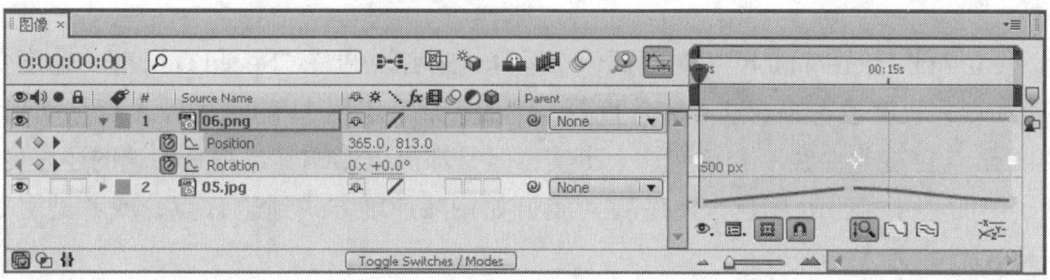

图 4-75

Value Graph（属性变化曲线）非常容易识别和理解：当属性值变大时，曲线往上发展，当属性值变小时，曲线往下发展。对于如“Opacity”（不透明）和“Audio Levels”（音频大小）这样的属性来说，这种曲线变化规律更容易理解，因为这些属性更好地符合了往上增大和往下减小的变化过程。

单击按钮，在弹出的列表中选择“Edit Speed Graph”（编辑速度变化曲线）选项，观察曲线变化规律。

Speed Graph（速度变化曲线）描述的是属性变化的速率变化，横坐标代表时间的变化，纵坐标的单位取决于被选择的属性类型。例如，当前选择的是“Position”（位置）属性，那么纵坐标单位是“Px/Sec”每秒多少像素；如果当前选择的是“Rotation”（旋转）属性，那么纵坐标单位变成“°/Sec”，每秒多少度数，如图 4-76 所示。

Speed Graph（速度变化曲线）同样非常容易识别和理解。关键帧与关键帧之间用直线或者曲线连接，当每秒钟属性变化幅度增大时，曲线往上发展；当每秒种属性变化幅度减小时，曲线往下发展。鼠标落在上面即可显示每秒种速率，如图 4-77 所示，其中直线代表匀速运动变化，曲线代表变速运动变化，如加、减速度变化等。

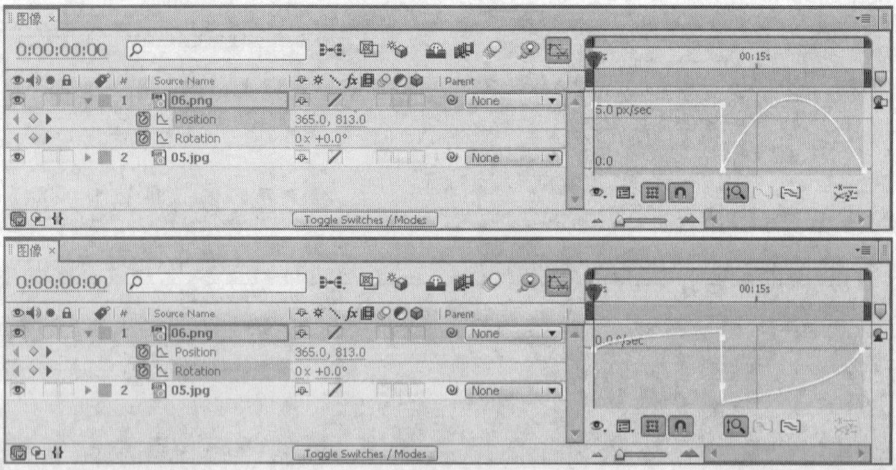

图 4-76

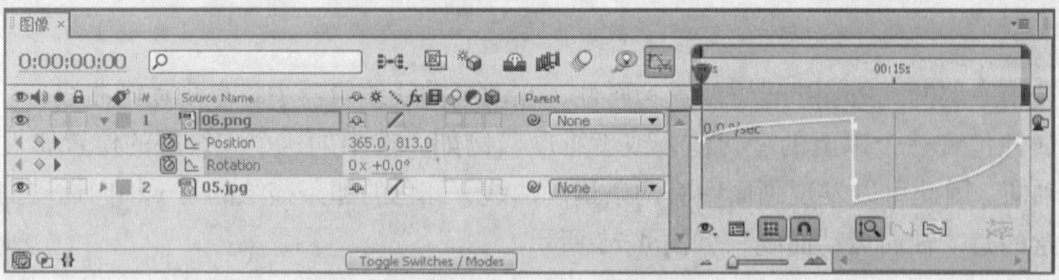

图 4-77

理解“Temporal Interpolation”（时间插值）运算，或者说调整“Speed Graph”（速度变化曲线）对关键帧值和变化程度没有影响这点非常重要。例如，某个层用 1s 的时间从 A 点移动到 B 点，调整 Speed Graph 速度变化曲线不会改变这个事实，但是却可以影响其过程是匀速的还是变速的，是从 A 点开始用加速方式到达 B 点，还是从 A 点开始用减速度方式到达 B 点，或者是用 Hold 方式实现 A 点到 B 点的突然跳转。

使用工具面板中的一系列钢笔工具，可以实现曲线编辑，包括在曲线上添加、删除关键帧，改变关键帧插值运算类型和曲线率等，如图 4-78 所示。

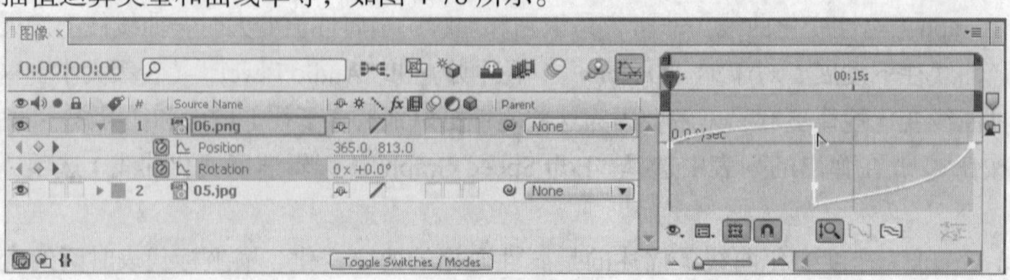

图 4-78

4.6 使用 Graph Editor

Graph Editor（动画曲线编辑器）是 After Effects 在整合以往版本的速率图表基础上提供的更丰富、更人性化的动画控制的一个全新功能模块，如图 4-79 所示。可以通过“动画曲线编辑器切换”按钮，实现关键帧编辑器和动画曲线编辑器的切换。

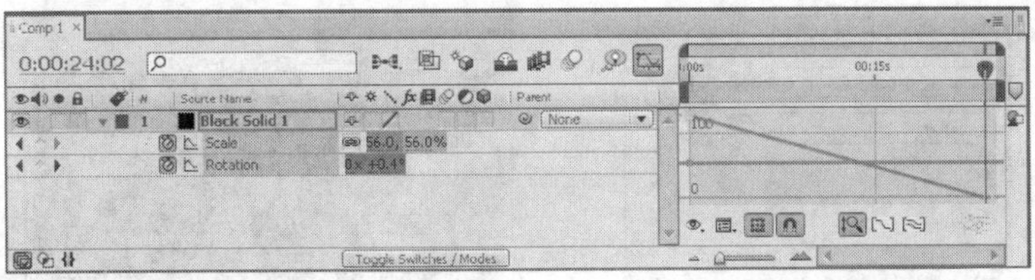

图 4-79

4.6.1　课堂案例——粒子云文字

案例学习目标：学习使用曲线编辑视图和制作粒子云效果。

案例知识要点：使用“水平类型工具”输入并编辑文字，使用“Particular”命令制作粒子云，使用“Particles/sec”选项编辑关键帧的曲线和视图，使用“Hue/Saturation”命令编辑粒子云颜色。粒子云文字效果如图 4-80 所示。

效果所在位置：光盘\Ch04\粒子云文字. aep。

图 4-80

1. 编辑文字

Step 01 按<Ctrl>+<N>组合键，弹出“Composition Settings”对话框，在“Composition Name”选项的文本框中输入“粒子云文字”，其他选项的设置如图 4-81 所示，单击“OK”按钮，创建一个新的合成“粒子云文字”。选择“File > Import > File”命令，弹出“Import File”对话框，选择光盘中的“Ch04 > 粒子云文字 > (Footage) > 01”文件，单击“打开”按钮导入图片，如图 4-82 所示，并将其拖曳到“时间轴”面板中。

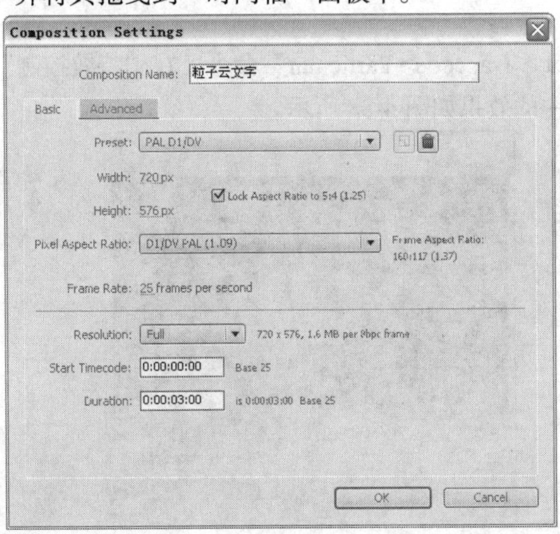

图 4-81

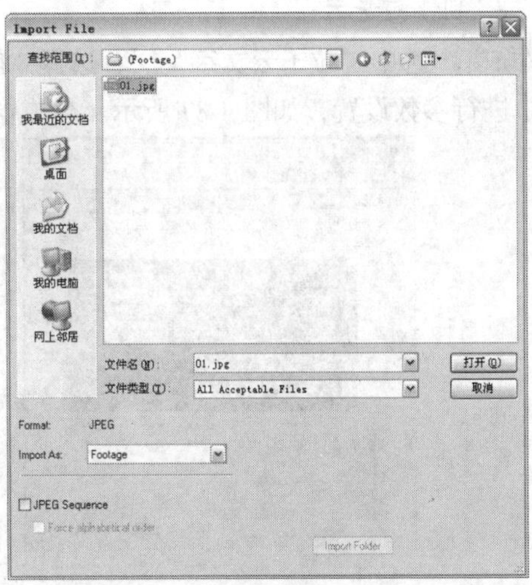

图 4-82

Step 02 选择“Horizontal Type Tool”（水平类型工具）T，在合成窗口输入文字“云”。选中输入的文字，在“Character”面板中设置文字参数，如图 4-83 所示。合成窗口中的效果如图 4-84 所示。

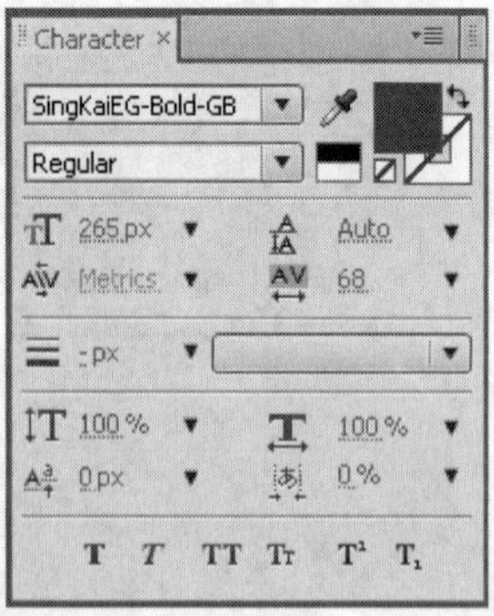

图 4-83

图 4-84

Step 03 选择“Layer > New > Solid”命令，弹出“Solid Settings”对话框，在“Name”选项的文本框中输入“粒子云文字”，将“Color”选项设置为黑色，如图 4-85 所示。单击“OK”按钮，在“时间轴”面板中新增一个 Solid 层，如图 4-86 所示。

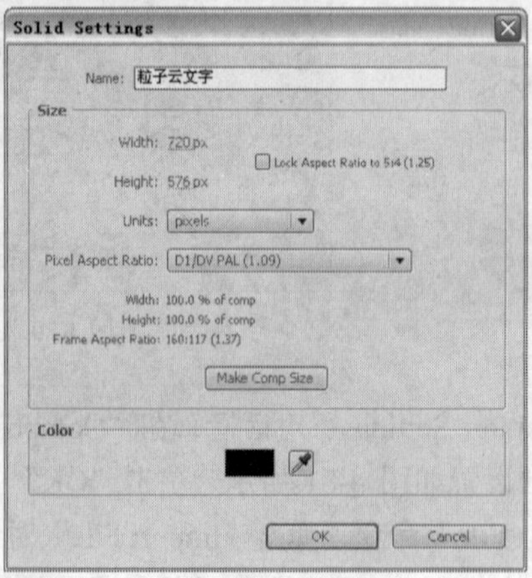

图 4-85

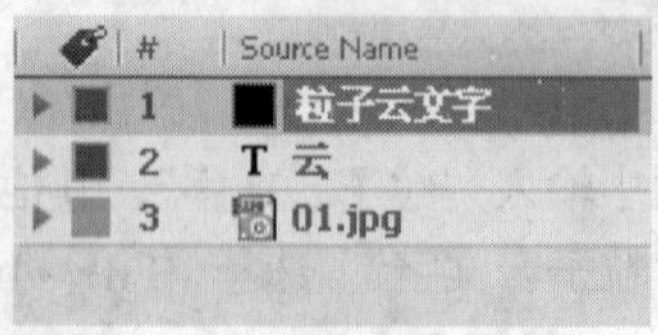

图 4-86

2. 制作粒子云

Step 01 选中“粒子云文字”层，选择“Effect > Trapcode> Particular”命令，在“特效控制”面板中进行参数设置，如图 4-87 所示。合成窗口中的效果如图 4-88 所示。

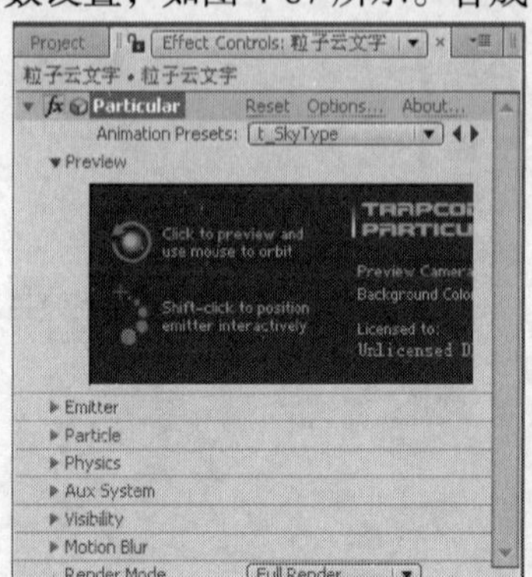

图 4-87

图 4-88

Step 02 选中“粒子云文字”层，在“项目”面板中展开“Emitter”属性，如图 4-89 所示。关闭“Particles/sec”和“Position XY”前的“关键帧自动记录器”按钮，如图 4-90 所示。

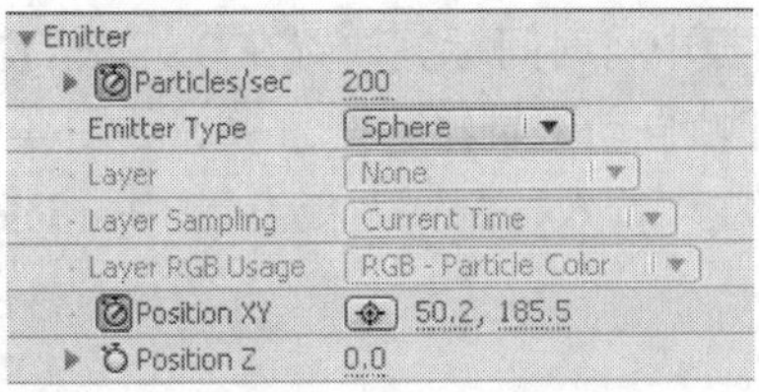

图 4-89

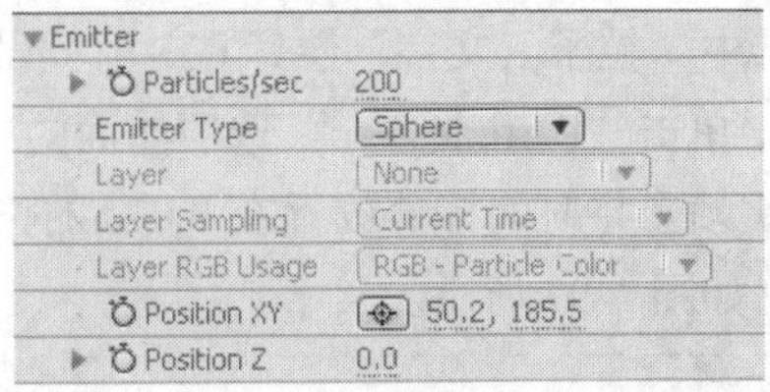

图 4-90

Step 03 在“项目”面板中单击 Position XY 后面的按钮，如图 4-91 所示。将光标移动到“云”字的起笔位置，合成窗口中的效果如图 4-92 所示。

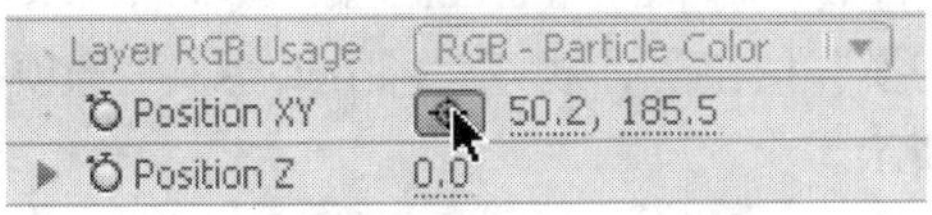

图 4-91

图 4-92

Step 04 在“时间轴”面板中将时间标签放置在 0 s 的位置，在“特效控制”面板中单击“Position XY”选项前面的“关键帧自动记录器”按钮，如图 4-93 所示，记录第 1 个关键帧。将时间标签放置在 0:07s 的位置，拖曳十字光标到“云”字第一笔的结束位置，合成窗口中的效果如图 4-94 所示。

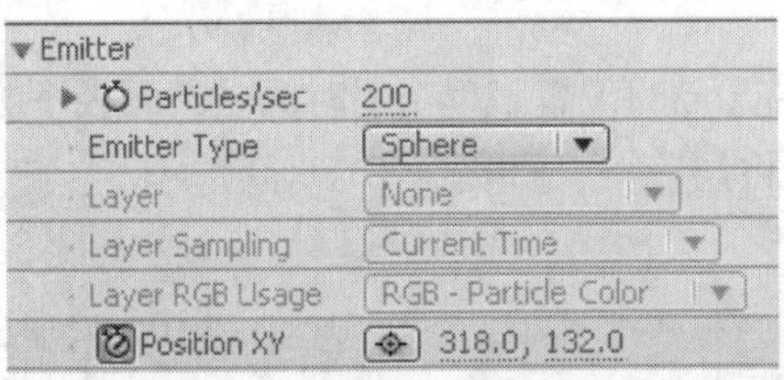

图 4-93

图 4-94

Step 05 用相同的方法书写出“云”字，合成窗口中的效果如图 4-95 所示。

图 4-95

Step 06 选中“粒子云文字”层，在“时间轴”面板中将时间标签放置在 0 s 的位置，在“特效控制”面板中单击“Particles/sec”选项前面的“关键帧自动记录器”按钮，如图 4-96 所示，记录第 1 个关键帧。将时间标签放置在 0:07s 的位置，在“特效控制”面板设置“Particles/sec”选项的数值为 0，如图 4-97 所示。

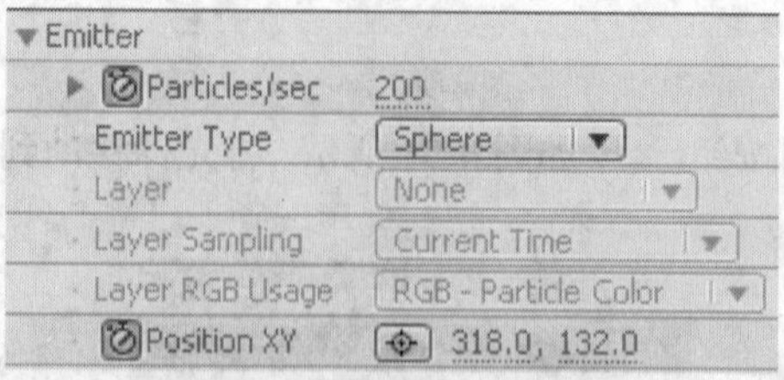

图 4-96

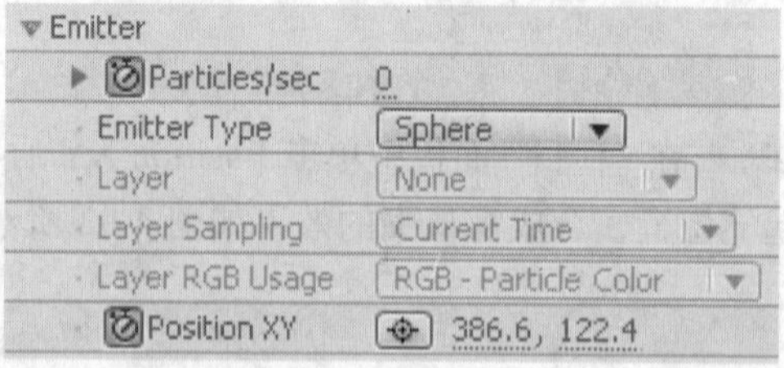

图 4-97

Step 07 将时间标签移动到笔画起始位置添加关键帧，用相同的方法在有粒子云的时候设置“Particles/sec”选项的数值为 200，没有粒子云的时候设置“Particles/sec”选项的数值为 0。

Step 08 展开“粒子云文字”层的“Effects”特效控制中的“Particles/sec”选项，如图 4-98 所示。单击“时间轴”面板中的“动画曲线编辑器切换”按钮，展开“Particles/sec”选项关键帧的曲线编辑视图，框选所有的关键帧，如图 4-99 所示。

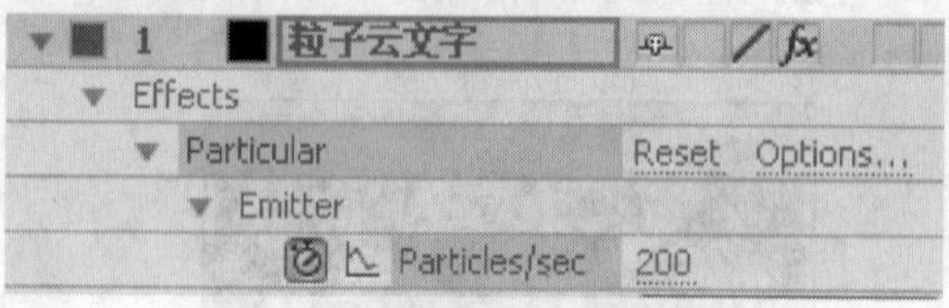

图 4-98

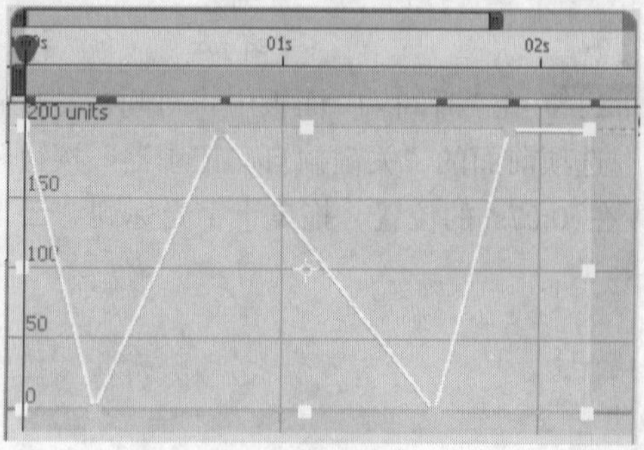

图 4-99

Step 09 在“时间轴”面板中将时间标签放置在 0 s 的位置，单击“时间轴”面板下方的按钮，如图 4-100 所示。单击文字层前面的眼睛按钮将层隐藏，如图 4-101 所示。

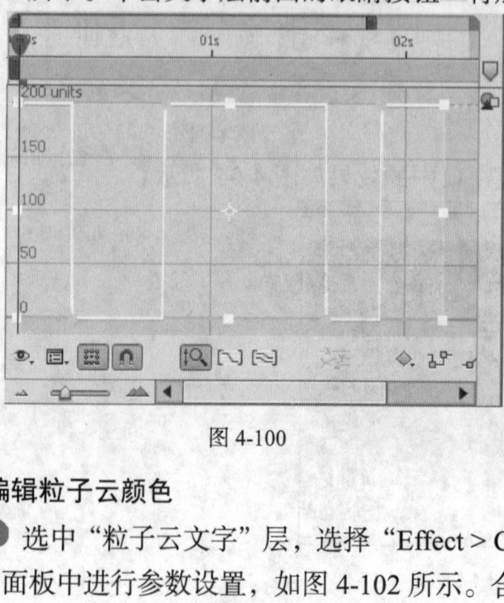

图 4-100

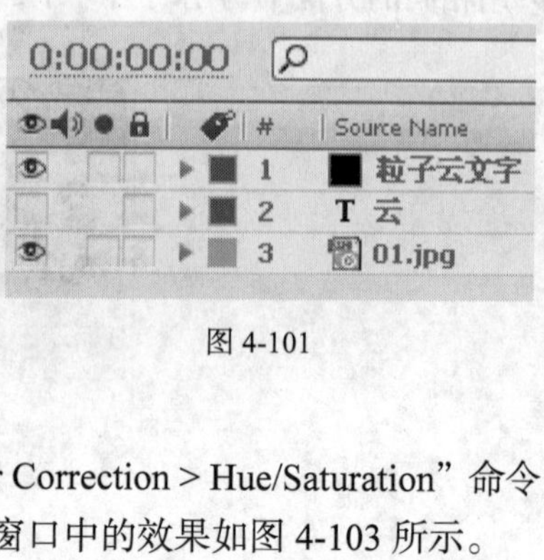

图 4-101

3. 编辑粒子云颜色

Step 01 选中“粒子云文字”层，选择“Effect > Color Correction > Hue/Saturation”命令，在“特效控制”面板中进行参数设置，如图 4-102 所示。合成窗口中的效果如图 4-103 所示。

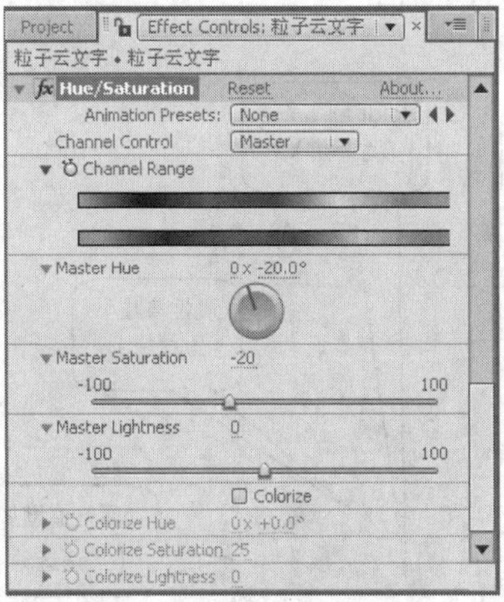

图 4-102

图 4-103

Step 02 展开“粒子云文字”层中的“Transform”选项，在“Transform”选项中设置参数，如图 4-104 所示。粒子云文字制作完成，如图 4-105 所示。

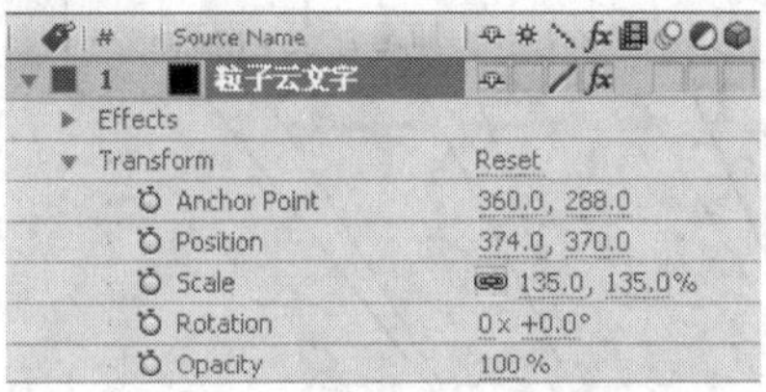

图 4-104

图 4-105

4.6.2　调整 Graph Editor 视图

Graph Editor(动画曲线编辑器)有着非常方便的视图控制能力，最常用到的是以下 3 种按钮工具。

“Auto-zoom Graph Height”按钮：以曲线高度为基准自动缩放视图。

“Fit Selection to View”按钮：将被选择的曲线或者关键帧显示自动匹配到视图范围。

“Fit All Graphs to View”按钮：将所有的曲线显示自动匹配到视图范围。

4.6.3　图例分析“Value Graph”和“Speed Graph”

“Value Graph”（属性变化曲线）往上伸展代表属性值增大，往下伸展代表属性值减小，如果是水平延伸则代表属性值无变化；平缓的斜线代表属性值慢速变化，陡峭的斜线代表属性值快速变化，弧线则代表属性值加速或减速变化，如图 4-106 所示。

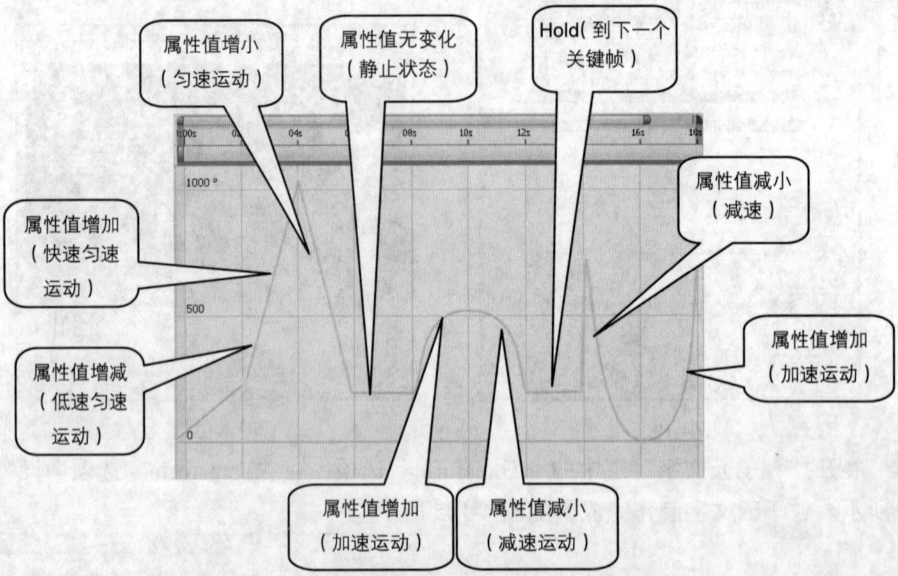

图 4-106

“Speed Graph”（速度变化曲线）主要是反映属性变化的速率，因此无论怎么调整都不会影响实际的属性值，如果是水平延伸则代表匀速运动，曲线则代表变速运动，如图 4-107 所示。

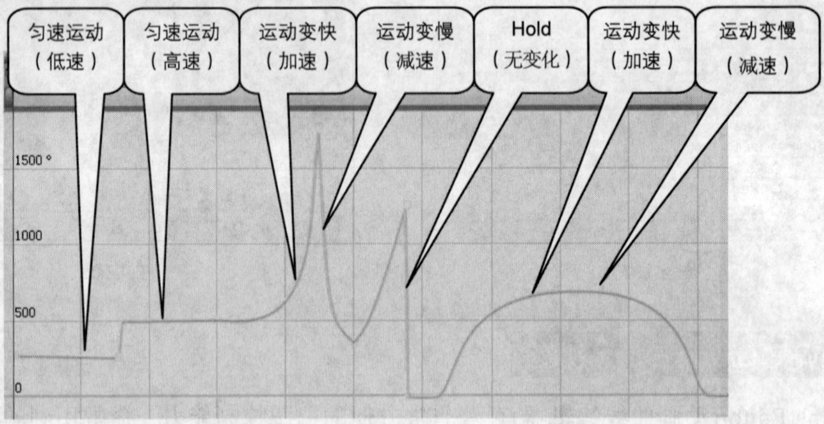

图 4-107

4.6.4 在 Graph Editor 中移动关键帧

1. 关键帧编辑框

单击按钮▣，激活关键帧编辑框。当选择了多个关键帧时，多个关键帧就形成一个编辑框，可以实现整体调整，甚至可以对多个关键帧位置和值进行成比例缩放。因为在编辑框里的关键帧位置是相对位置，彻底打破了过去编辑多个关键帧时固定间距的局限，该功能可以整体缩短一段复杂的关键帧动画或者整体改变动画幅度，如图 4-108 所示。

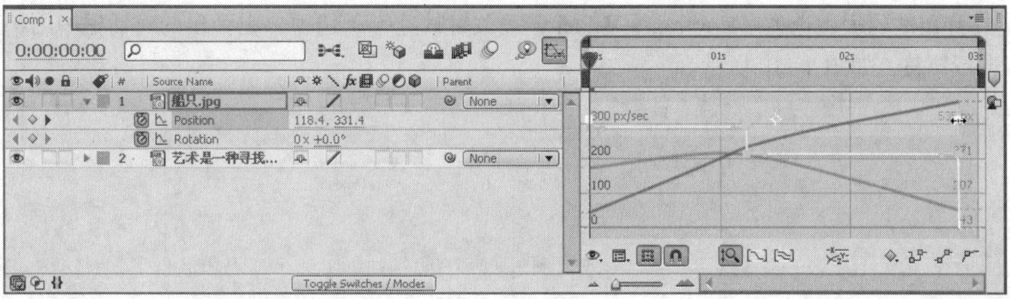

图 4-108

2．方便的自动吸附功能

在 Graph Editor（动画曲线编辑器）中有着非常方便的自动吸附功能，并且更为强大和丰富，可以将关键帧与“In Point”（入点）、“Out Point”（出点）、标记、当前时间指针、其他关键帧等进行自动吸附对齐操作，单击按钮激活此功能，如图 4-109 所示。

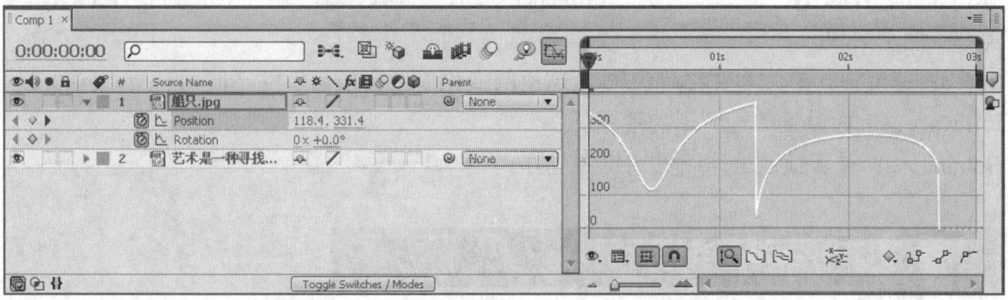

图 4-109

4.6.5　设置时间插值运算方式的快捷按钮

在 Graph Editor（动画曲线编辑器）中，有一些可以快速实现关键帧“Temporal Interpolation”（时间插值运算）方式按钮，只要先选中一个或多个关键帧，通过这些按钮可以实现诸如“Linear”、“Auto Bezier”、“Hold”的插值方式选择。

：关键帧菜单，相当于在关键帧上单击鼠标右键。

：Hold（静态）方式。

：Linear（线性）方式。

：Auto Bezier（自动贝塞尔）方式。

如果这些预置算法不能满足需求，可以手动调整速度曲线达到个性化的效果，或者运用其中另外 3 个关键帧的助手按钮，快速实现一些通用时间速率特效。

“Easy Ease”（缓和曲线）按钮：同时平滑关键帧入和出的速率，一般为减速度入关键帧，加速度出关键帧。

“Easy Ease In”（缓和曲线进入）按钮：仅平滑关键帧入时的速率，一般为减速度入关键帧。

“Easy Ease Out”（缓和曲线关闭）按钮：仅平滑关键帧出时的速率，一般为加速度出关键帧。

若采用更数据化地调整关键帧“Temporal Interpolation”（时间插值运算）的方法，则单击按钮，在弹出的列表中选择“Keyframe Velocity”（关键帧速率）选项，在弹出的对话框中用精确的数字进行调整，如图 4-110 所示。

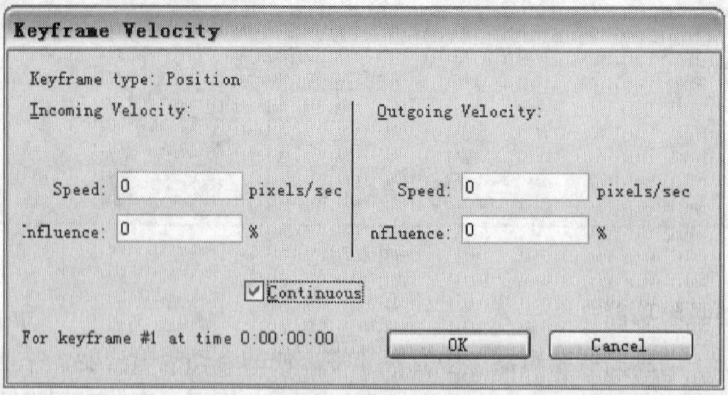

图 4-110

“Keyframe Velocity”对话框分为“Influence”（入关键帧速率）和“Outgoing Velocity”（出关键帧速率）两个区块。

Speed：速度值，单位为变化单位/秒，这里的变化单位会根据属性不同而有所不同。

Influence：上面设置的速度影响范围。

Continuous：是否锁定为连续贝塞尔曲线方式。

4.7 课堂练习——玫瑰花开

练习知识要点：使用“File”命令导入视频与图片，使用“Scale”属性缩放效果，使用 Position 属性改变形状位置，使用“Levels”命令调整颜色，使用“Enable Time Remapping”命令添加并编辑关键帧效果。玫瑰花开效果如图 4-111 所示。

效果所在位置：光盘\Ch04\玫瑰花开. aep。

图 4-111

4.8 课后习题——水墨过渡效果

习题知识要点：使用“Fractal Noise”命令制作模糊效果，使用“Fast Blur”命令制作快速模糊，使用“Displacement Map”命令制作置换效果，使用“Opacity”属性添加关键帧并编辑不透明度，使用矩形遮罩工具绘制遮罩形状效果。水墨过渡效果如图 4-112 所示。

效果所在位置：光盘\Ch04\水墨过渡效果. aep。

图 4-112

第5章 创建文字和 Paint 绘图

本章对创建文字的方法和 Path 绘图应用进行详细讲解，其中包括文字工具、文字层、文字特效、Numbers 特效、Timecode 特效、Paint 绘图、Paint 绘画和 Vector Paint 矢量绘画功能的讲解。读者通过学习本章的内容，可以了解并掌握 After Effects 的文字创建和 Path 绘画技巧。

【教学目标】

- 创建文字。
- 文字特效。
- Paint 绘图。

5.1 创建文字

在 After Effects CS4 中创建文字是非常方便的，有以下几种方法。

- 单击工具箱中的“文字类型工具” T，如图 5-1 所示。
- 选择“Layer > New > Text”命令，如图 5-2 所示。
- 选择“Effect >Text”命令，如图 5-3 所示。

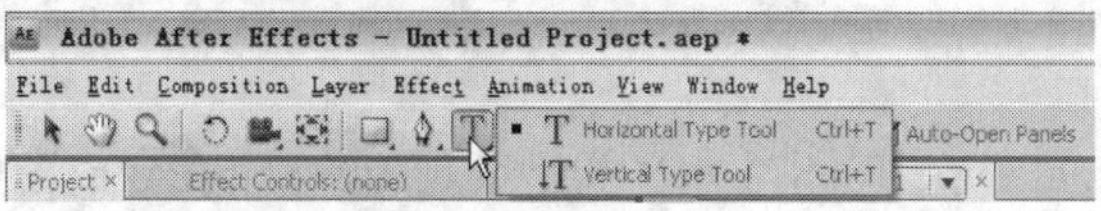

图 5-1

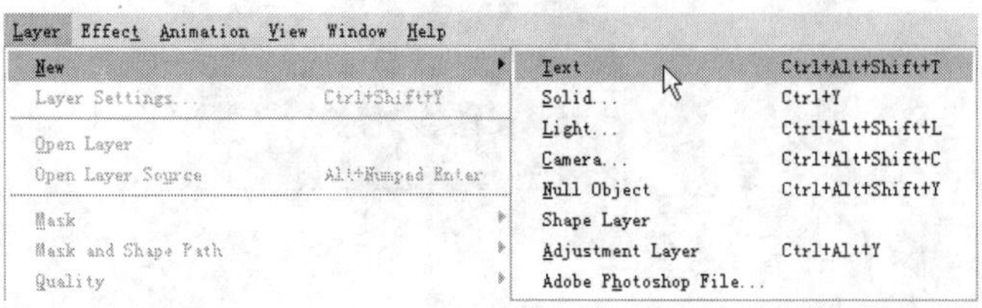

图 5-2

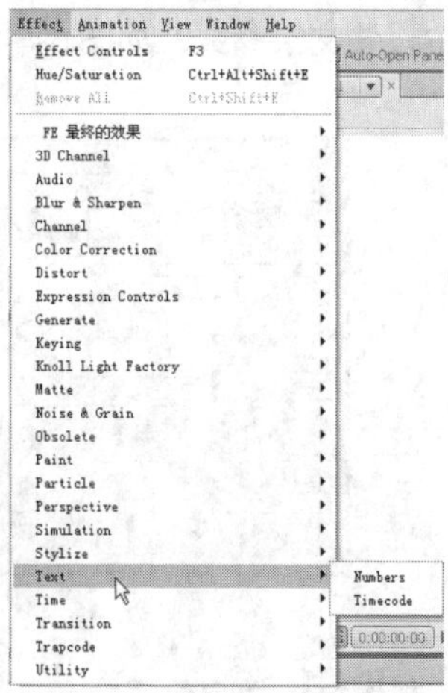

图 5-3

5.1.1 课堂案例——打字效果

案例学习目标：学习使用输入文本或编辑。

案例知识要点：使用“水平类型工具”输入文字或编辑，使用“Apply Animation Preset”命令制作打字动画。打字效果如图 5-4 所示。

效果所在位置：光盘\Ch05\打字效果. aep。

图 5-4

1. 编辑文本

Step 01　按 <Ctrl>+<N> 组合键，弹出“Composition Settings”对话框，在“Composition Name”选项的文本框中输入“打字效果”，其他选项的设置如图 5-5 所示，单击“OK”按钮，创建一个新的合成“打字效果”。选择“File > Import > File”命令，弹出“Import File”对话框，选择光盘中的“Ch05 > 打字效果 > (Footage) > 01”文件，单击“打开”按钮导入背景图片，如图 5-6 所示，并将其拖曳到“时间轴”面板中。

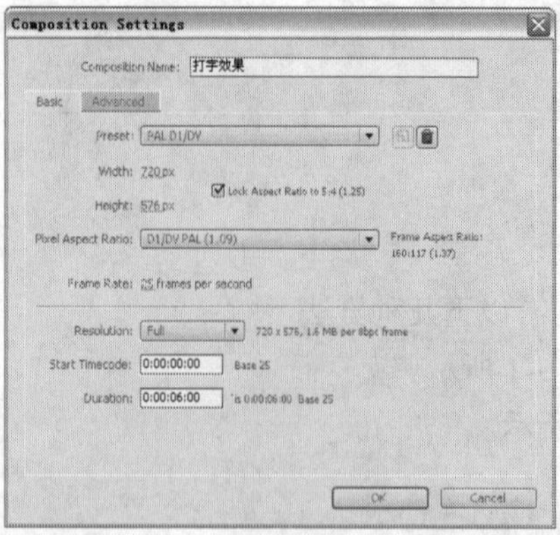

图 5-5

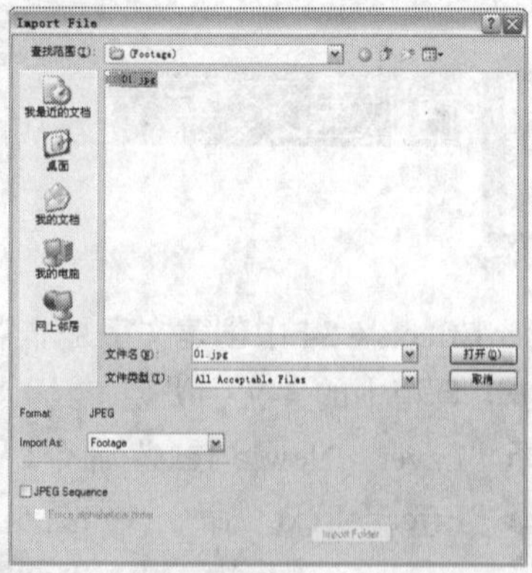

图 5-6

Step 02 选择“Horizontal Type Tool”（水平类型工具）T，在合成窗口输入文字“钻石璀璨瞬间，即是心动时刻。引领时尚的精湛设计，仅为尊贵奢华的展现！”选中输入的文字，在“Character”面板中设置文字参数，如图 5-7 所示。合成窗口中的效果如图 5-8 所示。

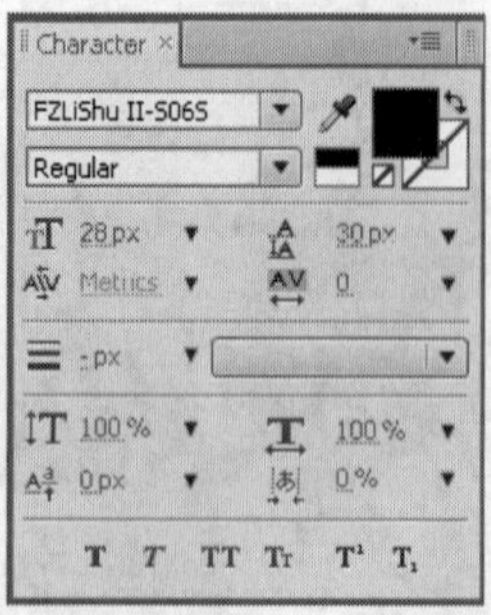

图 5-7

图 5-8

2.制作打字文字效果

Step 01 选中“文字”层，将时间标签放置在 0 s 的位置，选择“Animation > Apply Animation Preset”命令，选择“Presets > Text > Multi-Line”文件夹下的“Word Processor.ffx”，单击“打开”按钮，如图 5-9 所示。合成窗口中的效果如图 5-10 所示。

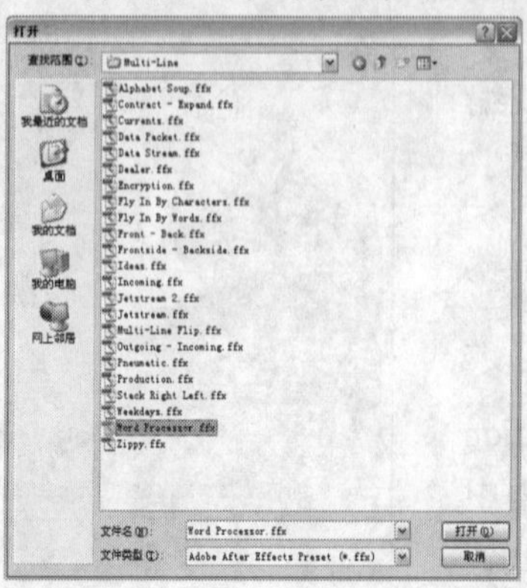

图 5-9

图 5-10

Step 02 选中“文字”层，按<U>键展开所有关键帧属性，如图 5-11 所示。选中第 2 个关键帧，按<Delete>键，将时间标签放置在 5s 的位置，设置“Slider”选项的数值为 22，如图 5-12 所示。

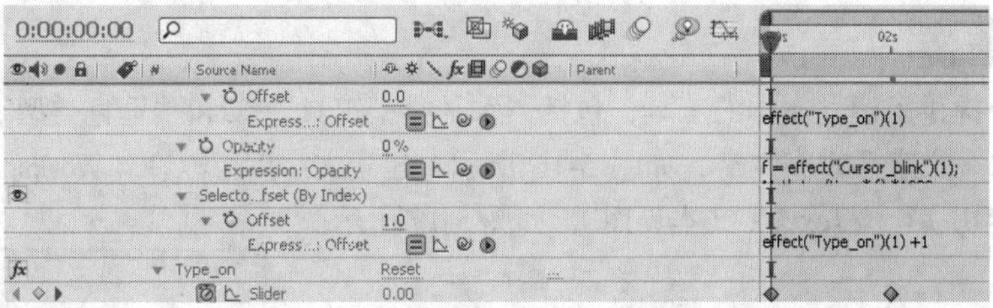

图 5-11

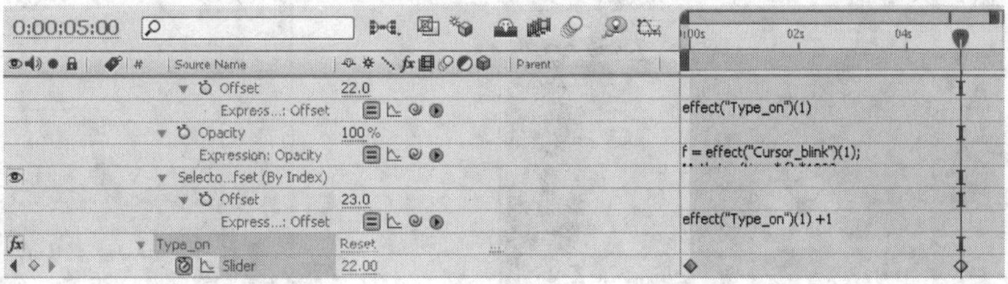

图 5-12

Step 03 将时间标签放置在 1:22s 的位置，设置“Slider”选项的数值为 10.78，如图 5-13 所示。选择关键帧，按<Ctrl>+<C>组合键复制，将时间标签放置在 2:18s 的位置，按<Ctrl>+<V>组合键粘贴关键帧，如图 5-14 所示。

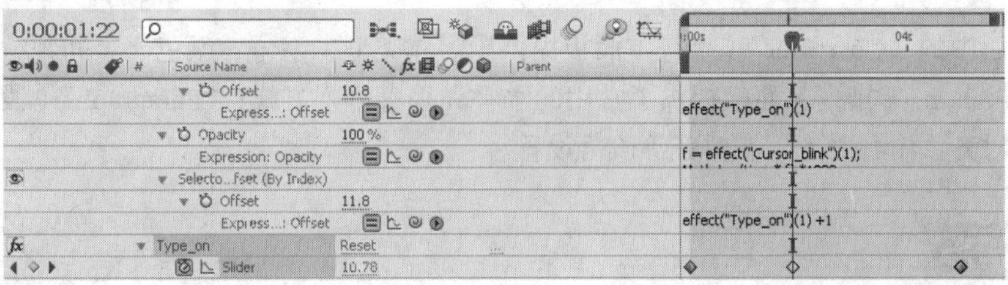

图 5-13

图 5-14

Step 04 打字效果制作完成，如图 5-15 所示。

图 5-15

5.1.2 文字工具

在工具箱中提供了建立文本的工具，包括“水平类型工具”T和“垂直类型工具”T，可以根据需要建立水平文字和垂直文字，如图 5-16 所示。建立文字后可以在“Workspace”（工作界面切换）区域直接切换至“Text”（文本界面），如图 5-17 所示。

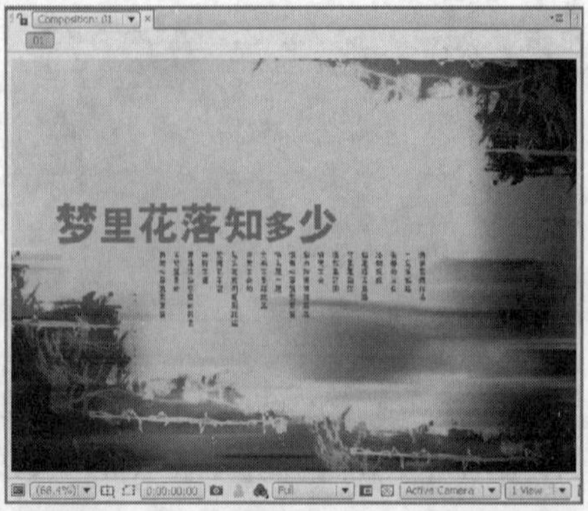

图 5-16

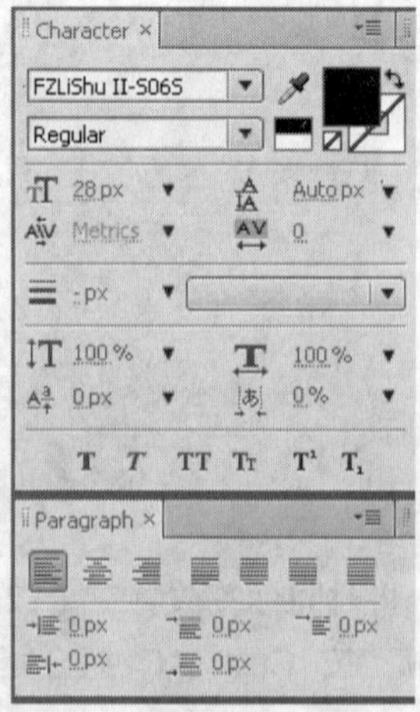

图 5-17

文本界面中的“Character”（字符）面板提供了字体类型、字号、颜色、字间距、行间距、比例关系等；“Align”（排列）面板提供了常用的水平和垂直排列方式；“Paragraph”（段落）面板提供了文本左对齐、中心对齐、右对齐等段落设置。

5.1.3 文字层

在菜单栏中选择“Layer > New > Text”命令，可以建立一个文字层，如图 5-18 所示。建立文字层后可以直接在窗口中输入所需要的文字，如图 5-19 所示。

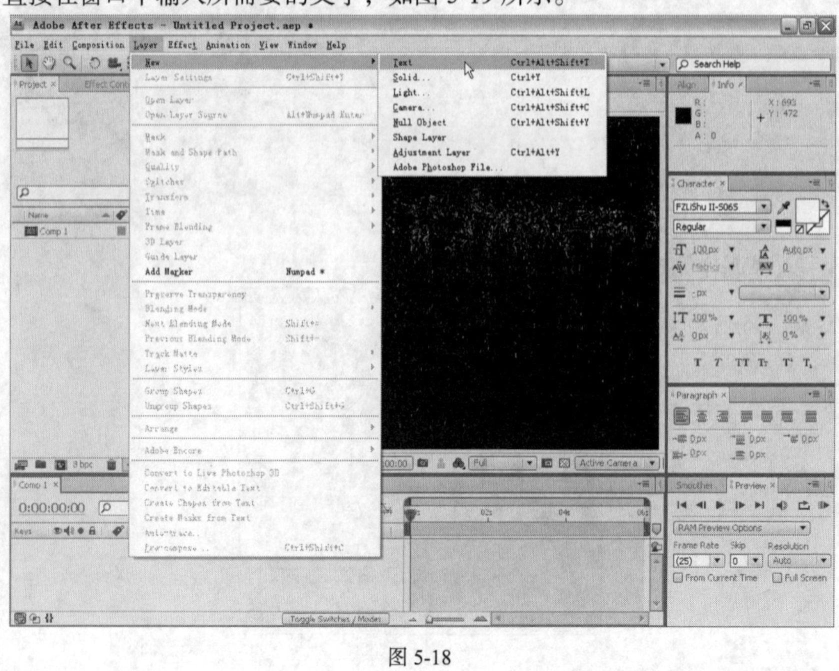

图 5-18

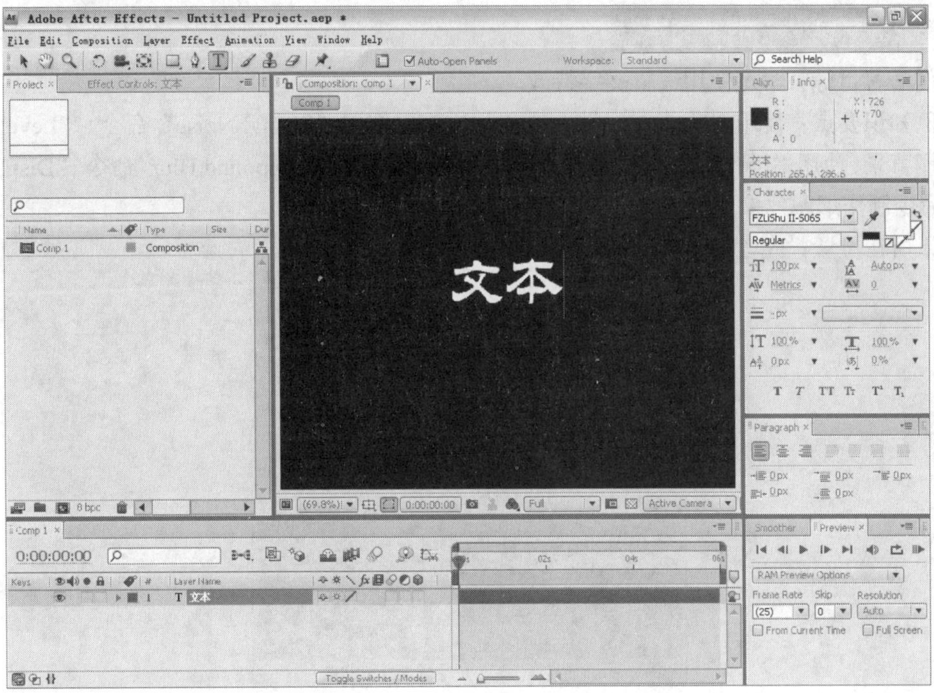

图 5-19

5.2 文字特效

Text（文字）特效菜单中提供了 2 种针对文本编辑的滤镜特效。这些特效主要用于创建一些单纯使用“文本”工具不能实现的效果，如图 5-20 所示。

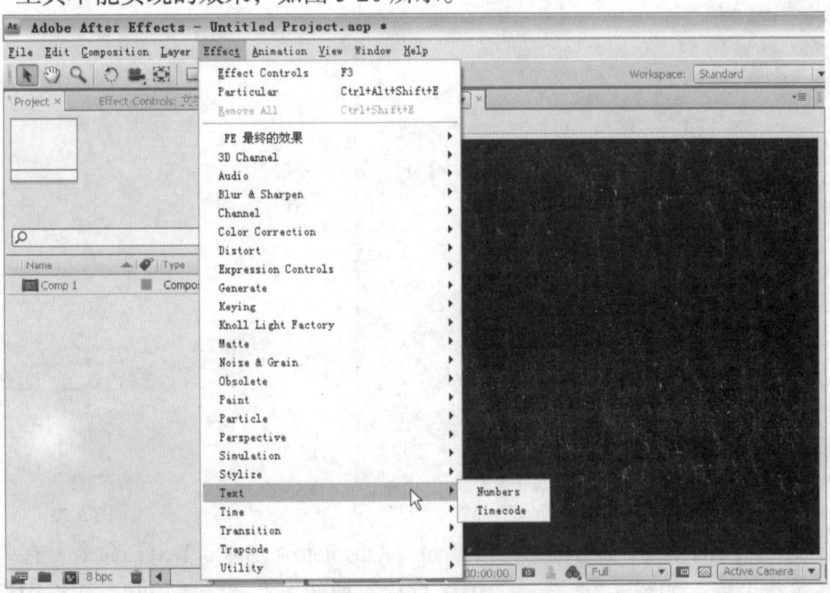

图 5-20

5.2.1 课堂案例——烟飘文字

案例学习目标：学习使用编辑文字特效。

案例知识要点：使用“Basic Text”命令添加文字，使用“Fractal Noise”命令、“Levels”命令制作模糊背景，使用“矩形遮罩工具”制作遮罩文字效果，使用“Compound Blur”命令、“Displacement Map”命令制作烟飘效果。烟飘文字效果如图 5-21 所示。

效果所在位置：光盘\Ch05\烟飘文字.aep。

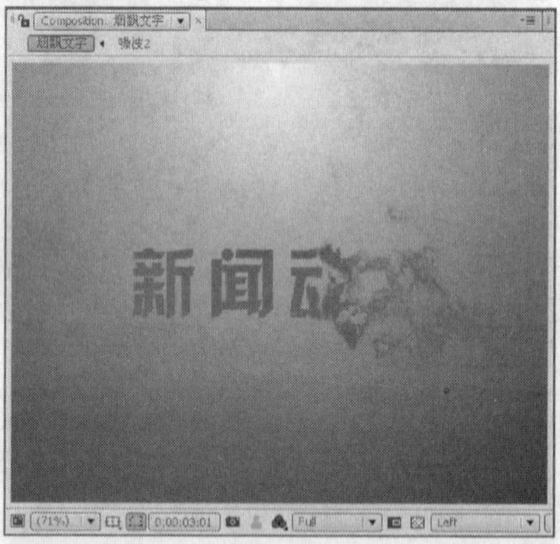

图 5-21

1. 编辑文字特效

Step 01 按<Ctrl>+<N>组合键，弹出“Composition Settings”对话框，在“Composition Name”选项的文本框中输入“文字”，其他选项的设置如图 5-22 所示，单击“OK”按钮，创建一个新的合成“文字”。选择“Layer > New > Solid”命令，弹出“Solid Settings”对话框，在“Name”选项的文本框中输入文字“新闻动态”，单击“OK”按钮，在“时间轴”面板中新增一个 Solid 层，如图 5-23 所示。

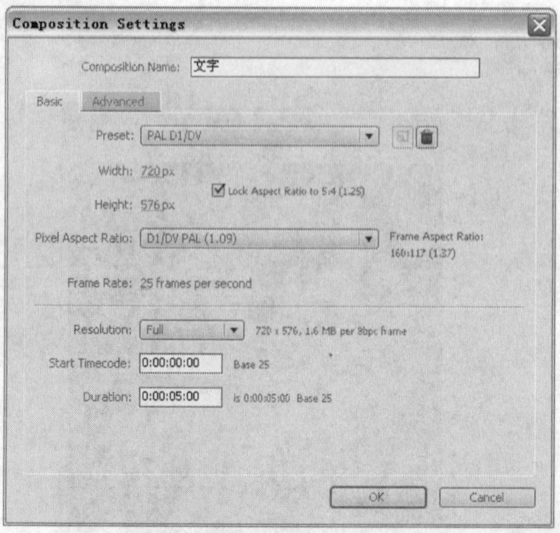

图 5-22

图 5-23

Step 02 选中“新闻动态”层，选择“Effect > Obsolete > Basic Text”命令，在弹出的对话框中输入文字并进行设置，如图 5-24 所示，单击“OK”按钮。在“特效控制”面板中设置文字的颜色为蓝色（其 R、G、B 的值分别为 0、160、255），其他参数设置如图 5-25 所示。

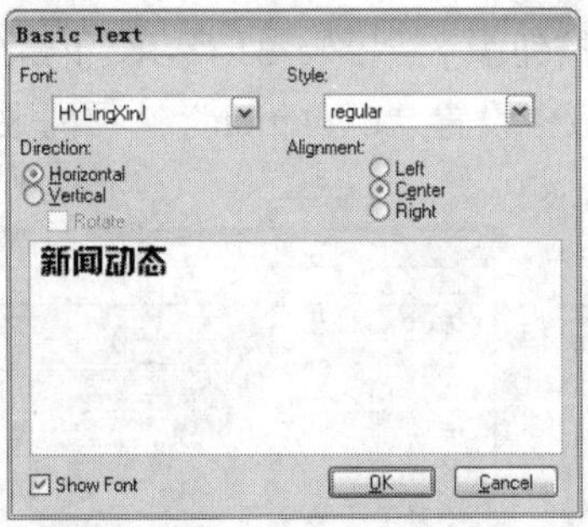

图 5-24

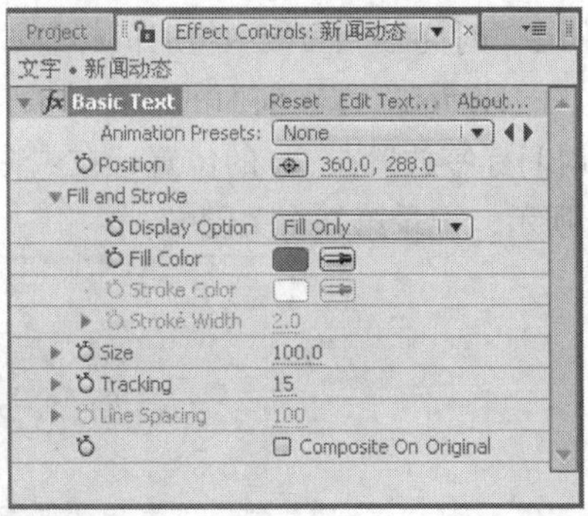

图 5-25

Step 03 按<Ctrl>+<N>组合键，弹出“Composition Settings”对话框，在“Composition Name”选项的文本框中输入“噪波”，单击“OK”按钮，如图 5-26 所示，创建一个新的合成“噪波”。选择“Layer > New > Solid”命令，弹出“Solid Settings”对话框，在“Name”选项的文本框中输入文字“噪波”，将“Color”选项设为灰色（其 R、G、B 的值分别为 136、136、136），单击“OK”按钮，在“Timeline”面板中新增一个 Solid 层，如图 5-27 所示。

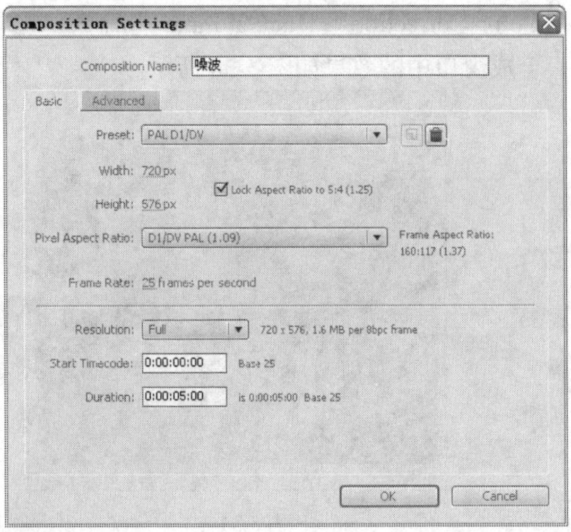

图 5-26

图 5-27

Step 04 选中“噪波”层，选择“Effect > Noise & Grain > Fractal Noise”命令，在“特效控制”面板中进行参数设置，如图 5-28 所示。合成窗口中的效果如图 5-29 所示。

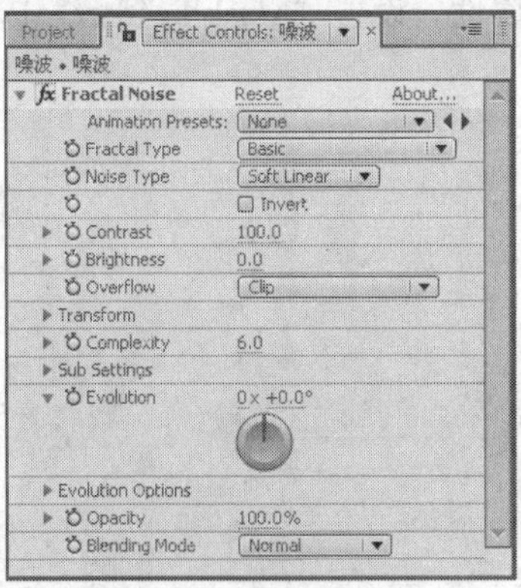

图 5-28

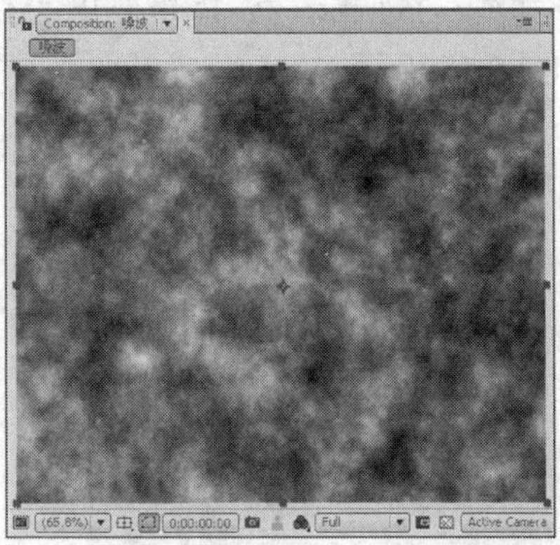

图 5-29

Step 05 在“时间轴”面板中将时间标签放置在 0 s 的位置，如图 5-30 所示。在“特效控制”面板中单击“Evolution”选项前面的“关键帧自动记录器”按钮，如图 5-31 所示，记录第 1 个关键帧。将时间标签放置在 3s 的位置，在“特效控制”面板中设置“Evolution”选项的数值为 3，如图 5-32 所示，记录第 2 个关键帧。

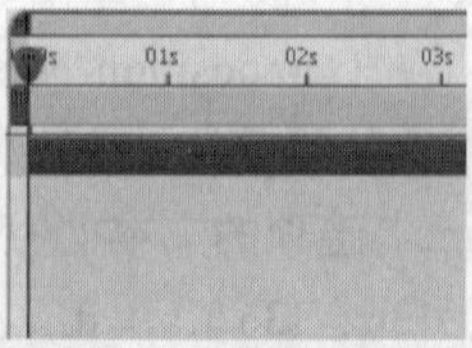

图 5-30

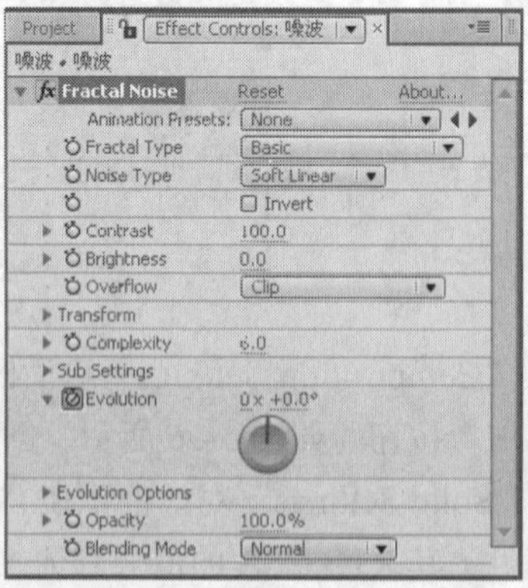

图 5-31

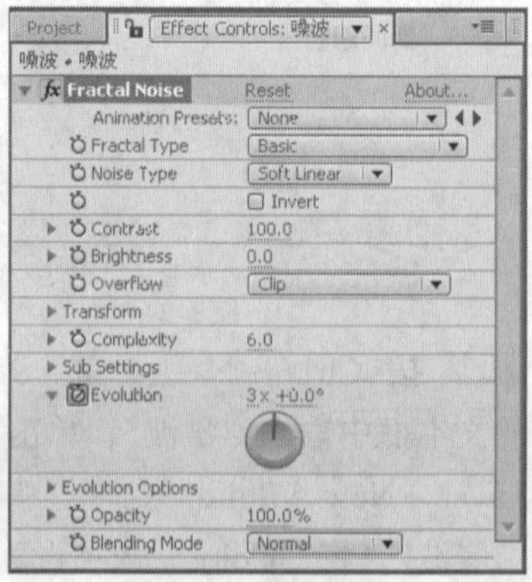

图 5-32

Step 06 选中“噪波”层，选择“Effect > Color Correction > Hue/Saturation”命令，在“特效控制”面板中进行参数设置，如图 5-33 所示。合成窗口中的效果如图 5-34 所示。

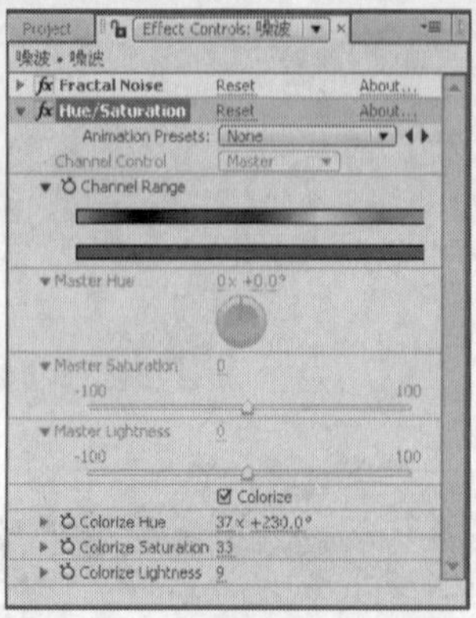

图 5-33

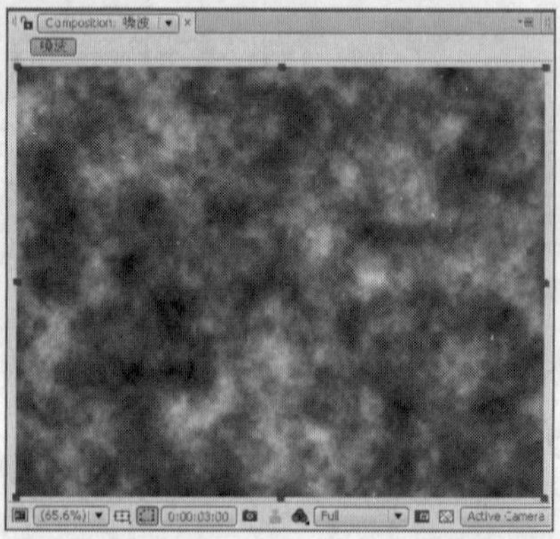

图 5-34

2.添加遮罩效果

Step 01 选择“Rectangular Mask Tool”（矩形遮罩工具），在合成窗口中拖曳鼠标绘制一个矩形 Mask，如图 5-35 所示。按<F>键展开“Mask Feather”属性，设置“Mask Feather”选项的数置为 70，如图 5-36 所示。

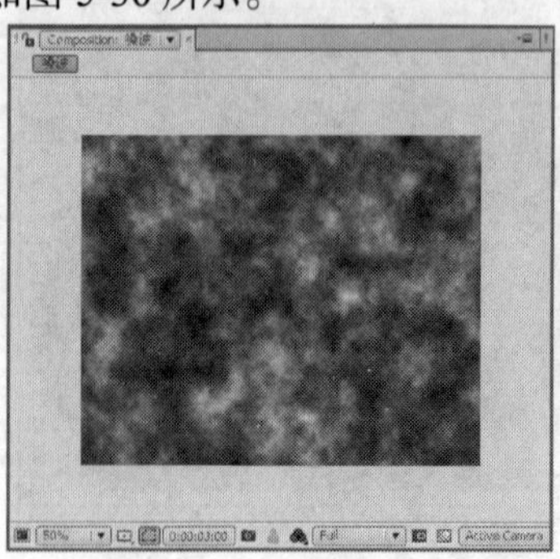

图 5-35

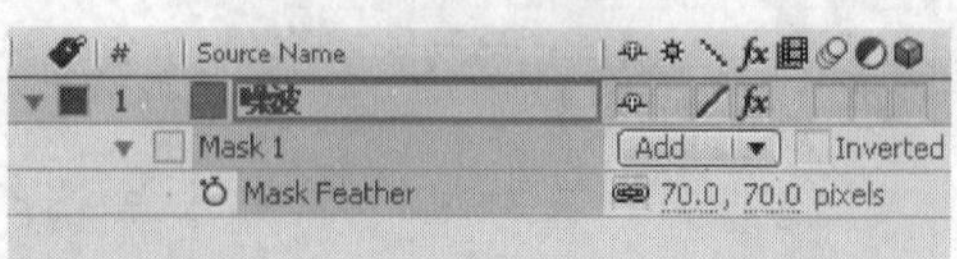

图 5-36

Step 02 选中“噪波”层，按<M>键展开“Mask”属性，将时间标签放置在 0 s 的位置，单击“Mask Shape”选项前面的“关键帧自动记录器”按钮，如图 5-37 所示，记录第 1 个 Mask 形状关键帧。将时间标签放置在 4:24s 的位置，选择“Selection Tool”（选择工具），在合成窗口中同时选中 Mask 左边的两个控制点，将控制点向右拖动，如图 5-38 所示。记录第 2 个 Mask 形状关键帧，如图 5-39 所示。

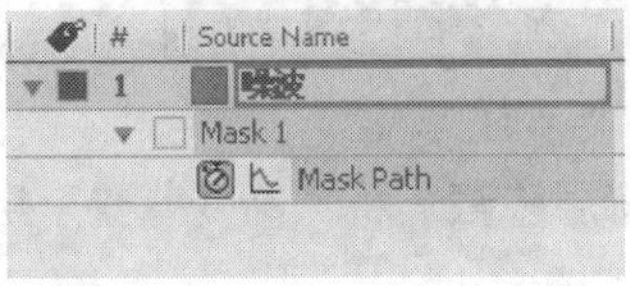

图 5-37

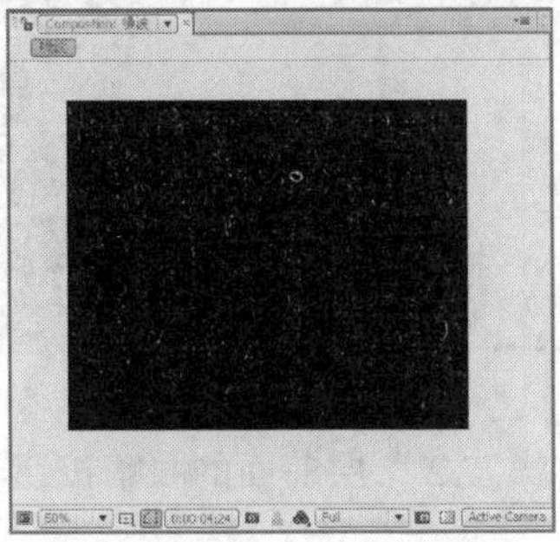

图 5-38

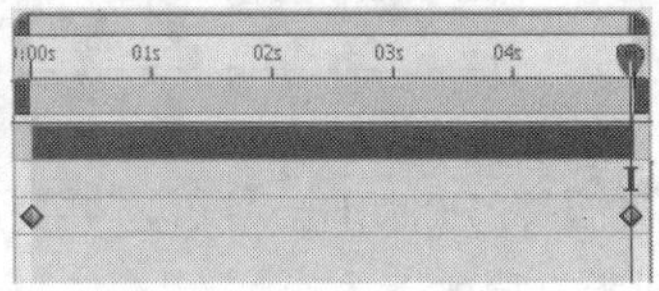

图 5-39

Step 03 按<Ctrl>+<N>组合键，创建一个新的合成，将其命名为“噪波 2”。选择“Layer > New > Solid”命令，新建一个灰色 Solid 层，命名为“噪波 2”。与前面制作合成“噪波”的步骤一样，为噪波 2 层添加 Fractal Noise 和 Hue/Saturation 特效。选择“Effect > Color Correction > Curves”命令，在“特效控制”面板中调节曲线的参数，如图 5-40 所示。调节后合成窗口的效果如图 5-41 所示。

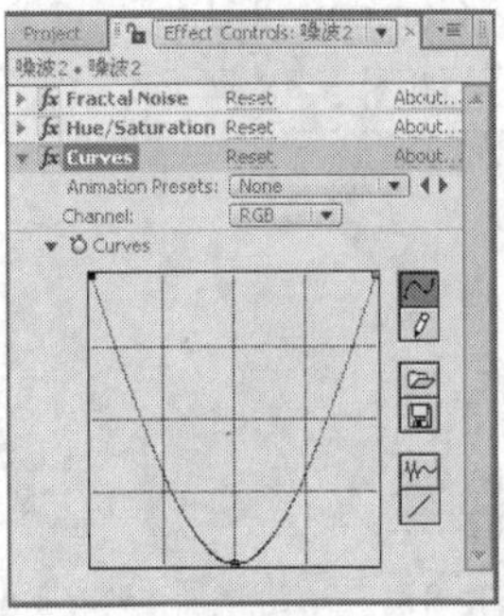

图 5-40

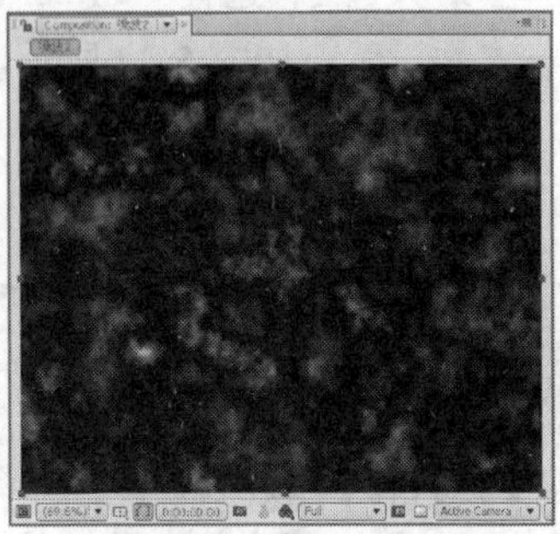

图 5-41

Step 04 用相同的方法为这个噪波绘制 Mask，并设置与上一个噪波一样的 Mask 关键帧动画，如图 5-42 所示。

Step 05 按<Ctrl>+<N>组合键，创建一个新的合成，将其命名为“烟飘文字”。在“项目”面板中分别选中“文字”、“噪波”和“噪波 2”合成并将其拖曳到“时间轴”面板中，层的排列如图 5-43 所示。

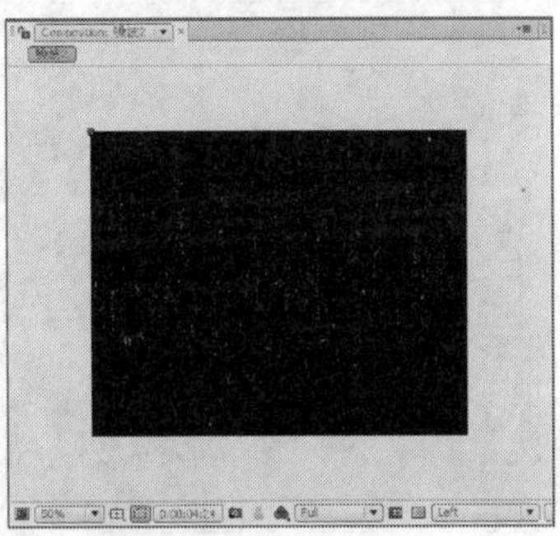

图 5-42

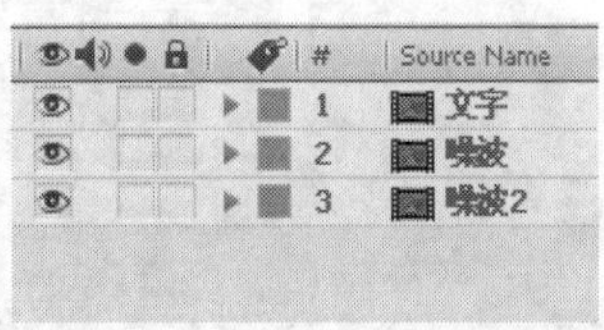

图 5-43

Step 06 在当前合成中建立一个新的 Solid 层“渐变背景”。选择“Effect > Generate > Ramp”命令，在“特效控制”面板中进行参数设置，如图 5-44 所示。合成窗口中的效果如图 5-45 所示。

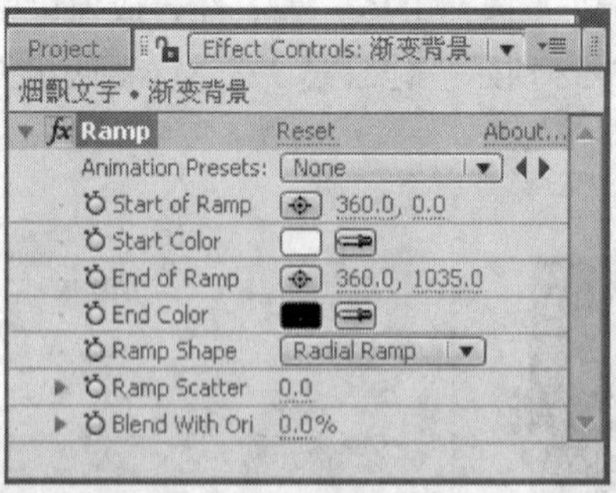

图 5-44

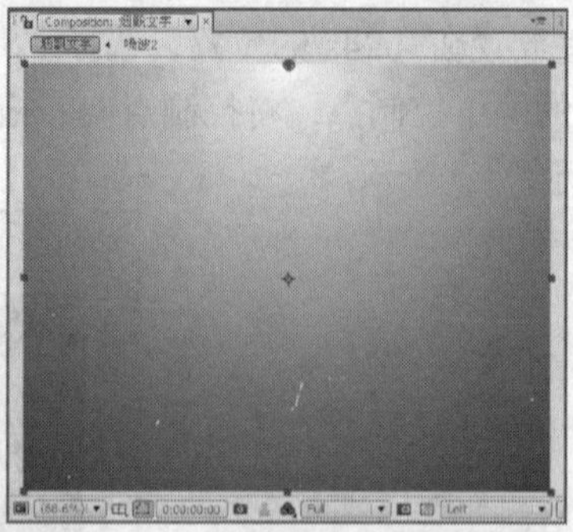

图 5-45

Step 07 分别单击“噪波”层和“噪波 2”层前面的眼睛按钮将层隐藏，将“渐变背景”层拖曳到所有层的下方，如图 5-46 所示。

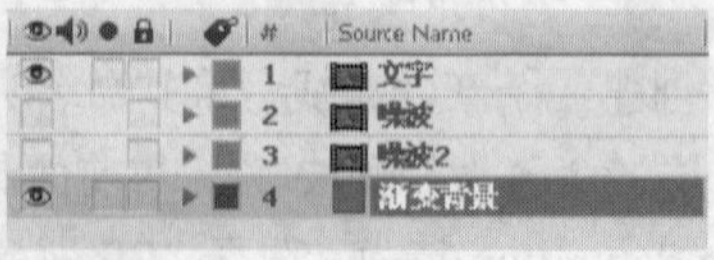

图 5-46

Step 08 选中“文字”层，选择“Effect > Blur & Sharpen > Compound Blur”命令，在“特效控制”面板中进行参数设置，如图 5-47 所示。合成窗口中的效果如图 5-48 所示。

图 5-47

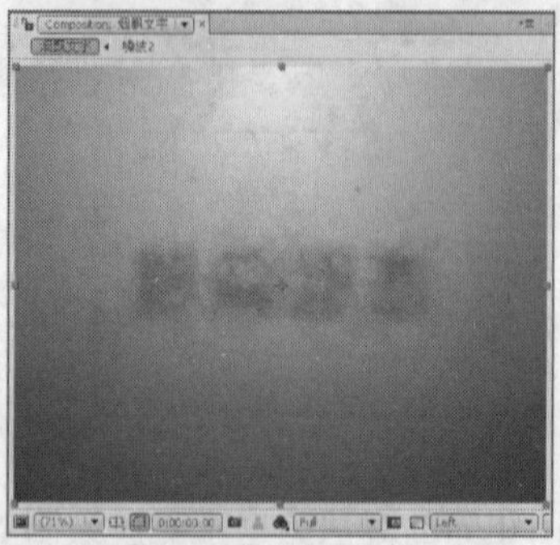

图 5-48

Step 09 选中“文字”层，选择“Effect > Distort > Displacement Map”命令，在“特效控制”面板中进行参数设置，如图 5-49 所示。“烟飘文字”制作完成，如图 5-50 所示。

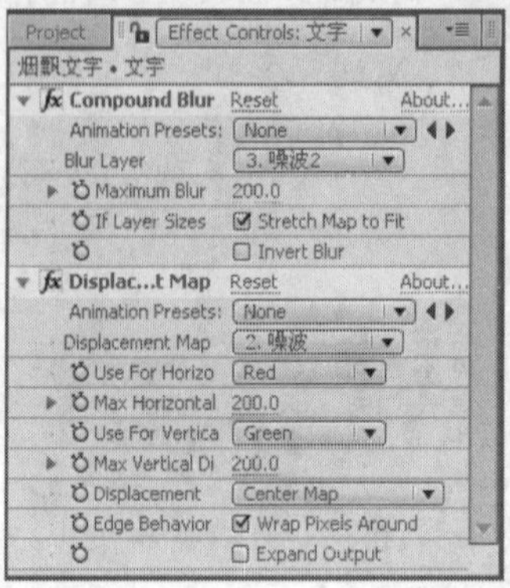

图 5-49

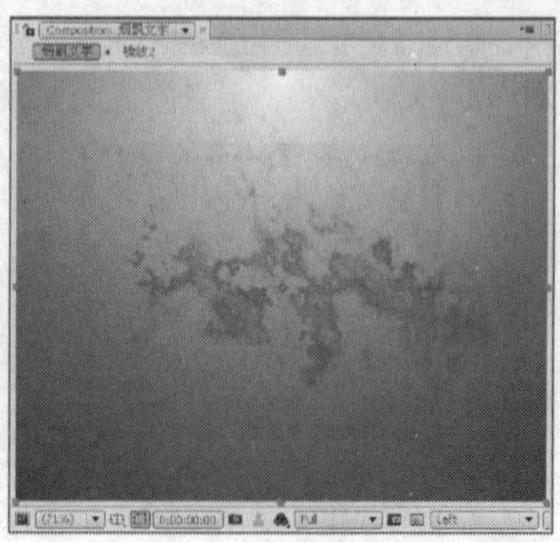

图 5-50

5.2.2　Numbers 特效

Numbers（数字）滤镜特效可以随机产生不同格式和连续的数字效果。在该特效对话框中可以对数字的 Font（字体）、Style（风格）、Alignment（排列）以及 Direction（方向）进行设置，并提供了 Font Preview（字体预览）功能，如图 5-51 所示。

通过 Numbers（数字）滤镜特效控制面板还可以对数字进行 Fill and Stroke（填充与画笔）、Size（尺寸）、Tracking（跟踪）、Proportional Spacing（比例间距）、Composite On Original（与原图复合）等信息设置，如图 5-52 所示。

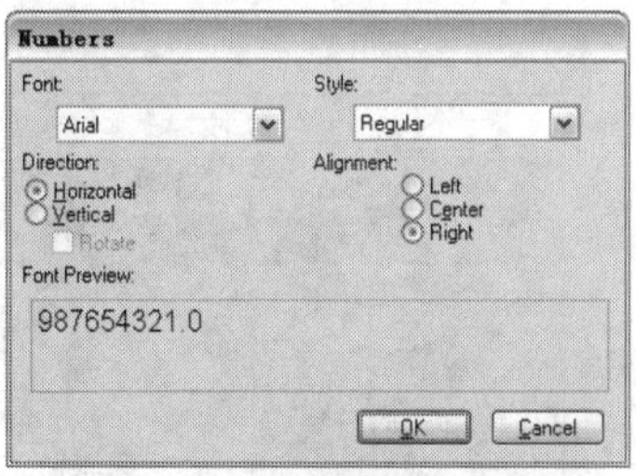

图 5-51

图 5-52

5.2.3　Timecode 特效

Timecode（时码）滤镜特效主要用于在素材层中显示时间信息或者关键帧上的编码信息，同时还可以将时间码的信息译成密码并保存于层中以供显示。其中提供了 Display Format（显示格式）、Time Units（时间单位）、Drop Frame（失落帧）、Starting Frame（开始帧）、Text Position（文本位置）、 Text Size（文本尺寸）、Text Color（文本颜色）等信息设置，如图 5-53 所示。

图 5-53

5.3 Paint 绘图

Paint 是 After Effects 中的绘图模块。通过画笔可以绘制高质量的矢量图形，对影片可进行修饰，画笔的修图功能也很出色。Paint 组件中包含 Paint（绘图）和 Vector Paint（矢量绘画）工具，如图 5-54 所示。

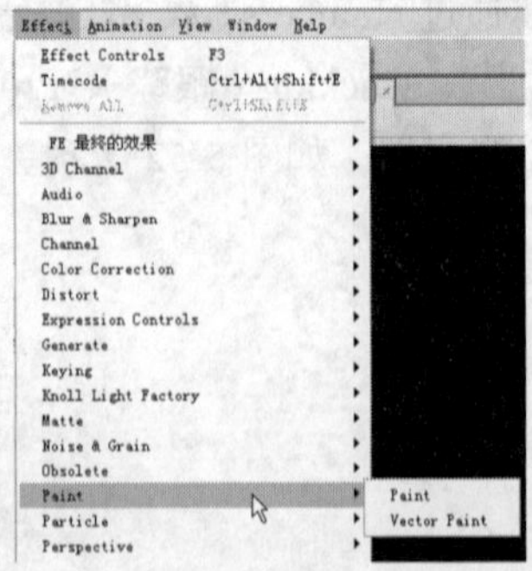

图 5-54

5.3.1 课堂案例——手写字

案例学习目标：学习使用编辑矢量绘画。

案例知识要点：使用“File”命令导入素材，复制多个层，使用“Vector Paint”命令制作文字手写字。手写字效果如图 5-55 所示。

图 5-55

效果所在位置：光盘\Ch05\手写字. aep。

1. 编辑文字

Step 01 按<Ctrl>+<N>组合键，弹出“Composition Settings”对话框，在“Composition Name”选项的文本框中输入“手写字”，其他选项的设置如图 5-56 所示，单击“OK”按钮，创建一个新的合成“手写字”。选择“File > Import > File”命令，弹出“Import File”对话框，选择光盘中的“Ch05 > 手写字 > (Footage)”中的 01 文件，单击“打开”按钮导入背景图片，如图 5-57 所示，并将其拖曳到“时间轴”面板中。

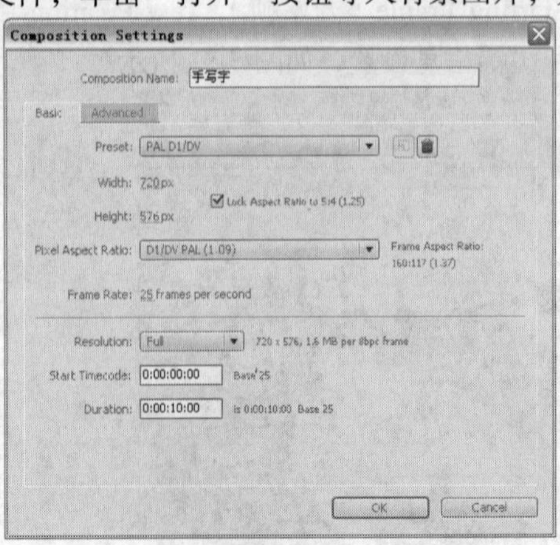

图 5-56

图 5-57

Step 02 选择“Horizontal Type Tool”（水平类型工具）T，在合成窗口中输入文字“茶”，效果如图 5-58 所示。选中“茶”文字层，按 6 次<Ctrl>+<D>组合键复制 6 层，如图 5-59 所示。

图 5-58

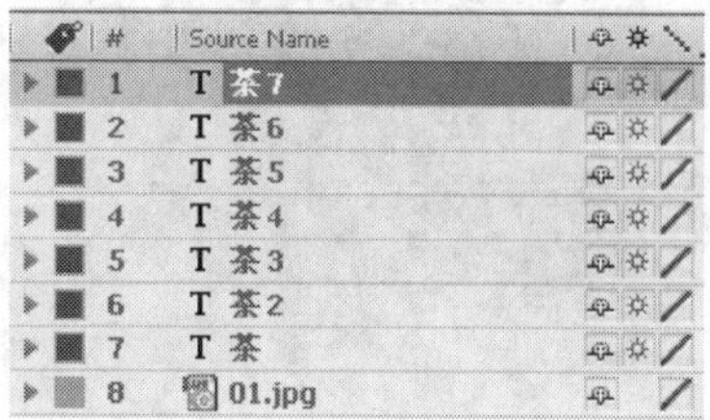

图 5-59

2. 制作“茶”第一笔画

Step 01　隐藏 1~6 层，如图 5-60 所示。选中图层 7，选择“Pen Tool”（钢笔工具），在合成窗口中绘制一个 Mask 形状，如图 5-61 所示。选择“Effect > Paint > Vector Paint”命令，在“特效控制”面板中将“Color”选项设为红色，其他参数设置如图 5-62 所示。

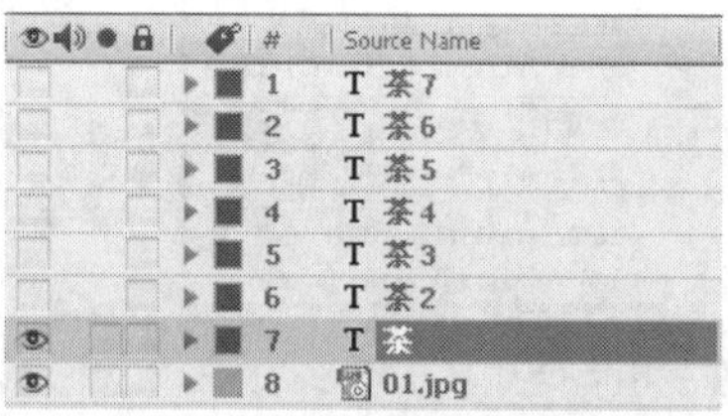

图 5-60

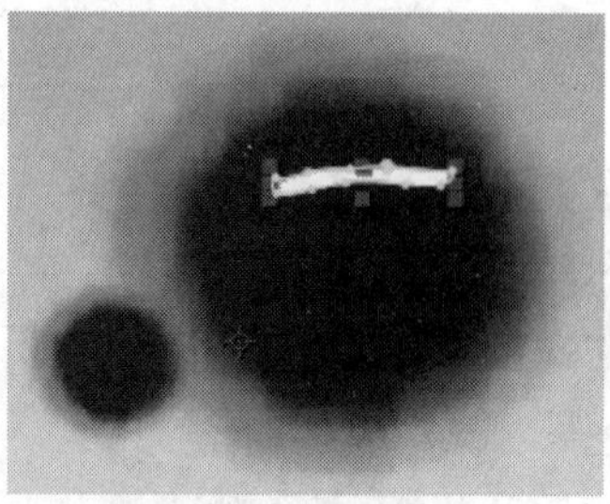

图 5-61

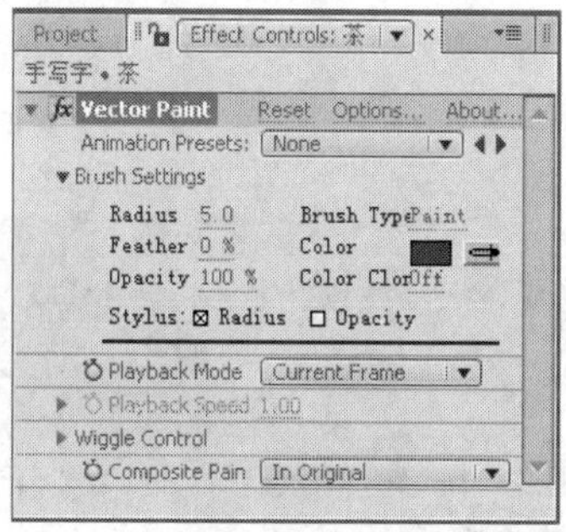

图 5-62

Step 02　用鼠标单击绘画工具上方的三角形按钮，在弹出的下拉菜单中选择“Shift-Paint Records > Continuously”命令，如图 5-63 所示。在“时间轴”面板中将时间标签放置在 0 s 的位置，如图 5-64 所示。

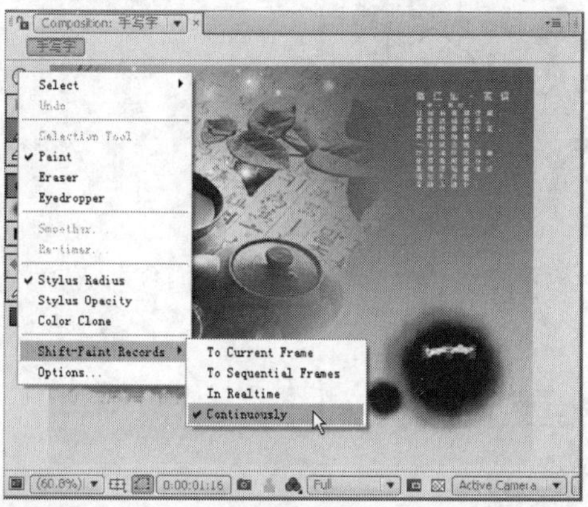

图 5-63

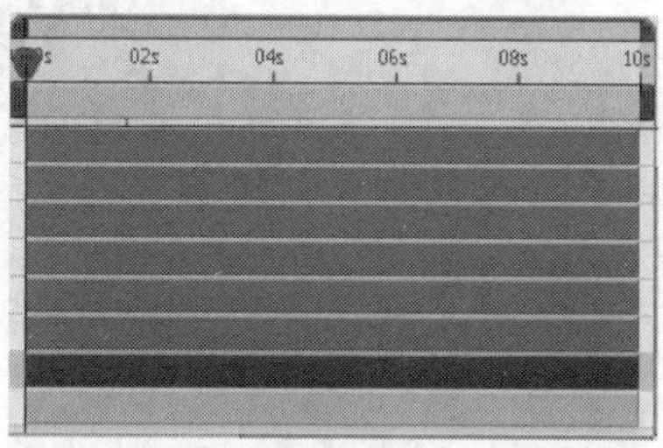

图 5-64

Step 03　在合成窗口中为“茶”字的第 1 笔绘制蒙版，注意一定要让红色的笔触完全遮住文字的笔画，如图 5-65 所示。在“特效控制”面板中单击“Playback Mode”选项右边的按钮，在下拉菜单中选择“Animate Strokes”，如图 5-66 所示。

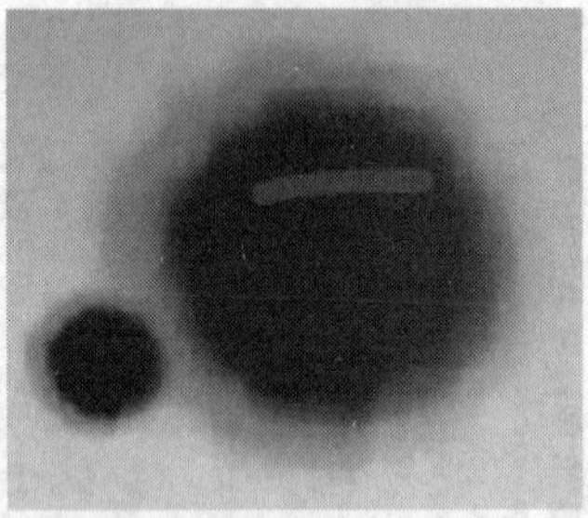

图 5-65

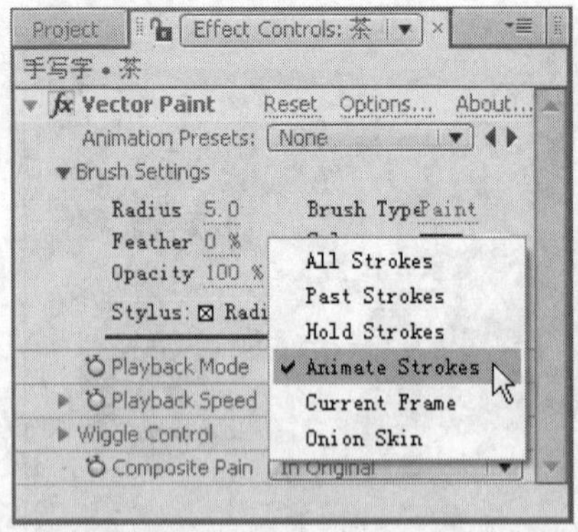

图 5-66

Step 04 在“特效控制”面板中设置“Playback Speed”选项的数值为 4，如图 5-67 所示。单击“Composite Paint”选项右边的按钮，在下拉菜单中选择“As Matte”，如图 5-68 所示。

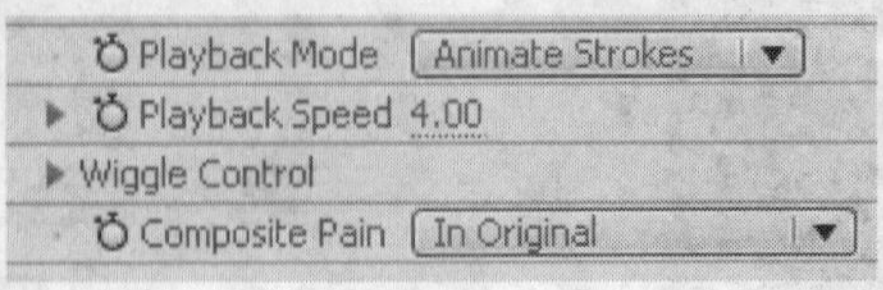

图 5-67

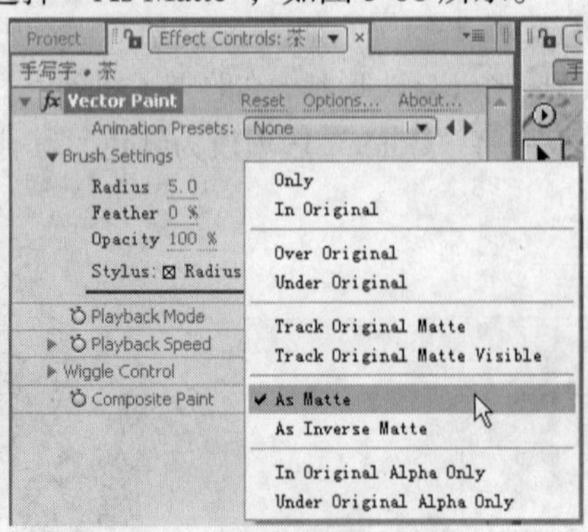

图 5-68

Step 05 完成“茶”的第 1 笔，合成窗口中的效果如图 5-69 所示。

图 5-69

3. 制作“茶”第二笔画

Step 01 选中图层 6，并将其显示，如图 5-70 所示。将图层 6 的时间轴拖到 1:04s 的位置上，如图 5-71 所示。选择“Pen Tool”（钢笔工具），在合成窗口中绘制一个 Mask 形状，如图 5-72 所示。

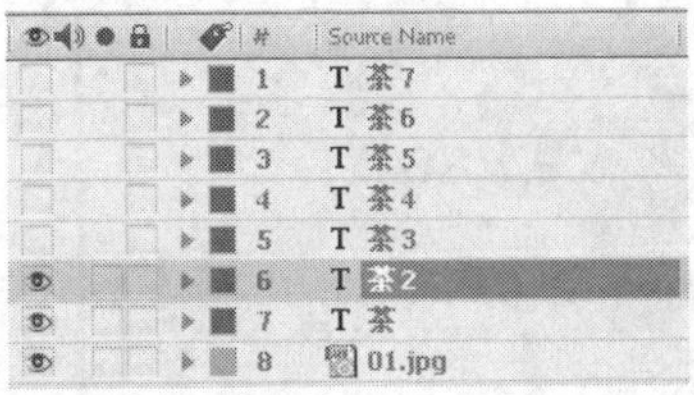

图 5-70

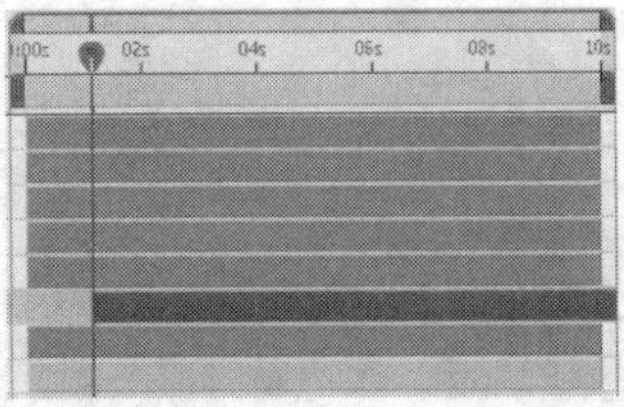

图 5-71

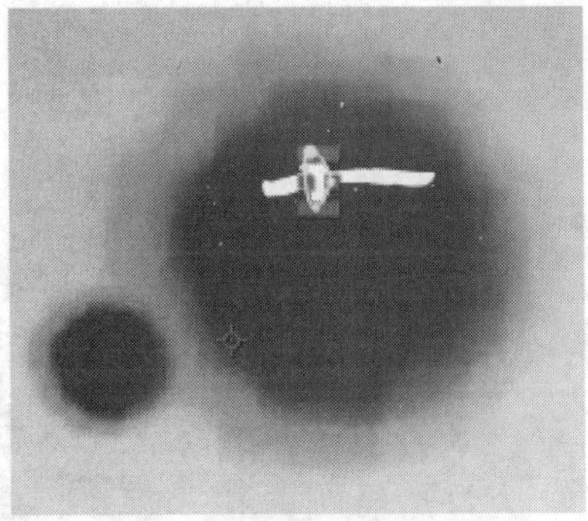

图 5-72

Step 02 选中图层 6，选择“Effect > Paint > Vector Paint”命令，在“特效控制”面板中将“Color”选项设为红色，其他参数设置如图 5-73 所示。用鼠标单击绘画工具上方的三角形按钮，在弹出的下拉菜单中选择“Shift-Paint Records > Continuously”命令，如图 5-74 所示。

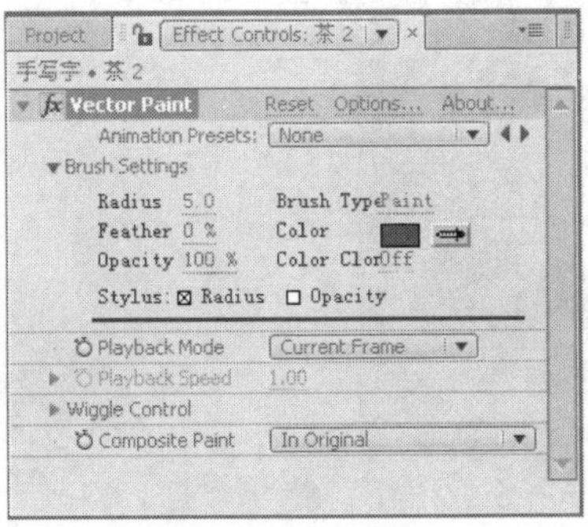

图 5-73

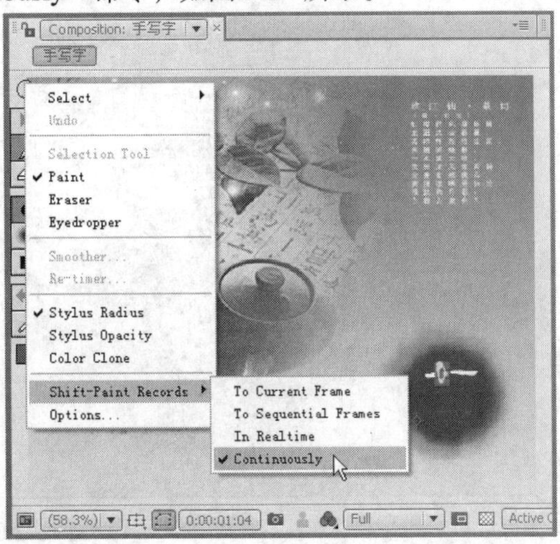

图 5-74

Step 03 在合成窗口中为“茶”字的第 2 笔绘制蒙版，如图 5-75 所示。在“特效控制”面板中单击“Playback Mode”选项右边的按钮，在下拉菜单中选择“Animate Strokes”，如图 5-76 所示。

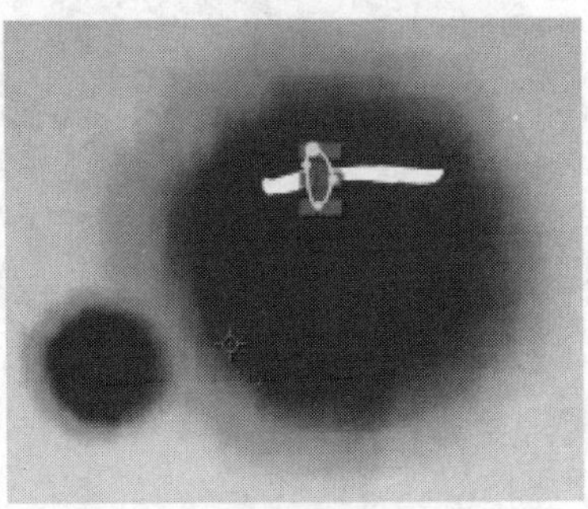

图 5-75

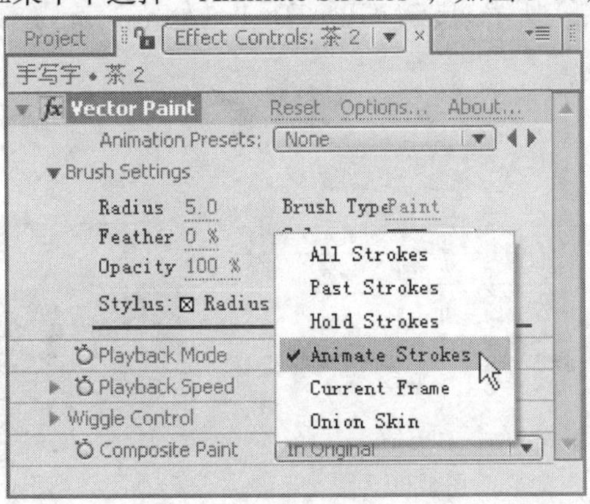

图 5-76

Step 04 在“特效控制”面板中设置“Playback Speed”选项的数值为 3，如图 5-77 所示。单击“Composite Paint”选项右边的按钮，在下拉菜单中选择“As Matte”，如图 5-78 所示。

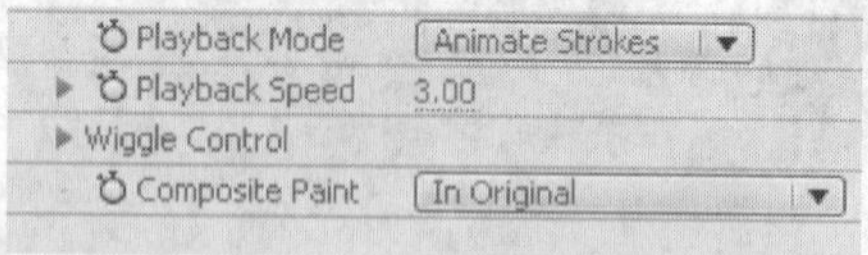

图 5-77

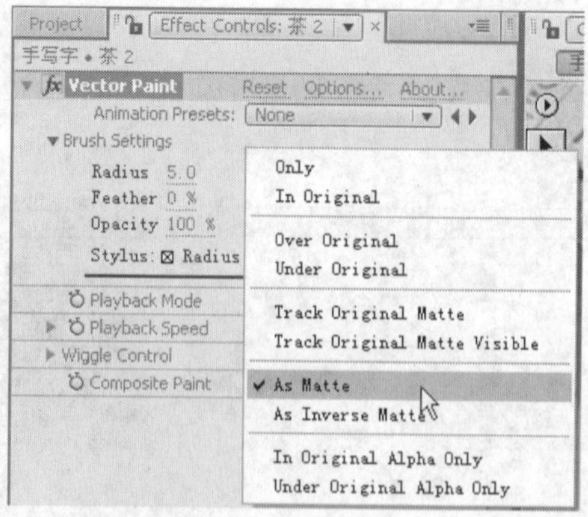

图 5-78

Step 05 完成“茶”的第 2 笔，合成窗口中的效果如图 5-79 所示。

图 5-79

4. 制作“茶”第三笔画

Step 01 选中图层 5，并将其显示，如图 5-80 所示。将图层 5 的时间轴拖曳到 1:17s 的位置上，如图 5-81 所示。选择“Pen Tool”（钢笔工具），在合成窗口中绘制一个 Mask 形状，如图 5-82 所示。

图 5-80

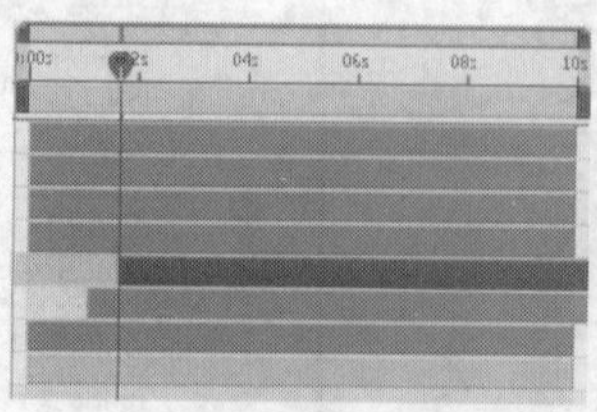

图 5-81

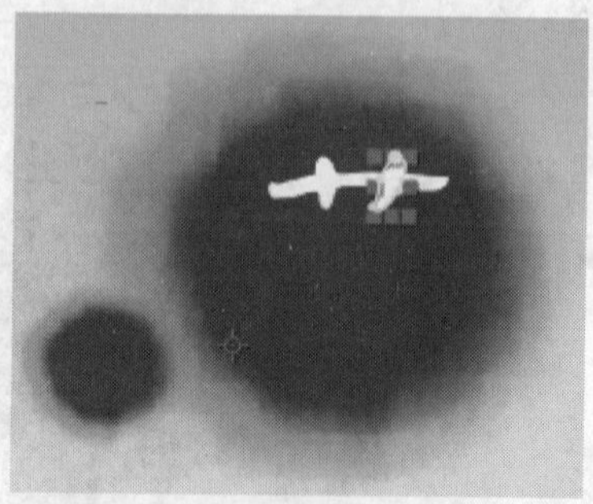

图 5-82

Step 02 选中图层 5，选择“Effect > Paint > Vector Paint”命令，在“特效控制”面板中将“Color”选项设为红色，其他参数设置如图 5-83 所示。用鼠标单击绘画工具上方的三角形按钮，在弹出的下拉菜单中选择“Shift-Paint Records > Continuously”命令，如图 5-84 所示。

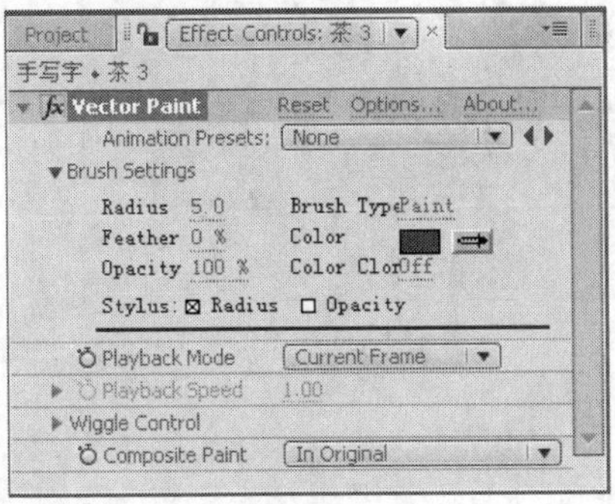

图 5-83

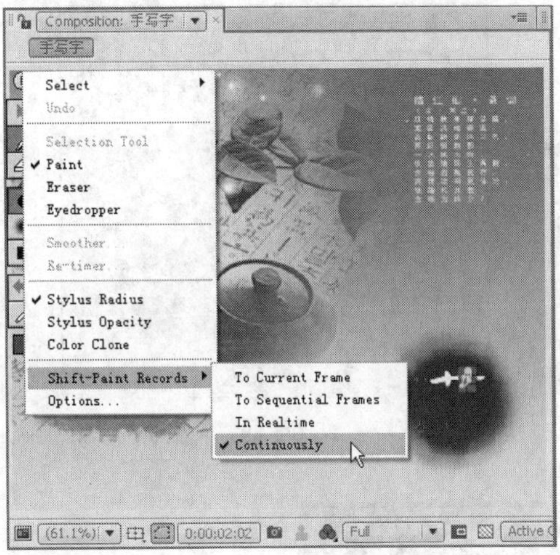

图 5-84

Step 03 在合成窗口中为“茶”字的第 3 笔绘制蒙版，如图 5-85 所示。在“特效控制”面板中单击“Playback Mode”选项右边的按钮，在下拉菜单中选择“Animate Strokes”，如图 5-86 所示。

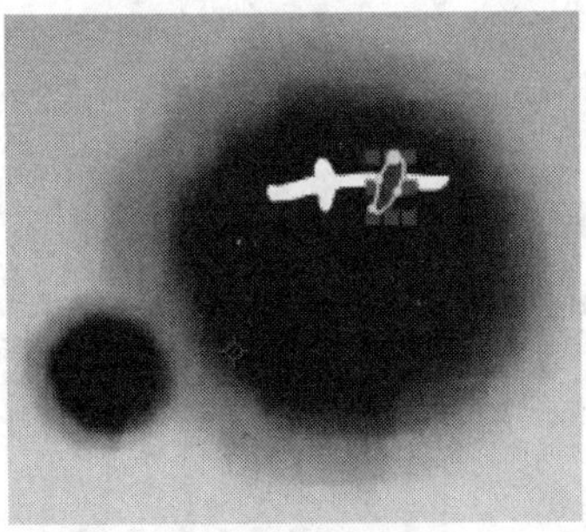

图 5-85

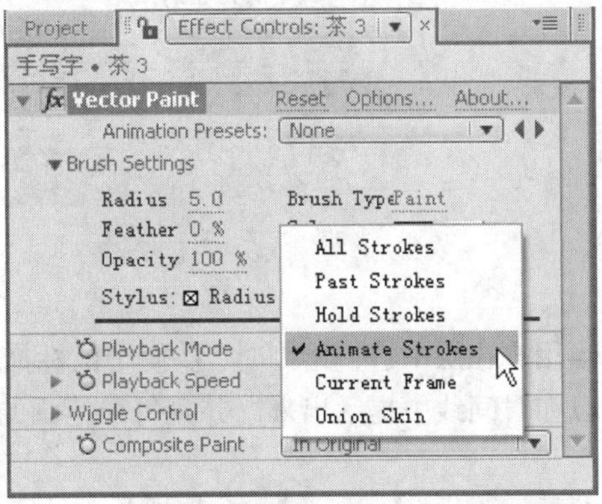

图 5-86

Step 04 在“特效控制”面板中设置“Playback Speed”选项的数值为 3，如图 5-87 所示。单击“Composite Paint”选项右边的按钮，在下拉菜单中选择“As Matte”，如图 5-88 所示。

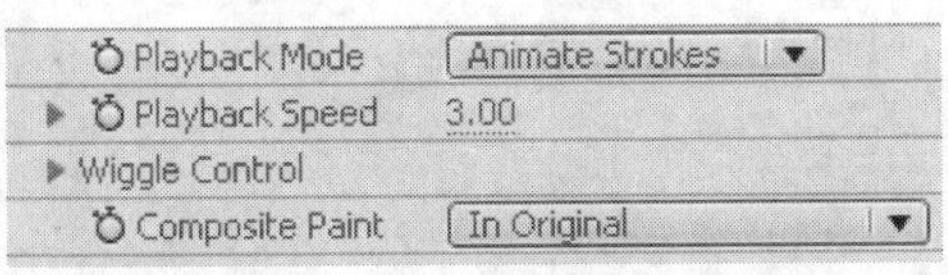

图 5-87

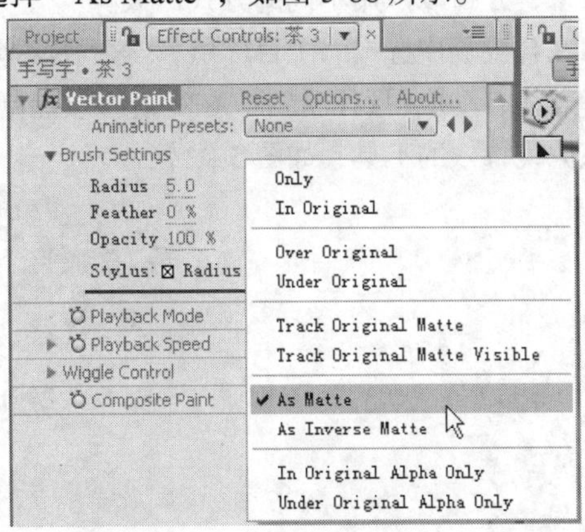

图 5-88

Step 05 完成“茶”的第 3 笔，合成窗口中的效果如图 5-89 所示。用相同的方法绘制出其他笔画，手写字效果制作完成，如图 5-90 所示。

图 5-89

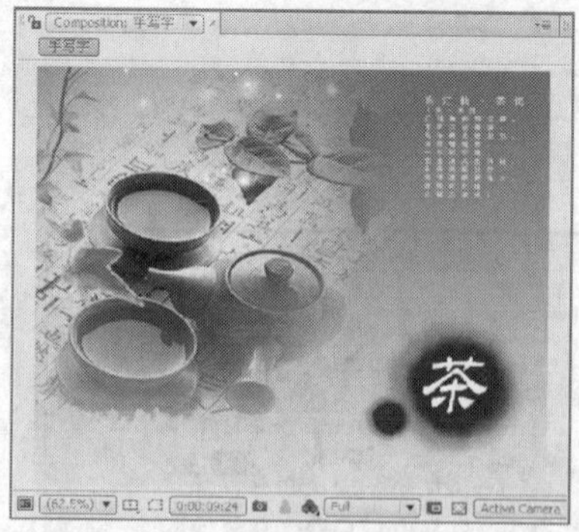

图 5-90

5.3.2 Paint（绘画）

使用 Paint（绘画）可以脱离源文件对层的颜色和透明度进行修改。不管用户使用哪种绘画工具都可以对层进行修改，系统会自动为该层添加一个 Paint（绘画）滤镜特效，如图 5-91 所示。

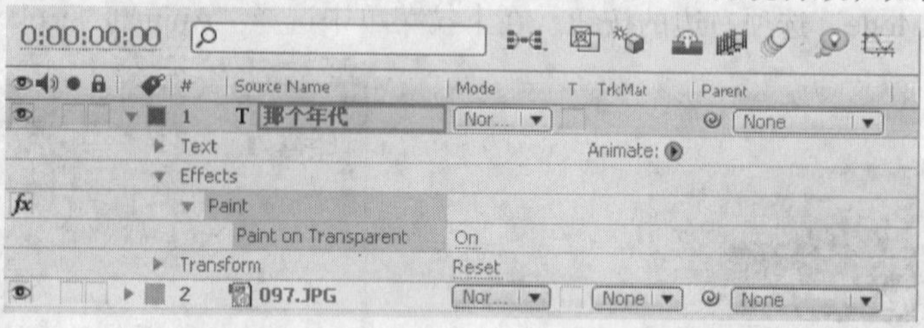

图 5-91

当用户在层中进行绘制时，从使用鼠标拖曳到释放鼠标系统记录为一个笔画，绘画时每一笔画都可以在时间线中提示出来，并且每个笔画的名称由当前的绘画工具决定。

5.3.3 Vector Paint（矢量绘画）

使用 Vector Paint（矢量绘画）可以应用于固态层、影片图像、蒙版等，所绘制的画笔能够保存下来，并可以采用不同的方式回放。

在合成场中选择一个目标层，然后在菜单栏中选择“Effect > Paint > Vector Paint”命令，该滤镜特效将自动应用到该层中。在滤镜特效控制面板中会显示其参数设置选项，合成窗口的右侧会显示该滤镜特效的工具，如图 5-92 所示。

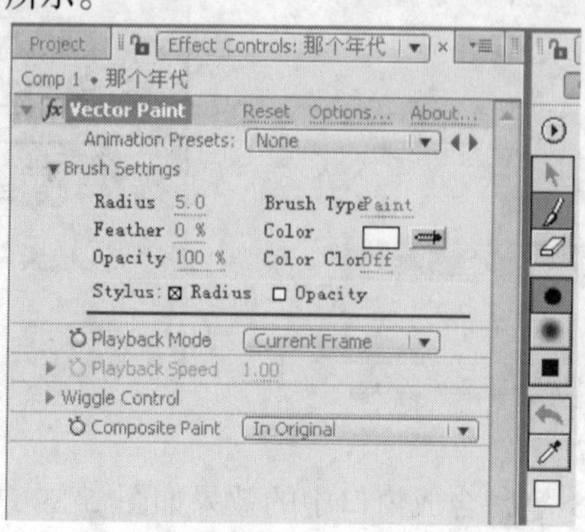

图 5-92

5.4 课堂练习——飞舞数字流

练习知识要点：使用水平类型工具输入文字并进行编辑，使用“File”命令导入视频文件，使用“Particular”命令制作飞舞数字。飞舞数字流效果如图 5-93 所示。

效果所在位置：光盘\Ch05\飞舞数字流.aep。

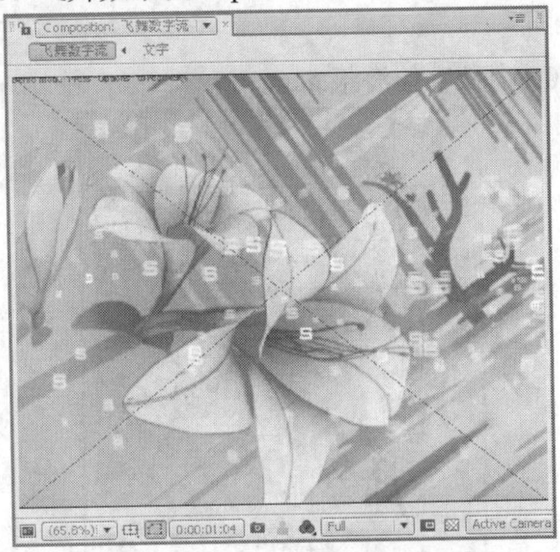

图 5-93

5.5 课堂练习——运动模糊文字

练习知识要点：使用水平类型工具输入文字，使用“Text”层的属性编辑文字效果，编辑“Mode”的混合模式，使用“Lens Flare”命令添加镜头效果。运动模糊文字效果如图 5-94 所示。

效果所在位置：光盘\Ch05\运动模糊文字.aep。

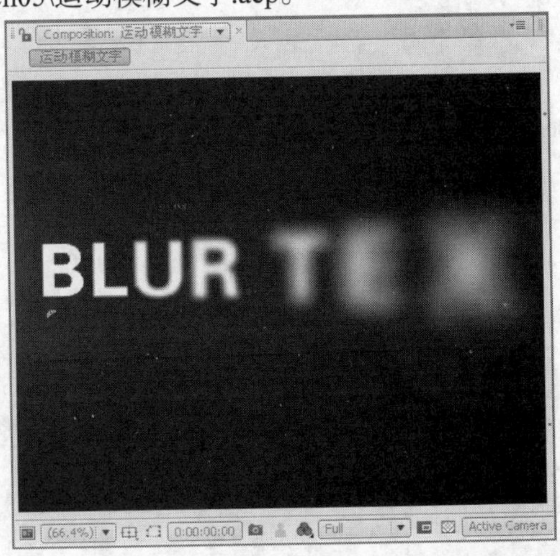

图 5-94

5.6 课后习题——中秋宣传海报

习题知识要点：使用“File”命令导入多个文件，使用平移拖后工具调整文字中心点，使用“Scale”属性添加关键帧并改变文字大小，使用“Opacity”属性改变文字的不透明度，使用“Position”属性制作文字位置动画，使用“Vector Pain”命令制作文字特效，使用钢笔工具添加文字蒙版。中秋宣传海报效果如图 5-95 所示。

效果所在位置：光盘\Ch05\中秋宣传海报.aep。

图 5-95

第6章 应用滤镜制作特效

本章主要介绍 After Effects 中各种滤镜控制面板及其应用方式和参数设置，对有实用价值、存在一定作用难度的滤镜特效进行重点讲解。通过对本章的学习，读者可以快速了解并掌握 After Effects 滤镜制作特效的精髓部分。

【教学目标】

- 初步了解滤镜。
- 模糊和锐化滤镜组。
- 颜色修正滤镜组。
- 生成滤镜组。
- 扭曲滤镜组。
- 噪波和颗粒滤镜组。
- 仿真滤镜组。
- 风格化滤镜组。

6.1 初步了解滤镜

After Effects 软件本身自带了许多标准滤镜特效，包括 Audio（音频）、Blur & Sharpen（模糊与锐化）、Color Correction（颜色校正）、Distort（扭曲）、Keying（键控制）、Matte（蒙版）、Simulation（仿真）、Stylize（风格化）、Text（文字）等。滤镜特效不仅能够对影片进行丰富的艺术加工，还可以提高影片的画面质量和播放效果。

6.1.1 为图层赋予滤镜

给图层赋予滤镜的方法其实很简单，方式也有很多种，可以根据情况灵活应用。

- 在“Timeline”（时间轴）窗口，选中某个图层，选择“Effect”命令中的各项滤镜命令即可。
- 在“Timeline”（时间轴）窗口，在某个图层上单击鼠标右键，在弹出的菜单中选择“Effect”中的各项滤镜命令即可。
- 选择“Window > Effects & Presets”（特效）命令，打开“Effects & Presets”（特效控制）窗口，从分类中选中需要的特效滤镜，然后拖曳到“Timeline”（时间轴）窗口中的某层上即可，如图 6-1 所示。
- 在“Timeline”（时间轴）窗口中选择某层，然后选择“Window > Effects & Presets”（特效）命令，打开特效预置窗口，双击分类中选择的特效滤镜即可。

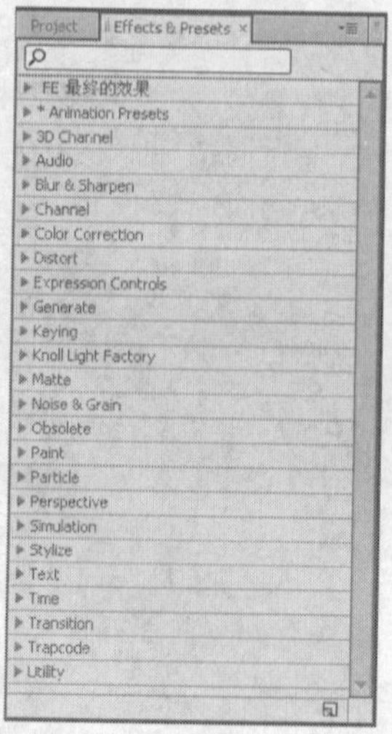

图 6-1

对于图层来讲，一个滤镜常常是不能完全满足创作需要的。只有使用以上描述的任意一种方法，赋予图层多个滤镜，才能制作出复杂而千变万化的特殊效果。不过，在同一图层应用多个特效滤镜时，一定要注意上下顺序，因为使用不同的顺序可能会有完全不同的画面效果，如图 6-2、图 6-3 所示。

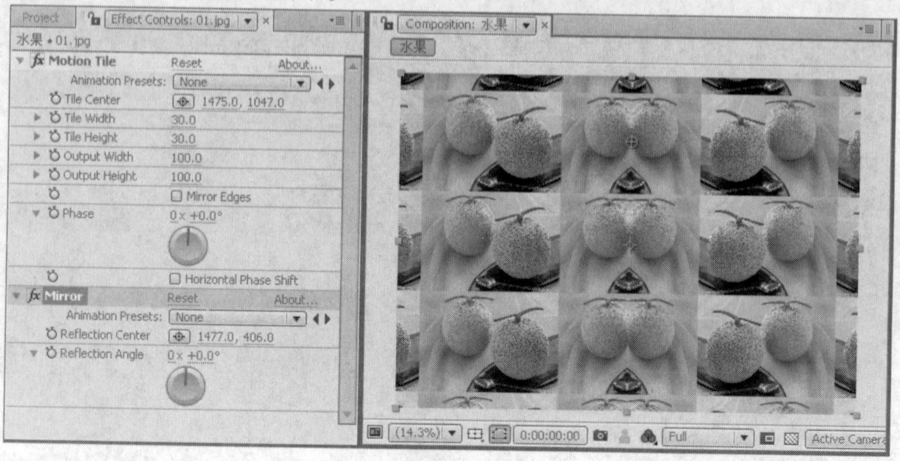

图 6-2

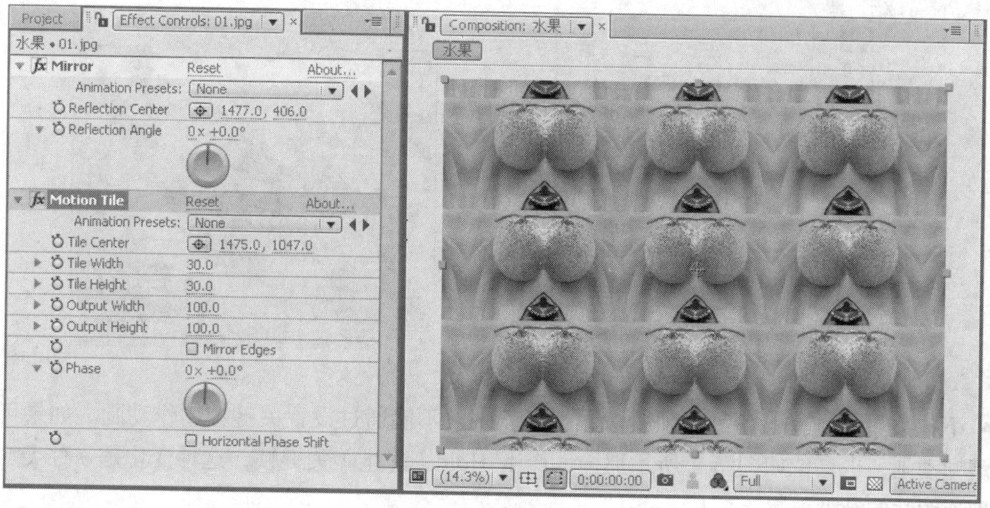

图 6-3

改变特效滤镜上下顺序的方法也很简单，只要在“Effect Controls”（特效控制）面板或者“Timeline”（时间轴）窗口中，上下拖曳所需要的滤镜到目标位置即可，如图 6-4、图 6-5 所示。

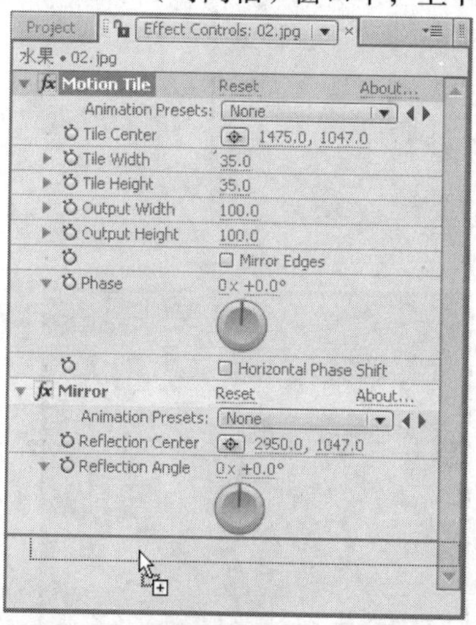

图 6-4

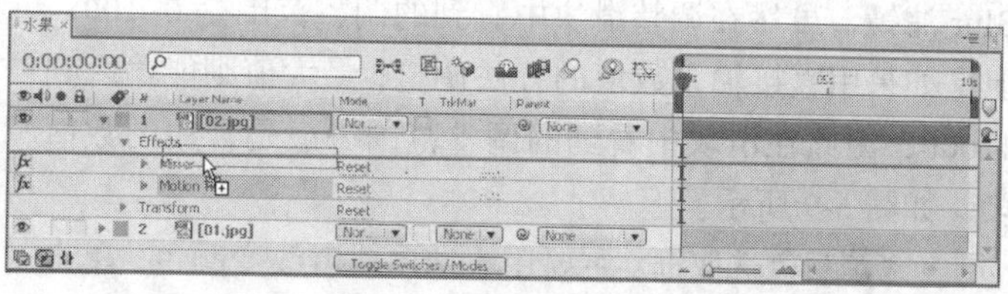

图 6-5

6.1.2　调整、复制和移除滤镜

1．调整 Effects（特效）

在赋予图层滤镜特效时，一般会自动将“Effect Controls”（特效控制）面板打开，如果没有打开该面板，可以通过选择“Window > Effect Controls”命令，将特效控制面板打开，如图 6-6 所示。

After Effects 有多种滤镜，且各个功能有所不同，调整方法分为 5 种。

- Point（位置点）定义：一般用来设置特效的中心位置。调整的方法有两种：一种是直接调整后面的参数值；另一种是单击按钮，在“Composition”（合成）预览窗口中的合适位置单击鼠标，效果如图 6-7 所示。

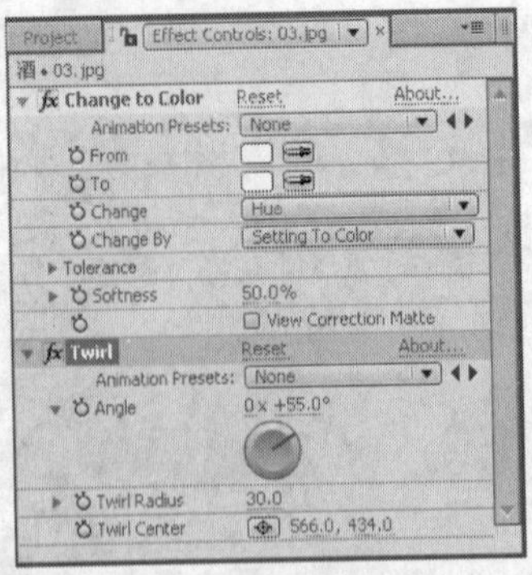

图 6-6

图 6-7

• 下拉菜单的选择：各种单项式参数选择，一般不能通过设置关键帧制作动画。如果可以设置关键帧动画，也会像如图 6-8 所示那样，产生 Hold（静止）关键帧，这种变化是一种突变，不能出现连续性的渐变效果。

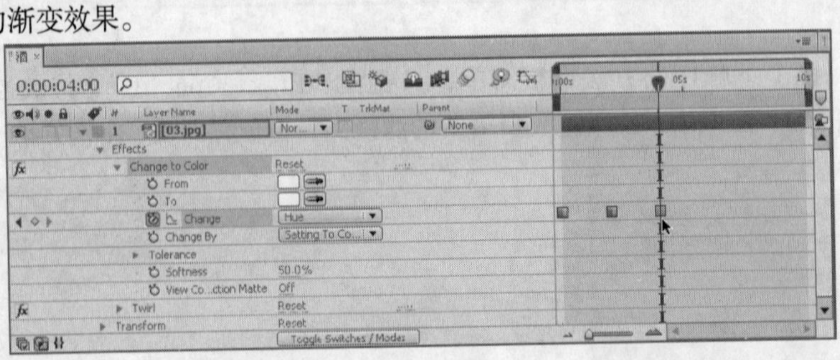

图 6-8

• 调整滑块：通过左右拖动滑块调整数值程度。不过需要注意：滑块并不能显示参数的极限值。例如 Compound Blur 滤镜，虽然在调整滑块中看到的调整范围是 0~100，但是如果用直接输入数值的方法调整，最大值则能输入到 4 000，因此在滑块中看到的调整范围一般是常用的数值段，如图 6-9 所示。

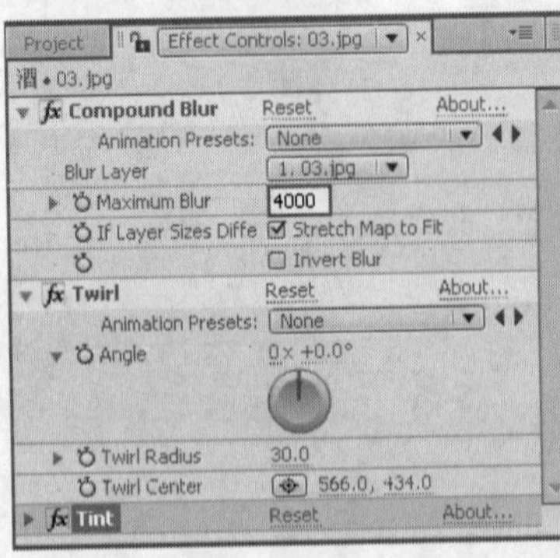

图 6-9

• 颜色选取框：主要用于选取或者改变颜色，单击后将会弹出如图 6-10 所示的色彩选择对话框。

• 角度旋转器：一般与角度和圈数设置有关，如图 6-11 所示。

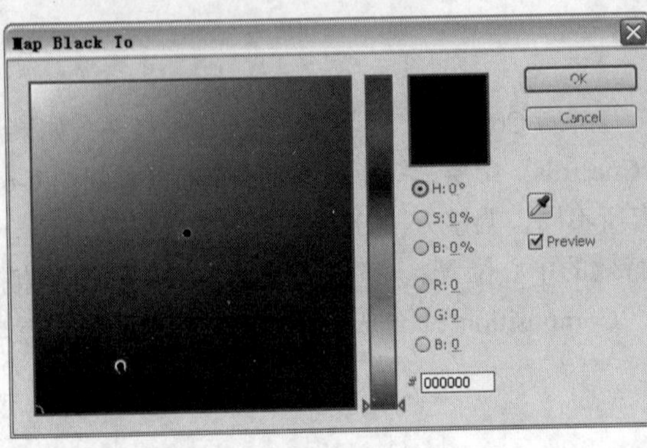

图 6-10

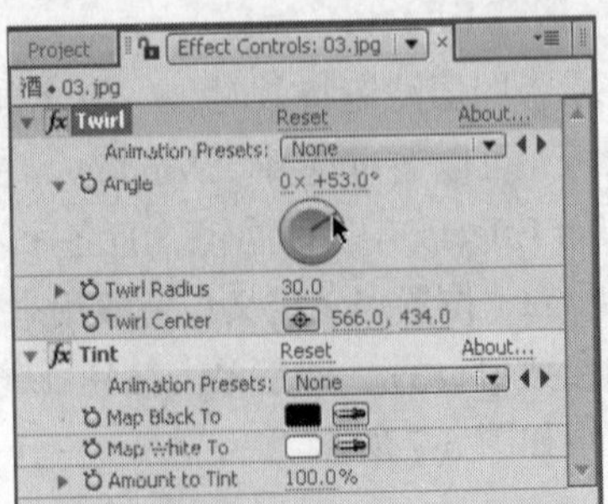

图 6-11

2．删除 Effects（特效）

删除 Effects（特效）的方法很简单，只需要在“Effect Controls”（特效控制）面板或者“Timeline”（时间轴）窗口中，选择某个特效滤镜名称，按<Delete>键即可删除。

提示：在“Timeline”（时间轴）窗口中快速展开 Effects（特效）滤镜的方法是：选中含有滤镜的图层，按<E>键。

3．复制 Effects（特效）

如果只是在本图层中进行特效复制，只需要在“Effect Controls”（特效控制）面板或者“Timeline”（时间轴）窗口中，选中某特效滤镜名称，按<Ctrl>+<D>组合键即可实现。

如果是将特效复制到其他层使用，具体操作步骤如下。

Step 01 在“Effect Controls”（特效控制）面板或者“Timeline”（时间轴）窗口中，选中原图层的一个或多个滤镜。

Step 02 选择“Edit > Copy”（复制）命令，或者按<Ctrl>+<C>组合键，完成滤镜复制操作。

Step 03 在“Timeline”（时间轴）窗口中，选中目标图层，然后选择“Edit > Paste”（粘贴）命令，或按<Ctrl>+<V>组合键，完成滤镜粘贴操作。

4．暂时关闭 Effects（特效）

在“Effect Controls”（特效控制）面板或者“Timeline”（时间轴）窗口中，有一个非常方便的开关 fx，可以帮助用户暂时关闭某一个或某几个 Effects（特效），使其不起作用，如图 6-12、图 6-13 所示。

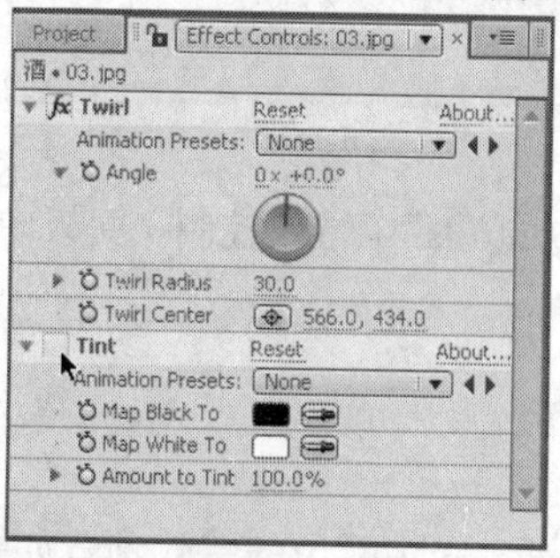

图 6-12

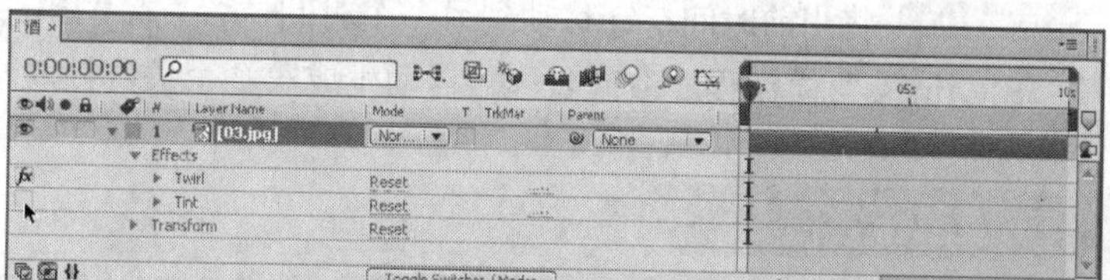

图 6-13

6.1.3　制作滤镜关键帧动画

1．在“Timeline”（时间轴）窗口中制作滤镜帧动画

Step 01 在“Timeline”（时间轴）窗口中选择某层，选择“Effect > Blur & Sharpen > Gaussian Blur”命令，添加高斯模糊滤镜。

Step 02 按< E >键出现特效属性，单击“Gaussian Blur”滤镜名称前面的小三角形按钮▶，展开各项具体参数设置。

Step 03 单击“Blurriness”模糊程度数前面的“关键帧自动记录器”按钮，生成一个关键帧，如图 6-14 所示。

Step 04 将当前时间指针移动到另一个时间位置，调整“Blurriness”模糊程度参数，After Effects 将自动生成第 2 个关键帧，如图 6-15 所示。

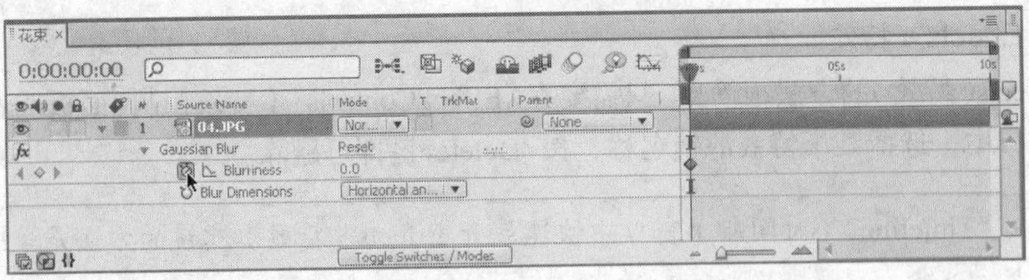

图 6-14

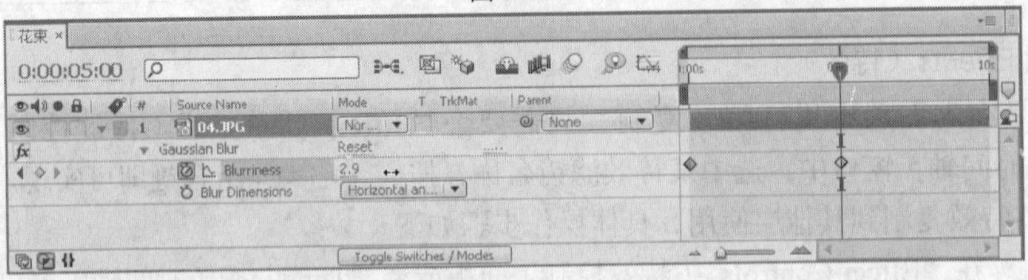

图 6-15

Step 05 按<0>键，预览动画。

2．在“Effect Controls”（特效控制）面板中制作滤镜关键帧动画

Step 01 在“Timeline”（时间轴）窗口中选择某层，选择“Effect > Blur & Sharpen > Gaussian Blur”命令，添加高斯模糊滤镜。

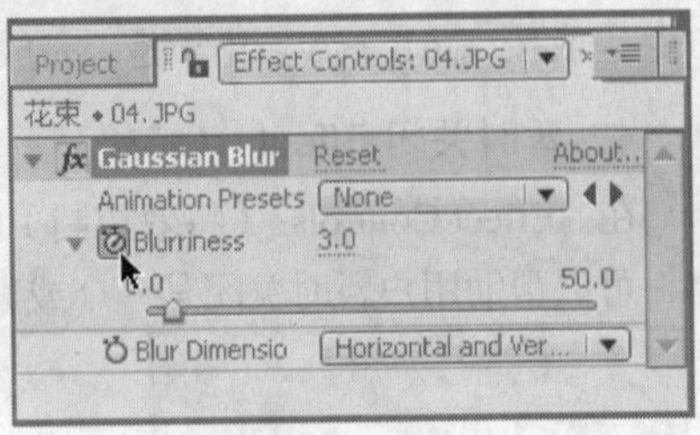

图 6-16

Step 02 在“Effect Controls”（特效控制）面板中，单击“Blurriness”模糊程度数前面的“关键帧自动记录器”按钮，如图 6-16 所示，或按住<Alt>键的同时，单击“Blurriness”模糊程度参数名称，生成第 1 个关键帧。

Step 03 将当前时间指针移动到另一个时间位置，在“Effect Controls”（特效控制）面板中，调整“Blurriness”模糊程度参数名称，自动生成第 2 个关键帧。

6.1.4 使用特效预置

在赋予特效预置时，在操作之前必须确定时间指针所处的时间位置，因为赋予的特效预置如果含有动画信息，将会以当前时间指针位置为动画的起始点，如图 6-17、图 6-18 所示。

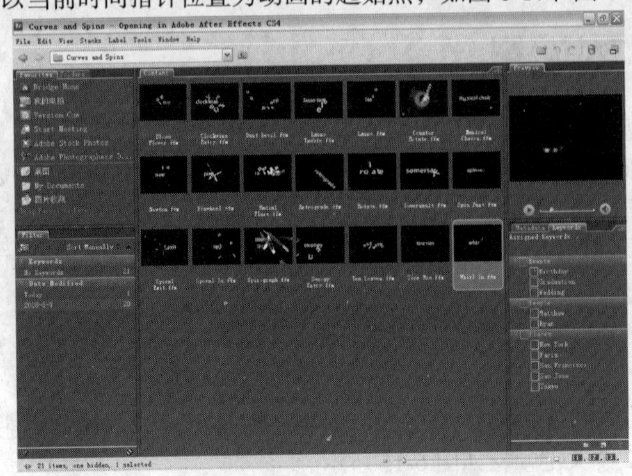

图 6-17

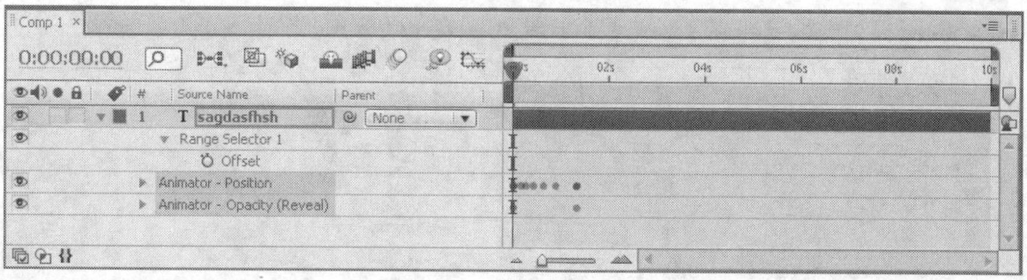

图 6-18

6.2 模糊和锐化滤镜组

Blur & Sharpen（模糊和锐化）效果用来使图像模糊和锐化。模糊效果是最常应用的效果之一，也是一种简便易行的改变画面视觉效果的途径。动态的画面需要“虚实结合”，这样即使是平面的合成，也能给人空间感和对比感，更能让人产生联想，而且可以使用模糊来提升画面的质量，有时很粗糙的画面经过处理后也会有良好的效果。

6.2.1　课堂案例——精彩闪白

案例学习目标：学习使用视频多种模糊效果。

案例知识要点：使用“File”命令导入素材，使用滤镜特效“Fast Blur”命令、“Levels”命令、“Hue/Saturation”命令制作图片编辑，使用“Drop Shadow”命令制作投影效果，使用“Animation Preset Gallery”命令制作文字特效，使用矩形遮罩工具绘制矩形。精彩闪白效果如图 6-19 所示。

效果所在位置：光盘\Ch06\精彩闪白. aep。

图 6-19

1. 导入素材

Step 01 按<Ctrl>+<N>组合键，弹出“Composition Settings”对话框，在“Composition Name”选项的文本框中输入“闪白效果”，其他选项的设置如图 6-20 所示，单击“OK”按钮，创建一个新的合成“闪白效果”。选择“File >Import>File”命令，弹出“Import File”对话框，选择光盘中的“Ch06 > 精彩闪白 > (Footage) > 01”至“Ch06 > 精彩闪白 > (Footage) > 07”共 7 个文件，单击“打开”按钮，导入视频与图片，如图 6-21 所示。

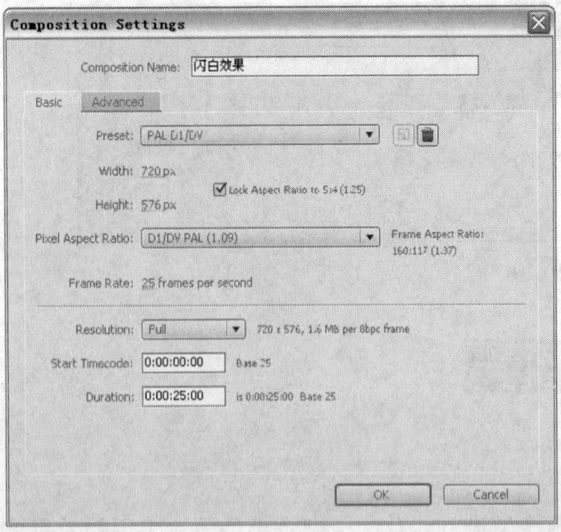

图 6-20

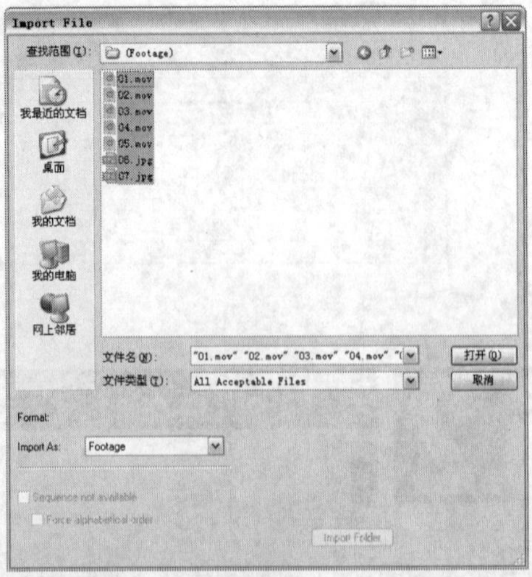

图 6-21

Step 02 在“项目”面板中选择“01、02、03、04、05”文件并将其拖曳到“时间轴”面板中，层的排列如图 6-22 所示。

Step 03 在“时间轴”面板中选择第一个素材文件，按住<Shift>键选择最后一个素材文件，选中所有素材，选择“Animarion > Keyframe Assistant > Sequence Leyers”命令，弹出“Sequence Leyers”对话框，取消“Overlap”复选框的选择，如图 6-23 所示，单击“OK”按钮，这样每个层就依次排序，首尾相接，如图 6-24 所示。

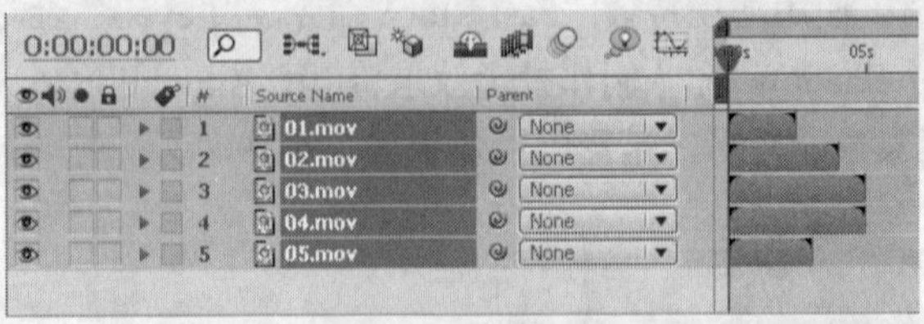

图 6-22

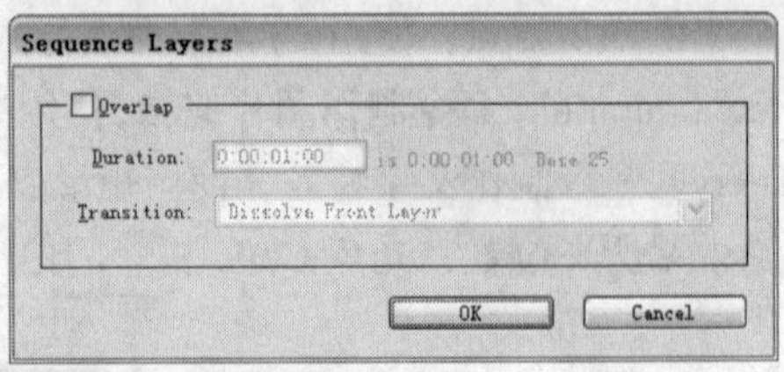

图 6-23

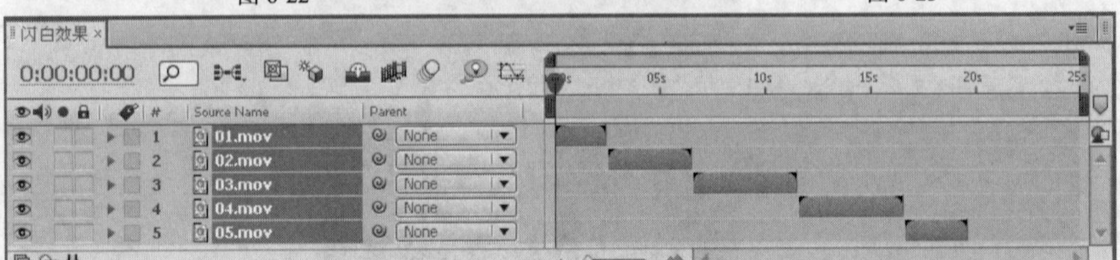

图 6-24

Step 04 选择“Layer > New > Adjustment Layer”命令，在“时间轴”面板中新增一个 Adjustment Layer 调节层，如图 6-25 所示。

图 6-25

2. 制作图像闪白

Step 01 选中“调节”层，选择“Effect > Blur & Sharpen > Fast Blur”命令，在“特效控制”面板中进行参数设置，如图 6-26 所示。合成窗口中的效果如图 6-27 所示。

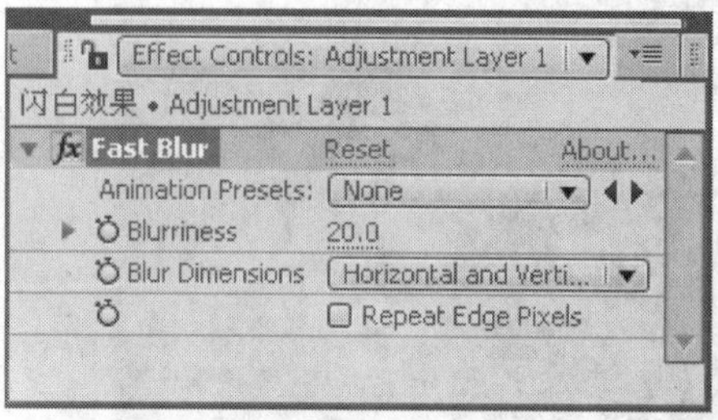

图 6-26

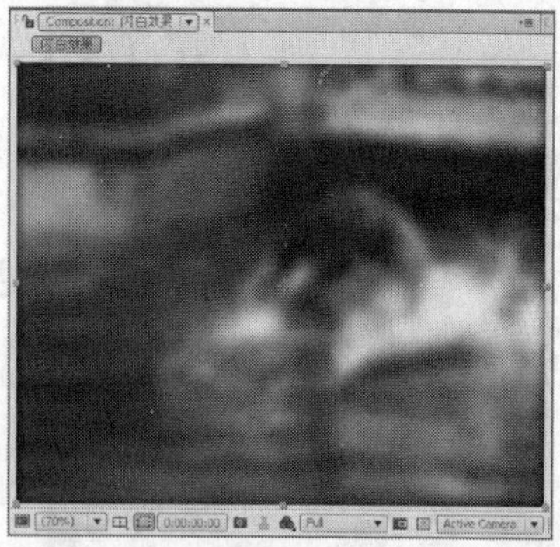

图 6-27

Step 02 选中“调节”层，选择“Effect > Color Correction > Levels”命令，在“特效控制”面板中进行参数设置，如图 6-28 所示。合成窗口中的效果如图 6-29 所示。

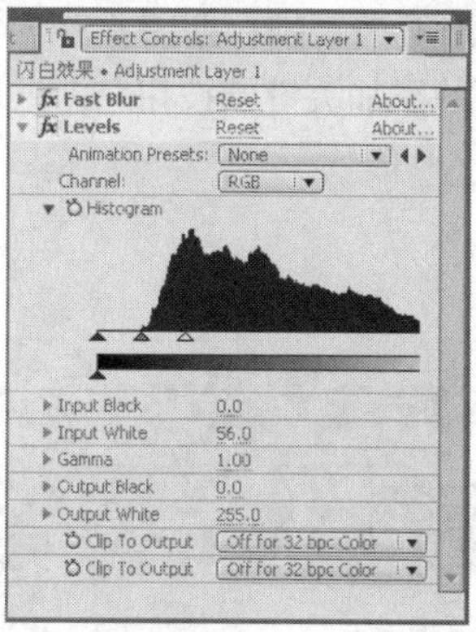

图 6-28

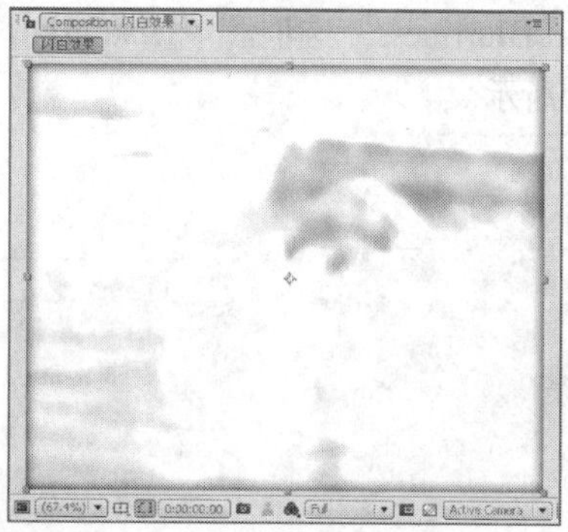

图 6-29

Step 03 选中“调节”层，在“时间轴”面板中将时间标签放置在 0 s 的位置，如图 6-30 所示，在“特效控制”面板中单击“Fast Blur”特效中的“Blurriness”选项和“Levels”特效中的“Histogram”选项前面的“关键帧自动记录器”按钮，记录第 1 个关键帧，如图 6-31 所示。

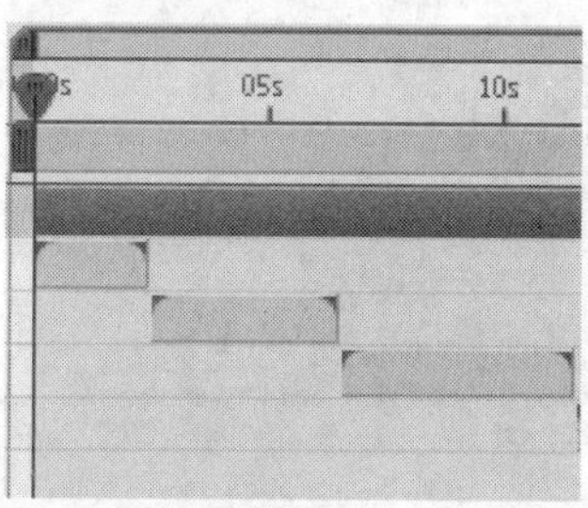

图 6-30

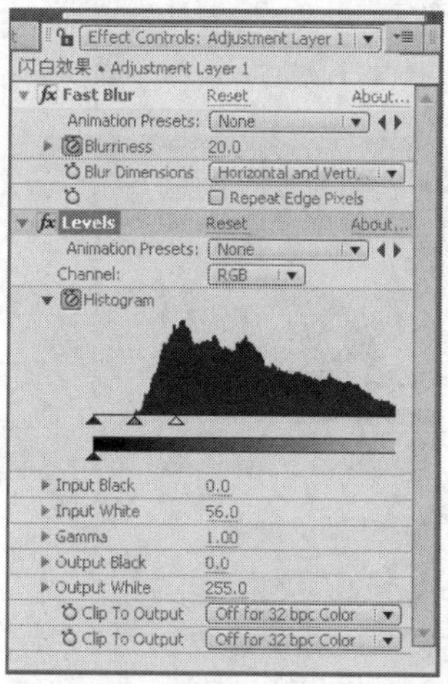

图 6-31

Step 04 将时间标签放置在 0:06s 的位置，在“特效控制”面板中设置“Blurriness”选项的数值为 0，“Input White”选项的数值为 255，如图 6-32 所示，记录第 2 个关键帧。合成窗口中的效果如图 6-33 所示。

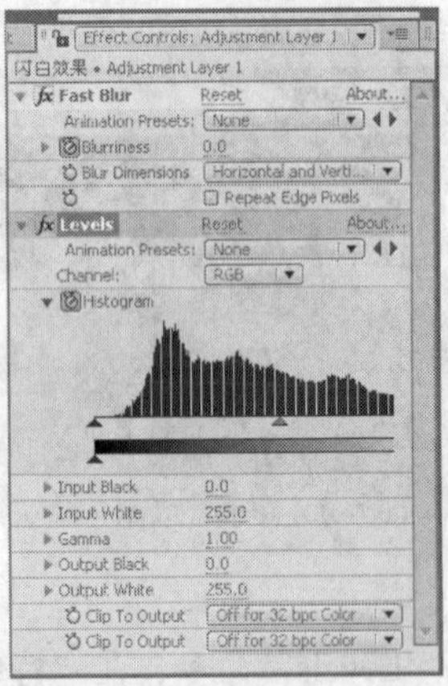

图 6-32

图 6-33

Step 05 将时间标签放置在 1:10s 的位置，按<U>键展开所有关键帧，如图 6-34 所示。单击“时间轴”面板中“Blurriness”选项和“Histogram”选项前面的添加关键帧按钮◇，记录第 3 个关键帧，如图 6-35 所示。

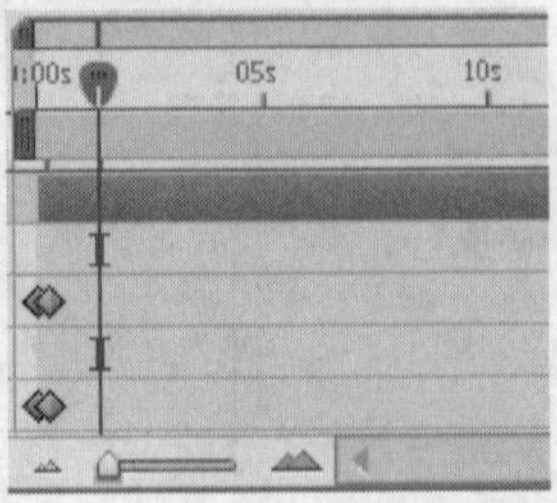

图 6-34

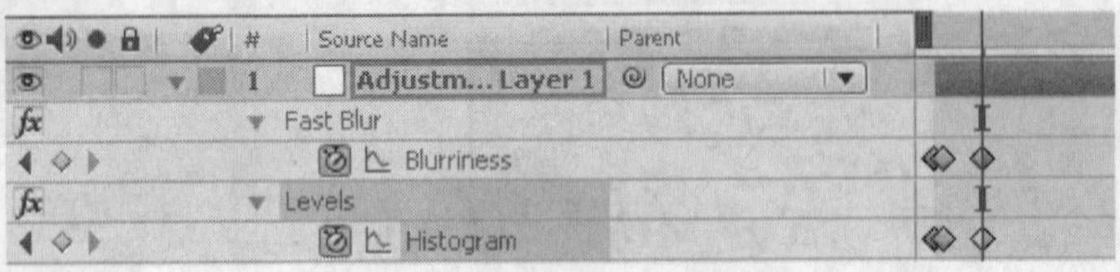

图 6-35

Step 06 将时间标签放置在 1:19s 的位置，在“特效控制”面板中设置“Blurriness”选项的数值为 7，“Input White”选项的数值为 94，如图 6-36 所示，记录第 4 个关键帧。合成窗口中的效果如图 6-37 所示。

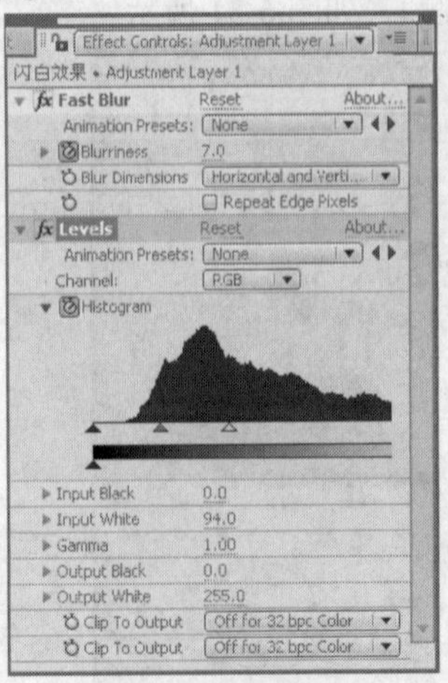

图 6-36

图 6-37

Step 07 将时间标签放置在 2:18s 的位置，在“特效控制”面板中设置“Blurriness”选项的数值为 20，“Input White”选项的数值为 58，如图 6-38 所示，记录第 5 个关键帧。合成窗口中的效果如图 6-39 所示。

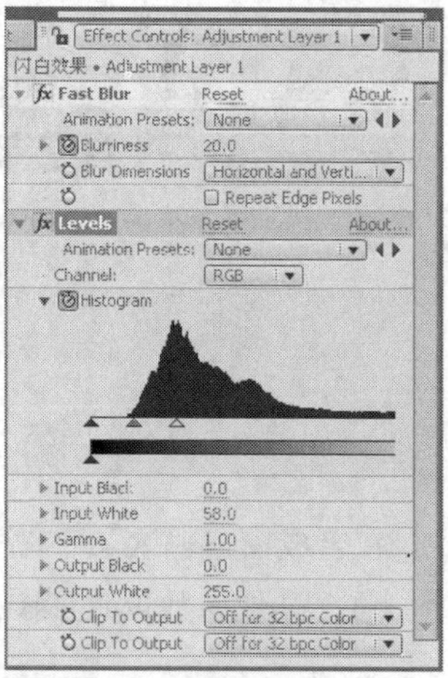

图 6-38

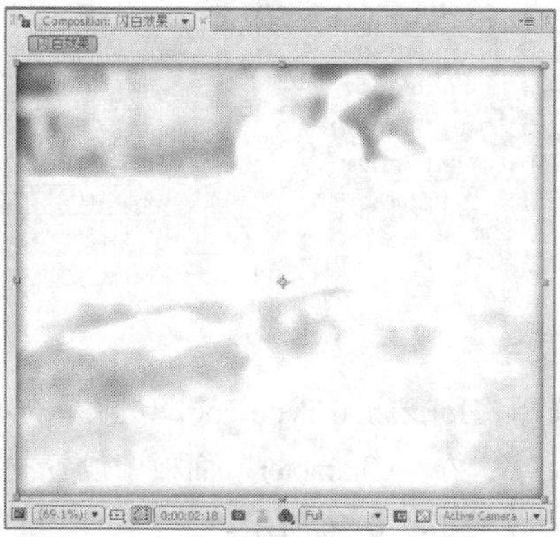

图 6-39

Step 08 将时间标签放置在 3:03s 的位置，在“特效控制”面板中设置“Blurriness”选项的数值为 0，“Input White”选项的数值为 255，如图 6-40 所示，记录第 6 个关键帧。合成窗口中的效果如图 6-41 所示。

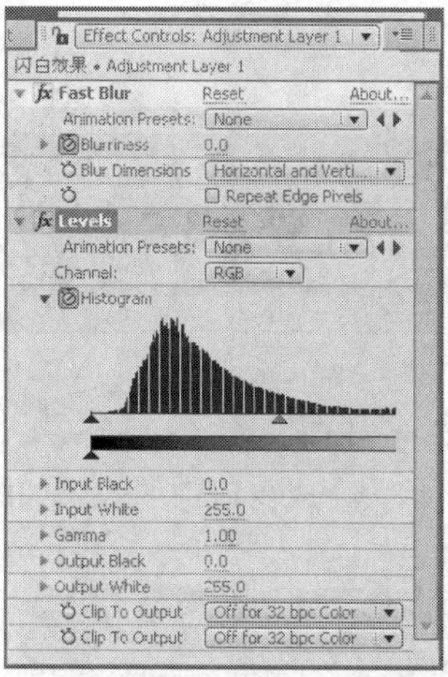

图 6-40

图 6-41

Step 09 至此制作完成了第一段素材与第二段素材之间的闪白动画。用同样的方法设置其他素材的闪白动画，如图 6-42 所示。

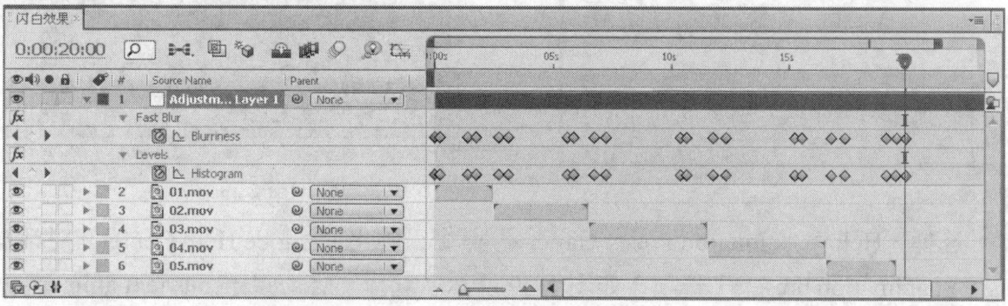

图 6-42

Step 10 在“项目”面板中选择“06”文件并将其拖曳到“时间轴”面板中，层的排列如图 6-43 所示。选中“06”文件，将时间轴拖到 19:17s 的位置上，如图 6-44 所示。

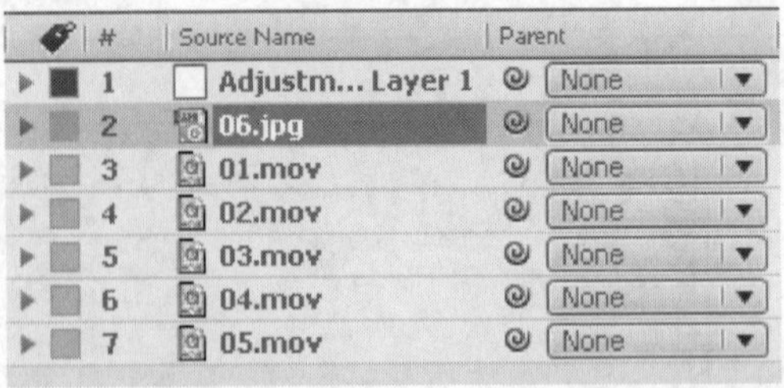

图 6-43

图 6-44

3. 编辑文字

Step 01 选择“Horizontal Type Tool”（水平类型工具）T，在合成窗口输入文字“海洋生物馆”。选中输入的文字，在“Character”面板中设置文字的颜色为白色，其他参数设置如图 6-45 所示。合成窗口中的效果如图 6-46 所示。

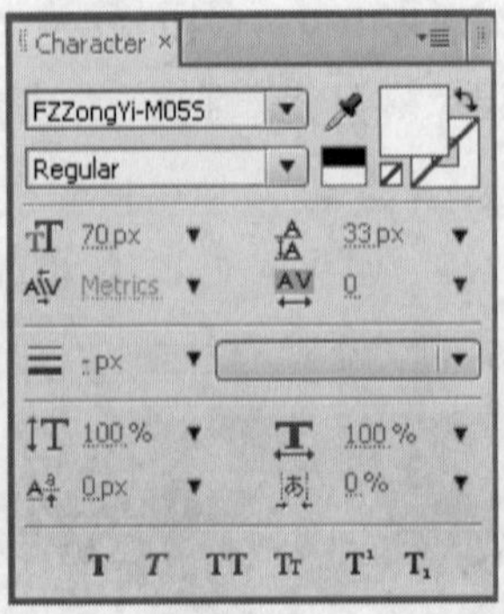

图 6-45

图 6-46

Step 02 选中“文字”层，把该层拖曳到调整层的下面，选择“Effect > Perspective > Drop Shadow”命令，在“特效控制”面板中进行参数设置，如图 6-47 所示。合成窗口中的效果如图 6-48 所示。

图 6-47

图 6-48

Step 03 选择“Help > Animation Preset Gallery”命令，弹出“Adobe Help Center”对话框，选择“Tracking text animation presets”选项，如图 6-49 所示，选择“Miscellaneous text animation presets”选项，如图 6-50 所示。

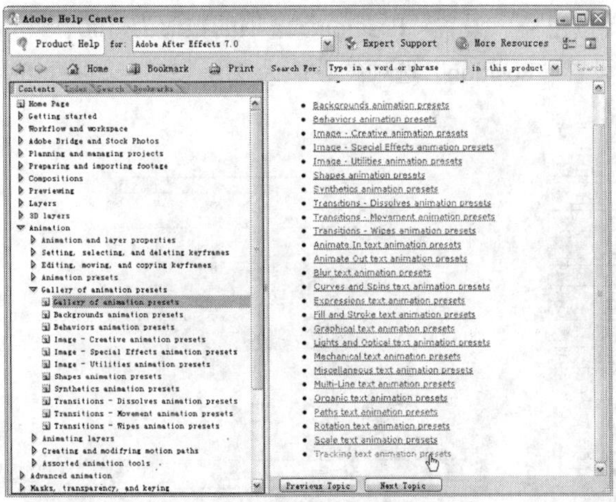

图 6-49

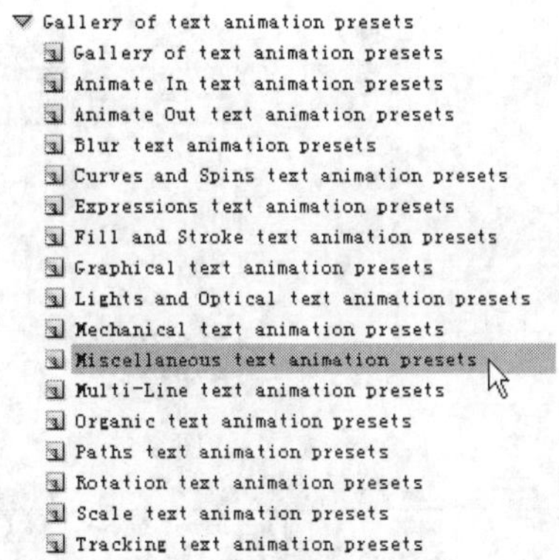

图 6-50

Step 04 选中“Angle Fly-In”命令，单击“Copy text”，选择复制命令，如图 6-51 所示。选择“Window > Effects & Presets” 命令，在“Contains”选项中按<Ctrl>+<V>组合键粘贴命令，如图 6-52 所示。

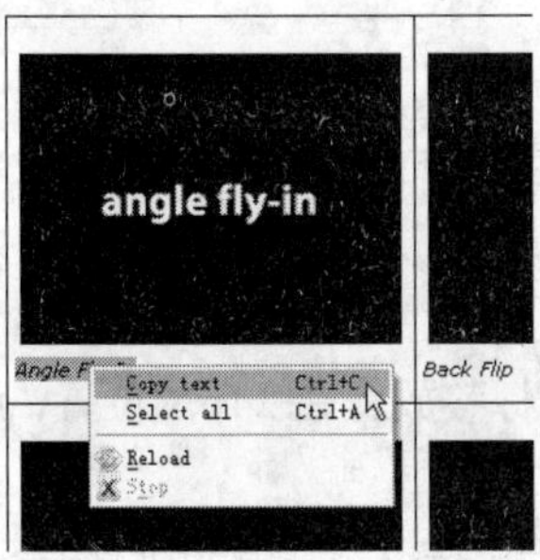

图 6-51

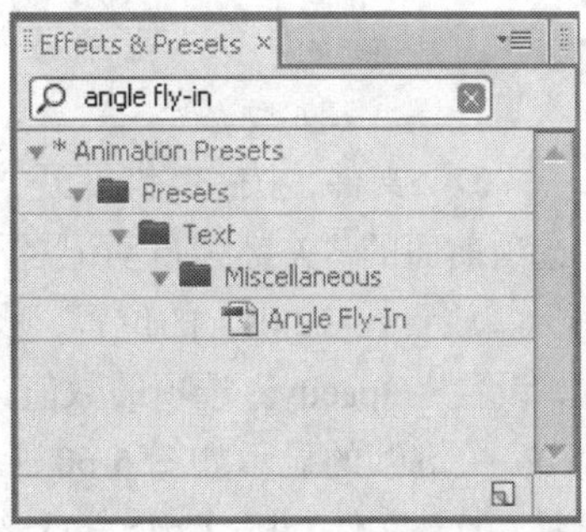

图 6-52

Step 05 将时间标签放置在 19:19s 的位置，选中“Angle Fly-In”命令并拖曳到“时间轴”面板的文字层上，如图 6-53 所示。文字将自动应用此特效，如图 6-54 所示。

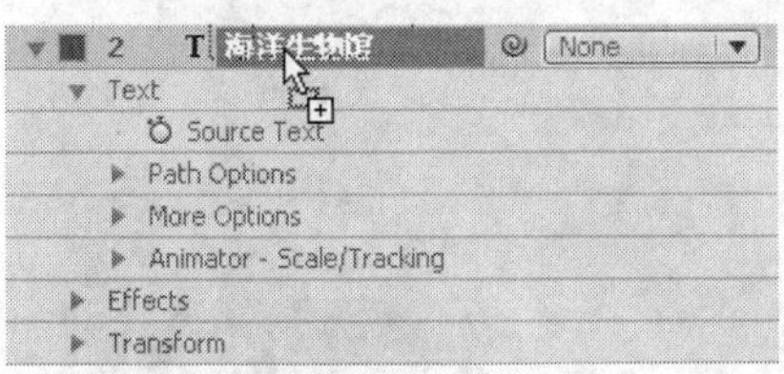

图 6-53

图 6-54

Step 06 在“项目”面板中选择“07”文件并将其拖曳到“时间轴”面板中，在“时间轴”面板中设置“02”图层的遮罩混合模式为 Screen，层的排列如图 6-55 所示。选中“07”文件，将时间轴拖到 21:16s 的位置上，如图 6-56 所示。

Step 07 选中“07”文件，按<P>键展开“Position”属性，将时间标签放置在 21:16s 的位置，单击

“Position”选项前面的“关键帧自动记录器”按钮，设置“Position”选项的数值为-106、358，如图 6-57 所示。将时间标签放置在 24s 的位置，设置“Position”选项的数值为 928、358，如图 6-58 所示。

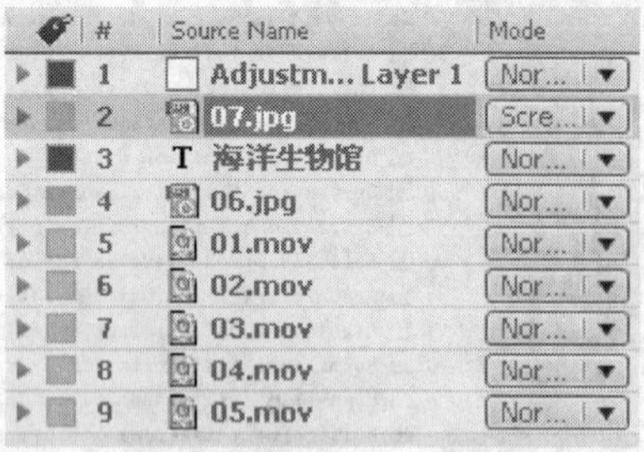

图 6-55

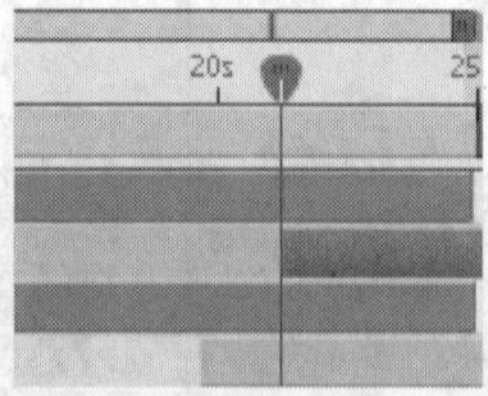

图 6-56

图 6-57

图 6-58

Step 08 选中“07”文件，按<T>键展开“Opacity”属性，将时间标签放置在 21:18s 的位置，单击“Opacity”选项前面的“关键帧自动记录器”按钮,设置“Opacity”选项的数值为 0，如图 6-59 所示。将时间标签放置在 22:01s 的位置，设置“Opacity”选项的数值为 100；将时间标签放置在 23:15s 的位置，设置“Opacity”选项的数值为 100；将时间标签放置在 24s 的位置，设置“Opacity”选项的数值为 0。关键帧的显示如图 6-60 所示。

Step 09 选中“07”文件，按<Ctrl>+<D>组合键复制一层，按<U>键展开所有关键帧，如图 6-61 所示。选择“Selection Tool”（选择工具），框选所有关键帧，如图 6-62 所示。按<Delete>键删除所有关键帧。

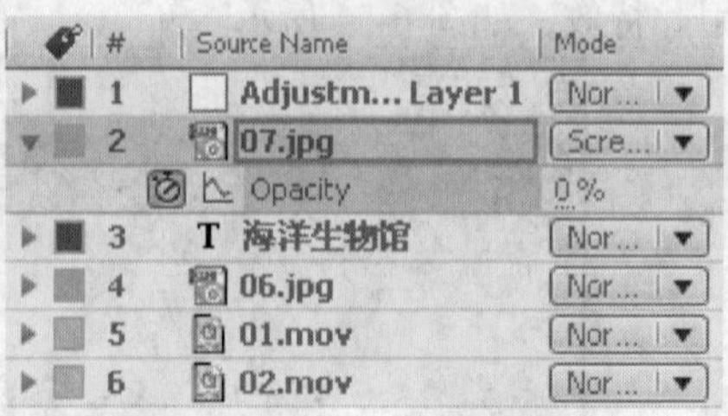

图 6-59

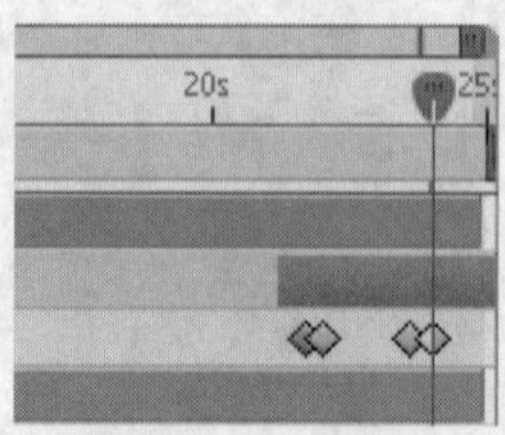

图 6-60

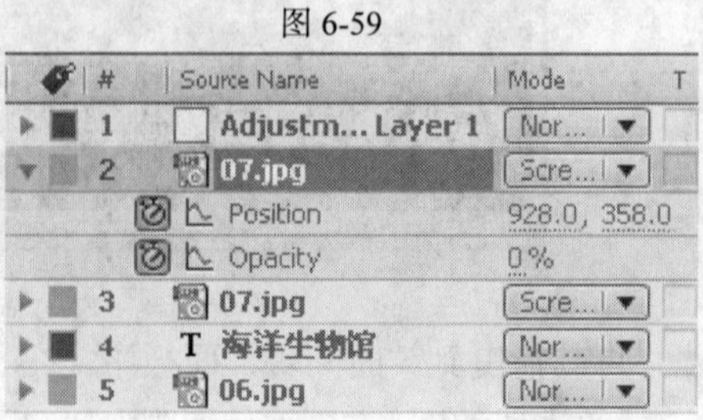

图 6-61

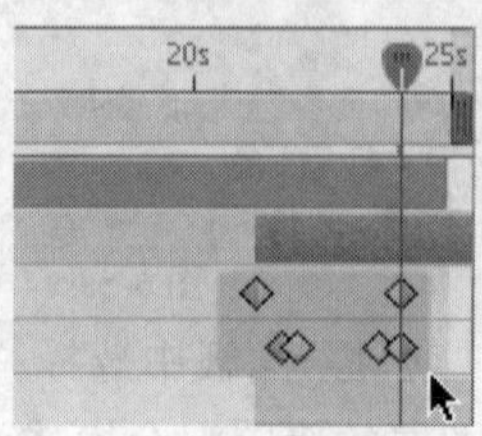

图 6-62

Step 10 按<P>键展开复制层的“Position”属性，将时间标签放置在 22:04s 的位置，单击“Position”

选项前面的“关键帧自动记录器”按钮，设置“Position”选项的数值为 928、358，如图 6-63 所示。将时间标签放置在 23:15s 的位置，设置“Position”选项的数值为-125、358，如图 6-64 所示。

Step 11 选中复制层，按<T>键展开复制层的“Opacity”属性，将时间标签放置在 22:04s 的位置，单击“Opacity”选项前面的“关键帧自动记录器”按钮，如图 6-65 所示，设置“Opacity”选项的数值为 0。将时间标签放置在 22:13s 的位置，设置“Opacity”选项的数值为 100；将时间标签放置在 23:06s 的位置，设置“Opacity”选项的数值为 100；将时间标签放置在 23:15s 的位置，设置“Opacity”选项的数值为 0。关键帧的显示如图 6-66 所示。

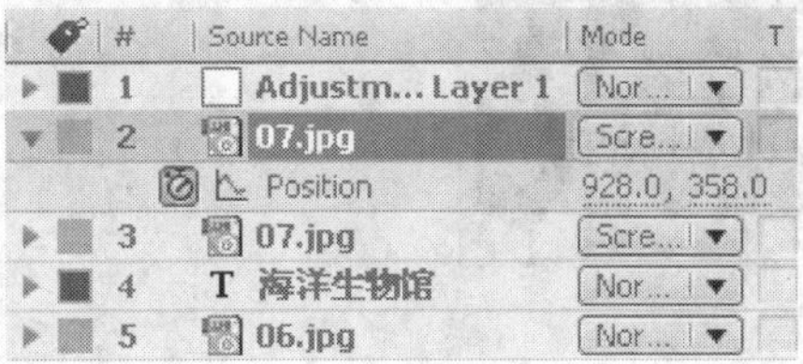

图 6-63

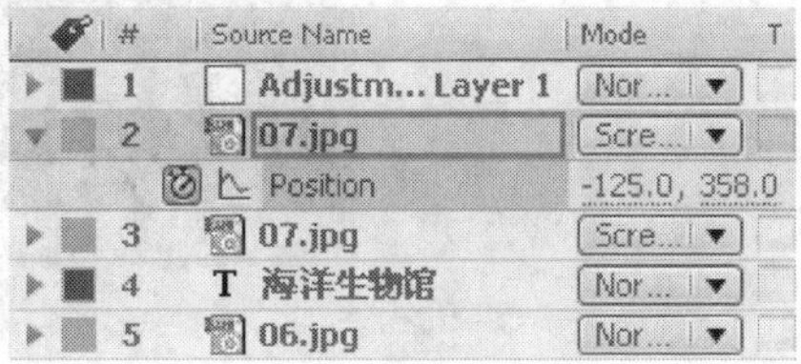

图 6-64

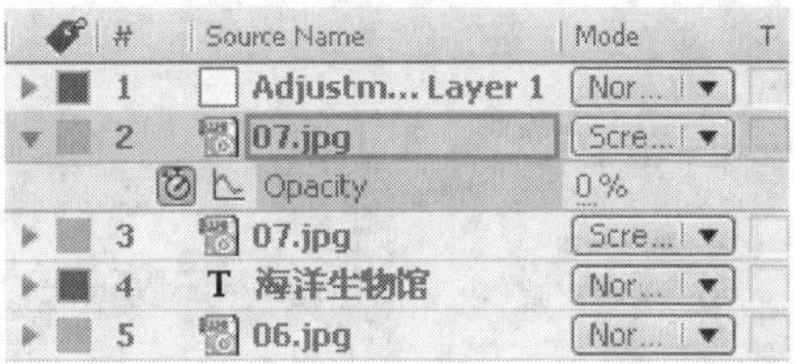

图 6-65

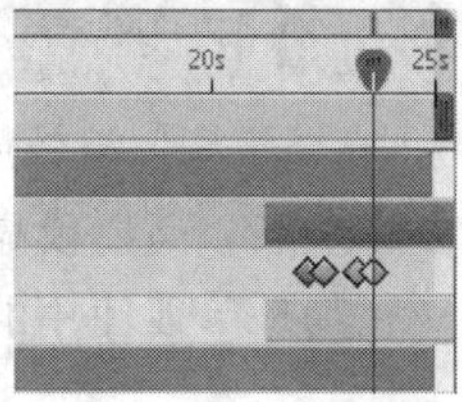

图 6-66

4. 制作矩形遮罩

Step 01 再创建一个新的合成并命名为“最终效果”，在“项目”面板中选择“闪白效果”合成并将其拖曳到“时间轴”面板中，选择“Layer > New > Solid”命令，弹出“Solid Settings”对话框，在“Name”选项的文本框中输入文字“黑边”，单击“OK”按钮，在“时间轴”面板中新增一个 Solid 层，如图 6-67 所示。

图 6-67

Step 02 选择“Rectangular Mask Tool”（矩形遮罩工具），在合成窗口中拖曳鼠标绘制一个矩形 Mask，合成窗口中的效果如图 6-68 所示。选择“黑边”层，展开“Masks”的属性，单击 Mask 1 后面的“Inverted”选项，如图 6-69 所示。

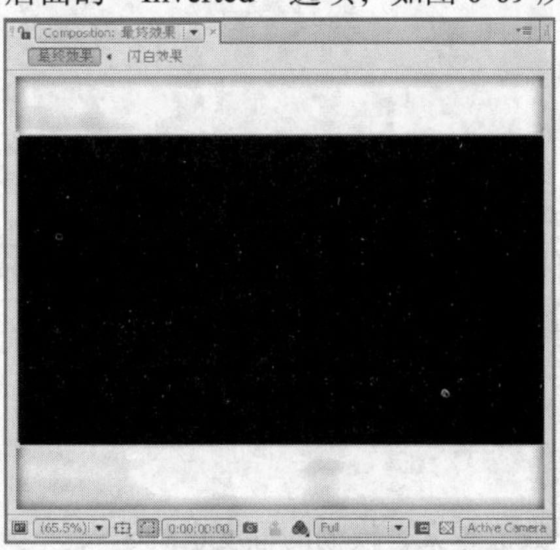

图 6-68

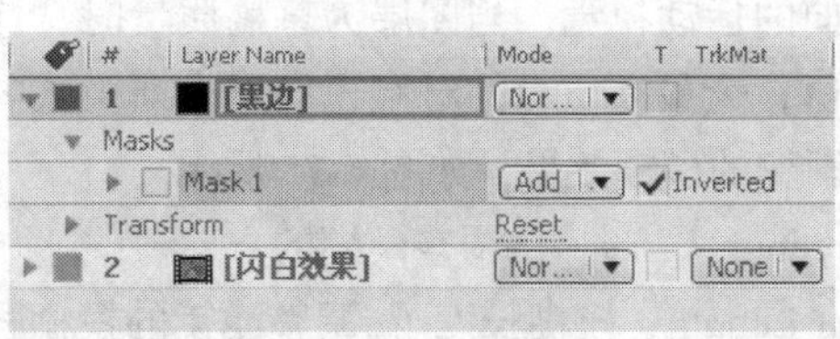

图 6-69

Step 03 精彩闪白制作完成，如图 6-70 所示。

图 6-70

6.2.2 Gaussian Blur（高斯模糊滤镜）

Gaussian Blur（高斯模糊）特效用于模糊和柔化图像，可以去除杂点。高斯模糊能产生更细腻的模糊效果，尤其是单独使用的时候，如图 6-71 所示。

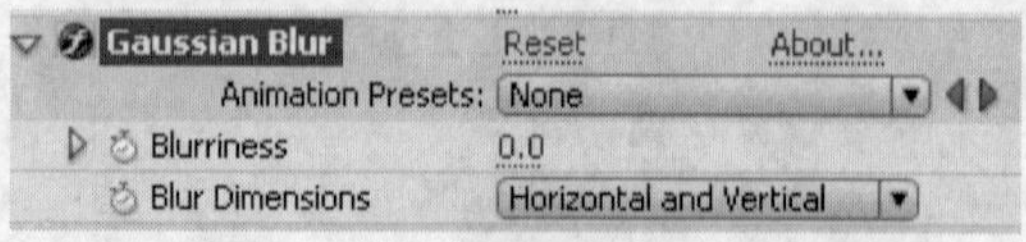

图 6-71

Blurriness（模糊）：调整图像的模糊程度。

Blur Dimensions（模糊方向）：设置模糊的方式。系统提供了水平、垂直、水平和垂直 3 种模糊方式。

Gaussian Blur（高斯模糊）特效演示如图 6-72、图 6-73、图 6-74 所示。

图 6-72

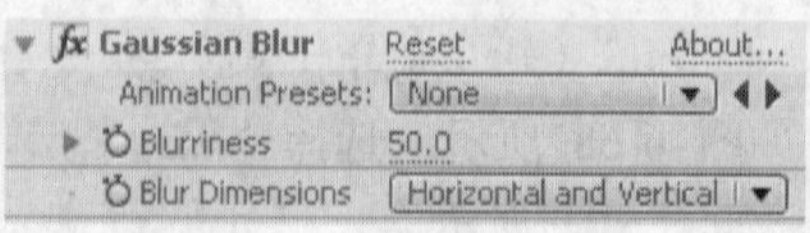

图 6-73

图 6-74

6.2.3 Directional Blur（方向模糊滤镜）

Directional Blur（方向模糊）特效也称之为 Motion Blur（运动模糊）。这是一种十分具有动感的模糊效果，可以产生任何方向的运动视觉。当图层为草稿质量时，应用图像边缘的平均值；为最高质量的时候，应用高斯模式的模糊，产生平滑、渐变的模糊效果，如图 6-75 所示。

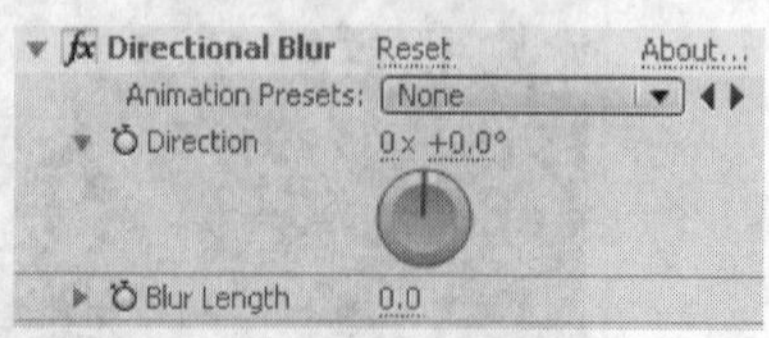

图 6-75

Direction（方向）：调整模糊的方向。

Blur Length（模糊长度）：调整滤镜的模糊程度，数值越大，模糊的程度也就越大。

Directional Blur（方向模糊）特效演示如图 6-76、图 6-77、图 6-78 所示。

图 6-76

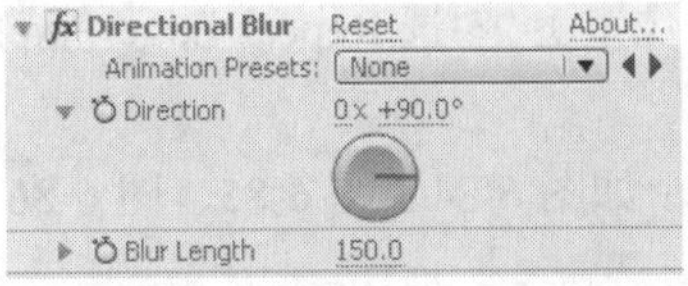

图 6-77

图 6-78

6.2.4　Radial Blur（径向模糊滤镜）

Radial Blur（径向模糊）滤镜特效可以在层中围绕特定点为图像增加移动或旋转模糊的效果，Radial Blur（径向模糊）滤镜特效的参数设置如图 6-79 所示。

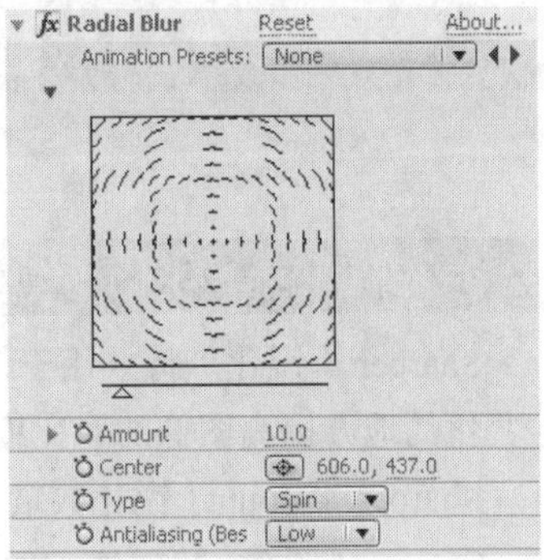

图 6-79

Amount（数量）：控制图像的模糊程度。模糊程度的大小取决于选取 Type（类型），在 Spin（旋转）类型状态下 Amount（数量）值表示旋转模糊程度；而在 Zoom（缩放）类型下 Amount（数量）值表示缩放模糊程度。

Center（中心）：调整模糊中心点的位置。可以通过单击按钮在视频窗口中指定中心点位置。

Type（类型）：设置模糊类型。其中提供了 Spin（旋转）和 Zoom（缩放）两种模糊类型。

Antialiasing（保真）：图像保真。该功能只在图像的 Best Quality（最好品质）下起作用。

Radial Blur（径向模糊）特效演示如图 6-80、图 6-81、图 6-82 所示。

图 6-80

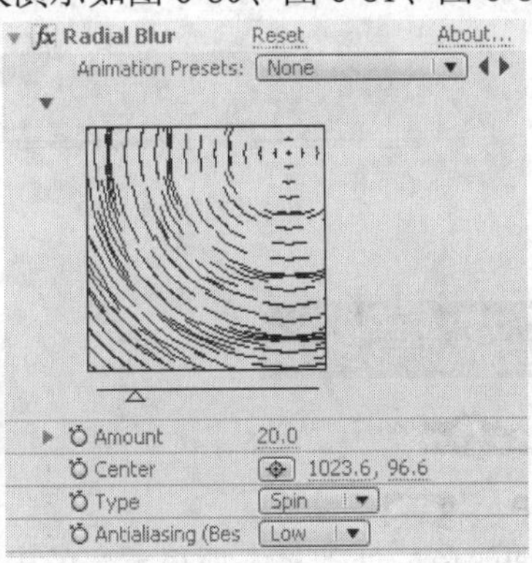

图 6-81

图 6-82

6.2.5　Fast Blur（快速模糊滤镜）

Fast Blur（快速模糊）特效用于设置图像的模糊程度，它和 Gaussian Blur（高斯模糊）十分类似，而它在大面积应用的时候实现速度更快，效果更明显，如图 6-83 所示。

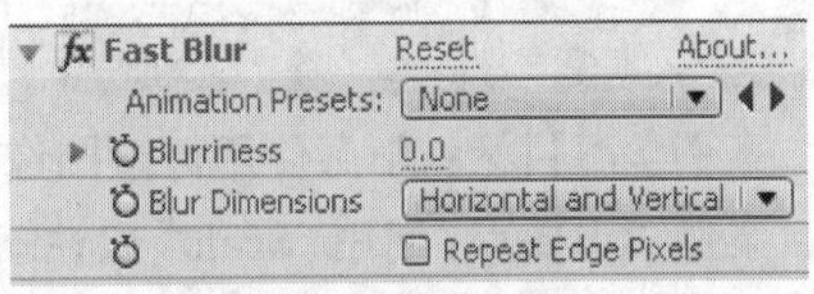

图 6-83

Blurriness（模糊）：用于设置模糊程度。

Blur Dimensions（模糊方向）：设置模糊方向，分别有 Horizontal and Vertical（水平和垂直）、Horizontal（水平）和 Vertical（垂直）3 种方式。

Repeat Edge Pixels（重复边缘像素）：勾选 Repeat Edge Pixels（重复边缘像素）复选框，可让边缘保持清晰度。

Fast Blur（快速模糊）特效演示如图 6-84、图 6-85、图 6-86 所示。

图 6-84

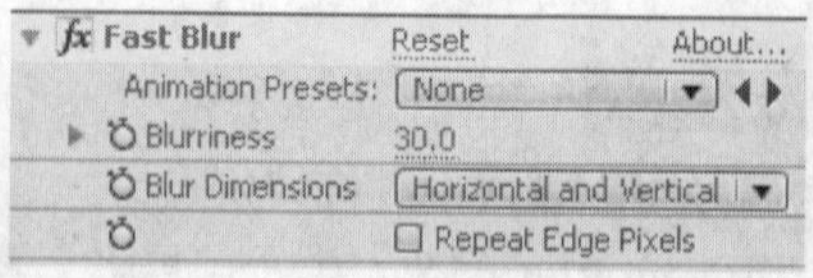

图 6-85

图 6-86

6.2.6 Sharpen（锐化滤镜）

Sharpen（锐化）特效用于锐化图像，在图像颜色发生变化的地方提高图像的对比度，如图 6-87 所示。

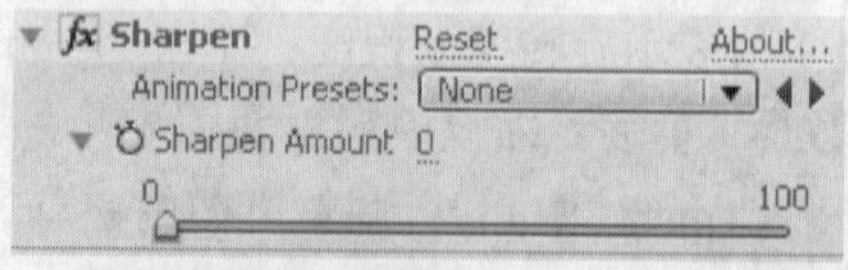

图 6-87

Sharpen Amount（锐化数量）：用于设置锐化的程度。

Sharpen（锐化）特效演示如图 6-88、图 6-89、图 6-90 所示。

图 6-88

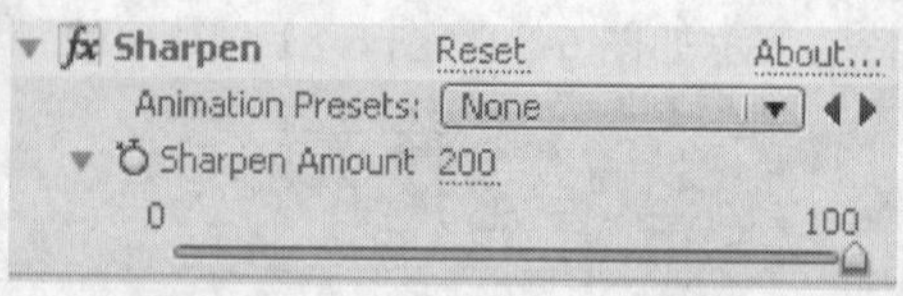

图 6-89

图 6-90

6.3 颜色修正滤镜组

在视频制作过程中，对于画面颜色的处理是一项很重要的内容，有时直接影响效果的成败。Color Correction（颜色修正）下的众多特效可以用来对色彩不好的画面进行颜色的修正，也可以对色彩正常的画面进行颜色调节，使其更加精彩。

6.3.1 课堂案例——水墨效果

案例学习目标：学习使用调整图像色相 / 饱和度、亮度 / 对比度。

案例知识要点：使用“Scale”属性缩放素材，使用滤镜特效“Find Edges”命令、“Hue/Saturation”命令、“Levels”命令、“Gaussian Blur”命令制作水墨特效。水墨效果如图 6-91 所示。

效果所在位置：光盘\Ch06\水墨效果.aep。

图 6-91

1. 导入并编辑素材

Step 01 按<Ctrl>+<N>组合键，弹出“Composition Settings”对话框，在“Composition Name”选项的文本框中输入“水墨效果”，其他选项的设置如图 6-92 所示，单击“OK”按钮，创建一个新的合成“水墨效果”。选择“File >Import>File”命令，弹出“Import File”对话框，选择光盘中的“Ch06 > 水墨效果 > (Footage) > 01”文件，单击“打开”按钮导入图片，如图 6-93 所示，并将其拖曳到“时间轴”面板中。

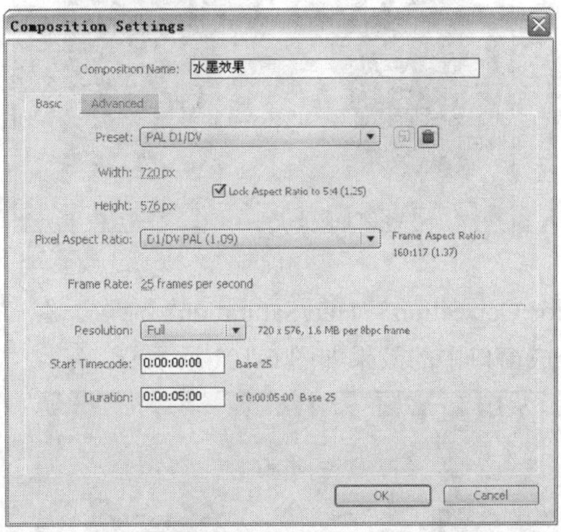

图 6-92

图 6-93

Step 02 按<S>键展开“01”文件的 Scale 属性，如图 6-94 所示。单击按钮，设置“Scale”选项的数值为 100、92，如图 6-95 所示。

图 6-94

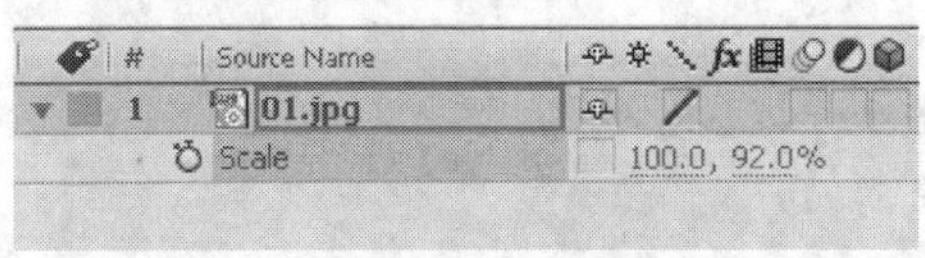

图 6-95

Step 03 选中“01”文件，按<Ctrl>+<D>组合键复制一层，单击复制层前面的眼睛按钮，关闭该层的可视性，如图 6-96 所示。合成窗口中的效果如图 6-97 所示。

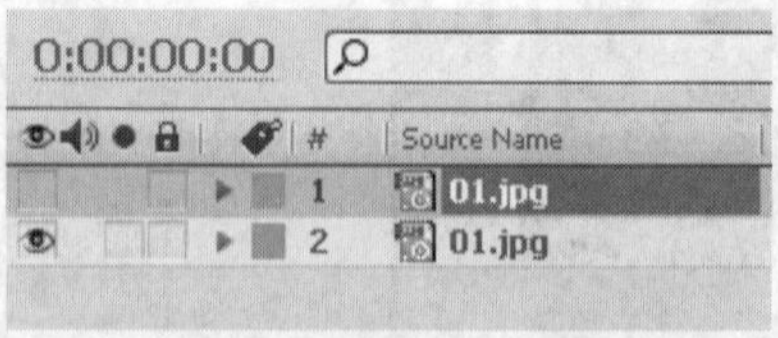

图 6-96

图 6-97

Step 04 选中“01”文件，选择“Effect > Stylize > Find Edges”命令，在“特效控制”面板中进行参数设置，如图 6-98 所示。合成窗口中的效果如图 6-99 所示。

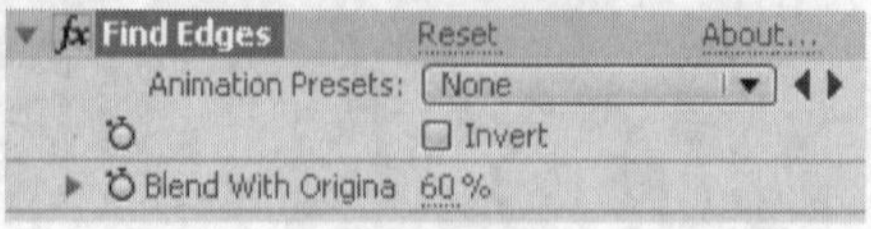

图 6-98

图 6-99

Step 05 选中“01”文件，选择“Effect > Color Correction > Hue/Saturation”命令，在“特效控制”面板中进行参数设置，如图 6-100 所示。合成窗口中的效果如图 6-101 所示。

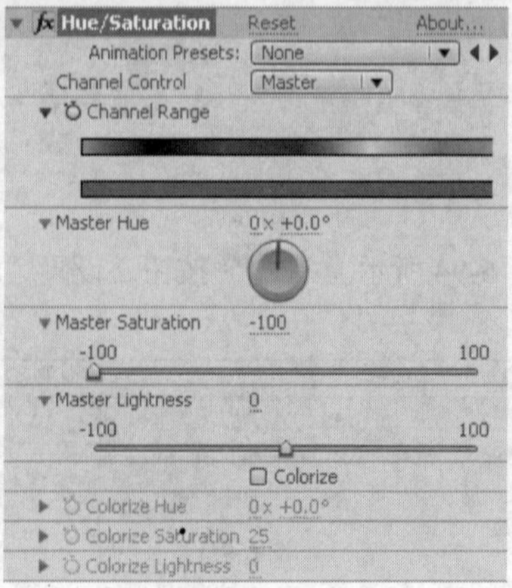

图 6-100

图 6-101

Step 06 选中“01”文件，选择“Effect > Color Correction > Curves”命令，在“特效控制”面板中调整曲线，如图 6-102 所示。合成窗口中的效果如图 6-103 所示。

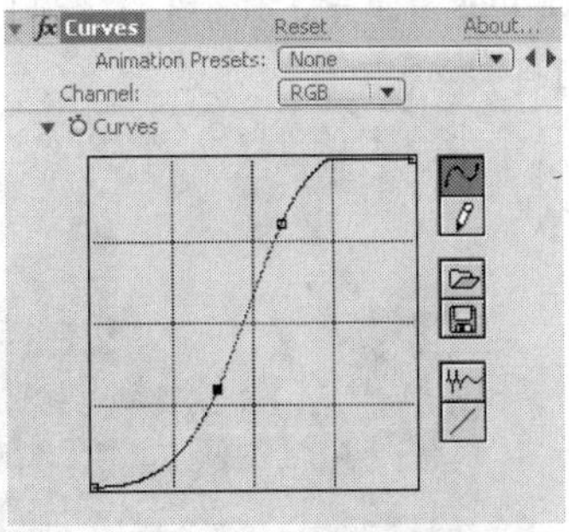

图 6-102

图 6-103

Step 07 选中“01”文件，选择“Effect > Blur&Sharpen > Gaussian Blur”命令，在“特效控制”面板中进行参数设置，如图 6-104 所示。合成窗口中的效果如图 6-105 所示。

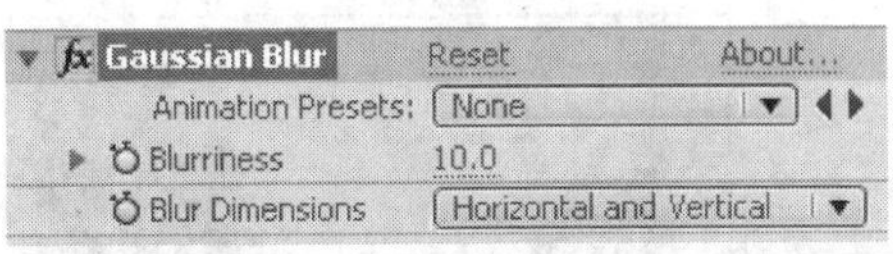

图 6-104

图 6-105

2．编辑“02”水墨效果

Step 01 单击复制层前面的眼睛按钮，打开该层的可视性，如图 6-106 所示。按<T>键展开复制层的 Opacity 属性，设置“Opacity”选项的数值为 70，如图 6-107 所示。

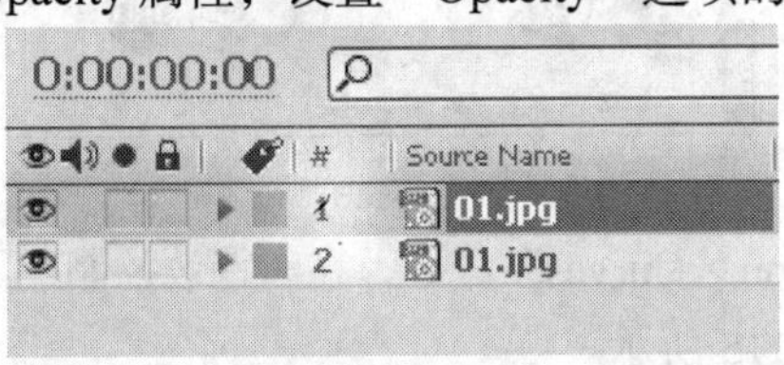

图 6-106

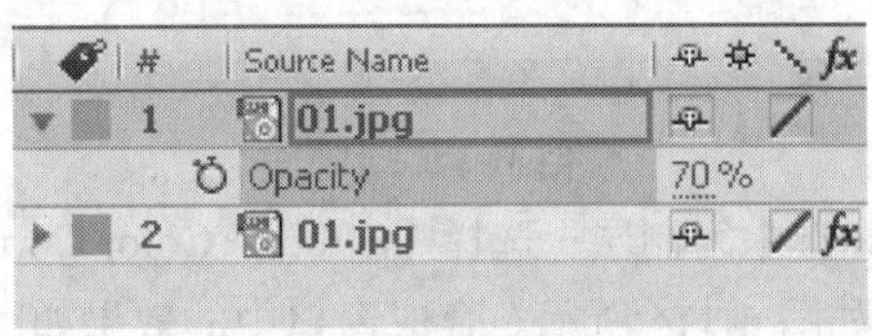

图 6-107

Step 02 选中复制层，在“时间轴”面板中设置“Mode”选项的叠加模式为 Multiply，如图 6-108 所示。合成窗口中的效果如图 6-109 所示。

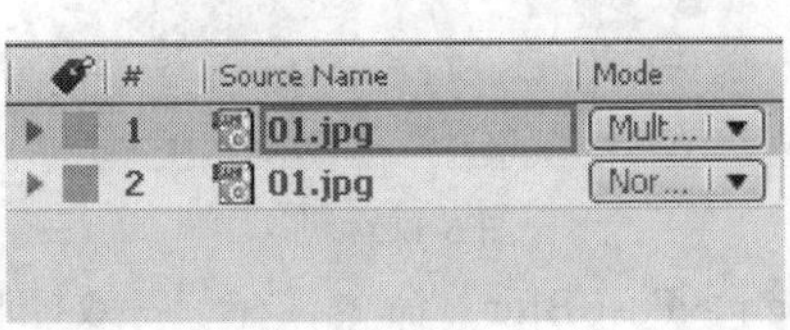

图 6-108

图 6-109

Step 03 选中复制层，选择“Effect > Stylize > Find Edges”命令，在“特效控制”面板中进行参数设置，如图 6-110 所示。合成窗口中的效果如图 6-111 所示。

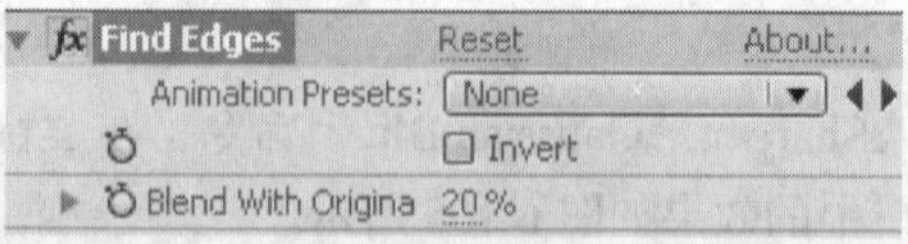

图 6-110

图 6-111

Step 04 选中复制层，选择“Effect > Color Correction > Hue/Saturation”命令，在“特效控制”面板中进行参数设置，如图 6-112 所示。合成窗口中的效果如图 6-113 所示。

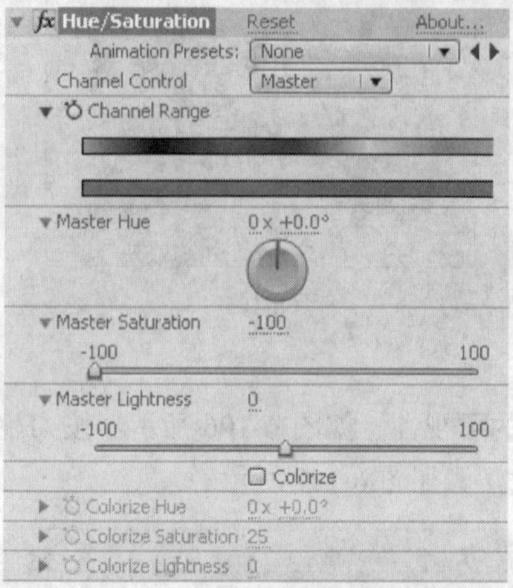

图 6-112

图 6-113

Step 05 选中复制层，选择“Effect > Color Correction > Curves”命令，在“特效控制”面板中调整曲线，如图 6-114 所示。合成窗口中的效果如图 6-115 所示。

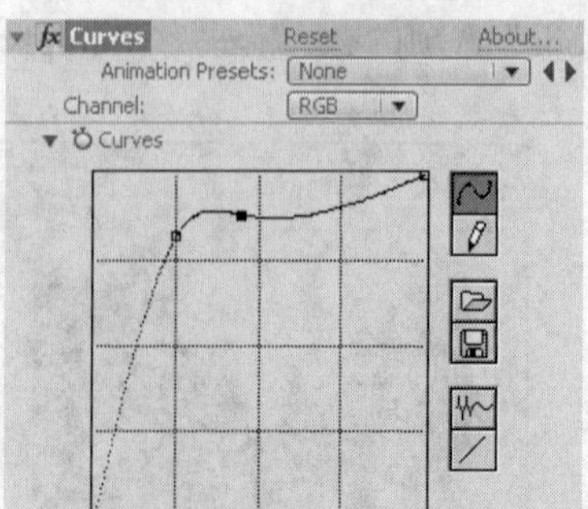

图 6-114

图 6-115

Step 06 选中复制层，选择“Effect > Blur & Sharpen > Fast Blur”命令，在“特效控制”面板中进行参数设置，如图 6-116 所示。合成窗口中的效果如图 6-117 所示。

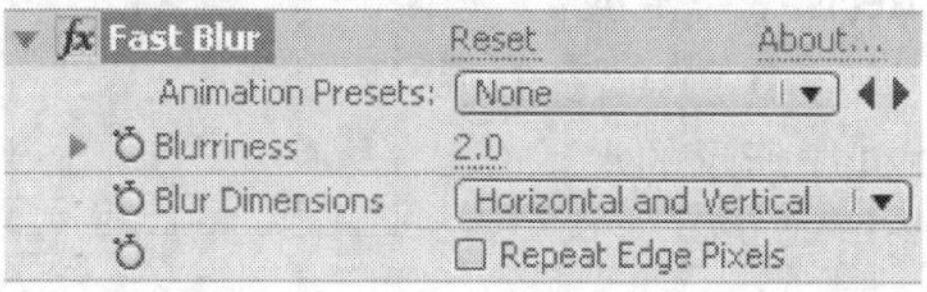

图 6-116

图 6-117

Step 07 选择“Vertical Type Tool”(垂直类型工具) ，如图 6-118 所示。在合成窗口输入文字，选中输入的文字，在“Character”面板中分别设置文字参数。水墨效果制作完成，如图 6-119 所示。

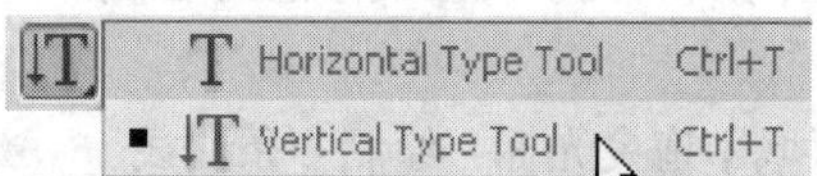

图 6-118

图 6-119

6.3.2 Brightness & Contrast（亮度 / 对比度滤镜）

Brightness & Contrast（亮度和对比度）特效用于调整画面的亮度和对比度，可以同时调整所有像素的高亮、暗部和中间色，操作简单且有效，但不能对单一通道进行调节，如图 6-120 所示。

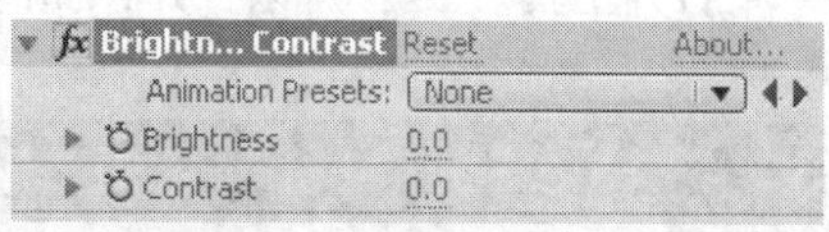

图 6-120

Brightness（亮度）：用于调整亮度值。正值增加亮度，负值降低亮度。

Contrast（对比度）：用于调整对比度值。正值增加对比度，负值降低亮度。

Brightness & Contrast（亮度和对比度）特效演示如图 6-121、图 6-122、图 6-123 所示。

图 6-121

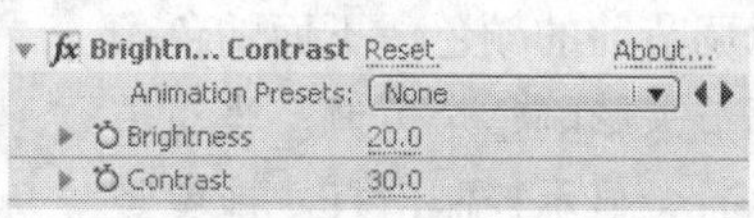

图 6-122

图 6-123

6.3.3 Curves（曲线滤镜）

Curves（曲线）特效用于调整图像的色调曲线。After Effects 中的 Curves（曲线）控制与 Photoshop 中的曲线控制功能类似，可对图像的各个通道进行控制。调节图像色调范围，可以用 0~255 的灰阶调节颜色。用 Level 也可以完成同样的工作，但是 Curves 控制能力更强。Curves 特效控制是 After Effects 中非常重要的一个调色工具。

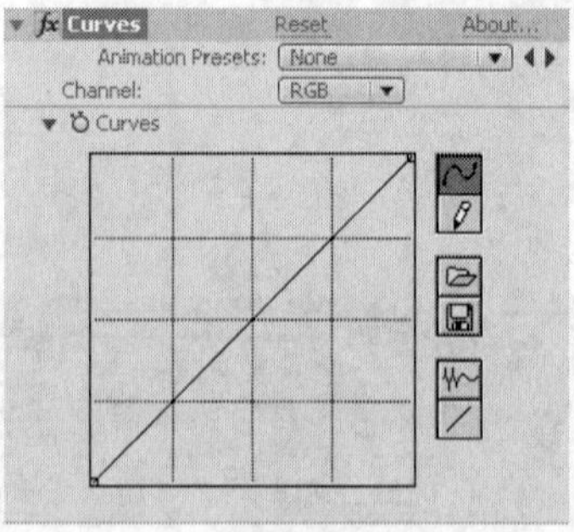

图 6-124

After Effects 可通过坐标来调整曲线。图 6-124 中所示的水平坐标代表像素的原始亮度级别，垂直坐标代表输出亮度值。可以通过移动曲线上的控制点编辑曲线，任何曲线的 Gamma 值 aV 表示为输入、输出值的对比度。向上移动曲线控制点可降低 Gamma 值，向下移动可增加 Gamma 值，Gamma 值决定了影响中间色调的对比度。

在曲线图表中，可以调整图像的阴影部分、中间色调区域和高亮区域。

Channel（通道）：用于选择进行调控的通道，可以选择 RGB 彩色通道、Red 红色通道、Green 绿色通道、Blue 蓝色通道和透明通道分别进行调控。需要在通道下拉列表中指定图像通道。可以同时调节图像的 RGB 通道，也可以对 Red、Green、Blue 和 Alpha 通道分别进行调节。

Curves（曲线）：用来调整 Gamma 值，即输入（原始亮度）和输出的对比度。

曲线工具：选中曲线工具并单击曲线，可以在曲线上增加控制点。如果要删除控制点，可在曲线上选中要删除的控制止点，将其拖曳至坐标区域外即可。按住鼠标拖曳控制点，可对曲线进行编辑。

"铅笔工具"：选中铅笔工具，可以在坐标区域中拖曳光标，绘制一条曲线。

"平滑工具"：使用平滑工具，可以平滑曲线。

"直线工具"：可以将坐标区域中的曲线恢复为直线。

"存储工具"：可以将调节完成的曲线存储为一个.amp 或.acv 文件，以供再次使用。

"打开工具"：可以打开存储的曲线调节文件。

6.3.4 Hue/Saturation（色相 / 饱和度滤镜）

Hue/Saturation（色调 / 饱和度）特效用于调整图像中单个颜色分量的 Hue（色相）、Saturation（饱和度）和 Lightness（亮度）。其应用的效果和 Color Balance 一样，但利用的颜色相应调整轮来进行控制，如图 6-125 所示。

Channel Control（通道控制）：选择颜色通道，如果选择 Master 时，对所有颜色应用效果，而如果分别选择 Red 红色、Yellow 黄色、Green 绿色、Cyan 青色和 Blue Magenta 洋红色通道时，则对所选颜色应用效果。

Channel Range（通道区域）：显示颜色映射的谱线，用于控制通道范围。上面的色条表示调节前的颜色，下面的色条表示如果在满饱和度下进行的调节来影响整个色调。当对单独的通道进行调节时，下面的色条会显示控制滑杆。拖曳竖条可调节颜色范围，拖曳三角可调整羽化量。

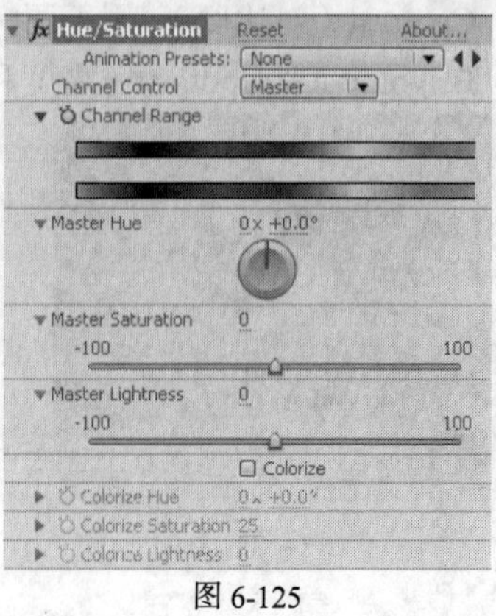

图 6-125

Master Hue（主控色调）：控制所调节的颜色通道色调，可利用颜色控制轮盘（代表色轮）改变总的色调。

Master Saturation（主控饱和度）：用于调整主饱和度。通过调节滑块，控制所调节的颜色通道的饱和度。

Master Lightness（主控亮度）：用于调整主亮度。通过调节滑块，控制所调节的颜色通道亮度。

Colorize（彩色化）：用于调整图像为一个色调值，可以将灰阶图转换为带有色调的双色图。

Colorize Hue（彩色化色调）：通过颜色控制轮盘，控制彩色化图像后的色调。

Colorize Saturation（彩色化饱和度）：通过调节滑块，控制彩色化图像后的饱和度。

Colorize Lightness（彩色化亮度）：通过调节滑块，控制彩色化图像后的亮度。

提示：Hue/Saturation（色调 / 饱和度）特效通过调整色相、饱和度以及亮度来调节颜色的平衡，是 After Effects 里非常重要的一个调色工具，在更改对象色相属性时很方便。在调节颜色的过程中，可以使用色轮来预测一个颜色成分中的更改是如何影响其他颜色的，并了解这些更改如何在 RGB 色彩模式间转换。例如，可以通过增加色轮中相反颜色的数量，来减少图像中某一颜色的量，反之亦然。同样，通过调整色轮中两个相邻的颜色，甚至将两种相邻色彩调整为其相反颜色，可以增加或减少一种颜色。

Hue/Saturation（色调 / 饱和度）特效演示如图 6-126、图 6-127、图 6-128 所示。

图 6-126

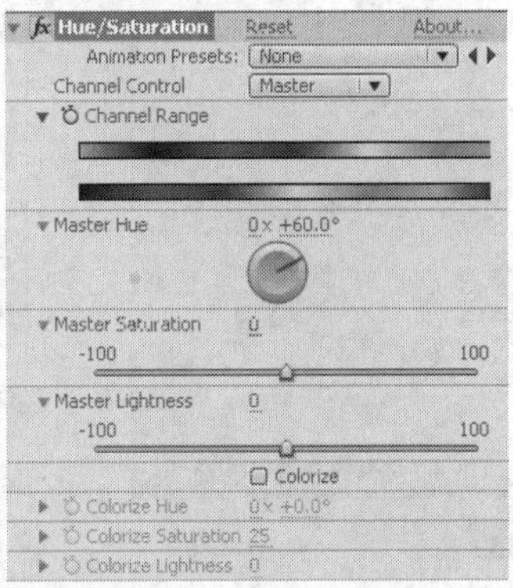

图 6-127

图 6-128

6.3.5　课堂案例——修复逆光的照片

案例学习目标：学习使用色阶调整图片。

案例知识要点：使用 File 命令导入图片，使用 Levels 命令修改图片。修复逆光的照片效果如图 6-129 所示。

图 6-129

效果所在位置：光盘\Ch06\修复逆光的照片.aep。

Step 01 选择“File > Import > File”命令，弹出“Import File”对话框，选择光盘中的“Ch06 > 修复逆光的照片 > (Footage) > 01”文件，单击“打开”按钮导入图片，如图 6-130 所示。在“项目”面板中选中“01”文件，将其拖曳到项目窗口下方的“创建项目合成”按钮上，如图 6-131 所示，自动创建一个项目合成。

图 6-130

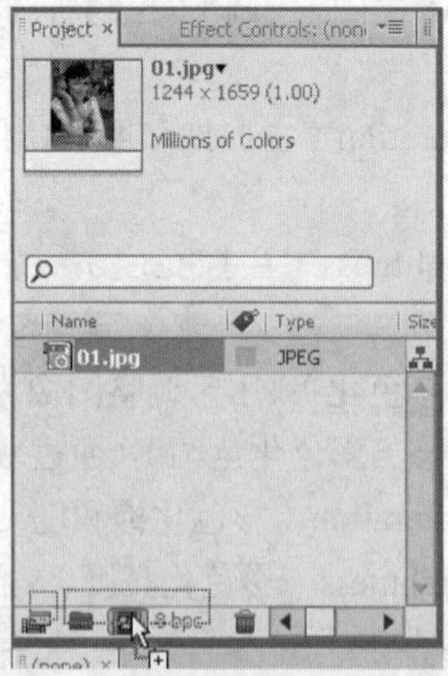

图 6-131

Step 02 在“时间轴”面板中，按<Ctrl>+<K>组合键，弹出“Composition Settings”对话框，在“Composition Name”选项的文本框中输入“修复逆光的照片”，单击“OK”按钮，将合成命名为“修复逆光的照片”，如图 6-132 所示。合成窗口中的效果如图 6-133 所示。

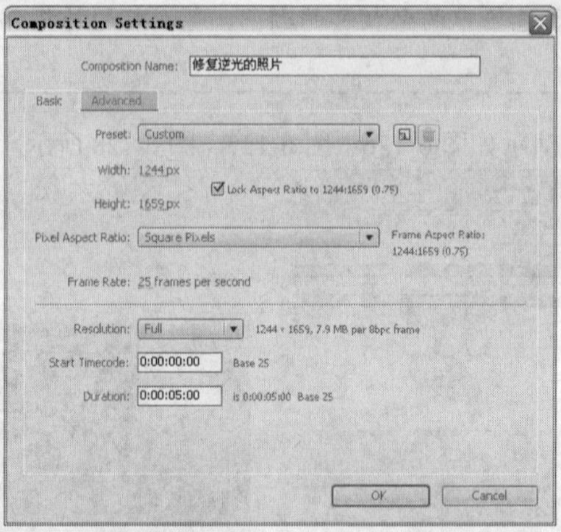

图 6-132

图 6-133

Step 03 选中“01”文件，选择“Effect > Color Correction > Levels”命令，在“特效控制”面板中进行参数设置，如图 6-134 所示。修复逆光的照片效果制作完成，如图 6-135 所示。

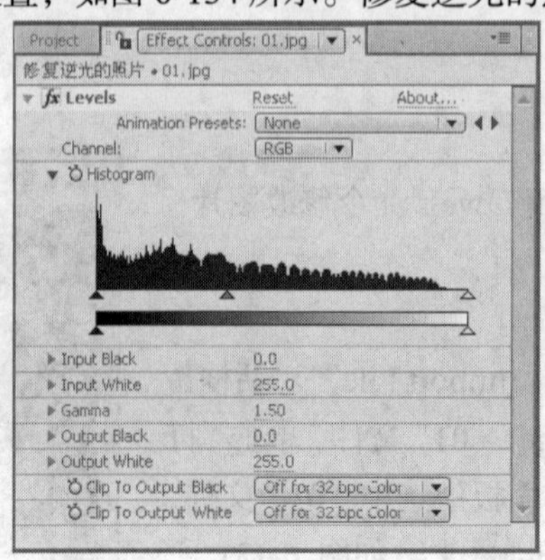

图 6-134

图 6-135

6.3.6 Color Balance（色彩平衡滤镜）

Color Balance（色彩平衡）特效用于调整图像的色彩平衡。通过对图像的 R（红）、G（绿）、B（蓝）通道分别进行调节，可调节颜色在暗部、中间色调和高亮部分的强度，如图 6-136 所示。

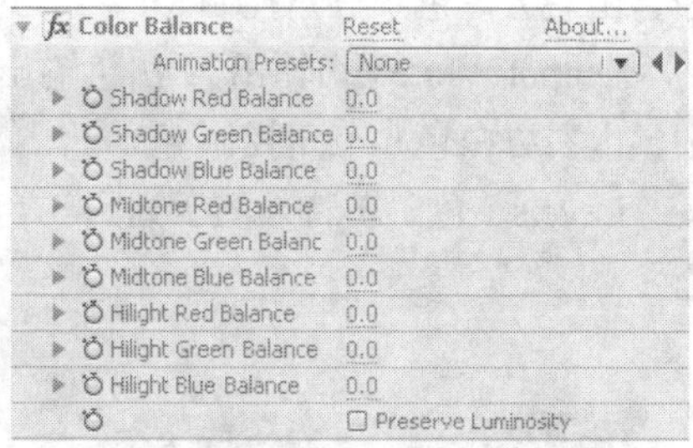

图 6-136

Shadow Red / Blue / Green Balance（阴影红色 / 绿色 / 蓝色平衡）：用于调整 RGB 彩色的阴影范围平衡。

Midtone Red / Blue / Green Balance（中间影调红色 / 绿色 / 蓝色平衡）：用于调整 RGB 彩色的中间亮度范围平衡。

Hilight Red / Blue / Green Balance（高光红色 / 绿色 / 蓝色平衡）：用于调整 RGB 彩色的高光范围平衡。

Preserve Luminosity（保持亮度）：该选项用于保持图像的平均亮度，来保持图像的整体平衡。

Color Balance（色彩平衡）特效演示如图 6-137、图 6-138、图 6-139 所示。

图 6-137

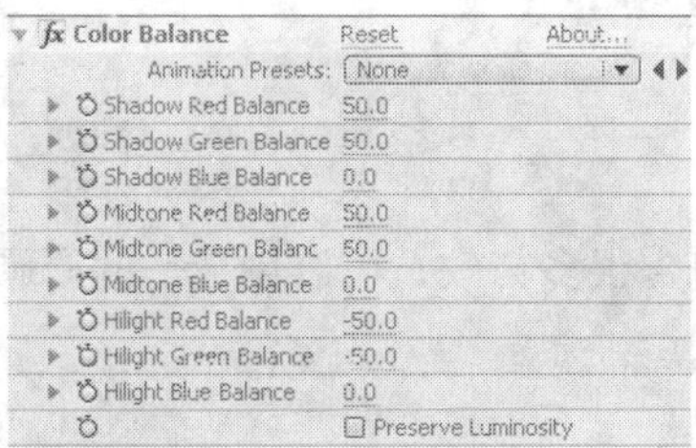

图 6-138

图 6-139

6.3.7 Levels（色阶滤镜）

Levels（色阶）特效是一个常用的调色特效工具，用于将输入的颜色范围重新映射到输出的颜色范围，还可以改变 Gamma 校正曲线。Levels（色阶）主要用于基本的影像质量调整，如图 6-140 所示。

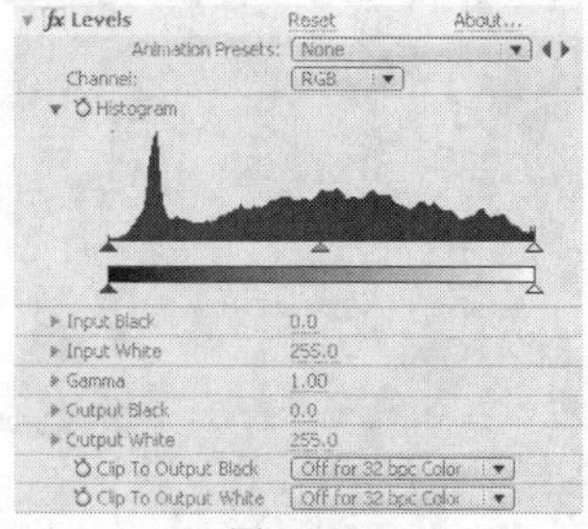

图 6-140

Channel（通道）：用于选择要进行调控的通道。可以选择 RGB 彩色通道、Red 红色通道、Green 绿色通道、Blue 蓝色通道和 Alpha 透明通道分别进行调控。

Histogram（柱状图）：可以通过该图了解到像素在图像中的分布情况。水平方向表示亮度值，垂直方向表示该亮度值的像素数值。像素值不会比输入黑色值更低，也不会比输入白色值更高。

Input Black（黑输入）：输入黑色用于限定输入图像黑色值的阀值，黑色输入在图中由左方黑色小三角控制。

Input White（白输入）：输入白色用于限定输入图像白色值的阀值，白色输入在图中由右方白色小三角控制。

Gamma（伽玛）：设置伽玛值，用于调整输入输出对比度，在图中由中间黑色小三角控制。

Output Black（黑输出）：黑色输出用于限定输出图像黑色值的阀值，黑色输出在图下方灰阶条中，由左方黑色小三角控制。

Output White（白输出）：白色输出用于限定输出图像白色值的阀值，白色输出在图下方灰阶条中，由右方白色小三角控制。

Levels（色阶）特效演示如图 6-141、图 6-142、图 6-143 所示。

图 6-141

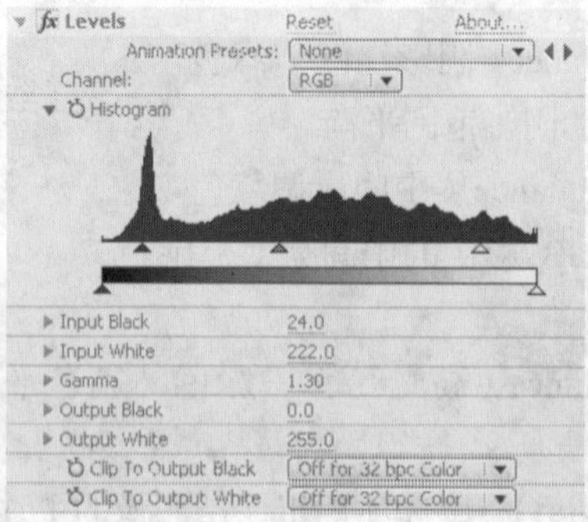

图 6-142

图 6-143

6.4 生成滤镜组

Generate（生成）效果组里包含很多特效，可以创造一些原画面中没有的效果，这些效果在制作的过程中有着广泛的应用。

6.4.1 课堂案例——动感模糊文字

案例学习目标：学习使用镜头光晕效果。

案例知识要点：使用“Card wipe”命令制作动感文字，使用滤镜特效“Directional Blur”命令、“Levels”命令、“Shine”命令制作文字发光改变发光颜色，使用“Lens Flare”命令添加镜头光晕效果。动感模糊文字效果如图 6-144 所示。

效果所在位置：光盘\Ch06\动感模糊文字.aep。

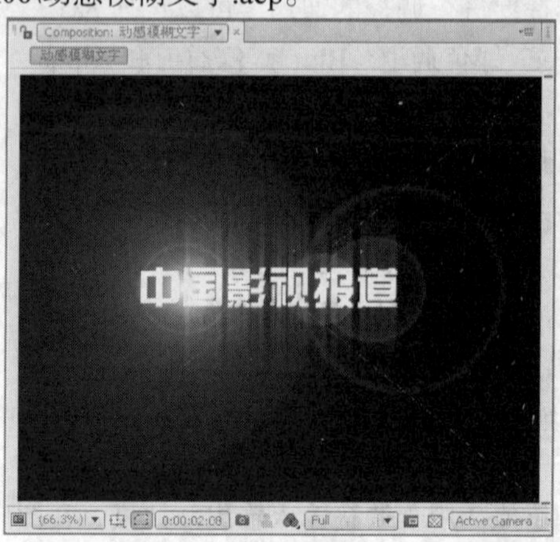

图 6-144

1. 输入文字

Step 01 按<Ctrl>+<N>组合键，弹出“Composition Settings”对话框，在“Composition Name”选项的文本框中输入“动感模糊文字”，其他选项的设置如图 6-145 所示。单击“OK”按钮，创建一个新的合成“动感模糊文字”。

Step 02 选择“Horizontal Type Tool”（水平类型工具），在合成窗口输入文字“中国影视报道”。选中输入的文字，在“Character”面板中设置文字的颜色为白色，其他参数设置如图 6-146 所示。合成窗口中的效果如图 6-147 所示。

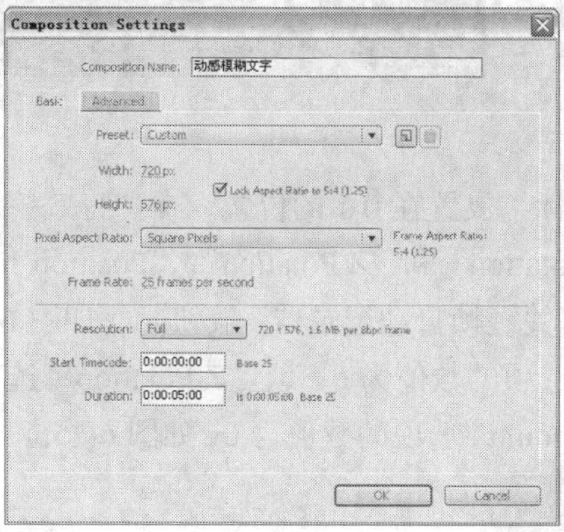

图 6-145

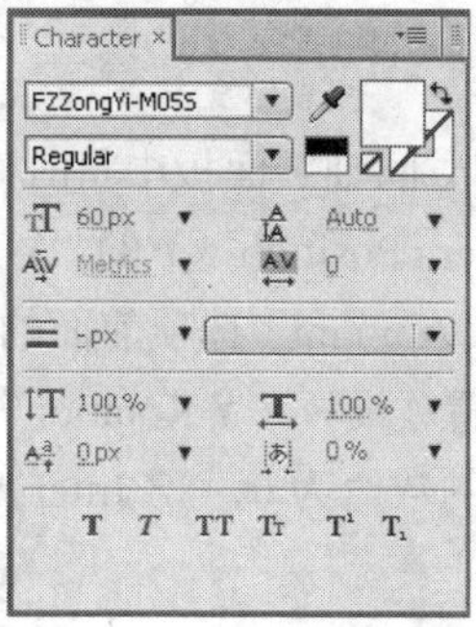

图 6-146

图 6-147

2. 添加文字特效

Step 01 选中“文字”层，选择“Effect > Transition > Card wipe”命令，在“特效控制”面板中进行参数设置，如图 6-148 所示。

Step 02 选中“文字”层，在“时间轴”面板中将时间标签放置在 0 s 的位置，如图 6-149 所示。在“特效控制”面板中单击“Transition Completion”选项前面的“关键帧自动记录器”按钮，如图 6-150 所示，记录第 1 个关键帧。

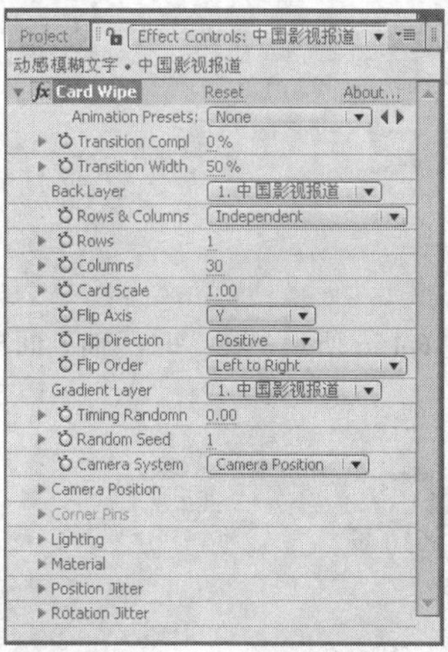

图 6-148

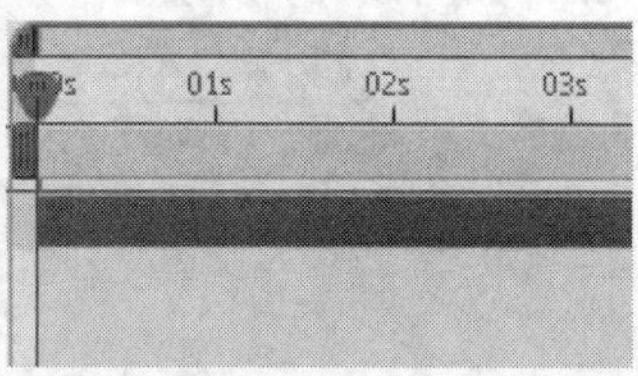

图 6-149

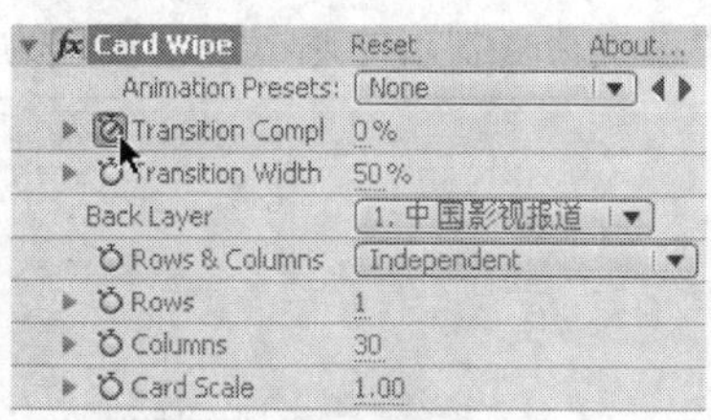

图 6-150

Step 03 将时间标签放置在 2s 的位置，如图 6-151 所示。在“特效控制”面板中设置“Transition Completion”选项的数值为 100，如图 6-152 所示，记录第 2 个关键帧。合成窗口中的效果如图 6-153 所示。

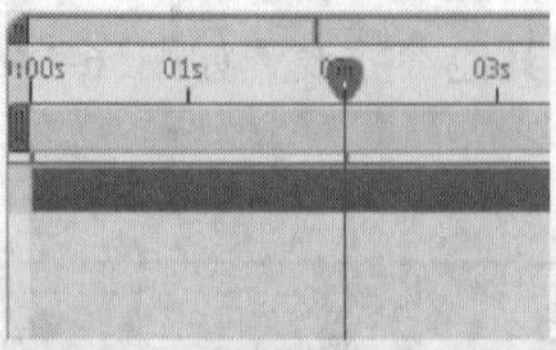

图 6-151

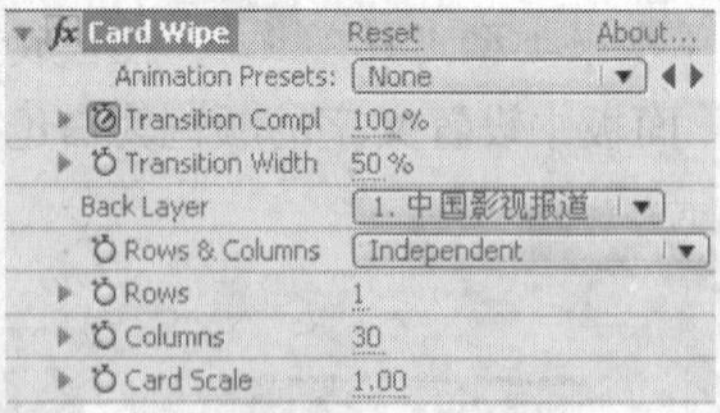

图 6-152

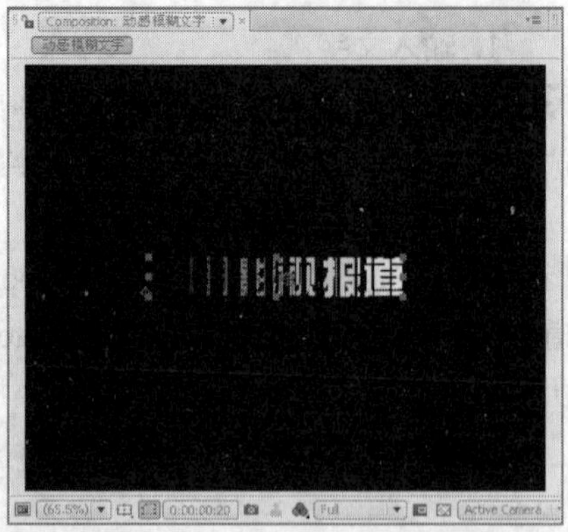

图 6-153

Step 04 选中“文字”层，在“时间轴”面板中将时间标签放置在 0 s 的位置，在“特效控制”面板中进行参数设置，单击“Camera Position”下的“Y Rotation”和“Z Potation”，“Position Jitter”下的“X Jitter Amount”和“Z Jitter Amount”选项前面的“关键帧自动记录器”按钮，如图 6-154 所示。将时间标签放置在 2s 的位置，设置“Y Rotation”选项的数值为 0、0，“Z Potation”选项的数值为 2，“X Jitter Amount”选项的数值为 0，“Z Jitter Amount”选项的数值为 0，如图 6-155 所示。

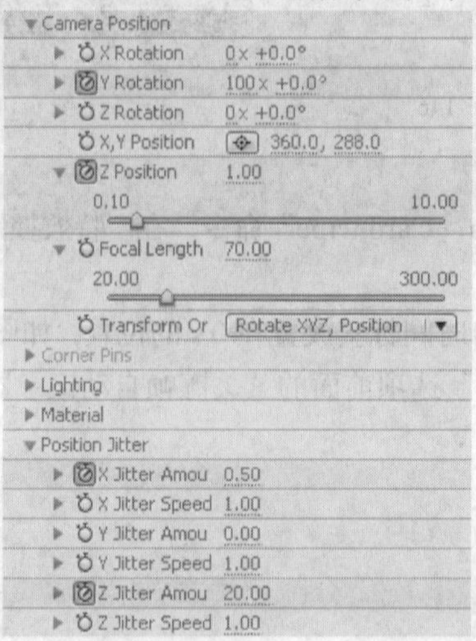

图 6-154

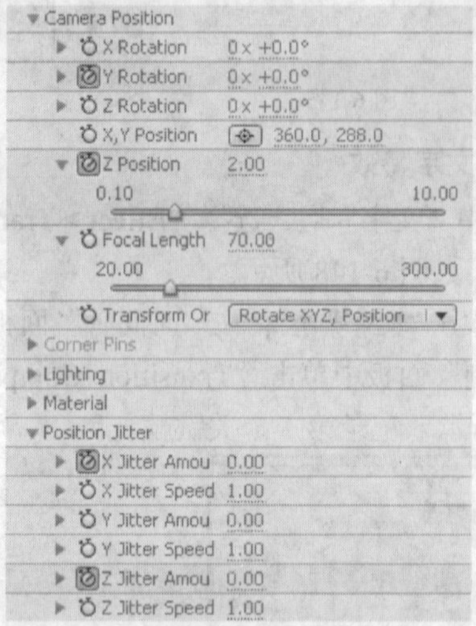

图 6-155

3．添加文字动感效果

Step 01 选中“文字”层，按<Ctrl>+<D>组合键复制一层，如图 6-156 所示。在“时间轴”面板中设置新复制层的遮罩混合模式为 Add，如图 6-157 所示。

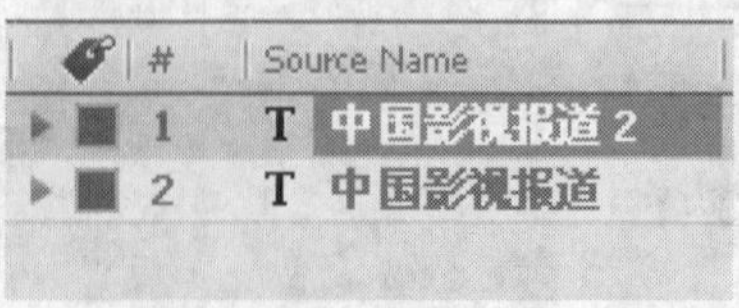

图 6-156

图 6-157

Step 02 选中新复制的层，选择“Effect > Blur & Sharpen > Directional Blur”命令，在“特效控制”面板中进行参数设置，如图 6-158 所示。合成窗口中的效果如图 6-159 所示。

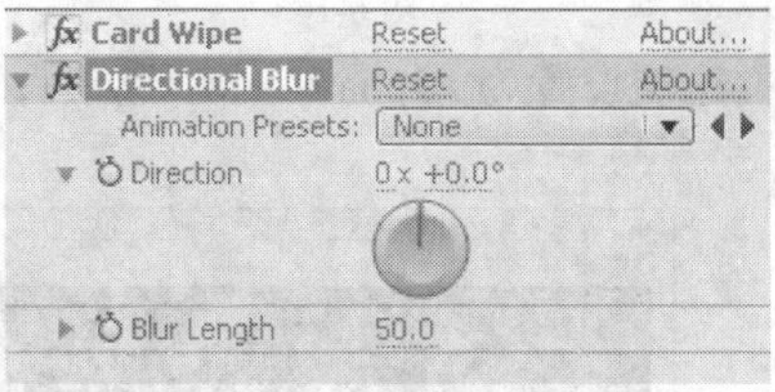

图 6-158

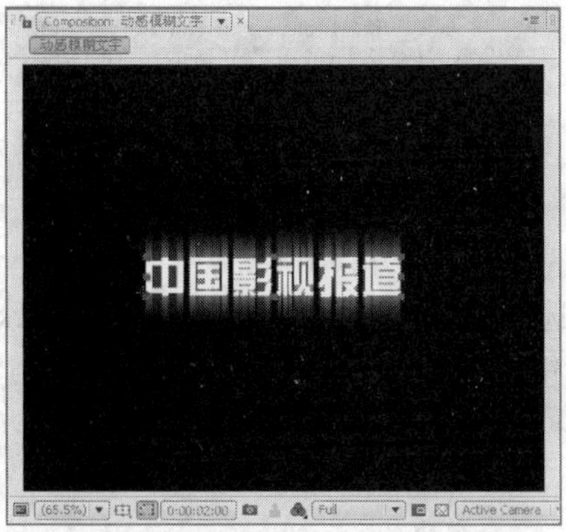

图 6-159

Step 03 将时间标签放置在 0s 的位置，在“特效控制”面板中单击“Blur Length”选项前面的“关键帧自动记录器”按钮，如图 6-160 所示，记录第 1 个关键帧。将时间标签放置在 1s 的位置，设置“Blur Length”选项的数值为 100；将时间标签放置在 2s 的位置，设置“Blur Length”选项的数值为 100；将时间标签放置在 2:05s 的位置，设置“Blur Length”选项的数值为 150，如图 6-161 所示。

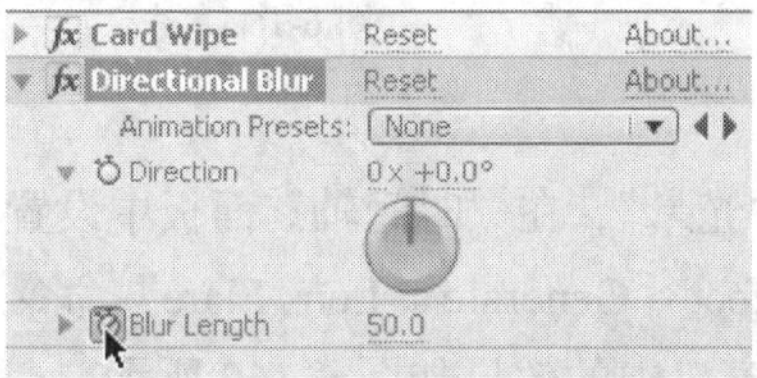

图 6-160

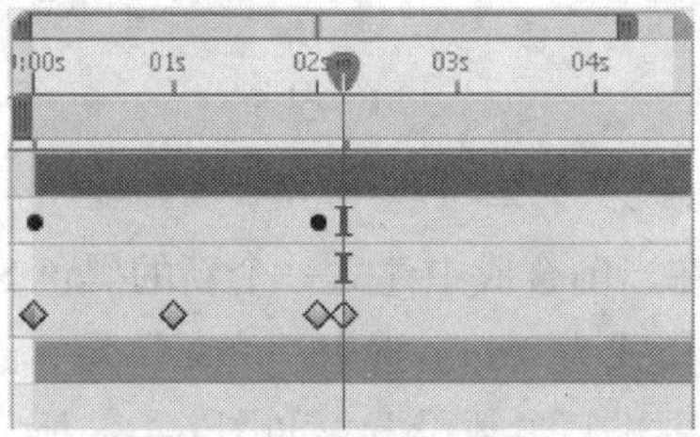

图 6-161

Step 04 选中新复制的层，选择“Effect > Color Correction> Levels”命令，在“特效控制”面板中进行参数设置，如图 6-162 所示。选择“Effect > Trapcode > Shine”命令，在“特效控制”面板中进行参数设置，如图 6-163 所示。

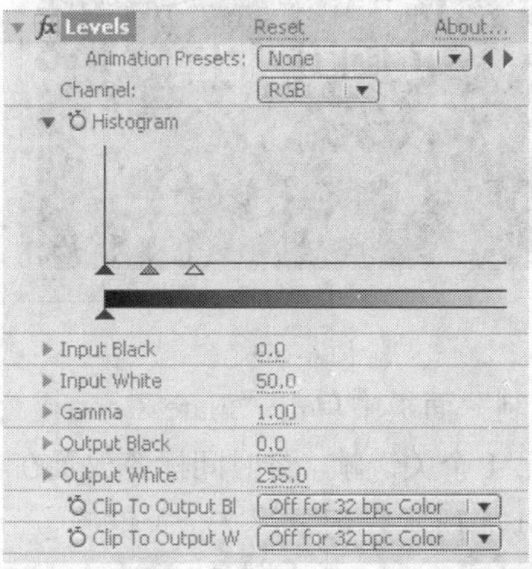

图 6-162

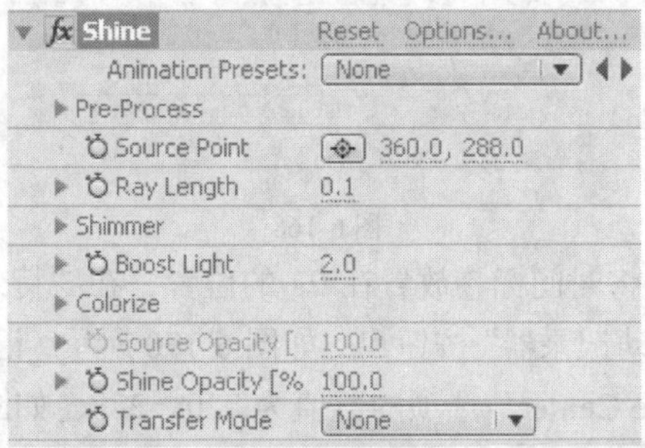

图 6-163

Step 05 在当前合成中建立一个新的黑色 Solid 层“遮罩”。按<P>键展开“Position”属性，将时间标签放置在 2s 的位置，设置“Position”选项的数值为 360、288，单击“Position”选项前面的“关键帧自动记录器”按钮，如图 6-164 所示，记录第 1 个关键帧。将时间标签放置在 3s 的位置，设置“Position”选项的数值为 1080、288，如图 6-165 所示，记录第 2 个关键帧。

图 6-164

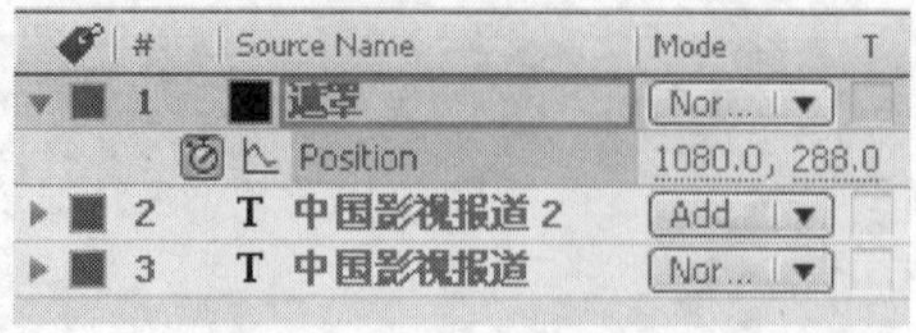

图 6-165

Step 06 选中新复制的层，将新复制层的“TrkMat”选项设置为 Alpha Matte“遮罩”，如图 6-166 所示。合成窗口中的效果如图 6-167 所示。

图 6-166

图 6-167

4．添加镜头光晕

Step 01 在当前合成中建立一个新的黑色 Solid 层“光晕”，在“时间轴”面板中设置“光晕”层的遮罩混合模式为 Add。选中“光晕”层，选择“Effect > Generate > Lens Flare”命令，在“特效控制”面板中进行参数设置，如图 6-168 所示。合成窗口中的效果如图 6-169 所示。

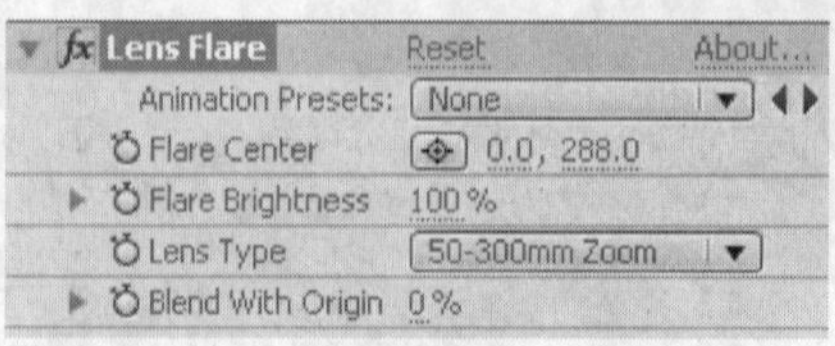

图 6-168

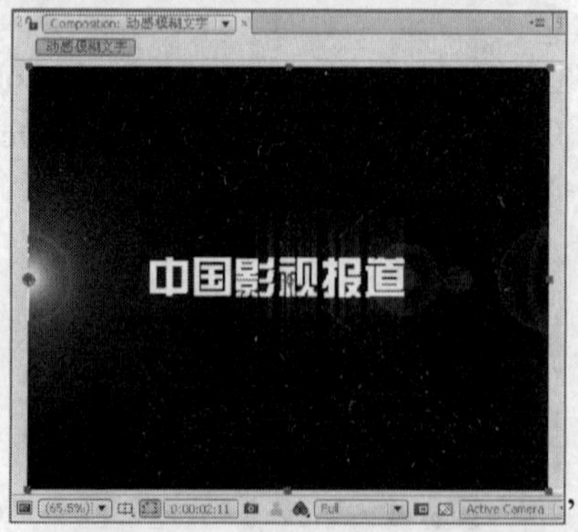

图 6-169

Step 02 将时间标签放置在 2s 的位置，在“特效控制”面板中单击“Flare Center”选项前面的“关键帧自动记录器”按钮，如图 6-170 所示，记录第 1 个关键帧。将时间标签放置在 3s 的位置，设置“Flare Center”选项的数值为 720、288，如图 6-171 所示，记录第 2 个关键帧。

图 6-170

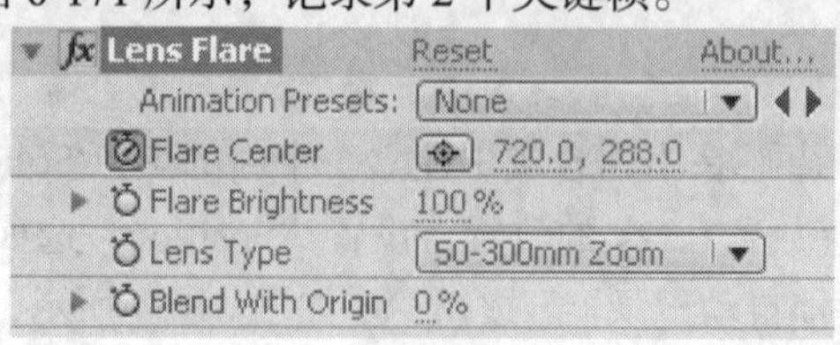

图 6-171

Step 03 选中“光晕”层，在“时间轴”面板中将时间标签放置在 2s 的位置，按<Alt>+<[>组合键设置入点，如图 6-172 所示。在“时间轴”面板中将时间标签放置在 3s 的位置，按<Alt>+<]>组合键设置出点，如图 6-173 所示。

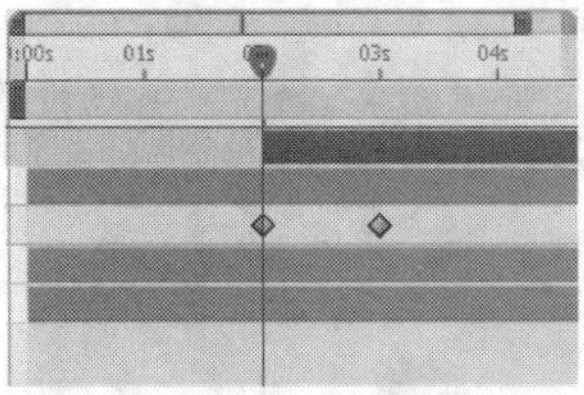

图 6-172

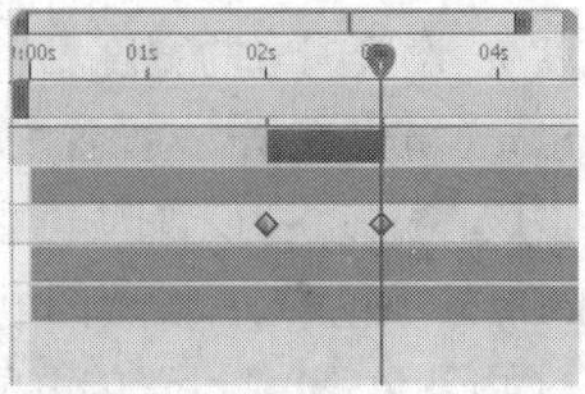

图 6-173

Step 04 动感模糊文字制作完成，如图 6-174 所示。

图 6-174

6.4.2 Lightning（闪电滤镜）

Lightning（闪电）特效可以用来模拟真实的闪电和放电效果，并自动设置动画，如图 6-175 所示。

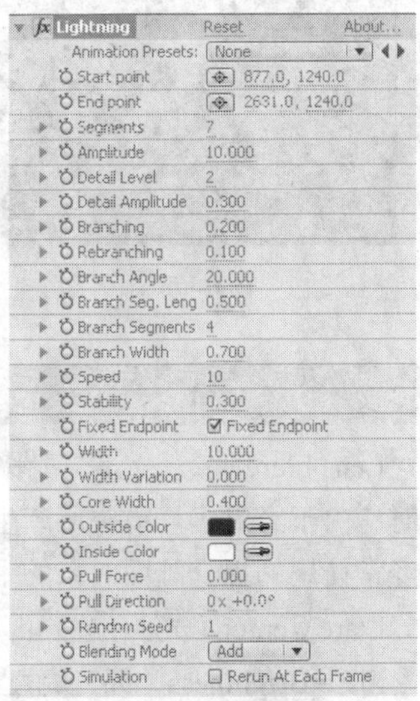

图 6-175

Start point（开始点）：闪电的起始位置。

End point（结束点）：闪电的结束拉置。

Segments（描边段数）：设置闪电的弯曲段数。分段数越多，闪电越扭曲。

Amplitude（振幅）：设置闪电的振幅。

Detail Level（细分级别）：控制闪电的分支精细程度。

Detail Amplitude（细分振幅）：设置闪电的分支线条的振幅。

Branching（分支）：设置闪电的分支的数量。

Rebranching（二次分支）：设置闪电再次分支的数量。

Branch Angle（分支角度）：设置闪电分支与主干的角度。

Branch Seg.Length（分支长度）：设置闪电分支线段的长度。

Branch Segments（支节）：设置闪电分支的段数。

Branch Width（分支宽度）：设置闪电分支的宽度。

Speed（速度）：设置闪电的变化速度。

Stability（稳定性）：设置闪电的稳定性。较高的数值使闪电变化剧烈。

Fixed Endpoint（结束点）：固定闪电的结束点。

Width （宽度）：设置闪电的宽度。

Width Variation（宽度变化）：设置线段的宽度是否变化。

Core Width（核心宽度）：设置闪电主干的宽度。

Outside Color（外部色彩）：设置闪电的外围颜色。

Inside Color（内部色彩）：设置闪电的内部颜色。

Pull Color（引力量）：为线段弯曲的方向增加拉力。

Pull Direction（引力方向）：设置拉力的方向。

Random Speed（随机种子）：设置闪电的随机性。

Blending Mode（混合模式）：设置闪电与原素材图像的混合方式。

Simulation（模拟）：勾选 Rerun At Each Frame（再次运行每一帧）复选项，可使每一帧重新生成闪电效果。

Lightning（闪电）特效演示如图 6-176、图 6-177、图 6-178 所示。

图 6-176

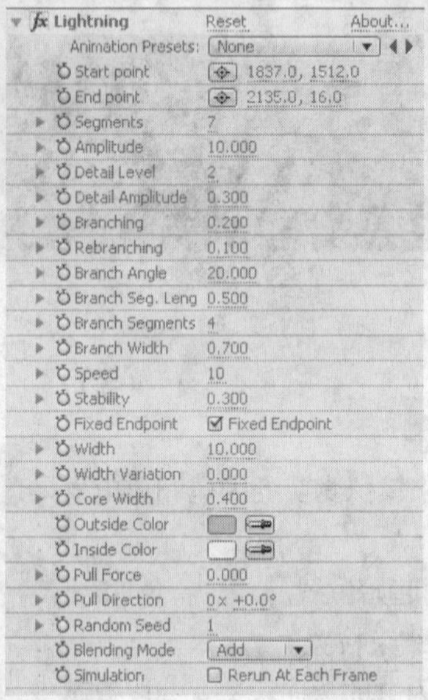

图 6-177

图 6-178

6.4.3 Lens Flare（镜头光晕滤镜）

Lens Flare（镜头光晕）特效可以模拟镜头拍摄到发光的物体上时，由于经过多片镜头所产生的很多光环效果，这是后期制作中经常使用的提升画面效果的手法，如图 6-179 所示。

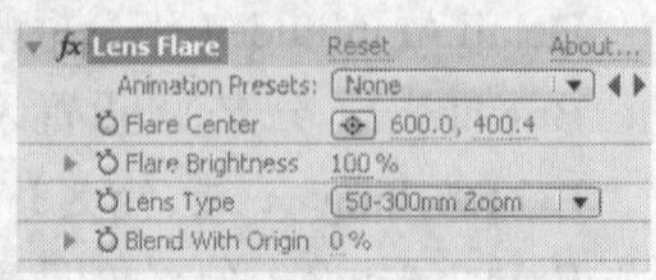

图 6-179

Flare Center（光源位置）：设置发光点的中心位置。

Flare Brightness（闪光亮度）：设置光晕的亮度。

Lens Type（镜头类型）：选择镜头的类型，有 50-300mm Zoom（50-300 变焦）、35mm Prime 和 105mm Prime 3 种。

Blend With Original（混合原始素材）：和原素材图像的混合程度。

Lens Flare（镜头光晕）特效演示如图 6-180、图 6-181、图 6-182 所示。

图 6-180

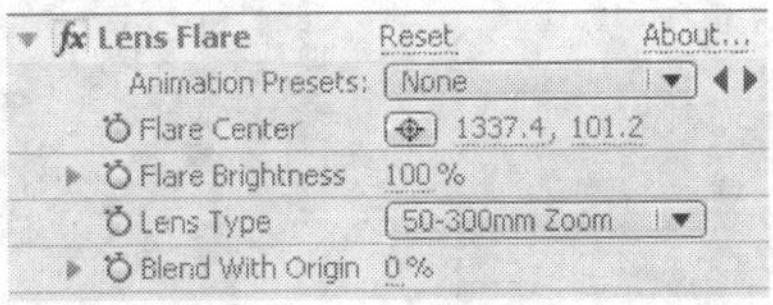

图 6-181

图 6-182

6.4.4　课堂案例——透视光芒

案例学习目标：学习使用编辑单元格特效。

案例知识要点：使用滤镜特效“Cell Pattern”命令、“Brightness & Contrast”命令、“Fast Blur”命令、“Glow”命令制作光芒形状，使用“3D layer”编辑透视效果。透视光芒效果如图 6-183 所示。

图 6-183

效果所在位置：光盘\Ch06\透视光芒. aep。

1. 编辑单元格形状

Step 01　按<Ctrl>+<N>组合键，弹出“Composition Settings”对话框，在“Composition Name”选项的文本框中输入文字“光芒”，其他选项的设置如图 6-184 所示，单击“OK”按钮，创建一个新的合成“光芒”。选择“Layer > New > Solid”命令，弹出“Solid Settings”对话框，在“Name”选项的文本框中输入“光芒”，将“Color”选项设置为黑色，单击“OK”按钮，在“时间轴”面板中新增一个 Solid 层，如图 6-185 所示。

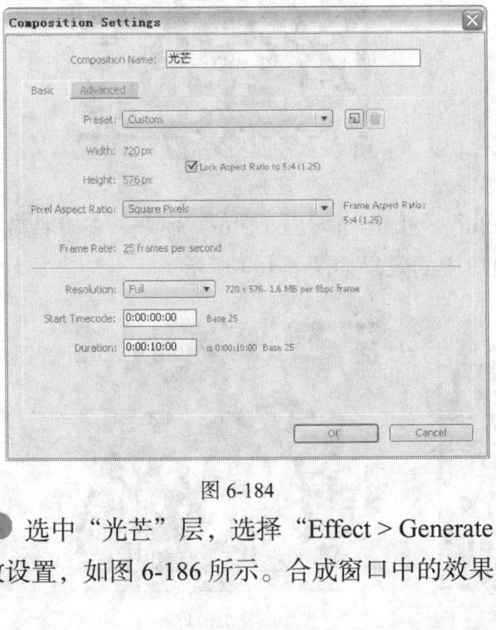

图 6-184

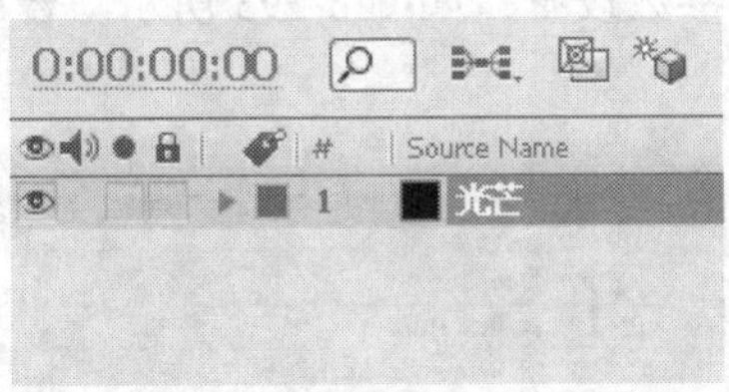

图 6-185

Step 02　选中“光芒”层，选择“Effect > Generate > Cell Pattern”命令，在“特效控制”面板中进行参数设置，如图 6-186 所示。合成窗口中的效果如图 6-187 所示。

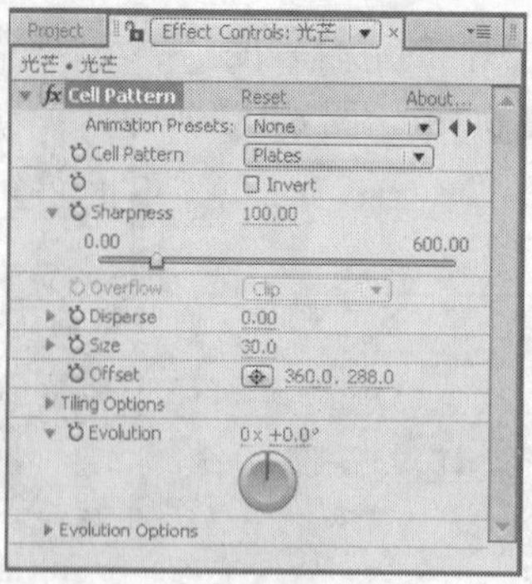

图 6-186

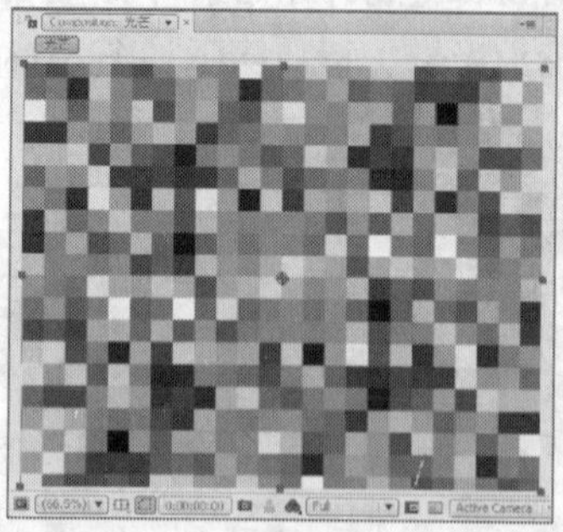

图 6-187

Step 03 在“时间轴”面板中将时间标签放置在 0 s 的位置，如图 6-188 所示。在“特效控制”面板中单击“Evolution”选项前面的“关键帧自动记录器”按钮，如图 6-189 所示，记录第 1 个关键帧。将时间标签放置在 10s 的位置，在“特效控制”面板中设置“Evolution”选项的数值为 7，如图 6-190 所示，记录第 2 个关键帧。

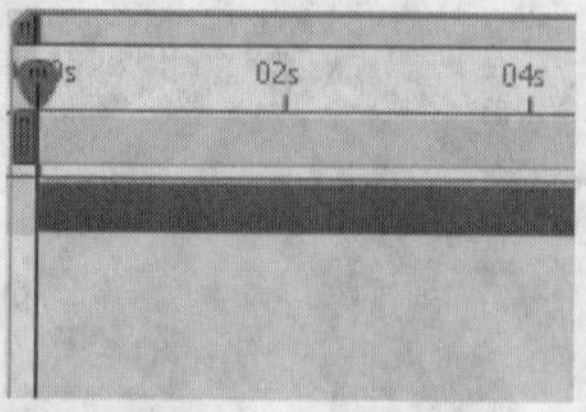

图 6-188

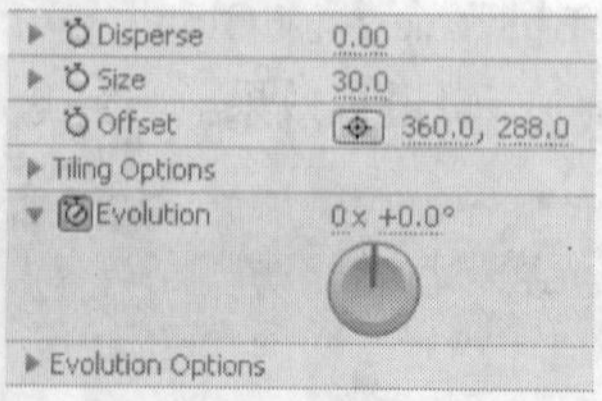

图 6-189

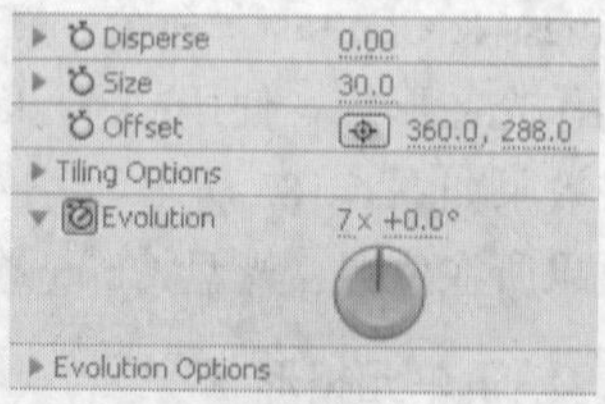

图 6-190

Step 04 选中“光芒”层，选择“Effect > Color Correction> Brightness & Contrast”命令，在“特效控制”面板中进行参数设置，如图 6-191 所示。合成窗口中的效果如图 6-192 所示。

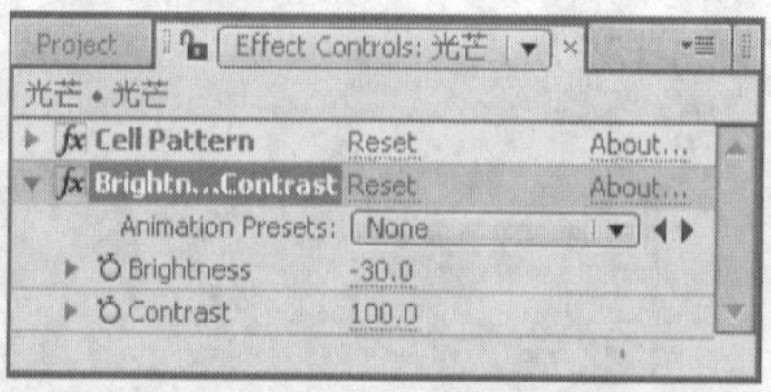

图 6-191

图 6-192

Step 05 选中“光芒”层，选择“Effect > Blur & Sharpen > Fast Blur”命令，在“特效控制”面板中进行参数设置，如图 6-193 所示。合成窗口中的效果如图 6-194 所示。

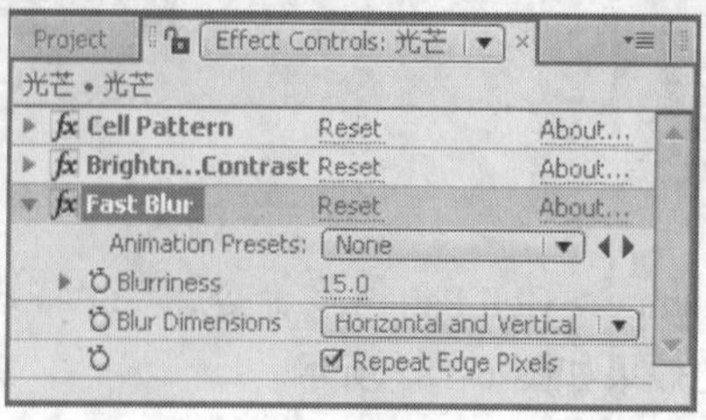

图 6-193

图 6-194

Step 06 选中“光芒”层，选择“Effect > Stylize > Glow”命令，在“特效控制”面板中将“Color A”选项设为蓝色（其 R、G、B 的值分别为 0、132、255），“Color B”选项设为深蓝色（其 R、G、B 的值分别为 34、10、110），其他参数设置如图 6-195 所示。合成窗口中的效果如图 6-196 所示。

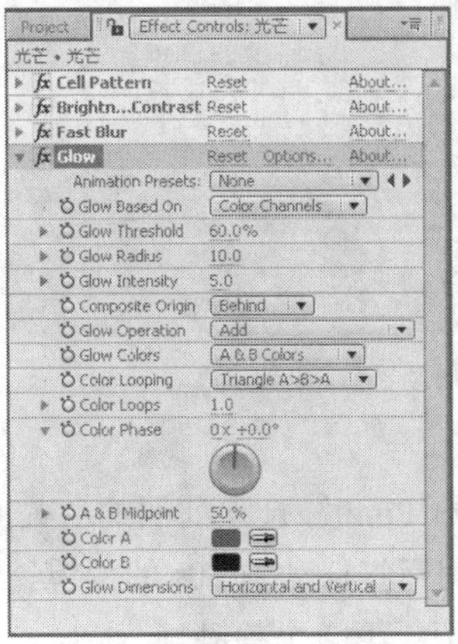

图 6-195

图 6-196

2. 添加透视效果

Step 01 选择“Rectangular Mask Tool”（矩形遮罩工具），在合成窗口中拖曳鼠标绘制一个矩形 Mask。选中“光芒”层，展开 Masks 下的 Mask 1 属性，设置“Mask Feather”选项的数值为 100，“Mask Expansion”选项的数值为 233，如图 6-197 所示。合成窗口中的效果如图 6-198 所示。

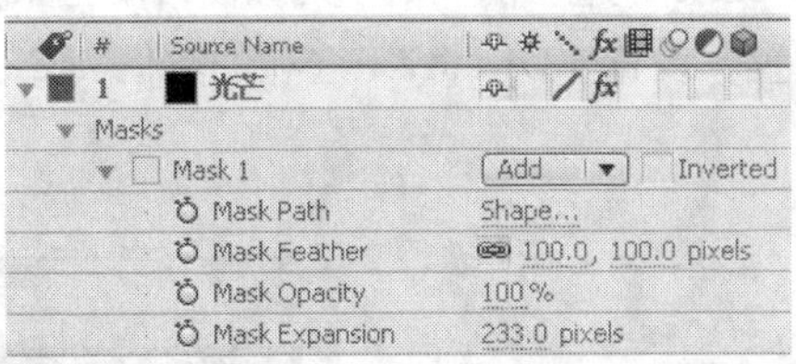

图 6-197

图 6-198

Step 02 选择“Layer > New > Camera”命令，弹出“Camera Settings”对话框，在“Name”选项的文本框中输入“Camera 1”，其他选项的设置如图 6-199 所示。单击“OK”按钮，在“时间轴”面板中新增一个摄像机层，如图 6-200 所示。

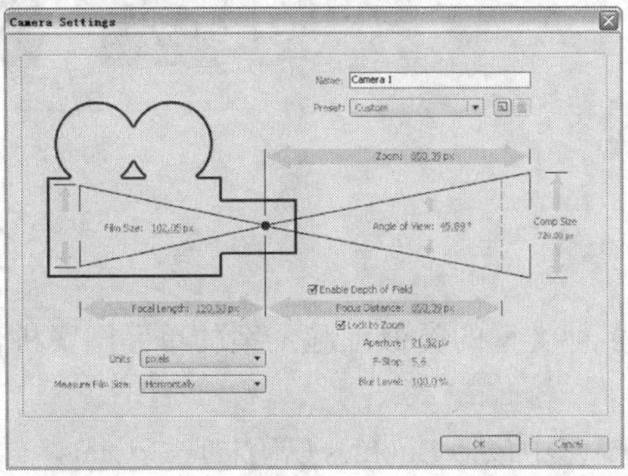

图 6-199

图 6-200

Step 03 选中“光芒”层，单击“光芒”层右面的“3D layer”按钮打开三维属性，并在“Transform”选项中设置参数，如图 6-201 所示。

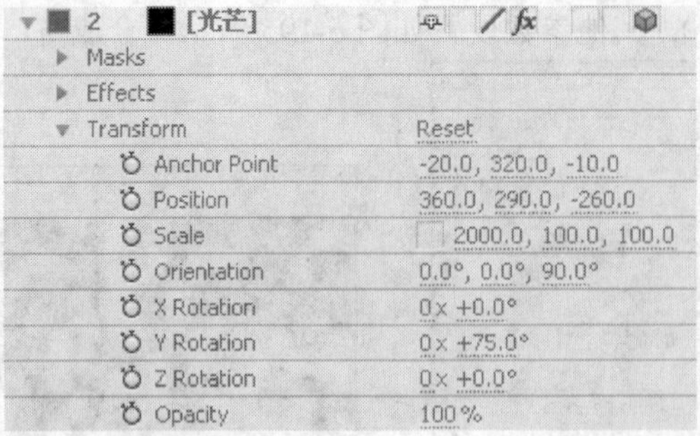

图 6-201

Step 04 将时间标签放置在 0s 的位置，单击“Anchor Point”选项前面的“关键帧自动记录器”按钮，如图 6-202 所示，记录第 1 个关键帧。将时间标签移动到 10s 的位置，如图 6-203 所示。设置“Anchor Point”选项的数值为 500、320、-10，记录第 2 个关键帧。

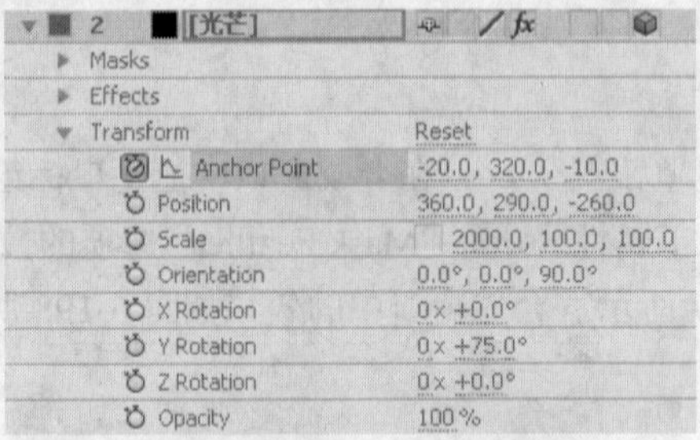

图 6-202

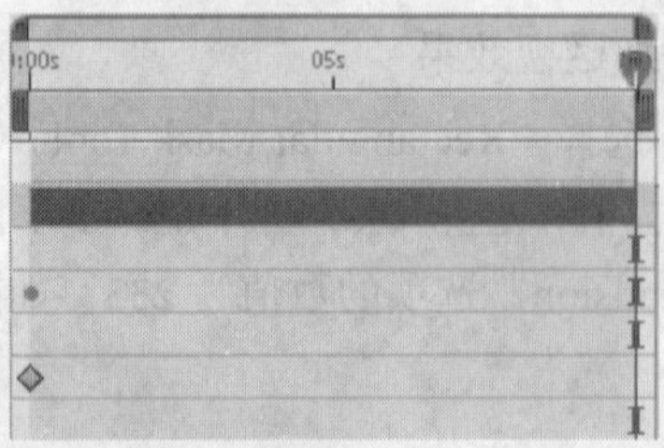

图 6-203

Step 05 将时间标签放置在 9s 的位置，单击“Opacity”选项前面的“关键帧自动记录器”按钮，记录第 1 个关键帧。把时间标签移动到 10s 的位置，设置“Opacity”选项的数值为 0，如图 6-204 所示，记录第 2 个关键帧。

Step 06 透视光芒制作完成，如图 6-205 所示。

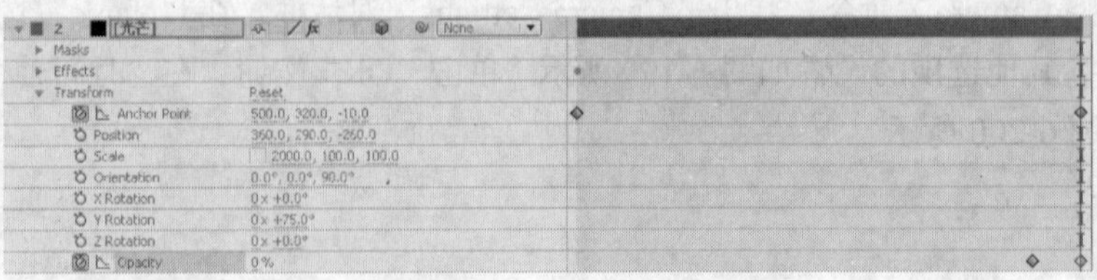

图 6-204

图 6-205

6.4.5 Cell Pattern（单元图案滤镜）

Cell Pattern（单元图案）特效可以创建多种类型的类似细胞图案的单元图案拼合效果，如图 6-206 所示。

Cell Pattern（单元图案）：选择图案的类型，基中包括 Bubbles（泡沫）、Crystals（结晶）、Plates（电镀）、Static Plates（静态电镀）、Crystallize（结晶化）、Pillow（枕垫）、Crystals HQ（高品质结

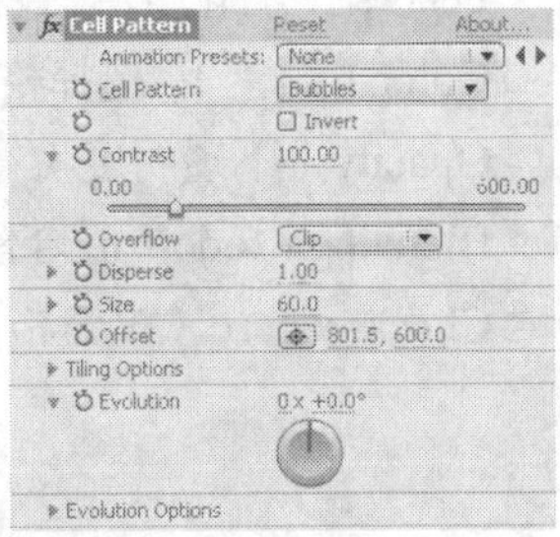

图 6-206

晶）、Plates HQ（高品质电镀）、Crystallize HQ（高品质结晶化）、Mixed Crystals（混合结晶）、Tubular（管状）。

Invert（反转）：反转图案效果。

Contrast（锐度）：设置图案对比度。

Overflow（溢出）：溢出设置，基中包括 Clip（修剪）、Soft Clamp（柔化碎片）和 Wrap Back（包裹背面）。

Disperse（分散）：图案的分散设置。

Size（尺寸）：单个图案大小尺寸的设置。

Tiling Options（碎片选项）：在该选项下勾选 Enable Tiling（打开碎片）复选项后，可以设置 Cells Horizontal（水平单元）和 Cells Vertical（垂直单元）的数值。

Evolution（演变）：为这个参数设置关键帧，可以记录运动变化的动画效果。

Evolution Options（演变选项）：设置图案的各种扩展变化。

Cycle Evolution（循环演变）：勾选此复选项后，Cycle（in Revolutions）（循环（旋转））设置才为有效状态。

Cycle（in Revolutions）（循环（旋转））：设置图案的循环。

Random Seed（随机种子）：设置图案的随机速度。

Cell Pattern（单元图案）特效演示如图 6-207、图 6-208、图 6-209 所示。

图 6-207

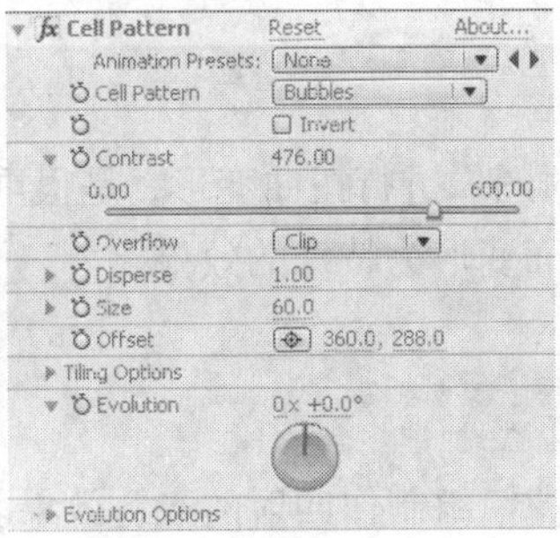

图 6-208

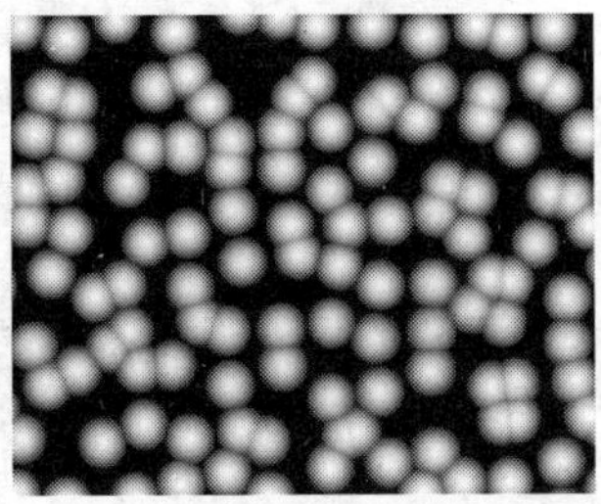
图 6-209

6.4.6　Checkerboard（棋盘格滤镜）

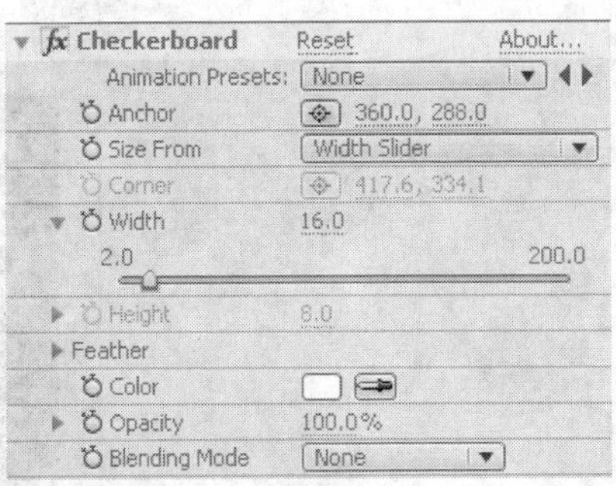

图 6-210

Checkerboard（棋盘格）特效能在图像上创建棋盘格的图案效果，如图 6-210 所示。

Anchor（定位点）：设置棋盘格的位置。

Size From（尺寸来自）：选择棋盘的尺寸类型，有 Corner Point（角点）、Width Slider（块宽度）和 Width & Height Sliders（块宽度和高度）。

Corner（交角）：只有在 Size From（尺寸来自）中选中 Corner Point（角点）选项，才能激活此选项。

Width（宽度）：只有在 Size From 中选中 Width Slider（块宽度）和 Width & Height Sliders（块宽度和高度）选项，才能激活此选项。

Height（高度）：只有在 Size From 中选中 Width Slider（块宽度）和 Width & Height Sliders（块宽度和高度）选项，才能激活此选项。

Feather（羽化）：设置棋盘格子水平或垂直边缘的羽化程度。
Color（颜色）：选择格子的颜色。
Opacity（不透明度）：设置棋盘的不透明度。
Blending Mode（混合模式）：棋盘与原图的混合方式。
Checkerboard（棋盘格）特效演示如图 6-211、图 6-212、图 6-213 所示。

图 6-211

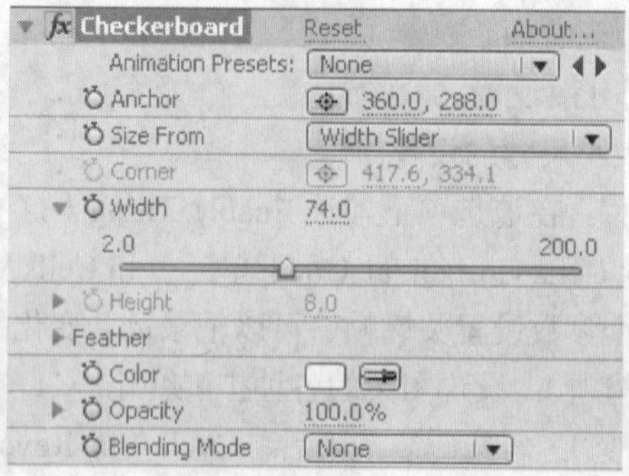

图 6-212

图 6-213

6.5 扭曲滤镜组

Distort（扭曲）效果主要用来对图像进行扭曲变形，是很重要的一类画面特技，可以对画面的形状进行校正，还可以使平常的画面变形为特殊的效果。

6.5.1 课堂案例——四射的光芒

案例学习目标：学习使用扭曲滤镜组制作四射的光芒效果。

案例知识要点：使用滤镜特效“Fractal Noise”命令、“Directional”命令、“Hue / Saturation”命令、“Glow”命令、“Polar Coordinates”命令制作光芒特效。四射的光芒效果如图 6-214 所示。

效果所在位置：光盘\Ch06\四射的光芒.aep。

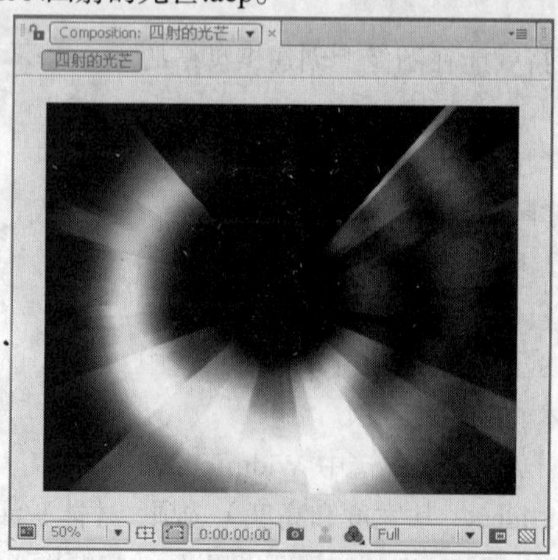

图 6-214

Step 01 按<Ctrl>+<N>组合键，弹出“Composition Settings”对话框，在“Composition Name”

选项的文本框中输入“四射的光芒”，其他选项的设置如图 6-215 所示，单击“OK”按钮，创建一个新的合成“四射的光芒”。选择“Layer > New > Solid”命令，弹出“Solid Settings”对话框，在“Name”选项的文本框中输入“四射的光芒”，将“Color”选项设置为黑色，单击“OK”按钮，在“时间轴”面板中新增一个 Solid 层，如图 6-216 所示。

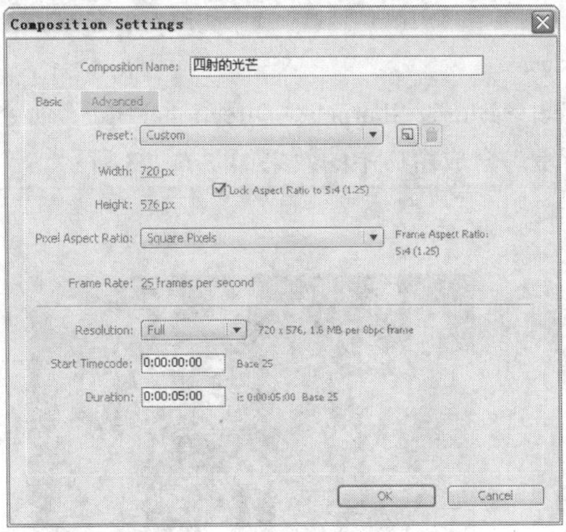

图 6-215

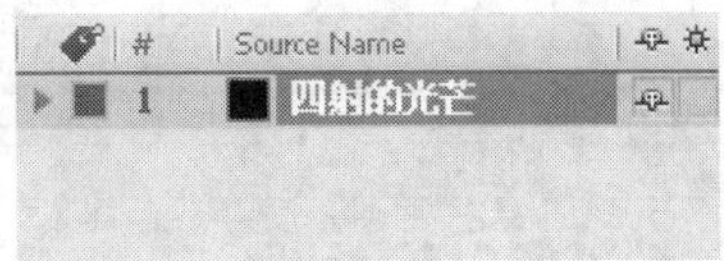

图 6-216

Step 02 选中“四射的光芒”层，选择“Effect > Noise & Grain > Fractal Noise”命令，在“特效控制”面板中进行参数设置，如图 6-217 所示。合成窗口中的效果如图 6-218 所示。

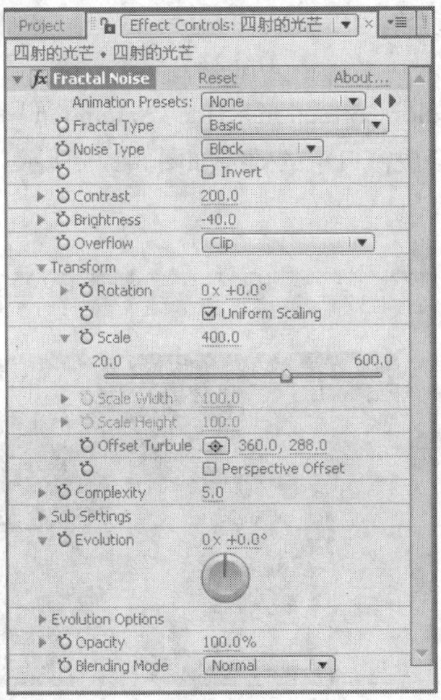

图 6-217

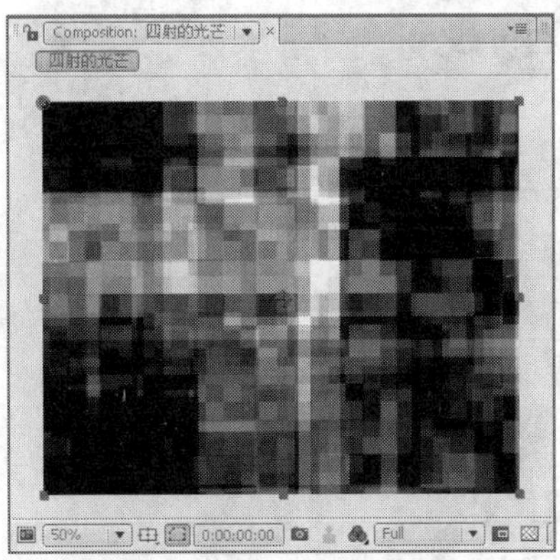

图 6-218

Step 03 选中“四射的光芒”层，在“时间轴”面板中将时间标签放置在 0 s 的位置，如图 6-219 所示。在“特效控制”面板中单击“Evolution”选项前面的“关键帧自动记录器”按钮，如图 6-220 所示，记录第 1 个关键帧。将时间标签放置在 4:24s 的位置，在“特效控制”面板中设置“Evolution”选项的数值为 10、0，如图 6-221 所示，记录第 2 个关键帧。

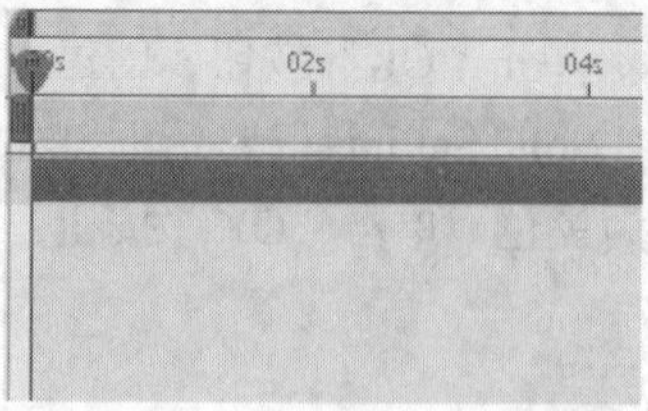

图 6-219

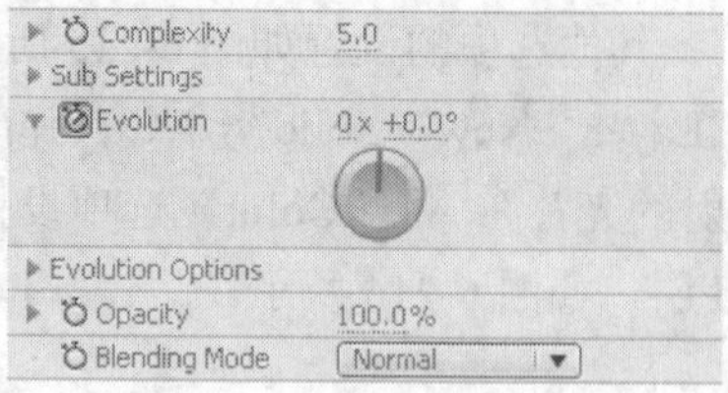

图 6-220

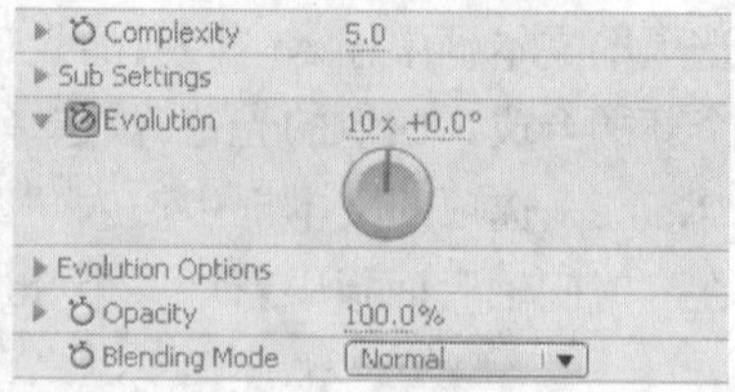

图 6-221

Step 04 选中“四射的光芒”层，选择“Effect > Blur & Sharpen > Directional Blur”命令，在“特效控制”面板中进行参数设置，如图 6-222 所示。合成窗口中的效果如图 6-223 所示。

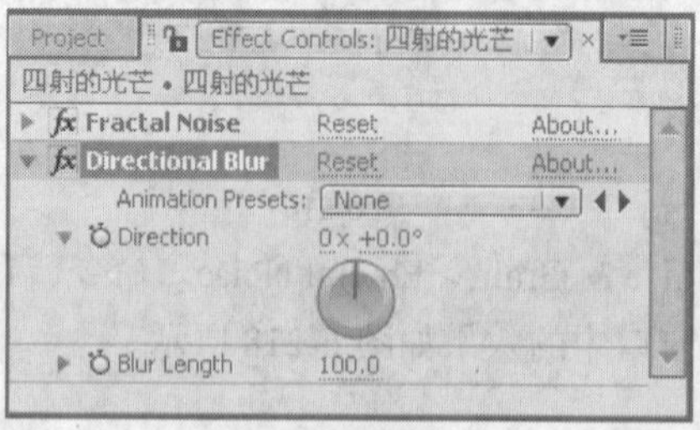

图 6-222

图 6-223

Step 05 选中“四射的光芒”层，选择“Effect > Color Correction > Hue / Saturation”命令，在“特效控制”面板中进行参数设置，如图 6-224 所示。合成窗口中的效果如图 6-225 所示。

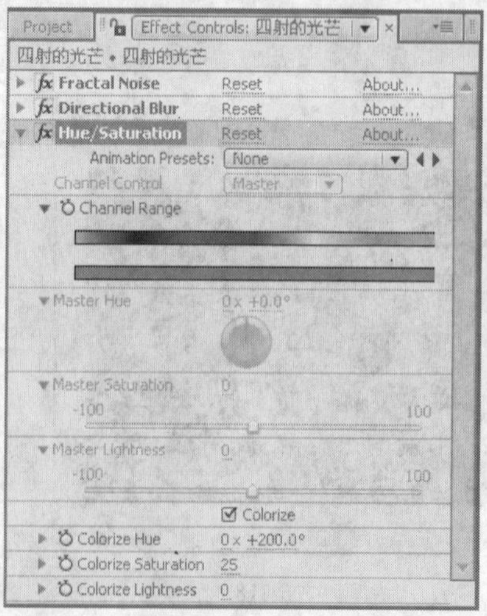

图 6-224

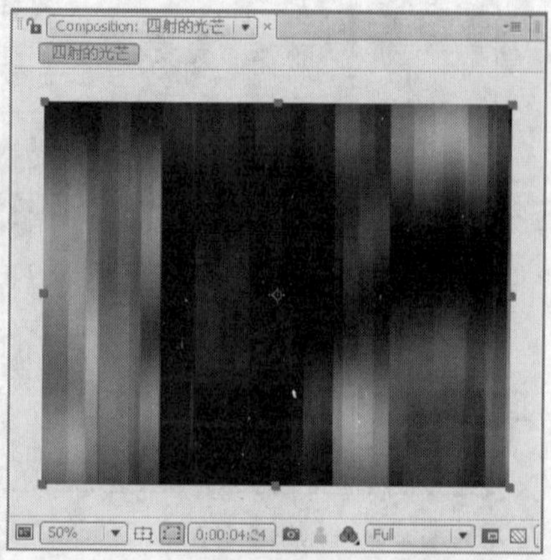

图 6-225

Step 06 选中“四射的光芒”层，选择“Effect > Stylize > Glow”命令，在“特效控制”面板将“Color A”选项设置为青色（其 R、G、B 的值分别设置为 112、243、255），将“Color B”选项设置为蓝色（其 R、G、B 的值分别设置为 137、181、255），其他参数的设置如图 6-226 所示。合成窗口中的效果如图 6-227 所示。

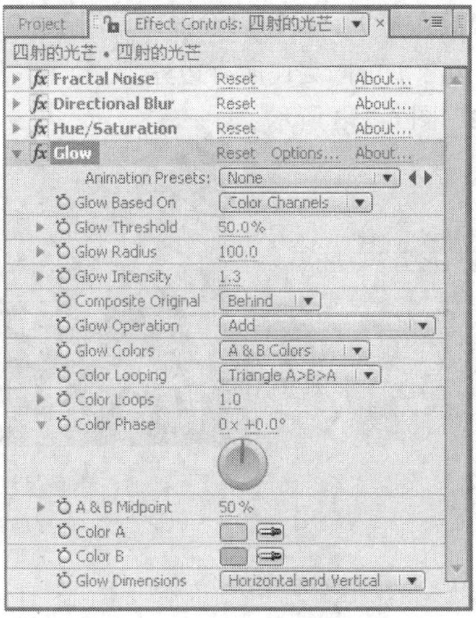

图 6-226

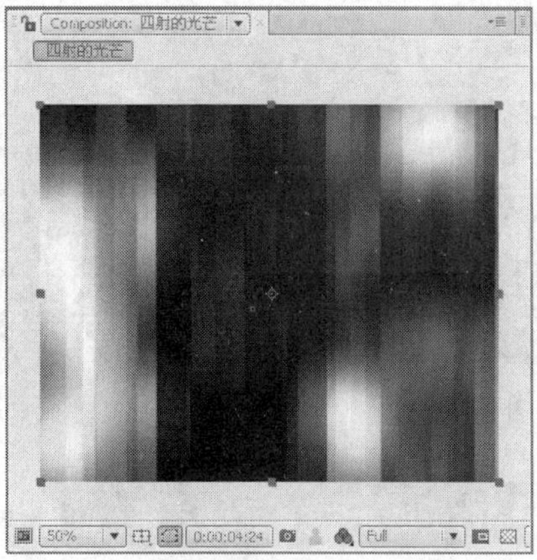

图 6-227

Step 07 选中“四射的光芒”层，选择“Effect > Distort > Polar Coordinates”命令，在“特效控制”面板中进行参数设置，如图 6-228 所示。四射的光芒制作完成，如图 6-229 所示。

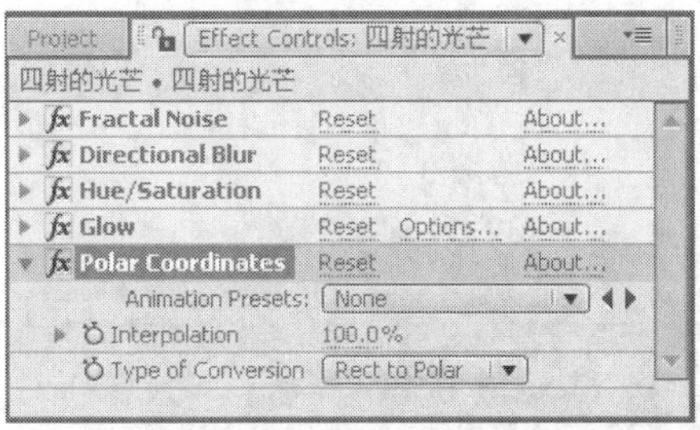

图 6-228

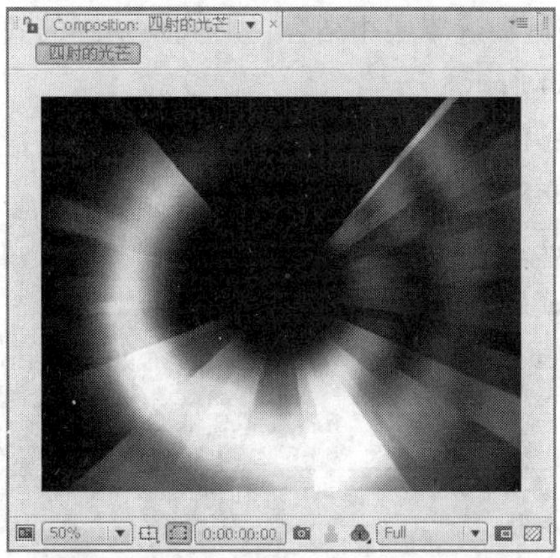

图 6-229

6.5.2　Bulge（凸凹镜滤镜）

Bulge（凸凹镜）特效可以模拟图像透过气泡或放大镜时所产生的放大效果，如图 6-230 所示。

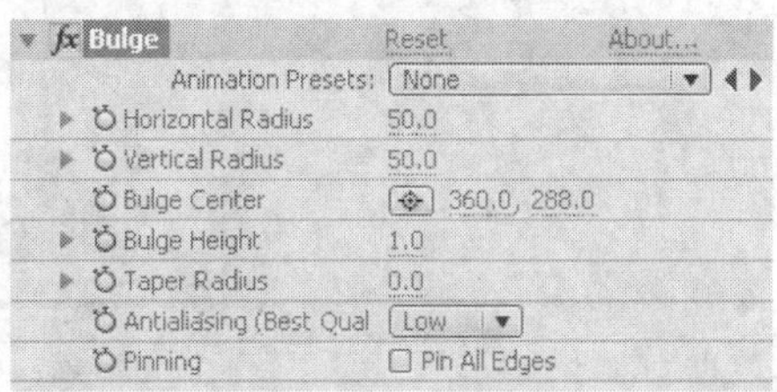

图 6-230

Horizontal Radius（水平半径）：凸凹镜效果的水平半径大小。

Vertical Radius（垂直平径）：凸凹镜效果的垂直半径大小。

Bulge Center（凸凹中心）：凸凹镜效果的中心定位点。

Bulge Height（凸凹高度）：凸凹程度的设置。正值为凸，负值为凹。

Taper Radius（锥度范围）：用来设置凹凸边界的锐利程度。

Antialiasing（Best Quality Only）（抗锯齿（仅最高质量））：反锯齿设置，只用于最高质量。

Pinning（固定）：选择 Pin All Edges（固定所有边缘）可固定住所有边界。

Bulge（凸凹镜）特效演示如图 6-231、图 6-232、图 6-233 所示。

图 6-231

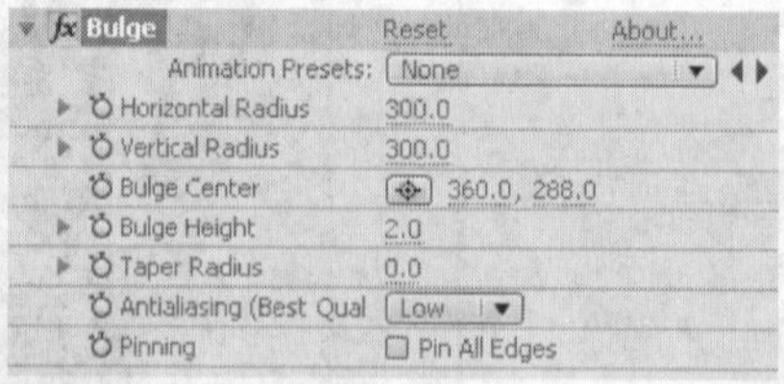

图 6-232

图 6-233

6.5.3 Corner Pin（边角定位滤镜）

Corner Pin（边角定位）：特效通过改变 4 个角的位置来使图像变形，可根据需要来定位。可以拉伸、收缩、倾斜和扭曲图形，也可以用来模拟透视效果，还可以和运动遮罩层相结合，形成画中画的效果，如图 6-234 所示。

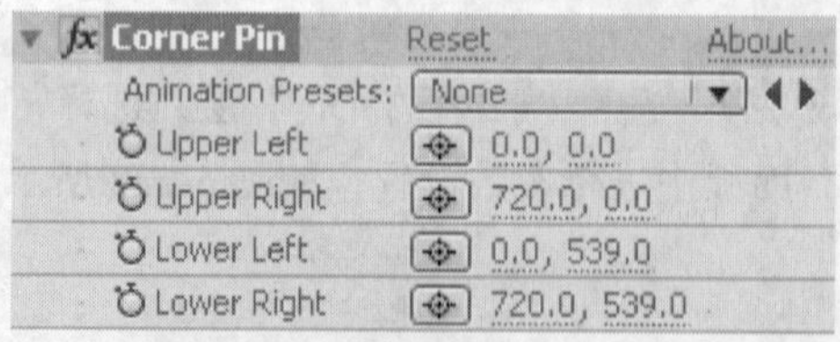

图 6-234

Upper Left（左上）：左上定位点。

Upper Right（右上）：右上定位点。

Lower Left（左下）：左下定位点。

Lower Right（右下）：右下定位点。

Corner Pin（边角定位）特效演示如图 6-235 所示。

图 6-235

6.5.4 Mesh Warp（网格变形滤镜）

Mesh Warp（网格变形）特效使用网格化的曲线切片控制图像的变形区域。对于网格变形的效果控制，确定好网格数量之后，更多的是在合成图像中通过光标拖曳网格的节点来完成，如图 6-236 所示。

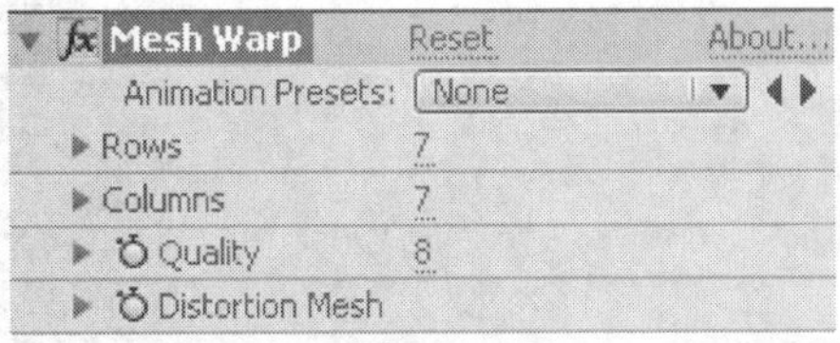

图 6-236

Rows（行）：用于设置行数。

`Columns（列）：用于设置列数。

Quality（品质）：弹性设置。

Distortion Mesh（扭曲网格）：用于改变分辨率，在行列数发生变化时显示。拖曳节点如果要调整显示更细微的效果，可以添加行/列数（控制节点）。

Mesh Warp（网格变形）特效演示如图 6-237、图 6-238、图 6-239 所示。

图 6-237

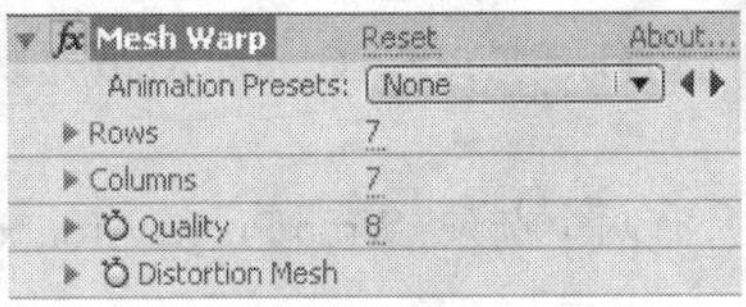

图 6-238

图 6-239

6.5.5 Polar Coordinates（极坐标滤镜）

Polar Coordinates（极坐标）特效用来将图像的直角坐标转化为极坐标，以产生扭曲效果，如图 6-240 所示。

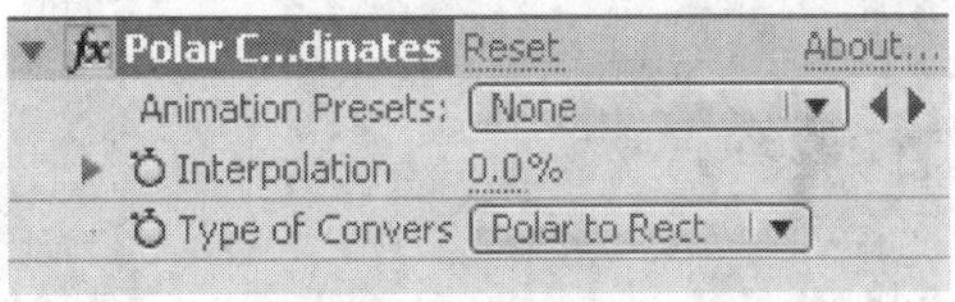

图 6-240

Interpolation（插补）：设置扭曲程度。

Type of Conversion（变换类型）：设置转换类型。

Polar to Rect 表示将极坐标转化为直角坐标，Rect to polar 表示将直角坐标转化为极坐标。

Polar Coordinates（极坐标）特效演示如图 6-241、图 6-242、图 6-243 所示。

图 6-241

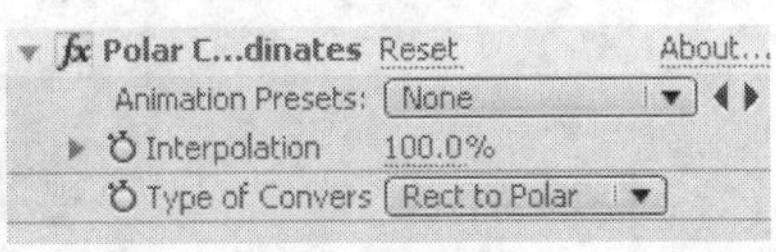

图 6-242

图 6-243

6.5.6 Displacement Map（水墨过渡滤镜）

Displacement Map（水墨过渡）特效是通过用另一张作为映射层的图像的像素来置换原图像像素，通过映射的像素颜色值对本层变形，变形方向分水平和垂直两个方向，如图 6-244 所示。

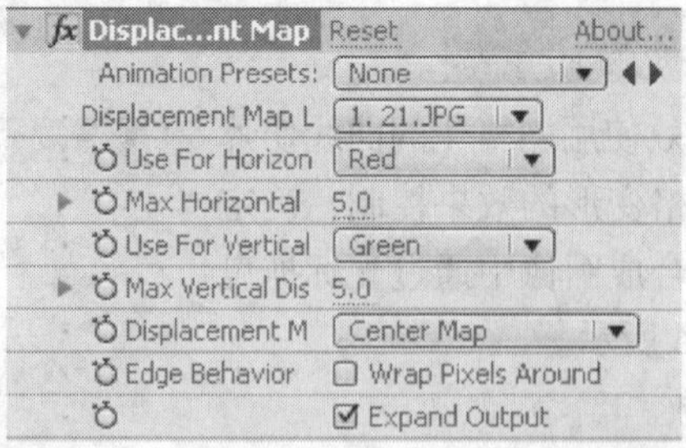

图 6-244

Displacement Map Layer：选择作为映射层的图像名称。

Use For Horizontal Displacement：调节水平（Horizontal）或垂直（Vertical）方向的通道，默认值范围为-100~100，最大范围为-32000~32000。

Max Horizontal Displacement：调节映射层的水平（Horizontal）或垂直（Vertical）位置，在水平方向上，数值为负数表示向左移动，正数为向右移动，在垂直方向上，数值为负数是向下移动，正数是向上移动，默认数值为-100~100，最大范围为-32000~3200。

Displacement Map Behavior：选择映射方式。Center Map 是映射居中，Stretch Map to Fit 是伸缩自适应，Tile Map 是平铺。

Edge Behavior：设置边缘行为，有两个选项，Wrap Pixels Around 为锁定边缘像素，Expand Output 为设置特效伸展到原图像边缘外。

Displacement Map（水墨过渡滤镜）特效演示如图 6-245、图 6-246、图 6-247 所示。

图 6-245

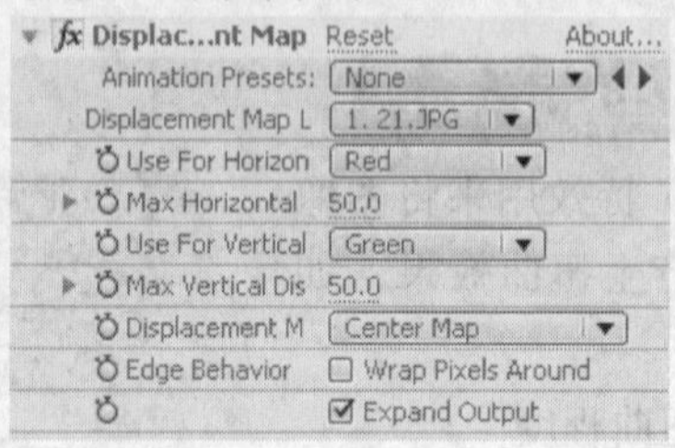

图 6-246

图 6-247

6.6 噪波和颗粒滤镜组

Noise & Grain（噪波和颗粒）特效组可以为素材设置噪波或颗粒效果，通过它可分散素材或使素材的形状产生变化。

6.6.1 课堂案例——降噪

案例学习目标：学习使用噪波和颗粒滤镜制作降噪。

案例知识要点：使用滤镜特效“Remove Grain”命令、“Levels”命令修饰照片，使用“Curves”命令调整图片曲线。降噪效果如图 6-248 所示。

效果所在位置：光盘\Ch06\降噪. aep。

图 6-248

1.导入图片

Step 01 选择“File > Import > File”命令，弹出“Import File”对话框，选择光盘中的“Ch06 > 降噪 > (Footage) > 01”文件，单击“打开”按钮导入图片，如图 6-249 所示。在“项目”面板中选中“01”文件，将其拖曳到项目窗口下方的“创建项目合成”按钮上，如图 6-250 所示，自动创建一个项目合成。

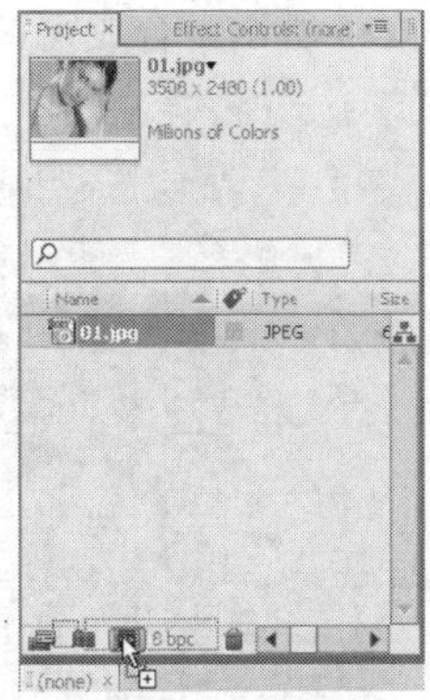

图 6-249　　图 6-250

Step 02 在“时间轴”面板中，按<Ctrl>+<K>组合键，弹出“Composition Settings”对话框，在“Composition Name”选项的文本框中输入“降噪”，单击“OK”按钮，将合成命名为“降噪”，如图 6-251 所示。合成窗口中的效果如图 6-252 所示。

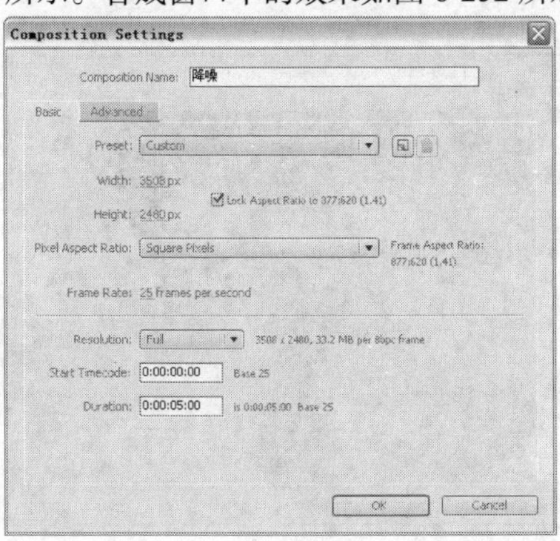

图 6-251　　图 6-252

2．修复图片

Step 01 选中“01”文件，选择“Effect > Noise & Grain > Remove Grain”命令，在“特效控制”面板中进行参数设置，如图 6-253 所示。合成窗口中的效果如图 6-254 所示。

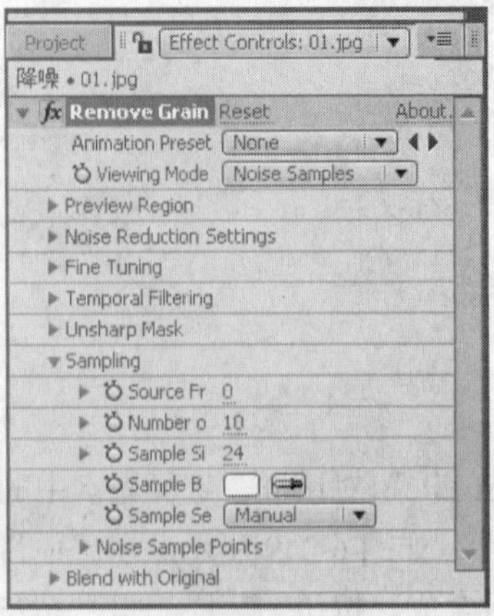

图 6-253

图 6-254

Step 02 展开“项目”面板中的“Noise Sample Points”选项，在“特效控制”面板中进行参数设置，如图 6-255 所示。合成窗口中的效果如图 6-256 所示。

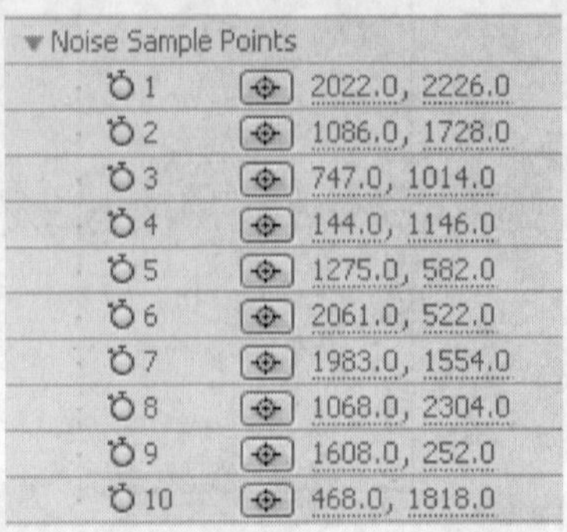

图 6-255

图 6-256

Step 03 选中“01”文件，在“特效控制”面板中单击“Viewing Mode”属性的下拉菜单，选择“Final Output”选项，展开“Noise Reduction Settings”属性，在“特效控制”面板中进行参数设置，如图 6-257 所示。合成窗口中的效果如图 6-258 所示。

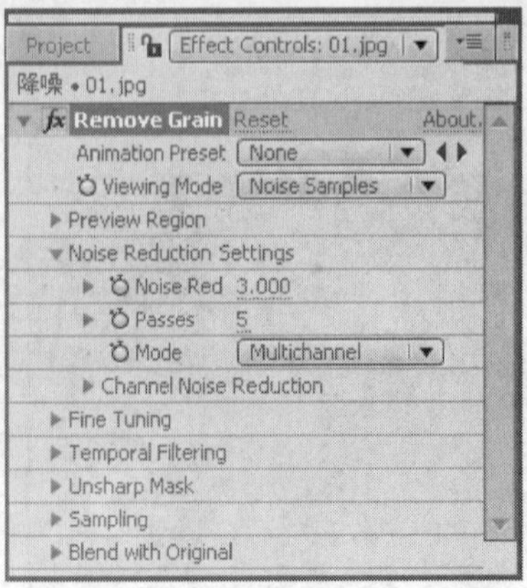

图 6-257

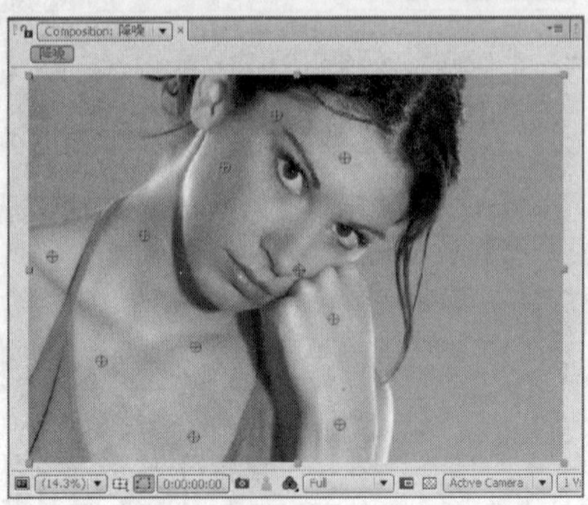

图 6-258

Step 04 选中“01”文件，选择“Effect > Color Correction > Levels”命令，在“特效控制”面板中进行参数设置，如图 6-259 所示。合成窗口中的效果如图 6-260 所示。

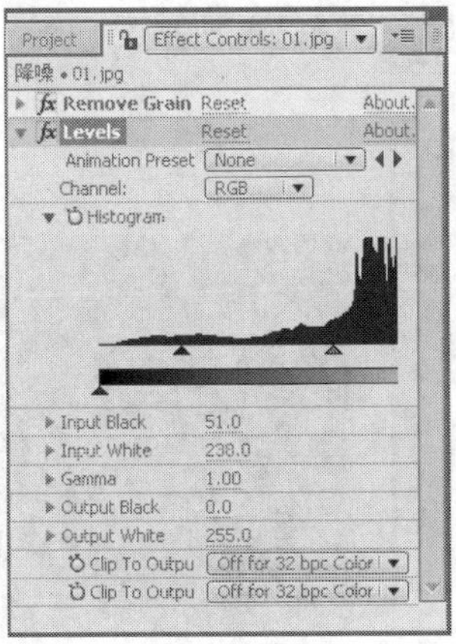

图 6-259

图 6-260

Step 05 选中“01”文件，选择“Effect > Color Correction > Curves”命令，在“特效控制”面板中调整曲线，如图 6-261 所示。降噪制作完成，如图 6-262 所示。

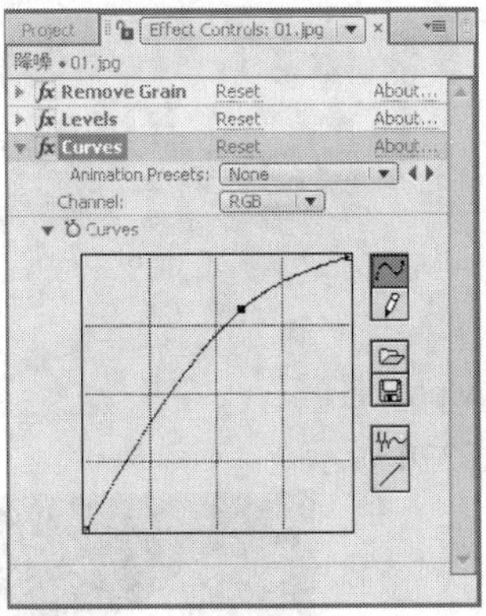

图 6-261

图 6-262

6.6.2 Fractal Noise（分形噪波滤镜）

Fractal Noise（分形噪波）特效可以模拟烟、云、水流等纹理图案，如图 6-263 所示。

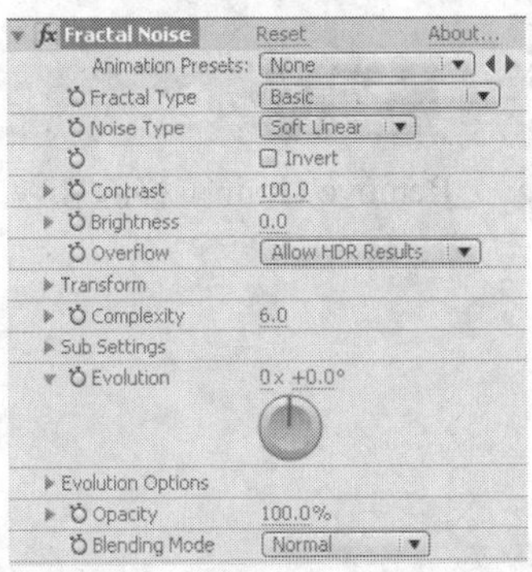

图 6-263

Fractal Type（分形类型）：选择分形类型。

Noise Type（噪波类型）：选择噪波的类型。

Invert（所转）：反转图像的颜色，将黑色和白色反转。

Contrast（对比度）：调节生成噪波图像的对比度。

Brightness（亮度）：调节生成噪波图像的亮度。

Overflow（溢出）：选择噪波图案的比例、旋转、偏移等。

Complexity（复杂性）：设置噪波图案的复杂程度。

Sub Settings（内部设置）：噪波的子分形变化的相关设置（如子分形影响力、子分形缩放等）。

Evolution（演变）：控制噪波的分形变化相位。

Evolution Options（演变选项）：控制分形变化的一些设置（循环、随机种子等）。

Opacity（不透明度）：设置所生成的噪波图像的不透明度。

Transfer Mode（混合模式）：生成的噪波图像与原素材图像的叠加模式。

Fractal Noise（分形噪波）特效演示如图 6-264、图 6-265、图 6-266 所示。

图 6-264

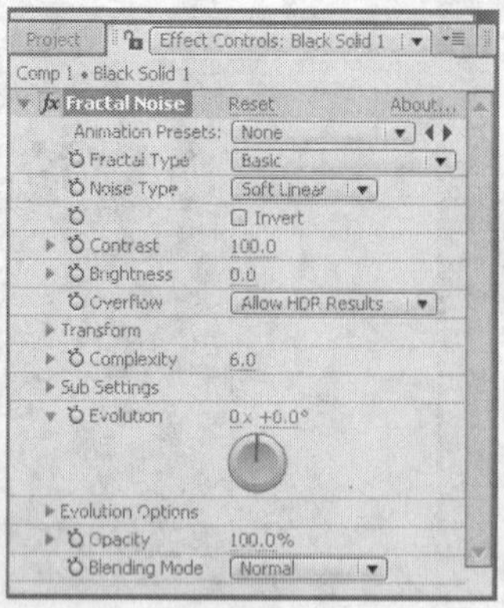

图 6-265

图 6-266

6.6.3 Median（中间值滤镜）

Median（中间值）特效使用指定半径范围内的像素的平均值来取代像素值。指定较低数值的时候，该效果可以用来减少画面中的杂点；取高值的时候，会产生一种绘画效果，其设置如图 6-267 所示。

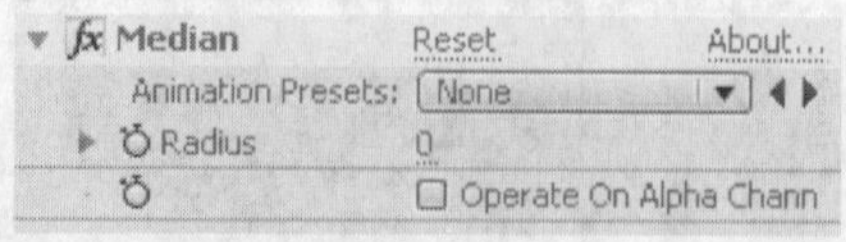

图 6-267

Radius（半径）：指定像素半径。

Operate On Alpha Channel（操作 Alpha 通道）：应用于 Alpha 通道。

Median（中间值）特效演示如图 6-268、图 6-269、图 6-270 所示。

图 6-268

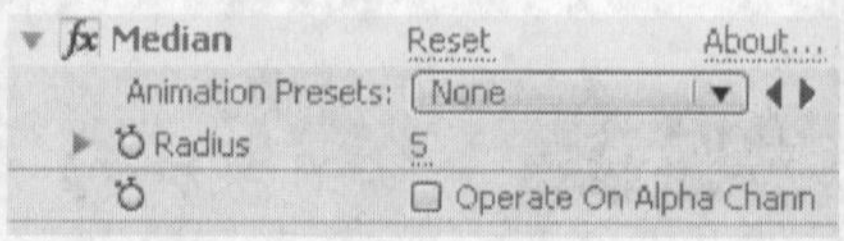

图 6-269

图 6-270

6.6.4 Remove Grain（移除颗粒滤镜）

Remove Grain（移除颗粒）特效的效果用来移除杂点或颗粒的，如图 6-271 所示。

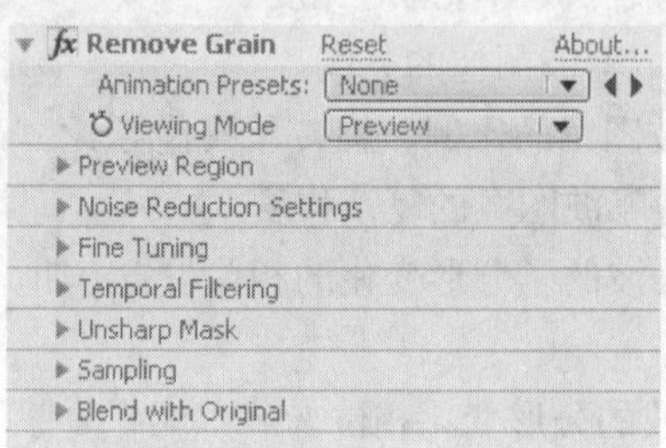

图 6-271

Preview Region（预览颗粒）：设置预览域的大小、位置等。

Noise Reduction Settings（噪波减少设置）：对杂点或噪波进行设置。

Fine Tuning（精细调谐）：对材质、尺寸、色泽等进行精细的设置。

Temporal Filtering（实时过滤）：是否开启实时过滤。

Unsharp Mask（反锐化遮罩）：设置反锐化遮罩。

Sampling（采样）：设置各种采样情况、采样点等参数。

Blend with Original（混合原始素材）：混合原始图像。

Remove Grain（移除颗粒）特效演示如图 6-272、图 6-273、图 6-274 所示。

图 6-272

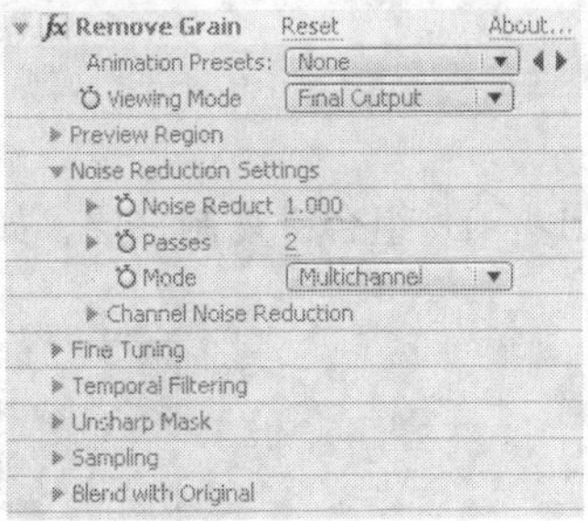

图 6-273

图 6-274

6.7 仿真滤镜组

Simulation（仿真）组特效有 Card Dance（卡片翻转）、Caustics（焦散）、Foam（泡沫）、Particle Playground（粒子运动场）、Shatter（粉碎）、Wave World（波形世界）等，这些特效功能强大，可以用来设置多种逼真的效果，不过其参数项较多，设置也比较复杂。

6.7.1 课堂案例——汽泡

案例学习目标：学习使用粒子空间滤镜制作汽泡。

案例知识要点：按 <Ctrl>+<N> 组合键，新建 “Composition Settings” 合成，使用 “Foam” 命令制作汽泡并编辑属性。汽泡效果如图 6-275 所示。

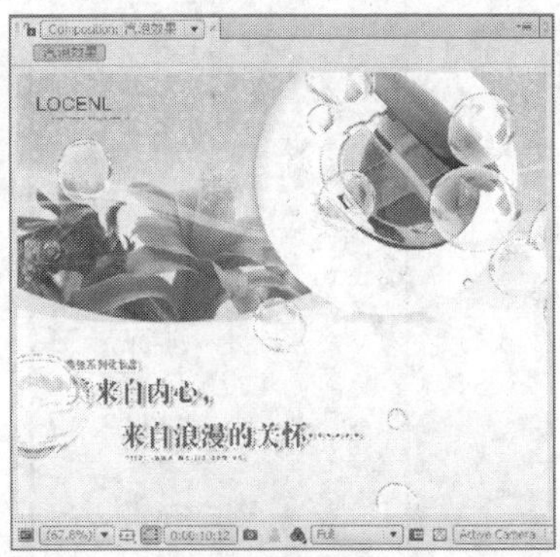

图 6-275

效果所在位置：光盘\Ch06\汽泡.aep。

Step 01 按 <Ctrl>+<N> 组合键，弹出 “Composition Settings” 对话框，在 “Composition Name” 选项的文本框中输入 “汽泡效果”，其他选项的设置如图 6-276 所示，单击 “OK” 按钮，创建一个新的合成 “汽泡效果”。选择 “File > Import > File” 命令，弹出 “Import File” 对话框，选择光盘中的 “Ch06 > 汽泡 > (Footage) > 01” 文件，单击 “打开” 按钮导入背景图片，如图 6-277 所示，并将其拖曳到 “时间轴” 面板中。

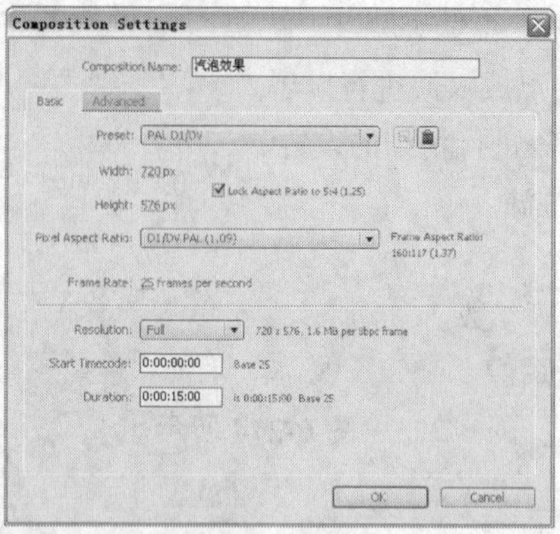

图 6-276

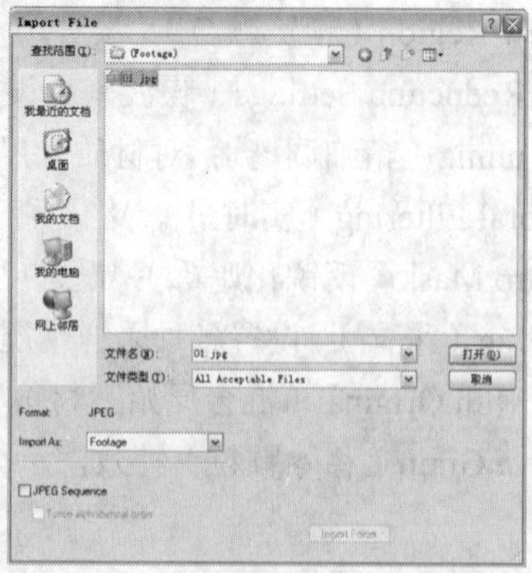

图 6-277

Step 02 选中“01”文件，按<Ctrl>+<D>组合键复制一层，如图 6-278 所示。合成窗口中的效果如图 6-279 所示。

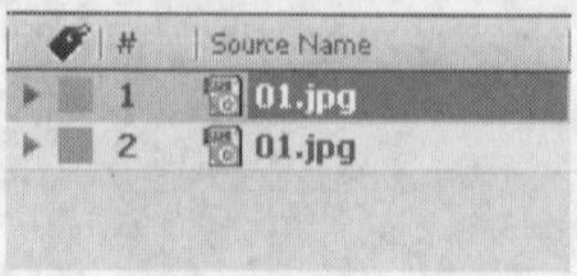

图 6-278

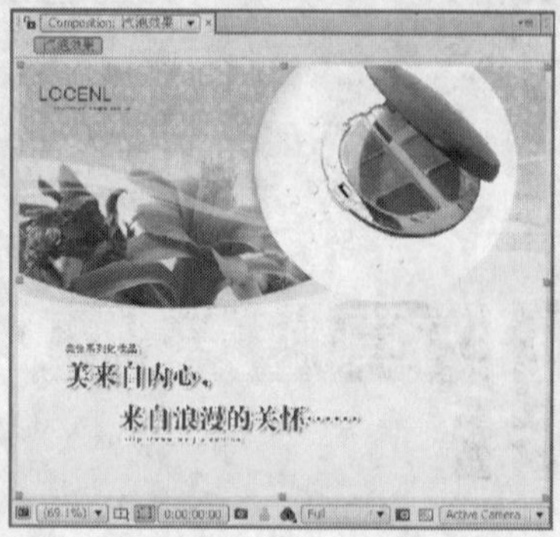

图 6-279

Step 03 选中新复制的图层，选择“Effect > Simulation > Foam”命令，在“特效控制”面板中进行参数设置，如图 6-280 所示。合成窗口中的效果如图 6-281 所示。

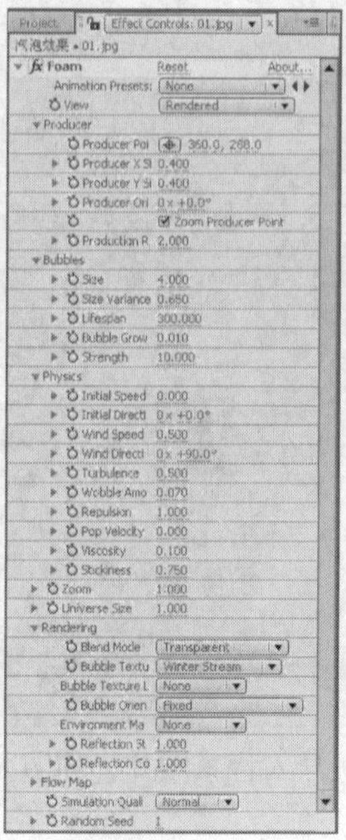

图 6-280

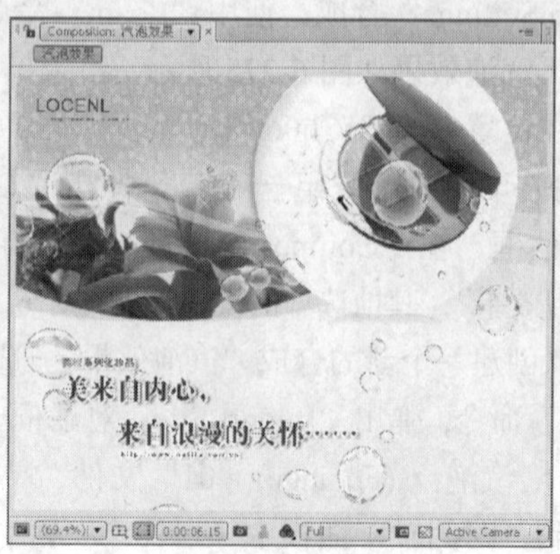

图 6-281

Step 04 在“时间轴”面板中将时间标签放置在 8s 的位置，在“特效控制”面板中单击“Strength”选项前面的“关键帧自动记录器”按钮，如图 6-282 所示，记录第 1 个关键帧。将时间标签放置在 12s 的位置，在“特效控制”面板中设置“Strength”选项的数值为 0，如图 6-283 所示。

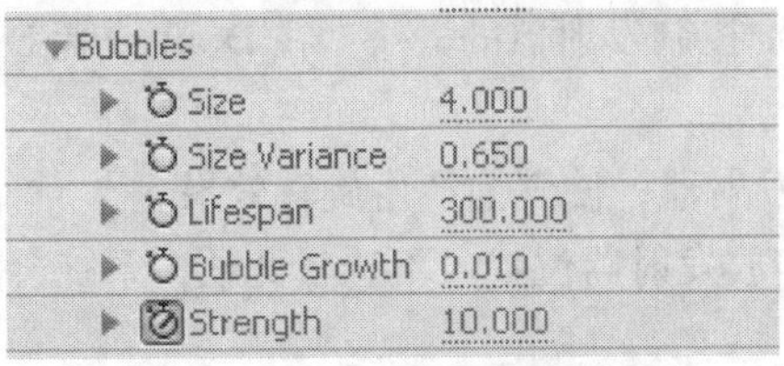

图 6-282

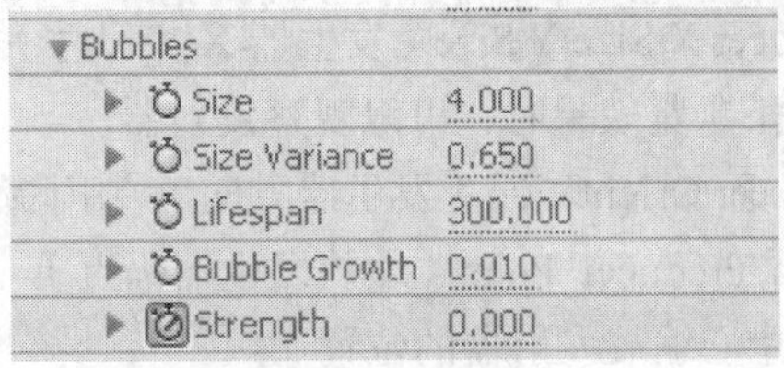

图 6-283

Step 05 汽泡制作完成，如图 6-284 所示。

图 6-284

6.7.2 Foam（泡沫滤镜）

Foam（泡沫）特效设置如图 6-285 所示。

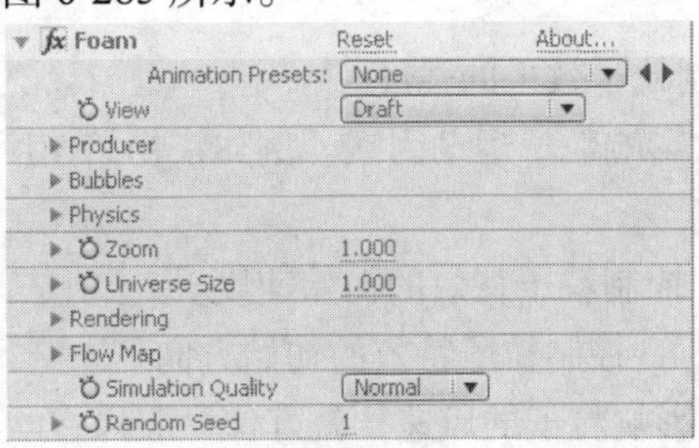

图 6-285

View（显示）：在该下拉列表中，可以选择气泡效果的显示方式。Draft 方式以草图模式渲染气泡效果，虽然不能在该方式下看到气泡的最终效果，但是可以预览气泡的运动方式和设置状态。该方式计算速度非常快速。为特效指定了影响通道后，使用 Draft+Flow Map 方式可以看到指定的影响对象。在 Render 方式下可以预览气泡的最终效果，但是计算速度相对较慢。

Zoom（缩放）：对粒子效果进行缩放。

Universe Size（区域尺寸）：该参数控制粒子效果的综合尺寸。在 Draft 或者 Draft+Flow Map 状态下预览效果时，可以观察综合尺寸范轩围框。

Producer（发生器）：该参数栏用于对气泡的粒子发射器相关参数进行设置，如图 6-286 所示。

Producer Point（发生点）：用于控制发射器的位置。所有的气泡粒子都由发射器产生，就好像在水枪中喷出气泡一样。

Producer X Size/Y Size（发生器 X/Y 尺寸）：分别控制发射器的大小。在 Draft 或者 Draft+Flow Map 状态下预览效果时，可以观察发射器。

Producer Orientation（发生器方向）：用于旋转发射器，使气泡产生旋转效果。

Zoom Producer Point（缩放发生器锚点）：可缩放发射器位置。不选择此项，系统会默认发射效果点为中心缩放发射器的位置。

Production Rate（生成比率）：用于控制发射速度。一般情况下，数值越高，发射速度较快，单位时间内产生的气泡粒子也较多。当数值为 0 时，不发射粒子。系统发射粒子时，在特效的开始位置，粒子数目为 0。

Bubbles（泡沫）：在该参数栏中，可对气泡粒子的尺寸、生命以及强度进行控制，如图 6-287 所示。

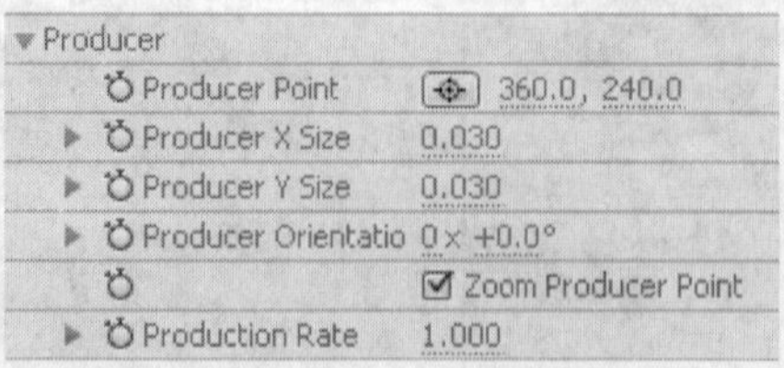

图 6-286

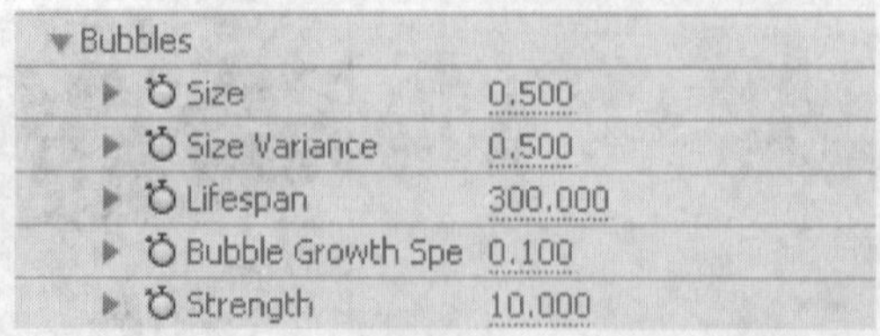

图 6-287

Size（尺寸）：用于控制气泡粒子的尺寸。数值越大，每个气泡粒子越大。

Size Variance（尺寸变化）：用于控制粒子的大小差异。数值越高，每个粒子的大小差异越大。数值为 0 时，每个粒子的最终大小都是相同的。

Lifespan（寿命）：用于控制每个粒子的生命值。每个粒子在发射产生后，最终都会消失。所谓生命值，即是粒子从产生到消亡之间的时间。

Bubble Growth Speed（泡沫生长速度）：用于控制每个粒子生长的速度，即粒子从产生到最终大小的时间。

Strength（力量）：用于控制粒子效果的强度。

Physics（物理学）：该参数影响粒子运动因素。例如，初始速度、风度、混乱度及活力等，如图 6-288 所示。

Initial Speed（初始速度）：控制粒子特效的初始速度。

Initial Direction（初始方向）：控制粒子特效的初始方向。

Wind Speed（风速）：控制影响粒子的风速，就好像一股风在吹动粒子一样。

Wind Direction（风向）：控制风的方向。

Turbulence（紊乱流）：控制粒子的混乱度。该数值越大，粒子运动越混乱，同时向四面八发散；数值较小，则粒子运动较为有序和集中。

Wobble Amount（摇摆数量）：控制粒子的摇摆强度。参数较大时，粒子会产生摇摆变形。

Repulsion（排斥）：用于在粒子间产生排斥力。数值越高，粒子间的排斥性越强。

Pop Velocity（泡沫速率）：控制粒子的总速率。

Viscosity（粘性）：控制粒子间的粘着性。数值越小，粒子堆砌得越紧密。

Rendering（渲染）：该参数栏控制粒子的渲染属性。

例如，融合模式下的粒子纹理及反射效果等。该参数栏的设置效果仅在 Rendering 模式下才能看到效果。Rendering（渲染）选项如图 6-289 所示。

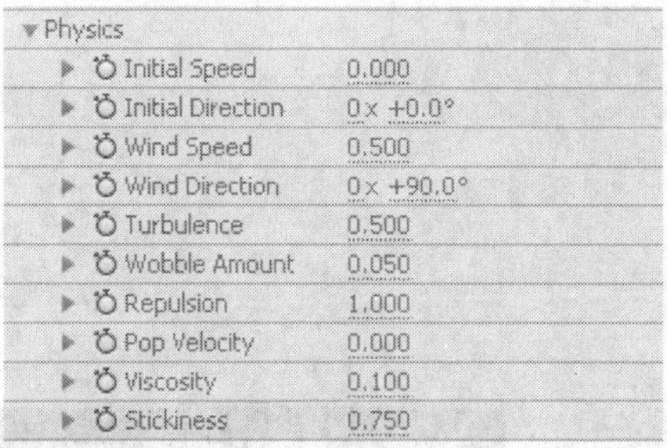

图 6-288

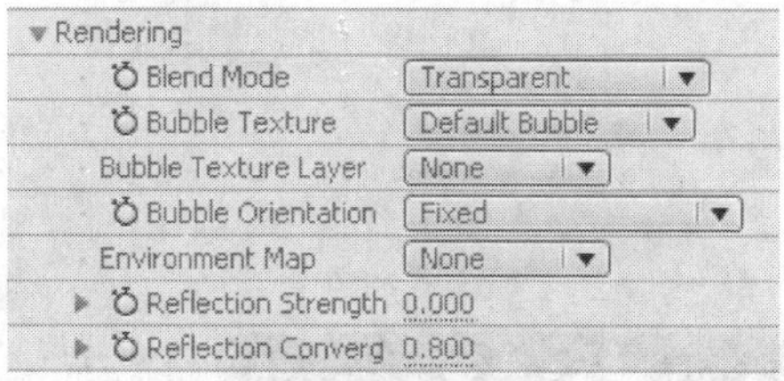

图 6-289

Blend Mode（混合模式）：用于控制粒子间的融合模式。Transparent 方式下，粒子与粒子间进行透明叠加。选择 Solid Old on Top 方式，则旧粒子置于新生粒子之上。选择 Solid New on Top 方式，则将新生粒子叠加到旧粒子之上。在不同的叠加方式下，仔细观察粒子间如何进行重叠。

Bubble Texture（泡沫纹理）：可在该下拉列表中选择气泡粒子的纹理方式。

Bubble Texture Layer（泡沫纹理图层）：除了系统预制的粒子纹理外，还可以指定合成图像中的一个层作为粒子纹理。该层可以是一个动画层，粒子将使用其动画纹理。在 Bubble Texture Layer 下拉列表中选择粒子纹理层。注意，必须在 Bubble Texture 下拉列表中将粒子纹理设置为 Use Defined。

Bubble Orientation（泡沫方向）：可在该下拉列表中设置气泡的方向。可以使用默认的坐标（Fixed），也可以使用 Physics 参数控制方向（Physics Orientation），还可以根据气泡速率（Bubble Velocity）进行控制。

Environment Map（环境映射）：所有的所气粒子都可以对周围的环境进行反射。可以在 Environment Map 下拉列表中指定气泡粒子的反射层。

Reflection Strength（反射强度）：控制反射的强度。

Reflection Convergence（反射收敛）：控制反射的聚集度。

Flow Map（流动贴图）：可以在 Flow Map 参数栏中指定一个层来影响粒子效果。在 Flow Map 下拉列表中，可以选择对粒子效果产生影响的目标层。当选择目标层后，在 Draft+Flow Map 模式下可以看到 Flow Map 如图 6-290 所示。

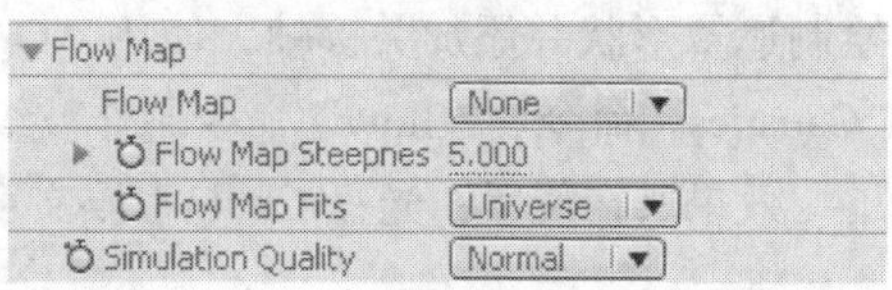

图 6-290

Flow Map Steepness（渐变流动贴图）：用于控制参考图对粒子的影响效果。

Flow Map Fits（适配流动帖图）：在该下拉列表中，可以设置参考图的大小。可以使用合成图像屏幕大小（Screen），也可以使用粒子效果的综合尺寸（Universe）。

Simulation Quality（模拟品质）：在该下拉列表中，可以设置气泡粒子的仿真质量。

Random Seed（随机种子）：该参数栏用于控制气泡粒子的随机种子数。

> **提示**：在 Flow Map 参数栏中指定一个层来影响粒子效果时，系统仅使用粒子特效产生时的第一帧位置素材作为 Flow Map。

Foam（泡沫）特效演示如图 6-291、图 6-292、图 6-293 所示。

图 6-291

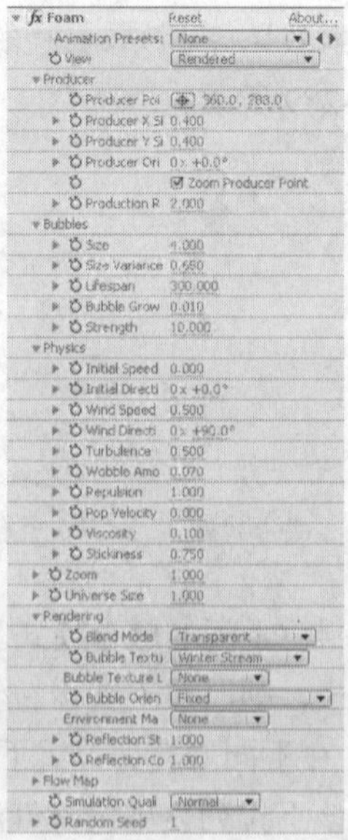

图 6-292

图 6-293

6.8 风格化滤镜组

Stylize（风格化）是一组风格化效果，用来模拟一些实际的绘画效果，或为画面提供某种风格化效果。

6.8.1 课堂案例——水波文字

案例学习目标：学习使用波形弯曲和辉光滤镜制作水波文字。

案例知识要点：使用文字类形工具输入文字，使用“Solid”选项新建层，使用椭圆遮罩工具绘制遮罩形状并添加关键帧，使用“Opacity”属性编辑不透明效果，使用“Wave World”命令、“Caustics”命令、“Glow”命令制作波纹效果。水波文字效果如图 6-294 所示。

效果所在位置：光盘\Ch06\水波文字.aep。

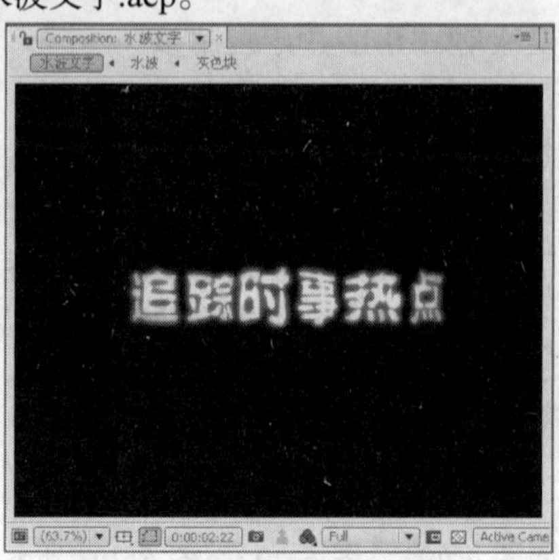

图 6-294

1.输入文字

Step 01 按<Ctrl>+<N>组合键，弹出“Composition Settings”对话框，在“Composition Name”选项的文本框中输入文字“文字”，其他选项的设置如图 6-295 所示，单击“OK”按钮，创建一个新的合成“文字”。选择“Layer > New > Solid”命令，弹出“Solid Settings”对话框，在“Name”选项的文本框中输入“背景”，将“Color”选项设置为黑色，单击“OK”按钮，在“时间轴”面板中新增一个 Solid 层，如图 6-296 所示。

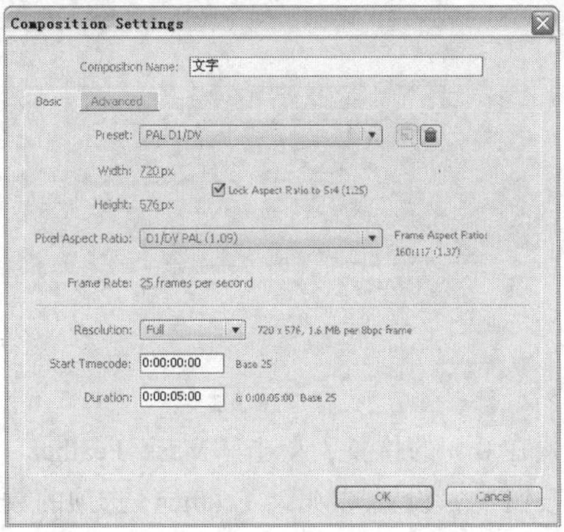

图 6-295

图 6-296

Step 02 选择“Horizontal Type Tool”（水平类型工具）T，在合成窗口输入文字“追踪时事热点”。选中输入的文字，在“Character”面板中设置文字的颜色为白色，其他参数设置如图 6-297 所示。合成窗口中的效果如图 6-298 所示。

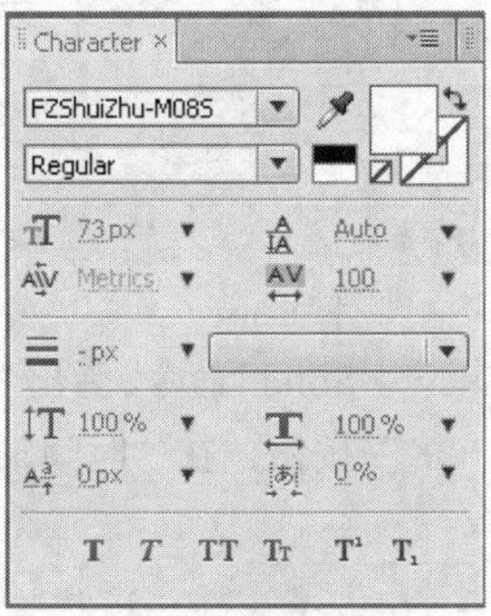

图 6-297

图 6-298

Step 03 按<Ctrl>+<N>组合键，再次创建一个新的合成“形状”。在“项目”面板中选中“文字”合成，将其拖曳到“时间轴”面板中，如图 6-299 所示。选择“Layer > New > Solid”命令，弹出“Solid Settings”对话框，在“Name”选项的文本框中输入“背景 1”，单击“OK”按钮，在“时间轴”面板中新增一个 Solid 层，如图 6-300 所示。

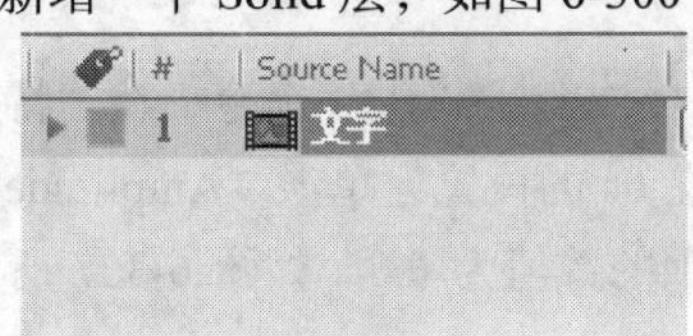

图 6-299

图 6-300

2. 制作波纹字

Step 01 选择“Elliptical Mask Tool”（椭圆遮罩工具），在合成窗口中拖曳鼠标绘制一个椭圆形Mask，合成窗口中的效果如图 6-301 所示。选择“背景 1”层，展开“Masks”选项，单击 Mask 1 后面的叠加模式为“Subtract”，如图 6-302 所示。

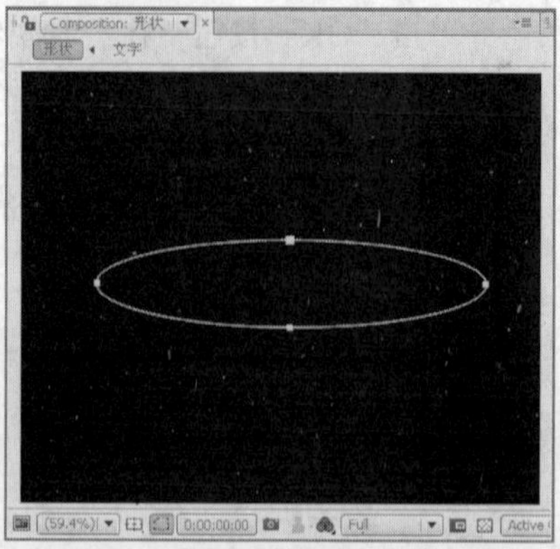

图 6-301

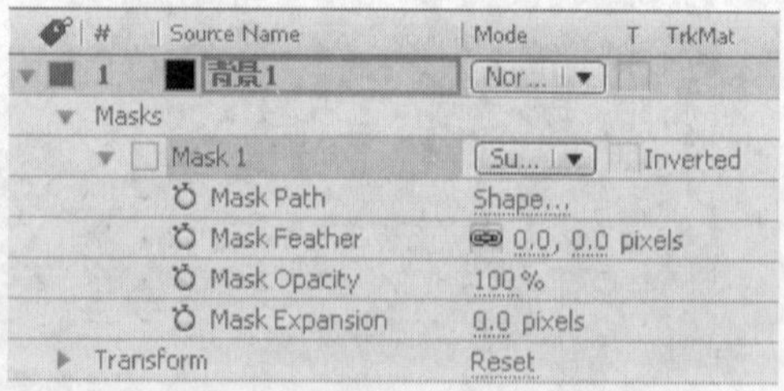

图 6-302

Step 02 在“时间轴”面板中将时间标签放置在 0 s 的位置，单击“Mask Feather”和“Mask Expansion”选项前面的“关键帧自动记录器”按钮，设置“Mask Feather”选项的数值为 60、60，“Mask Expansion”选项的数值为-54，如图 6-303 所示，记录第 1 个关键帧。将时间标签放置在 4s 的位置，单击“Mask Expansion”选项前面的“添加关键帧”按钮，设置“Mask Expansion”选项的数值为 0，如图 6-304 所示，记录第 2 个关键帧。

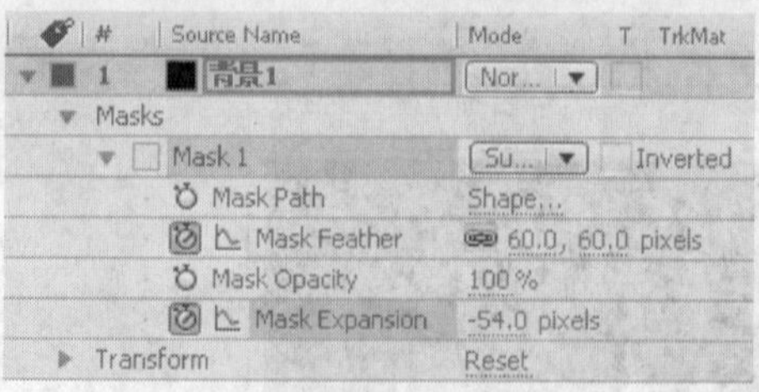

图 6-303

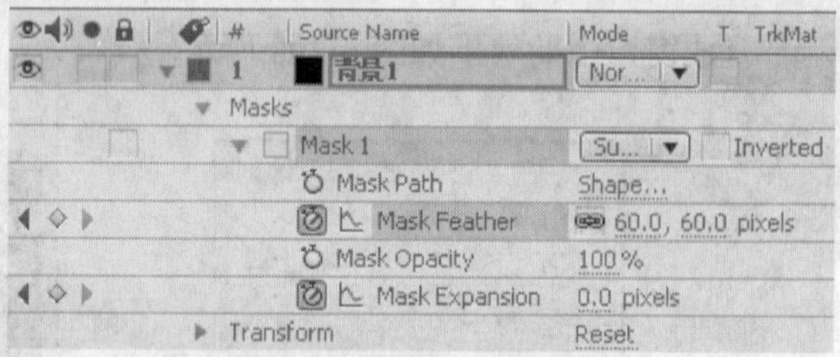

图 6-304

Step 03 再次创建一个新的合成“灰色块”。选择“Layer > New > Solid”命令，弹出“Solid Settings”对话框，在“Name”选项的文本框中输入“黑色”，单击“OK”按钮，在“时间轴”面板中新增一个 Solid 层，如图 6-305 所示。

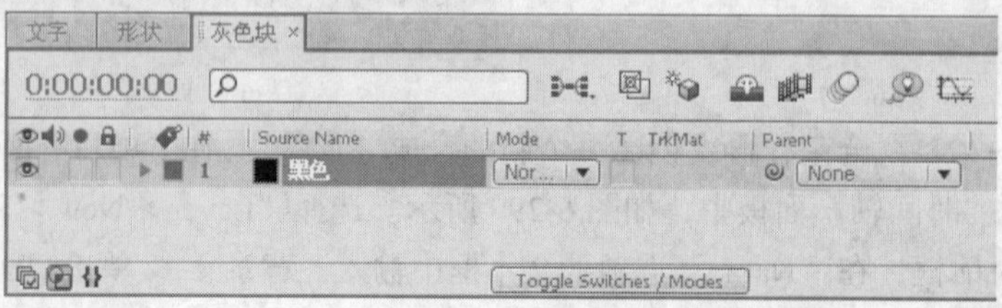

图 6-305

Step 04 选中“黑色”层，选择“Effect > Simulation > Wave World”命令，在“特效控制”面板中进行参数设置，如图 6-306 所示。将时间标签放置在 0s 的位置，单击“Amplitude”选项前面的“关键帧自动记录器”按钮，设置“Amplitude”选项的数值为 0.8，如图 6-307 所示。将时间标签放置在 4s 的位置，设置“Amplitude”选项的数值为 0。

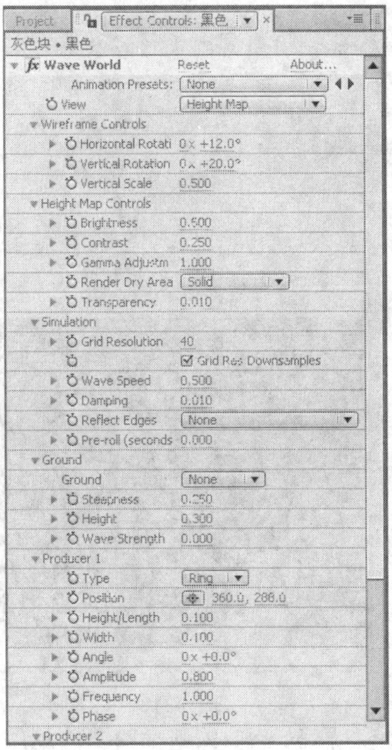

图 6-306

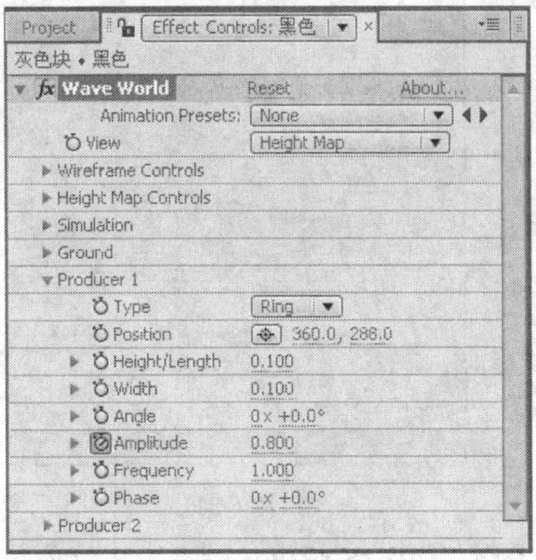

图 6-307

Step 05 按< T >键展开“Opacity”属性，将时间标签放置在 3s 的位置，单击“Opacity”选项前面的“关键帧自动记录器”按钮，设置“Opacity”选项的数值为 100，如图 6-308 所示，记录第 1 个关键帧。将时间标签放置在 4s 的位置，设置“Position”选项的数值为 0，如图 6-309 所示，记录第 2 个关键帧。

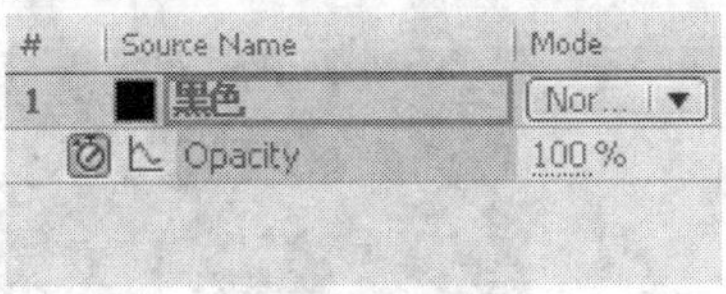

图 6-308

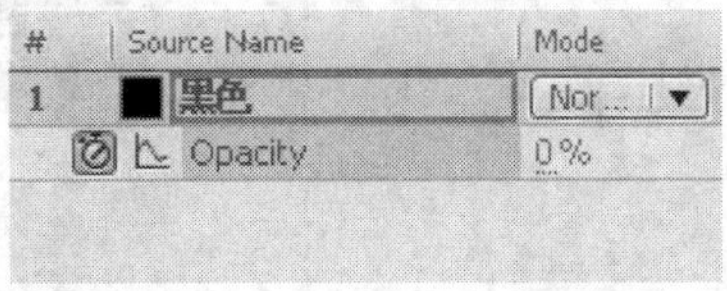

图 6-309

3. 添加文字颜色

Step 01 按<Ctrl>+<N>组合键，创建一个新的合成“水波”。在“项目”面板中选中“形状、黑色块”合成，将其拖曳到“时间轴”面板中，同时单击“黑色块”前面的眼睛按钮，关闭该层的可视性，如图 6-310 所示。

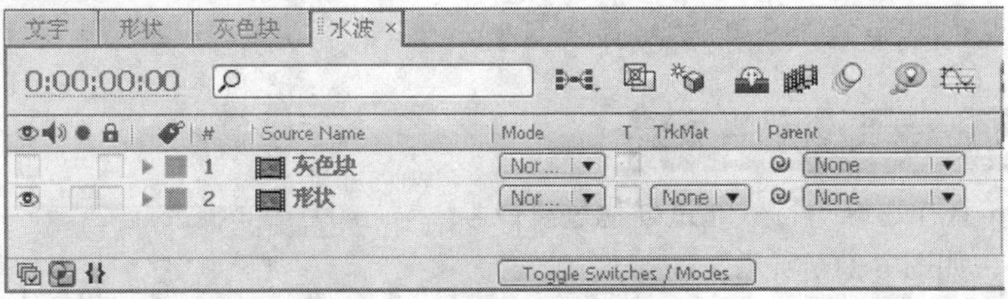

图 6-310

Step 02 选中“形状”层，选择“Effect > Simulation > Caustics”命令，在“特效控制”面板中进行参数设置，如图 6-311 所示。合成窗口中的效果如图 6-312 所示。

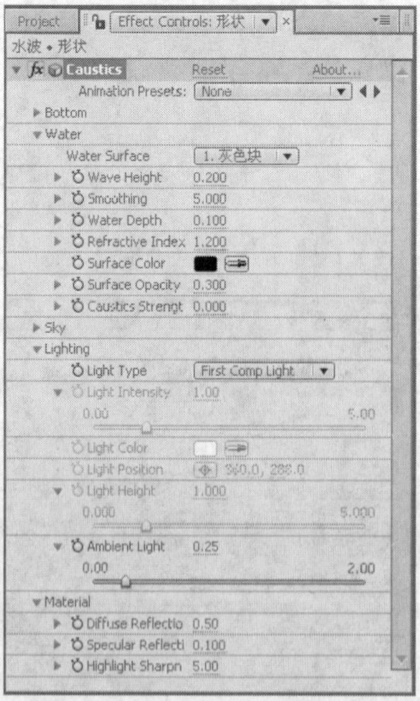

图 6-311

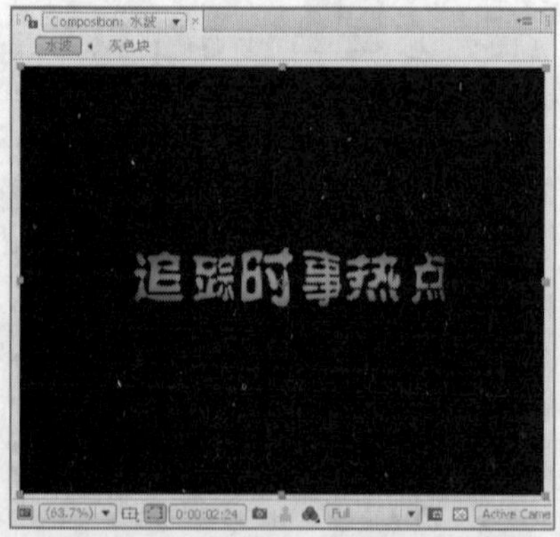

图 6-312

Step 03 按<Ctrl>+<N>组合键，创建一个新的合成“水波文字”。在“项目”面板中选中“水波”合成，将其拖曳到“时间轴”面板中，如图 6-313 所示。选择“Effect > Stylize > Glow”命令，在“特效控制”面板中设置“Color A”的颜色为橙红色（其 R、G、B 的值分别为 255、72、0），“Color B”的颜色为黄色（其 R、G、B 的值分别为 255、240、0），其他参数设置如图 6-314 所示，

Step 04 “水波文字”制作完成，如图 6-315 所示。

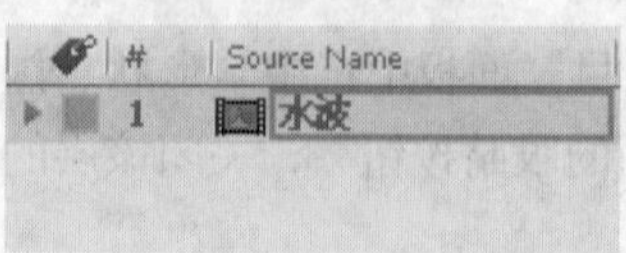

图 6-313

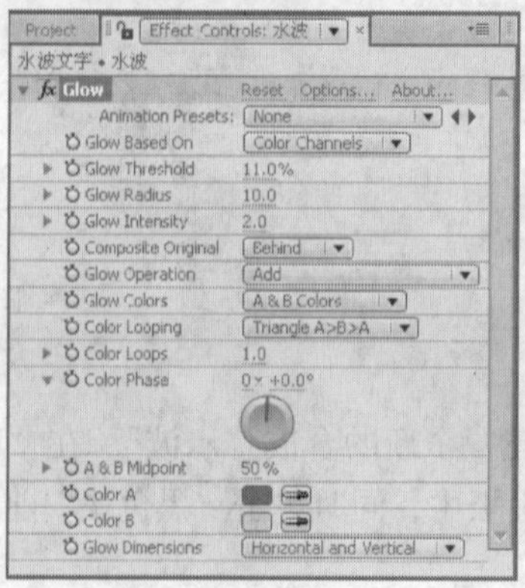

图 6-314

图 6-315

6.8.2 Find Edges（查找边缘滤镜）

Find Edges（查找边缘）特效通过强化过渡像素来产生彩色线条，如图 6-316 所示。

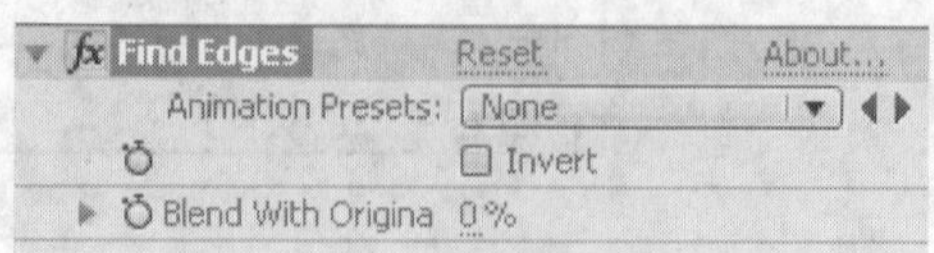

图 6-316

Invert（反转）：用于反向勾边结果。

Blend With original（混合原始素材）：设置和原始素材图像的混合比例。

Find Edges（查找边缘）特效演示如图 6-317、图 6-318、图 6-319 所示。

图 6-317

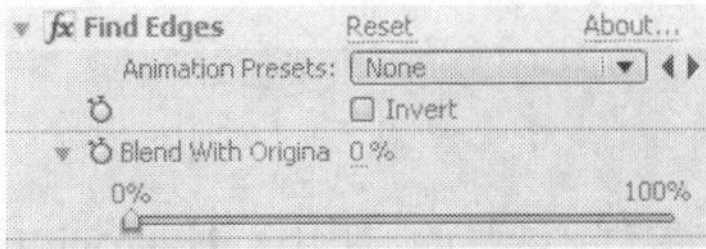

图 6-318

图 6-319

6.8.3 Glow（辉光滤镜）

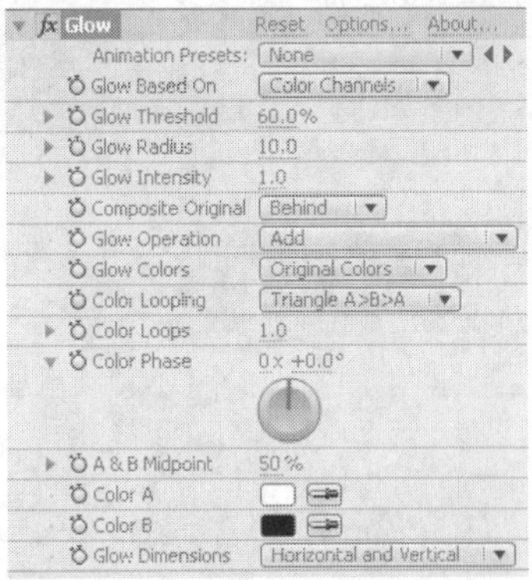

图 6-320

Glow（辉光）特效经常用于图像中的文字和带有 Alpha 通道的图像，可产生发光或光晕的效果，如图 6-320 所示。

Glow Base on（辉光基于）：控制辉光效果基于哪一种通道方式产生辉光。

Glow Threshold（辉光阈值）：设置辉光的阈值，影响到辉光的覆盖面。

Glow Radius（辉光半径）：设置辉光的发光半径。

Glow Intensity（辉光强度）：设置辉光的发光强度，影响到辉光的亮度。

Composite original（合成到原始素材）：设置和原始素材图像的合成方式。

Glow operation（辉光操作）：辉光的发光模式，类似层模式的选择。

Glow Colors（辉光色彩）：设置辉光的颜色，影响到辉光的颜色。

Color Looping（色彩循环方式）：设置辉光颜色的循环方式。

Color Loops（色彩循环数值）：设置辉光颜色循环的数值。

Color Phase（色彩相位）：设置辉光的颜色相位。

A&B Midpoint（A&B 中点）：设置辉光颜色 A 和 B 的中点百分比。

Color A（色彩 A）：选择颜色 A。

Color B（色彩 B）：选择颜色 B。

Glow Dimensions（辉光方向）：设置辉光作用的方向，有 Horizontal and Vertical（水平和垂直）、Horizontal（水平）和 Vertical（垂直）3 种方式。

Glow（辉光）特效演示如图 6-321、图 6-322、6-323 所示。

图 6-321

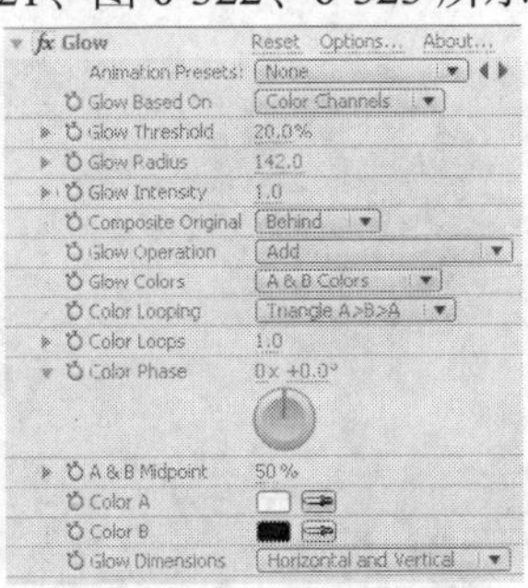

图 6-322

图 6-323

6.9 课堂练习——颜色替换

练习知识要点：使用“File”命令导入图片；使用“Hue/Saturation”命令改变衣服颜色效果。颜色替换效果如图 6-324 所示。

效果所在位置：光盘\Ch06\颜色替换.aep。

图 6-324

6.10 课堂练习——单色保留

练习知识要点：使用“Curves”命令、“Leave Color”命令、“Hue/Saturation”命令调整图片局部颜色效果，使用水平类型工具输入文字。单色保留效果如图 6-325 所示。

效果所在位置：光盘\Ch06\单色保留.aep。

图 6-325

6.11 课堂练习——随机线条

练习知识要点：使用“Solid”命令新建层，使用“Fractal Noise”命令编辑线条并添加关键帧制作随机线条动画，使用“Mode”选项更改叠加模式。随机线条效果如图 6-326 所示。

效果所在位置：光盘\Ch06\随机线条.aep。

图 6-326

6.12 课后习题——火烧效果

习题知识要点：使用“Ellipse”命令制作椭圆形特效，使用“Fractal Noise”命令、“Displacement Map”命令制作火烧动画，使用“File”命令导入图片。火烧效果如图 6-327 所示。

效果所在位置：光盘\Ch06\火烧效果.aep。

图 6-327

第7章 跟踪与表达式

本章对 After Effects CS4 中的“跟踪与表达式”进行介绍。重点讲解运动跟踪中的单点跟踪和多点跟踪、表达式中的创建表达式和编辑表达式。通过对本章内容的学习，读者可以制作影片自动生成的动画，完成最终的影片效果。

【教学目标】

- 运动跟踪。
- 表达式。

7.1 运动跟踪

运动跟踪是对影片中产生运动的物体进行追踪。应用运动跟踪时，合成文件中应该至少有两个层：一层为追踪目标层，另一层为连接到追踪点的层。当导入影片素材后，在菜单栏中选择“Animation > Track Motion”命令增加运动追踪，如图 7-1 所示。

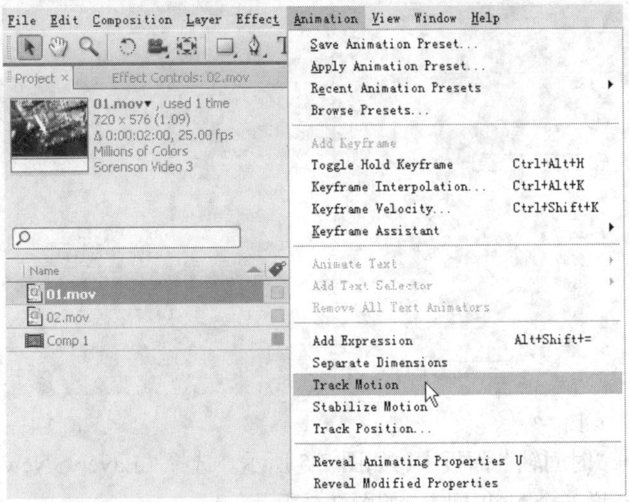

图 7-1

7.1.1 课堂案例——单点跟踪

案例学习目标：学习使用单点跟踪命令。

案例知识要点：使用“Tracker Controls”命令添加跟踪点，使用“Adjustment Layer”命令新建调解层，使用“Hue / Saturation”命令调整标志颜色。单点跟踪效果如图 7-2 所示。

效果所在位置：光盘\Ch07\单点跟踪. aep。

图 7-2

1．制作跟踪点

Step 01 按<Ctrl>+<N>组合键，弹出“Composition Settings”对话框，在“Composition Name”选项的文本框中输入“交通”，其他选项的设置如图 7-3 所示。单击“OK”按钮，创建一个新的合成“单点跟踪”。

Step 02 选择“File > Import > File”命令，弹出“Import File”对话框，选择光盘中的“Ch07 > 单点跟踪 > (Footage) > 01”文件，单击“打开”按钮导入视频文件，如图 7-4 所示，并将其拖曳到“时间轴”面板中。

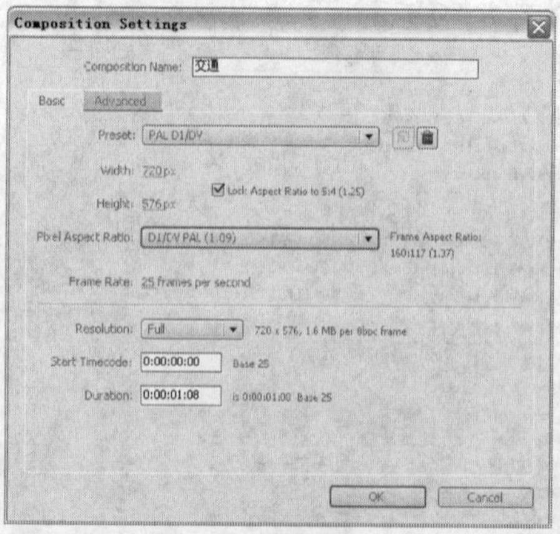

图 7-3

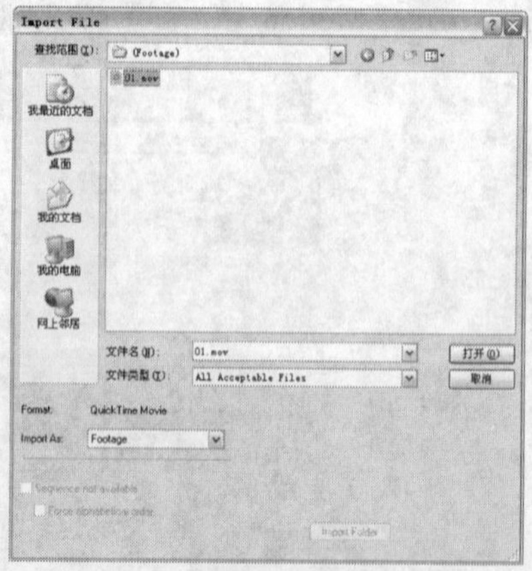

图 7-4

Step 03 将其拖曳到“时间轴”面板中，如图 7-5 所示。选择“Layer > New > Null Object”命令，在“时间轴”面板中新增一个 Null 1 层，如图 7-6 所示。

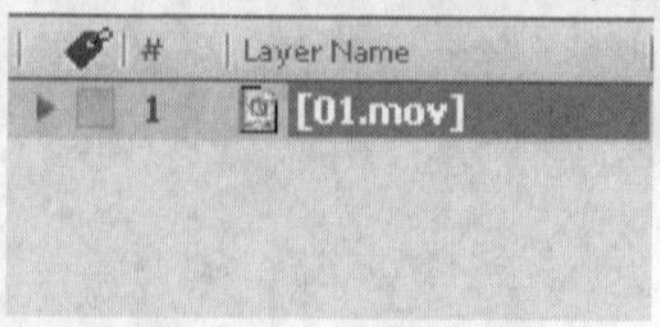

图 7-5

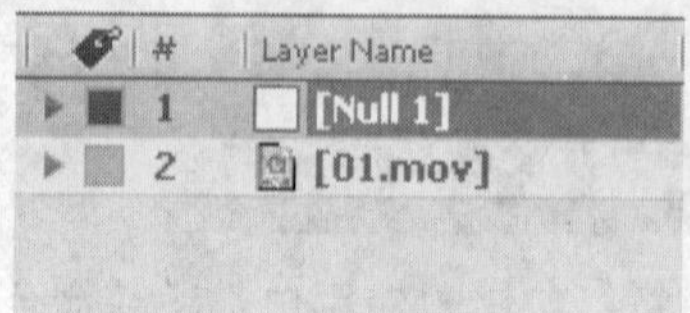

图 7-6

Step 04 选择“Window > Tracker”命令，出现“Tracker”面板，如图 7-7 所示。双击“01.mov”层，在“Tracker”面板中单击“Track Motion”按钮，面板处于激活状态，如图 7-8 所示。合成窗口中的效果如图 7-9 所示。

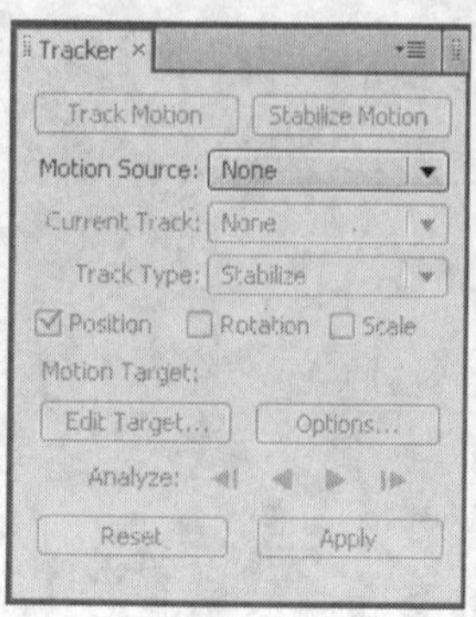

图 7-7

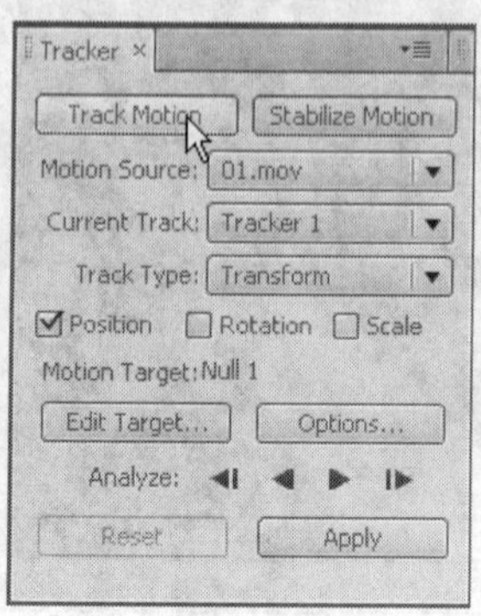

图 7-8

图 7-9

Step 05 把控制点拖曳到列车标志的位置，如图 7-10 所示。在“Tracker”面板中单击“Analyze forward”按钮▶自动跟踪计算，如图 7-11 所示。

图 7-10

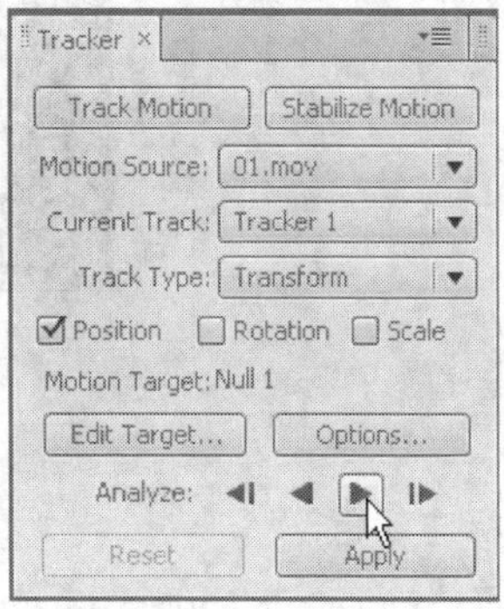

图 7-11

Step 06 选中“01”文件，在“Tracker Controls”面板中单击“Apply”按钮，如图 7-12 所示，弹出“Motion Tracker Apply Options”对话框，单击“OK”按钮，如图 7-13 所示。

图 7-12

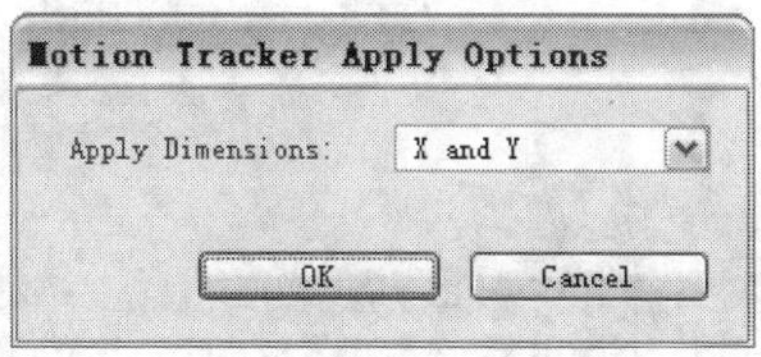

图 7-13

Step 07 选中“01”文件，按<U>键展开所有关键帧，可以看到刚才的控制点经过跟踪计算后所产生的一系列关键帧，如图 7-14 所示。

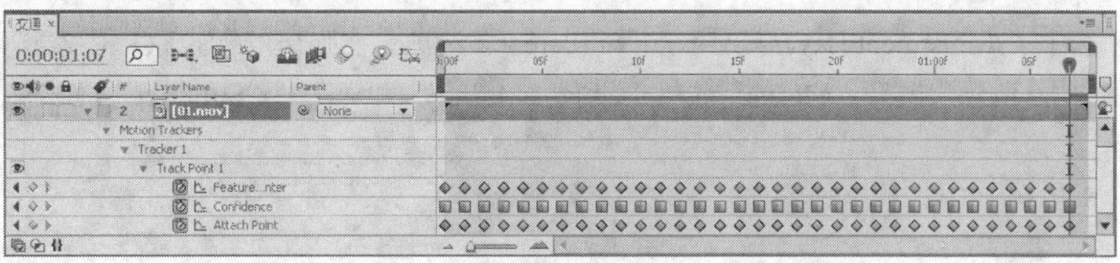

图 7-14

Step 08 选中“Null 1”层，按<U>键展开所有关键帧，同样可以看到由于跟踪所产生的一系列关键帧，如图 7-15 所示。合成窗口中的效果如图 7-16 所示。

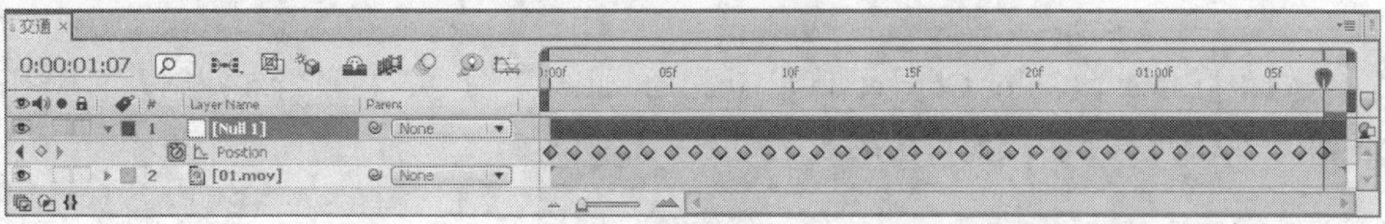

图 7-15

图 7-16

2. 制作标志颜色

Step 01 选择“Layer > New > Adjustment Layer”命令，在“时间轴”面板中新增一个 Adjustment Layer 层，如图 7-17 所示。选中“Adjustment Layer”层，选择“Pen Tool”（钢笔工具），在合成窗口中沿着列车标志绘制一个 Mask 形状，如图 7-18 所示。

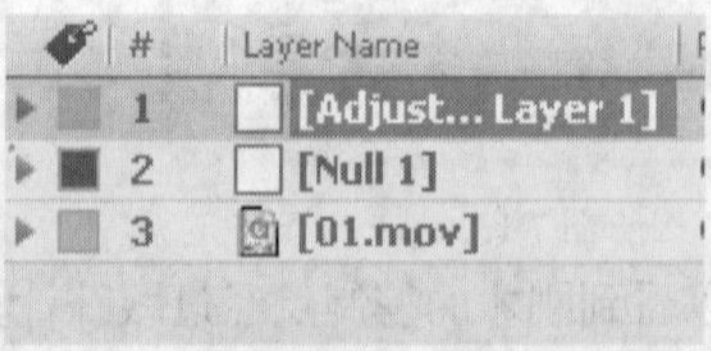

图 7-17

图 7-18

Step 02 选中“Adjustment Layer”层，选择“Parent”选项，在弹出的下拉菜单中选择“2.Null1”选项，如图 7-19 所示。展开“Masks”属性，设置“Mask2”的模式为“Subtract”，如图 7-20 所示。

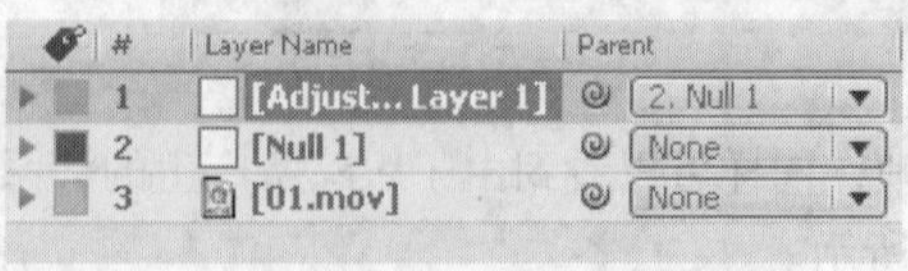

图 7-19

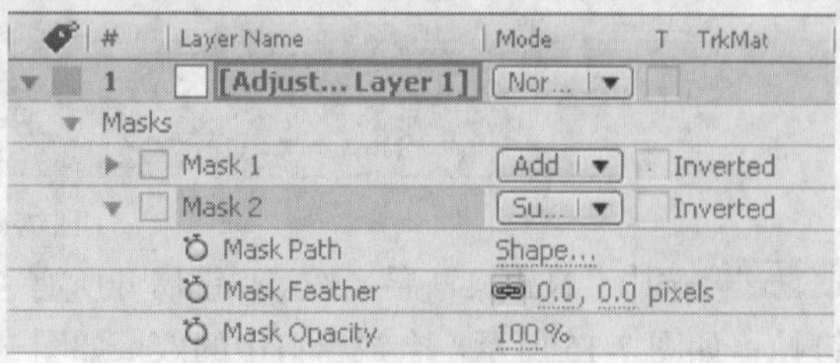

图 7-20

Step 03 选择“Effect > Color Correction > Hue/Saturation”命令，在“特效控制”面板中进行参数设置，如图 7-21 所示。合成窗口中的效果如图 7-22 所示。

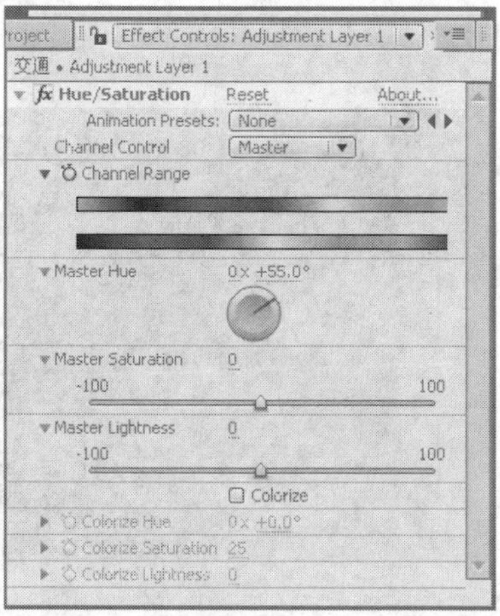

图 7-21

图 7-22

Step 04 选中"Adjustment Layer"层，展开"Masks"属性，将时间标签放置在 0 s 的位置，展开"Mask1"、"Mask2"，分别单击"Masks Shape"选项前面的"关键帧自动记录器"按钮，如图 7-23 所示，记录第 1 个关键帧。将时间标签放置在 1:07s 的位置，选择"Selection Tool"（选择工具），改变标志大小，如图 7-24 所示。

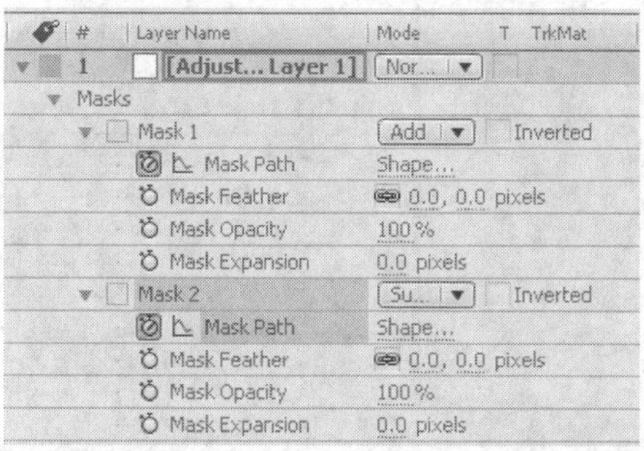

图 7-23

图 7-24

Step 05 单点跟踪制作完成，如图 7-25 所示。

图 7-25

7.1.2 单点跟踪

在某些合成效果中可能需要将某种特效跟踪另外一个物体运动，从而创建出想要得到的最佳效果。例如，Track Motion（运动跟踪）通过追踪高尔夫球单独一个点的运动轨迹，使调节层与球的运动轨迹相同，完成合成效果，如图 7-26 所示。

图 7-26

选择“Animation > Track Motion”或“Window > Tracker”命令，打开“Tracker”（跟踪控制器）控制面板，并且将在 Layer（层）视图中显示当前层。通过面板中提供的 Track Type（轨迹类型）设置，选择类型为 Transform（变换），制作单点跟踪效果。该面板中不提供 Track Motion（运动轨迹）、Stabilize Motion（稳定跟踪）、Motion Source（运动源）、Current Track（当前轨迹）、Position（位置）、Rotation（旋转）、Scale（比例）、Edit Target（剪辑目标）、Options（选项）、Analyze（分析）、Reset（重做）、Apply（应用）等设置，与 Layer 视图相结合，用户可以进行单点跟踪设置，如图 7-27 所示。

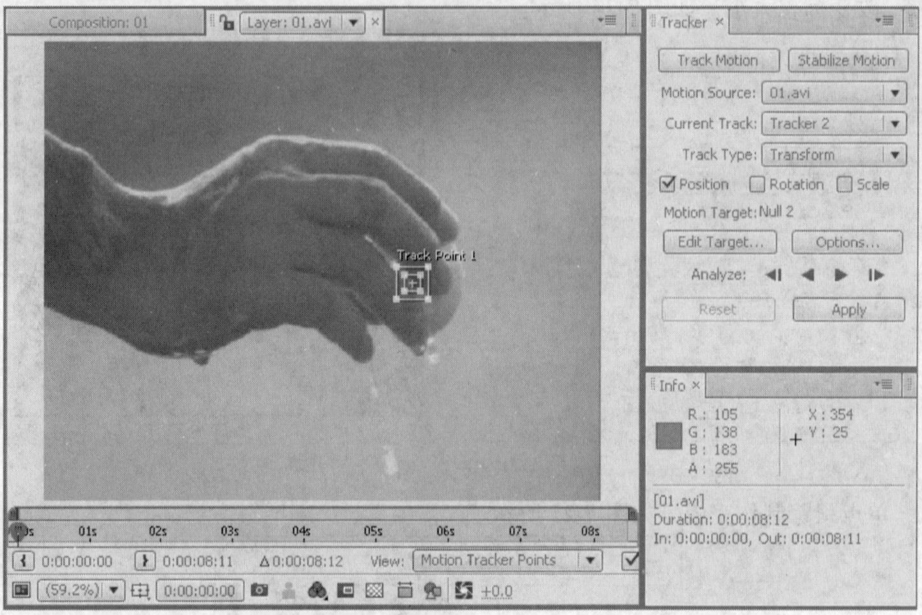

图 7-27

7.1.3 课堂案例——四点跟踪

案例学习目标：学习使用多点跟踪制作四点跟踪效果。

案例知识要点：使用“File”命令导入视频文件；使用“Tracker Controls”命令制作跟踪视频文件。四点跟踪效果如图 7-28 所示。

效果所在位置：光盘\Ch07\四点跟踪. aep。

图 7-28

1. 编辑路踪点

Step 01 按<Ctrl>+<N>组合键，弹出“Composition Settings”对话框，在“Composition Name”选项的文本框中输入“跟踪对象”，其他选项的设置如图 7-29 所示，单击“OK”按钮，创建一个新的合成“跟踪对象”。选择“File > Import > File”命令，弹出“Import File”对话框，选择光盘中的“Ch07 > 四点跟踪 > (Footage) > 01.mov、02.mov”文件，单击“打开”按钮导入视频文件，如图 7-30 所示。并将其拖曳到“时间轴”面板中，层的排列如图 7-31 所示。

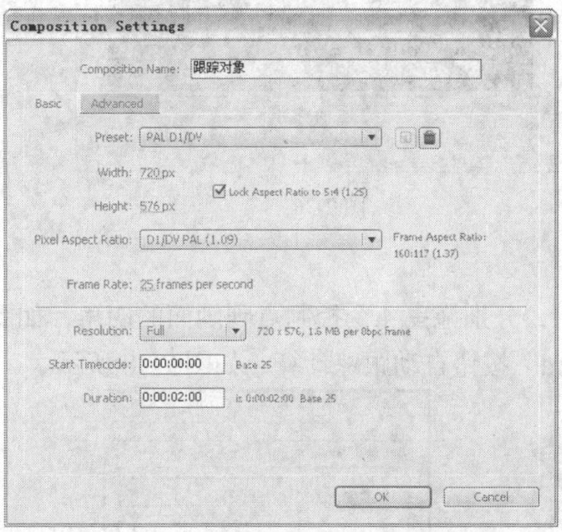

图 7-29

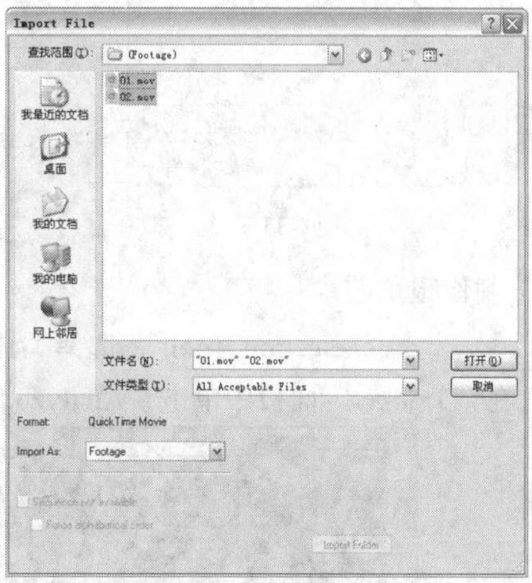

图 7-30

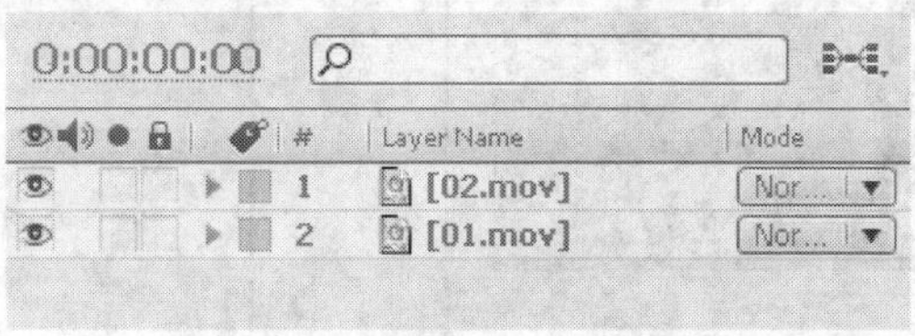

图 7-31

Step 02 选择“Window > Tracker”命令，出现“Tracker”面板，如图 7-32 所示。选中“01.mov”层，在“Tracker”面板中单击“Track Motion”按钮，面板处于激活状态，如图 7-33 所示。合成窗口中的效果如图 7-34 所示。

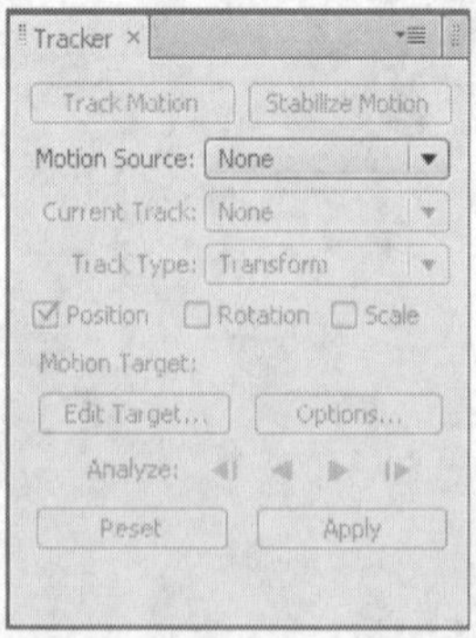

图 7-32

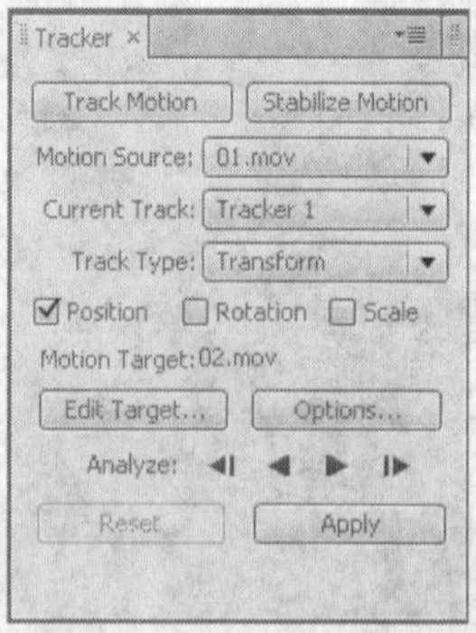

图 7-33

图 7-34

Step 03 在“Tracker”面板中“Track Type”选项的下拉菜单中选择“Perspective corner pin”，如图 7-35 所示。合成窗口中的效果如图 7-36 所示。

图 7-35

图 7-36

2. 制作跟踪图片

Step 01 选择“Selection Tool”（选择工具），分别拖曳 4 个控制点到画面的四角，如图 7-37 所示。在“Tracker”面板中单击“Analyze forward”按钮自动跟踪计算，如图 7-38 所示。

图 7-37

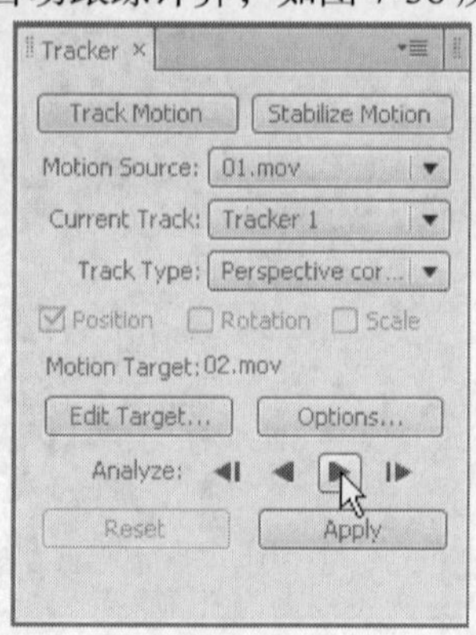

图 7-38

Step 02 选中“01.mov”层，在“Tracker”面板中单击“Apply”按钮，如图 7-39 所示。按< U >键展开所有关键帧，可以看到刚才的控制点经过跟踪计算后所产生的一系列关键帧，如图 7-40 所示。

图 7-39

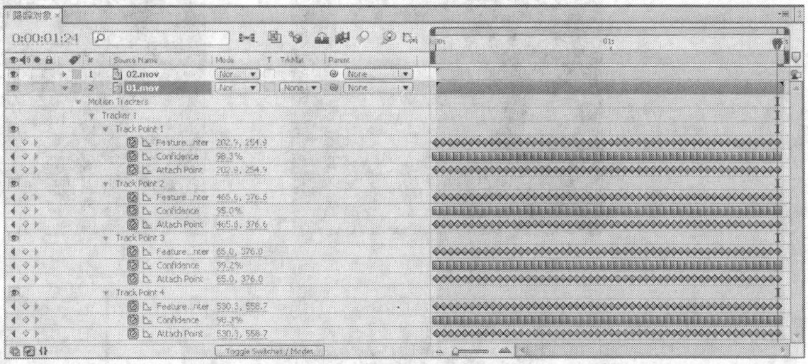

图 7-40

Step 03　按<U>键展开所有关键帧，同样可以看到由于跟踪所产生的一系列关键帧，如图 7-41 所示。

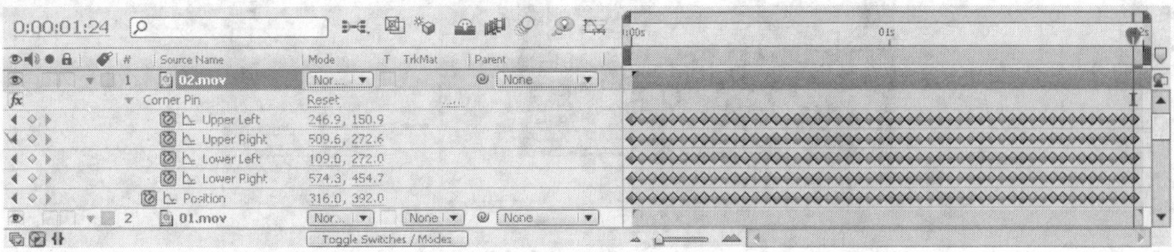

图 7-41

Step 04　“四点跟踪”制作完成，如图 7-42 所示。

图 7-42

7.1.4　多点跟踪

在某些影片的合成过程中经常需要将动态影片中的某一部分图像设置成其他图像，并生成跟踪效果，制作出想要得到的结果。例如，将一段影片与另一指定的图像进行置换合成。Track Motion（运动跟踪）通过追踪标牌上的 4 个点的运动轨迹，使指定置换的图像与标牌的运动轨迹相同，完成合成效果，如图 7-43 所示。

多点跟踪效果的设置与单点跟踪的效果设置大部分相同，只是在 Track Type（轨迹类型）设置中选择类型为 Perspective Corner Pin（透视边角），指定类型以后 Layer 视图中会由原来的定义 1 个 Track point（跟踪点），变成定义 4 个 Track point（跟踪点）的位置，制作多点跟踪效果，如图 7-44 所示。

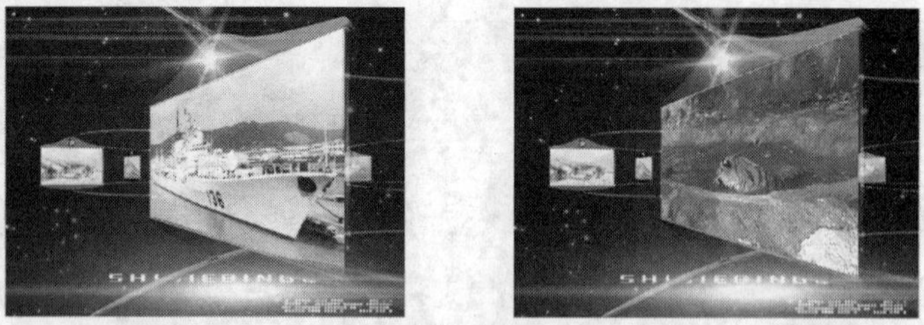

图 7-43

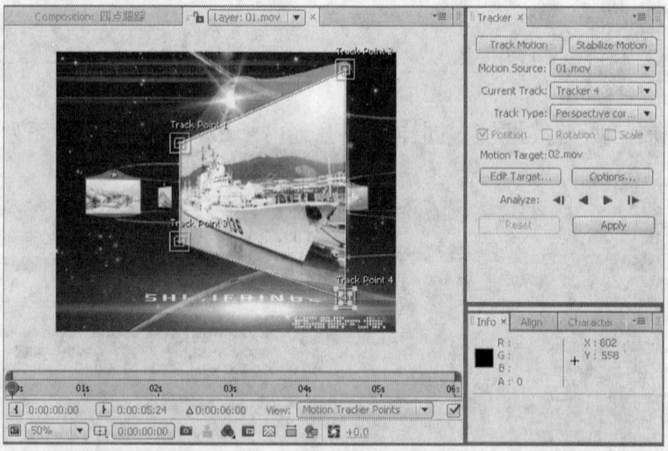

图 7-44

7.2 表达式

表达式可以创建层属性或一个属性关键帧到另一层或另一个属性关键帧的联系。当要创建一个复杂的动画，但又不愿意手工创建几十、几百个关键帧时，就可以试着用表达式代替。在 After Effects 中想要给一个层增加表达式，首先需要先给该层增加一个 Expression Controls（表达式控制）滤镜特效，如图 7-45 所示。

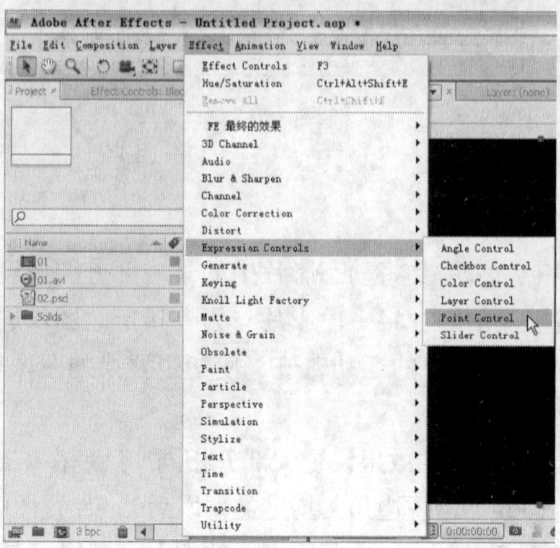

图 7-45

7.2.1　课堂案例——放大镜效果

案例学习目标：学习使用编写表达式制作放大镜效果。

案例知识要点：使用“File”命令导入图片，使用“平移拖后工具”改变中心点位置效果，使用“钢笔工具”绘制形状，使用“Spherize”命令制作放大效果。放大镜效果如图 7-46 所示。

效果所在位置：光盘\Ch07\放大镜效果.aep。

图 7-46

1. 导入图片

Step 01 按<Ctrl>+<N>组合键，弹出“Composition Settings”对话框，在“Composition Name”选项的文本框中输入“放大镜效果”，其他选项的设置如图 7-47 所示，单击“OK”按钮，创建一个新的合成“放大镜效果”。

Step 02 选择“File > Import > File”命令，弹出“Import File”对话框，选择光盘中的“Ch07 > 放大镜效果 > (Footage)01、02”文件，单击“打开”按钮导入图片，如图 7-48 所示，并将其拖曳到“时间轴”面板中。层的排列如图 7-49 所示。

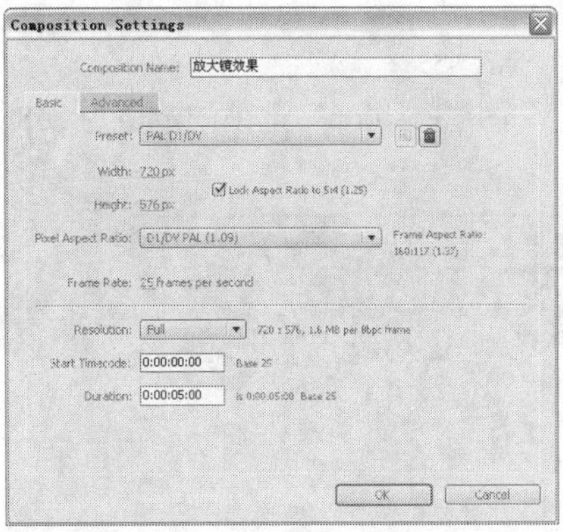

图 7-47

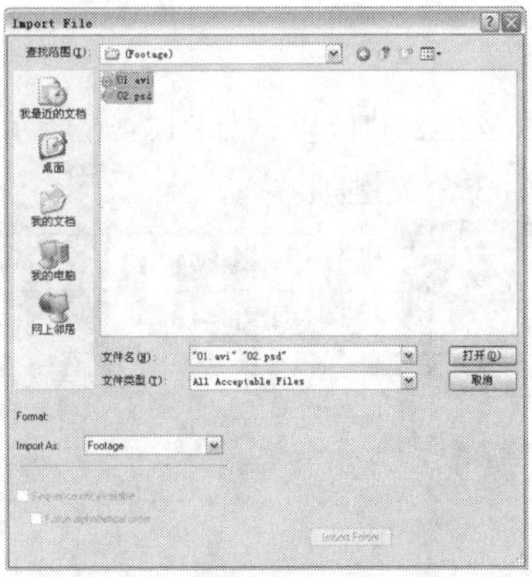

图 7-48

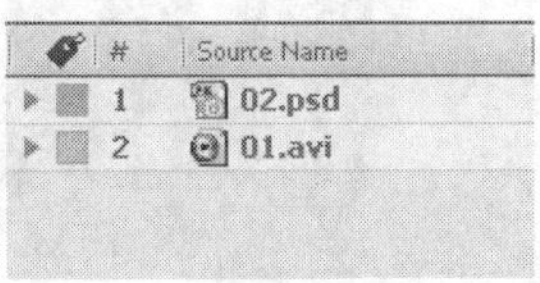

图 7-49

2. 制作放大效果

Step 01 选中“02”文件，选择“Pan Behind Tool”（平移拖后工具），在合成窗口中按住鼠标左键，调整放大镜的中心点位置，如图 7-50 所示。按<P>键展开的“Position”属性，设置“Position”选项的数值为 408、73，如图 7-51 所示。

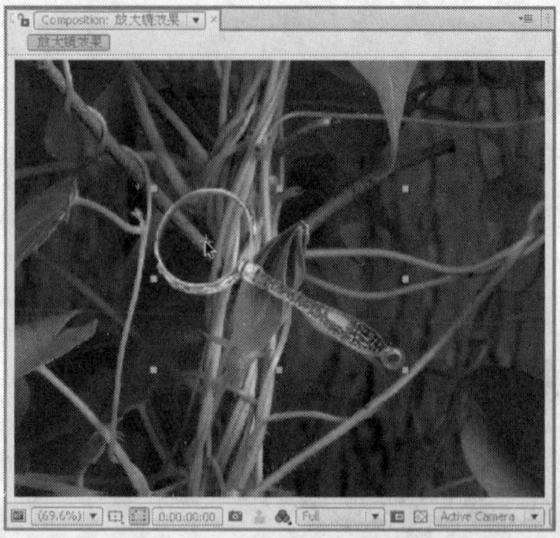

图 7-50

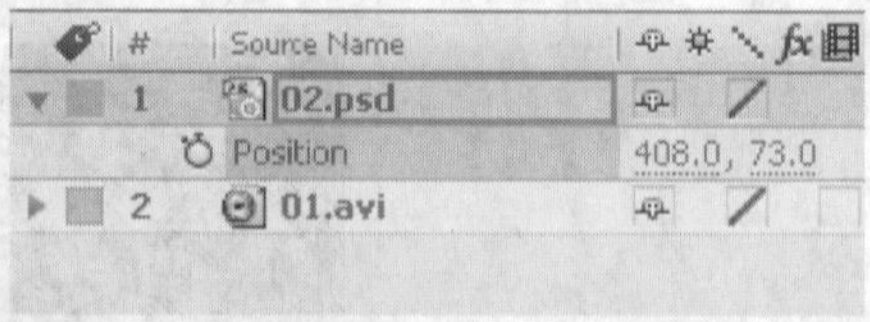

图 7-51

Step 02 在“时间轴”面板中将时间标签放置在 0s 的位置，如图 7-52 所示。单击“Position”选项前面的“关键帧自动记录器”按钮，如图 7-53 所示，记录第 1 个关键帧。

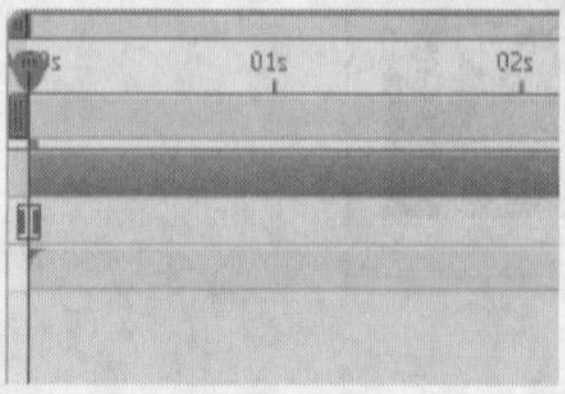

图 7-52

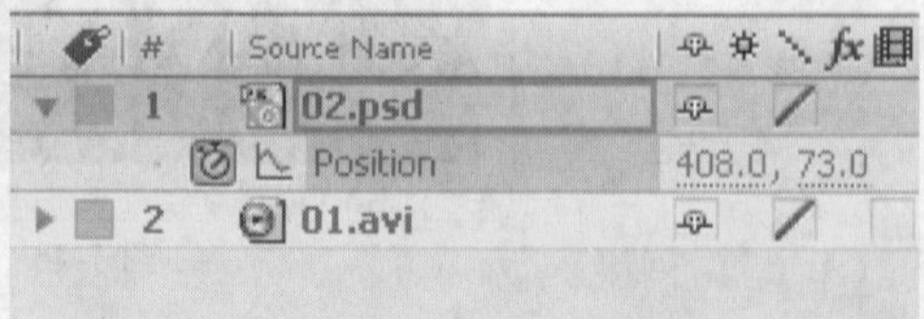

图 7-53

Step 03 将时间标签放置在 2s 的位置，如图 7-54 所示。设置“Position”选项的数值为 180、135，如图 7-55 所示，记录第 2 个关键帧。

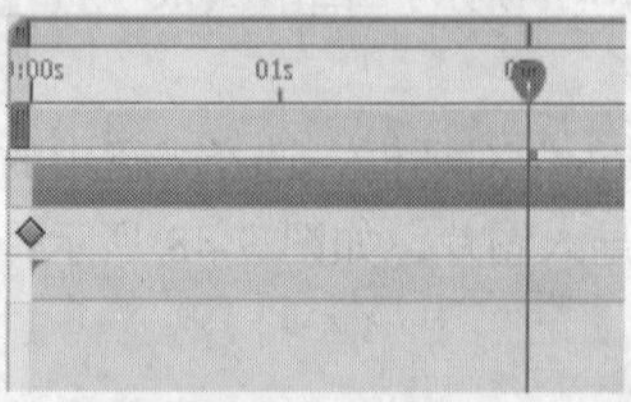

图 7-54

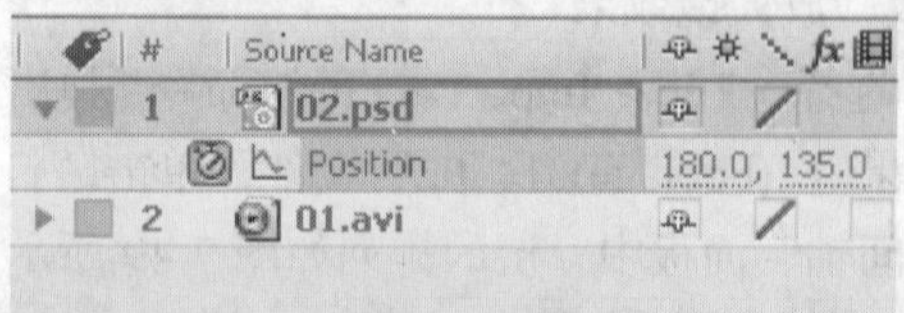

图 7-55

Step 04 将时间标签放置在 4:24s 的位置，如图 7-56 所示。设置“Position”选项的数值为 358、314，如图 7-57 所示，记录第 3 个关键帧。

图 7-56

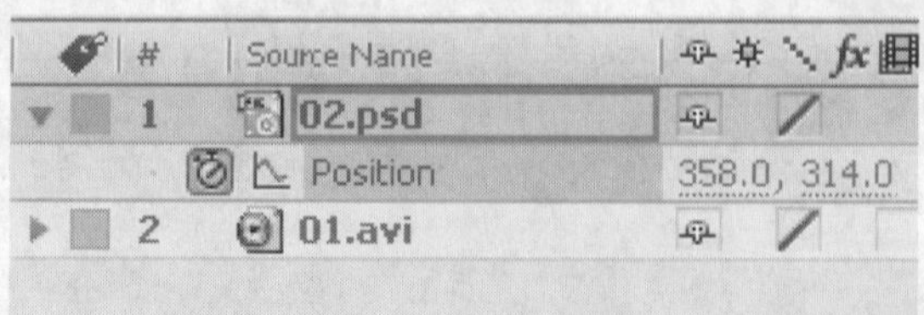

图 7-57

Step 05 选中“02”文件，按<R>键展开“Rotation”属性，将时间标签放置在 0s 的位置，设置“Rotation”选项的数值为 0、0，单击“Rotation”选项前面的“关键帧自动记录器”按钮，如图 7-58 所示。将时间标签放置在 2s 的位置，设置“Rotation”选项的数值为 0、30，如图 7-59 所示。将时间标签放置在 4:24s 的位置，设置“Rotation”选项的数值为 0、120，如图 7-60 所示。添加的关键帧如图 7-61 所示。

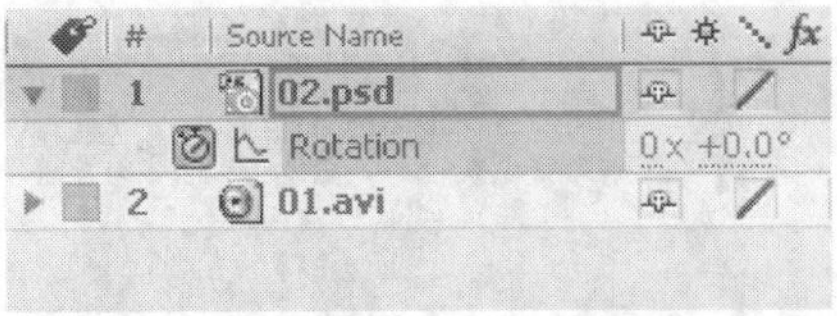

图 7-58

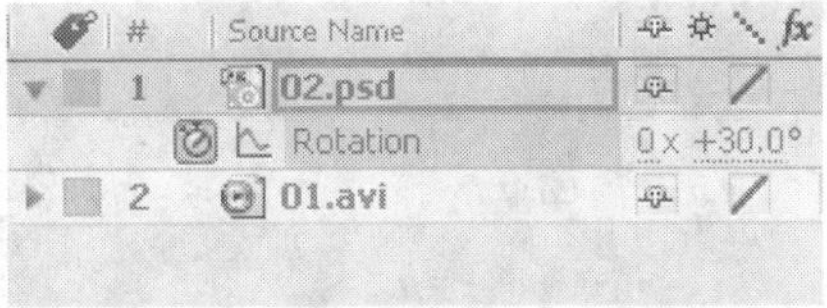

图 7-59

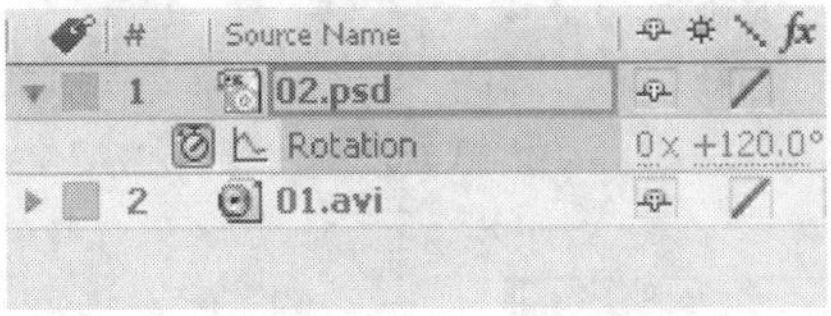

图 7-60

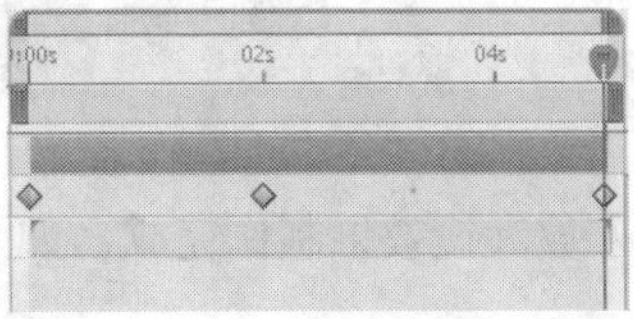

图 7-61

Step 06 选中“02”文件，选择“Pen Tool”（钢笔工具），在合成窗口中绘制一个 Mask 形状，展开“Masks”属性，勾选“Mask 1”后面的“Inverted”复选框，如图 7-62 所示。合成窗口中的效果如图 7-63 所示。

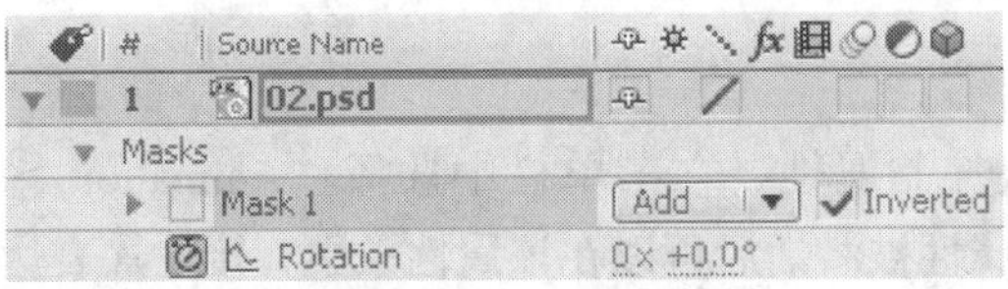

图 7-62

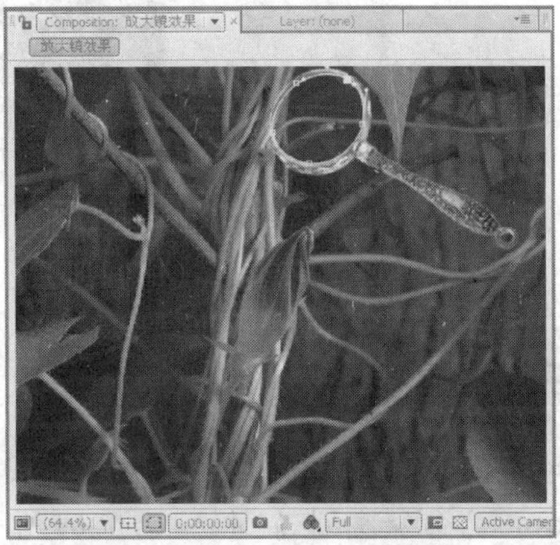

图 7-63

Step 07 选中“01”文件，选择“Effect > Distort > Spherize”命令，在“特效控制”面板中进行参数设置，如图 7-64 所示。合成窗口中的效果如图 7-65 所示。

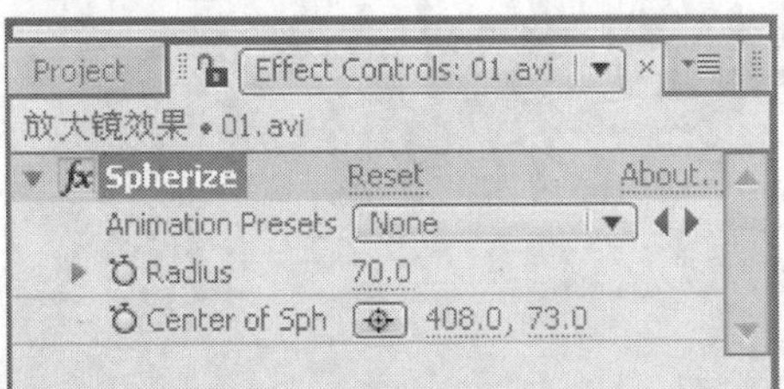

图 7-64

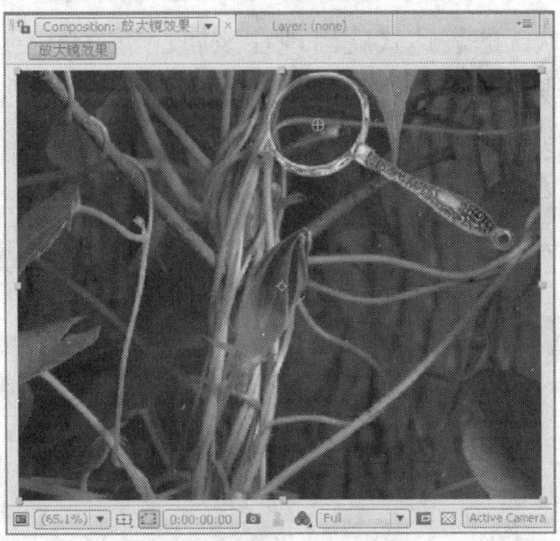

图 7-65

Step 08 展开“Spherize”属性，选中“Center of Sphere”选项，选择“Animation > Add Expression ”命令，为“Center of Sphere”属性添加一个表达式，如图 7-66 所示。在“时间轴”面板右侧输入表达式代码“thisComp.layer("02.psd").position”，如图 7-67 所示。

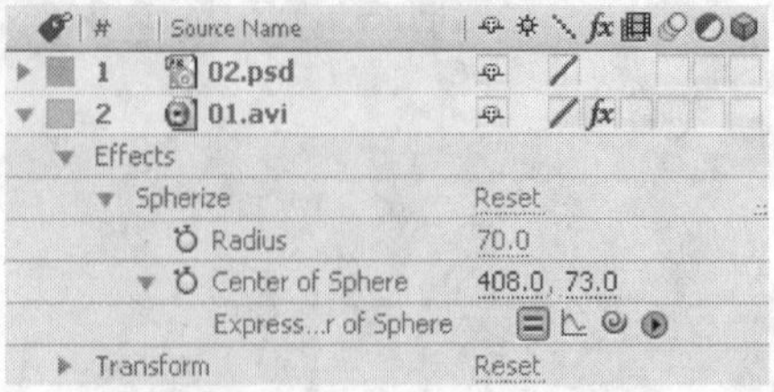

图 7-66

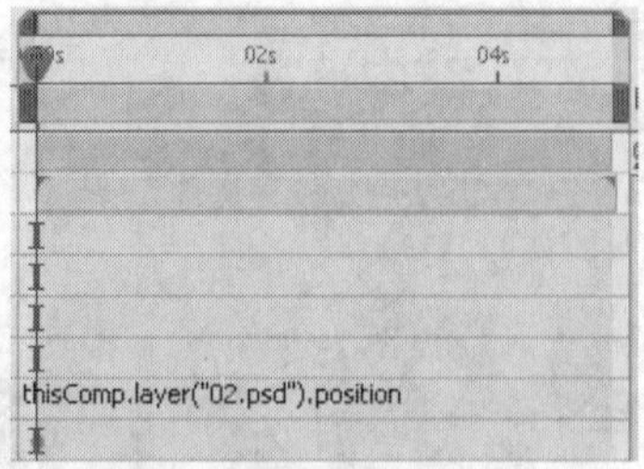

图 7-67

Step 09 放大镜效果制作完成，如图 7-68 所示。

图 7-68

7.2.2 创建表达式

在时间线窗口中选择一个需要增加表达式控制属性，在菜单栏中选择“Animation > Add Expression”命令激活该属性，如图 7-69 所示。属性被激活后可以在该属性条中直接输入表达式覆盖现有的文字，增加表达式的属性中会自动增加开关、图表、链接、选项等工具，如图 7-70 所示。

编写、增加表达式的工作都在时间线窗口中完成，当增加一个层属性的表达式到时间线窗口时，一个默认的表达式就出现在该属性下方的表达式编辑区中，在这个表达式编辑区中可以输入新的表达式或修改表达式的值，许多表达式依赖于层属性名；如果改变了一个表达式所在的层属性名或层名，这个表达式可能产生一个错误的消息。

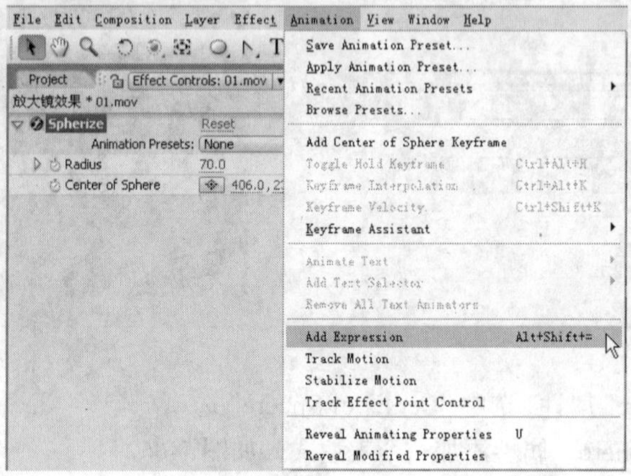

图 7-69

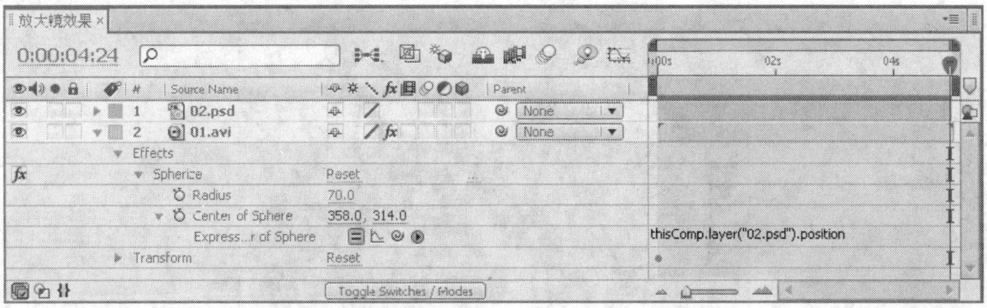

图 7-70

7.2.3　编写表达式

可以在时间线窗口中的表达式编辑区中直接写表达式，或通过其他文本工具编写。如果在其他文本工具中编写表达式，只需简单地将表达式复制粘贴到表达式编辑区中即可。在编写表达式时，可能需要一些 JavaScript 语法和数学基础知识。

编写表达式，需要注意如下事项：JavaScript 语句区分大小写；在一段或一行程序后需要加“;”符号，使词间空格被忽略。

在 After Effects 中，可以用表达式语言访问属性值。访问属性值时，用“.”符号将对象连接起来，连接的对象在层水平。例如，连接 Effect、masks、文字动画，可以用“( )”符号；连接层 A 的 Opacity 到层 B 的高斯模糊的 Blurriness 属性，可以在层 A 的 Opacity 属性下面输入如下表达式：

thisComp.layer(“layer B”).effect(“Gaussian Blur”)(“Blurriness”)

表达式的默认对象是表达式中对应的属性，接着是层中内容的表达，因此，没有必要指定属性。例如，在层的位置属性上写摆动表达式可以用如下两种方法：

wiggle(5,10)

position.wiggle(5,10)

在表达式中可以包括层及其属性。例如，将 B 层的 Opacity 属性与 A 层的 Position 属性相连的表达式为

thisComp.layer(layerA).position[0].wiggle(5,10)

当加一个表达式到属性后，可以连续对属性进行编辑和增加关键帧。编辑或创建的关键帧的值将在表达式以外的地方使用。当表达式存在时，可以创建关键帧，表达式仍将保持有效。

写好表达式后可以存储它以便将来复制粘贴，还可以在记事本中编辑。但是表达式是针对层写的，不允许简单地存储和装载表达式到一个项目。如果要存储表达式以便用于其他项目，需要加注解或存储整个项目文件。

7.3 课堂练习——跟踪汽车运动

练习知识要点：使用“File”命令导入视频文件，使用“Tracker Controls”命令编辑进行单点跟踪；按<U>键展开层的所有关键帧。跟踪汽车运动效果如图 7-71 所示。

效果所在位置：光盘\Ch07\跟踪汽车运动. aep。

图 7-71

7.4 课后习题——美丽的蝴蝶

习题知识要点：使用“File”命令导入合成素材，将合成素材中的图层转为三维层，为两个翅膀添加表达式。在“Timeline”（时间轴）面板中调整合成三维层的位置、比例和角度。

效果所在位置：光盘\Ch07\美丽的蝴蝶. aep。

图 7-72

第8章 抠像

本章对 After Effects 中的抠像功能进行详细讲解，包括颜色差异抠像、颜色抠像、颜色范围、不光滑差异、吸取抠像、内外抠像、线性颜色抠像、亮度抠像、溢出压制、外挂抠像等内容。通过对本章的学习，读者可以自如地应用抠像功能进行实际创作。

【教学目标】

- 抠像效果。
- 外挂抠像。

8.1 抠像效果

Color Key 抠像滤镜通过指定一种颜色，然后将与其近似的像素抠像，使其透明。此功能相对简单，对于拍摄质量好，背景比较单纯的素材有不错的效果，但是不适合处理复杂情况。

8.1.1 课堂案例——抠像

案例学习目标：学习使用 Color Key 命令制作抠像效果。

案例知识要点：使用“Color Key”命令修复图片效果，设置“Position”属性编辑图片位置。抠像效果如图 8-1 所示。

效果所在位置：光盘\Ch08\抠像.aep。

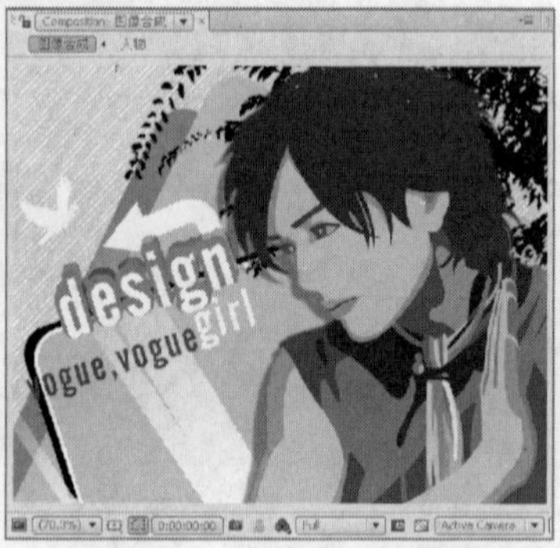

图 8-1

1．抠出人物背景

Step 01 选择“File > Import > File”命令，弹出“Import File”对话框，选择光盘中的“Ch08 > 抠像 >(Footage) > 01、02”文件，单击“打开”按钮导入图片，如图 8-2 所示。在“项目”面板中选中“01”文件，将其拖曳到项目窗口下方的“创建项目合成”按钮 上，如图 8-3 所示，自动创建一个项目合成。

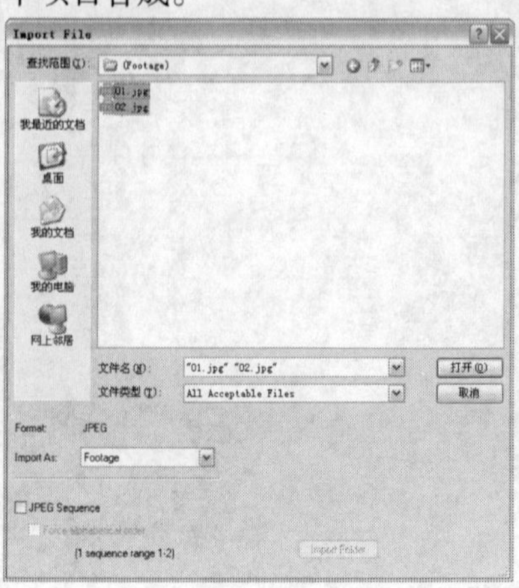

图 8-2

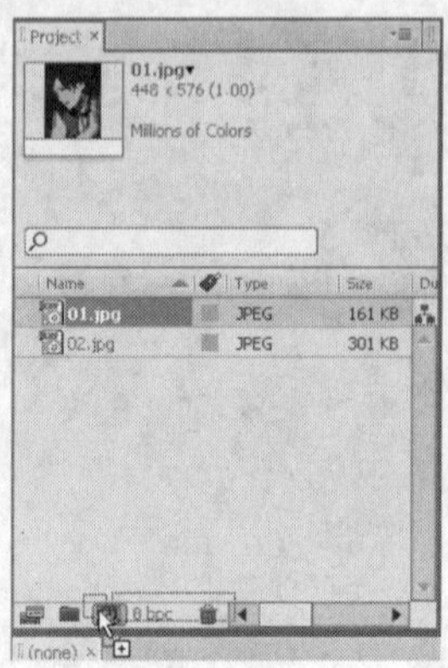

图 8-3

Step 02 在“时间轴”面板中，按<Ctrl>+<K>组合键，弹出“Composition Settings”对话框，在“Composition Name”选项的文本框中输入“人物”，单击“OK”按钮，将合成命名为“人物”，如图 8-4 所示。合成窗口中的效果如图 8-5 所示。

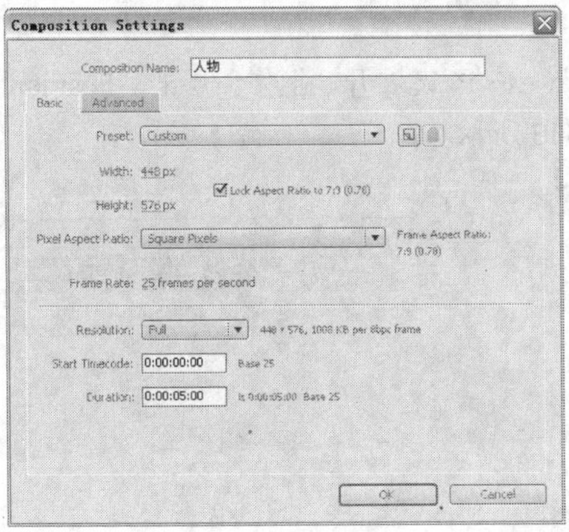

图 8-4

图 8-5

Step 03 选中“01”文件，选择“Effect > Keying > Color Key”命令，单击“Key Color”选项后面的吸管工具，如图 8-6 所示，吸取背景素材上的蓝色，如图 8-7 所示。合成窗口中的效果如图 8-8 所示。

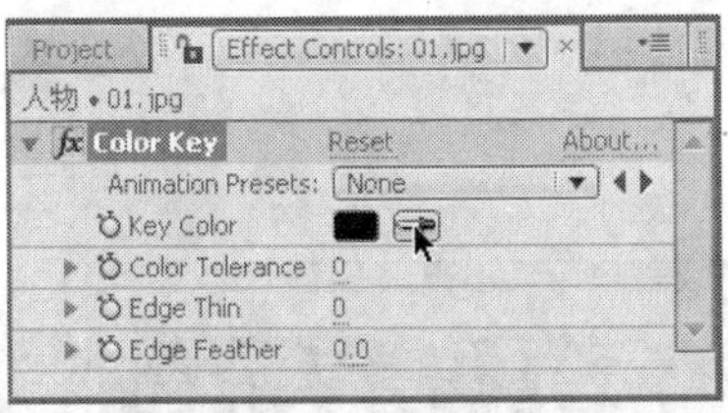

图 8-6

图 8-7

图 8-8

Step 04 选中“01”文件，在“特效控制”面板中进行参数设置，如图 8-9 所示。合成窗口中的效果如图 8-10 所示。

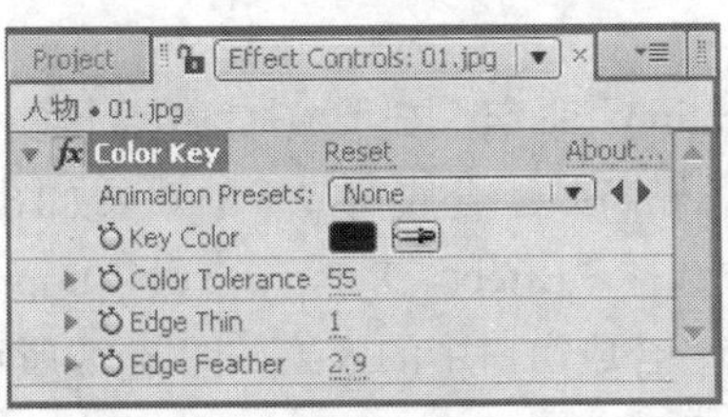

图 8-9

图 8-10

Step 05 按<Ctrl>+<N>组合键，弹出“Composition Settings”对话框，在“Composition Name”选项的文本框中输入“图像合成”，其他选项的设置如图 8-11 所示，单击“OK”按钮，创建一个新的合成“图像合成”。在“项目”窗口中选择“02”文件和“人物”合成拖曳到“时间轴”面板中，如图 8-12 所示。

Step 06 在“时间轴”面板中选择“人物”层，按<P>键展开“抠像”层的“Position”属性，设置“Position”选项的数值为 495、288，如图 8-13 所示。

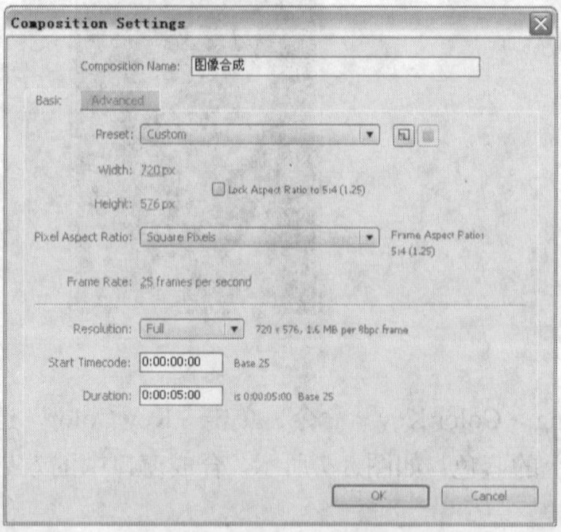

图 8-11

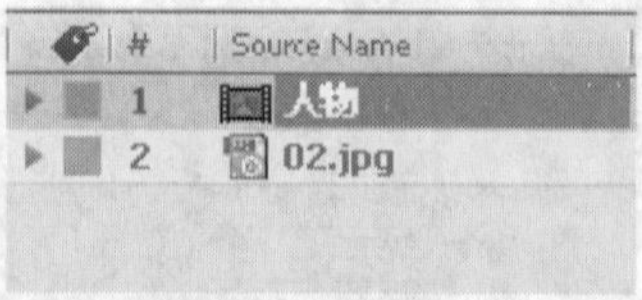

图 8-12

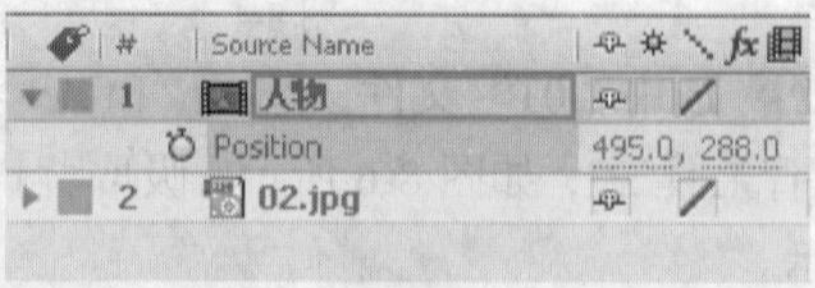

图 8-13

2．调整人物颜色

Step 01 在“时间轴”面板中选择“人物”层，选择“Effect > Color Correction > Hue/Saturation”命令，在“特效控制”面板中进行设置，如图 8-14 所示。合成窗口中的效果如图 8-15 所示。

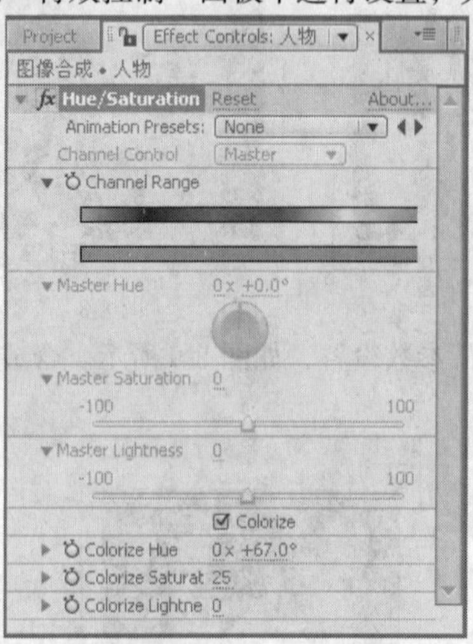

图 8-14

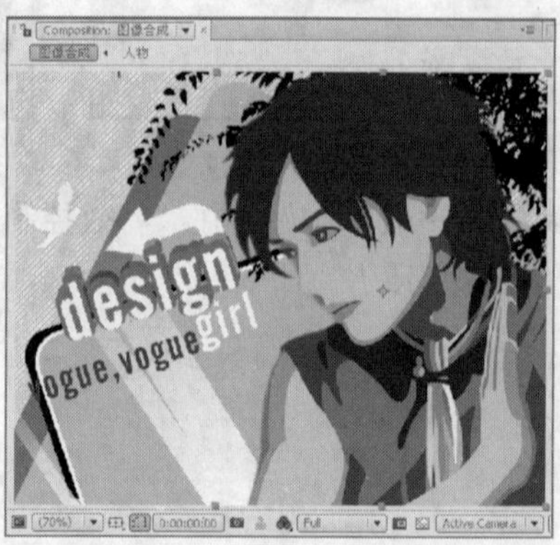

图 8-15

Step 02 在“特效控制”面板中选择“Hue/Saturation”命令，按<Ctrl+C>组合键复制特效。在“时间轴”面板中选择“02”层，按<Ctrl+V>组合键粘贴特效。合成窗口中的效果如图 8-16 所示。

Step 03 在“时间轴”面板中选择“人物”层，选择“Effect > Perspective > Drop Shadow”命令，在“特效控制”面板中进行设置，如图 8-17 所示。合成窗口中的效果如图 8-18 所示。

图 8-16

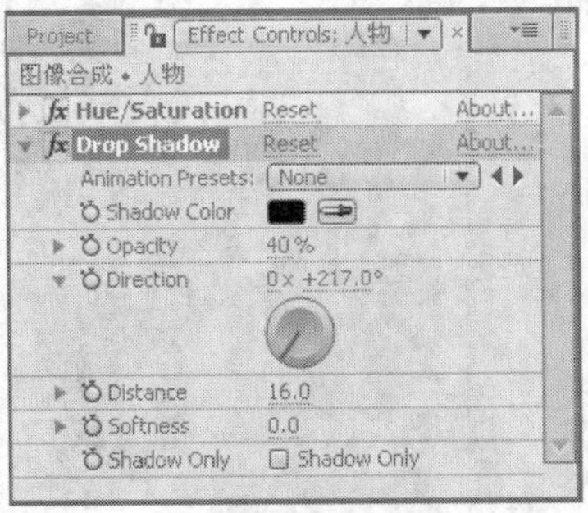

图 8-17

图 8-18

8.1.2　Color Difference Key

Color Difference Key（颜色差异抠像）通过把图像划分为两个蒙版透明效果，局部蒙版 B 使指定的抠像颜色变为透明，局部蒙版 A 使图像中不包含第 2 种不同颜色的区域变为透明。这两种蒙版效果结合起来就得到最终的第 3 种蒙版效果，即背景变为透明。

颜色差异抠像的左侧缩略图表示原始图像，右侧缩略图表示蒙版效果，吸管工具用于在原始图像缩略图中拾取抠像颜色，吸管工具用于在蒙版缩略图中拾取透明区域的颜色，吸管工具用于在蒙版缩略图中拾取不透明区域颜色，如图 8-19 所示。

图 8-19

View（视图）：指定合成视图中显示的合成效果。

Key Color（抠像颜色）：通过吸管拾取透明区域的颜色。

Color Matching Accura（匹配颜色）：用于控制匹配颜色的精确度。若屏幕上不包含主色调会得到较好的效果。

蒙版控制：调整通道中的 Black、White 和 Gamma 参数值的设置，从而修改图像蒙版的透明度。

8.1.3　Color Key

Color Key（颜色抠像）设置如图 8-20 所示。

图 8-20

Key Color（抠像颜色）：通过吸管工具拾取透明区域的颜色。

Color Tolerance（颜色匹配范围）：用于调节抠像颜色相匹配的颜色范围。该参数值越高，抠掉的颜色范围就越大；该参数值越低，抠掉的颜色范围就越小。

Edge Feather（边缘羽化）：设置抠像区域的边缘以产生柔和羽化效果。

8.1.4 Color Range

Color Range（颜色范围）可以通过去除 Lab、YUV 或 RGB 模式中指定的颜色范围来创建透明效果。用户可以对多种颜色组成的背景屏幕图像，如不均匀光照并且包含同种颜色阴影的蓝色或绿色屏幕图像应用该滤镜特效，如图 8-21 所示。

图 8-21

Color Space（颜色空间）：设置颜色之间的距离，有 Lab、YUV、RGB 3 种选项，每种选项对颜色的不同变化有不同的反映。

Min/Max（大/小）：对层的透明区域进行微调设置。

8.1.5 Difference Matte

Difference Matte（不光滑差异）可以通过对比源层和对比层的颜色值，将源层中与对比层颜色相同的像素删除，从而创建透明效果。该滤镜特效的典型应用就是将一个复杂背景中的移动物体合成到其他场景中，通常情况下对比层采用源层的背景图像，如图 8-22 所示。

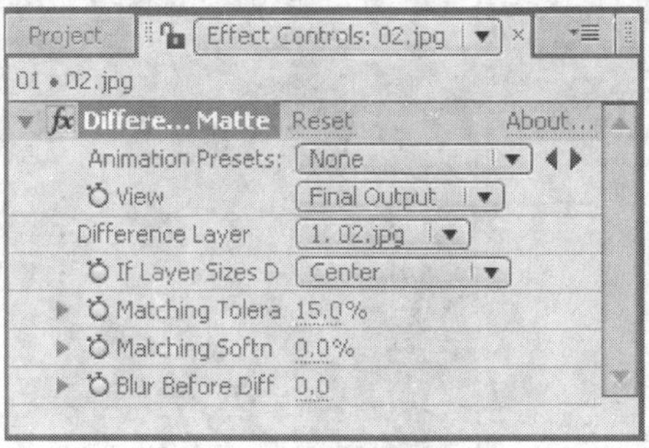

图 8-22

Difference Layer（差异层）：设置哪一层将作为对比层。

If Layer Sizes Differ（差异匹配）：设置对比层与源图像层的大小匹配方式，有 Center（居中）和 Stretch to Fit（拉伸）两种方式。

Blur Before Difference（模糊差异层）：细微模糊两个控制层中的颜色噪点。

8.1.6 Extract

Extract（吸取抠像）通过图像的亮度范围来创建透明效果。图像中所有与指定的亮度范围相近的像素都将删除，对于具有黑色或白色背景的图像，或者是背景亮度与保留对象之间亮度反差很大的复杂背景图像是该滤镜特效的优点，还可以用来删除影片中的阴影，如图 8-23 所示。

图 8-23

8.1.7 Inner/Outer Key

Inner/Outer Key（内/外抠像）通过层的遮罩路径来确定要隔离的物体边缘，从而把前景物体从它的背景上隔离出来。利用该滤镜特效可以将具有不规则边缘的物体从它的背景中分离出来，这里使用的遮罩路径可以十分粗略，不一定正好在物体的四周边缘，如图 8-24 所示。

图 8-24

8.1.8 Linear Color Key

Linear Color Key（线性颜色抠像）既可以用来进行抠像处理，还可以用来保护其他误删除但不应删除的颜色区域，如果在图像中抠出的物体包含被抠像颜色，当对其进行抠像时这些区域可能也会变成透明区域，这时通过对图像施加该滤镜特效，然后在滤镜特效控制面板中设置“Key Operation > Keep Colors”选项，找回不该删除的部分，如图 8-25 所示。

图 8-25

8.1.9 Luma Key

Luma Key（亮度抠像）是根据层的亮度对图像进行抠像处理，可以将图像中具有指定亮度的所有像素都删除，从而创建透明效果，而层质量设置不会影响滤镜效果，如图 8-26 所示。

图 8-26

Key Type（抠像类型）：包括 Brighter（亮度）、Barker（暗度）、Similar（相似）和 Dissimilar（相异）抠像类型。

Threshold（极限）：设置抠像的亮度极限数值。

Tolerance（容差）：指定接近抠像极限数值的像素范围，数值的大小可以直接影响抠像区域。

8.1.10　Spill Suppressor

溢出颜色是光线从屏幕反射到图像物体上的颜色，是由透明物体中显示的背景颜色。Spill Suppressor（溢出压制）可以删除对图像以后留下的一些溢出颜色的痕迹，如图 8-27 所示。

图 8-27

Color To Suppress（拾取溢出颜色）：拾取选择要进一步删除的溢出颜色。

Color Accuracy（精确颜色）：选择控制溢出颜色的精确度，包括 Faster（较快）和 Better（较好）选项。

Suppression（压制）：控制溢出颜色程度。

8.2 外挂抠像

根据设计制作任务的需要，可以将外挂抠像插件安装在计算机中。安装后，就可以使用功能强大的外挂抠像插件。例如，Keylight 插件是为专业的高端电影开发的抠像软件，用于精细地去除影像中任何一种指定的颜色。

8.2.1 课堂案例——复杂抠像

案例学习目标：学习使用外挂抠像命令制作复杂抠像效果。

案例知识要点：使用“Scale”属性改变图片大小，使用“Keylight”命令修复图片效果。复杂抠像效果如图 8-28 所示。

效果所在位置：光盘\Ch08\复杂抠像. aep。

图 8-28

Step 01 选择“File > Import > File”命令，弹出“Import File”对话框，选择光盘中的“Ch08 > 复杂抠像 > (Footage) > 01、02”文件，单击“打开”按钮导入图片，如图 8-29 所示。在“项目”面板中选中“01”文件，将其拖曳到项目窗口下方的“创建项目合成”按钮上，如图 8-30 所示，自动创建一个项目合成。

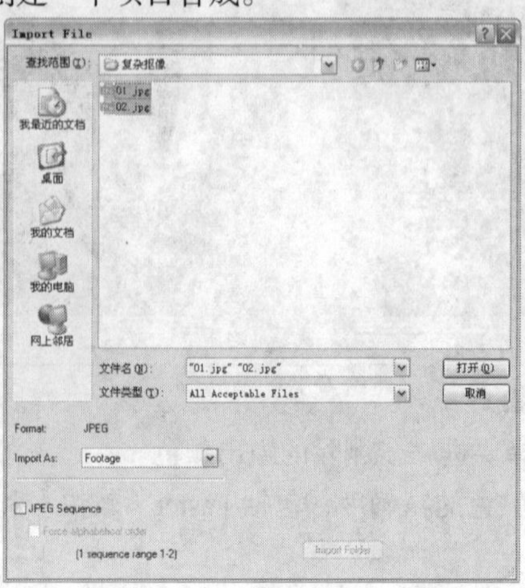

图 8-29

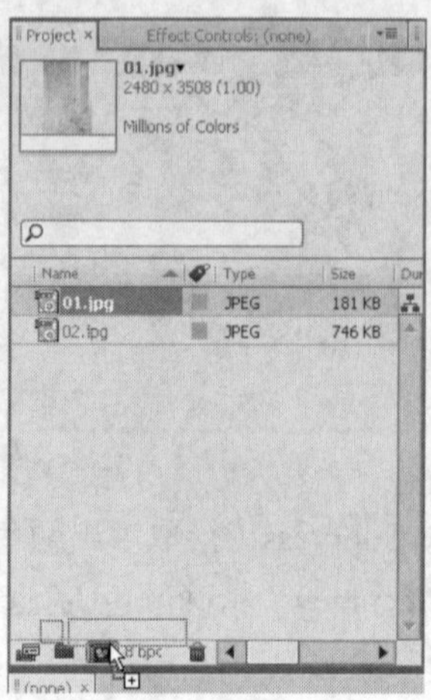

图 8-30

Step 02 在“时间轴”面板中，按<Ctrl>+<K>组合键，弹出“Composition Settings”对话框，在“Composition Name”选项的文本框中输入“复杂抠像”，单击“OK”按钮，将合成命名为“复杂抠像”，如图 8-31 所示。合成窗口中的效果如图 8-32 所示。

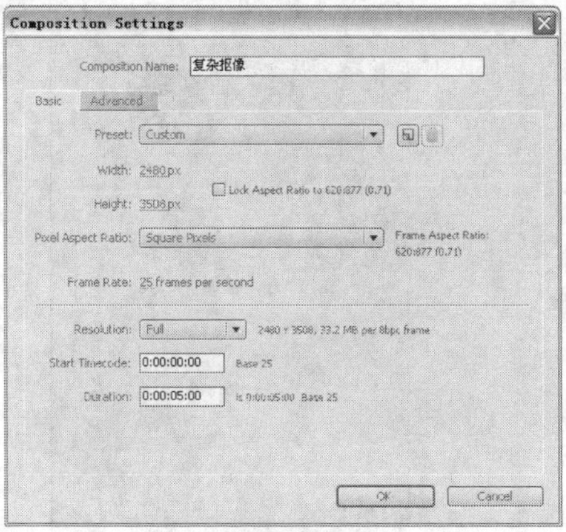

图 8-31

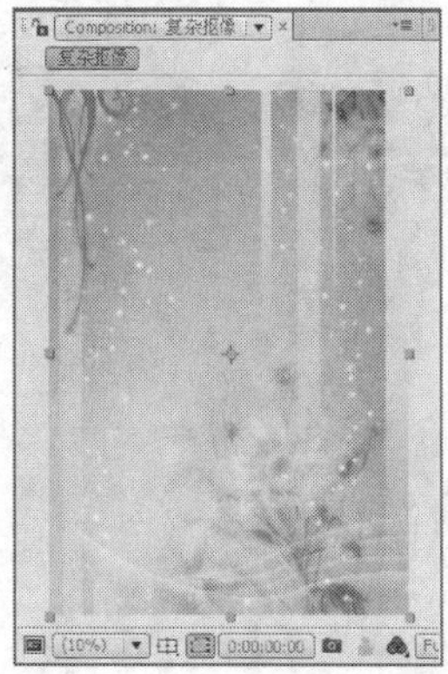

图 8-32

Step 03 在“项目”面板中将“02”文件拖曳到“时间轴”面板中，如图 8-33 所示。按<S>键展开的“Scale”属性，设置“Scale”选项的数值为 150，如图 8-34 所示。合成窗口中的效果如图 8-35 所示。

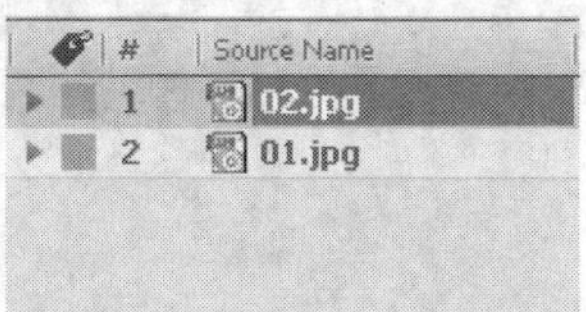

图 8-33

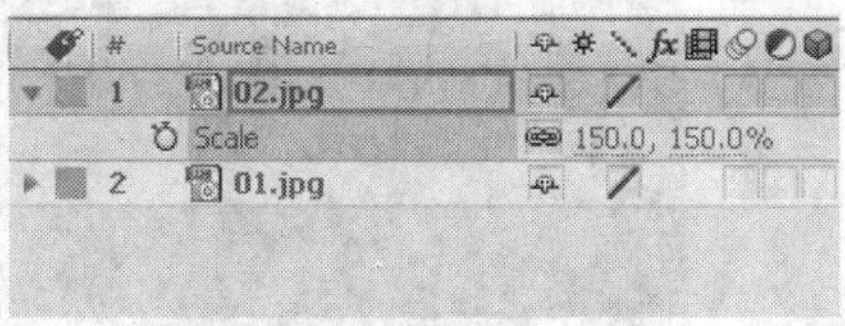

图 8-34

图 8-35

Step 04 选中“02”文件，选择“Effect > Keying > Keylight”命令，选择“Screen Colour”选项后面的吸管工具，如图 8-36 所示，吸取背景素材上的蓝色，如图 8-37 所示。

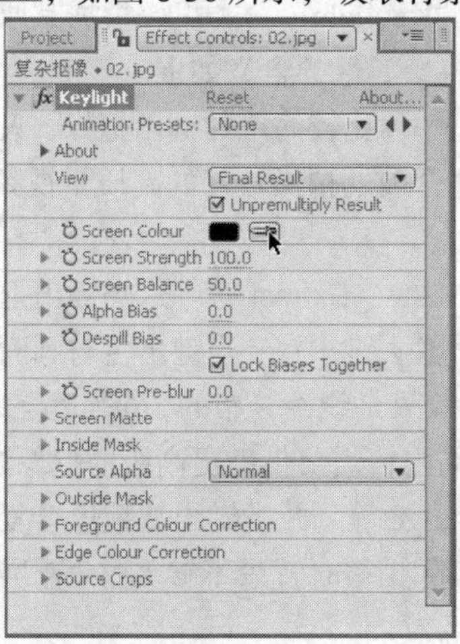

图 8-36

图 8-37

Step 05 选中“01”文件，在“特效控制”面板中进行参数设置，如图 8-38 所示。复杂抠像效果制作完成，如图 8-39 所示。

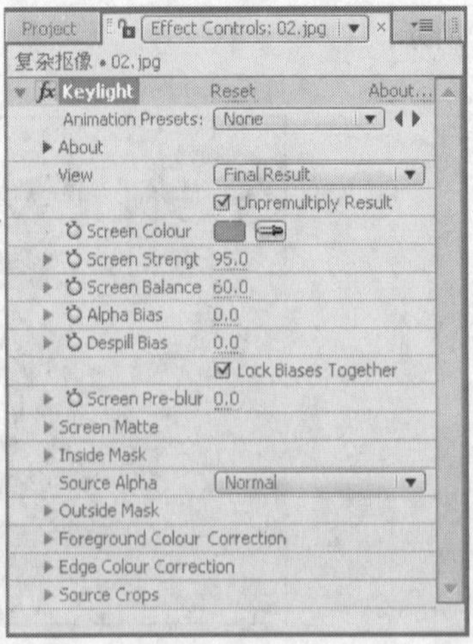

图 8-38

图 8-39

8.2.2 Keylight

“抠像”一词是从早期电视制作中得来，英文为“Keylight”，意思就是吸取画面中的某一种颜色作为透明色，将它从画面中删除，从而使背景透出来，形成两层画面的叠加合成。这样在室内拍摄的人物经抠像后与各景物叠加在一起，形成了各种奇特效果，如图 8-40 所示。

图 8-40

在 After Effects 中，实现键出的滤镜都放置在“Keylight”分类里，根据其原理和用途，又可以分为 3 类：二元键出、线性键出和高级键出。其各个属性的含义如下。

二元键出：诸如 Color Key、Luma Key 等。这是一种比较简单的键出抠像，只能产生透明与不透明效果，对于半透明效果的抠像就力不从心了，适合前期拍摄较好的高质量视频，有着明确的边缘，背景平整且颜色无太大变化。

线性键出：诸如 Linear Color Key、Difference Matte、Extract 等。这类键出抠像可以将键出色与画面颜色进行比较，当两者不是完全相同，则自动抠去键出色；当键出色与画面颜色不是完全符合，将产生半透明效果，但是此类滤镜产生的半透明效果是线性分布的，虽然适合大部分抠像要求，但对于烟雾、玻璃之类更为细腻的半透明抠像仍有局限，需要借助更高级的抠像滤镜。

高级键出：诸如 Color Difference Key、Color Range 等。此类键出滤镜适合复杂的抠像操作，对于透明、半透明的物体抠像十分适合，并且即使实际拍摄时背景不够平整、蓝屏或者绿屏亮度分布不均匀、带有阴影等情况都能得到不错的键出抠像效果。

8.3 课堂练习——抠像效果

练习知识要点：使用“Color Key”命令修复图片效果，设置“Position”属性编辑图片位置。抠像效果如图 8-41 所示。

效果所在位置：光盘\Ch08\替换人物背景. aep。

图 8-41

8.4 课后习题——外挂抠像

习题知识要点：使用“Position”属性改变图像的位置，使用“Keylight”命令祛除图片背景，使用“Levels”命令调整图像亮度。外挂抠像效果如图 8-42 所示。

效果所在位置：光盘\Ch08\外挂抠像. aep。

图 8-42

第9章 添加声音特效

本章对声音的导入和声音面板进行详细讲解。其中包括声音导入与监听、声音长度的缩放、声音的淡入淡出、声音的倒放、低音和高音、声音的延迟、卷边和合唱等内容。读者通过对本章的学习，可以完全掌握 After Effects 的声音特效制作。

【教学目标】

- 将声音导入影片。
- 声音特效面板。

9.1 将声音导入影片

音乐是影片的引导者，没有声音的影片无论是多么精彩也不会使观众陶醉。下面介绍把声音配入影片中及动态音量的设置方法。

9.1.1 课堂案例——为新闻栏目添加背景音乐

案例学习目标：学习将声音导入影片，制作为新闻栏目添加背景音乐效果。

案例知识要点：使用“File”命令导入声音、视频文件，使用“Audio Levels”选项制作背景音乐效果。为新闻栏目添加背景音乐效果如图 9-1 所示。

效果所在位置：光盘\Ch09\为新闻栏目添加背景音乐.aep。

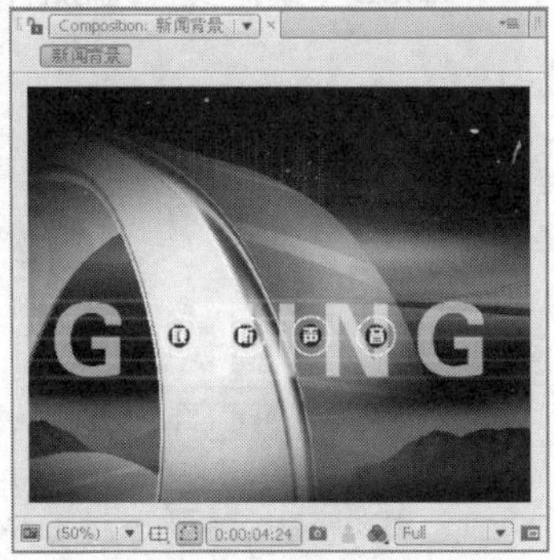

图 9-1

Step 01 按<Ctrl>+<N>组合键，弹出“Composition Settings”对话框，在“Composition Name”选项的文本框中输入“新闻背景”，其他选项的设置如图 9-2 所示，单击“OK”按钮，创建一个新的合成“最终效果”。选择“File > Import > File”命令，弹出“Import File”对话框，选择光盘中的“Ch09 > 为新闻栏目添加背景音乐 > (Footage) 01、02”文件，单击“打开”按钮导入视频，如图 9-3 所示，并将其拖曳到“时间轴”面板中。层的排列如图 9-4 所示。

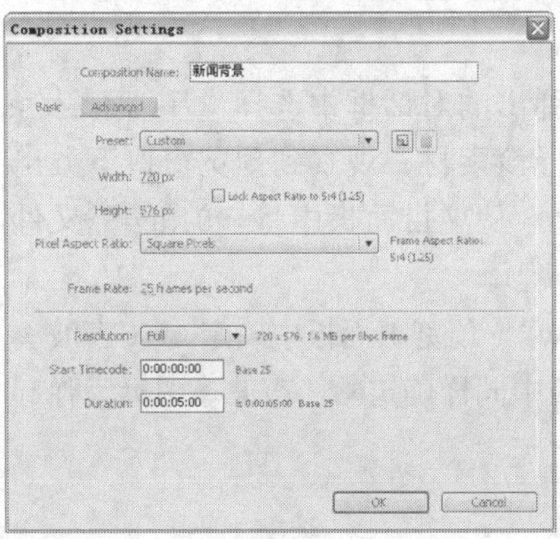

图 9-2

图 9-3

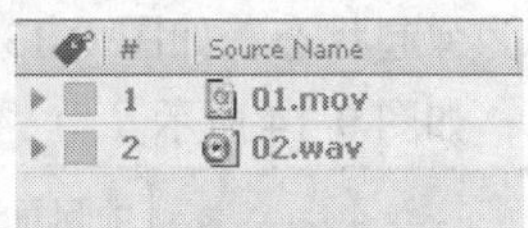

图 9-4

Step 02 选中“02”文件展开“Audio”属性，在“时间轴”面板中将时间标签放置在 0s 的位置，如图 9-5 所示。在“时间轴”面板中单击“Audio Levels”选项前面的“关键帧自动记录器”按钮，并进行设置，记录第 1 个关键帧，如图 9-6 所示。

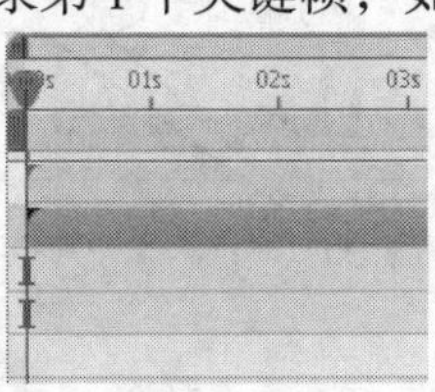

图 9-5

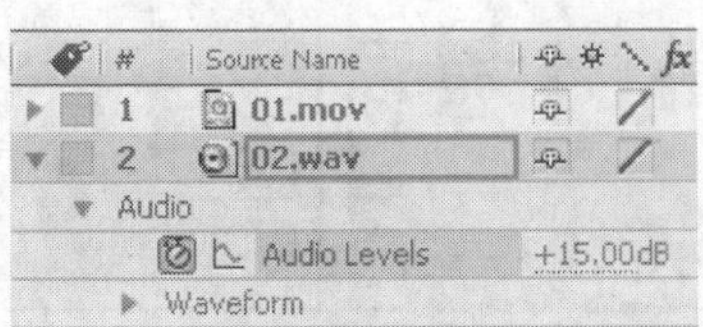

图 9-6

Step 03 将时间标签放置在 4:06s 的位置，如图 9-7 所示。在“时间轴”面板中设置“Audio Levels”选项的数值为 0，如图 9-8 所示，记录第 2 个关键帧。

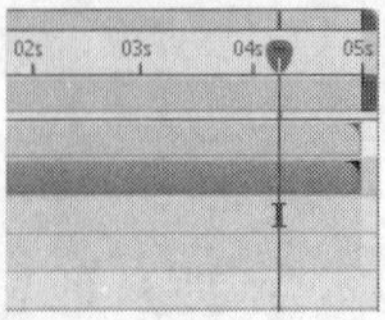

图 9-7

图 9-8

Step 04 将时间标签放置在 4:24s 的位置，如图 9-9 所示。在“时间轴”面板中设置“Audio Levels”选项的数值为-20，如图 9-10 所示，记录第 3 个关键帧。

Step 05 为新闻栏目添加背景音乐效果制作完成，如图 9-11 所示。

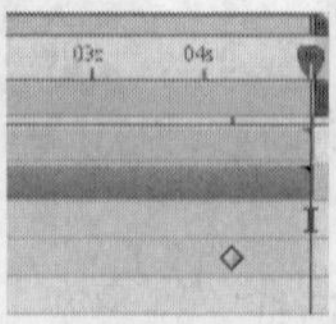

图 9-9

图 9-10

图 9-11

9.1.2 声音的导入与监听

启动 After Effects，选择“File > Import >File”命令，在弹出的对话框中选择“基础素材 > Ch09 > 01.avi”文件，单击“打开”按钮，在项目面板中选择该素材，观察到预览窗口下方出了声波图形，如图 9-12 所示。这说明该视频素材携带着声道。从项目面板中将“01.avi”文件拖曳到时间线面板中。

选择“Window > Time Preview”命令，在弹出的“Preview”（预览）面板中确定（声波）图标为弹起状态，如图 9-13 所示。在 Timeline（时间轴）面板中同样确定（声波）图标为弹起状态，如图 9-14 所示。

图 9-12

图 9-13

图 9-14

按<Del>键即可监听影片的声音，按住<Ctrl>键的同时，拖动时间指针，可以实时听到当前时间指针位置的音频。

选择“Edit >Preferences > Previews”（预览）命令，在 Audio Preview（音频监听）栏中，在 Duration（持续时间）参数项中可设置监听长度；在 Sample Rate（采样频率）项中可设置声音的监听频响范围，默认值为 44.100kHz；在 Sample Size（采样尺寸）项中可设置监听声音的采样比率，默认值为 16bit；在 Channels（通道）项中可设置监听声音是单声道或双声道，默认值为 Stereo（立体声），如图 9-15 所示。

提示：在 Audio Preview（音频监听）栏中所设置的音频参数只影响编辑时的监听音质，而不影响影片最终渲染的音质。将音频的参数设置越高，监听时的反应速度就越慢，但监听的音质就越好。所以，如果合成影像中应用了较多的音频特效，通常需要设置较低的音频监听参数。

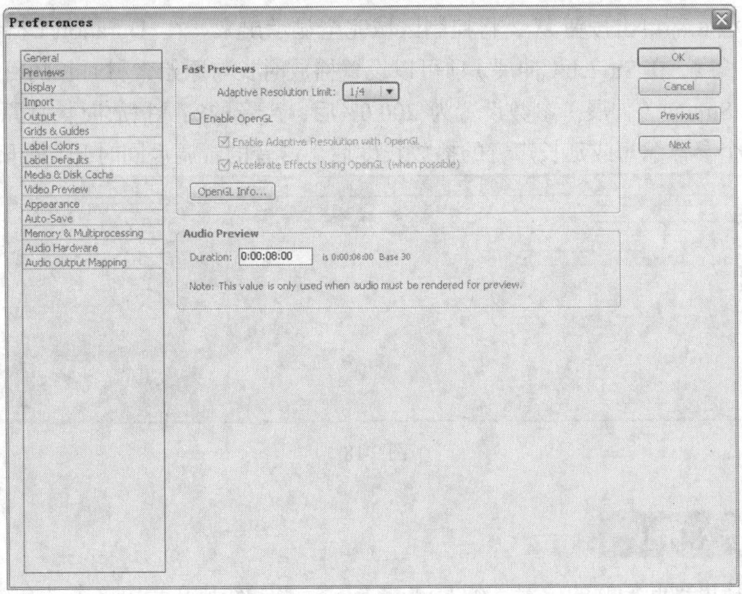

图 9-15

选择“Window > Audio”（声音）命令，弹出“Audio”（声音）面板，在该面板中拖曳滑杆可以调整声音素材的总音量，也可以分别调整左右声道的音量，如图 9-16 所示。

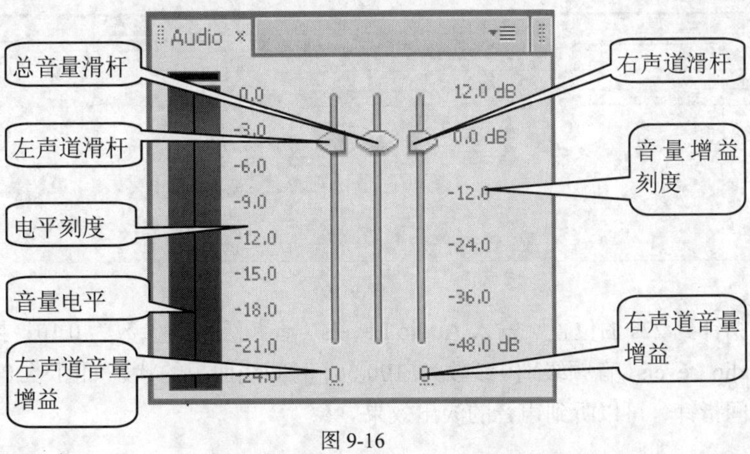

图 9-16

在时间线面板中打开 Waveform（声音波形）卷展栏，可以在时间线中显示声音的波形，调整 Audio Levels（声音级别）右侧的两个参数可以分别调整左右声道的音量，如图 9-17 所示。

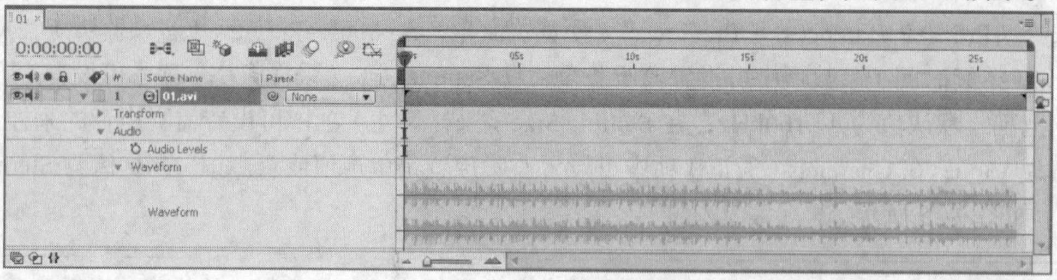

图 9-17

9.1.3 声音长度的缩放

在时间线面板底部单击按钮，将控制区域完全显示出来。在 Duration（持续时间）项可以设置声音的播放长度，在 Stretch（伸展）项可以设置播放时长与原始素材时长的百分比，如图 9-18 所示。例如，将 Stretch（伸展）参数设置为 200.0%后，声音的实际播放时长是原始素材时长的 2 倍。但通过这两个参数缩短或延长声音的播放长度后，声音的音调也同时升高或降低。

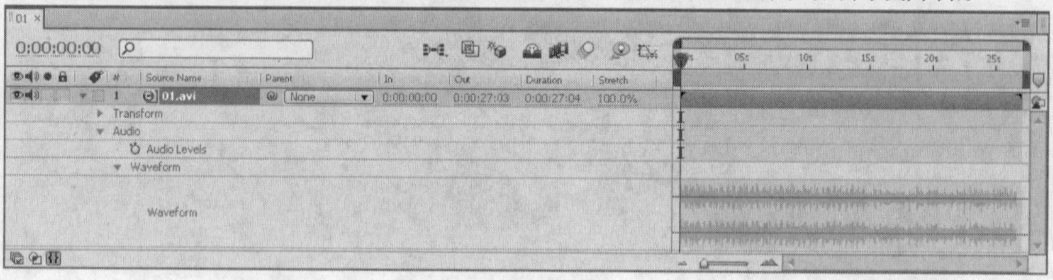

图 9-18

9.1.4 声音的淡入淡出

将时间指针拖曳到起始帧的位置，在 Audio Levels（音频级别）旁边单击“关键帧自动记录器”按钮，添加关键帧。输入参数-100.00；拖动时间指针到 4:23s 的位置，输入参数 0.00，观察到在时间线上增加了两个关键帧，如图 9-19 所示。此时按住<Ctrl>键不放拖曳时间指针，可以听到声音由小变大的淡入效果。

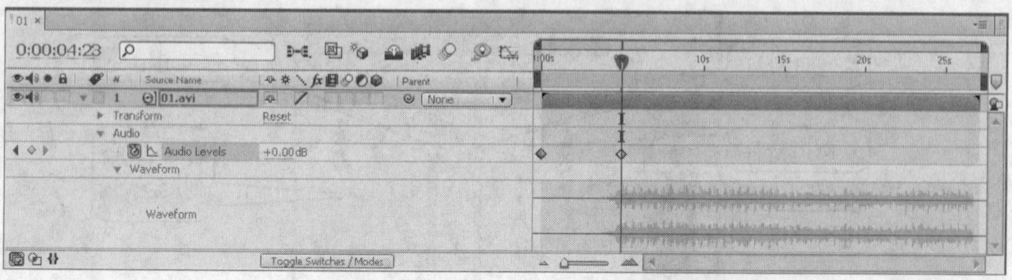

图 9-19

拖曳时间指针到 22s 的位置，输入 Audio Levels（音频级别）参数为 0.10；拖曳时间指针到结束帧，输入 Audio Levels（音频级别）参数为-100.00，时间线面板的状态如图 9-20 所示。按住<Ctrl>键不放拖曳时间指针，可以听到声音的淡出效果。

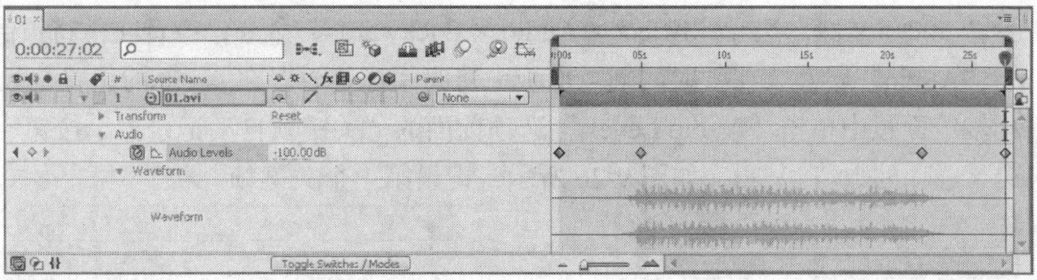

图 9-20

9.2 声音特效面板

为声音添加特效就像为视频添加滤镜一样，只要在 Effect（特效）面板中单击相应的命令来完成需要的操作就可以了。

9.2.1　课堂案例——为公共频道添加特效音乐

案例学习目标：学习使用声音特效。

案例知识要点：使用“Backwards”命令制作声音文件倒放，使用“High-Low Pass”命令调整高低音效果。为公共频道添加特效音乐效果如图 9-21 所示。

图 9-21

效果所在位置：光盘\Ch09\为公共频道添加特效音乐.aep。

Step 01 按<Ctrl>+<N>组合键，弹出“Composition Settings”对话框，在“Composition Name”选项的文本框中输入“特效音乐”，其他选项的设置如图 9-22 所示，单击“OK”按钮，创建一个新的合成“最终效果”。选择“File > Import > File”命令，弹出“Import File”对话框，选择光盘中的“Ch09 > 为公共频道添加特效音乐 > (Footage) 01、02”文件，单击“打开”按钮导入视频，如图 9-22 所示，并将其拖曳到“时间轴”面板中。层的排列如图 9-24 所示。

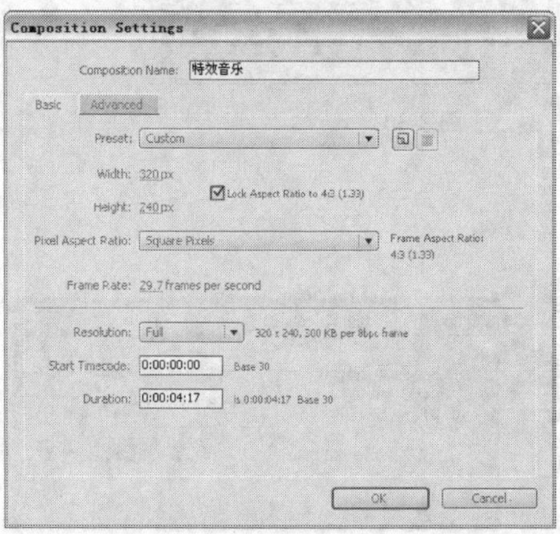

图 9-22

图 9-23

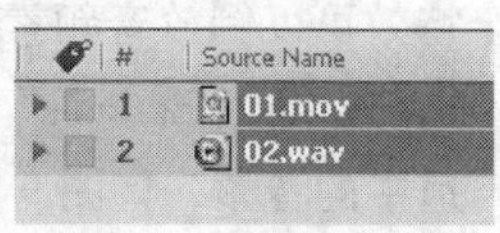

图 9-24

Step 02 选中“02”文件，选择“Effect > Audio > Backwards”命令，声音文件将被倒放。展开“02”文件的 “Audio”属性，在“时间轴”面板中将时间标签放置在 4:16s 的位置，如图 9-25 所示。在“时间轴”面板中单击“Audio Levels”选项前面的“关键帧自动记录器”按钮，并设置“Audio Levels”选项的数值为-20，如图 9-26 所示，记录第 1 个关键帧。

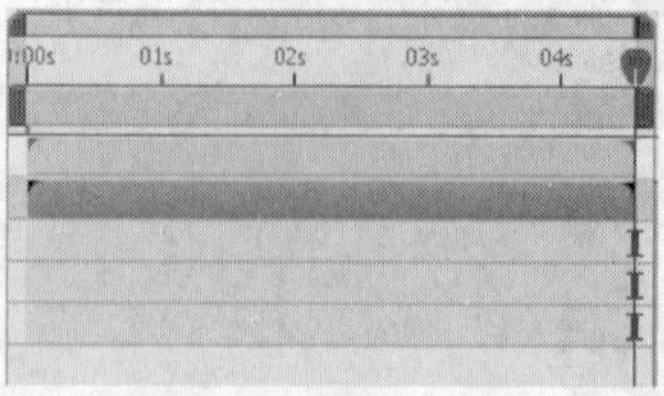

图 9-25

图 9-26

Step 03 将时间标签放置在 3:23s 的位置，如图 9-27 所示。在“时间轴”面板中设置“Audio Levels”选项的数值为 0，如图 9-28 所示，记录第 2 个关键帧。

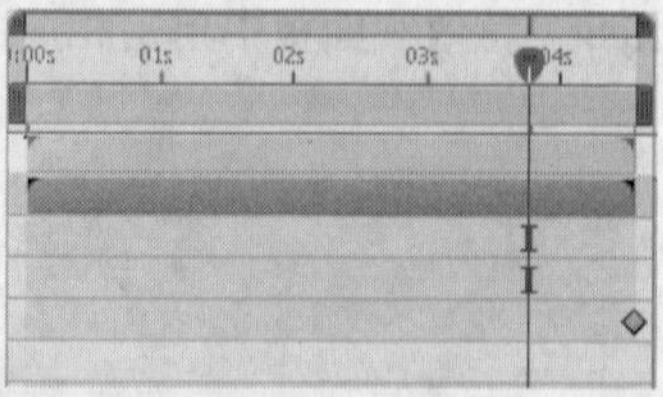

图 9-27

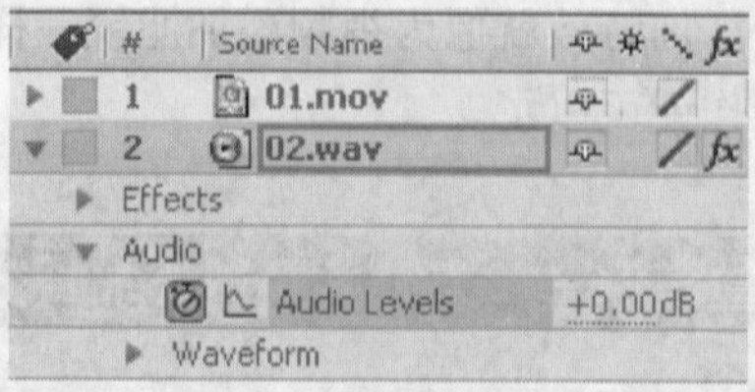

图 9-28

Step 04 选中“02”文件，选择“Effect > Audio > High-Low Pass”命令，在“特效控制”面板中进行参数设置，如图 9-29 所示。为公共频道添加特效音乐效果制作完成，如图 9-30 所示。

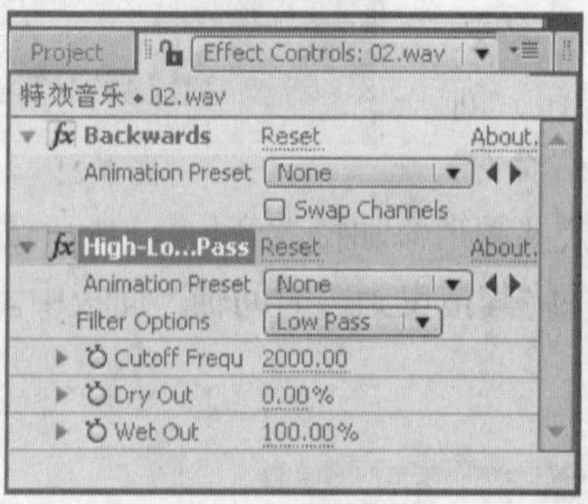

图 9-29

图 9-30

9.2.2 声音的倒放

选择“Effect（特效） > Audio（声音） > Backwards（倒放）”命令，即可将该特效菜单添加到特效面板中。这个特效可以倒放音频素材，即从最后一帧向第一帧播放。勾选“Swap Channels”交换通道）复选框可以交换左、右声道中的音频，如图 9-31 所示。

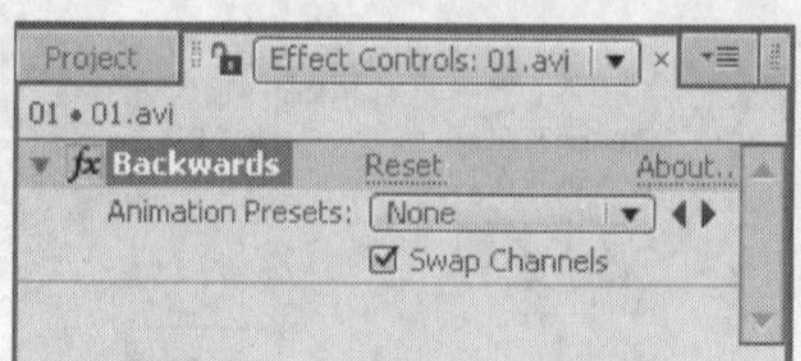

图 9-31

9.2.3　低音和高音

选择“Effect > Audio > Bass & Treble”（低音和高音）命令，即可将该特效滤镜添加到特效面板中。拖动 Bass（低音）或 Treble（高音）滑块可以增加或减少音频中低音或高音的音量，如图 9-32 所示。

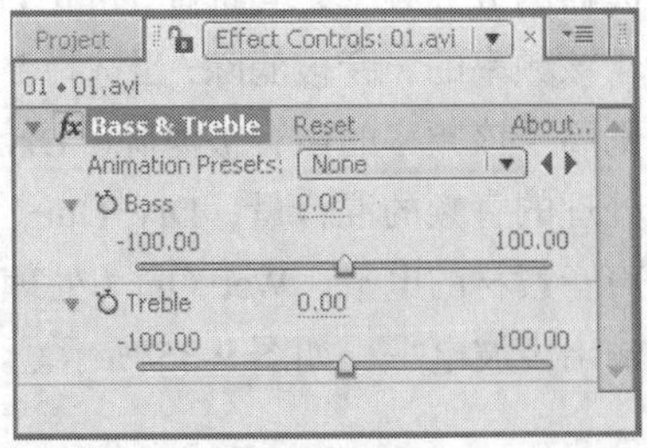

图 9-32

9.2.4　声音的延迟

选择“Effect > Audio > Delay”（延迟）命令，即可将该特效添加到特效面板中。它可将声音素材进行多层延迟来模仿回声效果，如制造墙壁的回声或空旷的山谷中的回音。Delay Time（延迟时间）参数用于设定原始声音和其回音之间的时间间隔，单位为毫秒；Delay Amount（延迟量）参数用于设置延迟音频的音量；Feedback（反馈）参数用于设置由回音产生的后续回音的音量；Dry Out（未处理输出）参数用于设置声音素材的电平；Wet Out（未处理输出）参数用于设置最终输出声波电平，如图 9-33 所示。

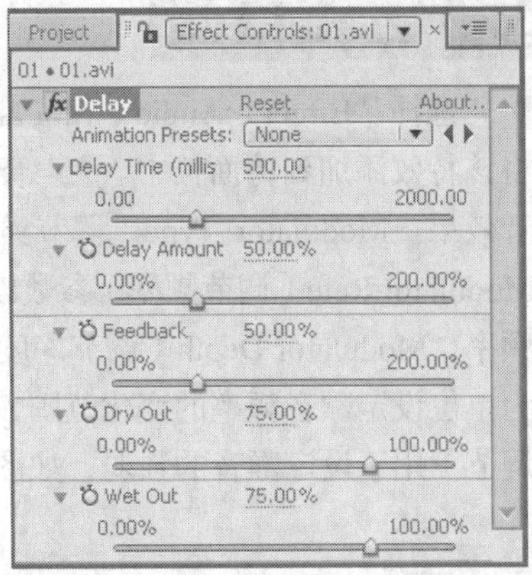

图 9-33

9.2.5　卷边和合唱

选择“Effect > Audio > Flange & Chorus”（卷边和合唱）命令，即可将该特效添加到特效面板中。Flange（卷边）效果的产生的原理是将声音素材的一个拷贝稍作延迟后与原声音混合，这样就造成某些频率的声波产生叠加或相减，这在声音物理学中被称为“梳状滤波”，它会产生一种“干瘪”的声音效果，该效果在电吉他独奏中经常被应用。当混入多个延迟的拷贝声音后会产生乐器的 Chorus（合唱）效果。

在该特效设置栏中，Voices（声音个数）参数用于设置延迟的拷贝声音的数量，增大此值将使卷边效果减弱而使合唱效果增强；Modulation Rate（调节深度）用于设置拷贝声音的混合深度；Vice Phase Change（拷贝声音相位）参数用于设置拷贝声音相位的变化程度；Dry Out/Wet Out（未处理输出/处理输出）用于设置未处理音频与处理后的音频的混合程度，如图 9-34 所示。

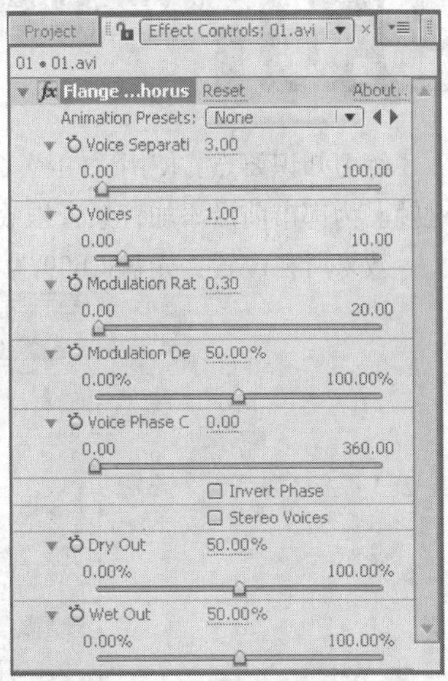

图 9-34

9.2.6　高通、低通滤波

选择“Effect（特效） > Audio（声音） > High-Low Pass（高低频）”命令，即可将该特效添加到特效面板中。该声音特效只允许设定的频率通过，通常用于滤去低频率或高频率的噪声，如电流声、嗞嗞声等。在 Filter Options（过滤选项）栏中可以选择使用 High Pass（高通）方式或 Low Pass

（低通）方式。Cutoff Frequency（截止频率）参数用于设置滤波器的分界频率，当选择 High Pass（高通）方式滤波时，低于该频率的声音被滤除；当选择 Low Pass（低通）方式滤波时，则高于该频率的声音被滤除。Dry Out 调整在最终渲染时，未处理的音频的混合量，Dry Out（未处理输出）参数用于设置声音素材的电平，Wet Out（处理后输出）参数用于设置最终输出声波电平，如图 9-35 所示。

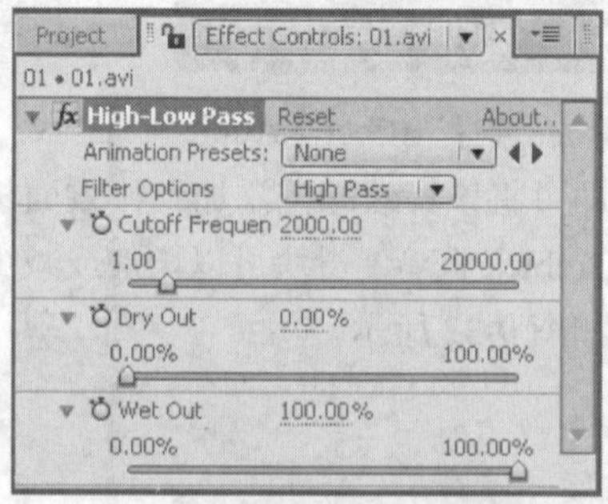

图 9-35

9.2.7 声音调节器

选择“Effect > Audio > Modulator”（调节器）命令，即可将该特效添加到特面板中。该声音特效可以为声音素材加入颤音效果。Modulator Type（调节类型）用于设定颤音的波形，Modulator Rate（调节频率）参数以 Hz 为单位设定颤音调制的频率，Modulator Depth（调节深度）参数以调制频率的百分比为单位设定颤音频率的变化范围，Amplitude Modulator（振幅调节）用于设定颤音的强弱，如图 9-36 所示。

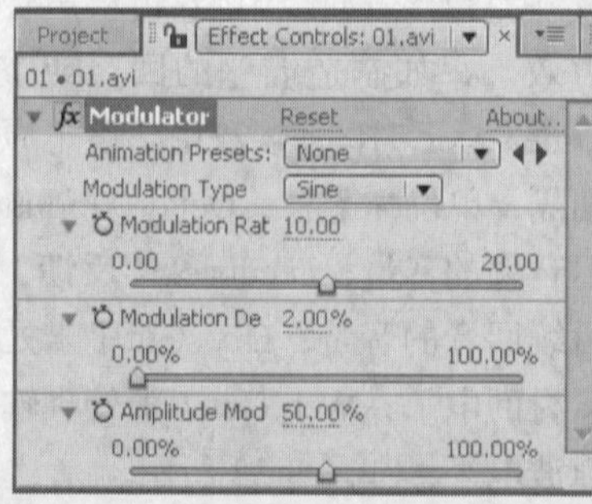

图 9-36

9.3 课堂练习——为都市前沿添加背景音乐

练习知识要点：使用“File”命令导入视频与音乐，选择“Audio Levels”属性编辑音乐添加关键帧。为都市前沿添加背景音乐效果如图 9-37 所示。

效果所在位置：光盘\Ch09\为都市前沿添加背景音乐.aep。

图 9-37

9.4 课后习题——为动画片头添加声音特效

习题知识要点：使用“Backwards”命令将音乐倒放，使用“Audio Levels”属性编辑音乐添加关键帧，使用“High-Low Pass”命令编辑高低音效果。为动画片头添加声音特效效果如图 9-38 所示。

效果所在位置：光盘\Ch09\为动画片头添加声音特效.aep。

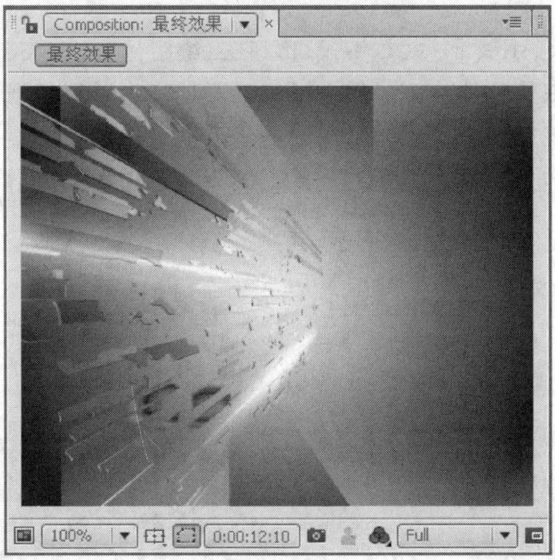

图 9-38

第10章 制作三维合成特效

After Effects不仅可以在二维空间创建合成效果，随着新版本的推出，在三维立体空间中的合成与动画功能也越来越强大。新版本在具有深度的三维空间中可以丰富图层的运动样式，创建更逼真的灯光、投射阴影、材质效果和摄像机运动效果。读者通过对本章的学习，可以掌握制作三维合成特效的方法和技巧。

【教学目标】

- 三维合成。
- 应用灯光和摄像机。

10.1 三维合成

After Effects CS4 可以在三维层中显示图层，将图层指定为三维时，After Effects 会添加一个 z 轴制该层的深度。当增加 z 轴值时，该层在空间中移动到更远处；当 z 轴值减小时，则会更近。

10.1.1 课堂案例——三维空间

案例学习目标：学习使用三维合成制作三维空间效果。

案例知识要点：使用“水平类型工具”输入文字，使用“Position”选项制作文字动画效果，使用“Mosaic”命令、“Minimax”命令、“Find Edges”命令制作特效形状，使用“Position”选项调整文字位置动画，使用“Ramp”命令制作背景渐变效果，使用变换三维层的位置属性制作空间效果，使用“Opacity”选项调整文字不透明度。三维空间效果如图 10-1 所示。

效果所在位置：光盘\Ch10\三维空间.aep。

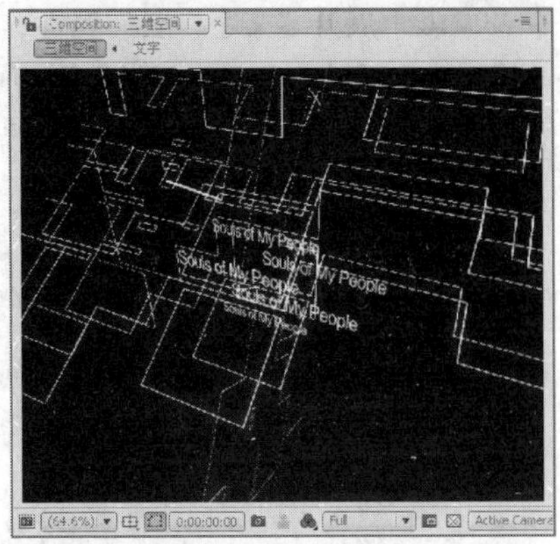

图 10-1

1. 编辑文字

Step 01 按<Ctrl>+<N>组合键，弹出“Composition Settings”对话框，在“Composition Name”选项的文本框中输入“线框”，其他选项的设置如图 10-2 所示，单击“OK”按钮，创建一个新的合成“线框”。选择“Horizontal Type Tool”（水平类型工具）T，在合成窗口输入文字“123456789”。选中“文字”层，在“Character”面板中设置文字的颜色为白色，其他参数设置如图 10-3 所示。

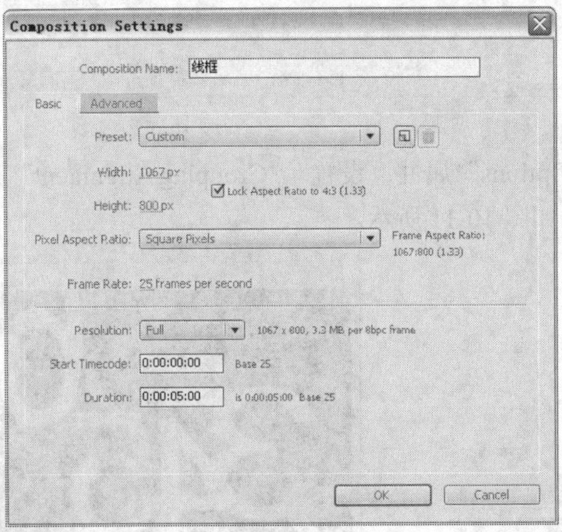

图 10-2

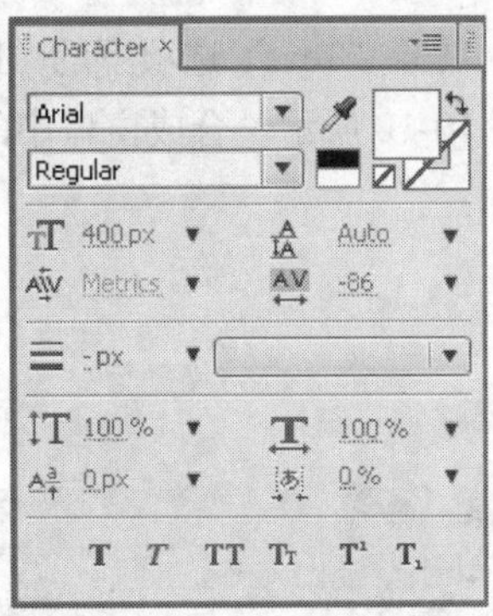

图 10-3

Step 02 选中“文字”层，按<P>键展开“Position”属性，设置“Position”选项的数值为-254、651，如图 10-4 所示。合成窗口中的效果如图 10-5 所示。

图 10-4

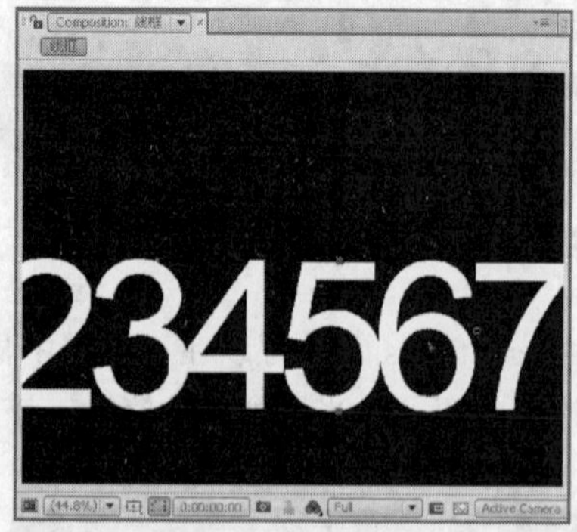

图 10-5

Step 03 展开“文字”层的属性，单击“Animate”前的按钮，在弹出的菜单选项中选择 Scale，如图 10-6 所示，在“时间轴”面板中自动添加“Range Selector 1”和“Scale”选项。选择“Range Selector 1”选项，按<Delete>键删除，设置“Scale”选项的数值为 180、180，如图 10-7 所示。

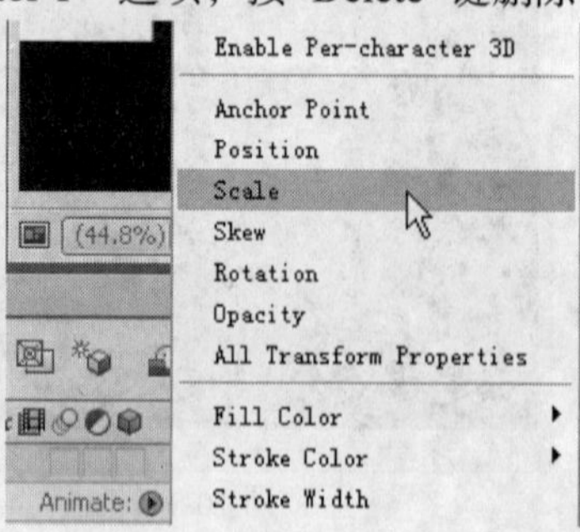

图 10-6

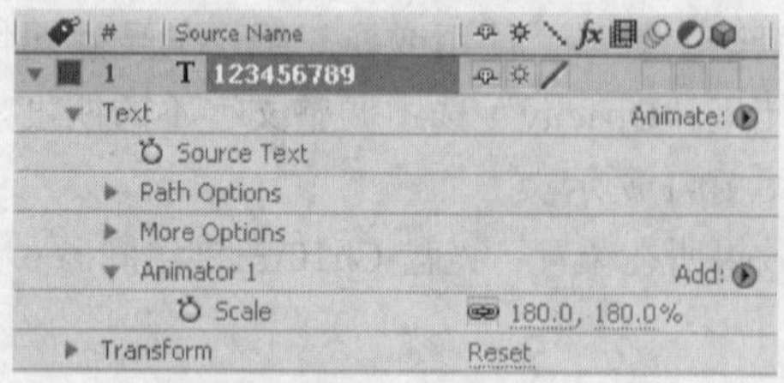

图 10-7

Step 04 单击“Animator 1”选项后的 Add 按钮，在弹出的窗口中选择“Selector > Wiggly”，如图 10-8 所示。展开“Wiggly Selector 1”属性，设置“Mode”选项为 Add，如图 10-9 所示。

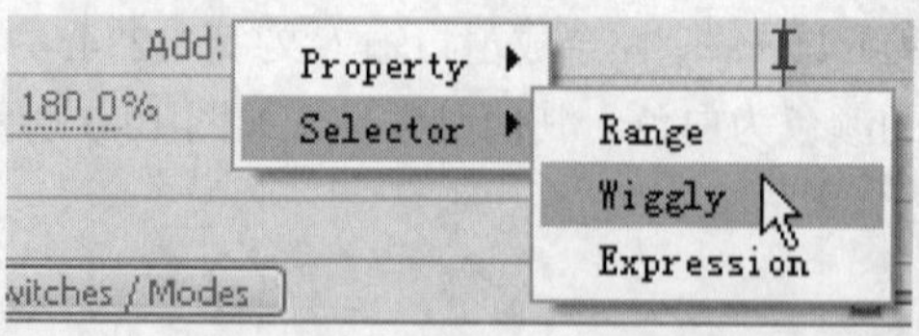

图 10-8

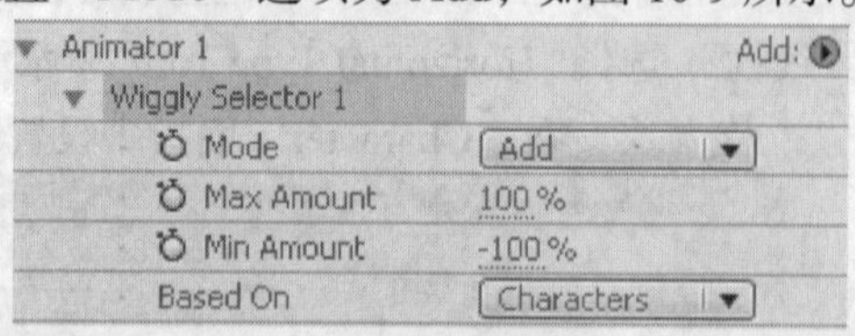

图 10-9

Step 05 展开“Text”选项下的“More Options”属性，设置 “Grouping Alignment”选项为 0、160，如图 10-10 所示。合成窗口中的效果如图 10-11 所示。

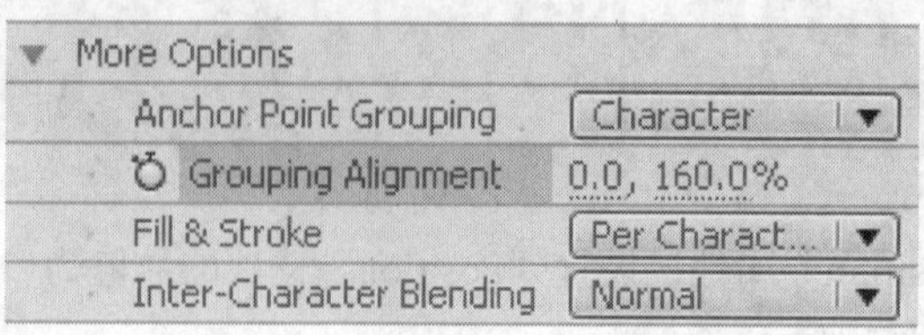

图 10-10

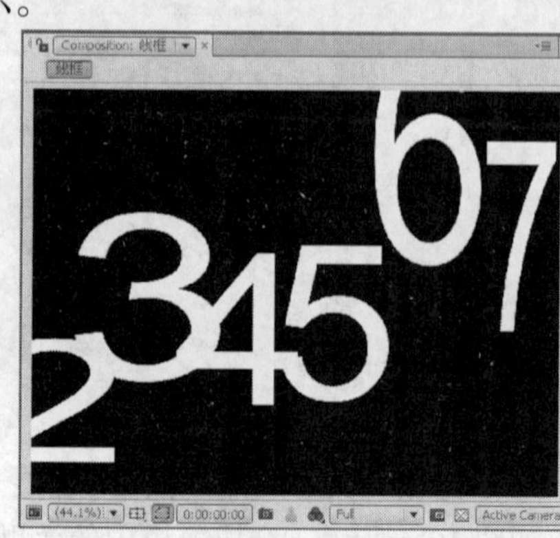

图 10-11

Step 06 选择“Effect > Stylize > Mosaic”命令，在“特效控制”面板中进行参数设置，如图 10-12 所示。合成窗口中的效果如图 10-13 所示。

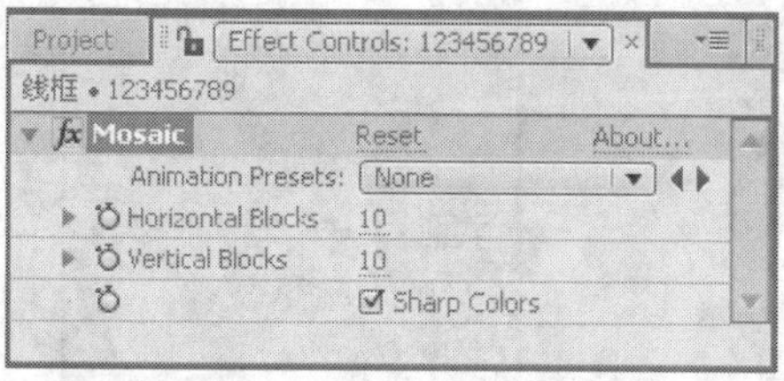

图 10-12

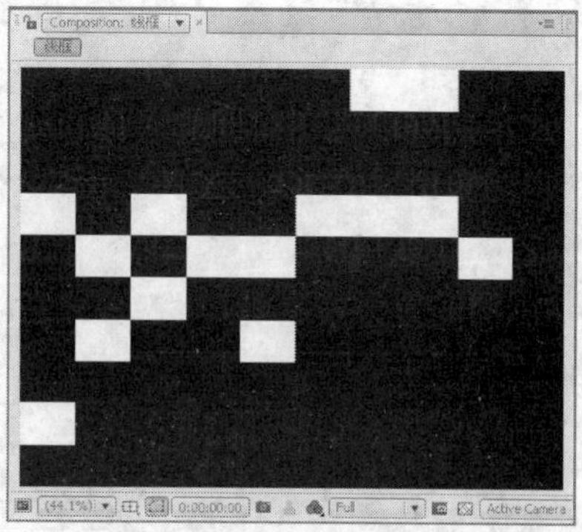

图 10-13

Step 07 选择“Effect > Channel > Minimax”命令，在“特效控制”面板中进行参数设置，如图 10-14 所示。合成窗口中的效果如图 10-15 所示。

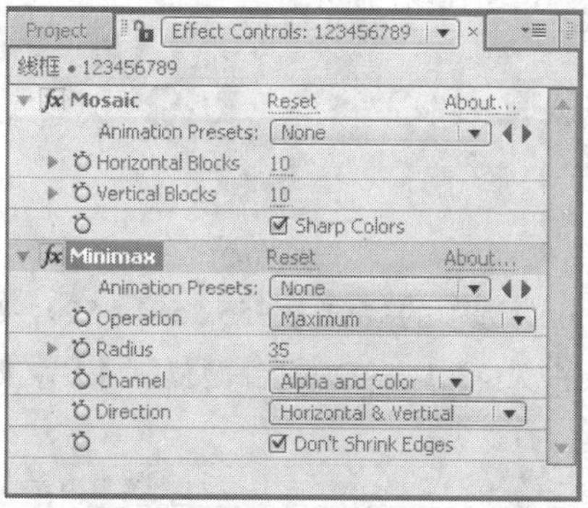

图 10-14

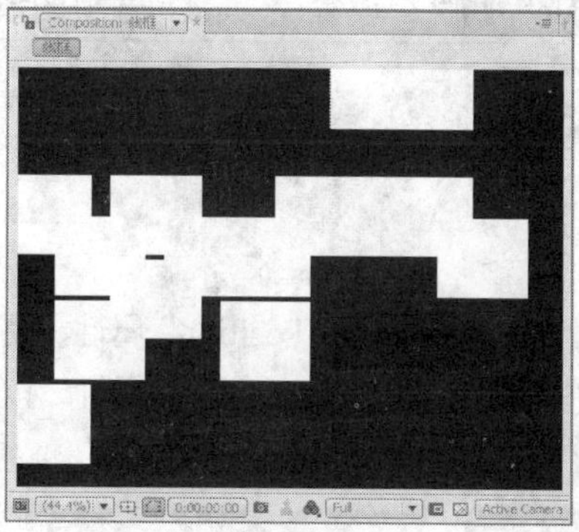

图 10-15

Step 08 选择“Effect > Stylize > Find Edges”命令，在“特效控制”面板中进行参数设置，如图 10-16 所示。合成窗口中的效果如图 10-17 所示。

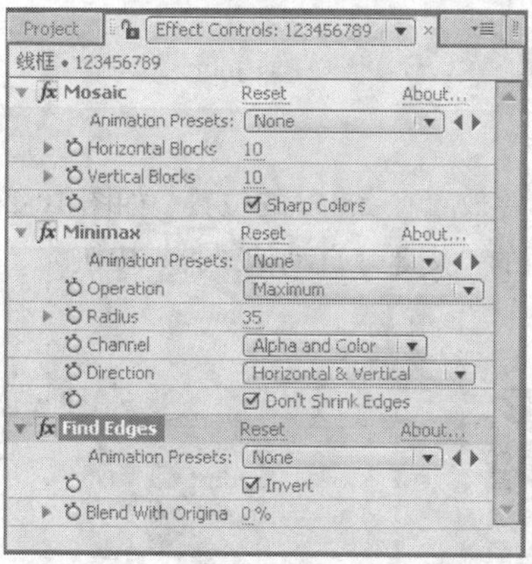

图 10-16

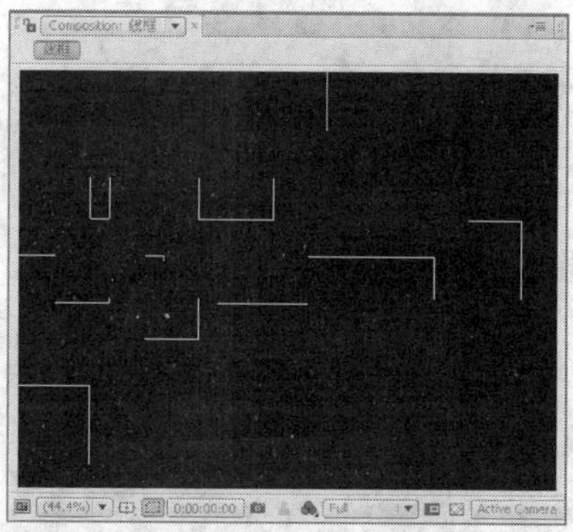

图 10-17

Step 09 按<Ctrl>+<N>组合键，弹出“Composition Settings”对话框，在“Composition Name”选项的文本框中输入“文字”，其他选项的设置如图 10-18 所示，单击“OK”按钮，创建一个新的合成“文字”。选择“Horizontal Type Tool”（水平类型工具）T，在合成窗口输入文字“Souls of My People”。选中文字，在“Character”面板中设置文字的颜色为白色，其他参数设置如图 10-19 所示。

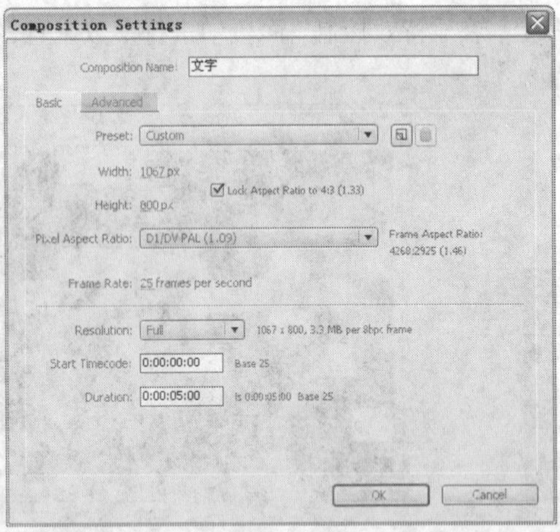

图 10-18

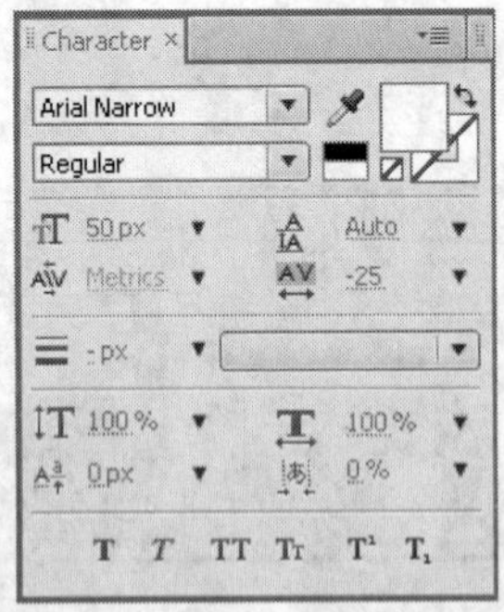

图 10-19

Step 10 单击“文字”层右面的“3D layer”按钮，打开三维属性，如图 10-20 所示。按<S>键展开“Scale”属性，设置“Scale”选项的数值为 80，如图 10-21 所示。

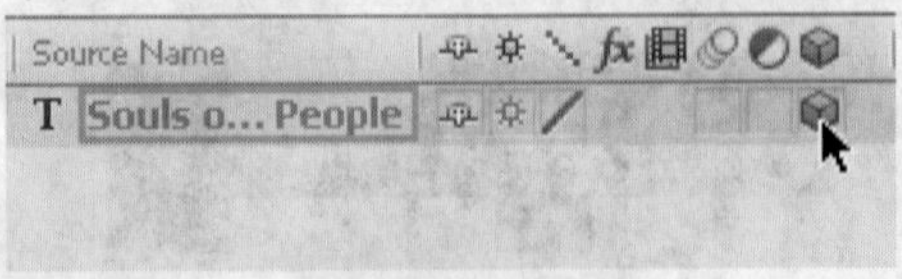

图 10-20

图 10-21

Step 11 按<P>键展开“Position”属性，设置“Position”选项的数值为 355、531、550，如图 10-22 所示。选中“文字”层，单击“收缩属性”按钮，按 4 次<Ctrl>+<D>组合键复制 4 层，如图 10-23 所示。

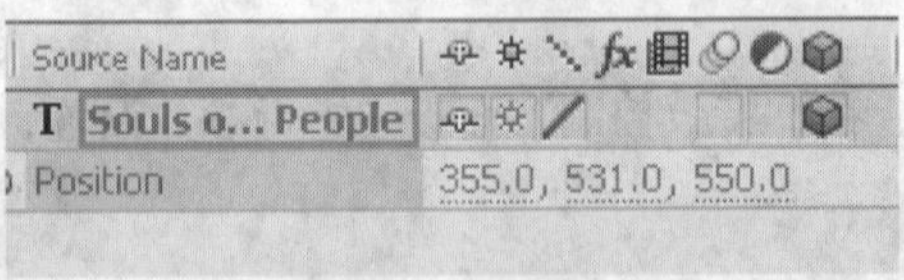

图 10-22

图 10-23

2. 添加文字动画

Step 01 选中图层 5，在“时间轴”面板中将时间标签放置在 2:05s 的位置，如图 10-24 所示。按<P>键展开“Position”属性，单击“Position”选项前面的“关键帧自动记录器”按钮，如图 10-25 所示，记录第 1 个关键帧。

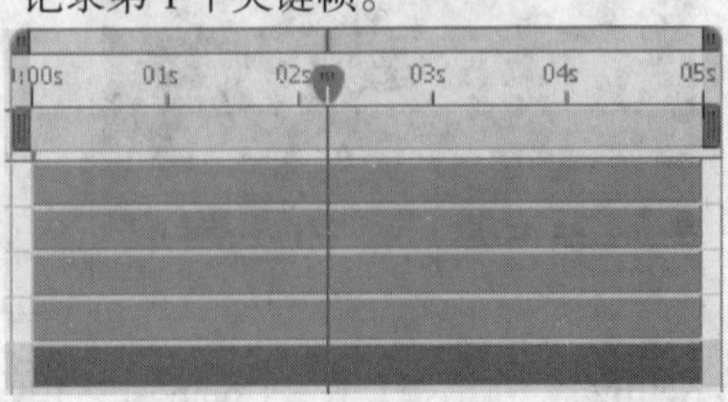

图 10-24

图 10-25

Step 02 将时间标签放置在 3:05s 的位置，如图 10-26 所示。设置“Position”选项的数值为 355、530、-1200，如图 10-27 所示，记录第 2 个关键帧。

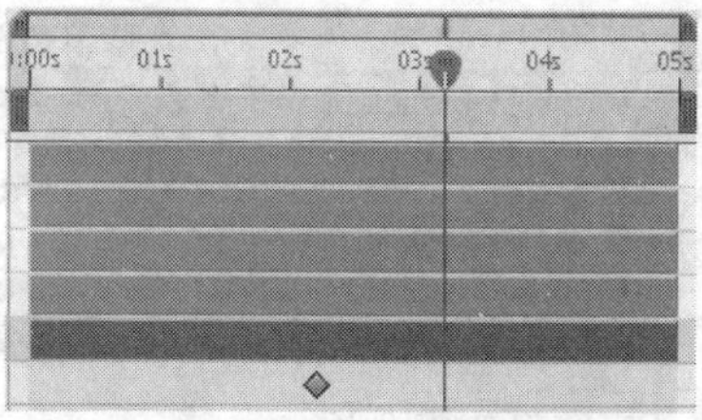

图 10-26

图 10-27

Step 03 选中图层 4，将时间标签放置在 1:15s 的位置。按<P>键展开“Position”属性，单击“Position”选项前面的“关键帧自动记录器”按钮，设置“Position”选项的数值为 428、453、-60，如图 10-28 所示，记录第 1 个关键帧。将时间标签放置在 2:15s 的位置，设置“Position”选项的数值为 428、453、-1400，如图 10-29 所示，记录第 2 个关键帧。

图 10-28

图 10-29

Step 04 选中图层 3，将时间标签放置在 2:15s 的位置。按<P>键展开“Position”属性，单击“Position”选项前面的“关键帧自动记录器”按钮，设置“Position”选项的数值为 320、413、-100，如图 10-30 所示，记录第 1 个关键帧。将时间标签放置在 3:15s 的位置，设置“Position”选项的数值为 320、457、-1500，如图 10-31 所示，记录第 2 个关键帧。

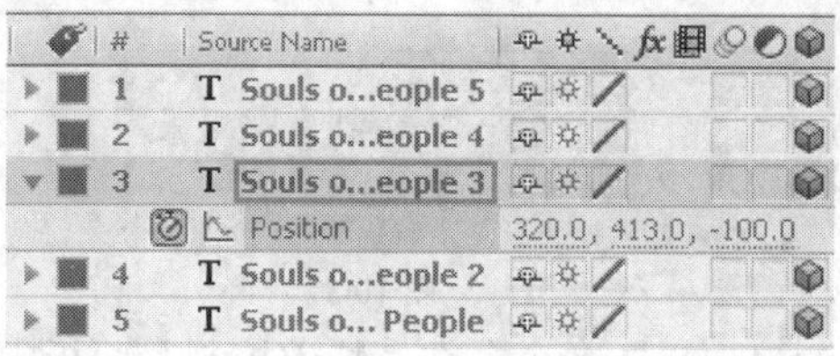

图 10-30

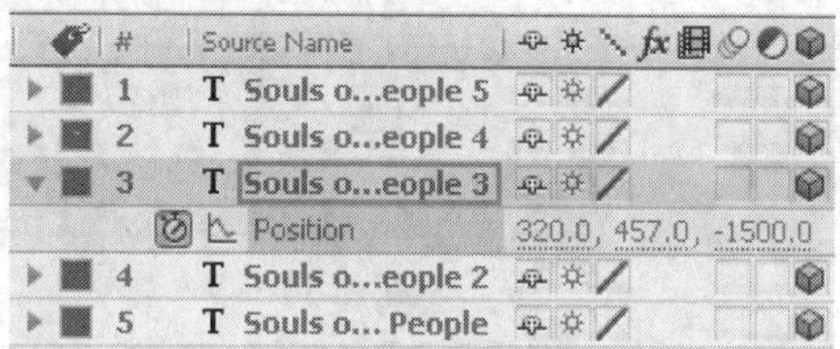

图 10-31

Step 05 选中图层 2，将时间标签放置在 1:10s 的位置。按<P>键展开“Position”属性，单击“Position”选项前面的“关键帧自动记录器”按钮，设置“Position”选项的数值为 490、364、150，如图 10-32 所示，记录第 1 个关键帧。将时间标签放置在 2:10s 的位置，设置“Position”选项的数值为 490、364、-1400，如图 10-33 所示，记录第 2 个关键帧。

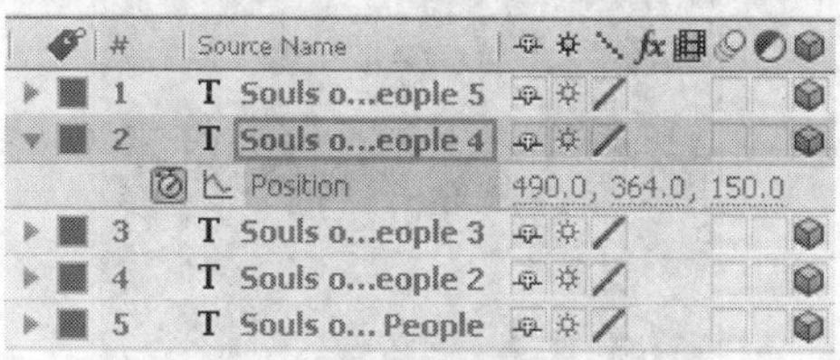

图 10-32

图 10-33

Step 06 选中图层 1，将时间标签放置在 2:20s 的位置。按<P>键展开“Position”属性，单击“Position”选项前面的“关键帧自动记录器”按钮，设置“Position”选项的数值为 368、312、288，如图 10-34 所示，记录第 1 个关键帧。将时间标签放置在 3:20s 的位置，设置“Position”选项的数值为 368、312、-1200，如图 10-35 所示，记录第 2 个关键帧。

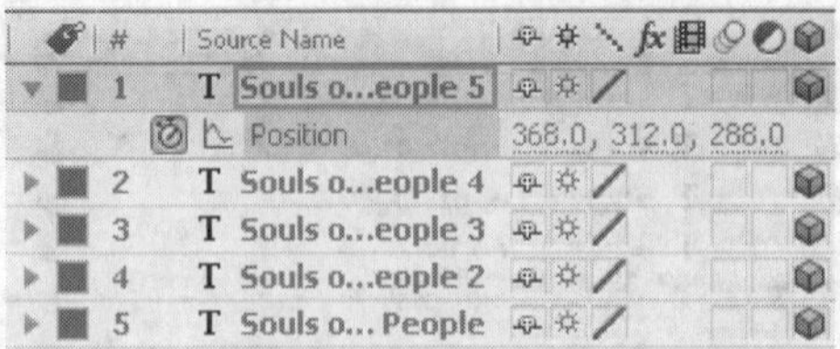

图 10-34

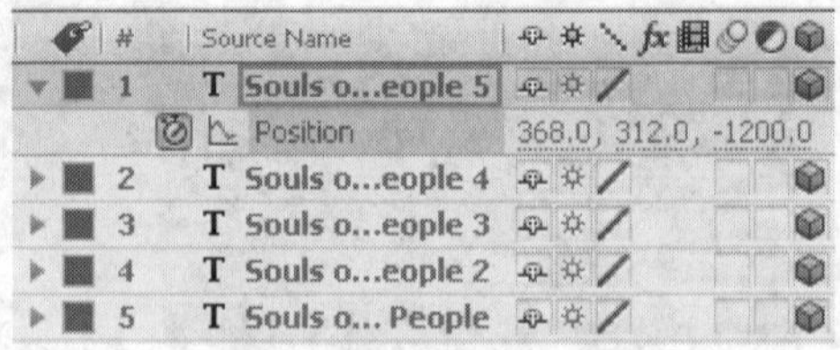

图 10-35

3. 制作空间效果

Step 01 按<Ctrl>+<N>组合键，弹出“Composition Settings”对话框，在“Composition Name”选项的文本框中输入“三维空间”，其他选项的设置如图 10-36 所示，单击“OK”按钮，创建一个新的合成“三维空间”。选择“Layer > New > Solid”命令，弹出“Solid Settings”对话框，在“Name”选项的文本框中输入文字“背景”，单击“OK”按钮，在“时间轴”面板中新增一个 Solid 层，如图 10-37 所示。

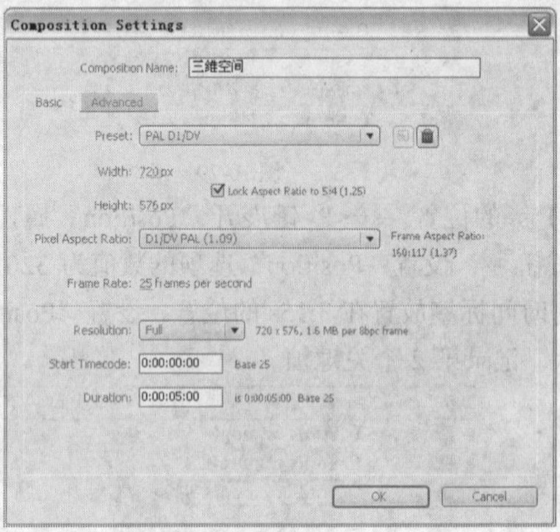

图 10-36

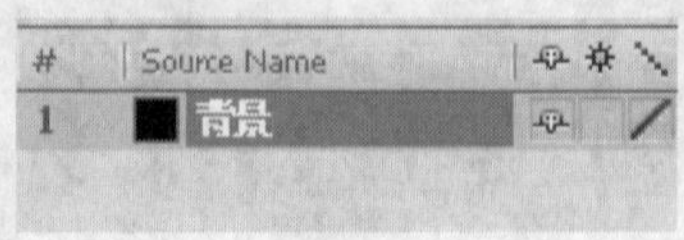

图 10-37

Step 02 选中“背景”层，选择“Effect > Generate > Ramp”命令，在“特效控制”面板中设置“Start Color”的颜色为黑色，“End Color”的颜色为蓝色（其 R、G、B 的值分别为 0、18、96），其他参数设置如图 10-38 所示。设置完成后合成窗口中的效果如图 10-39 所示。

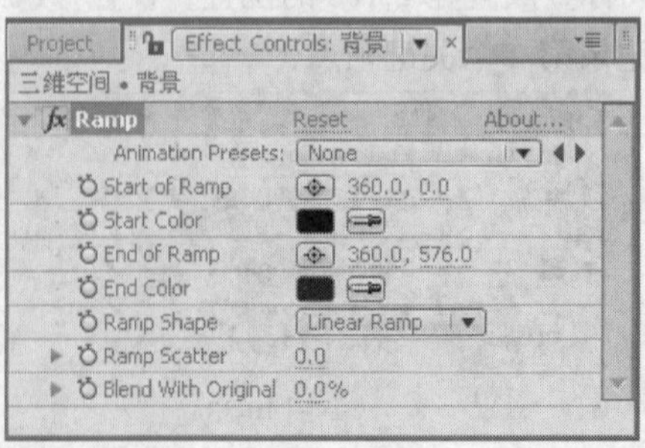

图 10-38

图 10-39

Step 03 在“项目”面板中选中“线框”合成并将其拖曳到“时间轴”面板中 5 次，单击所有线框层右面的“3D layer”按钮，打开三维属性，在“时间轴”面板中设置所有线框合层的叠加混合模式为 Add，如图 10-40 所示。

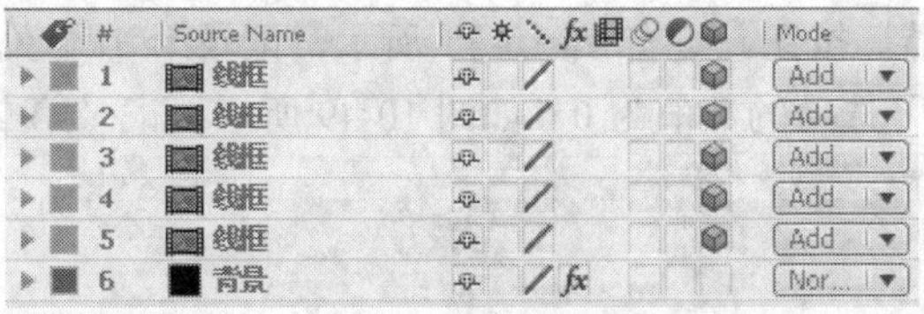

图 10-40

Step 04 选中图层 5，展开“线框”合层的“Transform”属性，并在“Transform”选项中设置参数，如图 10-41 所示。选中图层 4，展开“线框”合层的“Transform”属性，并在“Transform”选项中设置参数，如图 10-42 所示。

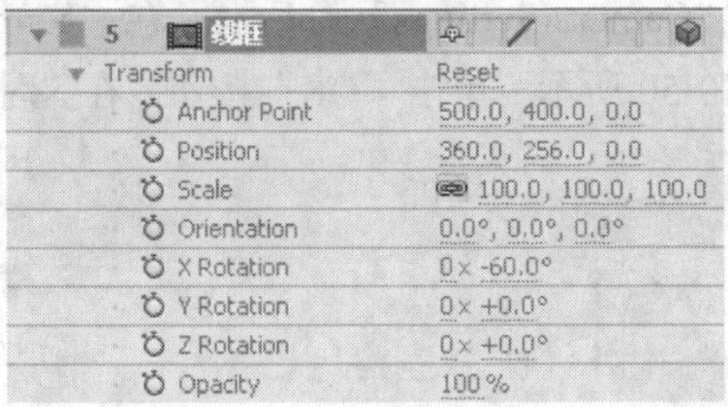

图 10-41

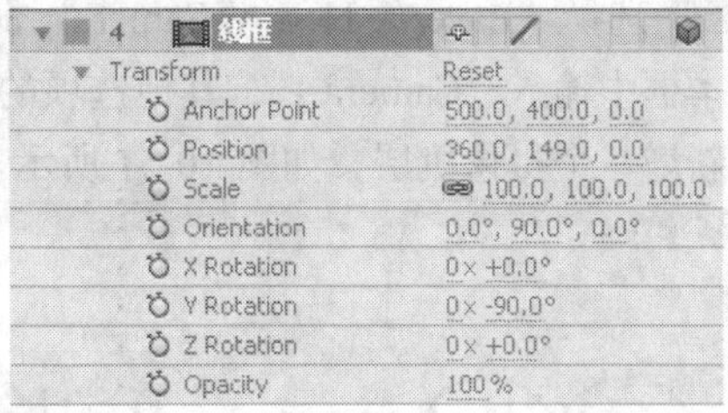

图 10-42

Step 05 选中图层 3，展开“线框”合层的“Transform”属性， 并在“Transform”选项中设置参数，如图 10-43 所示。选中图层 2 ，展开“线框”合层的“Transform”属性， 并在“Transform”选项中设置参数，如图 10-44 所示。

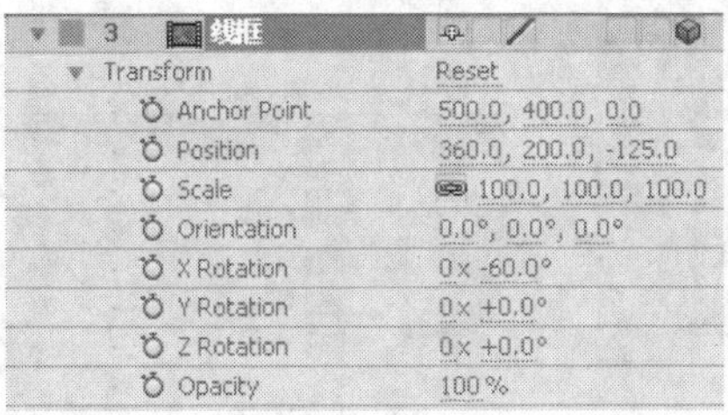

图 10-43

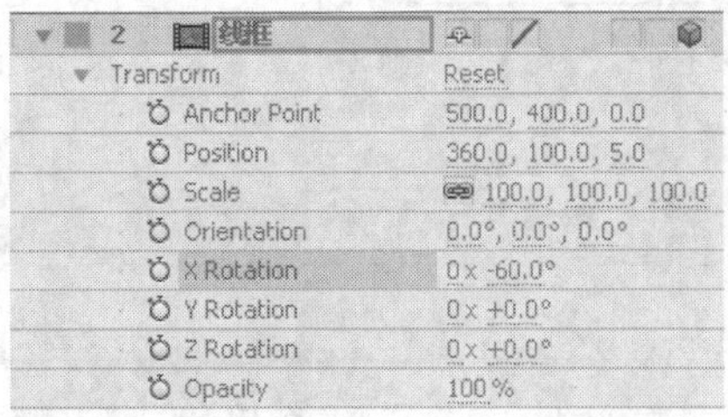

图 10-44

Step 06 选中图层 1，展开“线框”合层的“Transform”属性， 并在“Transform”选项中设置参数，如图 10-45 所示。合成窗口中的效果如图 10-46 所示。

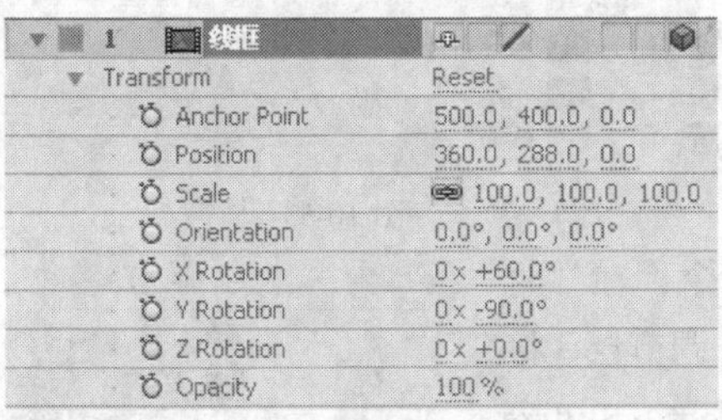

图 10-45

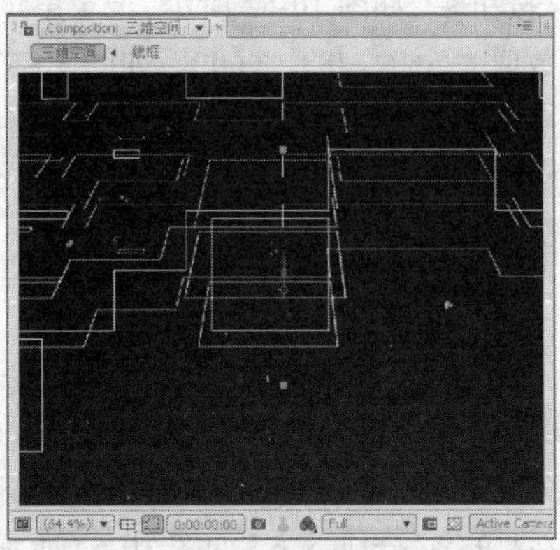

图 10-46

Step 07 在“项目”面板中选中“文字”合成并将其拖曳到“时间轴”面板中，单击文字层右面的“3D layer”按钮，打开三维属性，如图 10-47 所示。将时间标签放置在 3s 的位置，按<T>键展开“文字”合层的“Opacity”属性，设置“Opacity”选项的数值为 100，单击“Opacity”选项前面的“关键帧自动记录器”按钮 ，如图 10-48 所示，记录第 1 个关键帧。将时间标签放置在 4s 的位置，设置“Opacity”选项的数值为 0，如图 10-49 所示，记录第 2 个关键帧。

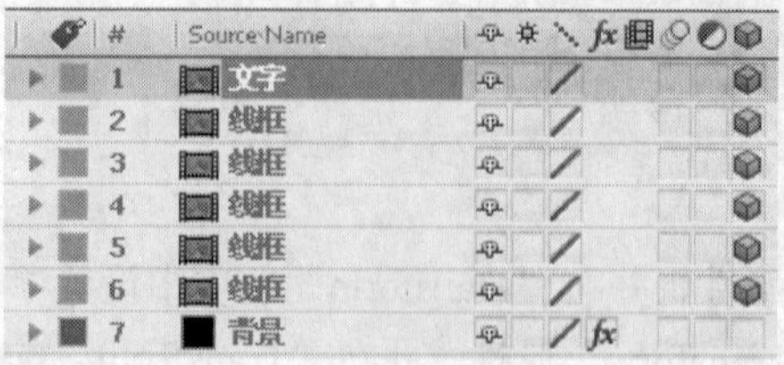

图 10-47

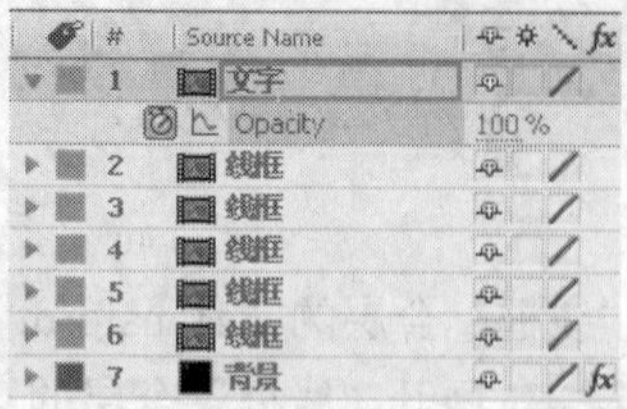

图 10-48

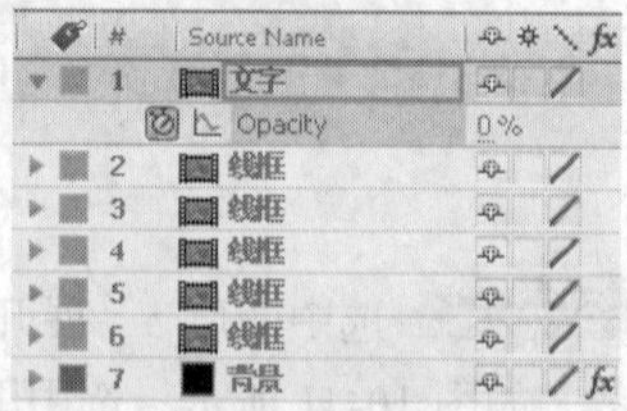

图 10-49

Step 08 选择“Layer > New > Camera”命令，弹出“Camera Settings”对话框，在“Name”选项的文本框中输入“Camera 1”，其他选项的设置如图 10-50 所示。单击“OK”按钮，在“时间轴”面板中新增一个摄像机层，如图 10-51 所示。

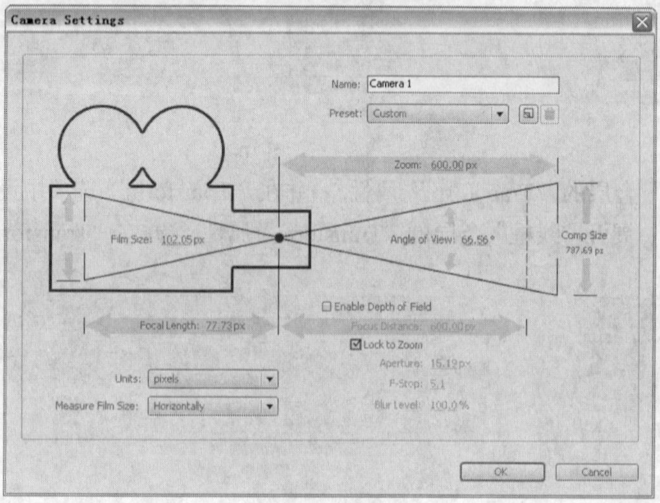

图 10-50

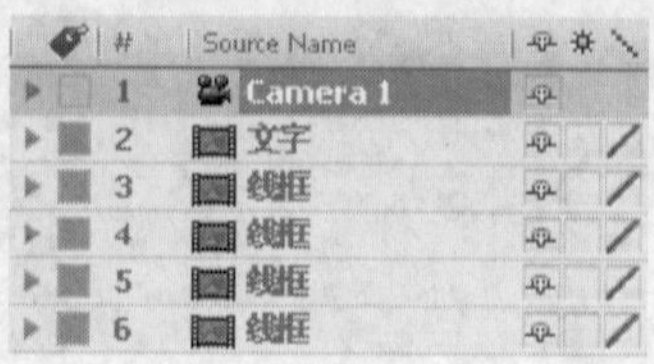

图 10-51

Step 09 选中摄像机层，按<P>键展开摄像机层的“Position”属性。将时间标签放置在 0s 的位置，设置“Position”选项的数值为 600、−150、−600，单击“Position”选项前面的“关键帧自动记录器”按钮 ，如图 10-52 所示，记录第 1 个关键帧。将时间标签放置在 4s 的位置，设置“Position”选项的数值为 360、288、−600，如图 10-53 所示，记录第 2 个关键帧。

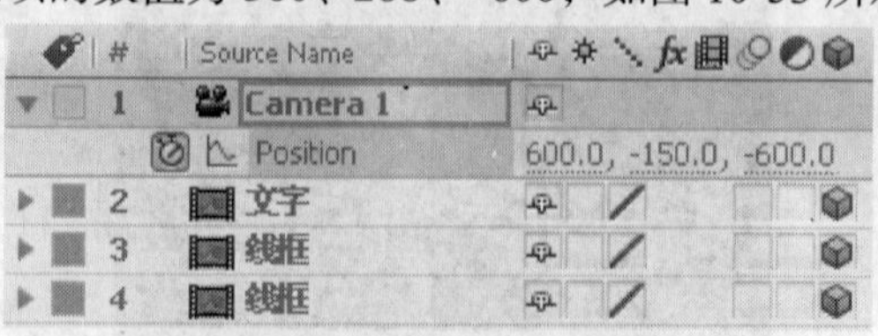

图 10-52

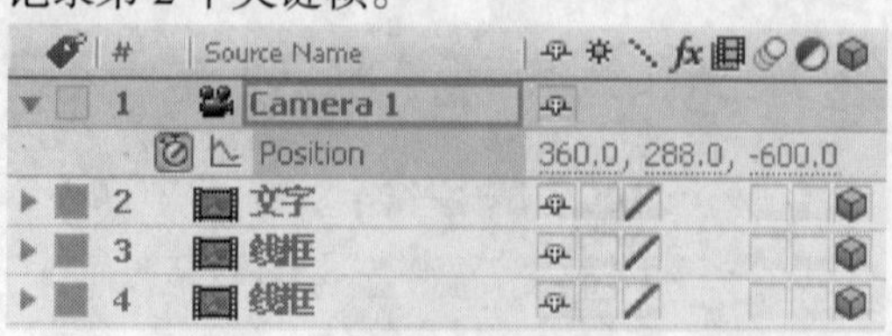

图 10-53

Step 10 选择“Layer > New > Adjustment Layer”命令，在“时间轴”面板中新增一个 Adjustment Layer 调节层，选中调节层，将它放置在“文字”合成下方，如图 10-54 所示。选择“Effect > Stylize > Glow”命令，在“特效控制”面板中进行参数设置，如图 10-55 所示。合成窗口中的效果如图 10-56 所示。

图 10-54

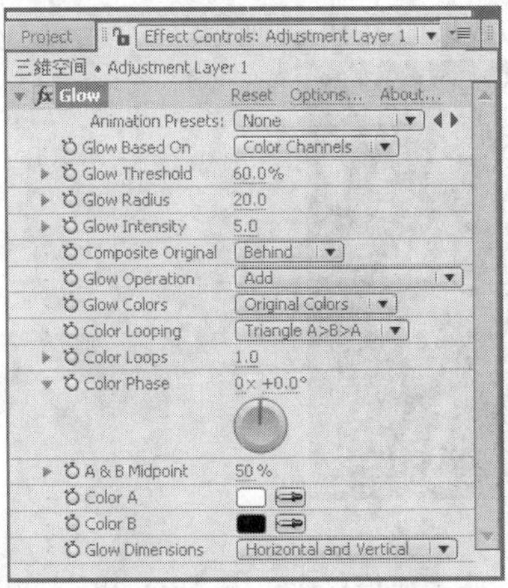

图 10-55

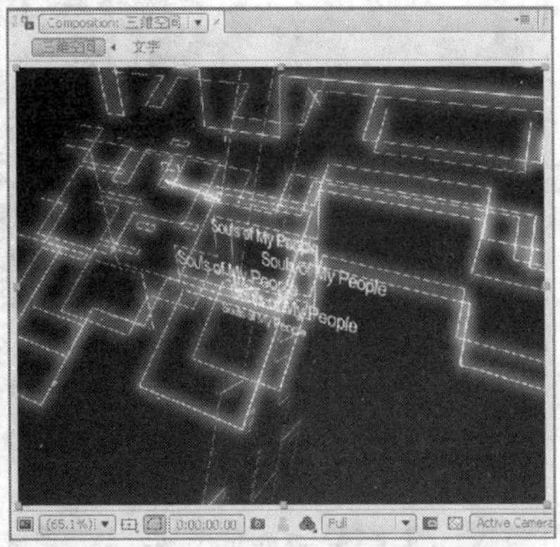

图 10-56

Step 11 在“时间轴”面板中设置调节层的叠加混合模式为 Overlay，如图 10-57 所示。三维空间效果制作完成，如图 10-58 所示。

图 10-57

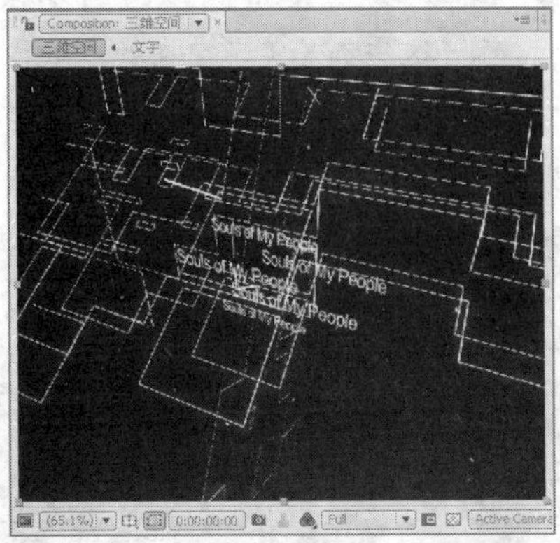

图 10-58

10.1.2 转换成三维层

除了声音以外，所有素材层都有可以实现三维层的功能。将一个普通的二维层转化为三维层也非常简单，只需要在层属性开关面板中打开“3D 开关”按钮即可，展开层属性就会发现变换属性中无论是轴中心点属性、位移属性、缩放属性，还是旋转属性，都出现了 *z* 轴向参数信息，另外还添加了另一个“Material Options”（材质）属性，如图 10-59 所示。

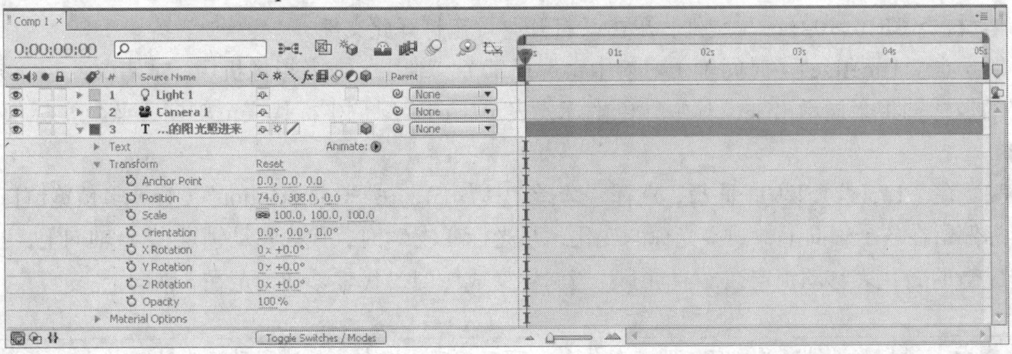

图 10-59

下面调节“Y Rotation”值为 25°，合成后的影像效果如图 10-60 所示。

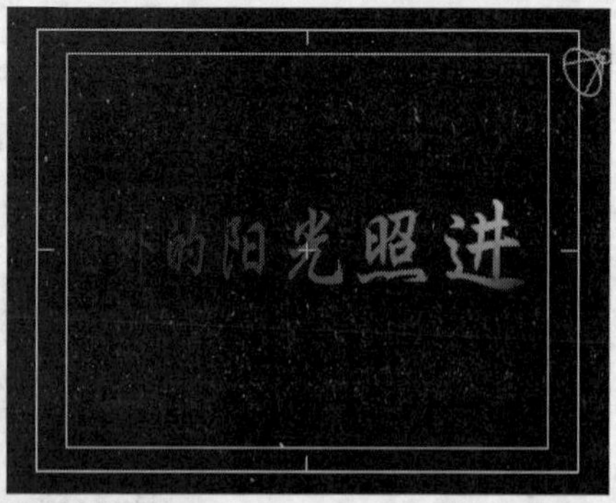

图 10-60

如果要将三维层重新变回二维层，只需要在层属性开关面板再次单击“3D 开关”按钮，关闭三维属性，三维层当中的 *z* 轴信息和“Material Options”材质信息将丢失。

提示： 虽然很多 Effects（特效）可以模拟三维空间效果（例如，“Effect > Distort >Bulge”凸出滤镜），不过这些都是实实在在的二维特效，也就是说，即使这些特效当前作用是三维层，但是它们仍然只是模拟三维效果而不会对三维层轴产生任何影响。

10.1.3 变换三维层的位置属性

对于三维层来说，“Position”（位置）属性由 *x*、*y*、*z* 3 个维度的参数控制，如图 10-61 所示。

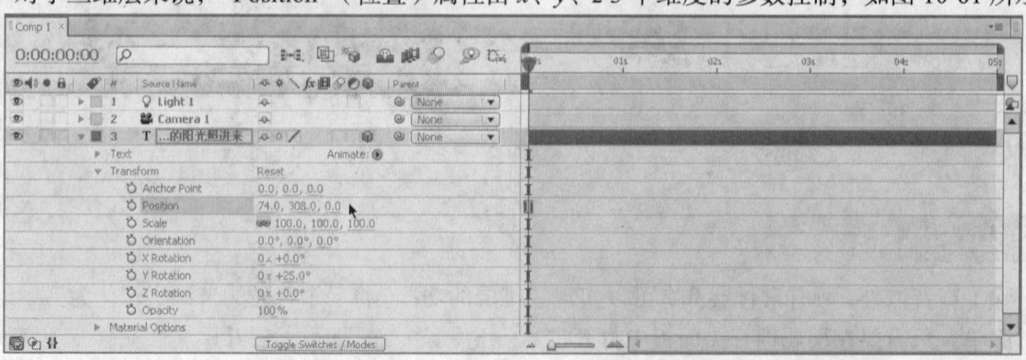

图 10-61

（1）打开 After Effects 软件，选择“File >Open Project”（打开项目）命令，选择光盘目录下的“基础素材 > Ch10 > 02.aep”文件，单击“打开”按钮打开此文件。

（2）在“Timeline”（时间轴）窗口中，选择某个三维层，或者摄像机层，或者文字层，被选择层的坐标轴将会显示出来，其中红色坐标代表 *x* 轴向，绿色坐标代表 *y* 轴向，蓝色坐标代表 *z* 轴向。

（3）在“Tools”（工具）面板，选择“选择工具”，在“Composition”（合成）预览窗口中，将鼠标停留在各个轴向上，观察光标的变化，当光标变成时，代表移动锁定在 *x* 轴向上；当光标变成时，代表移动锁定在 *y* 轴向上；当鼠标变成时，代表移动锁定在 *z* 轴向上。

提示： 光标如果没有呈现任何坐标轴信息，可以在空间中全方位地移动三维对象。

10.1.4　变换三维层的旋转属性

1.使用“Orientation”方式旋转

Step 01 打开 After Effects 软件，选择“File >Open Project”（打开项目）命令，选择光盘目录下的“基础素材> Ch10 > 02.aep”文件，单击“打开”按钮打开此文件。

Step 02 在“Timeline”（时间轴）窗口中，选择某三维层、或者摄像机层或者文字层。

Step 03 在“Tools”（工具）面板中，选择“旋转工具”，在坐标系选项的右侧下拉列表中选择“Rotation”选项，如图 10-62 所示。

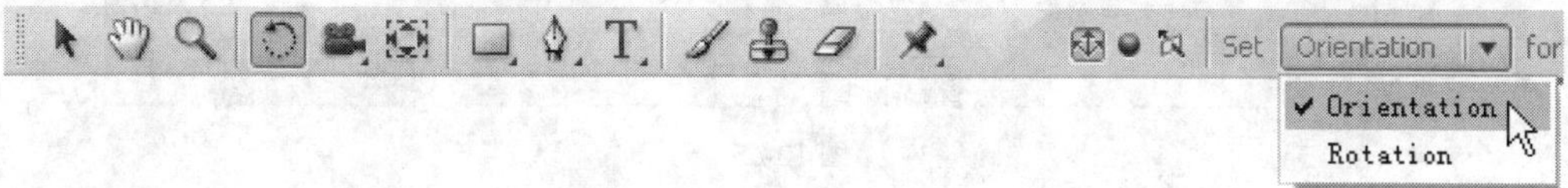

图 10-62

Step 04 在“Composition”（合成）预览窗口中，将鼠标光标放置在某坐标轴上，当光标出现时，进行 x 轴向旋转；当光标出现时，进行 y 轴向旋转；当光标出现时，进行 z 轴向旋转；在没有出现任何信息时，可以全方位旋转三维对象。

Step 05 在“Timeline”（时间轴）窗口中，展开当前三维层变换属性，观察 3 组“Rotation”属性值的变化，如图 10-63 所示。

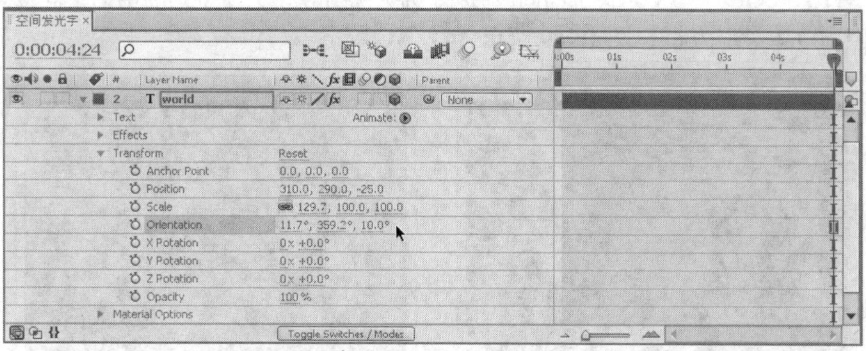

图 10-63

2. 使用“Rotation”方式旋转

Step 01 仍然使用上面的素材案例，选择“File > Revert”（恢复）命令，还原到项目文件的上次存储状态。

Step 02 在“Tools”（工具）面板中，选择“旋转工具”，在坐标系选择的右侧下拉列表中选择“Rotation”选项，如图 10-64 所示。

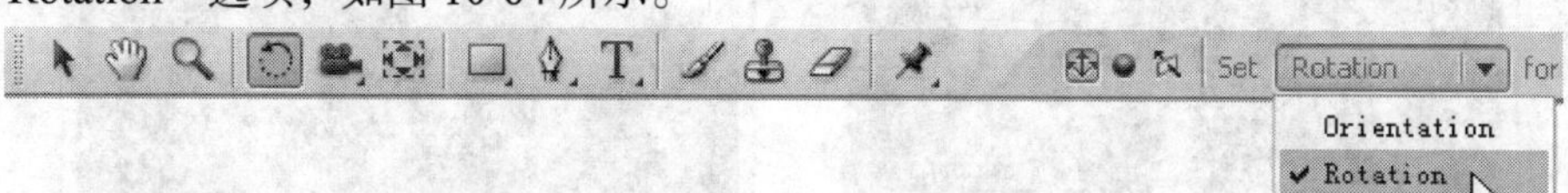

图 10-64

Step 03 在“Composition”（合成）预览窗口中，将鼠标光标放置在某坐标轴上，当光标出现时，进行 x 轴向旋转；当光标出现时，进行 y 轴向旋转；当光标出现时，进行 z 轴向旋转；在没有出现任何信息时，可以全方位旋转三维对象。

Step 04 在“Timeline”（时间轴）窗口中，展开当前三维层变换属性，观察 3 组“Rotation”属性值的变化，如图 10-65 所示。

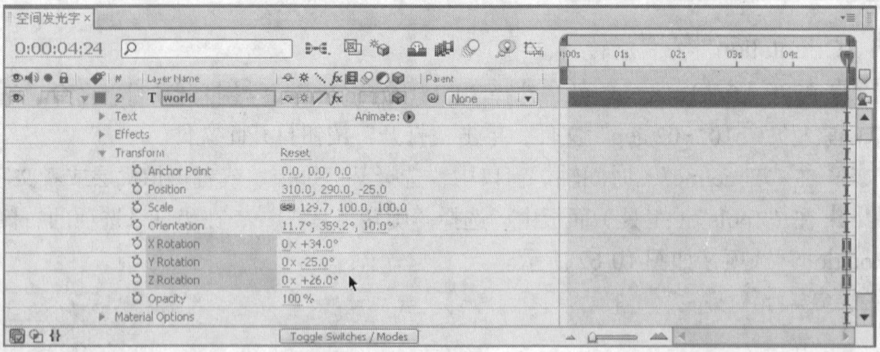

图 10-65

10.1.5 三维视图

虽然对三维空间感知并不需要通过专业的训练，是任何人都具备的本能感应，但是在制作过程中，往往会由于各种原因（场景过于复杂等因素）导致视觉错觉，无法仅通过对透视图的观察正确判断当前三维对象的具体空间状态，因此往往需要借助更多的视图作为参照，如 Top（顶）视图、Front（前）视图、Left（左）视图、Camera（摄像机）视图等，从而得到准确的空间位置信息，如图 10-66、图 10-67、图 10-68、图 10-69 所示。

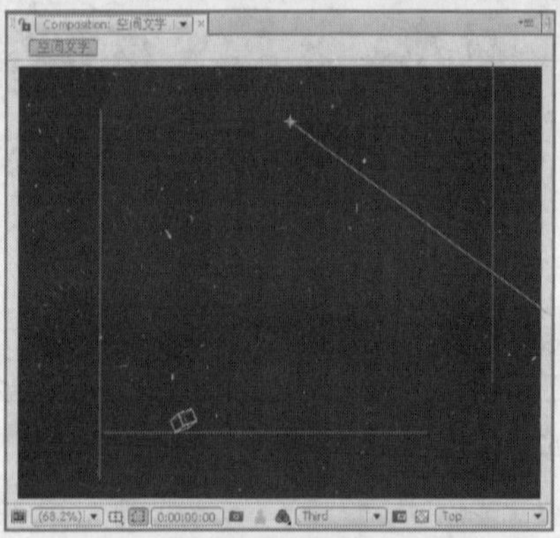

图 10-66

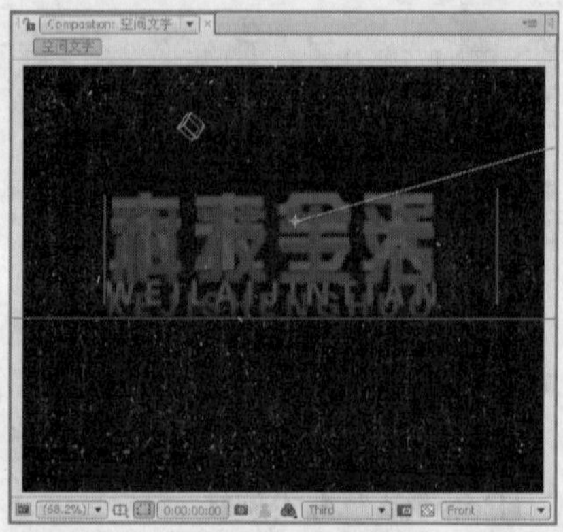

图 10-67

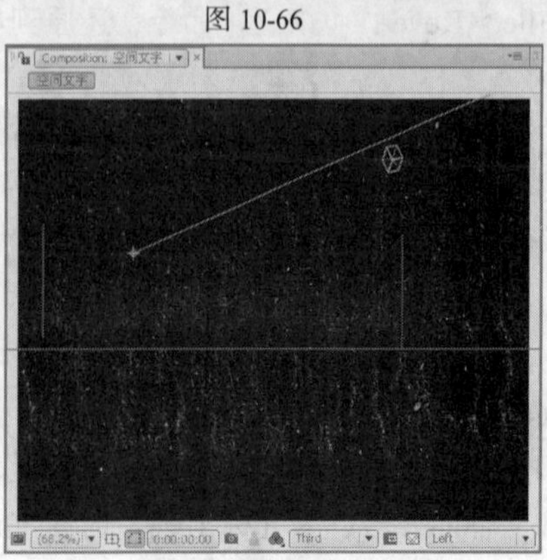

图 10-68

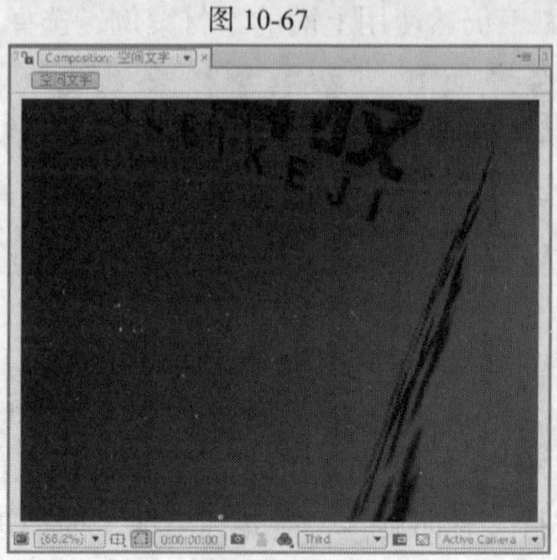

图 10-69

在"Composition"（合成）预览窗口中，可以通过单击 Active Camera ▼（3D View，三维视图）下拉式菜单，在各个视图模块中进行切换，这些模式大致分为 3 类：正交视图、摄像机视图和自定义视图。

1. 正交视图

正交视图包括 Front（前）视图、Left（左）视图、Top（顶）视图、Back（背）视图、Right（右）视图和 Bottom（底）视图，其实就是以垂直正交的方式观看空间中的 6 个面。在正交视图中，长度尺寸和距离以原始数据的方式呈现，从而忽略掉了透视所导致的大小变化，也就意味着在正交视图观看立体物体时没有透视感，如图 10-70 所示。

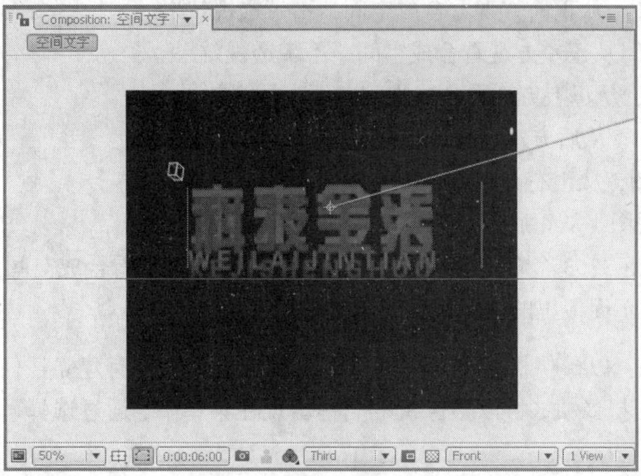

图 10-70

2. 摄像机视图

摄像机视图是从摄像机的角度，通过镜头去观看空间。与正交视图不同的是，这里描绘出的空间和物体是带有透视变化的视觉空间，非常真实地再现近大远小、近长远短的透视关系，通过镜头的特殊属性设置，还能对此进行一步的夸张设置等，如图 10-71 所示。

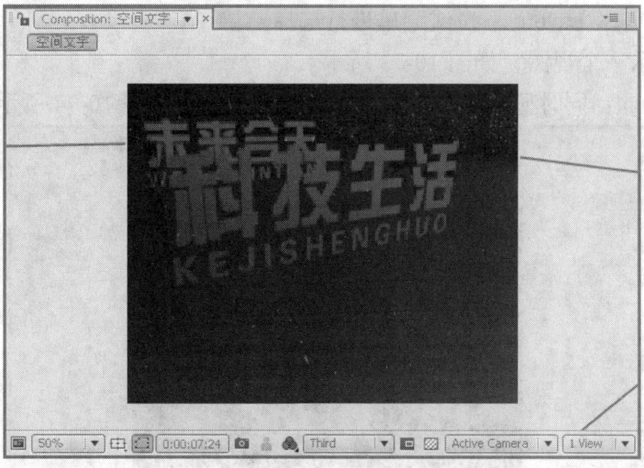

图 10-71

3. 自定义视图

Custom Views（自定义）视图是从几个默认的角度观看当前空间，可以通过"Tools"（工具）

面板中的摄像机视图工具调整其角度。同摄像机视图一样，自定义视图同样是遵循透视的规律来呈现当前空间，不过自定义视图并不要求合成项目中必须有摄像机才能打开，当然也不具备通过镜头设置带来的景深、广角、长焦之类的观看空间方式，可以仅仅理解为 3 个可自定义的标准透视视图。

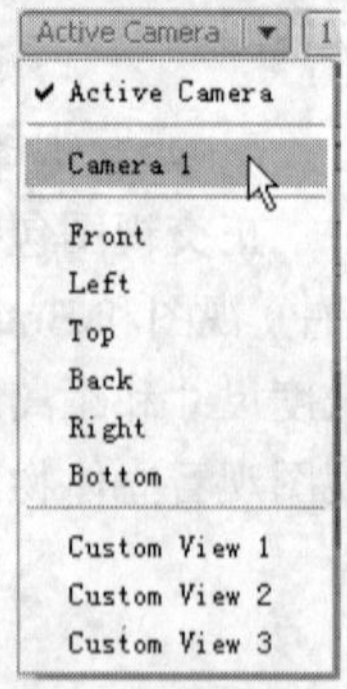

图 10-72

Active Camera ▼（3D View，三维视图）下拉式菜单中具体选项，如图 10-72 所示。

- Active Camera：当前激活的摄像机视图，也就是当前时间位置被打开的摄像机层的视图。
- Front：前视图，从正前方观看合成空间，不带透视效果。
- Left：左视图，从正左方观看合成空间，不带透视效果。
- Top：顶视图，从正上方观看合成空间，不带透视效果。
- Back：背视图，从后方观看合成空间，不带透视效果。
- Right：右视图，从正右方观看合成空间，不带透视效果。
- Bottom：底视图，从正底部观看合成空间，不带透视效果。
- Custom View1~3：3 个自定义视图，从 3 个缺省的角度观看合成空间，含有透视效果， 可以通过“Tools”（工具）面板里的摄像机位置工具移动视角。
- Camera Name：以摄像机名称命名的摄像机视图，如果没有建立任何摄像机，此菜单选项将不出现，一旦建立了摄像机，将以摄像机的名称出现在菜单中，通过选择可以迅速切换到各个摄像机视角。

10.1.6 多视图方式观测三维空间

在进行三维创作时，虽然可以通过 3D View Popup 下拉式菜单方便地切换各个不同视角，但是仍然不利于各个视角的参照对比，而且来回频繁地切换视图也导致创作效率低下。不过庆幸的是，After Effects 提供了多种视图方式，可以同时多角度观看三维空间，通过“Composition”（合成）预览窗口中的 Select View Layout 下拉式菜单进行选择。

- 1 View：仅显示一个视图，如图 10-73 所示。
- 2 View Horizontal：同时显示两个视图，水平方式排列，如图 10-74 所示。

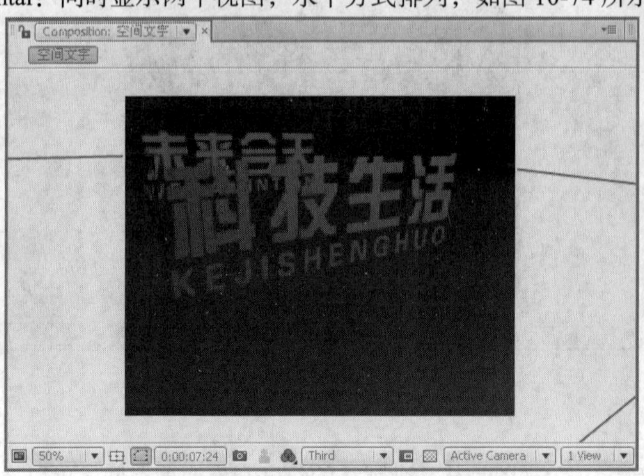

图 10-73

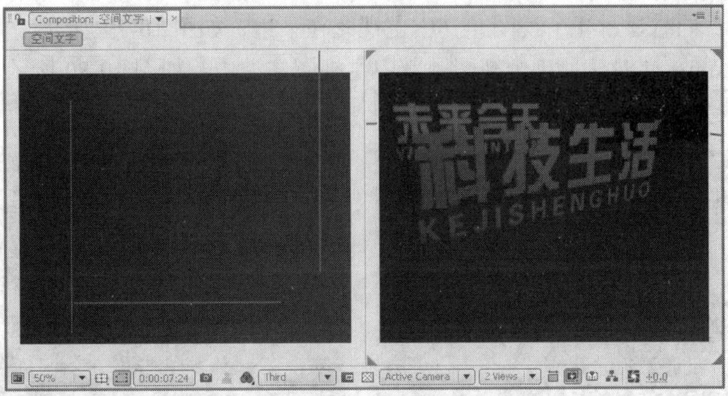

图 10-74

- 2 View Vertical：同时显示两个视图，垂直方式排列，如图 10-75 所示。
- 4 View：同时显示 4 个视图，如图 10-76 所示。

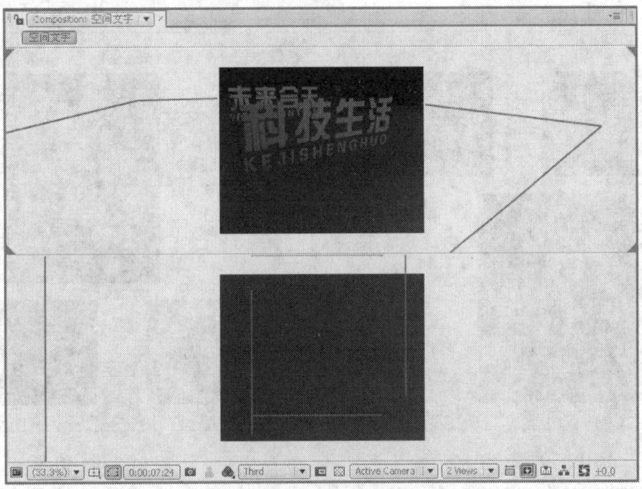

图 10-75

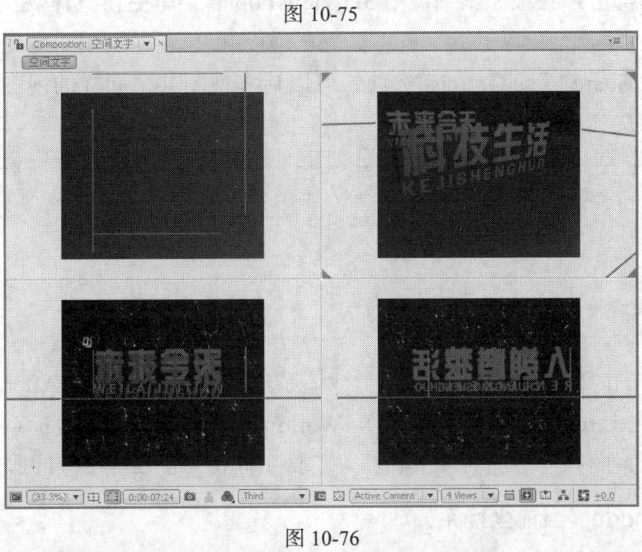

图 10-76

- 4 View Left：同时显示 4 个视图，其中主视图在右边，如图 10-77 所示。
- 4 View Right：同时显示 4 个视图，其中主视图在左边，如图 10-78 所示。

- 4 View Top：同时显示 4 个视图，其中主视图在下边，如图 10-79 所示。
- 4 View Bottom：同时显示 4 个视图，其中主视图在上边，如图 10-80 所示。

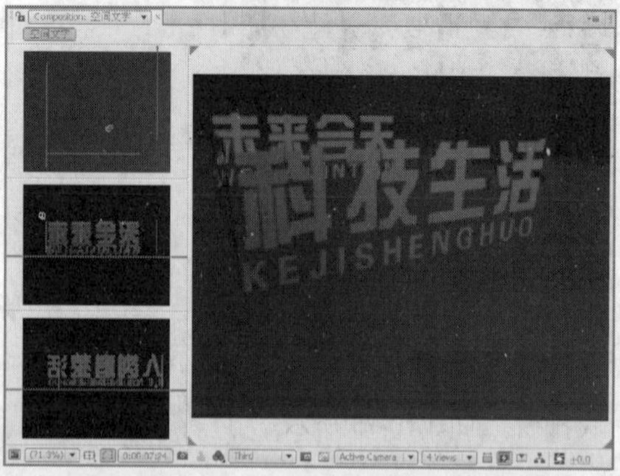

图 10-77

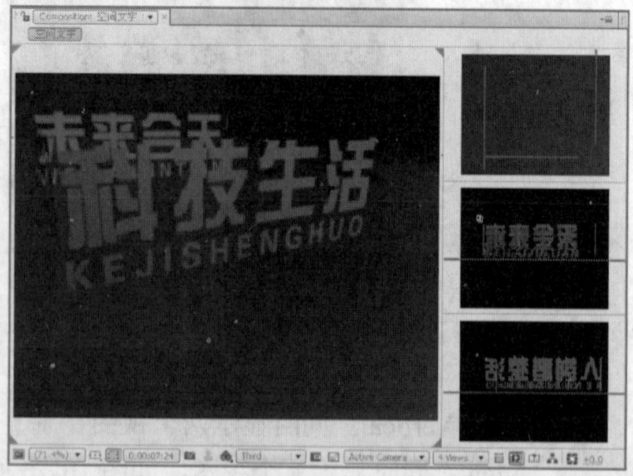

图 10-78

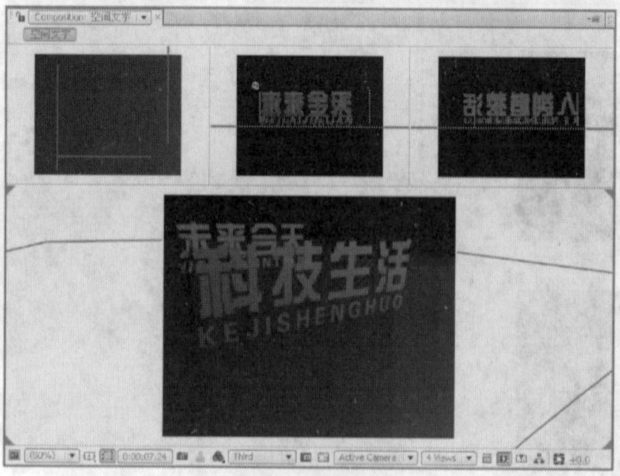

图 10-79

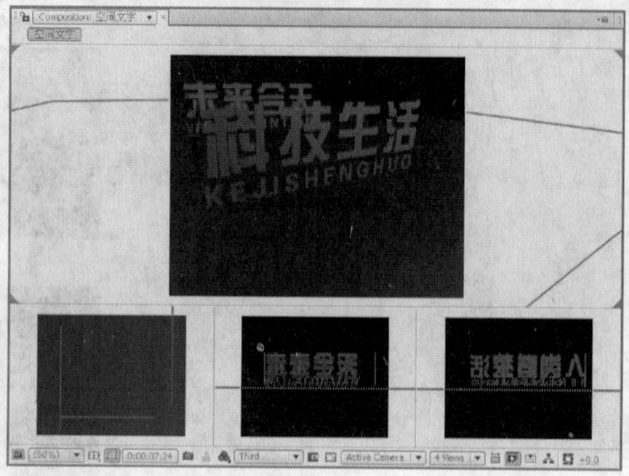

图 10-80

其中每个分视图都可以在被激活后，用 3D View Popup 菜单更换具体观测角度，或者进行视图显示设置等。

另外，通过选中 Share View Options 选项，可以让多视图共享同样的视图设置。例如，安全框显示选项、网格显示选项、通道显示选项等。

> **提示：**通过上下滚动鼠标中键的滚轴，可以在不激活视图的情况下，对鼠标位置下的视图进行缩放操作。

10.1.7 坐标体系

在控制三维对象的时候，都会依据某种坐标体系进行轴向定位。在 After Effects 中，提供了 3 种轴向坐标：Local Axis mode（当前坐标系）、World Axis mode（世界坐标系）和 View Axis mode（视图坐标系）。坐标系的切换是通过“Tools”（工具）面板里的、和实现的。

1. Local Axis mode（当前坐标系）

此坐标系采用被选择物体本身的坐标轴向作为变换的依据，这对物体的方位与世界坐标不同时很有帮助，如图 10-81 所示。

2．World Axis mode（世界坐标系）

世界坐标系是使用合成空间中的绝对坐标系作为定位，坐标系轴向不会随着物体的旋转而改变，属于一种绝对值。无论在哪一个视图，x 轴向始终是往水平方向延伸，y 轴向始终是往垂直方向延伸，z 轴向始终往纵深方向延伸，如图 10-82 所示。

图 10-81

图 10-82

3．View Axis mode（视图坐标系）

视图坐标系同当前所处的视图有关，也可以称之为屏幕坐标系，对于正交视图和自定义视图，x 轴向仍然和 y 轴向始终平行于视图，其纵深轴 z 轴向始终垂直于视图；对于摄像机视图，x 轴向和 y 轴向仍然始终平行于视图，但 z 轴向则有一定的变动，如图 10-83 所示。

图 10-83

10.1.8　三维层的材质属性

当普通的二维层转化为三维层时，还添加了一个全新的属性——“Material Options”（材质）属性，可以通过此属性的各项设置，决定三维层如何响应灯光光照系统，如图 10-84 所示。

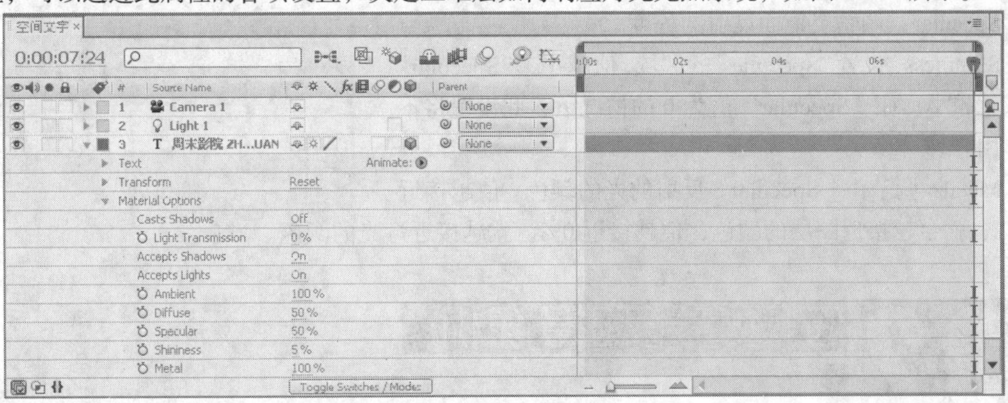

图 10-84

选中某个三维素材层，连续两次按<A>键，展开“Material Options”（材质）属性。

Casts Shadows：是否投射阴影选项。其中包括“Off”（不投射）、“On”（投射）、“Only”（只有阴影）3 种模式，分别如图 10-85、图 10-86、图 10-87 所示。

图 10-85

图 10-86

图 10-87

Light Transmission：透光程度，可以体现半透明物体在灯光下的照射效果，主要效果体现在阴影上，如图 10-88、图 10-89 所示。

Light Transmission 值为 0%

图 10-88

Light Transmission 值为 40%

图 10-89

Accepts Shadows：是否接受阴影，此属性不能制作关键帧动画。

Accepts Lights：是否接受光照，此属性不能制作关键帧动画。

Ambient：调整三维层受“Ambient”类型灯光影响的程度。设置“Ambient”类型灯光如图 10-90 所示。

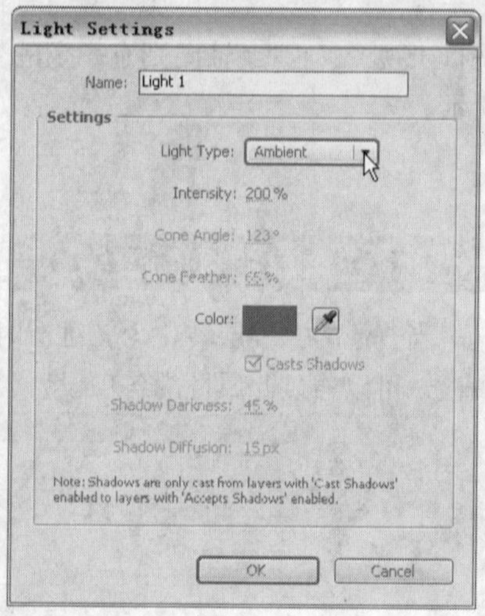

图 10-90

Diffuse：调整层漫反射程度。如果设置为 100%，将反射大量的光；如果为 0%，则不反射大量的光。

Specular：调整层镜面反射的程度。

Shininess：设置“Specular”的区域，值越小，“Specular”区域就越小。在“Specular”值为 0 的情况下，此设置将不起作用。

Metal：调节由“Specular”反射的光的颜色。值越接近 100%，就会越接近图层的颜色；值越接近 0%，就越接近灯光的颜色。

10.2 应用灯光和摄像机

After Effects 中三维层具有了材质属性，但要得到满意的合成效果，还必须在场景中创建和设置灯光，图层的投影、环境、反射等特性都是在一定的灯光作用下才发挥作用的。

在三维空间的合成中，除了灯光和图层材质赋予的多种多样的效果以外，摄像机的功能也是相当重要的，因为不同的视角所得到的光影效果也是不同的，而且在动画的控制方面也增强了灵活性和多样性，丰富了图像合成的视觉效果。

10.2.1　课堂案例——彩色光芒效果

案例学习目标：学习使用调整摄像机制作彩色光芒效果。

案例知识要点：使用“Ramp”命令制作背景渐变效果，使用“Fractal Noise”命令制作发光特效，使用“Strobe Light”命令制作闪光灯效果，使用“Colorama”命令制作彩虹渐变效果，使用矩形遮罩工具绘制形状遮罩效果，使用“LF Stripe”命令制作光效，使用“Camera”命令添加摄像机层并制作关键帧动画，使用“Position”属性改变摄像机层的位置动画，使用“Enable Time Remapping”命令改变时间。彩色光芒效果如图 10-91 所示。

效果图所在位置：光盘\Ch10\彩色光芒效果. aep。

图 10-91

1. 制作渐变效果

Step 01 按<Ctrl>+<N>组合键，弹出“Composition Settings”对话框，在“Composition Name”选项的文本框中输入“渐变”，其他选项的设置如图 10-92 所示，单击“OK”按钮，创建一个新的合成“渐变”。选择“Layer > New > Solid”命令，弹出“Solid Settings”对话框，在“Name”选项的文本框中输入“渐变”，将“Color”选项设置为黑色，单击“OK”按钮，在“时间轴”面板中新增一个 Solid 层，如图 10-93 所示。

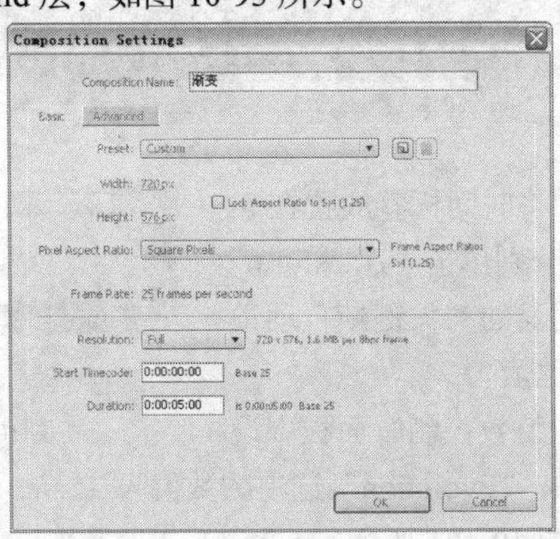

图 10-92

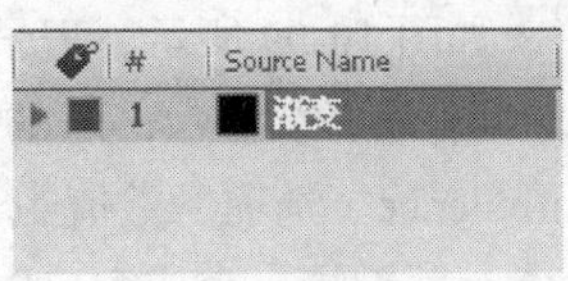

图 10-93

Step 02 选中“渐变”层，选择“Effect > Generate > Ramp”命令，在“特效控制”面板中设置“Start Color”的颜色为黑色，“End Color”的颜色为白色，其他参数设置如图 10-94 所示。设置完成后合成窗口中的效果如图 10-95 所示。

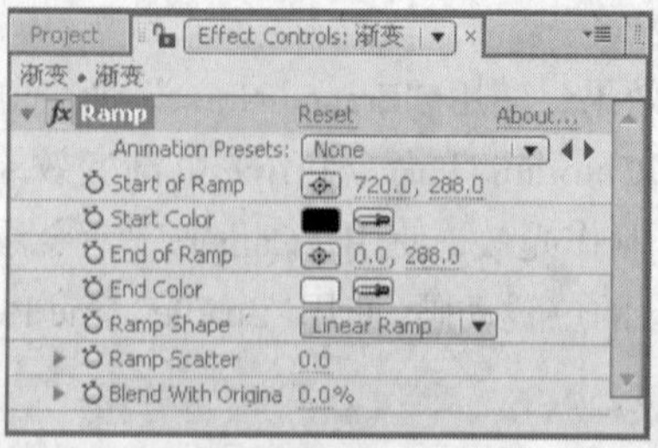

图 10-94

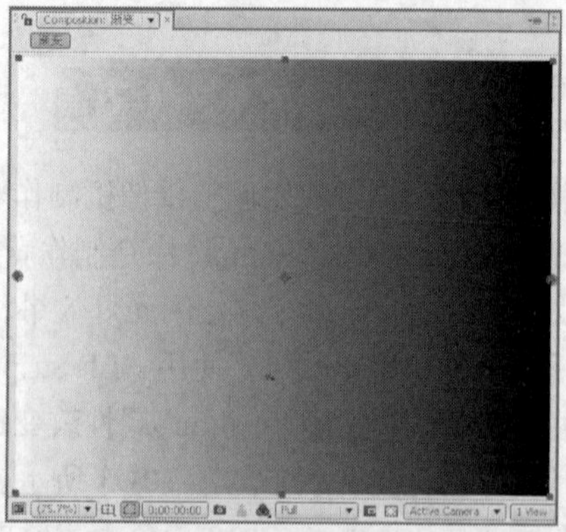

图 10-95

2．制作发光效果

Step 01 再次创建一个新的合成并命名为“彩色光芒”。在当前合成中建立一个新的 Solid 层“噪波”。选中“噪波”层，选择“Effect > Noise & Grain > Fractal Noise”命令，在“特效控制”面板中进行参数设置，如图 10-96 所示。合成窗口中的效果如图 10-97 所示。

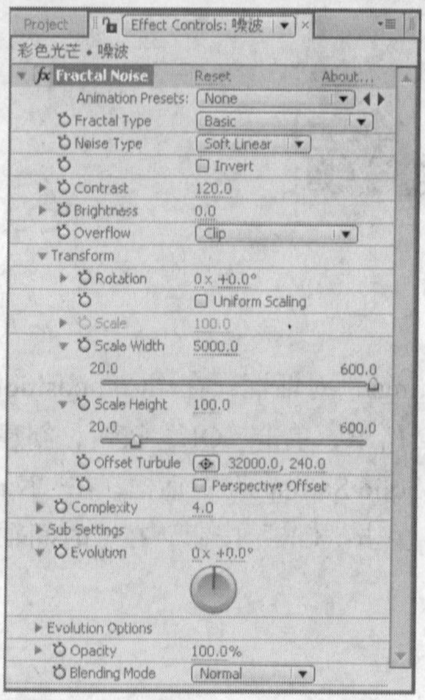

图 10-96

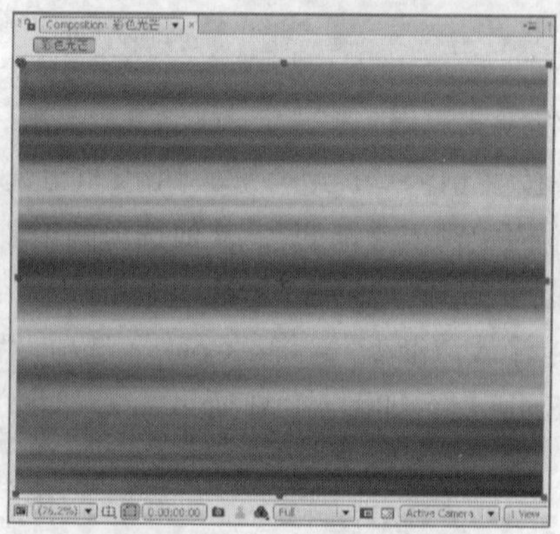

图 10-97

Step 02 选中“噪波”层，在“时间轴”面板中将时间标签放置在 0s 的位置，如图 10-98 所示。在“特效控制”面板中分别单击“Transform”下的“Offset Turbulence”和“Evolution”选项前面的“关键帧自动记录器”按钮，如图 10-99 所示，记录第 1 个关键帧。

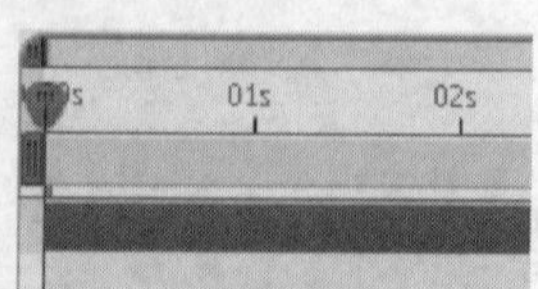

图 10-98

Step 03 将时间标签放置在 4:24s 的位置，在“特效控制”面板中设置“Offset Turbulence”选项的数值为-3200、240，“Evolution”选项的数值为 1、0，如图 10-100 所示，记录第 2 个关键帧。合成窗口中的效果如图 10-101 所示。

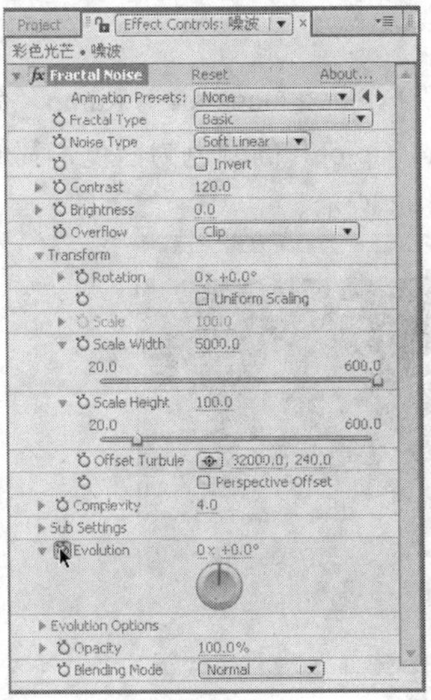

图 10-99

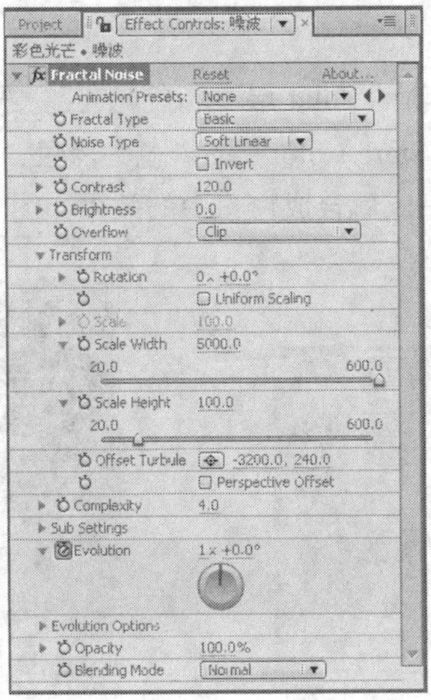

图 10-100

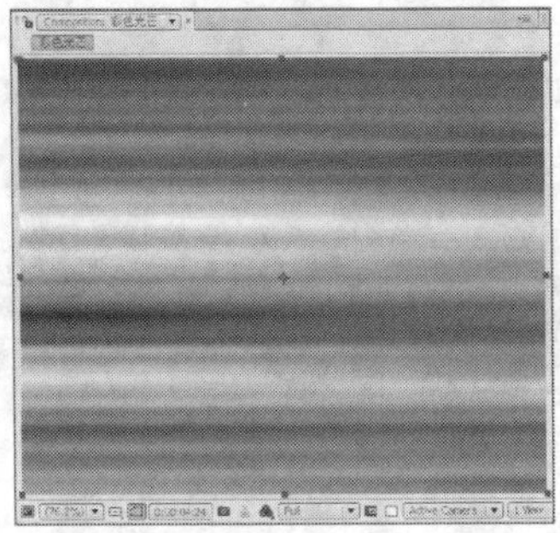

图 10-101

Step 04 选中“噪波”层，选择“Effect > Stylize > Strobe Light”命令，在“特效控制”面板中进行参数设置，如图 10-102 所示。合成窗口中的效果如图 10-103 所示。

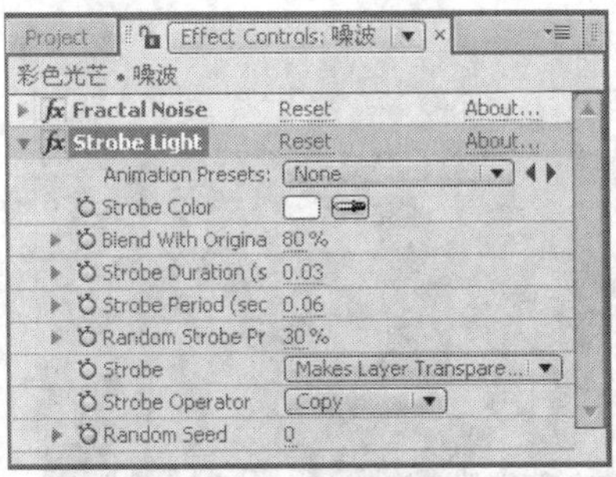

图 10-102

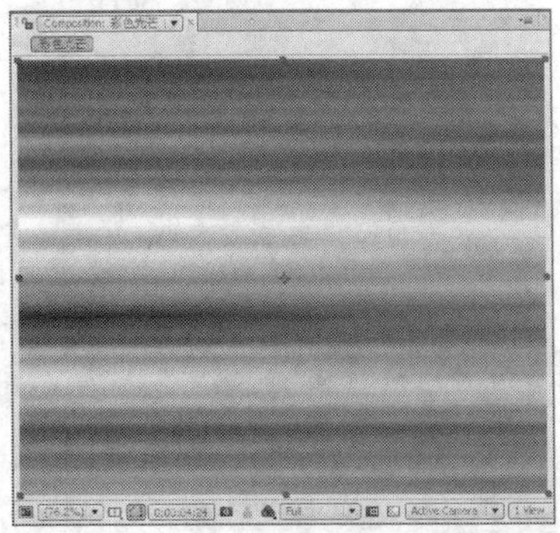

图 10-103

Step 05 在“项目”面板中选中“渐变”合成并将其拖曳到“时间轴”面板中，层的排列如图 10-104 所示。将“噪波”层的“TrkMat”选项设置为 Luma Matte，如图 10-105 所示。合成窗口中的效果如图 10-106 所示。

图 10-104

图 10-105

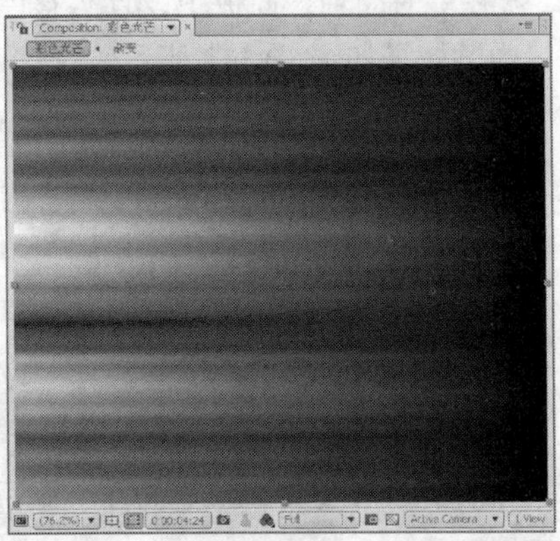

图 10-106

3. 制作彩虹发光效果

Step 01 在当前合成中建立一个新的 Solid 层“彩色光芒”。选择“Effect > Generate > Ramp”命令，在“特效控制”面板中设置“Start Color”的颜色为黑色，“End Color”的颜色为白色，其他参数设置如图 10-107 所示。设置完成后合成窗口中的效果如图 10-108 所示。

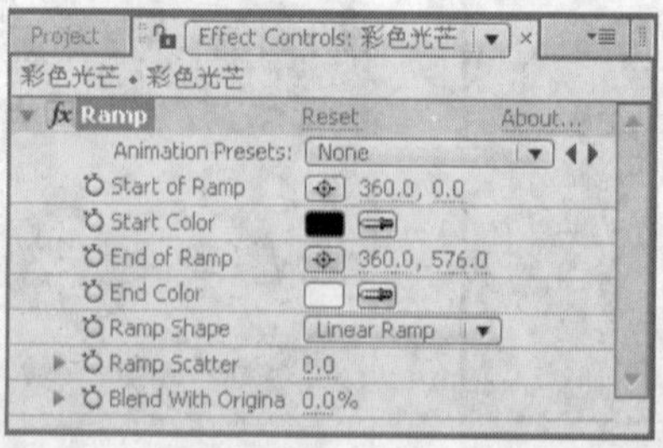

图 10-107

图 10-108

Step 02 选中“彩色光芒”层，选择“Effect > Color Correction > Colorama”命令，在“特效控制”面板中进行参数设置，如图 10-109 所示。合成窗口中的效果如图 10-110 所示。

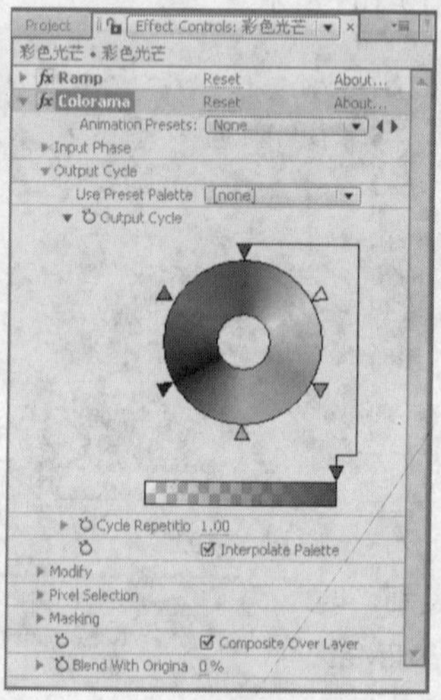

图 10-109

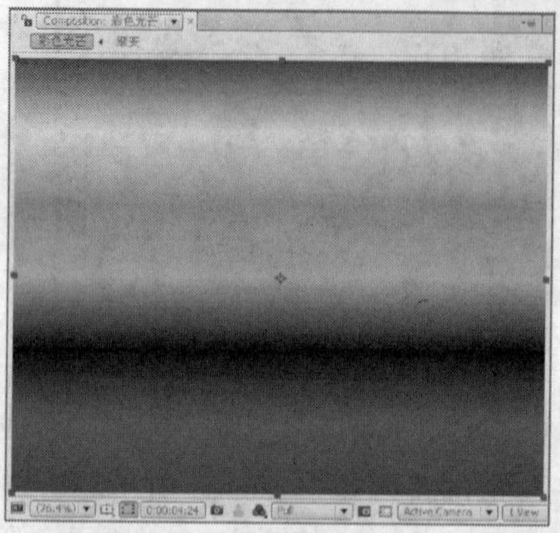

图 10-110

Step 03 在“时间轴”面板中设置“彩色光芒”层的遮罩混合模式为 Color，如图 10-111 所示。合成窗口中的效果如图 10-112 所示。

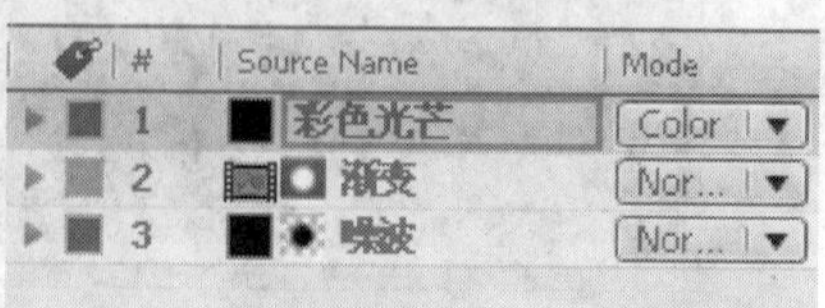

图 10-111

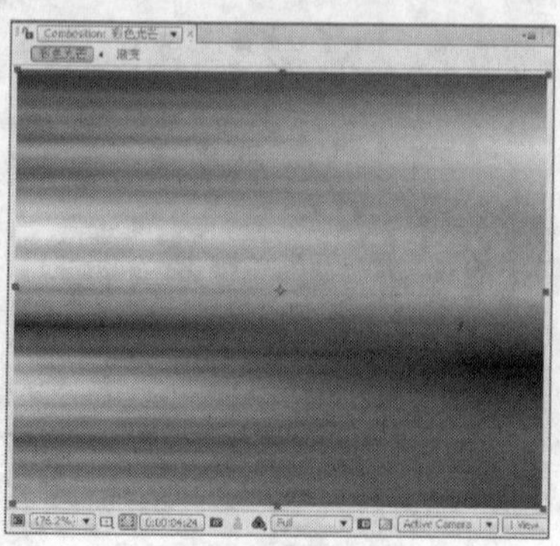

图 10-112

Step 04 在当前合成中建立一个新的 Solid 层“遮罩”。选择“Rectangular Mask Tool”（矩形遮罩工具）▢，在合成窗口中拖曳鼠标绘制一个矩形 Mask，如图 10-113 所示。按<F>键展开“Mask Feather”属性，设置“Mask Feather”选项的数值为 200，如图 10-114 所示。

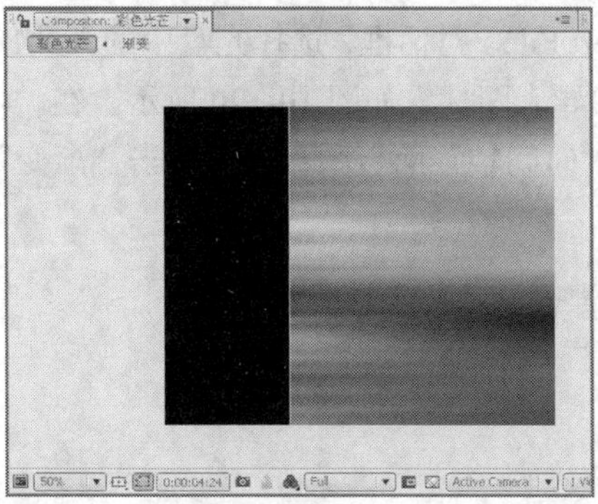

图 10-113

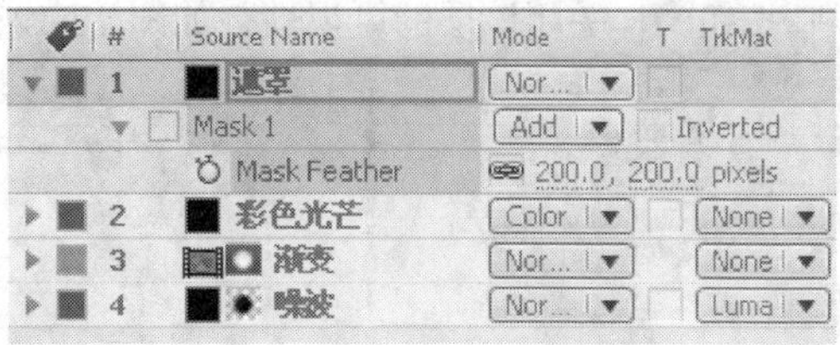

图 10-114

Step 05 选中“彩色光芒”层，将“彩色光芒”层的“TrkMat”选项设置为 Alpha Matte，如图 10-115 所示。合成窗口中的效果如图 10-116 所示。

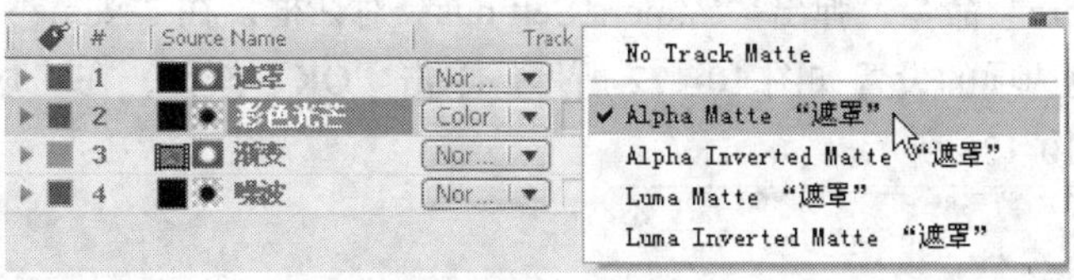

图 10-115

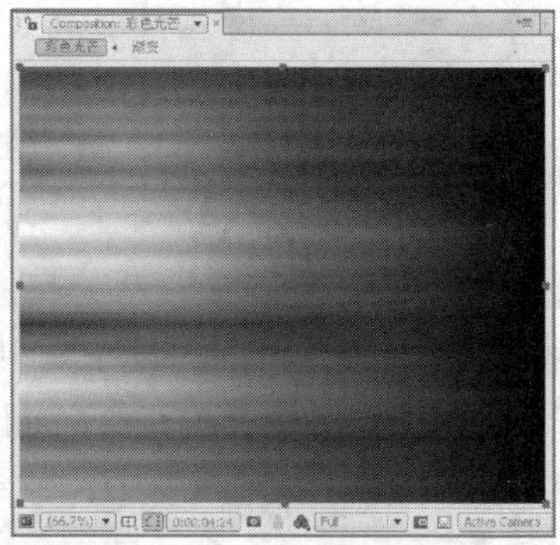

图 10-116

Step 06 再次创建一个新的合成并命名为“光效”。在当前合成中建立一个新的 Solid 层“光效”。选中“光效”层，选择“Effect > Knoll Light Factory > LF Stripe”命令，在“特效控制”面板中设置“Outer Color”的颜色为蓝色（其 R、G、B 的值分别为 78、0、255），“Center Color”的颜色为青色（其 R、G、B 的值分别为 64、128、255），其他参数设置如图 10-117 所示。设置完成后合成窗口中的效果如图 10-118 所示。

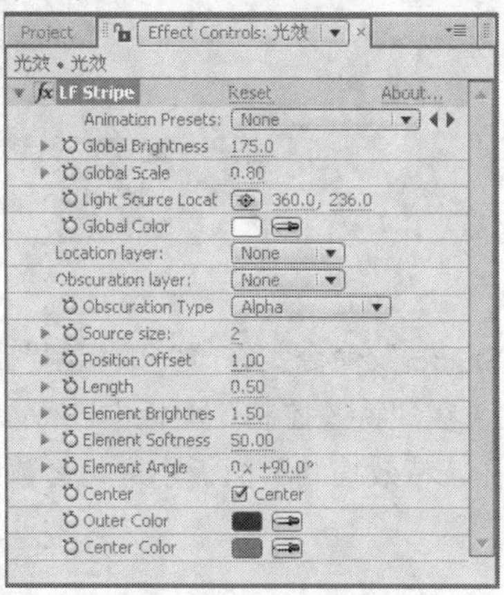

图 10-117

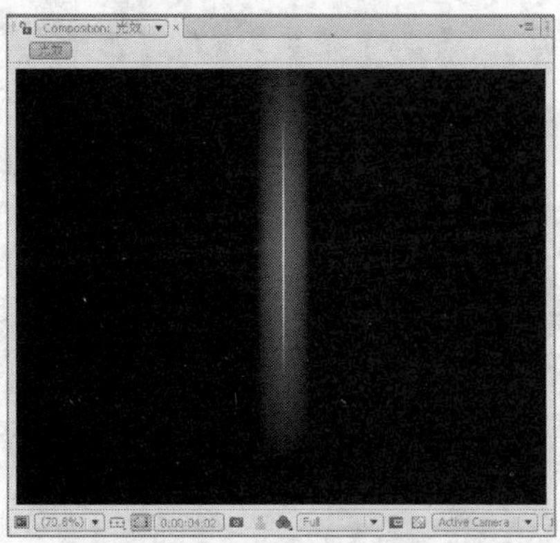

图 10-118

4. 编辑图片光芒效果

Step 01 按<Ctrl>+<N>组合键，弹出“Composition Settings”对话框，在“Composition Name”选项的文本框中输入“粒子打印效果”，其他选项的设置如图 10-119 所示，单击“OK”按钮。

Step 02 选择“File > Import > File”命令，弹出“Import File”对话框，选择光盘中的“Ch10 > 彩色光芒效果 > (Footage) > 01”文件，单击“打开”按钮导入图片，如图 10-120 所示。在“项目”面板中选中“渐变”合成和 “01”文件，将其拖曳到“时间轴”面板中，同时单击“渐变”层前面的眼睛按钮，关闭该层的可视性，如图 10-121 所示。

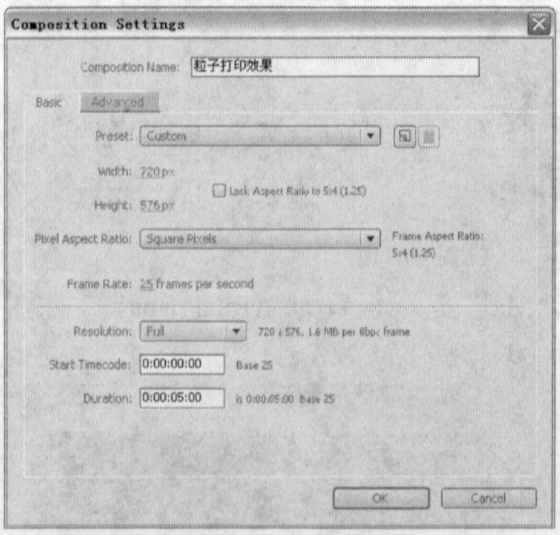

图 10-119

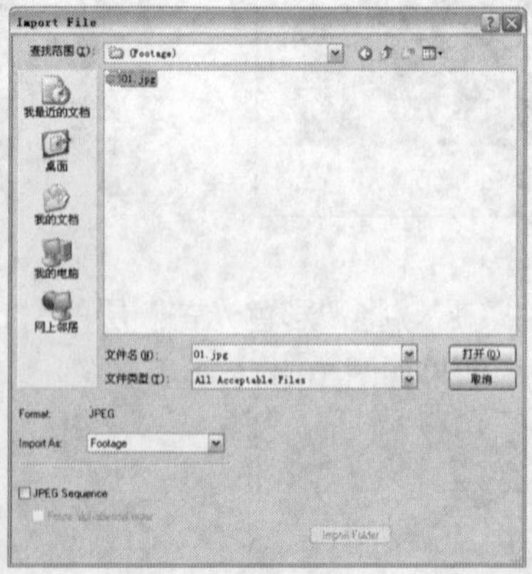

图 10-120

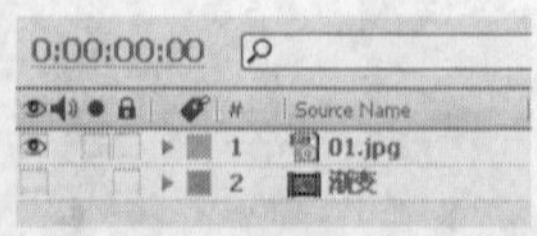

图 10-121

Step 03 选择“Layer > New > Camera”命令，弹出“Camera Settings”对话框，在“Name”选项的文本框中输入“Camera 1”，其他选项的设置如图 10-122 所示。单击“OK”按钮，在“时间轴”面板中新增一个摄像机层，如图 10-123 所示。

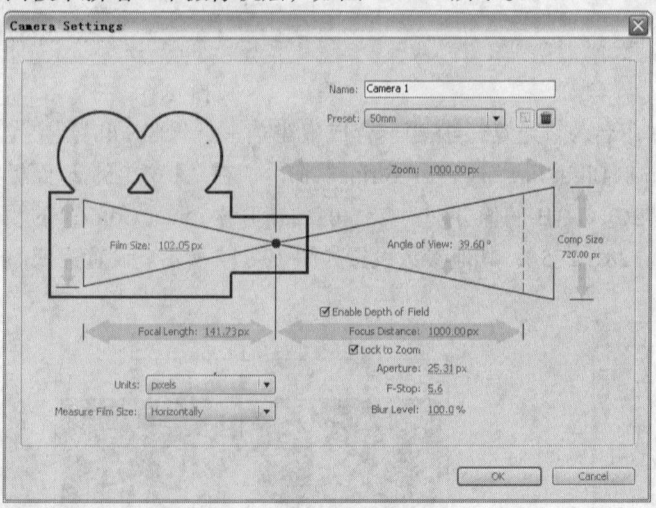

图 10-122

图 10-123

Step 04 选中“01”文件，选择“Effect > Simulation > Shatter”命令，在“特效控制”面板中将“View”选项改为“Rendered”模式，展开“Shape”属性，在“特效控制”面板中进行参数设置，如图 10-124 所示。展开“Force 1”和“Force 2”属性，在“特效控制”面板中进行参数设置，如图 10-125 所示。

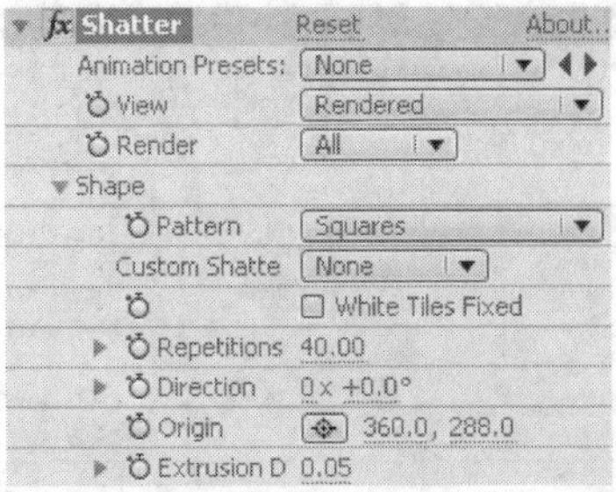

图 10-124

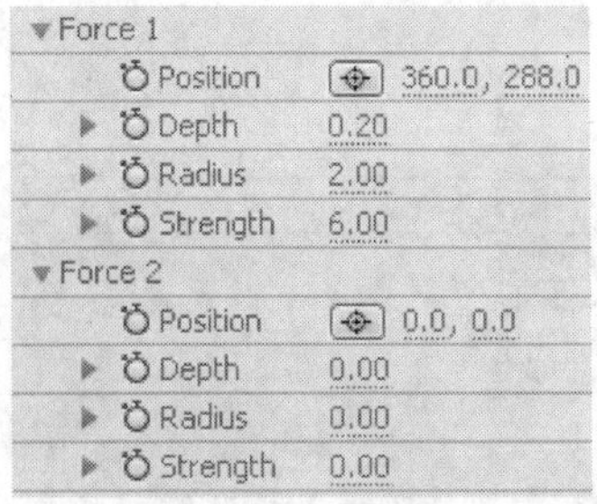

图 10-125

Step 05 展开“Gradient”和“Physics”属性，在“特效控制”面板中进行参数设置，如图 10-126 所示。将时间标签放置在 2s 的位置，在“特效控制”面板中单击“Gradient”选择下的“Shatter Threshold”选项前的“关键帧自动记录器”按钮，如图 10-127 所示，记录第 1 个关键帧。将时间标签放置在 3:18s 的位置，设置“Shatter Threshold”选项的数值为 100，如图 10-128 所示，记录第 2 个关键帧。

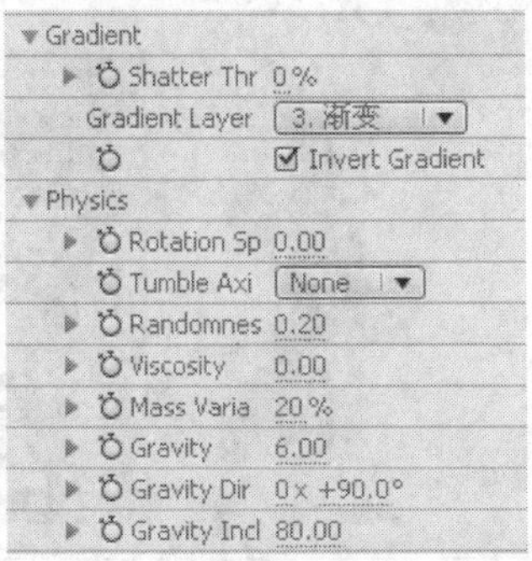

图 10-126

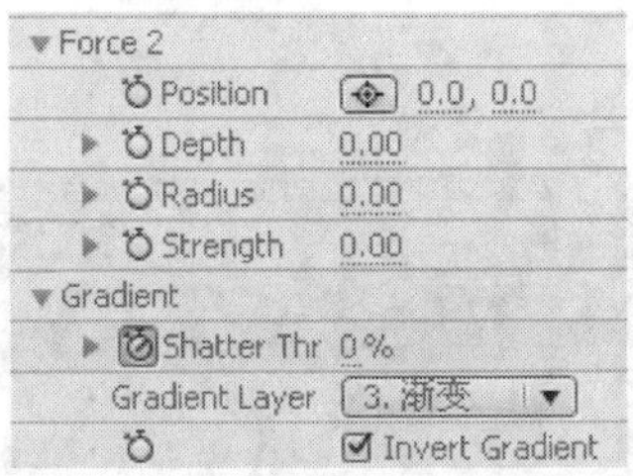

图 10-127

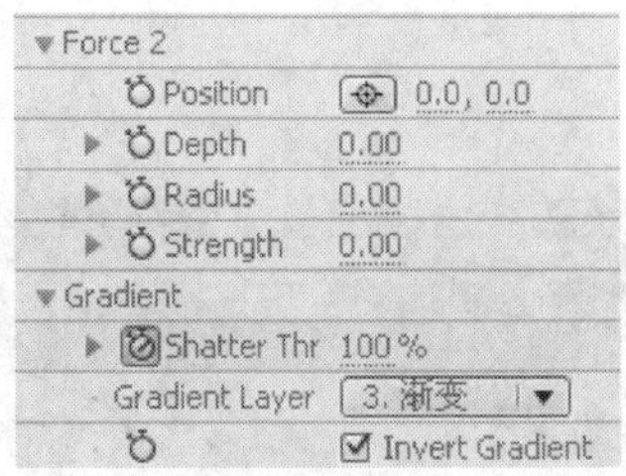

图 10-128

Step 06 在当前合成中建立一个新的红色 Solid 层“参考层”。单击“参考层”右面的“3D layer”按钮，打开三维属性，同时单击“参考层”前面的“眼睛”按钮，关闭该层的可视性。设置“Camera 1”的“Parent”父层关系为“参考层”，如图 10-129 所示。

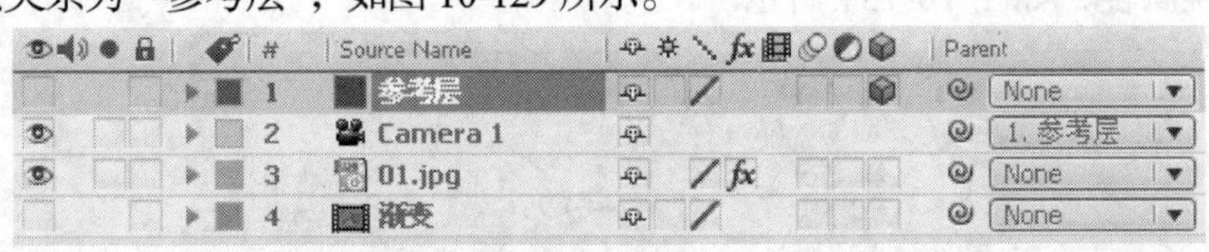

图 10-129

Step 07 选中“参考层”，按<R>键展开旋转属性，设置“Orientation”选项的数值为 90、0、0，如图 10-130 所示。将时间标签放置在 1:06s 的位置，单击“Y Rotation”选项前的“关键帧自动记录器”按钮，设置“Y Rotation”选项的数值为 0、0，如图 10-131 所示，记录第 1 个关键帧。将时间标签放置在 4:24s 的位置，设置“Y Rotation” 选项的数值为 0、120，如图 10-132 所示，记录第 2 个关键帧。然后选中两个关键帧，在任意一个关键帧上单击鼠标右键，在弹出的菜单中选择“Keyframe Assistant > Easy Ease”命令，如图 10-133 所示。

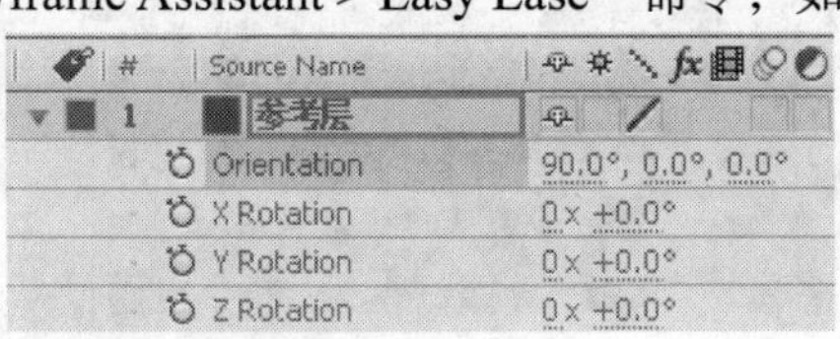

图 10-130

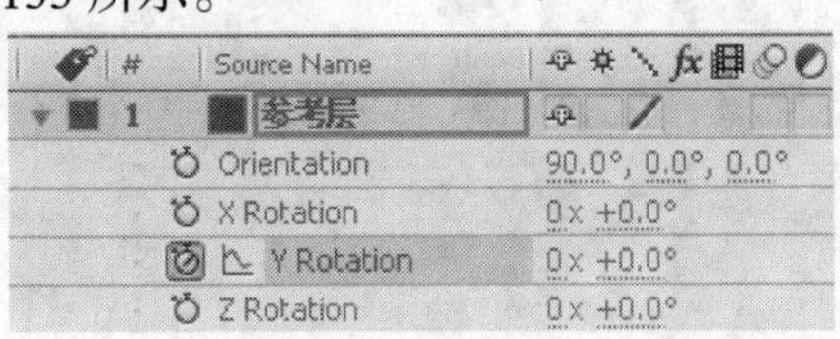

图 10-131

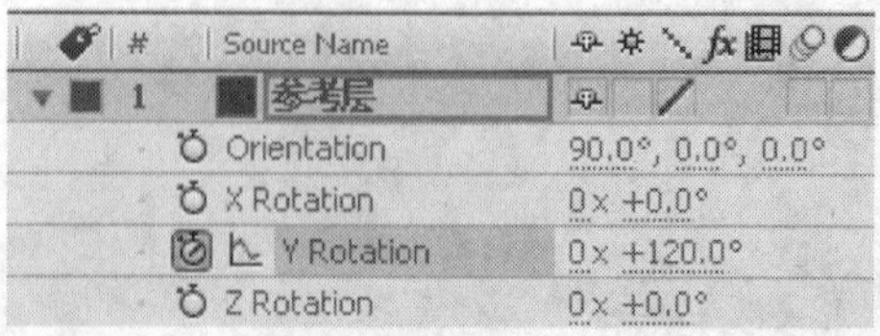

图 10-132

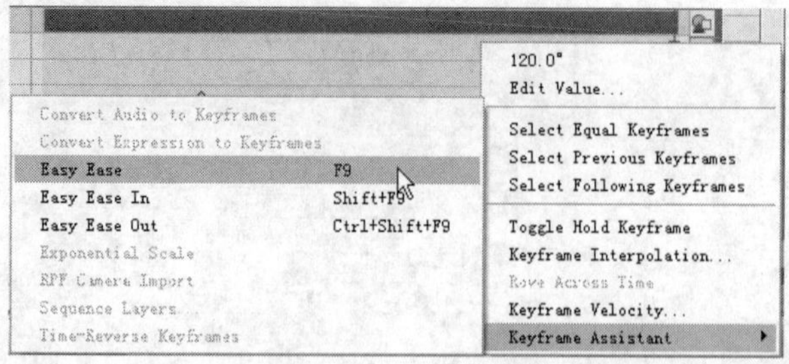

图 10-133

Step 08 选中“Camera 1”层，按<P>键展开“Position”属性，将时间标签放置在 0s 的位置，单击“Position”选项前的“关键帧自动记录器”按钮，设置“Position”选项的数值为 320、−900、−50，如图 10-134 所示，记录第 1 个关键帧。将时间标签放置在 1:10s 的位置，设置“Position”选项的数值为 320、−700、−250；将时间标签放置在 4:24s 的位置，设置“Position”选项的数值为 320、−560、−1000，关键帧的显示如图 10-135 所示。合成窗口中的效果如图 10-136 所示。

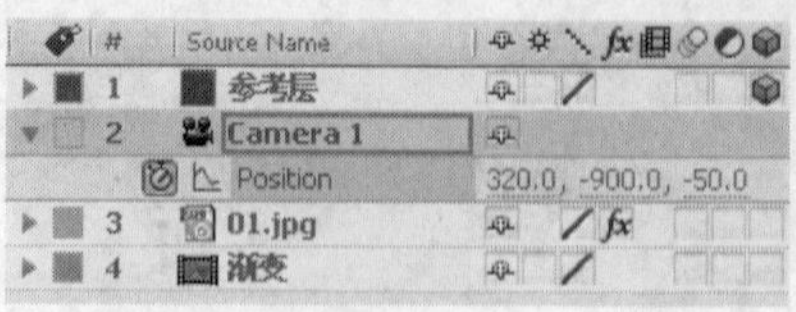

图 10-134

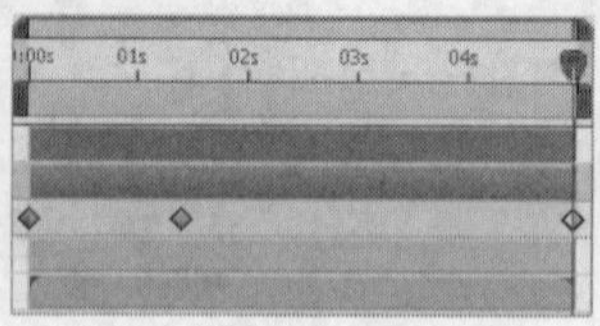

图 10-135

图 10-136

Step 09 在“项目”面板中选中“光效”合成和“彩色光芒”合成，将其拖曳到“时间轴”面板中，设置这两层的遮罩混合模式为 Add，单击“光效”、“彩色光芒”和“01”图层右侧的“3D layer”按钮，打开三维属性，如图 10-137 所示。

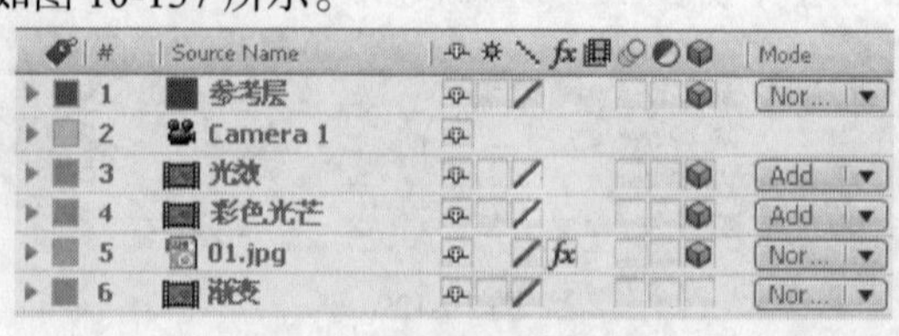

图 10-137

Step 10 选中“光效”层，按<P>键展开“Position”属性，将时间标签放置在 1:22s 的位置，单击“Position”前方的“关键帧自动记录器”按钮，设置“Position”选项的数值为 720、288、0，如图 10-138 所示。将时间标签放置在 3:24s 的位置，如图 10-139 所示，设置“Position”选项的数值为 0、240、0。

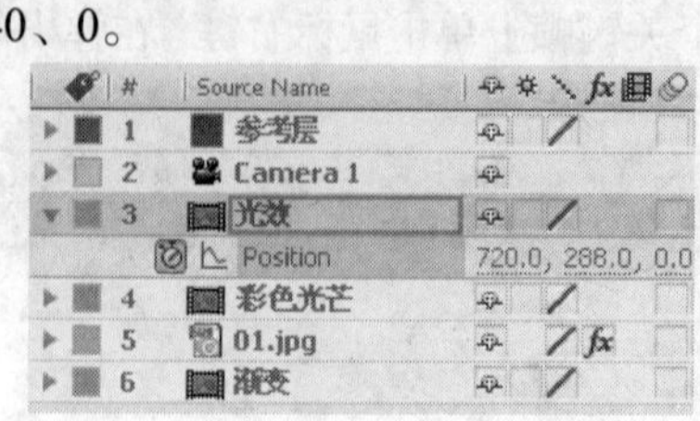

图 10-138

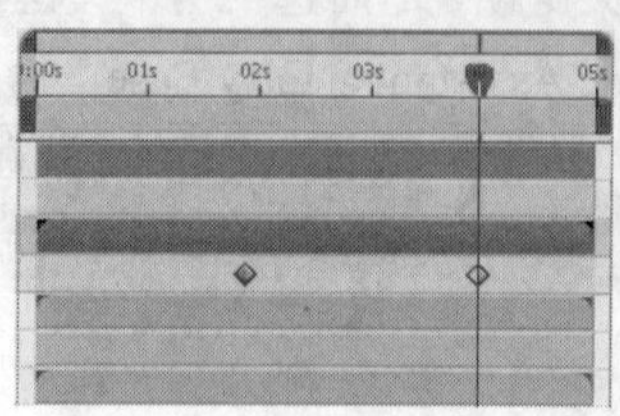

图 10-139

Step 11 选中“光效”层，按<T>键展开“Opacity”属性，将时间标签放置在 1:11s 的位置，单击“Opacity”前方的“关键帧自动记录器”按钮，设置“Opacity”选项的数值为 0，如图 10-140 所示。将时间标签放置在 1:22s 的位置，设置“Opacity”选项的数值为 100；将时间标签放置在 3:24s 的位置，设置“Opacity”选项的数值为 100；将时间标签放置在 4:11s 的位置，设置“Opacity”选项的数值为 0，关键帧的显示如图 10-141 所示。

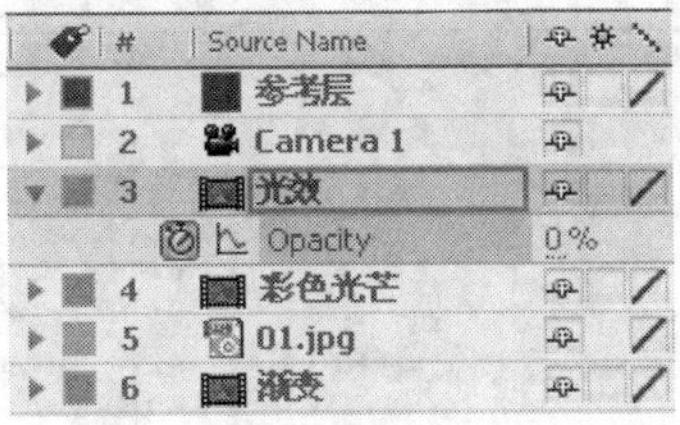

图 10-140

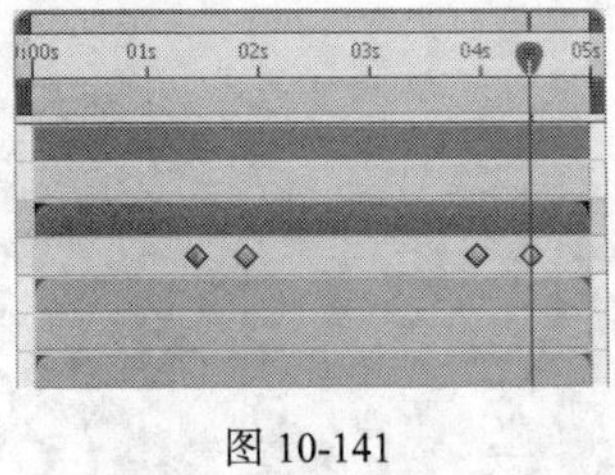

图 10-141

Step 12 选中“彩色光芒”层，按<P>键展开“Position”属性，将时间标签放置在 1:22s 的位置，设置“Position”选项的数值为 720、288、0，单击“Position”前方的“关键帧自动记录器”按钮，如图 10-142 所示。将时间标签放置在 3:24s 的位置，如图 10-143 所示，设置“Position”选项的数值为 0、288、0。

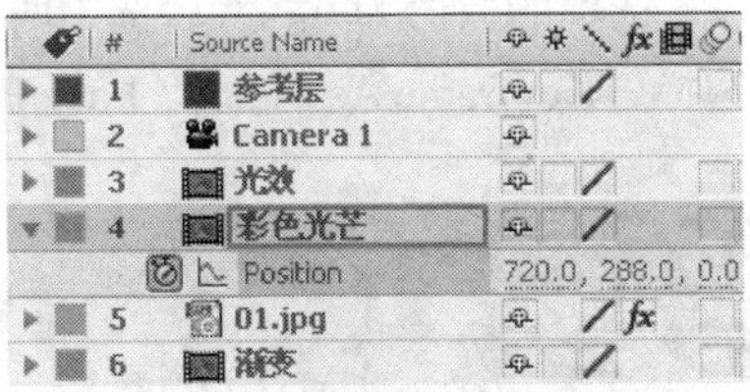

图 10-142

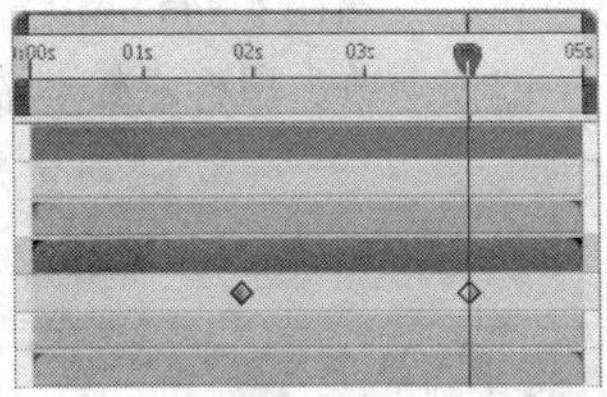

图 10-143

Step 13 选中“彩色光芒”层，按<T>键展开“Opacity”属性，将时间标签放置在 1:11s 的位置，单击“Opacity”前方的“关键帧自动记录器”按钮，设置“Opacity”选项的数值为 0，如图 10-144 所示。将时间标签放置在 1:22s 的位置，设置“Opacity”选项的数值为 100；将时间标签放置在 3:24s 的位置，设置“Opacity”选项的数值为 100；将时间标签放置在 4:11s 的位置，设置“Opacity”选项的数值为 0，关键帧的显示如图 10-145 所示。展开“Transfirm”选项，将“Anchor Point”选项设置为 0、288、0，“Orientation”选项设置为 0、90、0，如图 10-146 所示。

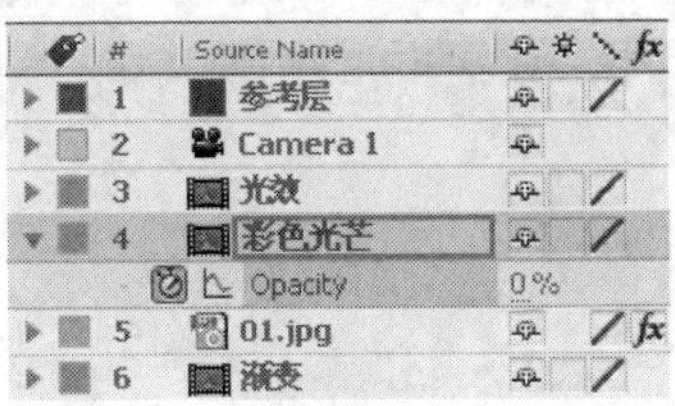

图 10-144

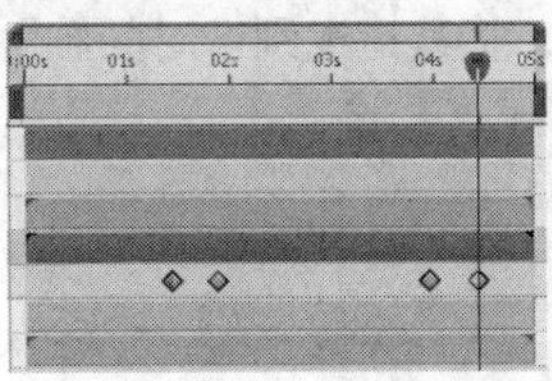

图 10-145

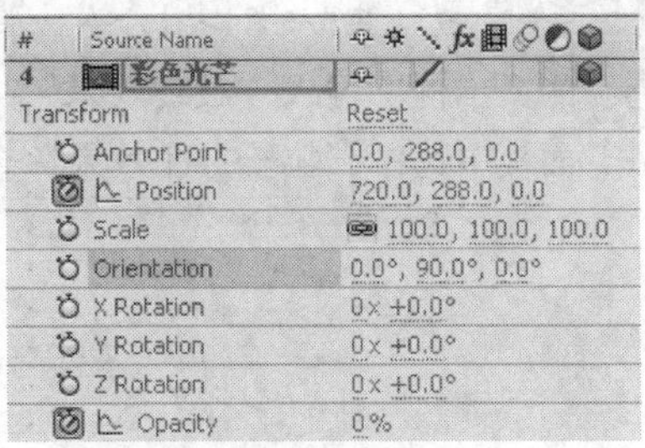

图 10-146

Step 14 选择“Layer > New > Solid”命令，弹出“Solid Settings”对话框，在“Name”选项的文本框中输入“底板”，将“Color”选项设置为灰色（其 R、G、B 的值分别为 175、175、175），单击“OK”按钮，在当前合成中建立一个新的 Solid 层，将其拖曳到最低层，如图 10-147 所示。

图 10-147

Step 15 单击“底板”层右面的“3D layer”按钮，打开三维属性。按<P>键展开“Position”属性，将时间标签放置在 3:24s 的位置，单击“Position”前方的“关键帧自动记录器”按钮，设置“Position”选项的数值为 360、288、0，如图 10-148 所示。将时间标签放置在 4:24s 的位置，设置“Position”选项的数值为-550、288、0。然后选中两个关键帧，在任意一个关键帧上单击鼠标右键，在弹出的菜单中选择“Keyframe Assistant > Easy Ease Out”命令，如图 10-149 所示。

图 10-148

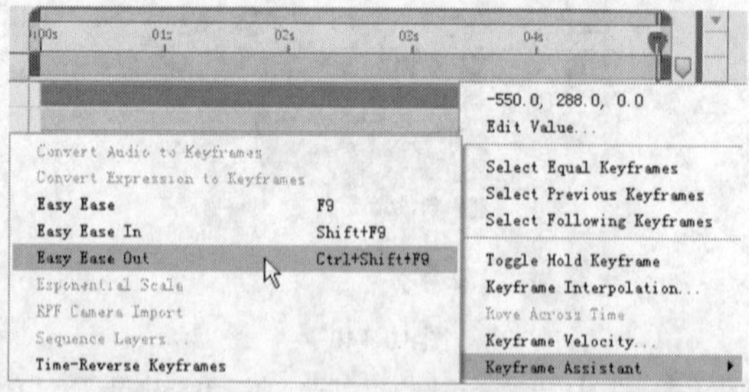

图 10-149

Step 16 选中“底板”层，按<T>键展开“Opacity”属性，将时间标签放置在 3:24s 的位置，单击“Opacity”前方的“关键帧自动记录器”按钮，设置“Opacity”选项的数值为 50，如图 10-150 所示。将时间标签放置在 4:24s 的位置，设置“Opacity”选项的数值为 0。然后选中两个关键帧，在任意一个关键帧上单击鼠标右键，在弹出的菜单中选择“Keyframe Assistant > Easy Ease”命令，如图 10-151 所示。

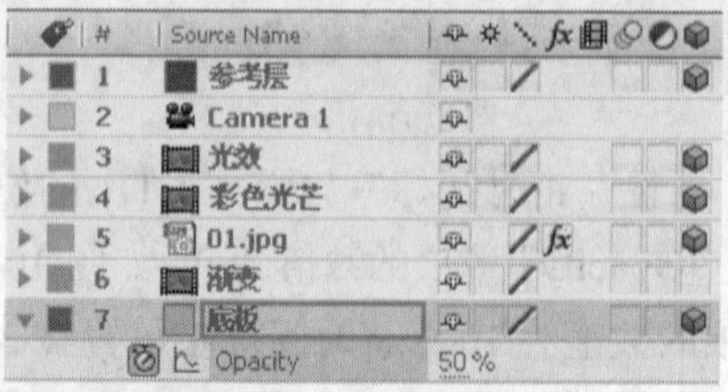

图 10-150

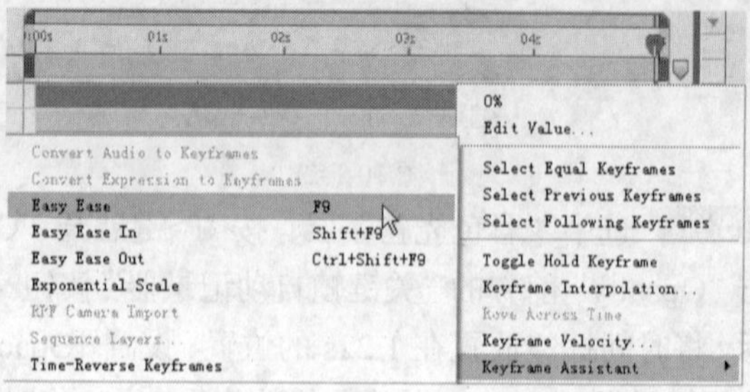

图 10-151

5. 制作最终效果

Step 01 按<Ctrl>+<N>组合键，弹出“Composition Settings”对话框，在“Composition Name”选项的文本框中输入“最终效果”，其他选项的设置如图 10-152 所示，单击“OK”按钮。在“项目”面板中选中“粒子打印效果”合成，将其拖曳到“时间轴”面板中，如图 10-153 所示。

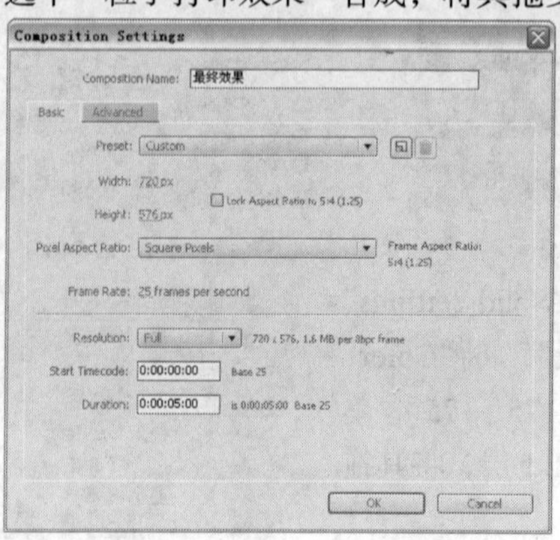

图 10-152

图 10-153

Step 02 选择“Layer > Time> Enable Time Remapping”命令，将时间标签放置在 0s 的位置，设置“Time Remap”选项的数值为 4:24，如图 10-154 所示。将时间标签放置在 4:24s 的位置，设置“Time Remap”选项的数值为 0，如图 10-155 所示。

图 10-154

图 10-155

Step 03 选中“粒子打印效果”合成，选择“Effect > Trapcode > Starglow”命令，在“特效控制”面板中进行参数设置，如图 10-156 所示。

Step 04 将时间标签放置在 0s 的位置，单击“Threshold”前方的“关键帧自动记录器”按钮，设置“Threshold”选项的数值为 160，如图 10-157 所示。将时间标签放置在 4:24s 的位置，设置“Threshold”选项的数值为 480，如图 10-158 所示。

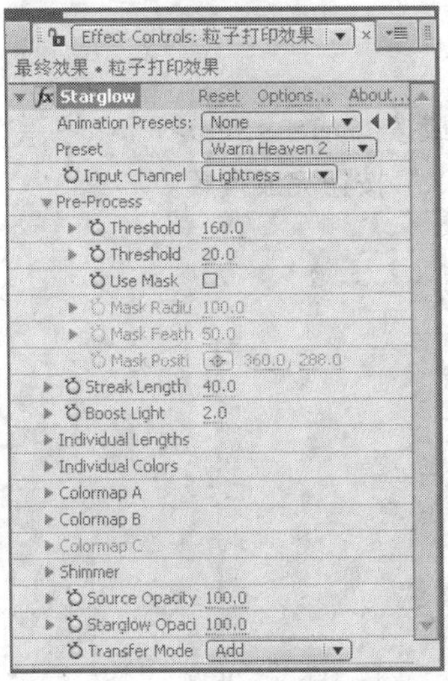

图 10-156

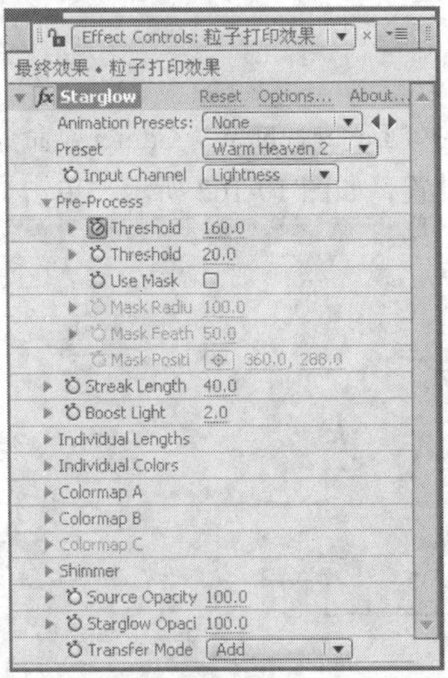

图 10-157

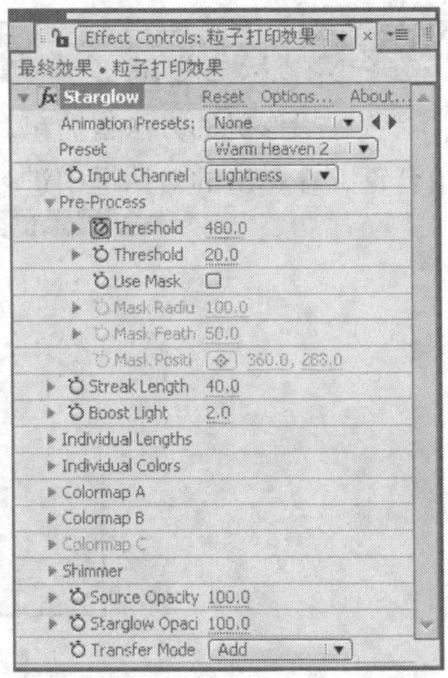

图 10-158

Step 05 选中“粒子打印效果”合成，按<U>键显示所有关键帧，选择“Selection Tool”（选择工具），框选“Threshold”选项的所有关键帧，如图 10-159 所示。在任意一个关键帧上单击鼠标右键，在弹出的选项中选择“Keyframe Assistant > Easy Ease In”，如图 10-160 所示。

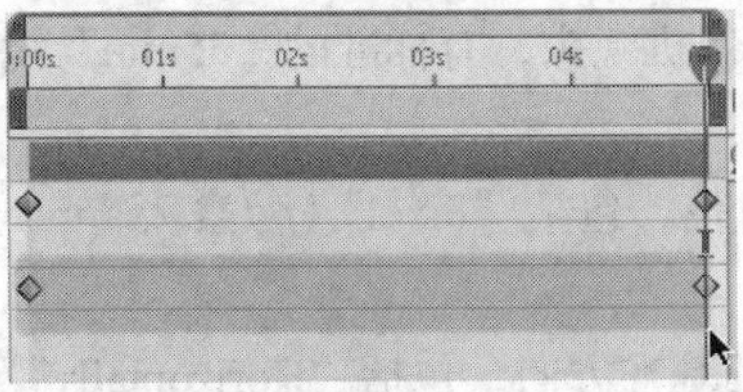

图 10-159

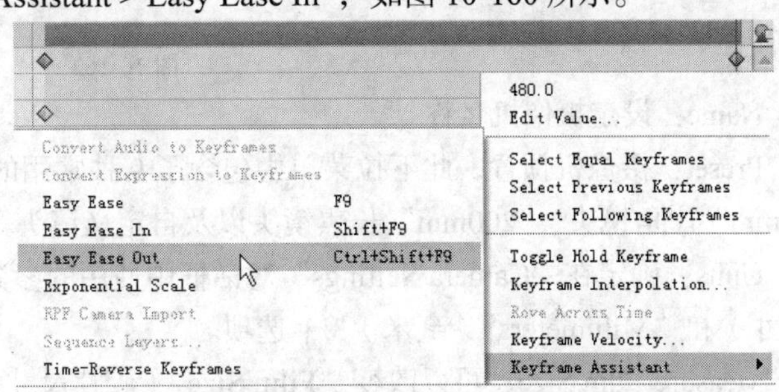

图 10-160

Step 06 彩色光芒效果制作完成，如图 10-161 所示。

图 10-161

10.2.2 创建和设置摄像机

创建摄像机的方法很简单，选择“Layer > New > Camera”命令，或按<Ctrl>+<Shift>+<Alt>+<C>组合键，在弹出的对话框中进行设置，如图 10-162 所示，单击“OK”按钮完成设置。

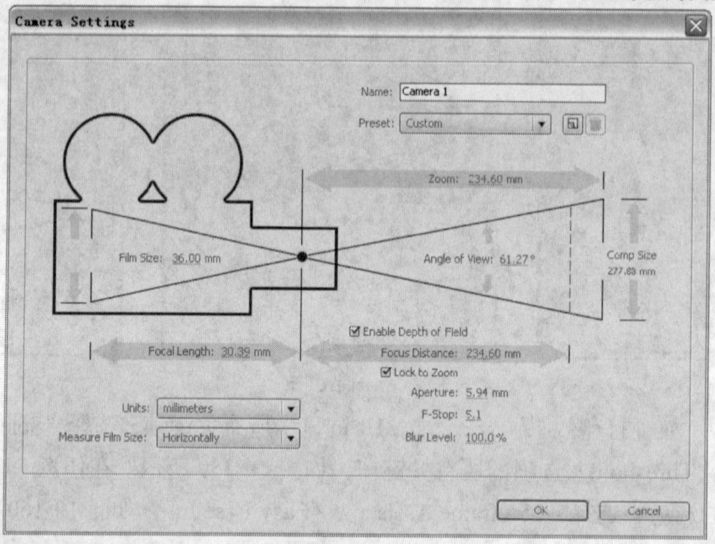

图 10-162

Name：设定摄像机名称。

Preset：摄像机预置，此下拉菜单中包含了 9 种常用的摄像机镜头，有标准的“35mm”镜头、“15mm”广角镜头、“200mm”长焦镜头以及自定义镜头等。

Units：确定在“Camera Settings”对话框中使用的参数单位，包括“Pixel”（像素）、“inches”（英寸）和“Millimeters”（毫米）3 个选项。

Measure Film Size：可以改变“Film Size”（胶片尺寸）的基准方向，包括“Horizontally”（水平）方向、“Vertically”（垂直）方向和“Diagonally”（对角线）方向 3 个选项。

Zoom：设置摄像机到图像的距离。“Zoom”值越大，通过摄像机显示的图层大小就会越大，视野也就相应地减小。

Angle of View：视角设置。角度越大，视野越宽，相当于广角镜头；角度越小，视野越窄，相当于长焦镜头。调整此参数时，会和“Focal Length”、“Film Size”、“Zoom”3 个值互相影响。

Focal Length：焦距设置，指的是胶片和镜头之间的距离。焦距短，就是广角效果；焦距长，就是长焦效果。

Enable Depth of Field：是否打开景深功能。配合“Focus Distance”（焦点距离）、“Aperture”（光圈）、“F-Stop”（快门速度）和“Blur Level”（模糊程度）参数使用。

Focus Distance：焦点距离，确定从摄像机开始，到图像最清晰位置的距离。

Aperture：设置光圈大小。不过在 After Effects 里，光圈大小与爆光没有关系，仅仅影响景深的大小。设置值越大，前后的图像清晰的范围就会越来越小。

F-Stop：快门速度，此参数与“Aperture”（光圈）是互相影响的，同样影响景深模糊程度。

Blur Level：控制景深模糊程度，值越大越模糊，为 0%则不进行模糊处理。

10.2.3 利用工具移动摄像机

在“Tools”（工具）面板中有 3 个移动摄像机动的工具，在当前摄像机移动工具上按住鼠标不放，弹出其他摄像机移动工具的选项，或按<C>键可以实现这 3 个工具之间的切换，如图 10-162 所示。

图 10-163

“Unified Camera”工具：在选择此工具的状态下，按鼠标的左、中和右键可以快捷的切换到其他工具。

“Orbit Camera”工具：以目标为中心点，旋转摄像机的工具。

“Track XY Camera”工具：在垂直方向或水平方向，平移摄像机的工具。

“Track Z Camera”工具：摄像机镜头拉近、推远的工具，也就是让摄像机在 *z* 轴向上平移的工具。

10.2.4 摄像机和灯光的入点与出点

在“Timeline”（时间轴）上，默认状态下，新建立摄像机和灯光的入点和出点就是合成项目的入点和出点，即作用于整个合成项目中。为了设置多个摄像机或者多个灯光在不同的时间段起作用，可以修改摄像机或者灯光的入点和出点，改变其持续时间，就像对待其他普通素材层一样，这样就可以方便地实现多个摄像机或者多个灯光在时间上的切换，如图 10-164 所示。

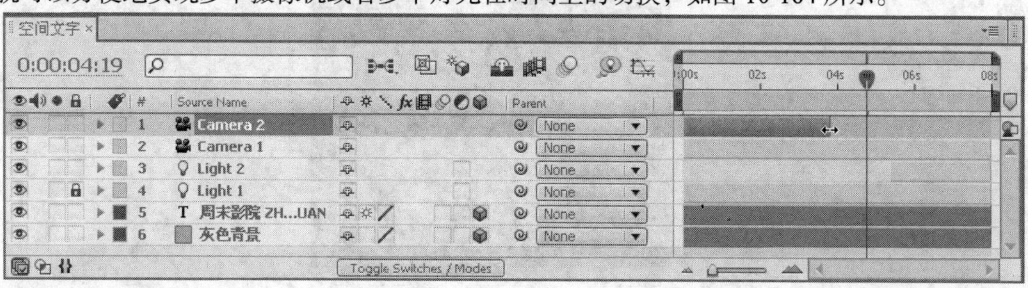

图 10-164

10.3 课堂练习——另类光束

练习知识要点：使用“Cell Pattern”命令制作马赛克效果，使用“3D layer”属性制作空间效果，使用“Brightness & Contrast”命令、“Fast Blur”命令、“Glow”命令制作光束发光效果。另类光束效果如图 10-165 所示。

效果所在位置：光盘\Ch10\另类光束. aep。

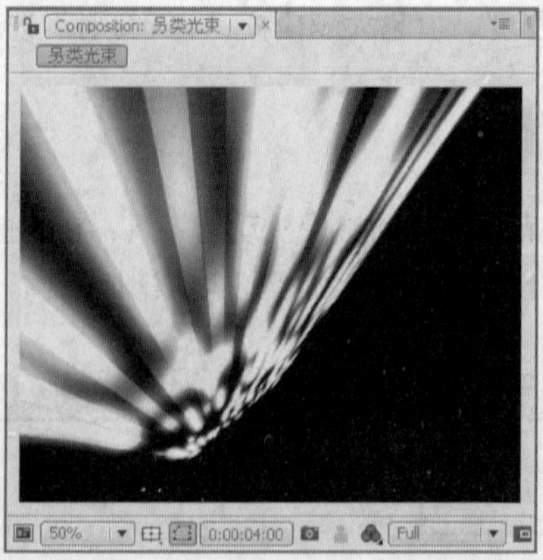

图 10-165

10.4 课后习题——冲击波

习题知识要点：使用椭圆遮罩工具绘制椭圆形，使用“Roughen Edges”命令制作形状粗糙化并添加关键帧，使用“Shine”命令制作形状发光效果，使用“3D layer”属性调整形状空间效果，使用“Scale”选项与“Opacity”选项编辑形状的大小与不透明度。冲击波效果如图 10-166 所示。

效果所在位置：光盘\Ch10\冲击波. aep。

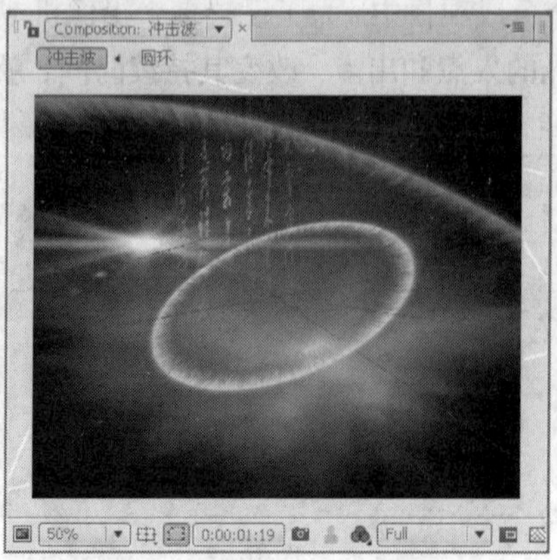

图 10-166

第11章 渲染与输出

对于制作完成的影片，渲染输出的好坏能直接控制影片的质量，使影片可以在不同的媒介设备上都能得到很好的播出效果，更方便用户的作品在各种媒介上的传播。本章主要讲解 After Effects 中的渲染与输出功能。读者通过本对章的学习，可以掌握渲染与输出的方法和技巧。

【教学目标】

- 渲染的设置。
- 输出的方法和形式。

11.1 渲染

渲染在整个影片制作过程中是最后的一步，也是相当关键的一步。即使前面制作再精妙，不成功的渲染也会直接导致操作的失败，渲染方式影响着影片最终呈现出的效果。

After Effects 可以将合成项目渲染输出成视频文件、音频文件或者序列图片等。输出的方式包括两种：一种是选择“File > Export”命令直接输出单个的合成项目；另一种是选择“Composition > Add to Render Queue”或“Composition > Make Movie”命令，将一个或多个合成项目添加到 Render Queue（渲染序列）中，逐一批量输出，如图 11-1 所示。

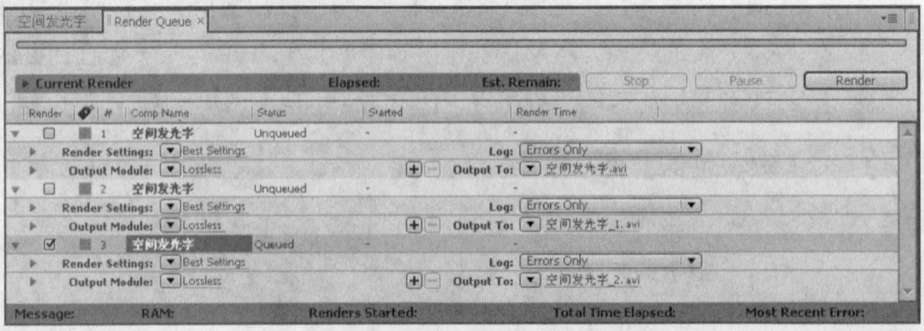

图 11-1

其中，通过“File > Export”命令输出时，可选格式和解码较少，而通过 Render Queue（渲染序列）进行输出，则可以进行非常高级的专业控制，并有着广泛的格式和解码支持。因此，在这里主要探讨如何使用 Render Queue（渲染序列）窗口进行输出，掌握了它，就掌握了“File > Export”方式输出影片。

11.1.1 渲染序列窗口

在“Render Queue”（渲染序列）窗口中可以控制整个渲染进程，整理各个合成项目的渲染顺序，设置每个合成项目的渲染质量、输出格式、路径等。在新添加项目到“Render Queue”（渲染序列）时，“Render Queue”（渲染序列）将自动打开，如果不小心关闭了，也可以通过菜单“Window > Render Queue”命令，再次打开此窗口，如图 11-2 所示。

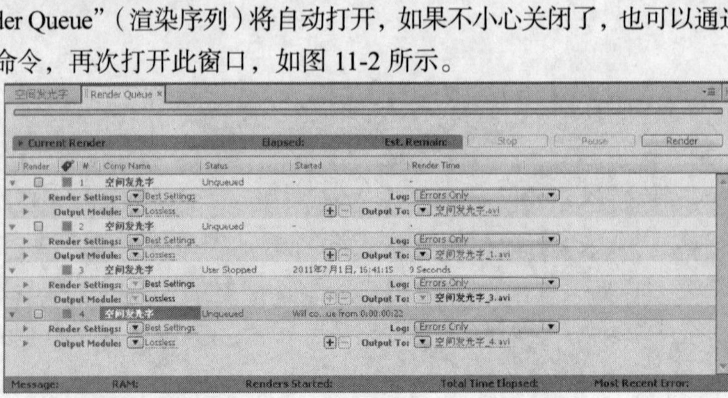

图 11-2

Current Render：当前渲染信息区，如图 11-3 所示。

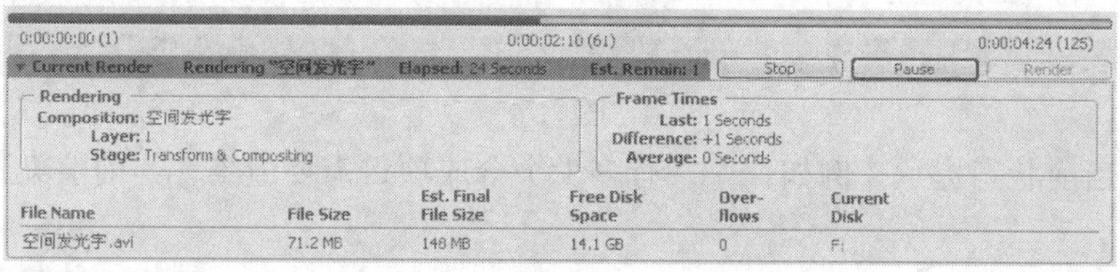

图 11-3

图 11-3 中显示当前正在渲染的合成项目的进度、正在执行的操作、当前输出的路径、文件大小、预测的最终文件、剩余的硬盘空间等。

提示：可以通过单击“Current Render Details”标题左侧的按钮，展开详细信息。

渲染队列区，如图 11-4 所示。

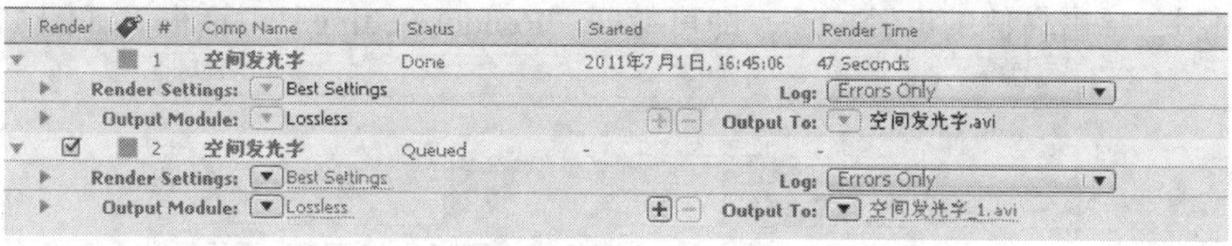

图 11-4

需要渲染的合成项目都将逐一排列在渲染队列里，在此，可以设置项目的“Render Setting”（渲染属性）、“Output Module”（输出模式，格式和解码等）、“Output To”（文件名和路径）等。

Render：是否进行渲染操作，只有勾选上的合成项目会被渲染。

：标签颜色选择，用于区分不同类型的合成项目，方便用户识别。

#：队列序号，决定渲染的顺序，可以在合成项目上按下鼠标并上下拖曳到目标位置，改变先后顺序。

Comp Name：合成项目名称。

Status：当前状态。其中包括：“Queued”（正在排队）、“Unqueued”（不进行渲染）、“Randering”（正在渲染）、“User Stopped”（被用户终止）、“Done”（渲染完成）等。

Status：渲染开始的时间。

Render Time：渲染所花费的时间。

Comment：渲染注释信息。

单击按钮 展开具体设置信息，如图 11-5 所示。单击按钮 可以选择已有的设置预置，通过单击当前设置标题，可以打开具体的设置对话框。

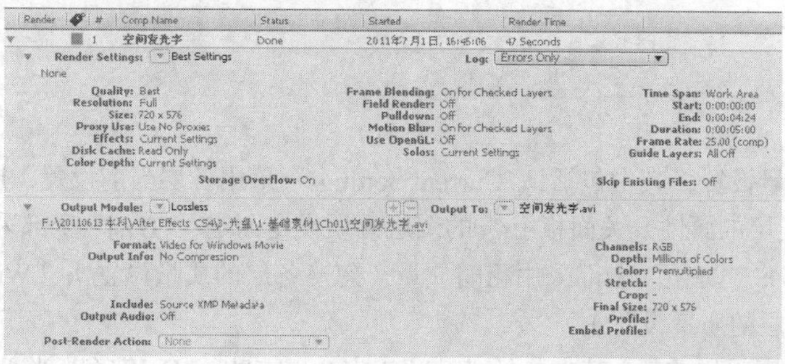

图 11-5

参数控制区在渲染时还能实时提供一些重要的信息数据，如图 11-6 所示。

图 11-6

Message：当前状态提示。例如，一共有多少个合成项目需要渲染，当前渲染到第几个合成项目。

RAM：显示内存使用状态。

Renders Started：显示当前总共花费了多少时间。

Log File：渲染日志文件名称和路径，记录渲染过程中的各项目信息。

11.1.2 渲染属性设置

对于“Render Setting”（渲染属性），一般会通过单击按钮▼，选择“Best Settings”（最好的渲染属性）预制，单击右侧的设置标题，即可打开“Render Setting”对话框，如图 11-7 所示。

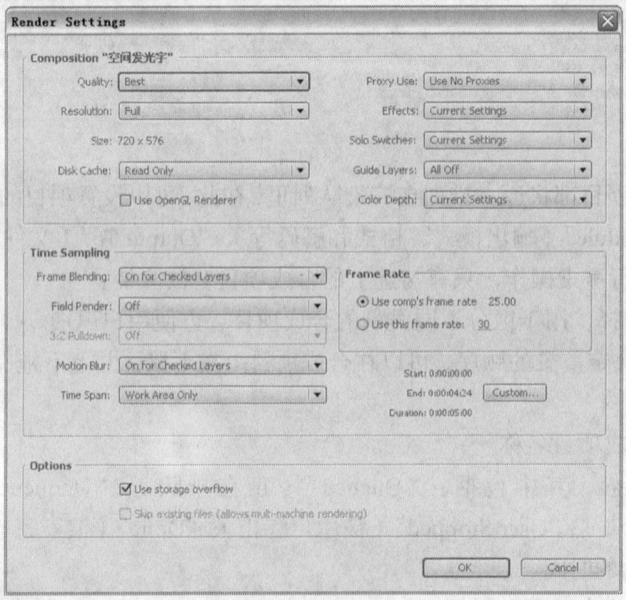

图 11-7

（1）“Composition”（合成）项目质量设置区，如图 11-8 所示。

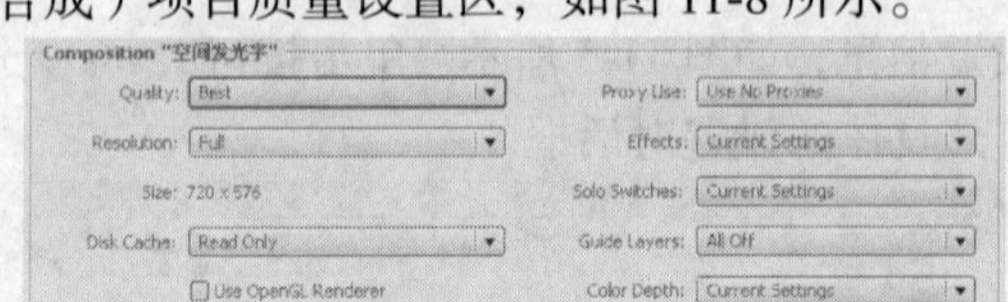

图 11-8

Quality：层质量设置，其中包括：“Current Settings”采用各层当前设置，即根据“Timeline”（时间轴）窗口中各层的属性开关面板上的图层画质设定而定；“Best”全部采用最好的质量（忽略各层的质量设置）；“Draft”全部采用粗略质量（忽略各层的质量设置）；“Wireframe”全部采用线框模式（忽略各层的质量设置）。

Resolution：像素采样质量，其中包括“Full”（完全）质量、“Half”（一半）质量、“Third”（三分之一）质量和“Quarter”（四分之一）质量。另外，用户还可以通过选择“Custom”（自定义）质量命令，在弹出的“Custom Resolution”对话框中自定义分辨率。

Disk Cache：决定是否采用“Edit > Preferences > Media & Disk Cache”命令中内存缓存设置，如图 11-9 所示。如果选择“Read Only”则代表不采用当前 Preferences 里的设置，而且在渲染过程中，不会有任何新的帧被写入到内存缓存中。

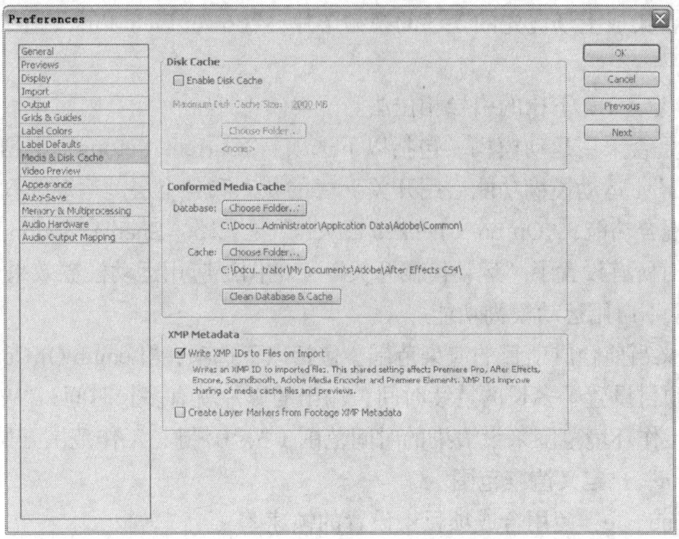

图 11-9

Use OpenGL Renderer：是否采用 OpenGL 渲染引擎加速渲染。

Proxy Use：是否使用代理素材。包括以下选项：“Current Settings”采用当前“Project”（项目）窗口中各素材当前的设置；“Use All Proxies”全部使用代理素材进行渲染；“Use Com Proxies Only”只对合成项目使用代理素材；“Use No Proxies”全部不使用代理素材。

Effects：是否采用特效滤镜。包括以下选项：“Current Settings”采用当前时间轴中各个特效当前的设置；“All On”启用所有的特效滤镜，即使某些滤镜是暂时关闭状态，“All Off”关闭所有特效滤镜。

Solo Switches：指定是否只渲染“Timeline”（时间轴）中（Solo）开关被开启的层，如果设置为“All Off”，则代表不考虑 Solo 开关。

Guide Layers：指定是否只渲染 Guide 层。

Color Depth：色深选择，如果是标准版的 After Effects，则设有“16 bits per channel”和“32 bits per channel”这两个选项。

（2）“Time Sampling”（时间采样）设置区，如图 11-10 所示。

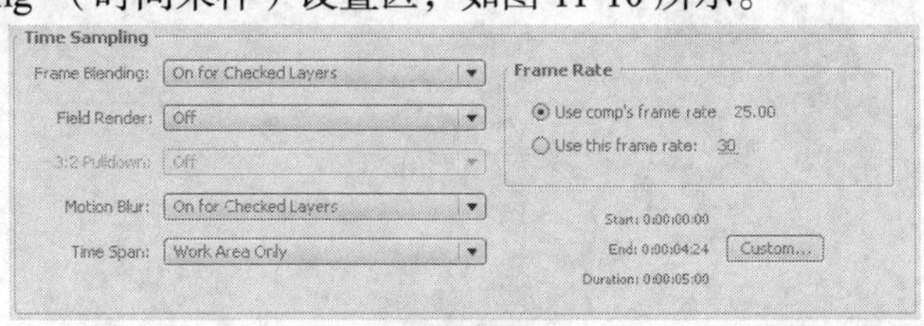

图 11-10

Frame Blending：是否采用“Frame Blending”（帧混合）模式。此类模式包括以下选项：“Current Setting”根据当前时间轴窗口中的“Enable Frame Blending”（帧融合功能启用开关）的状态和各个层“Frame Blending”（帧混合模式）的状态，来决定是否使用帧混合功能；“On For Checked Layers”是忽略“Enable Frame Blending”（帧融合功能启用开关）的状态，对所有设置了“Frame

Blending”（帧混合模式）的图层应用帧混合功能；如果设置了“Off For All Layers”，则代表不启用 Frame Blending（帧混合）功能。

Field Render：指定是否采用场渲染方式。包括以下选项：“Off”渲染成不含场的视频影片；“Upper Field First”渲染成上场优先的含场的视频影片；“Lower Field First”渲染成下场优先的含场的视频影片。

3:2Pulldown：决定 3:2 下拉的引导相位法。

Motion Blur：是否采用运动模糊。包括以下选项：“Current Setting”根据当前时间轴窗口中“Enable Motion Blur”（运动模糊功能启用开关）的状态和各个层“运动模糊开关”的状态，来决定是否使用帧混合功能；“On For Checked Layers”是忽略“Enable Motion Blur”（运动模糊功能启用开关），对所有设置了“运动模糊开关”的图层应用运动模糊效果；如果设置为“Off For Layers”，则表示不启用运动模糊功能。

Time Span：定义当前合成项目的渲染范围。包括以下选项：“Length Of Comp”渲染整个合成项目，也就是合成项目设置了多长的持续时间，输出的影片就有多长时间；“Work Area Only”根据时间轴中设置的工作环境范围来设渲染的时间范围（按<B>键，工作范围开始；按<N>键，工作范围结束）；“Custom”自定义渲染范围。

Use Comp's frame rate：使用合成项目中设置的帧速率。

Use this frame rate：使用此处设置帧速率。

（3）“Options”其他设置区，如图 11-11 所示。

图 11-11

Use Storage Overflow：确定输出路径的硬盘空间不够时，是否继续渲染。如果继续渲染，则会从“Edit > Preferences > Output”命令中设置的“Overflow Volumes”（溢出盘）设置中挑选下一个硬盘作为继续渲染的存储空间，如图 11-12 所示。

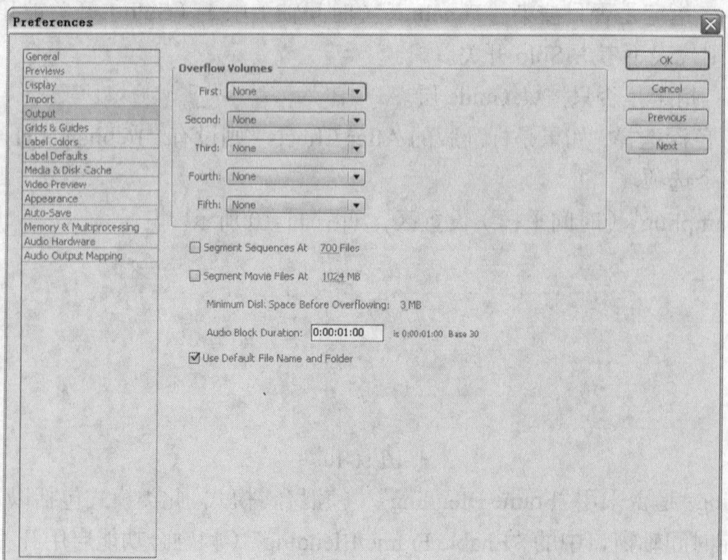

图 11-12

Skip existing files：选中此选项将自动忽略已存在的序列图片，也就忽略已经渲染过的序列帧图片，此功能主要用在网络渲染时。

11.1.3　输出模式设置

渲染设置第一步“Render Setting”（渲染属性设置）完成后，就开始进行“Output Module”（输出模式设置），主要是设定输出的格式、解码方式等。通过单击按钮▼，可以选择系统预置的一些格式和解码，单击右侧的设置标题，弹出“Output Module Setting”（输出模式设置）对话框，如图 11-13 所示。

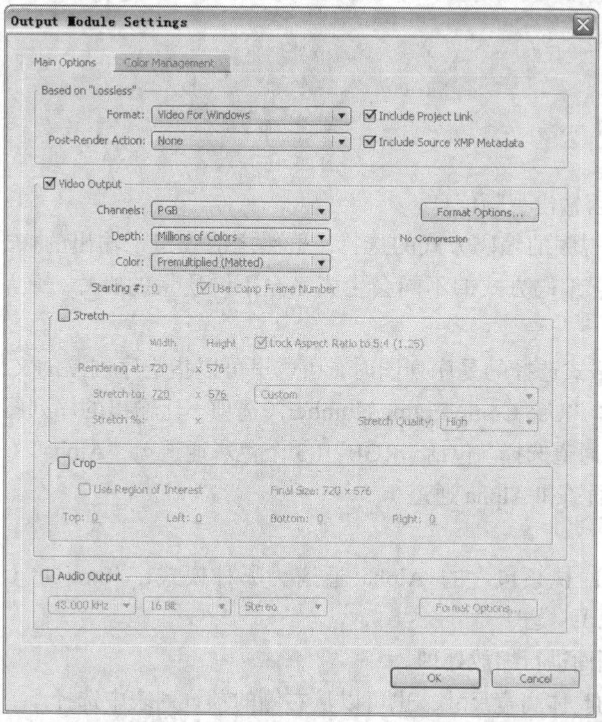

图 11-13

（1）基础设置区，如图 11-14 所示。

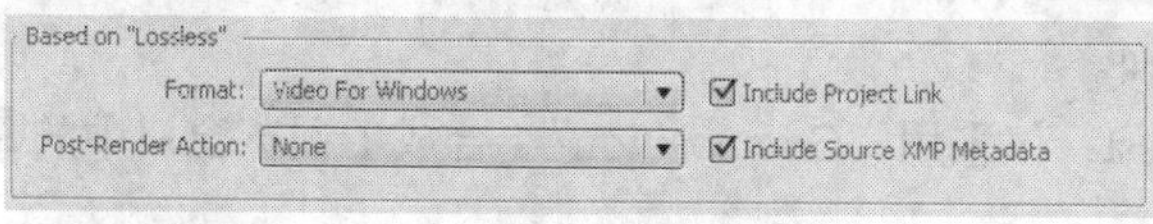

图 11-14

Based on：代表基于哪个预置的调整。

Format：输出的文件格式设置。包括：“Video For Windows”微软视图平台标准视频格式，“QuickTime Movie”苹果公司 QuickTime 视频格式，“RealMedia”流媒体格式，“MPEG2-DVD” DVD 视频格式，“JPEG Sequence” JPEG 格式序列图，“WAV”音频等。

Post-Render Action：指定 After Effects 软件是否使用刚渲染的文件作为素材或者代理素材。包括以下选项：“Import”渲染完成后自动作为素材置入当前项目中；“Import & Replace Usage”渲染完成后自动置入项目中替代合成项目，包括这个合成项目被嵌入到其他合成项目中的情况；“SetProxy”渲染完成后作为代理素材置入项目中。

（2）视频设置区，如图 11-15 所示。

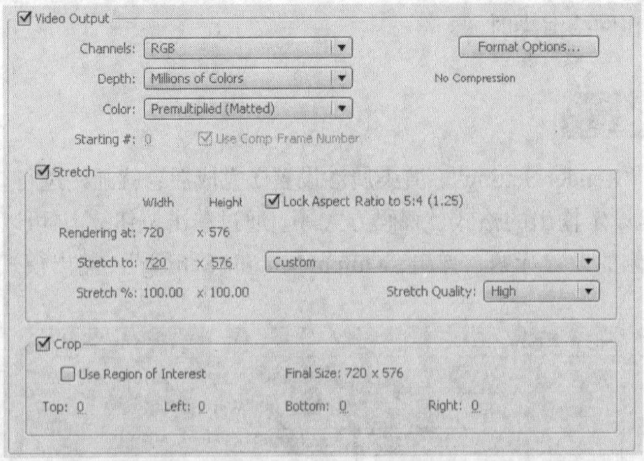

图 11-15

Video Output：是否输出视频信息。

Format Options：视频的编码方式的选择。虽然之前确定了输出的格式，但是每种文件格式中又有多种编码方式，编码方式的不同会生成完全不同质量的影片，最后产生的文件量也会有所不同。

Starting：当输出格式选择的是序列图时，在这里可以指定序列图的文件名序列数，为了将来识别方便，也可以选择“Use Comp Frame Number”选项，让输出的序列图片数字就是其帧数字。

Channels：输出的通道选择。包括“RGB”（3 个色彩通道）、“Alpha”（仅输出 Alpha 通道）和“RGB+ Alpha”（三色通道和 Alpha 通道）。

Depth：色深选择。

Color：指定输出的视频包含的 Alpha 通道为哪种模式，“Straight（Unmatted）”模式还是“Premultiplied（Matted）”模式。

Stretch：是否对画面进行缩放处理。

Stretch to：缩放的具体高宽尺寸，也可以从右侧的预置列表中选择。

Stretch Quality：缩放质量选择。

Lock Aspect Ratio to：是否强制高宽比为特殊比例。

Crop：是否裁切画面。

Use Region of Interest：仅采用“Composition”（合成）预览窗口中的▣（Region of Interest）工具确定的画面区域。

Top、Bottom、Left、Right：这 4 个选项分别设置上、下、左、右 4 个被裁切掉的像素尺寸。

（3）音频设置区，如图 11-16 所示。

图 11-16

Audio Output：是否输出音频信息。

Format Options：音频的编码方式，也就是用什么压缩方式压缩音频信息。

kHz Bit Channel：音频质量设置，包括赫兹、比特、立体声或单声道设置。

11.1.4　渲染和输出的预置

虽然 After Effects 已经提供了众多的 Render Setting 和 Output 预置，不过可能还是不能满足更多的个性化需求。用户可以将常用的一些设置存储为自定义的预置，以后进行输出操作时，不需要一遍遍地反复设置，只需要单击按钮▼，在弹出的列表中选择即可。

设置 Render Setting 和 Output Module 预置的命令分别是“Edit > Templates > Render Settings”和“Edit > Templates > Output Module”，如图 11-17、图 11-18 所示。

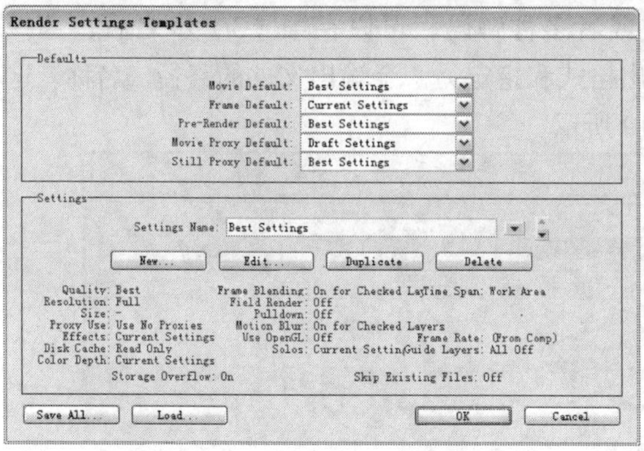

图 11-17

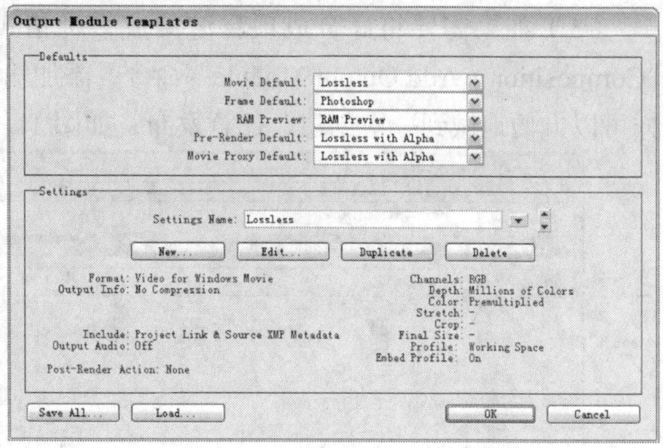

图 11-18

11.1.5　编码和解码问题

完全不压缩的视频和音频数据量是非常庞大的，因此在输出时需要通过特定的压缩技术对数据进行压缩处理，以减小最终的文件量，便于传输和存储。这样就产生了输出时选择恰当的编码器，播放时使用同样的解码器进行解压还原画面的过程。

目前视频流传输中最为重要的编码标准有国际电联的 H.261、H.263，运动静止图像专家组的 M-JPEG 和国际标准化组织运动图像专家组的 MPEG 系列标准。此外，互联网上被广泛应用的还有 Real-Networks 的 RealVideo、微软公司的 WMT 以及 Apple 公司的 QuickTime 等。

就文件的格式来讲，对于.avi 微软视窗系统中的通用视频格式，现在流行的编码和解码方式有 Xvid、MPEG-4、DivX、Microsoft DV 等；对于.mov 苹果公司的 QuickTime 视频格式，比较流行的编码和解码方式有 MPEG-4、H.263、Sorenson Video 等。

在输出时，最好是选择普遍的编码器和文件格式，或者是目标客户平台共有的编码器和文件格式，否则，在其他播放环境中播放时，会因为缺少解码器或相应的播放器而无法看见视频或者听到声音。

11.2 输出

可以将设计制作好的视频效果进行多种方式的输出，如输出标准视频、输出合成项目中的某一帧、输出序列图片、输出胶片文件、输出 Flash 格式文件、跨卷渲染等。下面具体介绍视频的输出方法和形式。

11.2.1 标准视频的输出方法

（1）在“Project”窗口中，选择需要输出的合成项目。

（2）选择“Composition > Add to Render Queue”命令，或按<Ctrl>+<Shift>+</>组合键，将合成项目添加到渲染序列中。

（3）在“Render Queue”窗口中进行渲染属性、输出格式和输出路径的设置。

（4）单击“Render”按钮开始渲染运算。

（5）如果需要将此合成项目渲染成多种格式或者多种解码，可以在第（3）步之后，选择“Composition > Add Output Module”命令，添加输出格式和指定另一个输出文件的路径、名称，这样可以方便地做到一次创建，任意发布，如图 11-19 所示。

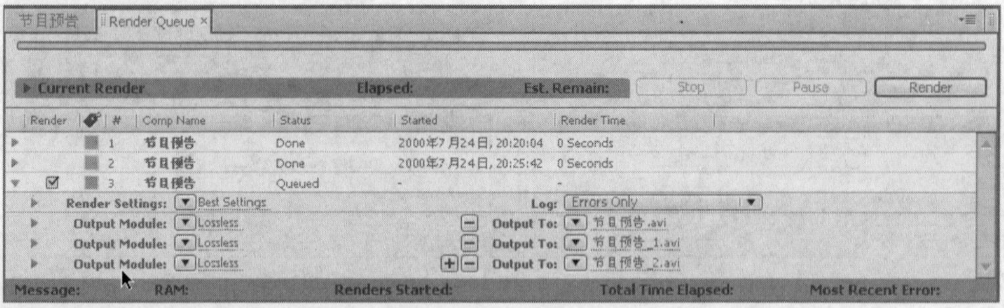

图 11-19

11.2.2 输出合成项目中的某一帧

（1）在“Timeline”（时间轴）窗口中，移动当前时间指针到目标帧。

（2）选择“Composition > Save Frame As > File”命令，或按<Ctrl>+<Alt>+<S>组合键，添加渲染任务到“Render Queue”（渲染序列）中。

（3）单击“Render”按钮开始渲染运算。

（4）另外，如果选择“Composition > Save Frame As >Photoshop Layers”命令，则直接打开文件存储对话框，选择好路径和文件名即可完成单帧画面的输出。

11.2.3 输出序列图片

After Effects 中支持多种格式的序列图片输出，其中包括 Cineon Sequence、BMP Sequence、TIFF Sequence、Jpeg Sequence、Photoshop Sequence、IFF Sequence、OpenEXR Sequence、Pixar Sequence、SGI Sequence、Targa Sequence 等。输出的序列图片以后可以使用胶片记录器将其转换为电影。

（1）在“Project”窗口中，选择需要输出的合成项目。

（2）选择“Composition > Make Movies”命令，将合成项目添加到渲染序列中。

（3）单击“Output Module”右侧的输出设置标题，打开“Output Module”设置对话框。

（4）在“Format”下拉列表中选择序列图格式，其他选项的设置如图 11-20 所示，单击“OK”按钮，完成序列图的输出设置。

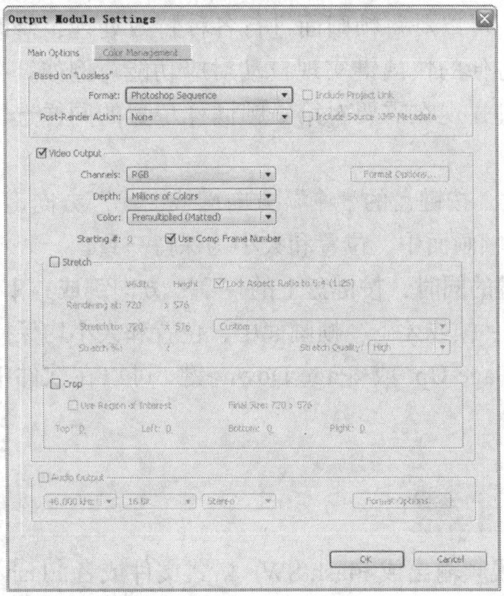

图 11-20

（5）单击“Render”按钮开始渲染运算。

11.2.4　输出胶片文件

After Effects 还可以输出 Filmstrip（胶片）文件，它是一种包含了视频所有帧的单独文件，可以用 Photoshop 软件打开并进行各种编辑，编辑完成后可以再置入 After Effects 中作为素材使用。

（1）在“Project”窗口中，选择需要输出的合成项目。

（2）单击“Output Module”右侧的输出设置标题，打开“Output Module”设置对话框。

（3）在“Format”下拉列表中选择“Filmstrip”选项，然后设置其他输出参数，单击“OK”按钮完成 Filmstrip（胶片）输出设置。

（4）单击“Render”按钮开始渲染运算。

（5）打开 Photoshop 软件，选择“文件 > 打开”命令，打开输出的那个 Filmstrip 格式文件。

（6）查看 Filmstrip（胶片）文件，每帧画面横向排列，并标注有时间码、序号等信息，如图 11-21 所示。

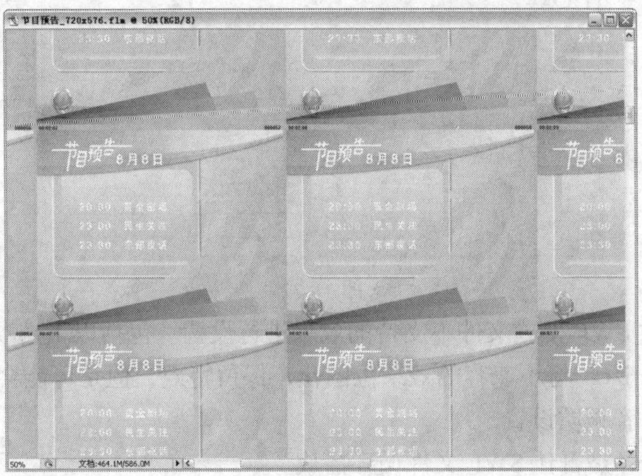

图 11-21

（7）在 Photoshop 中，可以对每帧画面进行各种特效处理，修改时，为了对应前后的帧的位置，还提供了一些非常方便的快捷键实现自动对应功能。例如，在第 1 帧某一位置圈选一个选区并进行了某种特效处理，现在需要对第 2 帧同样位置的同样选区范围进行处理，具体操作如下：

- 按住<Shift>键的同时，按键盘的“↑”方向键或“↓”方向键，可以将当前帧的选择区域对应地移动到上一帧或下一帧画面中，位置和大小均保持一致；
- 按住<Ctrl>+<Shift>键的同时，按键盘上的“↑”方向键或“↓”方向键，可以将当前帧的选择区域里的内容剪切到上一帧或才下一帧画面中，位置和大小均保持一致不变。
- 按住<Shift>键，按<Page Up>或<Page Down>键，可以在软件中实现影片反向和正向播放的效果。

11.2.5 输出 Flash 格式文件

After Effects 还可以将视频输出成 Flash SWF 格式文件或者 Flash FLV 视频格式文件，步骤如下。

（1）在“Project”窗口中，选择需要输出的合成项目。

（2）选择“File > Export > Adobe Flash Player（SWF）”命令，在弹出的文件保存对话框中选择 SWF 文件存储的路径和名称，单击“保存”按钮，打开“SWF Settings”对话框，如图 11-22 所示。

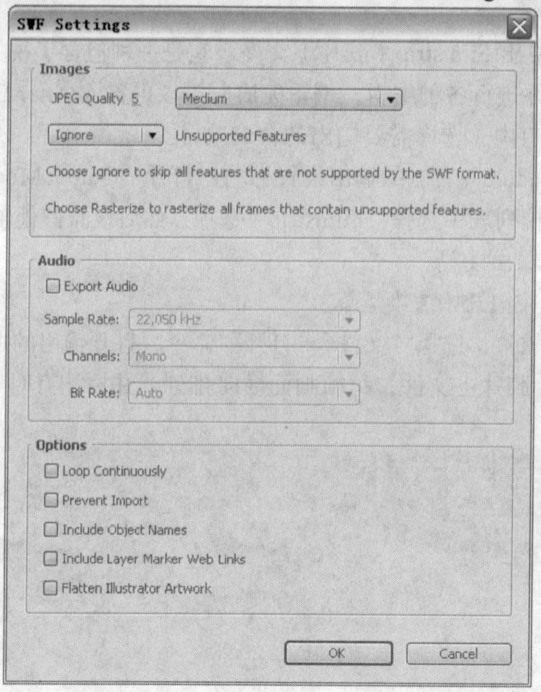

图 11-22

JPEG Quality：对 SWF 格式文件不支持的效果进行设置。包括以下选项：“Ignore”忽略所有不兼容的效果；“Rasterize”将不兼容的效果位图化，保留特效，但是可能会增大文件量。

Audio：SWF 文件音频质设置。

Loop Continuously：是否让 SWF 文件循环播放。

Prevent Import：禁止在此置入。对文件进行保护加密，不允许再置入到 Flash 软件中。

Include Object Names：保留对象名称。

Include Layer Marker Web Links：保留在层标记中设置的网页链接信息。

Flatten Illustrator Artwork：如果合成项目中含有 Solid 层或者 Illustrator 素材，建议选择此选项。

（3）完成渲染后，产生两个文件，即“.html”和“.swf”。

11.2.6　跨卷渲染

在单机渲染时，渲染输出的文件导致磁盘剩余空间小于指定的大小时，After Effects 认为磁盘已满，这种现象称为 Overflowing（磁盘溢出）。这时，渲染文件将转入 After Effects 跨卷设置中指定的下一个盘符，存入渲染文件，继续进行渲染而不终止操作。

跨卷渲染最多可以指定 5 个不同盘符，可以通过选择“Edit > Preferences > Output”命令，在弹出的对话框中进行设置，如图 11-24 所示。

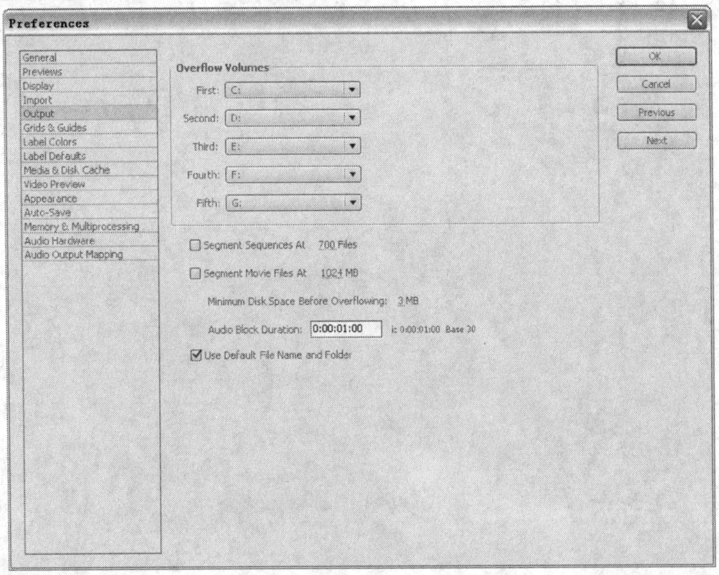

图 11-23

提示：在渲染时，必须勾选“Use Storage Overflow”复选框，此功能不能用于网络渲染。

第12章 综合实训案例

本章通过两个商业应用案例，进一步讲解 After Effects 影片后期设计与制作的方法和技巧，让读者能够快速地掌握软件功能和知识要点，创作出满意的影视作品。

12.1 制作电视节目报道

案例知识要点：使用“Ramp”命令制作渐变背景；使用“3D layer”属性编辑图片动画；使用钢笔工具绘制形状；使用“Stroke”命令制作描边效果；使用文字类形工具输入需要的文字；使用“Opacity”选项改变透明度效果；使用“Position”属性编辑文字位置；使用“Time-Reverse Keyframes”命令反转关键帧。制作的电视节目报道效果如图 12-1 所示。

效果所在位置：光盘/Ch12/制作电视节目报道/制作电视节目报道.aep。

图 12-1

12.1.1 制作背景效果

Step 01 按<Ctrl>+<N>组合键，弹出“Composition Settings”对话框，在“Composition Name”选项的文本框中输入“节目报道”，其他选项的设置如图 12-2 所示，单击“OK”按钮，创建一个新的合成“节目报道”。选择“Laye > New > Solid”命令，弹出“Solid Settings”对话框，在“Name”选项的文本框中输入“背景”，设置“Color”选项设置为黑色。单击“OK”按钮，在“时间轴”面板中新增一个 Solid 层，如图 12-3 所示。

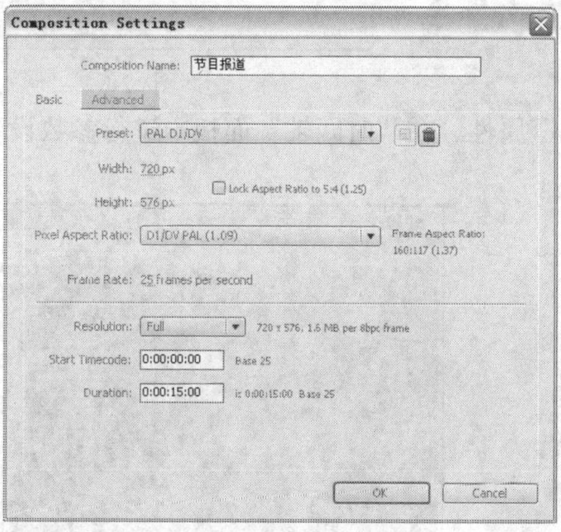

图 12-2

图 12-3

Step 02 选中“背景”层，选择“Effect > Generate > Ramp”命令，在“特效控制”面板中设置“Start Color”选项为淡蓝色（其 R、G、B 的值分别为 185、198、255），设置“End Color”选项为蓝色（其 R、G、B 的值分别为 8、44、177），其他参数设置如图 12-4 所示。合成窗口中的效果如图 12-5 所示。

Step 03 选择“File > Import > File”命令，弹出“Import File”对话框，选择光盘中的“Ch12 > 制作电视节目报道 >（Footage）> 01、02、03”文件，单击“打开”按钮导入图片，在“项目”面板中选择“01”文件，并将其拖曳到“时间轴”面板中，如图 12-6 所示。

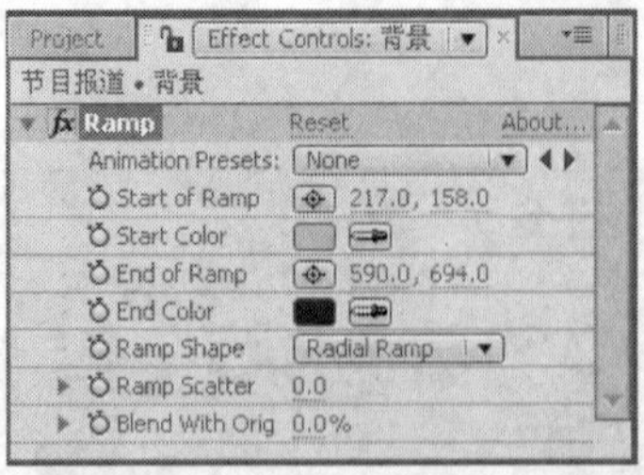

图 12-4

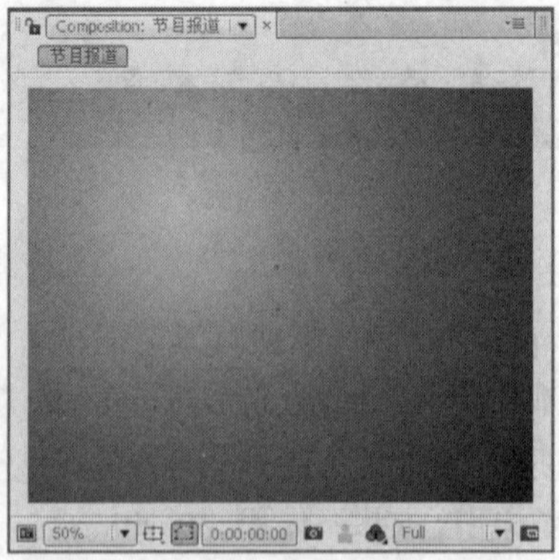

图 12-5

图 12-6

Step 04 单击“01”文件，单击右面的“3D layer”按钮，打开三维属性，在“时间轴”面板中设置“Mode”选项的叠加模式为 Add，如图 12-7 所示。选择“Effect > Generate > Ramp”命令，在“特效控制”面板中设置“Start Color”选项为橙色（其 R、G、B 的值分别为 255、116、0），设置“End Color”选项为黄色（其 R、G、B 的值分别为 255、214、0），其他参数设置如图 12-8 所示。

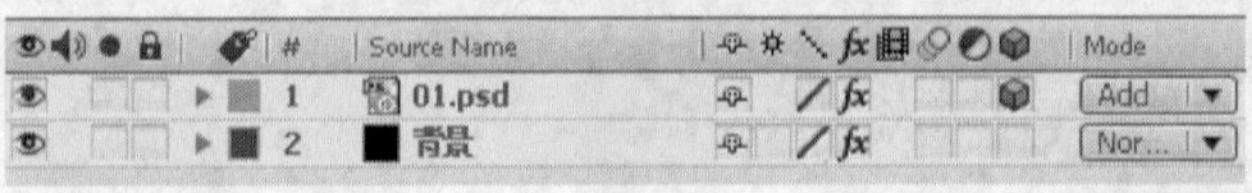

图 12-7

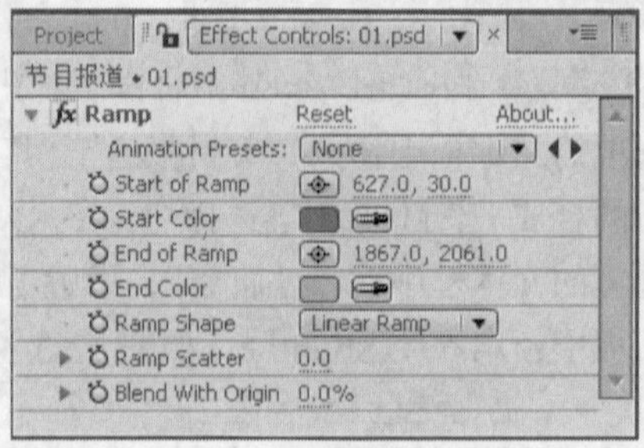

图 12-8

Step 05 选中“01”文件，展开“Transform”属性，在“时间轴”面板中进行参数设置，如图 12-9 所示。合成窗口中的效果如图 12-10 所示。

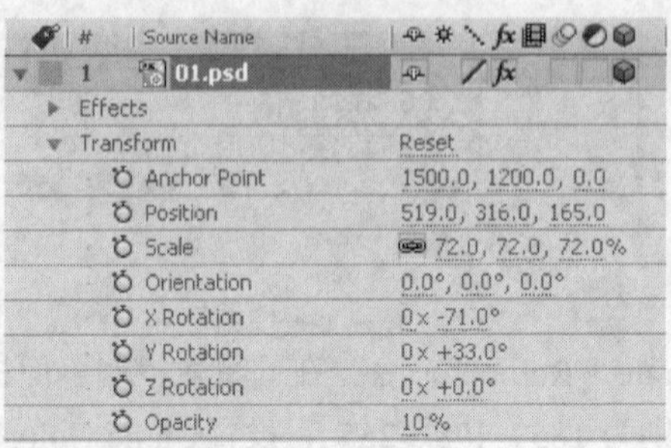

图 12-9

图 12-10

Step 06 在“时间轴”面板中将时间标签放置在 0s 的位置，单击“Z Rotation”选项前面的“关键帧自动记录器”按钮，记录第 1 个关键帧，如图 12-11 所示。

Step 07 将时间标签放置在 14:24s 的位置，设置“Z Rotation”选项的数值为 0、-180，如图 12-12 所示，记录第 2 个关键帧。

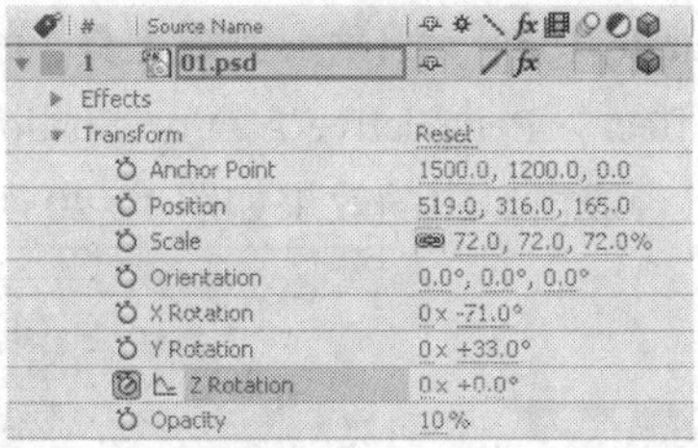

图 12-11

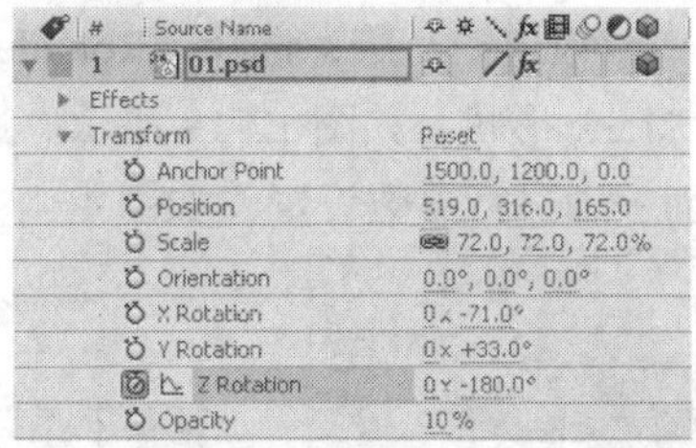

图 12-12

12.1.2　制作动画形状

Step 01 选择“Layer > New > Solid”命令，弹出“Solid Settings”对话框，在“Name”选项的文本框中输入“装饰图形 1”，将“Color”选项设置为黑色，在“时间轴”面板中新增一个 Solid 层，如图 12-13 所示。

Step 02 选择“Effect > Generate > Ramp”命令，在“特效控制”面板中设置“Start Color”选项为白色，设置“End Color”选项为蓝色（其 R、G、B 的值分别为 0、27、163），其他参数设置如图 12-14 所示。合成窗口中的效果如图 12-15 所示。

图 12-13

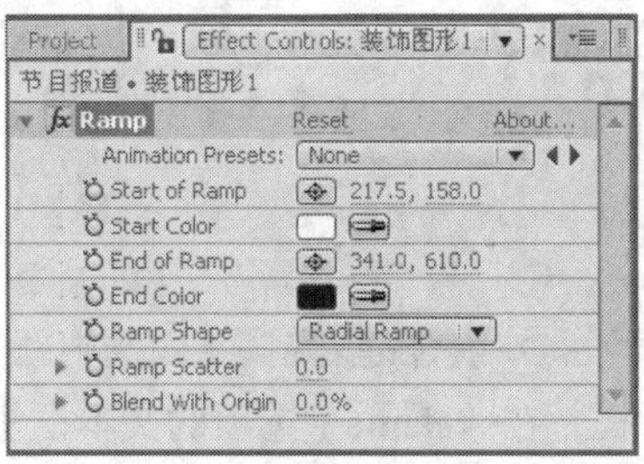

图 12-14

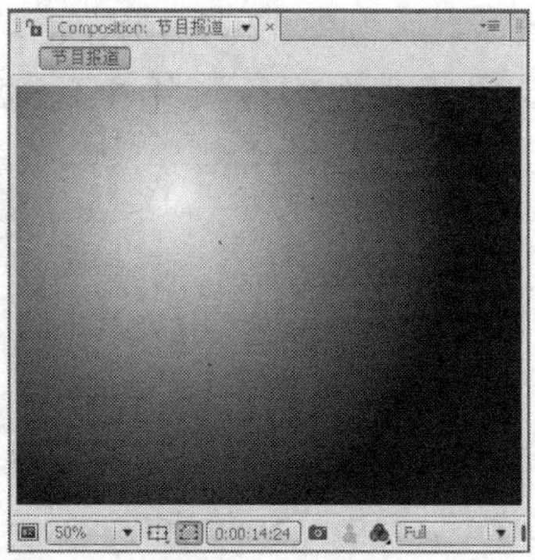

图 12-15

Step 03 选中“装饰图形 1”层，选择“Pen Tool”（钢笔工具），在合成窗口中绘制一个 Mask 形状，如图 12-16 所示。

Step 04 选择“Layer > New > Solid”命令，弹出“Solid Settings”对话框，在“Name”选项的文本框中输入“报道栏”，设置“Color”选项为蓝色（其 R、G、B 的值分别为 172、227、248），单击“OK”按钮，在“时间轴”面板中新增一个 Solid 层，如图 12-17 所示。

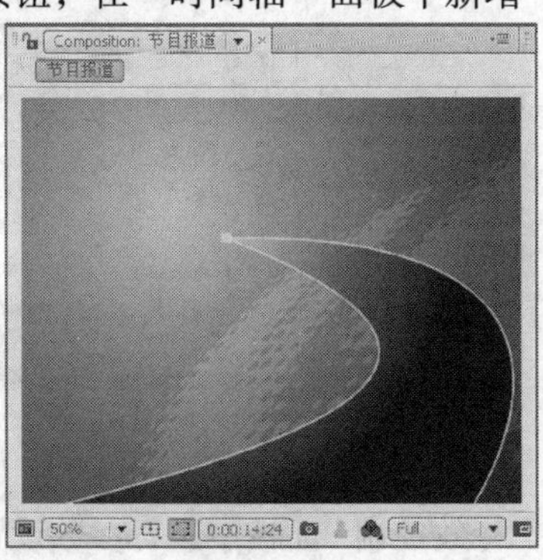

图 12-16

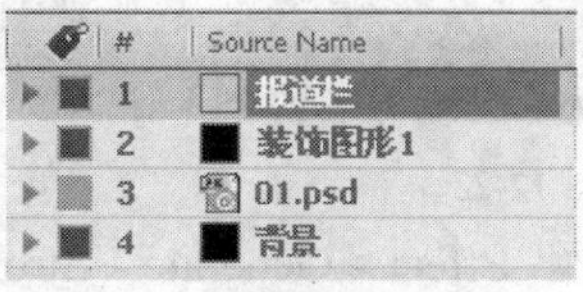

图 12-17

Step 05 选中“报道栏”层，选择“Rounded Rectangle Tool”（圆角形遮罩工具），在合成窗口中绘制一个Mask形状，如图12-18所示。选择“Effect > Perspective > Drop Shadow”命令，在“特效控制”面板中进行参数设置，如图12-19所示。合成窗口中的效果如图12-20所示。

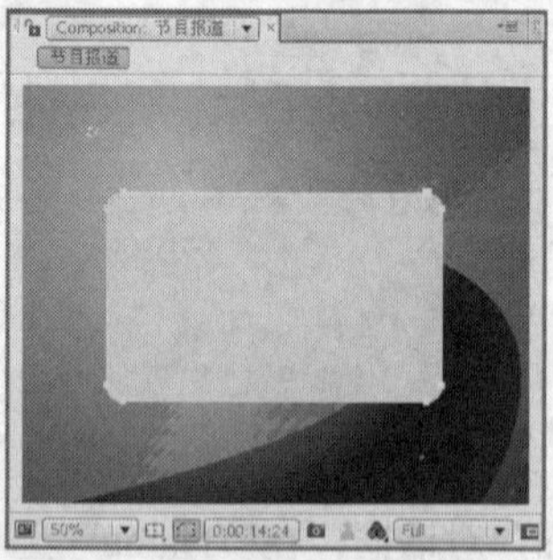

图 12-18

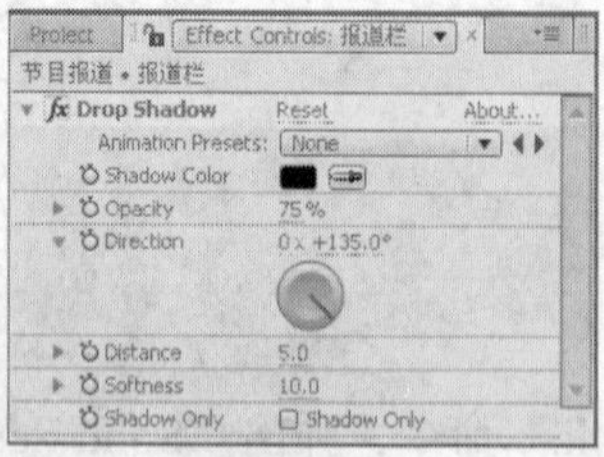

图 12-19

图 12-20

Step 06 按<T>键展开“Opacity”属性，将时间标签放置在0:19s的位置，设置“Opacity”选项的数值为0，单击“Opacity”选项前面的“关键帧自动记录器”按钮，如图12-21所示，记录第1个关键帧。将时间标签放置在1:13s的位置，设置“Opacity”选项的数值为77，记录第2个关键帧。将时间标签放置在13:12s的位置，单击“Opacity”属性前面的添加关键按钮，自动添加一个关键帧，如图12-22所示，记录第3个关键帧。将时间标签放置在14:03s的位置，设置“Opacity”选项的数值为0，记录第4个关键帧。

图 12-21

图 12-22

Step 07 选中“报道栏”层，按<Ctrl>+<D>组合键复制一层。选中新复制层，按<Ctrl>+<Shift>+<Y>组合键，弹出“Solid Settings”对话框，在“Name”选项的文本框中输入“描边”，将“Color”选项设置为白色，单击“OK”按钮。选中“描边”层，按<U>键展开所有关键帧，选择“Selection Tool”（选择工具），框选所有关键帧，按<Delete>键删除关键帧，所图12-23所示。

Step 08 选中“描边”层，按<T>键展开“Opacity”属性，设置“Opacity”选项的数值为100，如图12-24所示。在“特效控制”面板中选中“Drop Shadow”特效，按<Delete>键删除特效。合成窗口中的效果如图12-25所示。

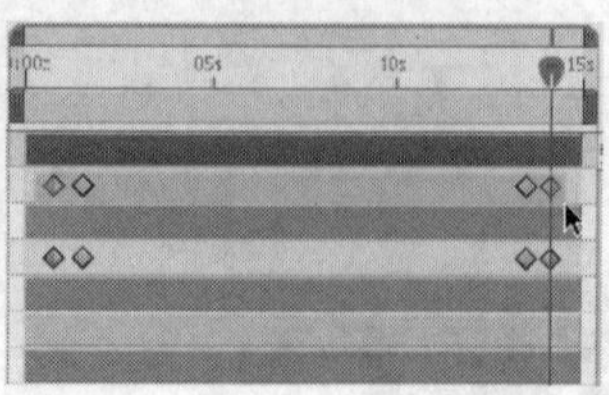

图 12-23

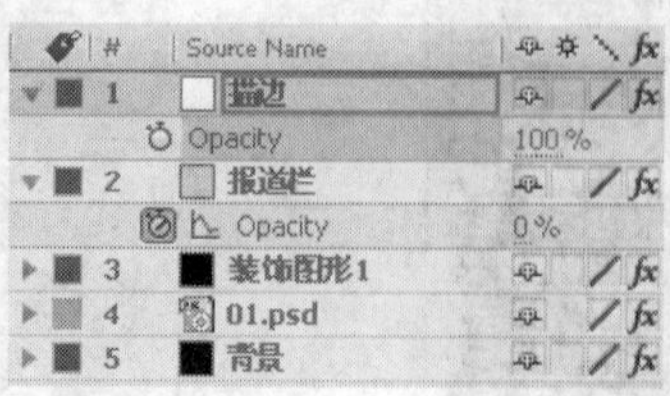

图 12-24

图 12-25

Step 09 选择“Effect > Generate > Stroke”命令，在“特效控制”面板中进行参数设置，如图12-26所示。

Step 10 在“时间轴”面板中将时间标签放置在 0:07s 的位置，在“特效控制”面板中单击“Start”选项前面的“关键帧自动记录器”按钮，如图 12-27 所示，记录第 1 个关键帧。将时间标签放置在 1:04s 的位置，设置“Start”选项的数值为 0，如图 12-28 所示，记录第 2 个关键帧。

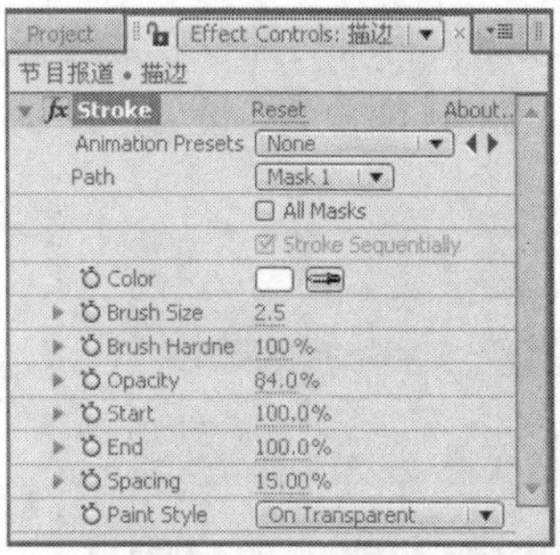

图 12-26

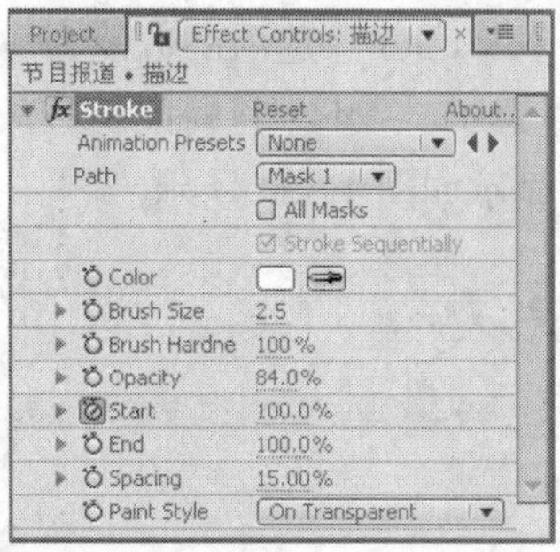

图 12-27

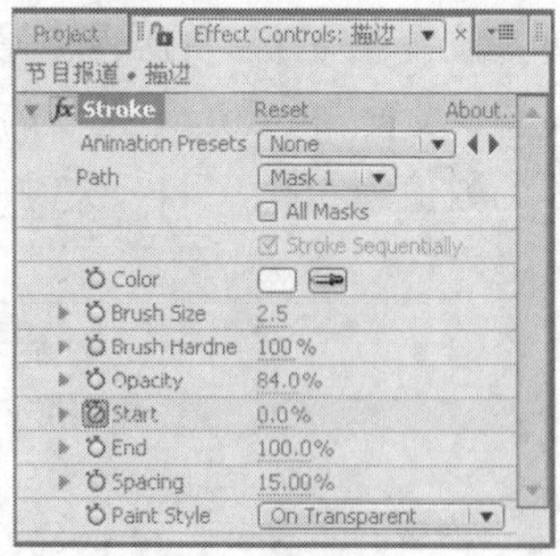

图 12-28

Step 11 在“时间轴”面板中将时间标签放置在 14:07s 的位置，在“特效控制”面板单击“End”选项前面的“关键帧自动记录器”按钮，如图 12-29 所示，记录第 1 个关键帧。将时间标签放置在 14:24s 的位置，设置“End”选项的数值为 0，如图 12-30 所示，记录第 2 个关键帧。合成窗口中的效果如图 12-31 所示。

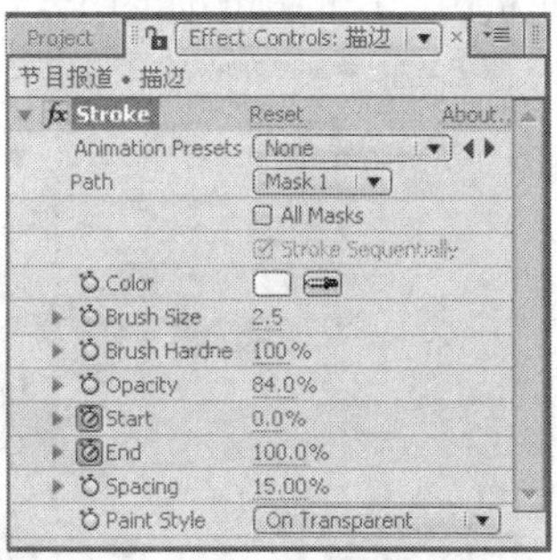

图 12-29

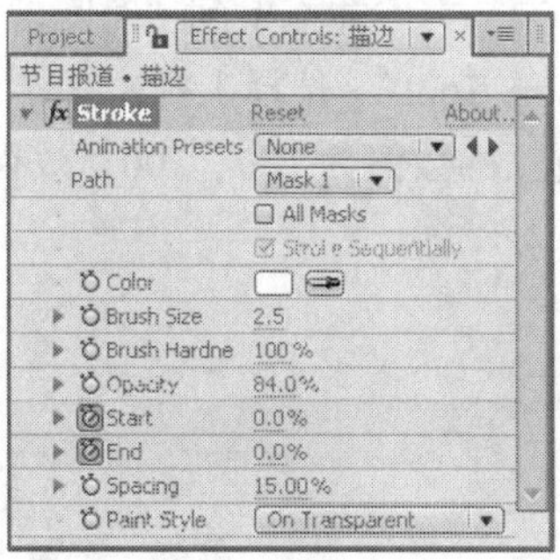

图 12-30

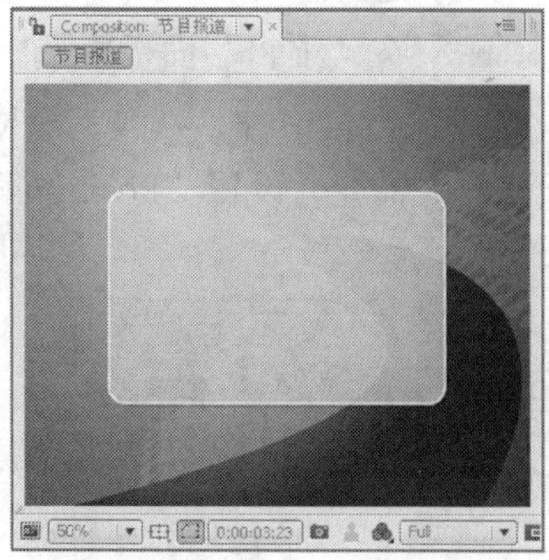

图 12-31

12.1.3　制作文字动画

Step 01 选择“Horizontal Type Tool”（文字类形工具），在合成窗口输入需要的文字。在“Character”面板中设置文字的颜色为白色，其他参数设置如图 12-32 所示。合成窗口中的效果如图 12-33 所示。

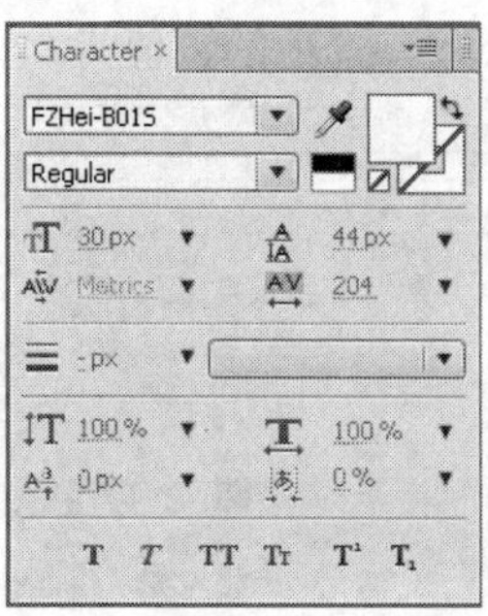

图 12-32

图 12-33

Step 02 选中“文字”层，按<P>键展开“Position”属性，将时间标签放置在 0:19s 的位置，设置“Position”选项的数值为-142、244，单击“Position”选项前面的“关键帧自动记录器”按钮，如图 12-34 所示。将时间标签放置在 1:14s 的位置，设置“Position”选项的数值为 362、244；将时间标签放置在 1:17s 的位置，设置“Position”选项的数值为 370、244；将时间标签放置在 1:20s 的位置，设置“Position”选项的数值为 375、244；将时间标签放置在 2:08s 的位置，设置“Position”选项的数值为 360、244。关键帧的显示如图 12-35 所示。

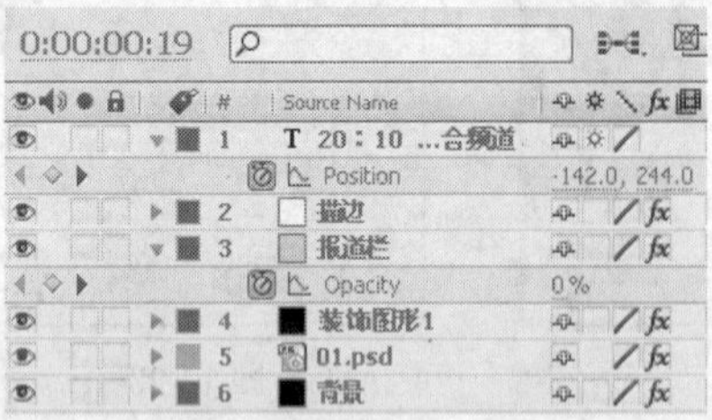

图 12-34

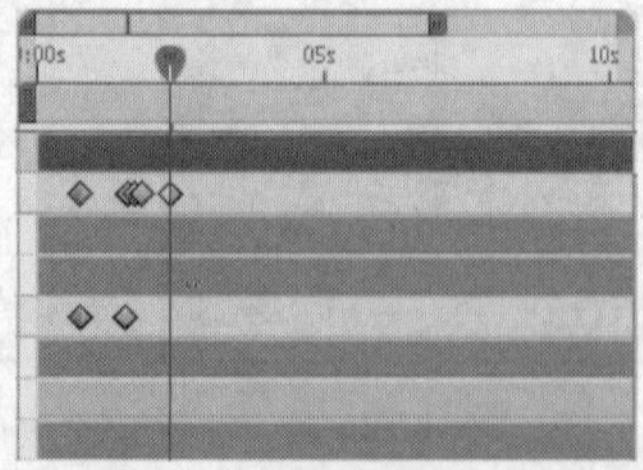
图 12-35

Step 03 选中“文字”层，用框选的方法选中所有的关键帧，按<Ctrl>+<C>组合键复制关键帧，将时间标签放置在 13:02s 的位置，按<Ctrl>+<V>组合键粘贴关键帧。选中新复制的关键帧，单击鼠标右键，选择“Keyframe Assistant > Time-Reverse Keyframes”命令，如图 12-36 所示，反转关键帧。

Step 04 在“项目”面板中选中“02”文件并拖曳到“时间轴”面板中，层的排序如图 12-37 所示。选中“02”文件，选择“Selection Tool”（选择工具），拖曳鼠标到适当的位置，按<S>键展开 Scale 属性，设置“Position”选项的数值为 120、100，效果如图 12-38 所示。

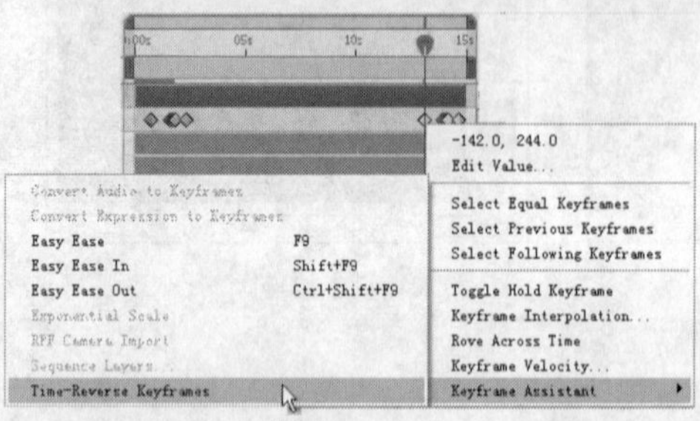

图 12-36

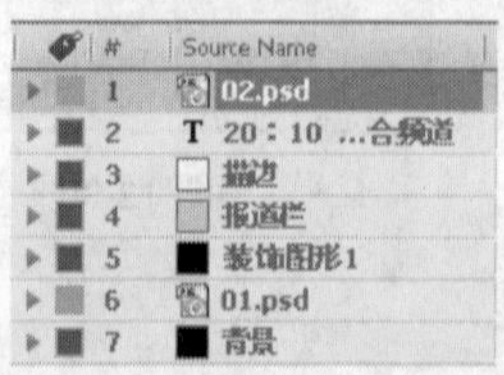

图 12-37

图 12-38

Step 05 选中“02”文件，按<T>键展开“Opacity”属性，将时间标签放置在 0:19s 的位置，设置“Opacity”选项的数值为 0，单击“Opacity”属性前面的“关键帧自动记录器”按钮，如图 12-39 所示。将时间标签放置在 1:13s 的位置，设置“Opacity”选项的数值为 100。将时间标签放置在 13:11s 的位置，单击“Opacity”属性前面的添加关键帧按钮，自动添加一个关键帧，如图 12-40 所示。将时间标签放置在 14:13s 的位置，设置“Opacity”选项的数值为 0。

图 12-39

图 12-40

12.1.4　绘制多个形状

Step 01 选择“Layer > New > Solid”命令，弹出“Solid Settings”对话框，在“Name”选项的文本框中输入“装饰图形 2”，将“Color”选项设置为黑色。单击“OK”按钮，如图 12-41 所示，在“时间轴”面板中新增一个 Solid 层。

Step 02 选中“装饰图形 2”层，选择“Pen Tool”（钢笔工具），在合成窗口中绘制 3 个 Mask 形状。合成窗口中的效果如图 12-42 所示。

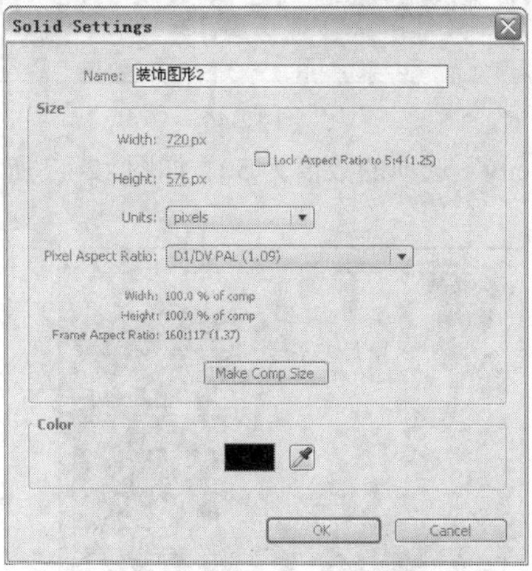

图 12-41

图 12-42

Step 03 选中“装饰图形 2”层，选择“Effect > Generate > Ramp”命令，在“特效控制”面板中设置“Start Color”选项为浅蓝色（其 R、G、B 的值分别为 163、200、255），设置“End Color”选项为深蓝色（其 R、G、B 的值分别为 2、33、149），其他参数设置如图 12-43 所示。合成窗口中的效果如图 12-44 所示。

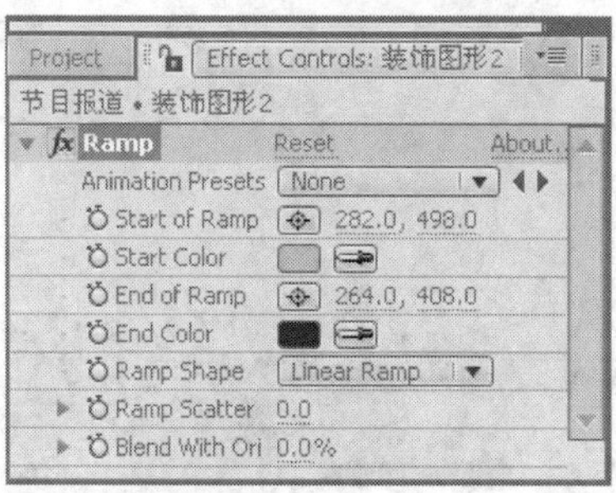

图 12-43

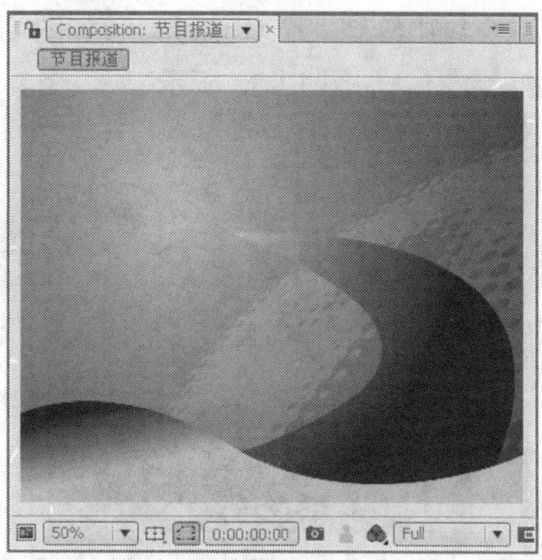

图 12-44

Step 04 按<M>键展开“Mask Shape”属性，在“时间轴”面板中将时间标签放置在 0s 的位置，单击“Mask Shape”选项前面的“关键帧自动记录器”按钮，如图 12-45 所示，记录第 1 个关键帧。将时间标签放置在 14:24s 的位置，选择“Selection Tool”（选择工具），在合成窗口中调整每个节点如图 12-46 所示，记录第 2 个关键帧。

图 12-45

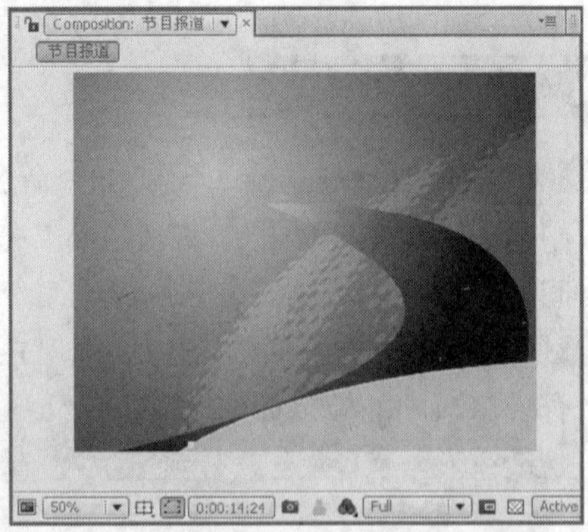

图 12-46

Step 05 按<T>键展开“Opacity”属性，设置“Opacity”选项的数值为 50，如图 12-47 所示。合成窗口中的效果如图 12-48 所示。

图 12-47

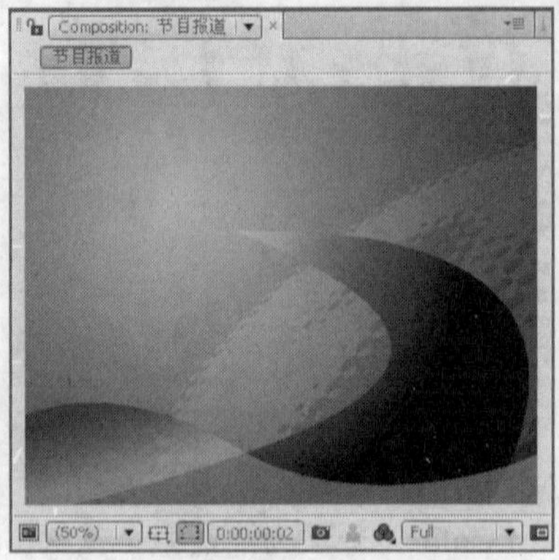

图 12-48

Step 06 在当前合成中建立一个新的黑色 Solid 层“装饰图形 3”。选择“Pen Tool”（钢笔工具），在合成窗口中绘制一个 Mask 形状，如图 12-49 所示。按<T>键展开“Opacity”属性，设置“Opacity”选项的数值为 75，如图 12-50 所示。

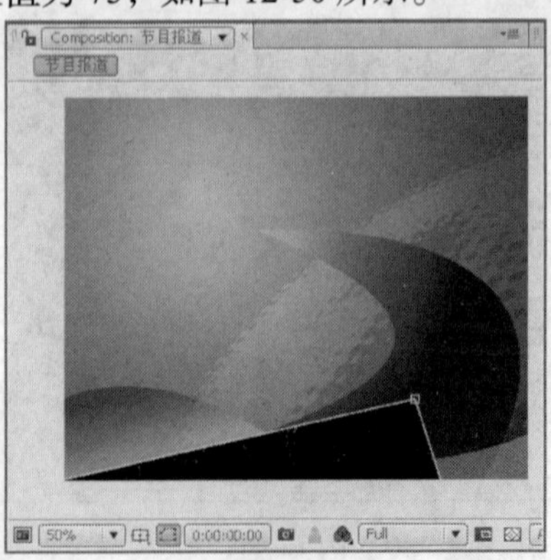

图 12-49

图 12-50

Step 07 选中“装饰图形 3”层，选择“Effect > Generate > Ramp”命令，在“特效控制”面板中设置“Start Color”选项为浅蓝色（其 R、G、B 的值分别为 140、172、242），设置“End Color”选项为蓝色（其 R、G、B 的值分别为 125、130、234），其他参数设置如图 12-51 所示。合成窗口中的效果如图 12-52 所示。

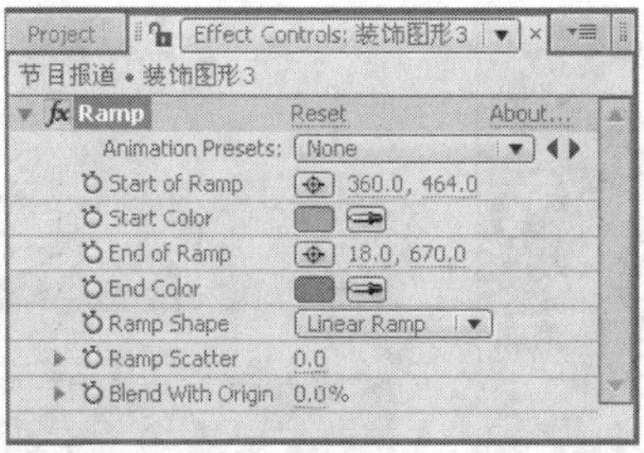

图 12-51

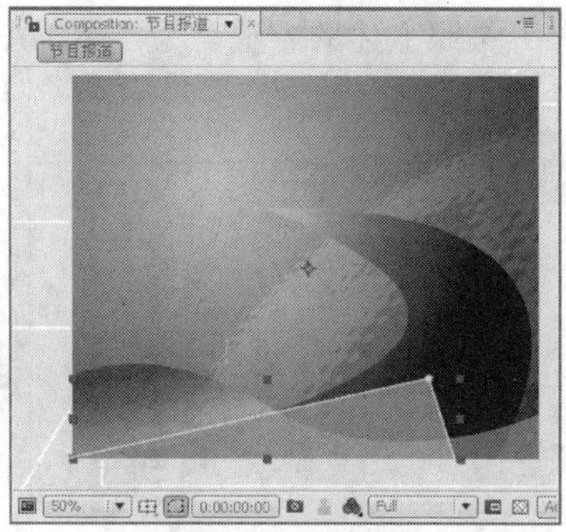

图 12-52

Step 08 选中“装饰图形 3”层，按<M>键展开“Mask Shape”属性，在“时间轴”面板中将时间标签放置在 0s 的位置，单击“Mask Shape”选项前面的“关键帧自动记录器”按钮，如图 12-53 所示，记录第 1 个关键帧。将时间标签放置在 4:12s 的位置，选择“Selection Tool”（选择工具），在合成窗口中调整每个节点如图 12-54 所示，记录第 2 个关键帧。

Step 09 按上述方法记录其他的关键帧，如图 12-55 所示。

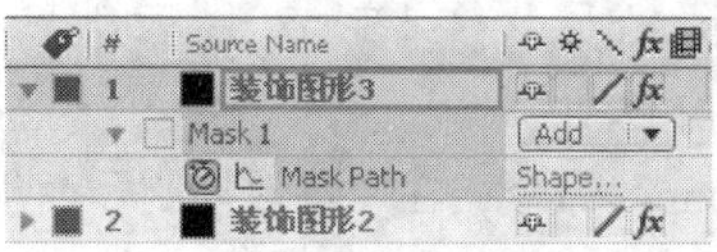

图 12-53

图 12-54

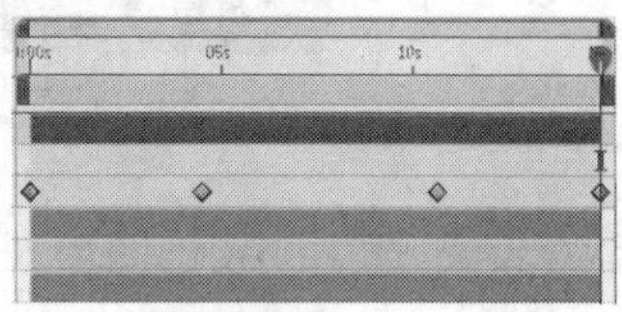

图 12-55

Step 10 在当前合成中建立一个新的黑色 Solid 层“装饰图形 4”。选择“Pen Tool”（钢笔工具），在合成窗口中绘制一个 Mask 形状，如图 12-56 所示。按<T>键展开“Opacity”属性，设置“Opacity”选项的数值为 75，如图 12-57 所示。

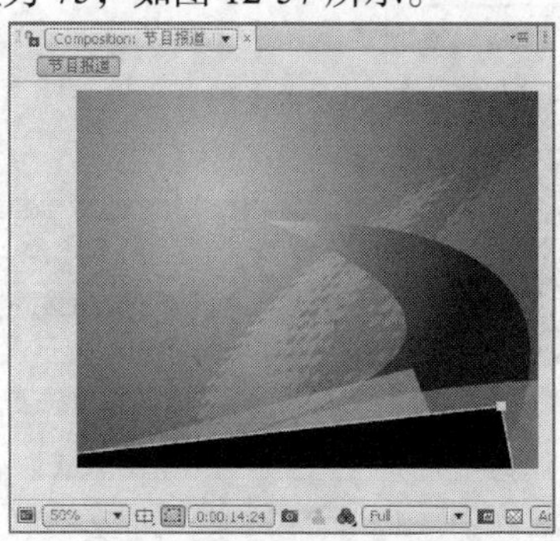

图 12-56

图 12-57

Step 11 选中“装饰图形 4”层，选择“Effect > Generate > Ramp”命令，在“特效控制”面板中设置“Start Color”选项为浅蓝色（其 R、G、B 的值分别为 192、203、240），设置“End Color”选项为蓝色（其 R、G、B 的值分别为 173、187、255），其他参数设置如图 12-58 所示。合成窗口中的效果如图 12-59 所示。

Step 12 按照上述的方法，为“装饰图形 4”层添加关键帧动画，如图 12-60 所示。

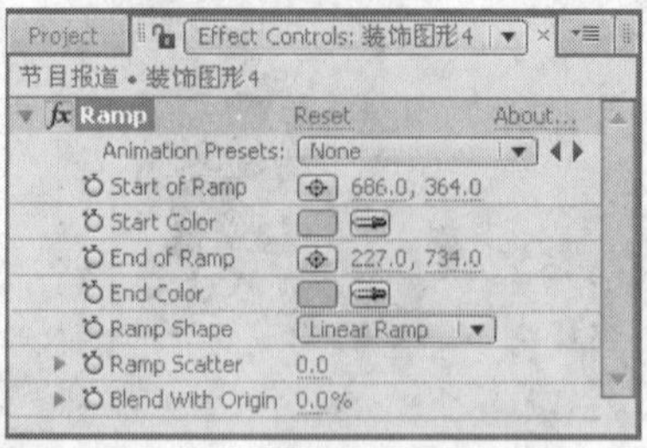

图 12-58

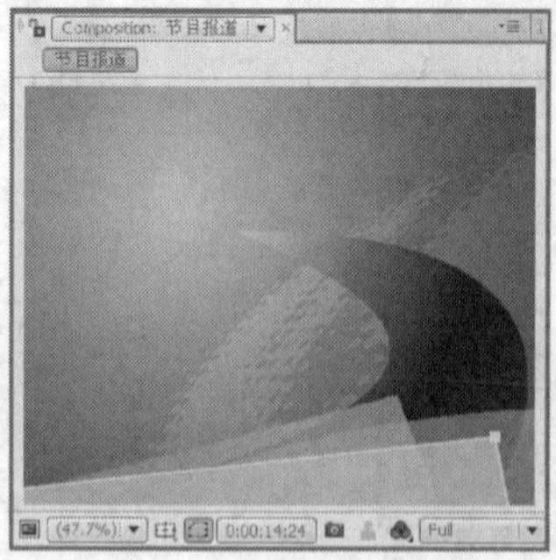

图 12-59

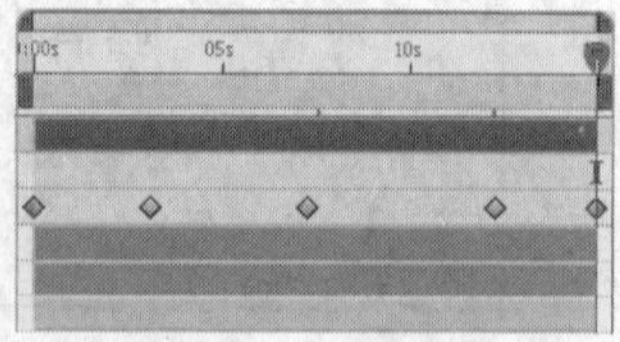

图 12-60

Step 13 在当前合成中建立一个新的黑色 Solid 层“装饰图形 5”，选择“Pen Tool”（钢笔工具），在合成窗口中绘制一个 Mask 形状，如图 12-61 所示。按<T>键展开“Opacity”属性，设置“Opacity”选项的数值为 75，如图 12-62 所示。

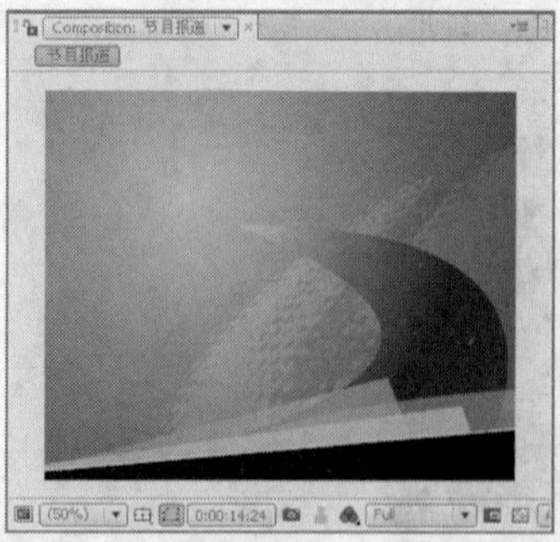

图 12-61

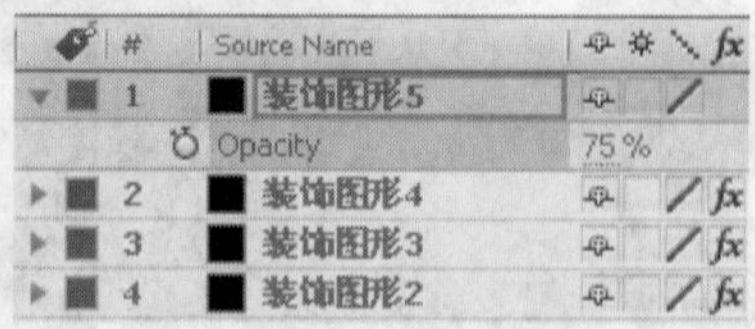

图 12-62

Step 14 选中“装饰图形 5”层，选择“Effect > Generate > Ramp”命令，在“特效控制”面板中设置“Start Color”选项为浅蓝色（其 R、G、B 的值分别为 200、222、255），设置“End Color”选项为蓝色（其 R、G、B 的值分别为 30、30、190），其他参数设置如图 12-63 所示。合成窗口中的效果如图 12-64 所示。

Step 15 按照上述的方法，为“装饰图形 5”层添加关键帧动画，如图 12-65 所示。

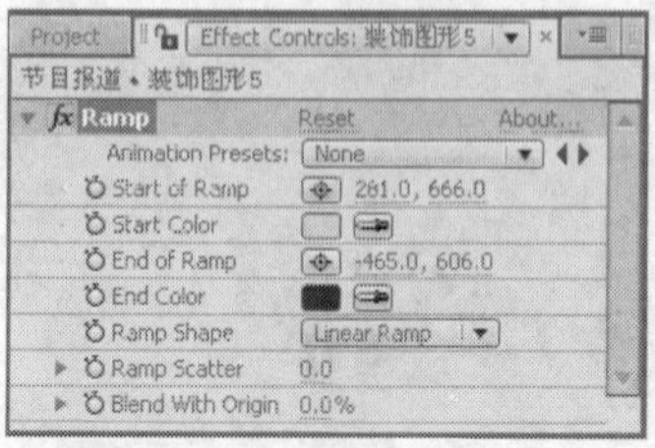

图 12-63

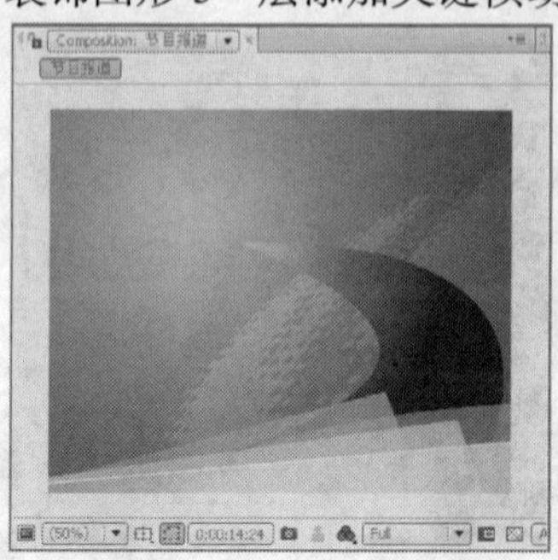

图 12-64

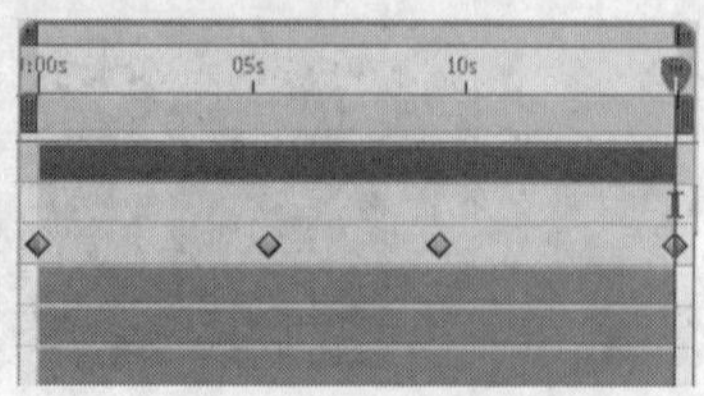

图 12-65

Step 16 在当前合成中建立一个新的黑色 Solid 层“装饰图形 6”，选择“Pen Tool”（钢笔工具），在合成窗口中绘制一个 Mask 形状，如图 12-66 所示。选择“Effect > Generate > Ramp”命令，在“特效控制”面板中设置“Start Color”选项为浅蓝色（其 R、G、B 的值分别为 220、227、255），设置“End Color” 选项为蓝色（其 R、G、B 的值分别为 59、28、218），其他参数设置如图 12-67 所示。

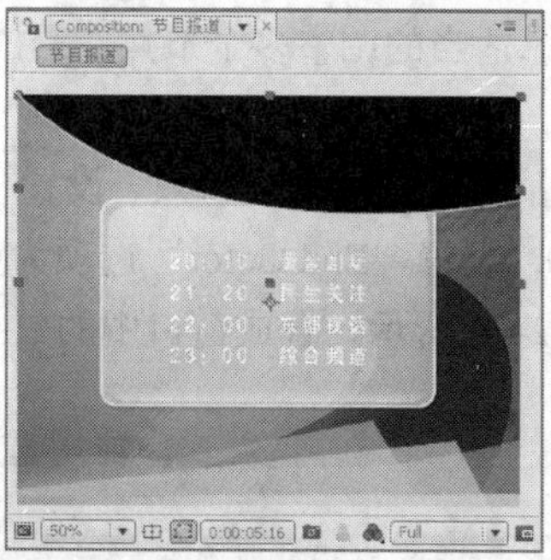

图 12-66

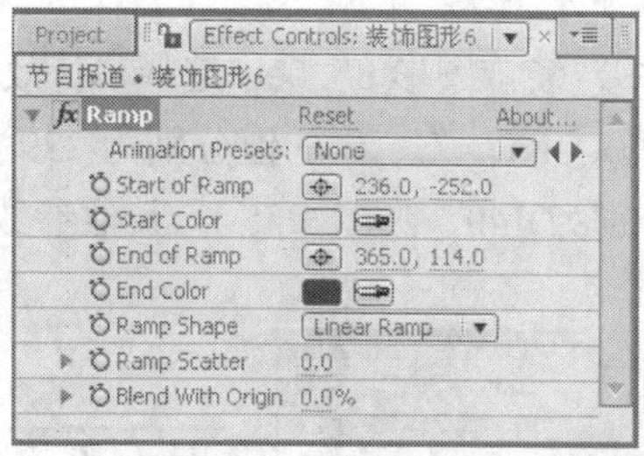

图 12-67

Step 17 选中“装饰图形 6”层，选择“Effect > Perspective > Drop Shadow”命令，在“特效控制”面板中设置“Shadow Color”选项为灰色（其 R、G、B 的值分别为 64、64、64），其他参数设置如图 12-68 所示。合成窗口中的效果如图 12-69 所示。

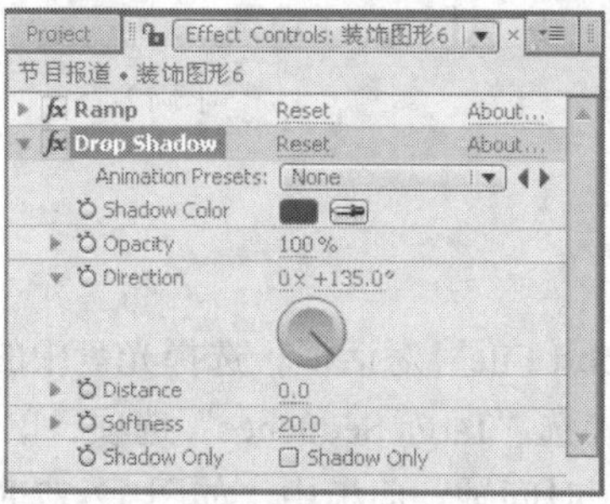

图 12-68

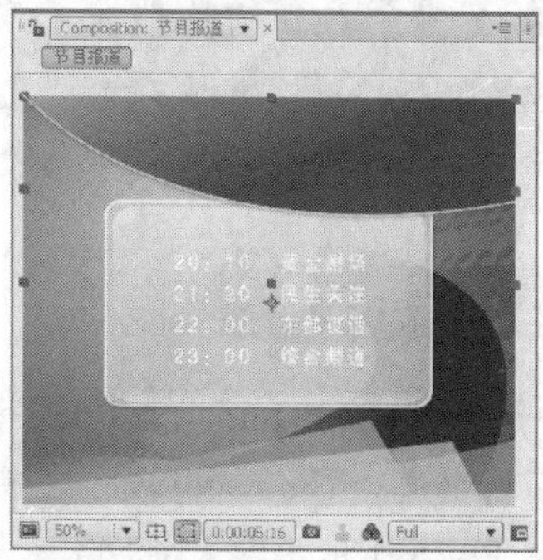

图 12-69

Step 18 选中“装饰图形 6”层，按<Ctrl>+<D>组合键复制一层，再按<Ctrl>+<Shift>+<Y>组合键，弹出“Solid Settings”对话框，将“Name”选项命名为“装饰图形 7”，单击“New”按钮。

Step 19 选中“装饰图形 7”层，选择“Selection Tool”（选择工具），适当的调整多个节点，合成窗口中的效果如图 12-70 所示。

Step 20 选中“装饰图形 7”层，选择“特效控制”面板，展开“Ramp”特效，设置“Start Color”选项为浅蓝色（其 R、G、B 的值分别为 229、235、255），设置“End Color”选项为蓝色（其 R、G、B 的值分别为 98、116、229），其他参数设置如图 12-71 所示。合成窗口中的效果如图 12-72 所示。

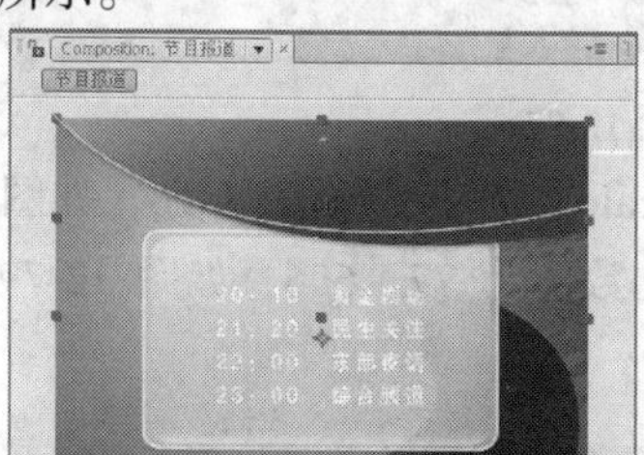

图 12-70

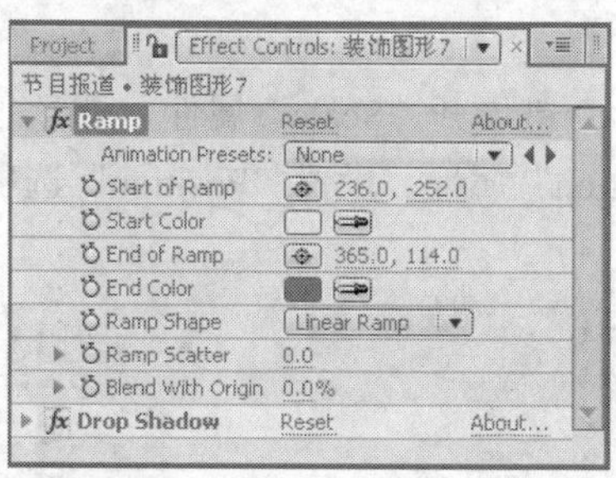

图 12-71

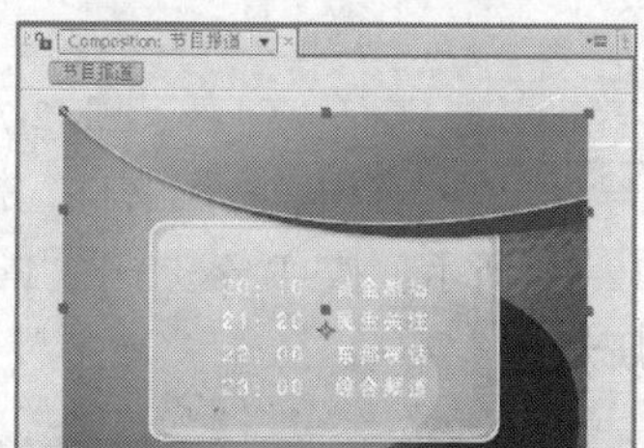

图 12-72

Step 21 选中“装饰图形 7”层，按<Ctrl>+<D>组合键复制一层，再按<Ctrl>+<Shift>+<Y>组合键，弹出“Solid Settings”对话框，将“Name”选项命名为装饰图形 8，单击“New”按钮。选中

“装饰图形 8”层，选择“Selection Tool”（选择工具），适当的调整多个节点，合成窗口中的效果如图 12-73 所示。

Step 22 选中“装饰图形 8”层，选择“特效控制”面板，展开“Ramp”特效，设置“Start Color”选项为浅蓝色（其 R、G、B 的值分别为 229、235、255），设置“End Color”选项为蓝色（其 R、G、B 的值分别为 140、156、255），其他参数设置如图 12-74 所示。合成窗口中的效果如图 12-75 所示。

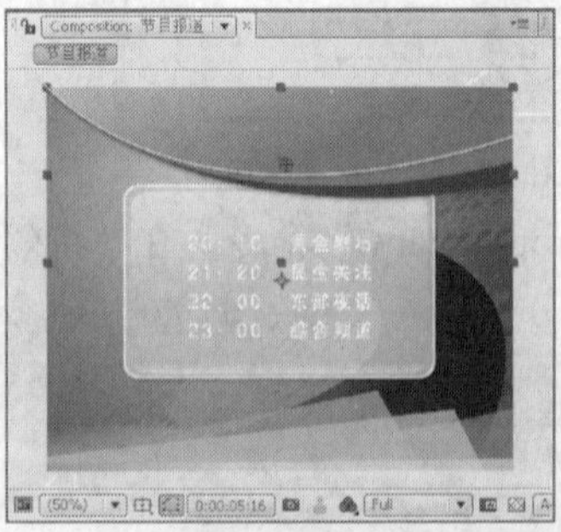

图 12-73

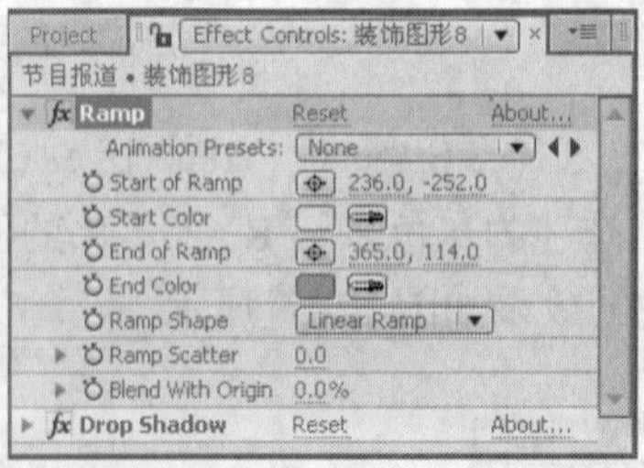

图 12-74

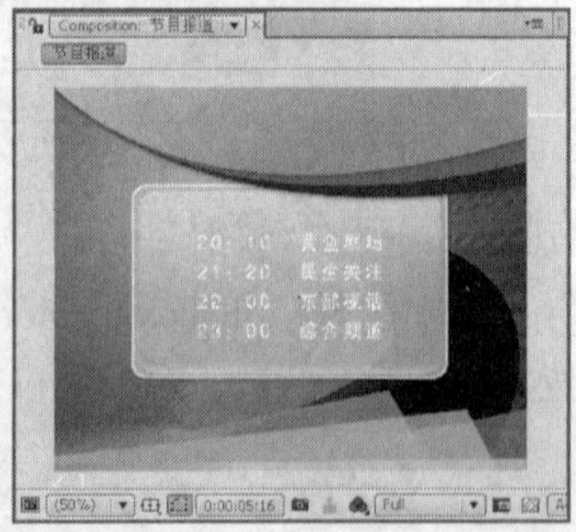

图 12-75

12.1.5 编辑标志效果

Step 01 选择“File > Import > File”命令，弹出“Import File”对话框，选择光盘中的“Ch12 > 制作电视节目报道 > (Footage) >标 > 标_0000”文件，勾选“Targa Sequence”选项，单击“打开”按钮，如图 12-76 所示。导入图片组素材并将其拖曳到“时间轴”面板中，如图 12-77 所示。

图 12-76

图 12-77

Step 02 选中“标”文件，按<S>键展开“Scale”属性，设置“Scale”选项的数值为 16，如图 12-78 所示。按<P>键展开“Position”属性，设置“Position”选项的数值为 77、506，如图 12-79 所示。

图 12-78

图 12-79

Step 03 选中“标”文件，选择“Effect > Color Correction > Curves”命令，在“特效控制”面板中调整曲线，如图 12-80 所示。合成窗口中的效果如图 12-81 所示。

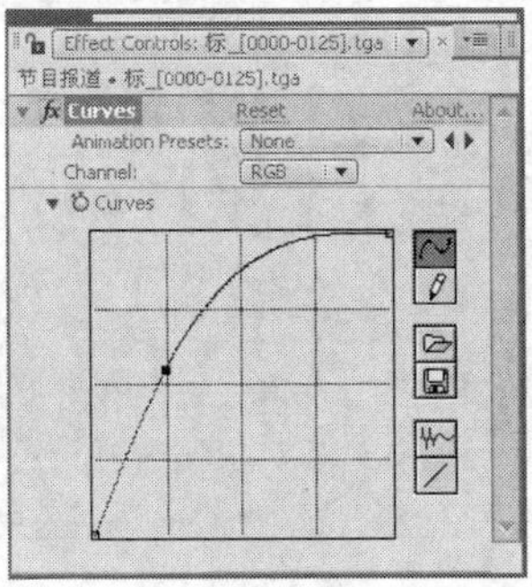

图 12-80

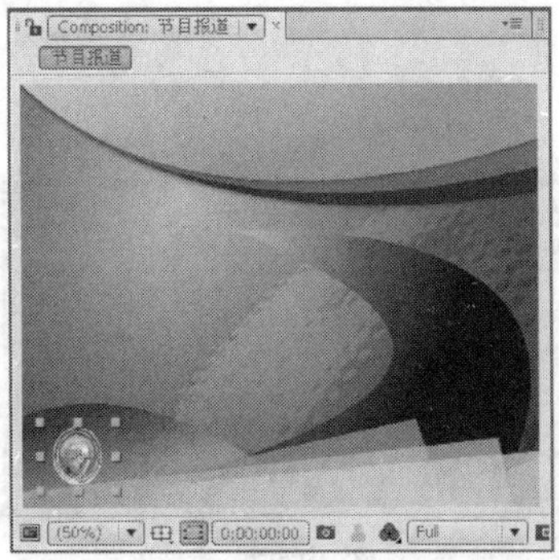

图 12-81

Step 04 选中“标”文件，选择“Layer > Time > Time Stretch”命令，展开“Stratch”属性，设置“Stratch Factor”为 357，如图 12-82 所示，单击“OK”按钮。

Step 05 选中“标”文件，选择“Effect > Color Correction > Hue/Saturation”命令，在“特效控制”面板中调整颜色，如图 12-83 所示。合成窗口中的效果如图 12-84 所示。

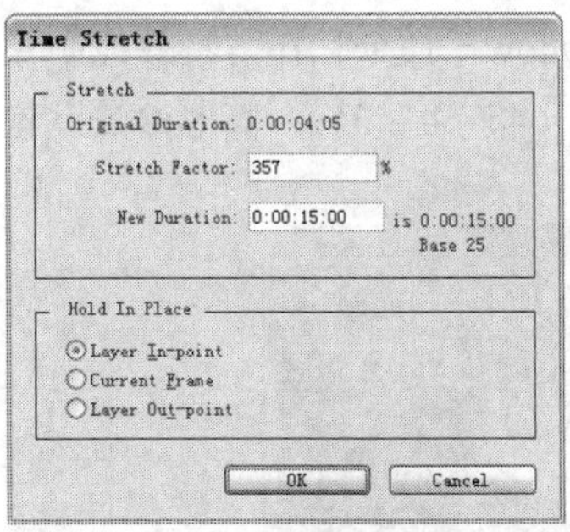

图 12-82

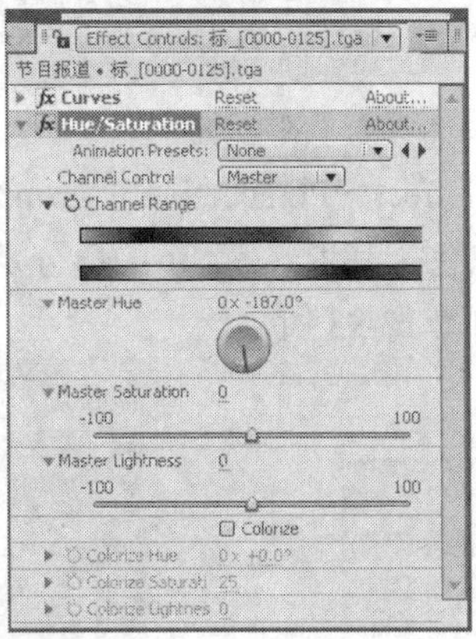

图 12-83

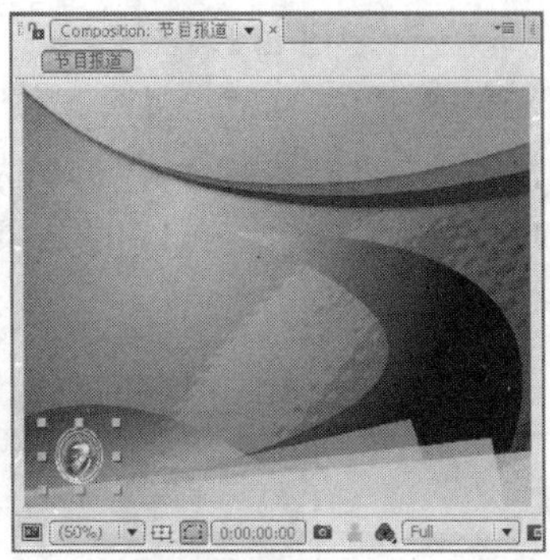

图 12-84

Step 06 在当前合成中建立一个新的黑色 Solid 层“阴影”，选择“Elliptical Mask Tool”（椭圆遮罩工具），在合成窗口中拖曳鼠标绘制一个 Mask 形状，如图 12-85 所示。按<T>键展开“Opacity”属性，设置“Opacity”选项的数值为 60，如图 12-86 所示。

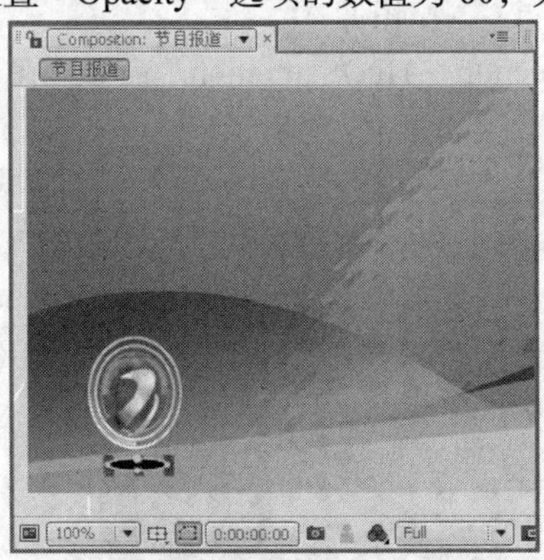

图 12-85

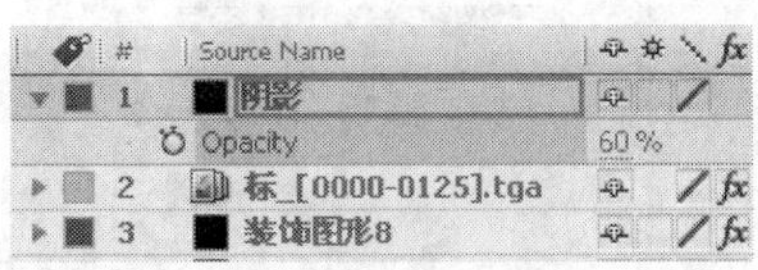

图 12-86

Step 07 选中“阴影”层，选择“Effect > Blur & Sharpen > Directional Blur”命令，在“特效控制”面板中进行参数设置，如图 12-87 所示。合成窗口中的效果如图 12-88 所示。

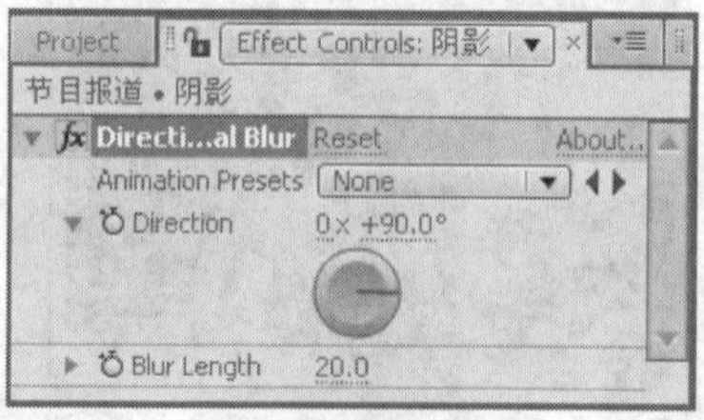

图 12-87

图 12-88

Step 08 在“项目”面板中选中“03”文件，并将其拖曳到“时间轴”面板中，如图 12-89 所示。按<P>键展开“Position”属性，设置“Position”选项的数值为 534、70，如图 12-90 所示。按<S>键展开“Scale”属性，设置“Scale”选项的数值为 146，如图 12-91 所示。

图 12-89

图 12-90

图 12-91

Step 09 选中“03”文件，选择“Effect > Perspective > Drop Shadow”命令，在“特效控制”面板中设置“Shadow Color”选项为灰色（其 R、G、B 的值分别为 64、64、64），其他参数设置如图 12-92 所示。合成窗口中的效果如图 12-93 所示。

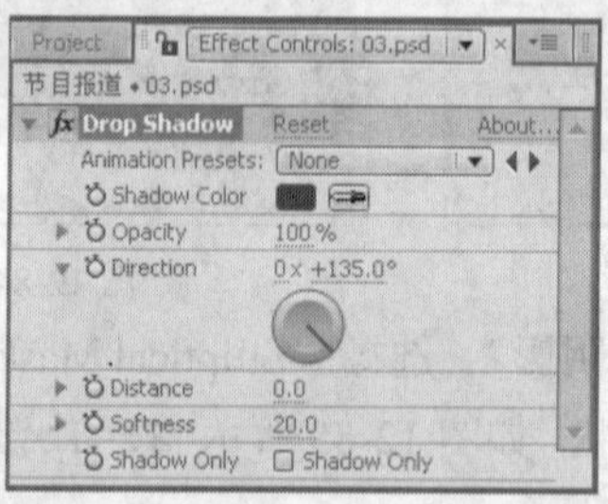

图 12-92

图 12-93

Step 10 选中“03”文件，选择“Effect > Color Correction > Hue/Saturation”命令，在“特效控制”面板中调整颜色，如图 12-94 所示。合成窗口中的效果如图 12-95 所示。

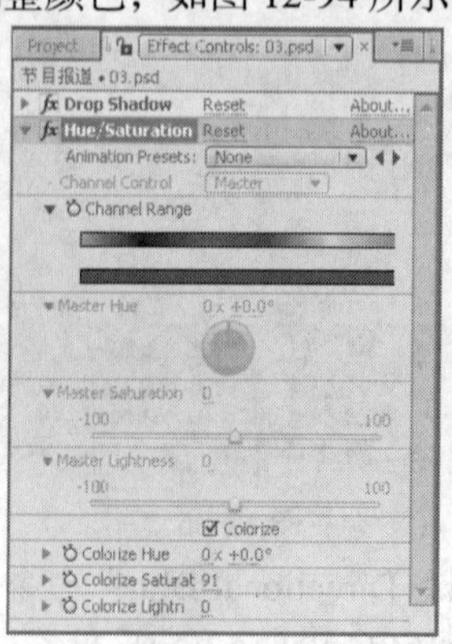

图 12-94

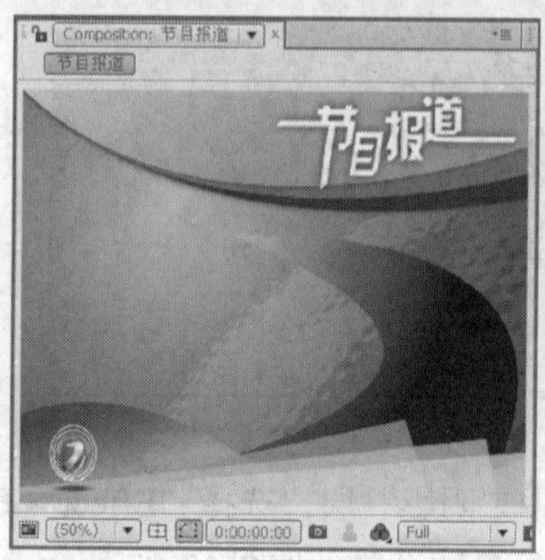

图 12-95

Step 11 选择“Horizontal Type Tool”（文字类形工具）T，在合成窗口输入文字“10 月 2 日”。选中输入的文字，在“Character”面板中设置文字的颜色为白色，其他参数设置如图 12-96 所示。合成窗口中的效果如图 12-97 所示。

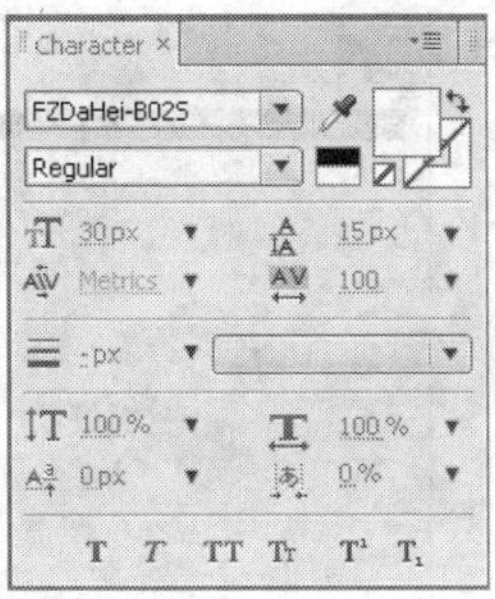

图 12-96

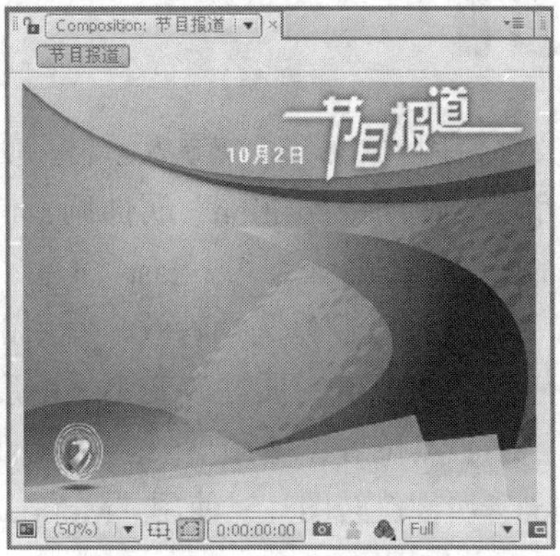

图 12-97

Step 12 选中“文字”层，按<Ctrl>+<D>组合键复制一层并拖曳到文字层下方，如图 12-98 所示。选中新复制层的文字，在“Character”面板中设置文字的颜色为橙色（其 R、G、B 的值分别为 255、5、5）。选择“Effect > Blur & Sharpen > Gaussian Blur”命令，在“特效控制”面板中进行参数设置，如图 12-99 所示。合成窗口中的效果如图 12-100 所示。

图 12-98

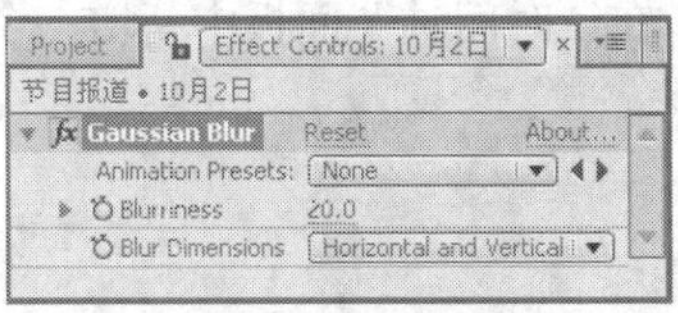

图 12-99

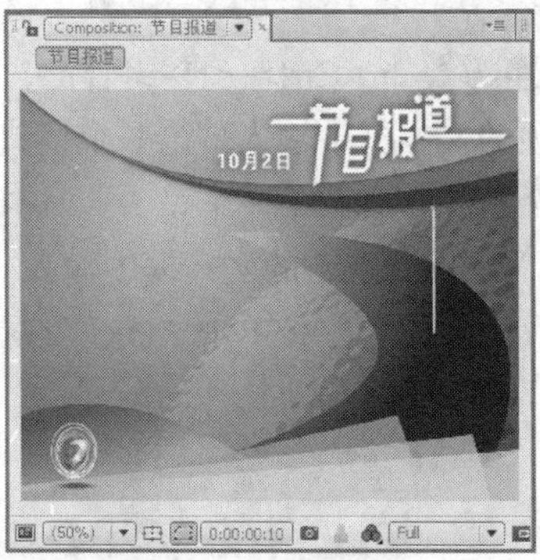

图 12-100

Step 13 选中新复制层的文字，按<Ctrl>+<D>组合键复制一层并拖曳到新复制层的下方，如图 12-101 所示。合成窗口中的效果如图 12-102 所示。

Step 14 制作的电视节目报道完成，如图 12-103 所示。

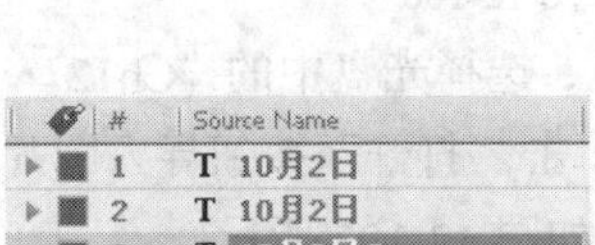

图 12-101

图 12-102

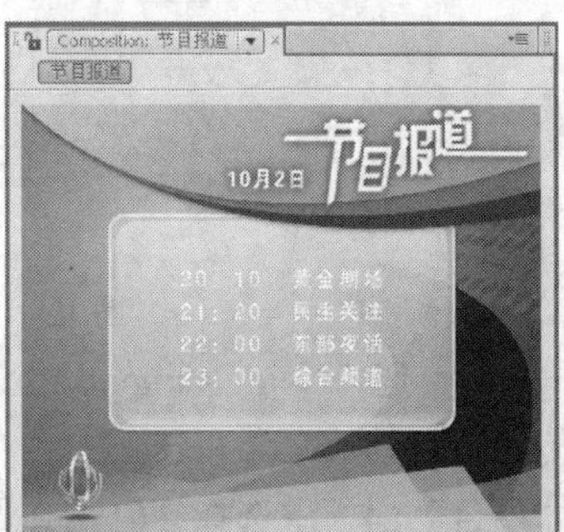

图 12-103

12.2 制作传统节目片头

案例知识要点：使用“File”命令导入素材；使用“3D layer”选项调整角度；使用“Position”属性调整位置；使用“Find Edges”命令、“Brightness & Contrast”命令、“Ripple”命令、“Gaussian Blur”命令制作图片特效；使用钢笔工具绘制多个形状；使用“Opacity”属性改变不透明度；使用平移拖后工具调整中心点位置；使用“Scale”属性缩放图片；使用“Rotation”属性旋转图片；使用“Motion Sketch”选项制作多键帧动画；使用“Auto-Orientation”命令调整关键帧动画；使用“The Smoother”面板调整关键帧动画流畅。传统节目片头效果如图 12-104 所示。

图 12-104

效果所在位置：光盘/Ch12/制作传统节目片头/制作传统节目片头.aep。

12.2.1 制作第一个镜头

Step 01 按<Ctrl>+<N>组合键，弹出“Composition Settings”对话框，在“Composition Name”选项的文本框中输入“第一个镜头”，其他选项的设置如图 12-105 所示，单击“OK”按钮，创建一个新的合成“第一个镜头”。选择“Layer > New > Solid”命令，弹出“Solid Settings”对话框，在“Name”选项的文本框中输入“背景”，设置“Color”选项为淡黄色（其 R、G、B 的值分别为 231、227、222），单击“OK”按钮，在“时间轴”面板中新增一个 Solid 层，如图 12-106 所示。

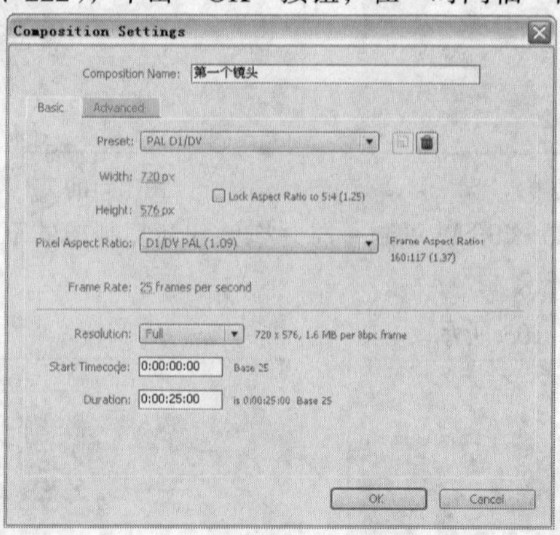

图 12-105

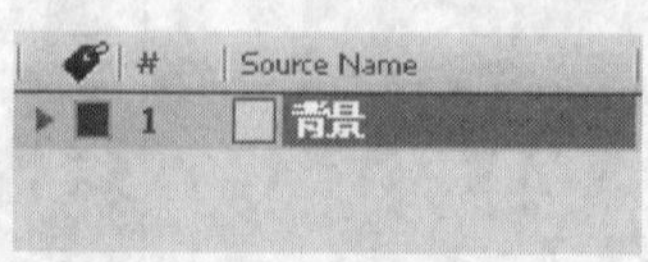

图 12-106

Step 02 选择“File> Import> File”命令，弹出“Import File”对话框，选择光盘中的“Ch12 > 制作传统节目片头 >（Footage）> 01、02、03、04、06、07”文件，单击“打开”按钮导入图片，在“项目”面板中选择“01”文件，将其拖曳到“时间轴”面板中，如图 12-107 所示。

Step 03 单击“01”文件右面的“3D layer”按钮，打开三维属性，如图 12-108 所示。选中“01”文件，选择“Pen Tool”（钢笔工具），在合成窗口中绘制一个Mask 形状，如图 12-109 所示。

图 12-107

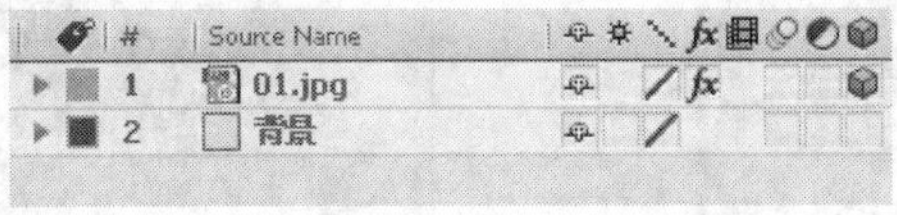

图 12-108

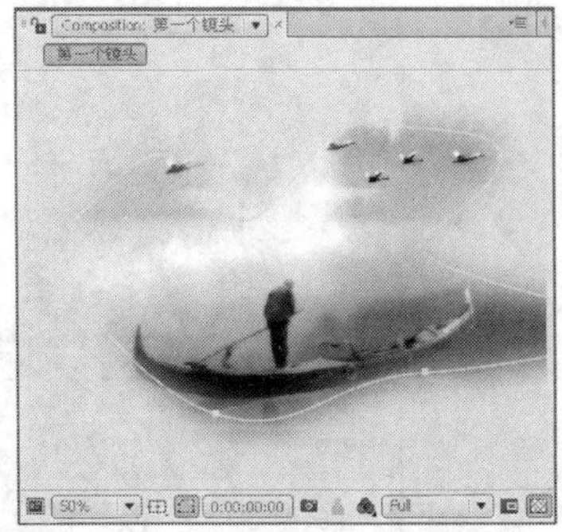

图 12-109

Step 04 展开“Mask1”的属性，设置“Mask Feather”选项的数值为 80，如图 12-110 所示。在“时间轴”面板中将时间标签放置在 0s 的位置，如图 12-111 所示。

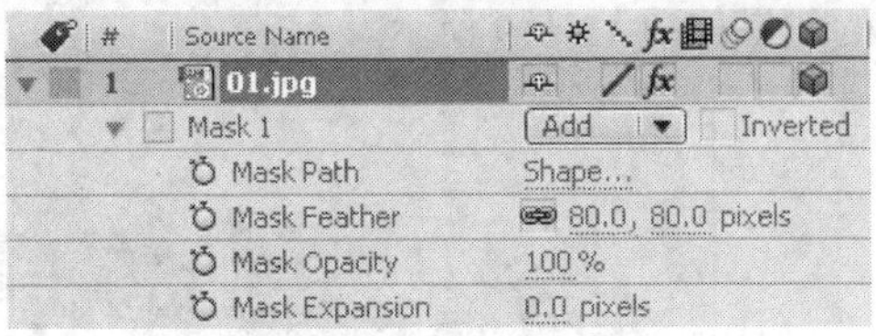

图 12-110

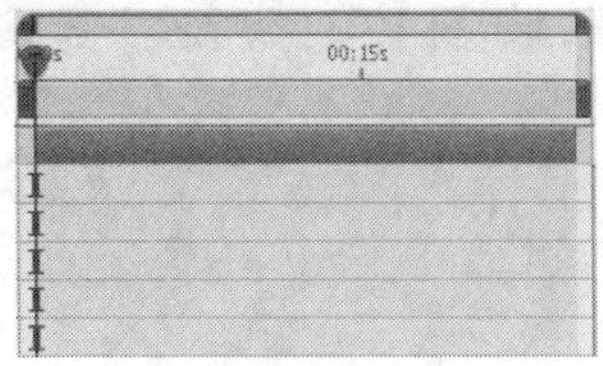

图 12-111

Step 05 单击“Mask Shape”选项前面的“关键帧自动记录器”按钮，记录第 1 个关键帧，如图 12-112 所示。将时间标签放置在 3:15s 的位置，选择“Selection Tool”（选择工具），在合成窗口中调整每个节点，如图 12-113 所示，记录第 2 个关键帧。

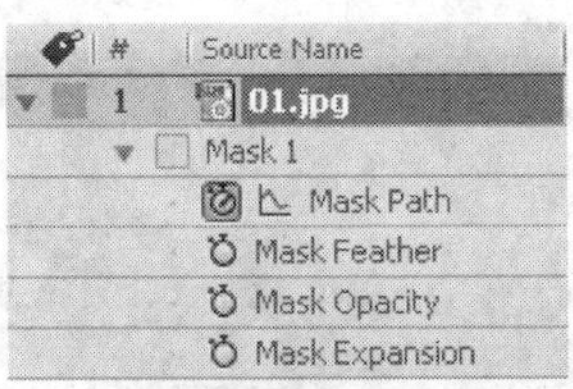

图 12-112

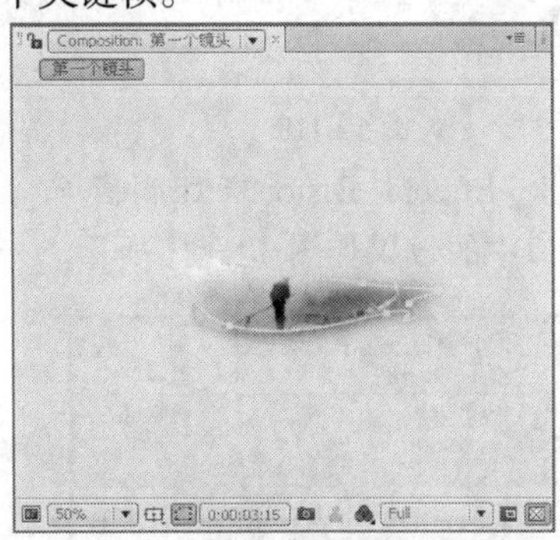

图 12-113

Step 06 按<P>键展开“Position”属性，将时间标签放置在 0s 的位置，设置“Position”选项的数值为 374、258、-328，单击“Position”属性前面的“关键帧自动记录器”按钮，如图 12-114 所示，记录第 1 个关键帧。将时间标签放置在 1:24s 的位置，设置“Position”选项的数值为 374、233、-273；将时间标签放置在 3:14s 的位置，设置“Position”选项的数值为 374、233、169。关键帧的显示如图 12-115 所示。

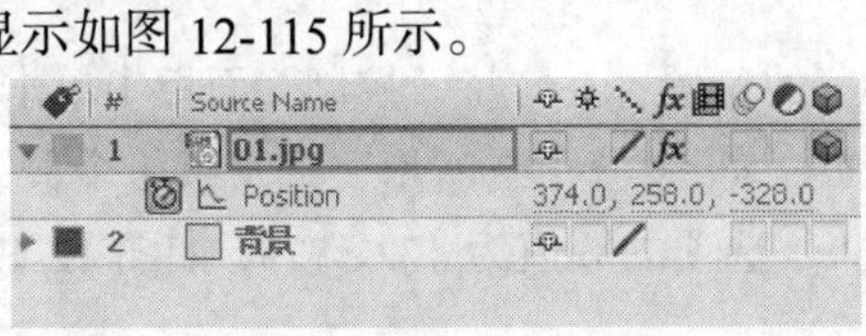

图 12-114

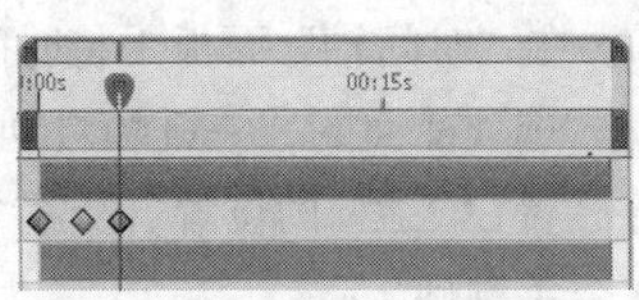

图 12-115

Step 07 选择“Effect> Stylize> Find Edges”命令，在“特效控制”面板中进行参数设置，如图 12-116 所示。合成窗口中的效果如图 12-117 所示。

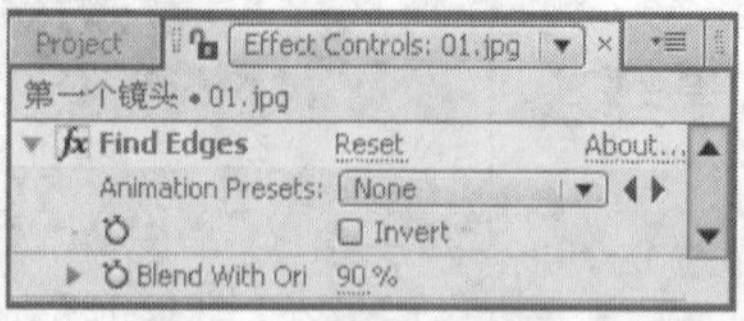

图 12-116

图 12-117

Step 08 选择“Effect> Color Correction> Brightness & Contrast”命令，在“特效控制”面板中进行参数设置，如图 12-118 所示。合成窗口中的效果如图 12-119 所示。

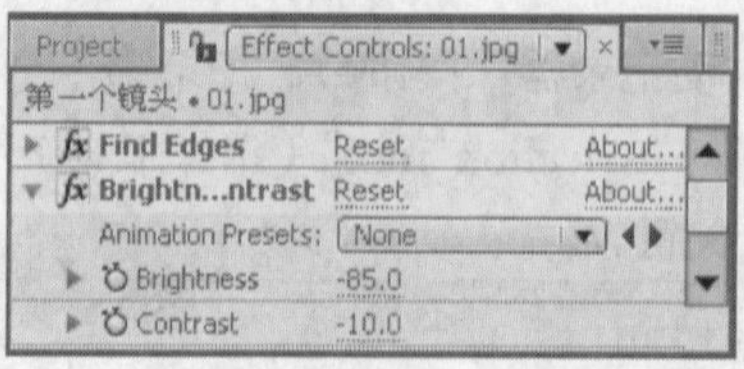

图 12-118

图 12-119

Step 09 选择“Effect > Distort >Ripple”命令，在“特效控制”面板中进行参数设置，如图 12-120 所示。合成窗口中的效果如图 12-121 所示。

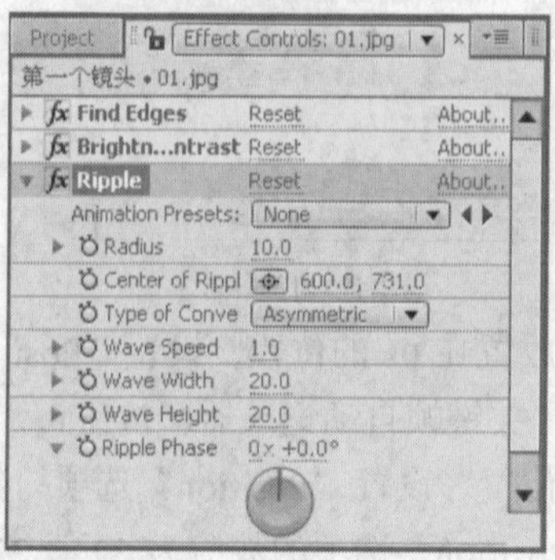

图 12-120

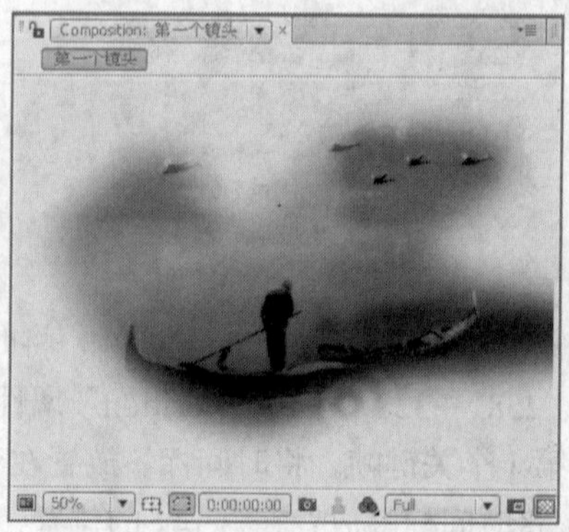

图 12-121

Step 10 在“时间轴”面板中将时间标签放置在 0s 的位置，在“特效控制”面板中单击“Center of Ripple”选项前面的“关键帧自动记录器”按钮，如图 12-122 所示，记录第 1 个关键帧。将时间标签放置在 2:22s 的位置，设置“Center of Ripple”选项的数值为 422、723，如图 12-123 所示，记录第 2 个关键帧。

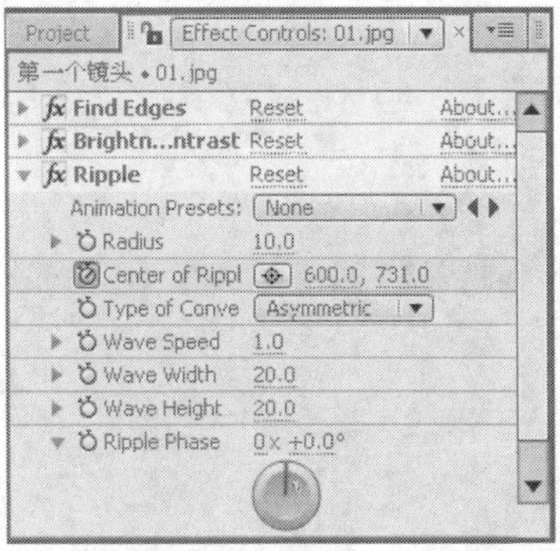

图 12-122

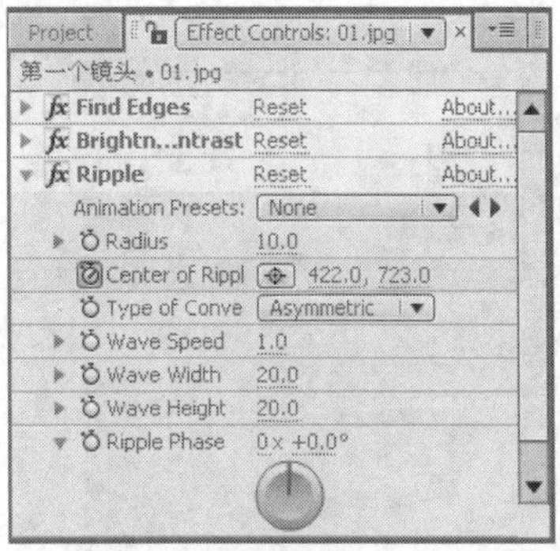

图 12-123

Step 11 将时间标签放置在 3:24s 的位置，在“特效控制”面板中设置“Center of Ripple”选项的数值为 408、740，如图 12-124 所示，记录第 3 个关键帧。将时间标签放置在 24:24s 的位置，设置“Center of Ripple”选项的数值为 415、727，如图 12-125 所示，记录第 4 个关键帧。

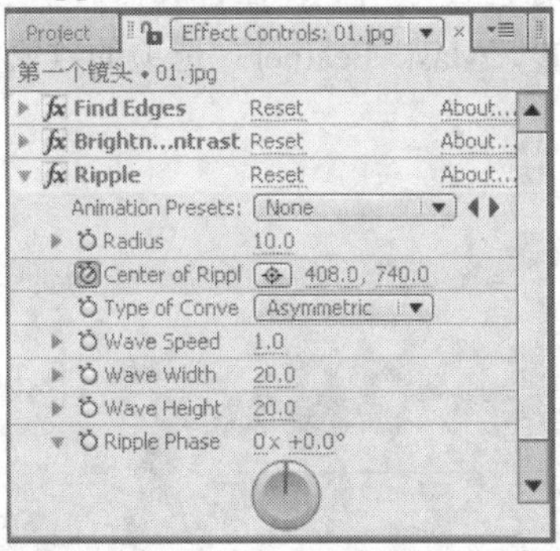

图 12-124

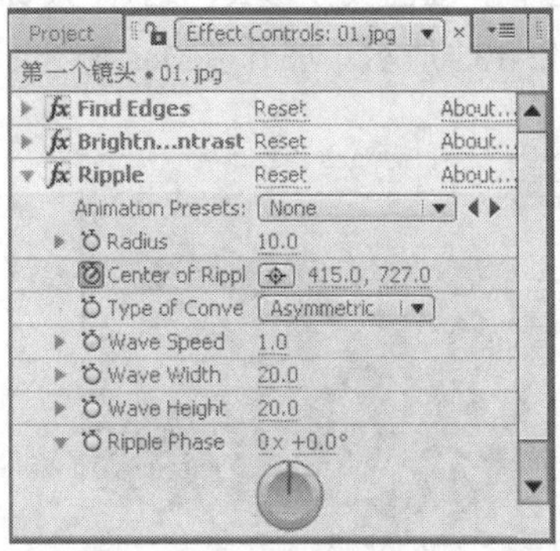

图 12-125

Step 12 选择“Effect > Blur & Sharpen > Gaussian Blur”命令，在“时间轴”面板中将时间标签放置 4s 的位置，在“特效控制”面板中单击“Blurriness”选项前面的“关键帧自动记录器”按钮，如图 12-126 所示，记录第 1 个关键帧。将时间标签放置在 6s 的位置，设置“Blurriness”选项的数值为 8，如图 12-127 所示，记录第 2 个关键帧。合成窗口中的效果如图 12-128 所示。

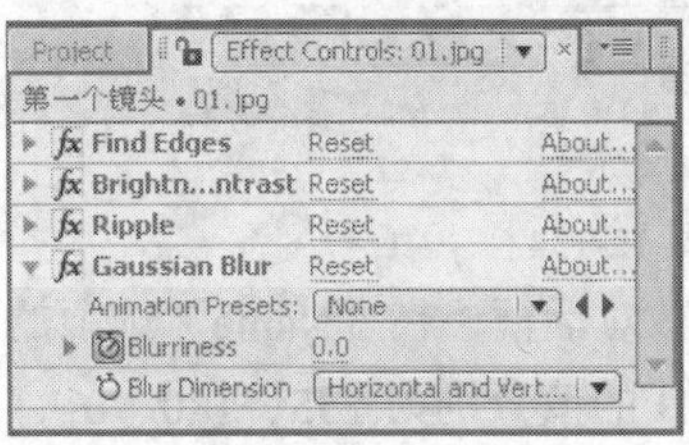

图 12-126

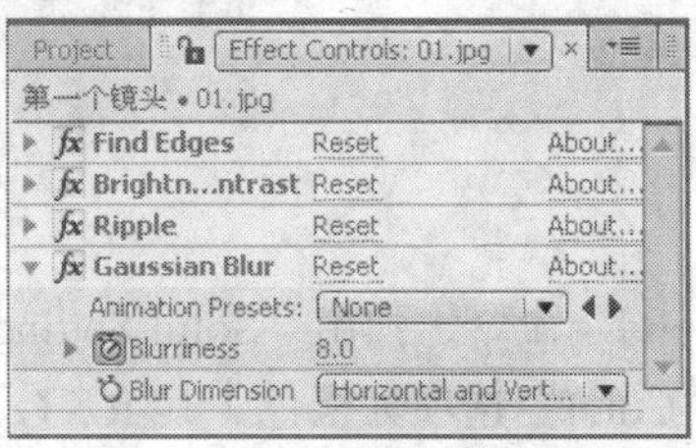

图 12-127

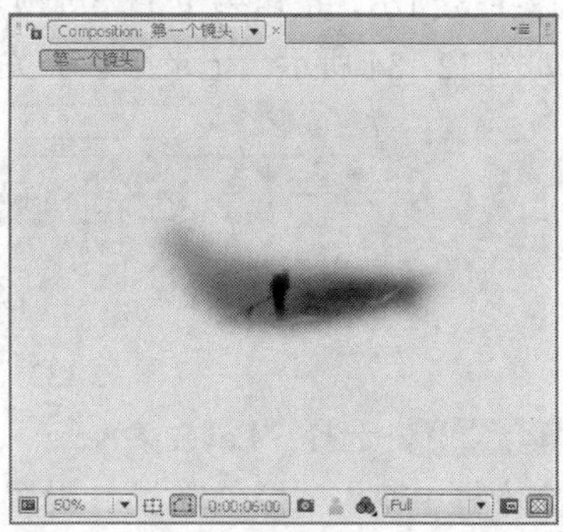

图 12-128

Step 13 选择“Layer > New > Solid”命令，弹出“Solid Settings”对话框，在“Name”选项的文本框中输入“橙色块 1”，设置“Color”选项为橙色（其 R、G、B 的值分别为 255、180、0），如图 12-129 所示，单击“OK”按钮，在“时间轴”面板中新增一个 Solid 层。选中“橙色块 1”层，在“时间轴”面板中设置“Mode”选项的叠加模式为 Screen，如图 12-130 所示。

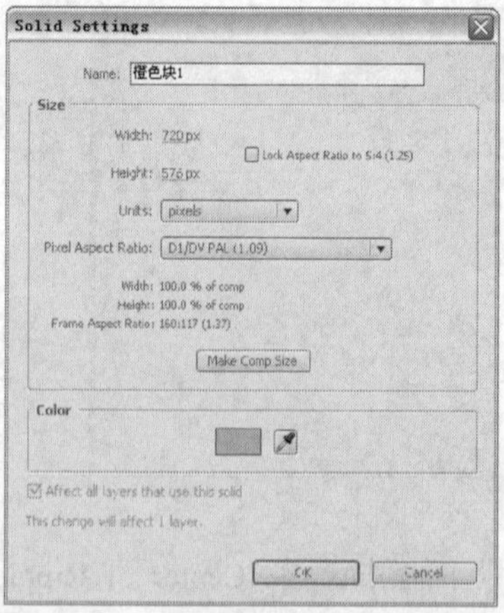

图 12-129

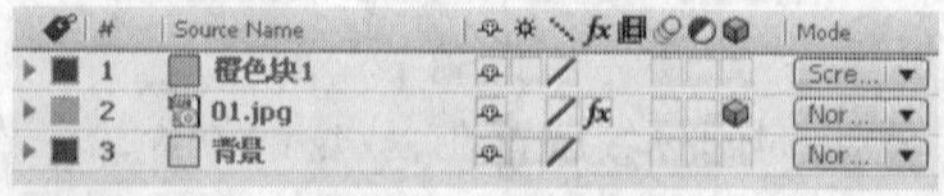

图 12-130

Step 14 选中“橙色块 1”层，选择“Pen Tool”（钢笔工具），在合成窗口中绘制一个Mask形状，如图 12-131 所示。展开“Mask1”的属性，设置“Mask Feather”选项的数值为 190，如图 12-132 所示。

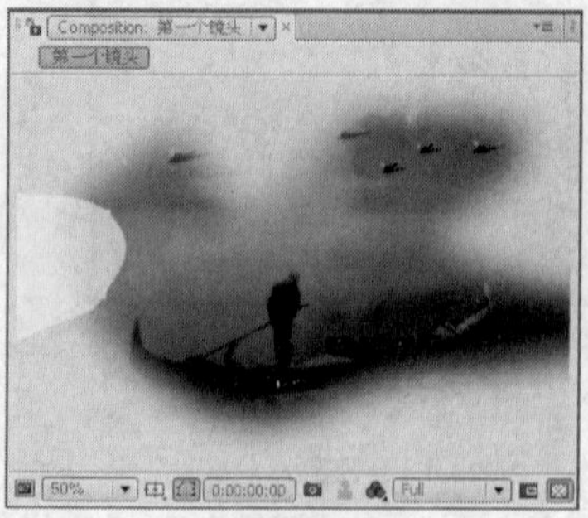

图 12-131

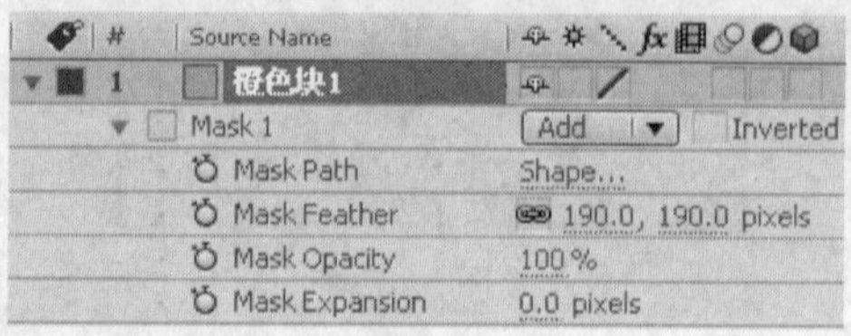

图 12-132

Step 15 选中“橙色块 1”层，按<T>键展开“Opacity”属性，将时间标签放置在 2s 的位置，设置“Opacity”选项的数值为 30，单击“Opacity”属性前面的“关键帧自动记录器”按钮，如图 12-133 所示，记录第 1 个关键帧。将时间标签放置在 4s 的位置，设置“Opacity”选项的数值为 0，如图 12-134 所示，记录第 2 个关键帧。

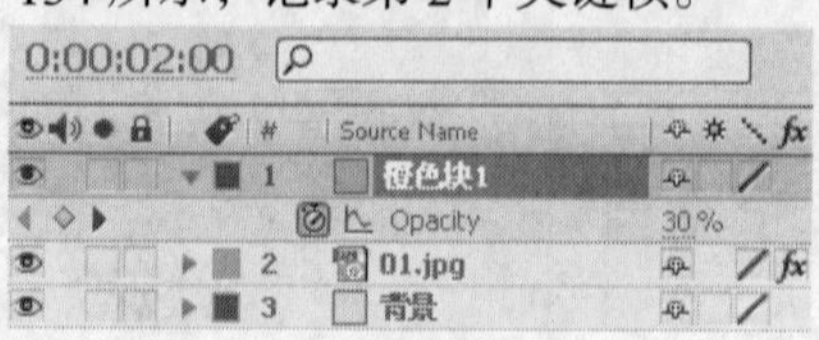

图 12-133

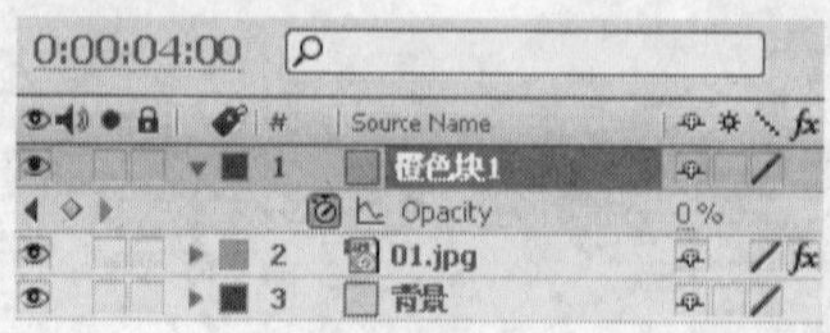

图 12-134

Step 16 选择“Layer > New > Solid”命令，弹出“Solid Settings”对话框，在“Name”选项的文本框中输入“橙色块 2”，设置“Color”选项为橙色（其 R、G、B 的值分别为 255、180、0），单击“OK”按钮，在“时间轴”面板中新增一个 Solid 层。选中“橙色块 2”层，在“时间轴”面板中设置“Mode”选项的叠加模式为 Color，如图 12-135 所示。

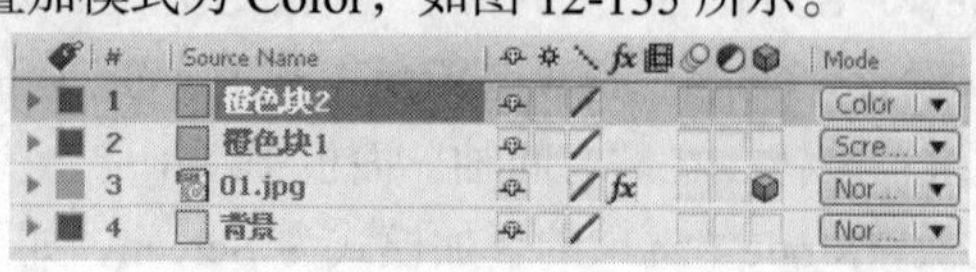

图 12-135

Step 17 选中“橙色块 2”层，选择“Pen Tool”（钢笔工具），在合成窗口中绘制一个 Mask 形状，如图 12-136 所示。展开“Mask1”的属性，设置“Mask Feather”选项的数值为 190，如图 12-137 所示。

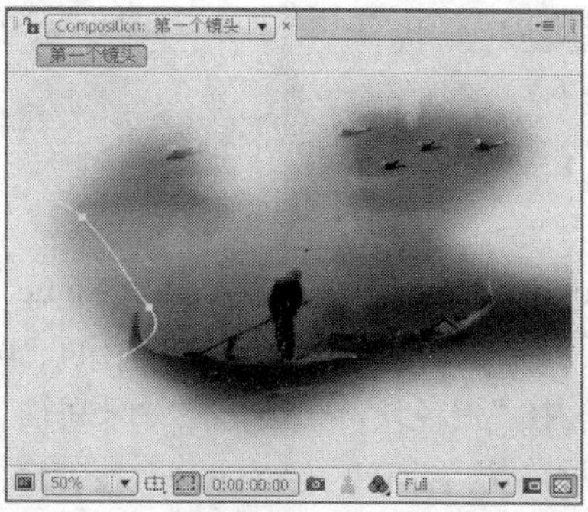

图 12-136

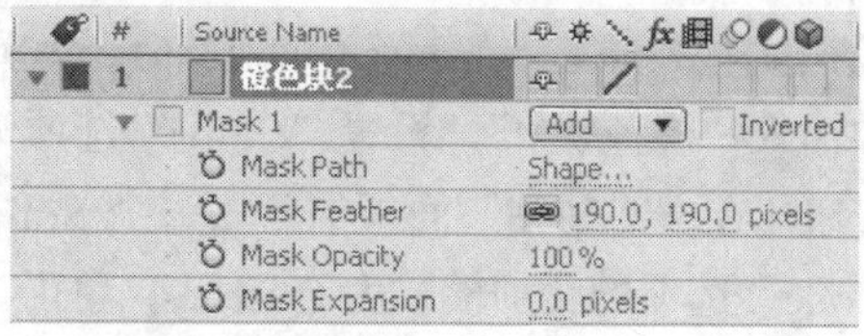

图 12-137

Step 18 选中“橙色块 2”层，按<T>键展开“Opacity”属性，将时间标签放置在 2s 的位置，设置“Opacity”选项的数值为 0，单击“Opacity”属性前面的“关键帧自动记录器”按钮，如图 12-138 所示，记录第 1 个关键帧。将时间标签放置在 4s 的位置，设置“Opacity”选项的数值为 30；将时间标签放置在 6s 的位置，设置“Opacity”选项的数值为 11，关键帧的显示如图 12-139 所示。

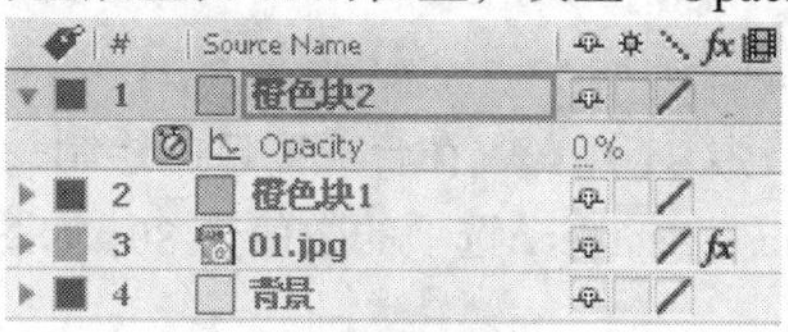

图 12-138

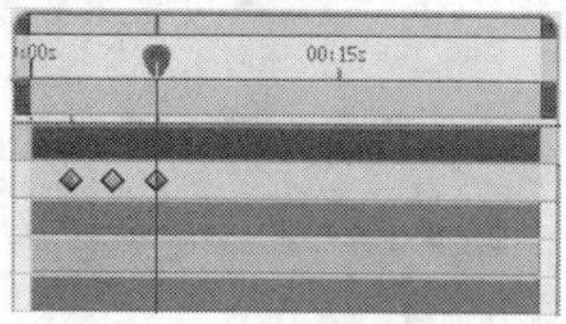

图 12-139

Step 19 选择“Layer > New > Solid”命令，弹出“Solid Settings”对话框，在“Name”选项的文本框中输入“橙色块 3”，设置“Color”选项为橙色（其 R、G、B 的值分别为 255、180、0），单击“OK”按钮，在“时间轴”面板中新增一个 Solid 层，如图 12-140 所示。选中“橙色块 3”层，在“时间轴”面板中设置“Mode”选项的叠加模式为 Screen。

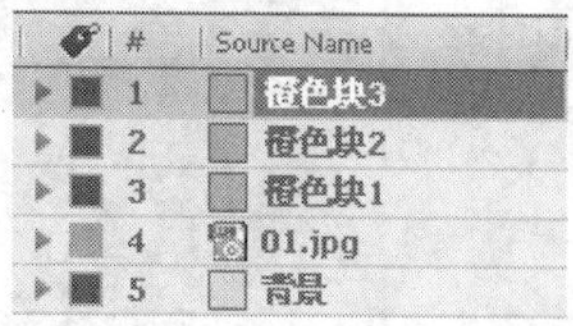

图 12-140

Step 20 选中“橙色块 3”层，选择“Pen Tool”（钢笔工具），在合成窗口中绘制一个 Mask 形状，如图 12-141 所示。展开“Mask1”的属性，设置“Mask Feather”选项的数值为 200，如图 12-142 所示。

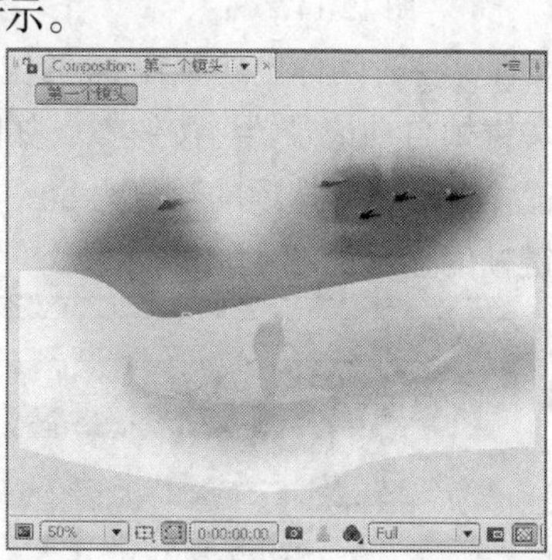

图 12-141

图 12-142

Step 21 选中“橙色块 3”层，按<T>键展开“Opacity”属性，将时间标签放置在 4s 的位置，设置“Opacity”选项的数值为 60，单击“Opacity”属性前面的“关键帧自动记录器”按钮，如图 12-143 所示，记录第 1 个关键帧。将时间标签放置在 6s 的位置，设置“Opacity”选项的数值为 31，如图 12-144 所示，记录第 2 个关键帧。

图 12-143

图 12-144

Step 22 选择“Layer > New > Solid”命令，弹出“Solid Settings”对话框，在“Name”选项的文本框中输入“橙色块 4”，设置“Color”选项为橙色（其 RGB 的值分别为 255、144、0），单击“OK”按钮，在“时间轴”面板中新增一个 Solid 层。选中“橙色块 4”层，在“时间轴”面板中设置“Mode”选项的叠加模式为 Overlay，单击“橙色块 4”层右面的“3D layer”按钮，打开三维属性，如图 12-145 所示。

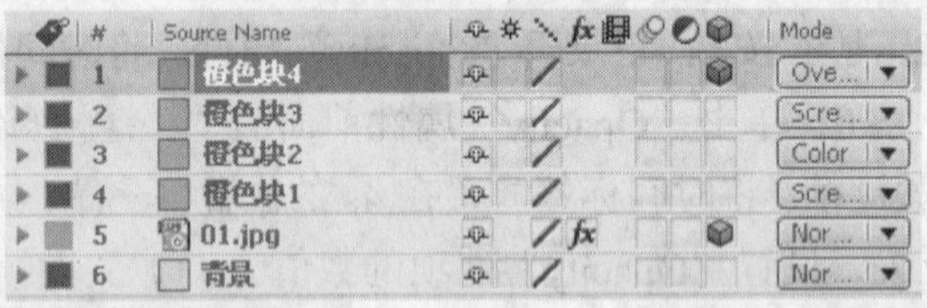

图 12-145

Step 23 选中“橙色块 4”层，选择“Pen Tool”（钢笔工具），在合成窗口中绘制一个 Mask 形状，如图 12-146 所示。展开“Mask1”的属性，设置“Mask Feather”选项的数值为 80，如图 12-147 所示。

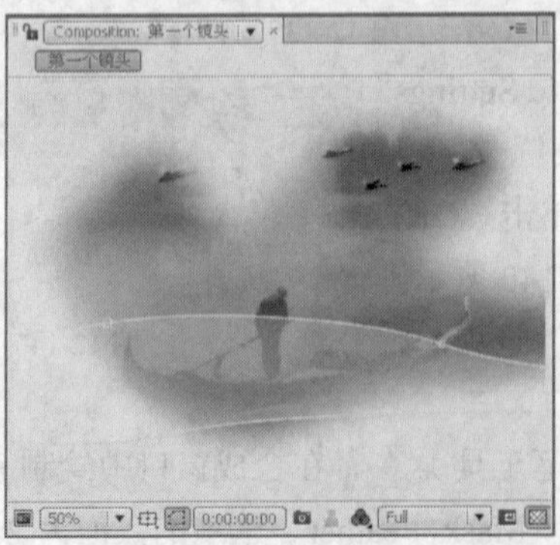

图 12-146

图 12-147

Step 24 选中“橙色块 4”层，按<T>键展开“Opacity”属性，将时间标签放置在 0s 的位置，设置“Opacity”选项的数值为 0，单击“Opacity”属性前面的“关键帧自动记录器”按钮，如图 12-148 示，记录第 1 个关键帧。将时间标签放置在 4s 的位置，设置“Opacity”选项的数值为 60；将时间标签放置在 6s 的位置，设置“Opacity”选项的数值为 0。关键帧的显示如图 12-149 示。

图 12-148

图 12-149

Step 25 选中“橙色块 4”层，按<P>键展开“Position”属性，在“时间轴”面板中将时间标签放置在 0s 的位置，单击“Position”选项前面的“关键帧自动记录器”按钮，如图 12-150，记录第 1 个关键帧。将时间标签放置到 4s 的位置，设置“Position”选项的数值为 360、288、−450，如图 12-151 示，记录第 2 个关键帧。

图 12-150

图 12-151

Step 26 在“项目”面板中选中“02”文件，将其拖曳到“时间轴”面板中，在“时间轴”面板中设置“Mode”选项的叠加模式为 Overlay，如图 12-152 所示。

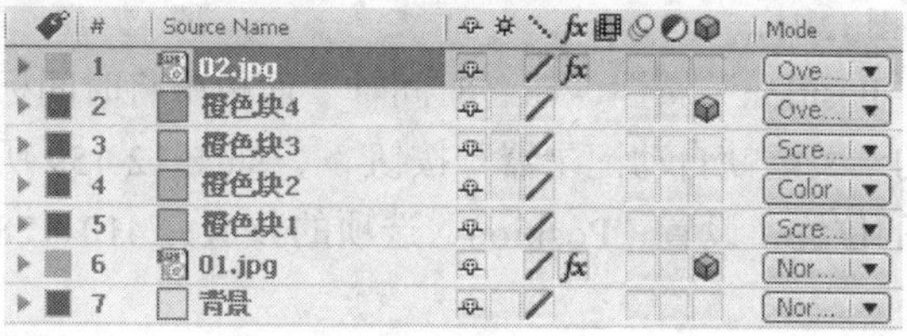

图 12-152

Step 27 选中“02”文件，选择“Effect > Stylize > Find Edges”命令，在“特效控制”面板中进行参数设置，如图 12-153 所示。合成窗口中的效果如图 12-154 所示。

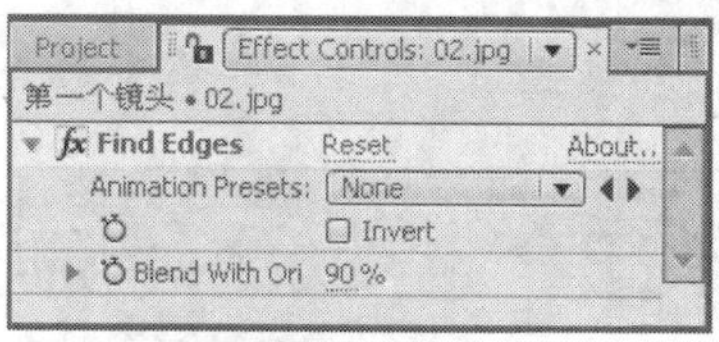

图 12-153

图 12-154

Step 28 选择“Effect > Color Correction > Brightness & Contrast”命令，在“特效控制”面板中进行参数设置，如图 12-155 所示。合成窗口中的效果如图 12-156 所示。

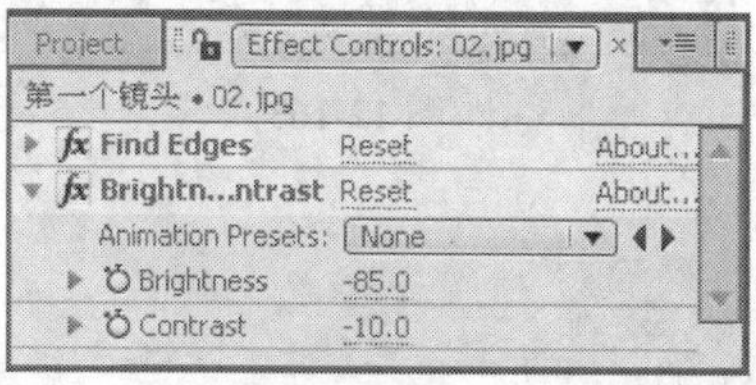

图 12-155

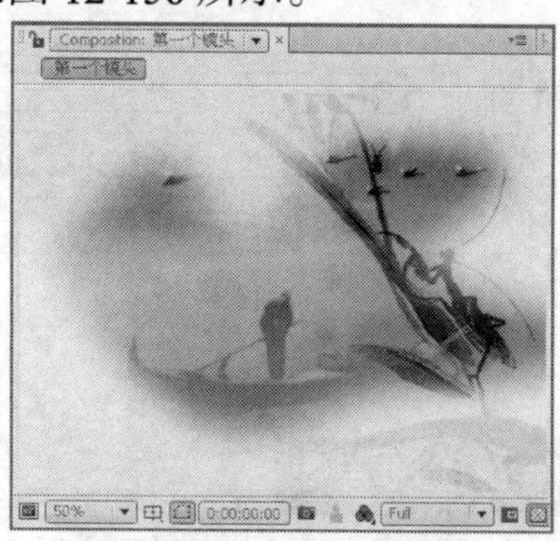

图 12-156

Step 29 选择“Effect > Color Correction > Hue/Saturation”命令，在“特效控制”面板中进行参数设置，如图 12-157 所示。合成窗口中的效果如图 12-158 所示。

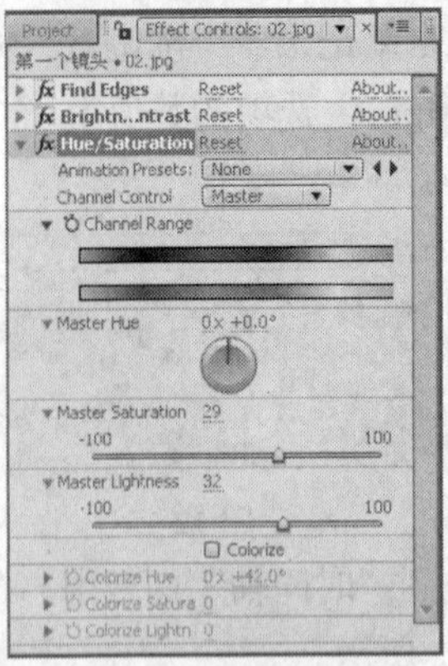

图 12-157

图 12-158

Step 30 按<P>键展开“Position”属性，在“时间轴”面板中将时间标签放置在 0s 的位置，单击“Position”选项前面的“关键帧自动记录器”按钮，如图 12-159 所示，记录第 1 个关键帧。将时间标签放置在 2:05s 的位置，设置“Position”选项的数值为 410、288，如图 12-160 所示，记录第 2 个关键帧。

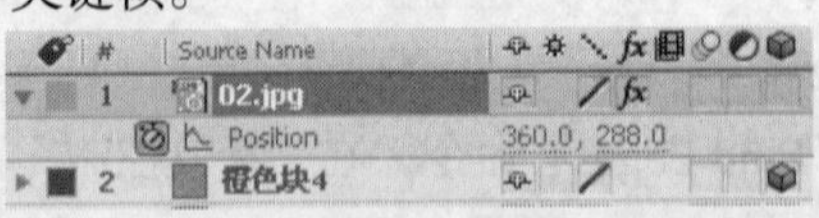

图 12-159

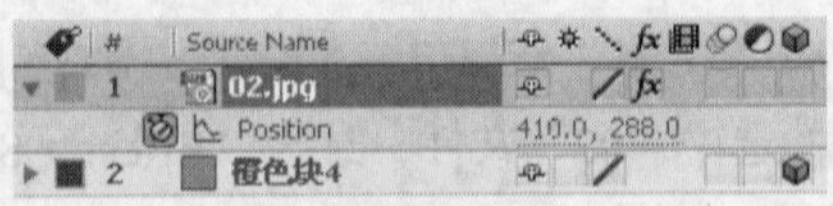

图 12-160

Step 31 按<T>键展开“Opacity”属性，将时间标签放置在 1:05s 的位置，设置“Opacity”选项的数值为 100，单击“Opacity”属性前面的“关键帧自动记录器”按钮，如图 12-161 所示，记录第 1 个关键帧。将时间标签放置在 2:04s 的位置，设置“Opacity”选项的数值为 0，如图 12-162 所示，记录第 2 个关键帧。

Step 32 第一个镜头制作完成，效果如图 12-163 所示。

图 12-161

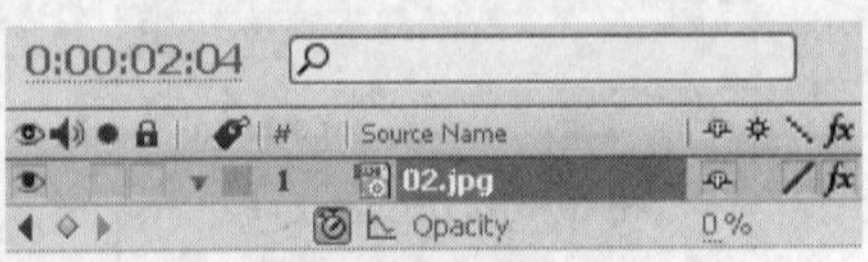

图 12-162

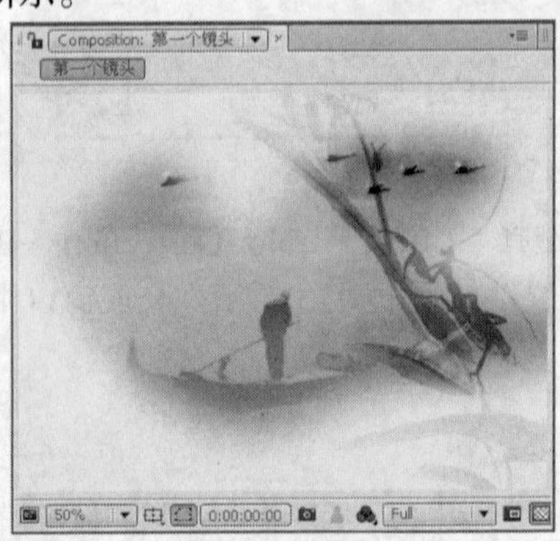

图 12-163

12.2.2 制作合成效果

Step 01 按<Ctrl>+<N>组合键，弹出“Composition Settings”对话框，在“Composition Name”选项的文本框中输入“合成”，其他选项的设置如图 12-164 所示，单击“OK”按钮，创建一个新的合成“合成”。在“项目”面板中选择“第一个镜头”合成和“03”文件，将其拖曳到“时间轴”面板中，如图 12-165 所示。

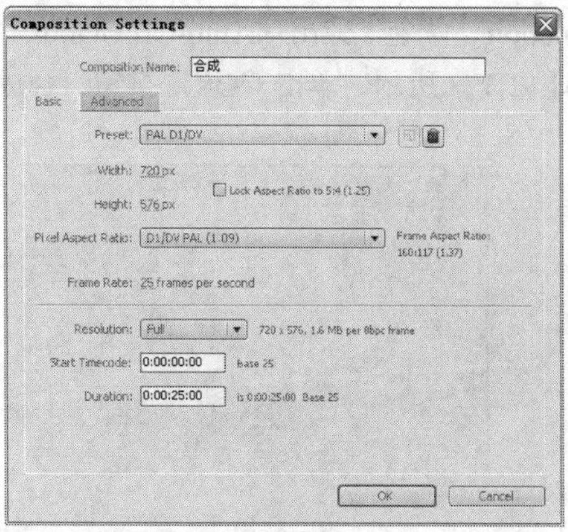

图 12-164

图 12-165

Step 02 选中“03”文件，将时间轴拖到 5:02s 的位置上，如图 12-166 所示。按<P>键展开“Position”属性，设置“Position”选项的数值为 8、258，如图 12-167 所示。

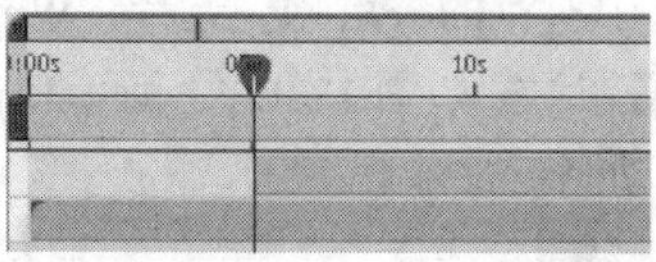

图 12-166

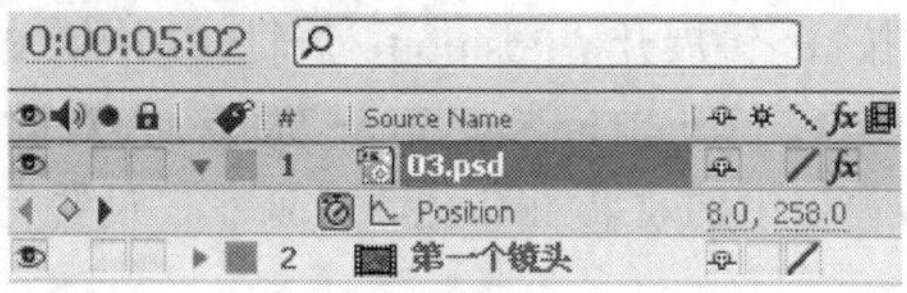

图 12-167

Step 03 按<S>键展开“Scale”属性，设置“Scale”选项的数值为 102，如图 12-168 所示。选择“Pan Behind Tool”（平移拖后工具）工具，在合成窗口中按住鼠标左键，调整鱼的中心点位置，如图 12-169 所示。

Step 04 按<R>键展开“Rotation”属性，设置“Rotation”选项的数值为 0 、90，如图 12-170 所示。

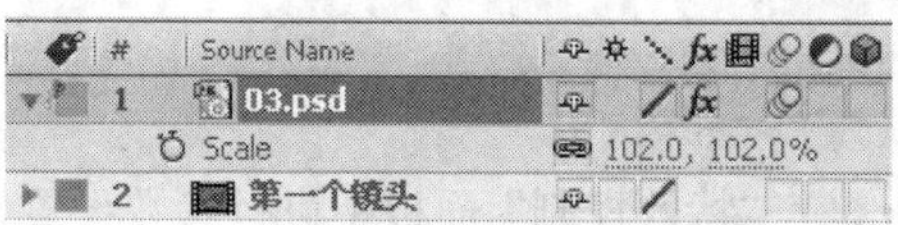

图 12-168

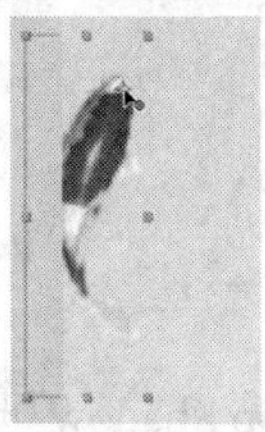

图 12-169

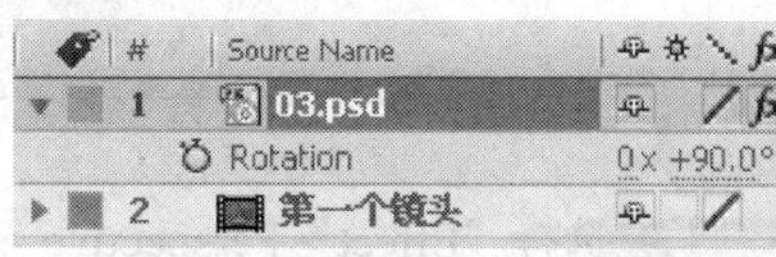

图 12-170

Step 05 选择“Window > Motion Sketch”命令，打开“Motion Sketch”面板，在对话框中设置参数如图 12-171 所示，单击“Start Capture”按钮。当合成窗口中的鼠标指针变成十字形状时，在窗口中绘制运动路径，如图 12-172 所示。

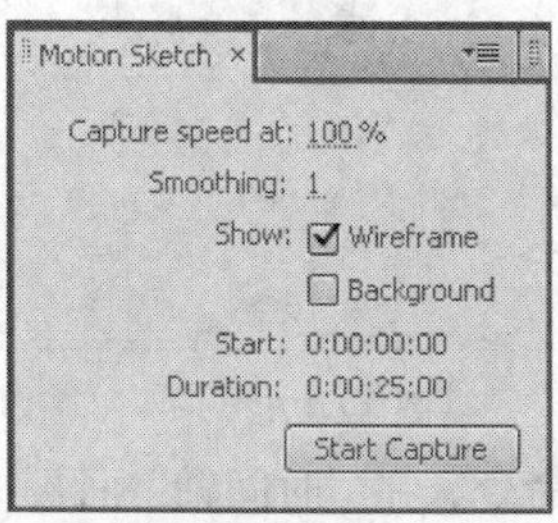

图 12-171

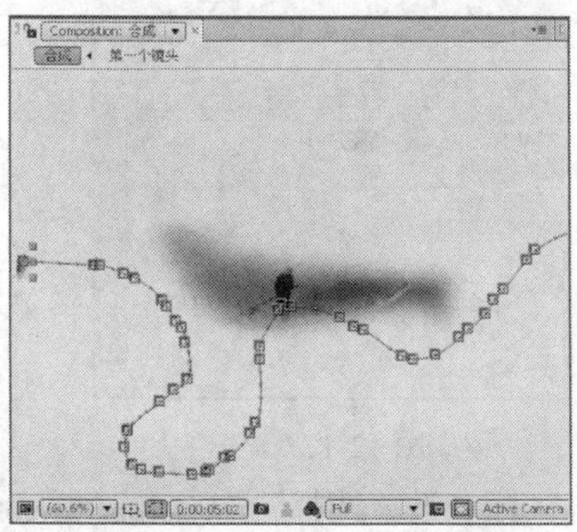

图 12-172

Step 06 选择“Layer > Transform > Auto-Orientation”命令，弹出“Auto-Orientation”对话框，在对话框中选择“Orient Along Path”选项，如图 12-173 所示，单击“OK”按钮。合成窗口中的效果如图 12-174 所示。

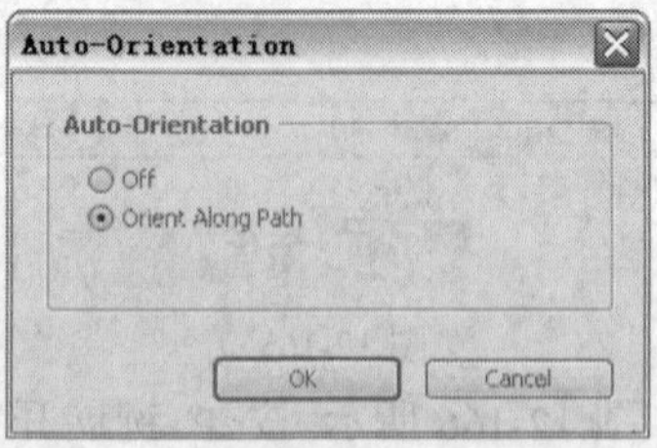

图 12-173

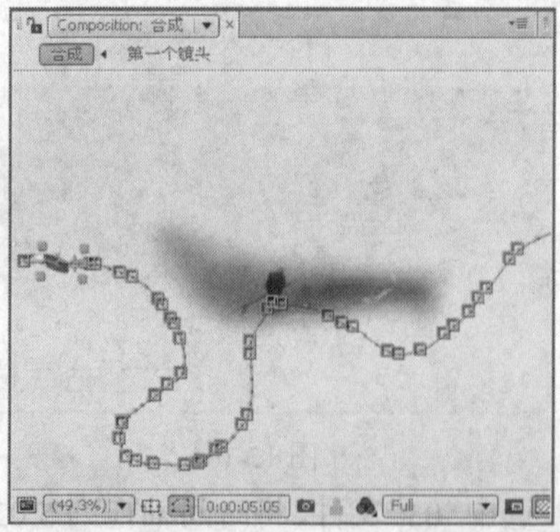

图 12-174

Step 07 按<P>键展开“Position”属性，用框选的方法选中所有的关键帧，选择“Window > The Smoother”命令，打开“The Smoother”面板，在对话框中设置参数，如图 12-175 所示，单击“Apply”按钮。合成窗口中的效果如图 12-176 所示，设置完成后的动画更加流畅。

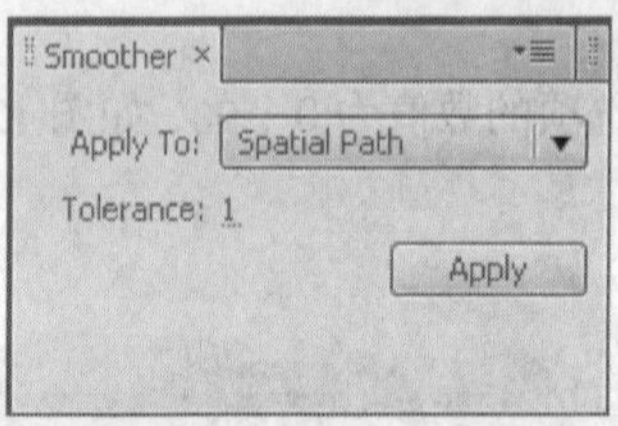

图 12-175

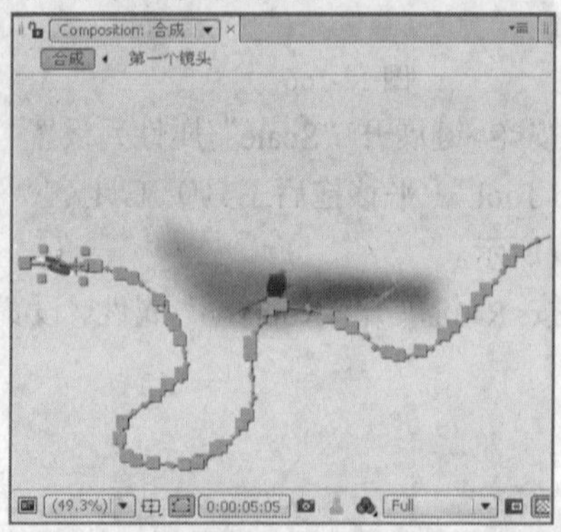

图 12-176

Step 08 选择“Effect > Perspective > Drop Shadow”命令，在“特效控制”面板中进行参数设置，如图 12-177 所示。合成窗口中的效果如图 12-178 所示。

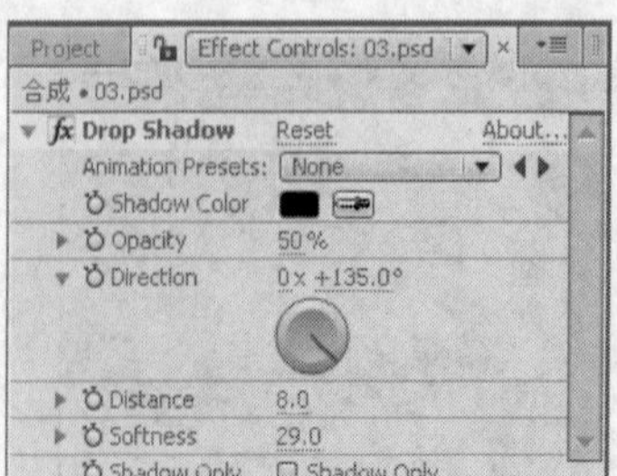

图 12-177

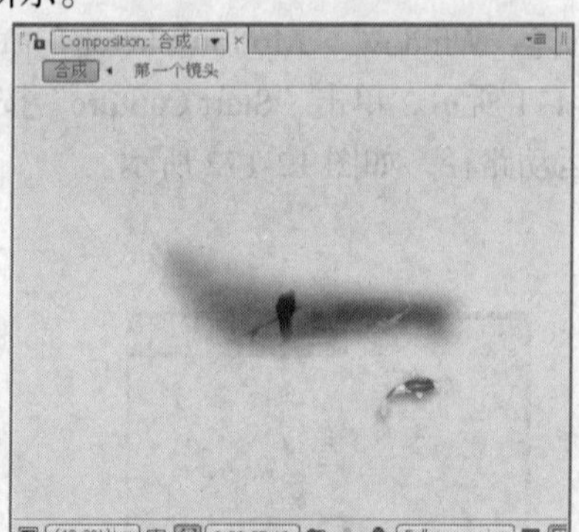

图 12-178

Step 09 单击鼠标右键，选择“Switches > Motion Blur”命令，在“时间轴”面板中打开“Motion Blur”开关，如图 12-179 所示。合成窗口中的效果如图 12-180 所示。

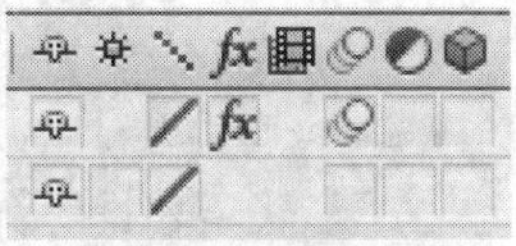

图 12-179

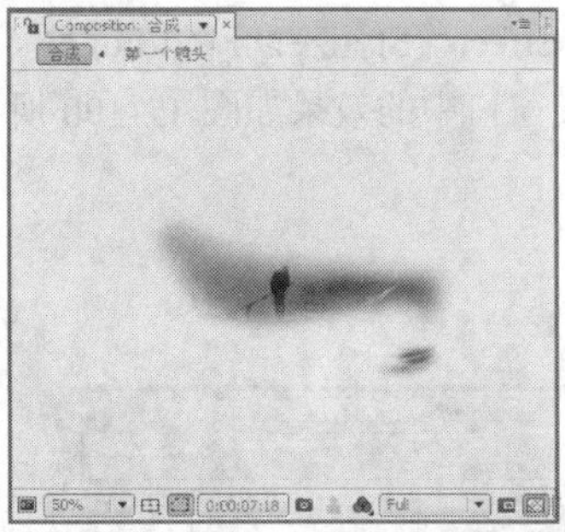

图 12-180

Step 10 选中“03”文件，按<Ctrl>+<D>组合键复制一层，如图 12-181 所示。按<S>键展开“Scale”属性，设置“Scale”选项的数值为 74，如图 12-182 所示。按<P>键展开新复制层的“Position”属性，单击“Position”选项前面的“关键帧自动记录器”按钮，取消所有的关键帧，如图 12-183 所示。按照上述方法再制作出另外一个小蝌蚪的路径动画。

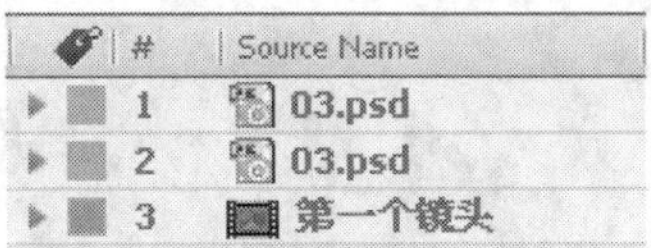

图 12-181

图 12-182

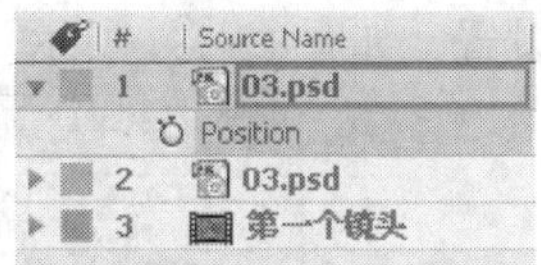

图 12-183

Step 11 选中新复制层，将新复制层的时间轴拖到 6:09s 的位置上，如图 12-184 所示。合成窗口中的效果如图 12-185 所示。

Step 12 在“项目”面板中选择“04”文件，将其拖曳到“时间轴”面板中，单击“04”文件右侧的“3D layer”按钮，打开三维属性，如图 12-186 所示。

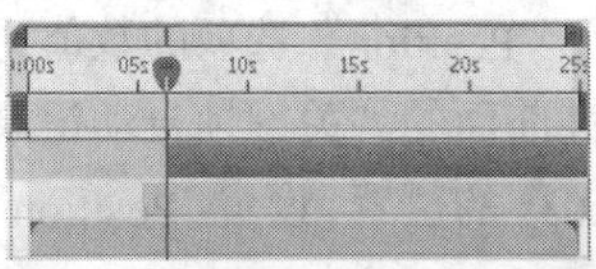

图 12-184

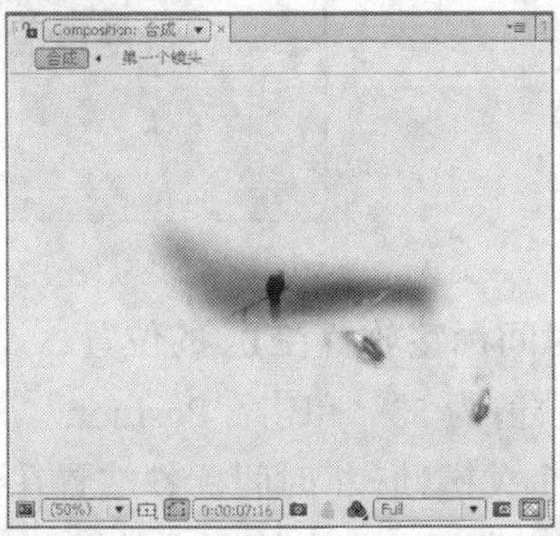

图 12-185

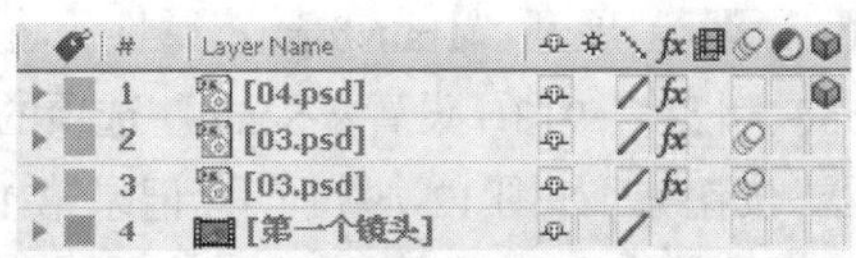

图 12-186

Step 13 选中“04”文件，选择“Pen Tool”（钢笔工具），在合成窗口中绘制一个Mask 形状，如图 12-187 所示。展开“Mask1”的属性，设置“Mask Feather”选项的数值为 120，如图 12-188 所示。

图 12-187

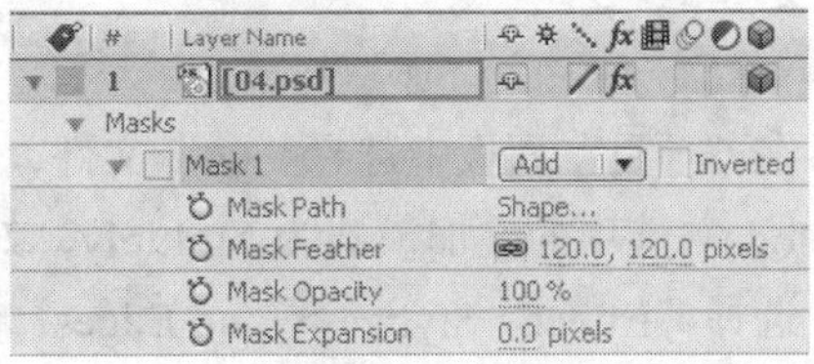

图 12-188

Step 14 选择“Effect > Stylize > Find Edges”命令，在“特效控制”面板中进行参数设置，如图 12-189 所示。合成窗口中的效果如图 12-190 所示。

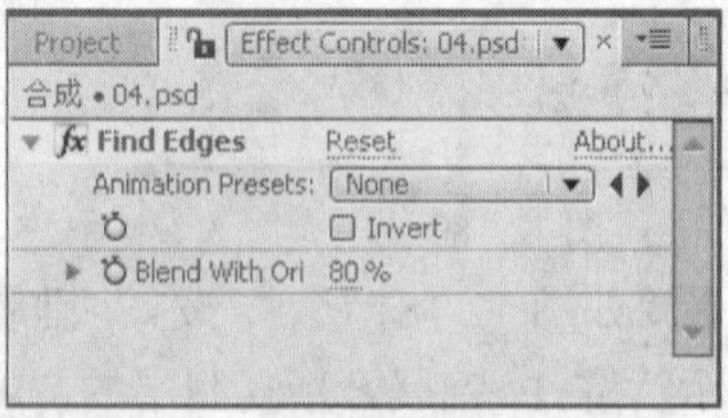

图 12-189

图 12-190

Step 15 选择“Effect > Color Correction > Hue/Saturation”命令，在“特效控制”面板中进行参数设置，如图 12-191 所示。合成窗口中的效果如图 12-192 所示。

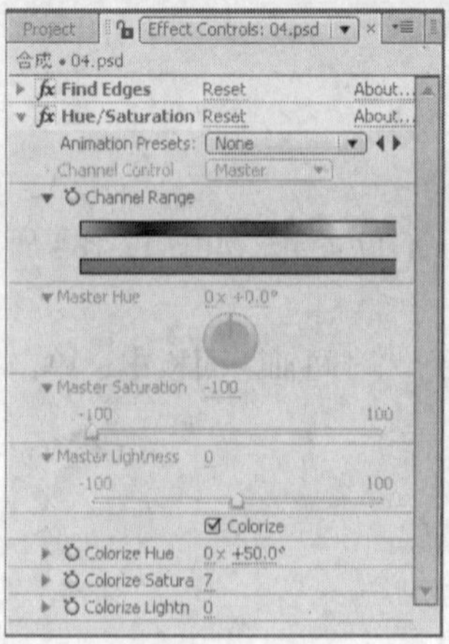

图 12-191

图 12-192

Step 16 展开“Transform”属性，将时间标签放置在 0s 的位置，设置“Position”选项的数值为 558、423、−913，设置“Scale”选项的数值为 53，单击“Position”属性前面的“关键帧自动记录器”按钮，如图 12-193 所示，记录第 1 个关键帧。将时间标签放置在 7:03s 的位置，设置“Position”选项的数值为 619、483、60，如图 12-194 所示，记录第 2 个关键帧。

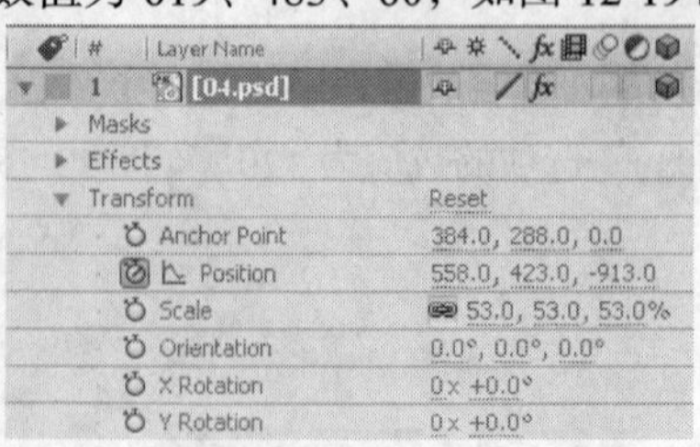

图 12-193

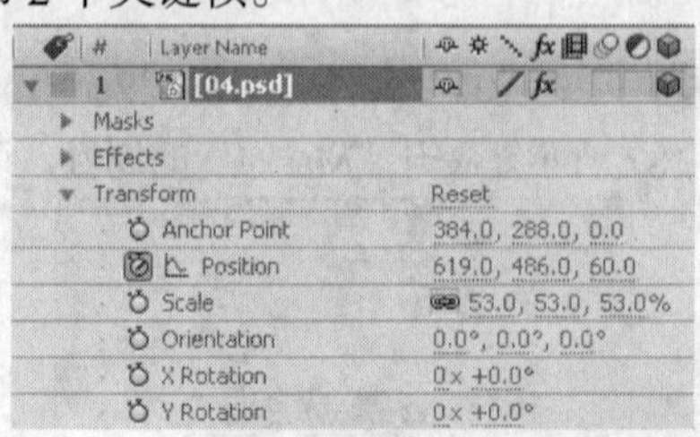

图 12-194

Step 17 在“项目”面板中选择“06”文件，将其拖曳到“时间轴”面板中。在“时间轴”面板中设置“Mode”选项的叠加模式为 Multiply，如图 12-195 所示。

Step 18 选择“Effect > Stylize > Find Edges”命令，在“特效控制”面板中进行参数设置，如图 12-196 所示。合成窗口中的效果如图 12-197 所示。

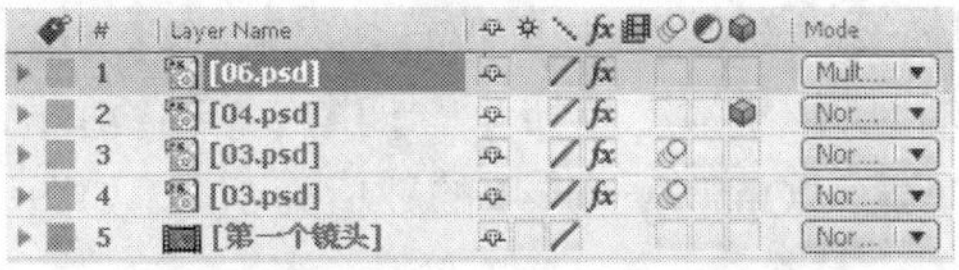

图 12-195

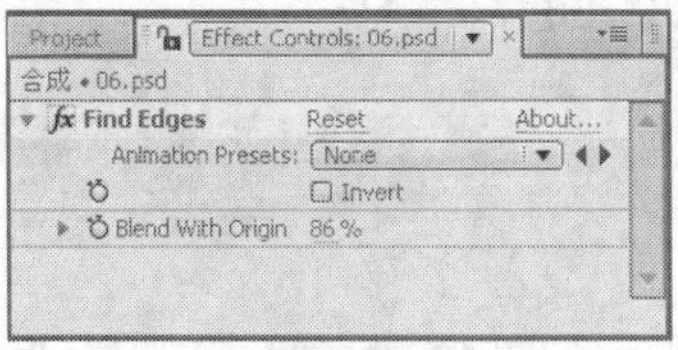

图 12-196

图 12-197

Step 19 选择“Effect > Color Correction > Hue/Saturation”命令，在“特效控制”面板中进行参数设置，如图 12-198 所示。合成窗口中的效果如图 12-199 所示。

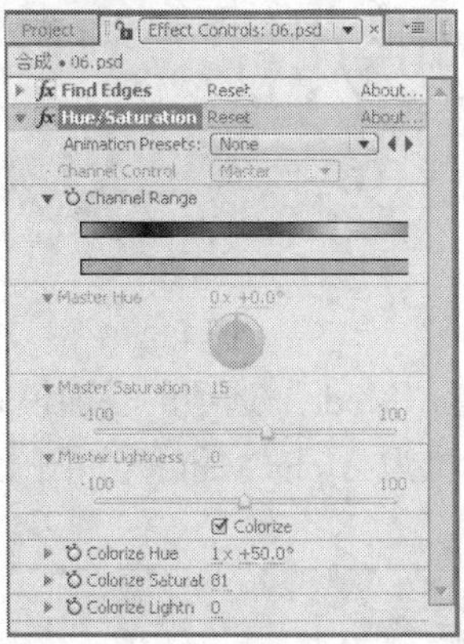

图 12-198

图 12-199

Step 20 按<P>键展开“Position”属性，设置“Position”选项的数值为 321、279，如图 12-200 所示。按<S>键展开“Scale”属性，设置“Scale”选项的数值为 55，如图 12-201 所示。

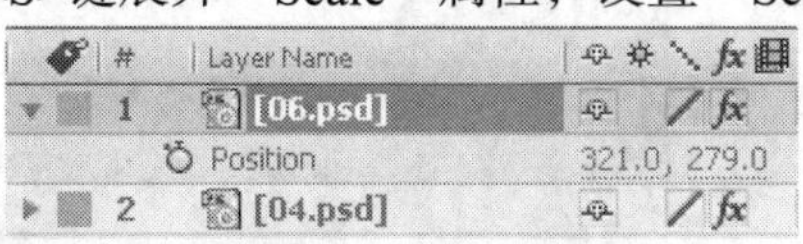

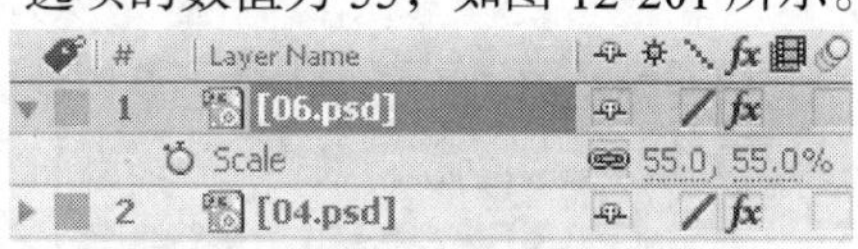

图 12-200

图 12-201

Step 21 选中“06”文件，选择“Pen Tool”（钢笔工具），在合成窗口中绘制一个 Mask 形状，如图 12-202 所示。展开“Mask1”的属性，设置“Mask Feather”选项的数值为 362，如图 12-203 所示。

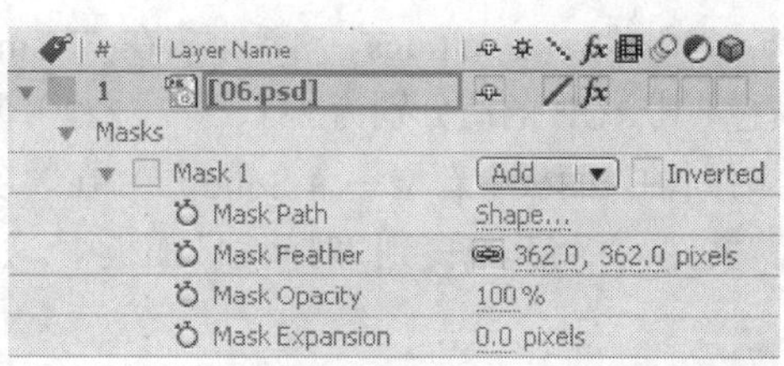

图 12-202

图 12-203

Step 22 按<T>键展开“Opacity”属性，将时间标签放置在 2:10s 的位置，设置“Opacity”选项的数值为 2，单击“Opacity”属性前面的“关键帧自动记录器”按钮，如图 12-204 所示，记录第 1 个关键帧。将时间标签放置在 4:15s 的位置，设置“Opacity”选项的数值为 100，如图 12-205 所示。

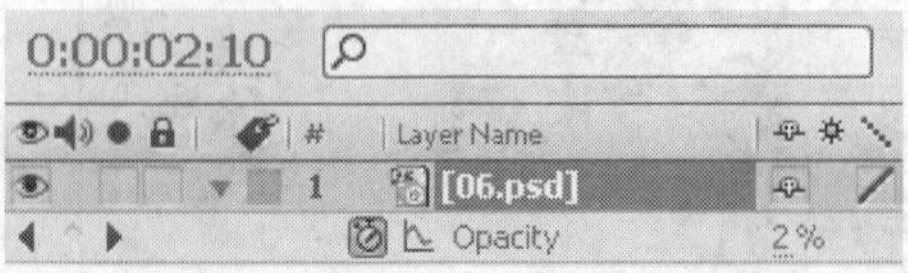

图 12-204

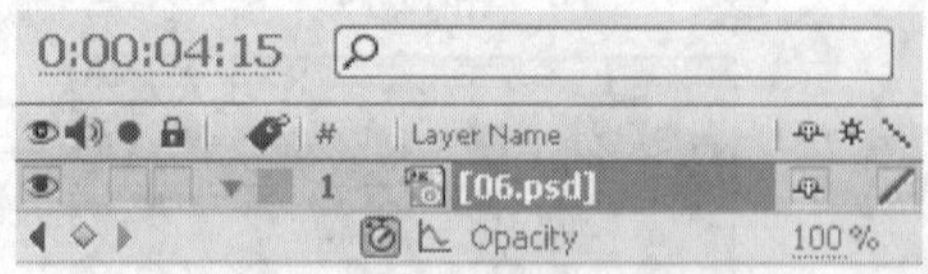

图 12-205

Step 23 选中“06”文件，按<Ctrl>+<D>组合键复制一层，如图 12-206 所示。选择“Layer > New > Solid”命令，弹出“Solid Settings”对话框，在“Name”选项的文本框中输入“橙色填充”，设置“Color”选项为橙色（其 R、G、B 的值分别为 255、162、0），单击“OK”按钮，在“时间轴”面板中新增一个 Solid 层，并将其拖曳到“06”文件的下面。层的排列如图 12-207 所示。

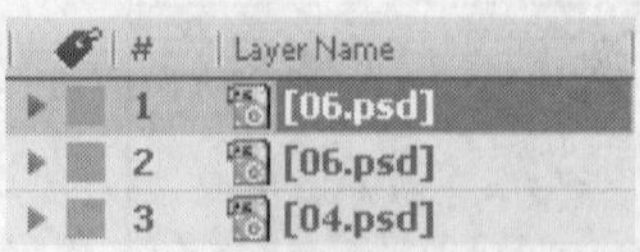

图 12-206

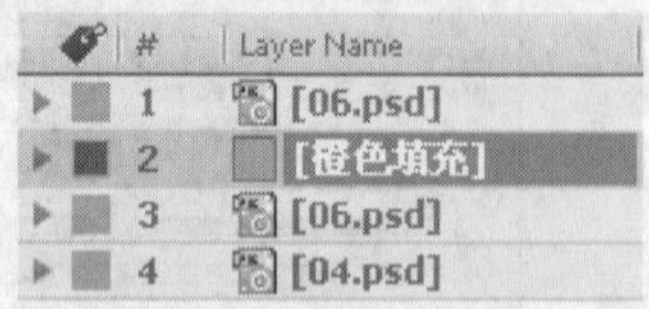

图 12-207

Step 24 选中“橙色填充”层，在“时间轴”面板中设置“Mode”选项的叠加模式为 Overlay，如图 12-208 所示。将“橙色填充”层的“TrkMat”选项设置为 Alpha Matte，如图 12-209 所示。

Step 25 合成效果制作完成，如图 12-210 所示。

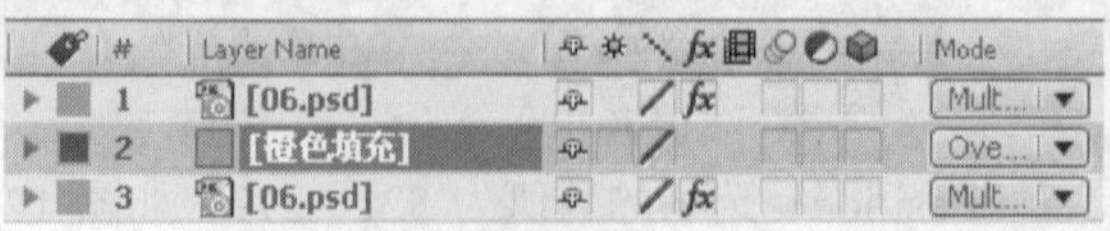

图 12-208

图 12-209

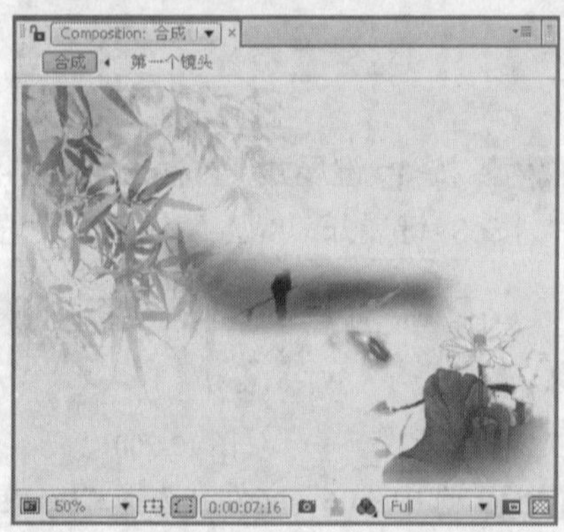

图 12-210

12.2.3 制作第二个镜头

Step 01 按<Ctrl>+<N>组合键，创建一个新的合成并命名为“第二个镜头”。选择“Layer > New > Solid”命令，弹出“Solid Settings”对话框，在“Name”选项的文本框中输入“背景”，设置“Color”选项为浅黄色（其 RGB 的值分别为 231、227、222），单击“OK”按钮，在“时间轴”面板中新增一个 Solid 层。在“项目”面板中选择“01”文件，并将其拖曳到“时间轴”面板中，如图 12-211 所示。

图 12-211

Step 02 选中“01”文件，展开“Transform”属性，在“时间轴”面板中进行参数设置，如图 12-212 所示。选择“Pen Tool”（钢笔工具），在合成窗口中绘制一个 Mask 形状，如图 12-213 所示。展开“Mask1”的属性，设置“Mask Feather”选项的数值为 87，如图 12-214 所示。

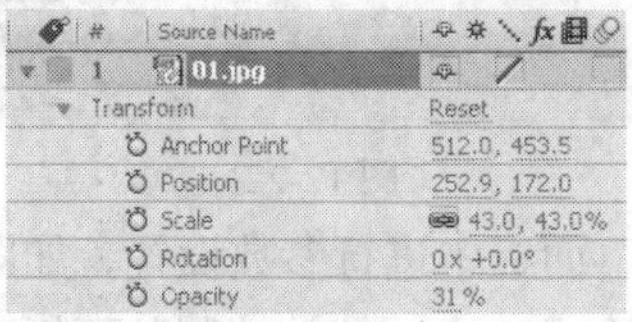

图 12-212

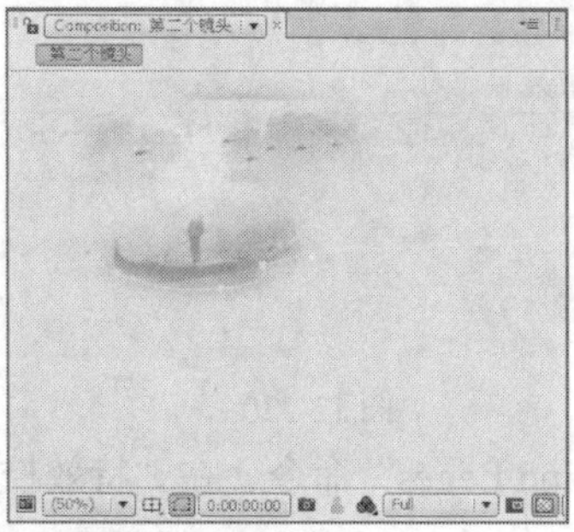

图 12-213

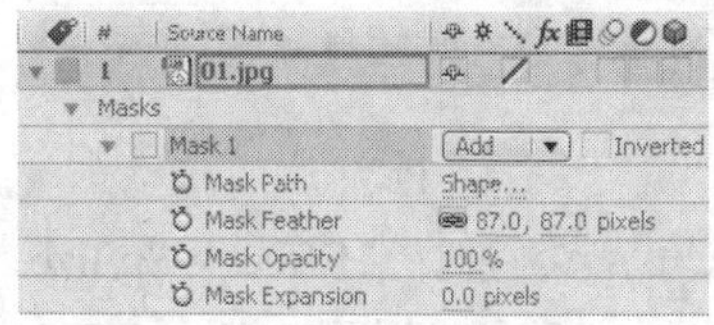

图 12-214

Step 03 选择“Effect > Stylize > Find Edges”命令，在“特效控制”面板中进行参数设置，如图 12-215 所示。合成窗口中的效果如图 12-216 所示。

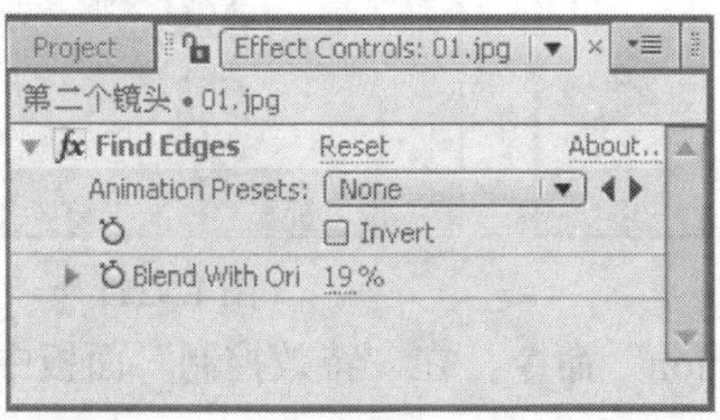

图 12-215

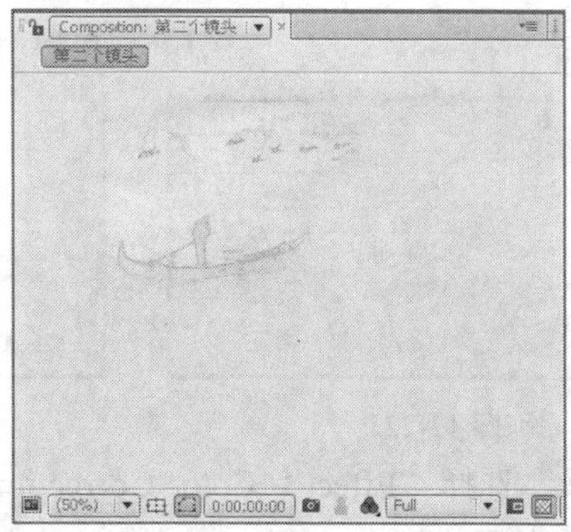

图 12-216

Step 04 选择“Effect>Color Correction> Hue/Saturation”命令，在“特效控制”面板中进行参数设置，如图 12-217 所示。合成窗口中的效果如图 12-218 所示。

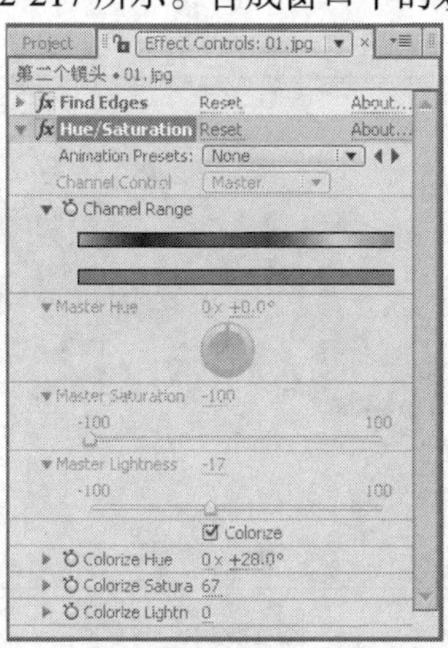

图 12-217

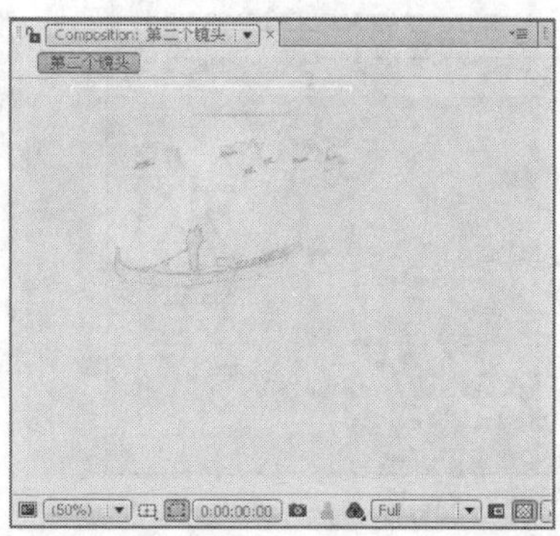

图 12-218

Step 05 在“项目”面板中选择“04”文件，并将其拖曳到“时间轴”面板中。在“时间轴”面板中设置“Mode”选项的叠加模式为 Multiply，如图 12-219 所示。展开“Transform”属性，在“时间轴”面板中进行参数设置，如图 12-220 所示。合成窗口中的效果如图 12-221 所示。

图 12-219

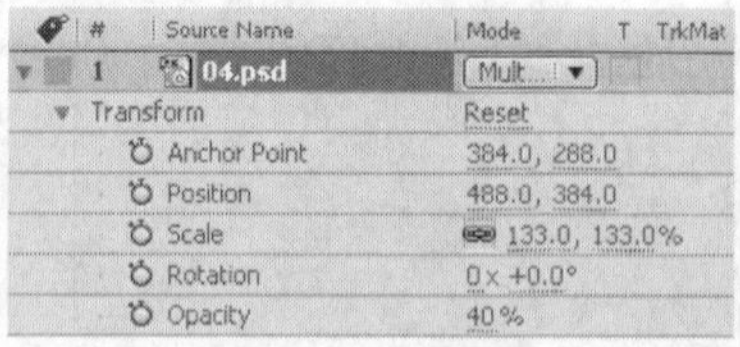

图 12-220

图 12-221

Step 06 选择“Effect > Stylize > Find Edges”命令，在“特效控制”面板中进行参数设置，如图 12-222 所示。选择“Effect > Color Correction > Brightness&Contrast”命令，在“特效控制”面板中进行参数设置，如图 12-223 所示。合成窗口中的效果如图 12-224 所示。

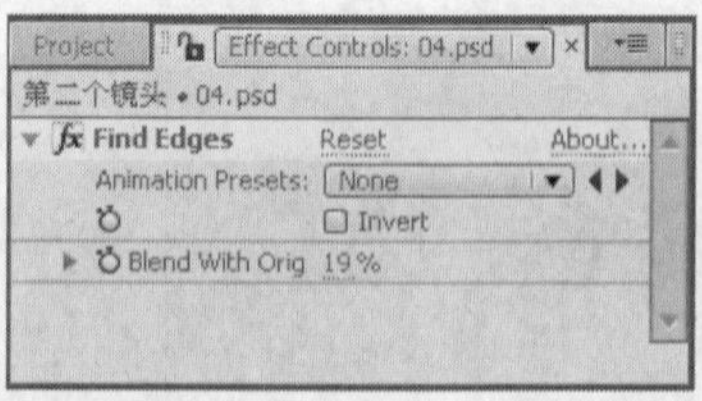

图 12-222

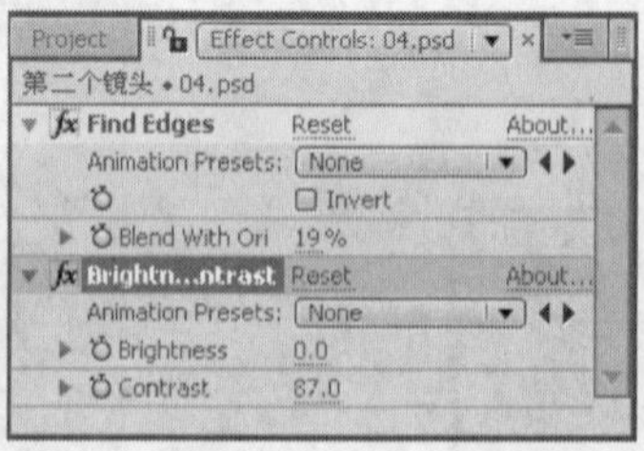

图 12-223

图 12-224

Step 07 选择“Effect > Color Correction > Hue/Saturation”命令，在“特效控制”面板中进行参数设置，如图 12-225 所示。合成窗口中的效果如图 12-226 所示。

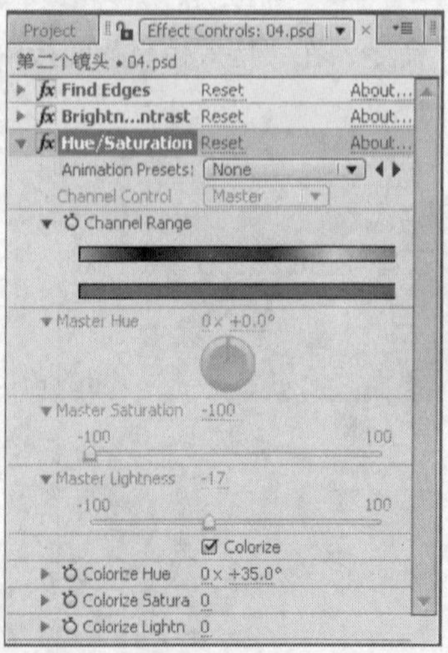

图 12-225

图 12-226

Step 08 选择“Horizontal Type Tool”（文字类形工具）T，在合成窗口输入文字“探”。选中输入的文字，在“Character”面板中设置文字的颜色为黄绿色（其 R、G、B 的值分别为 163、147、56），其他参数设置如图 12-227 所示。合成窗口中的效果如图 12-228 所示。

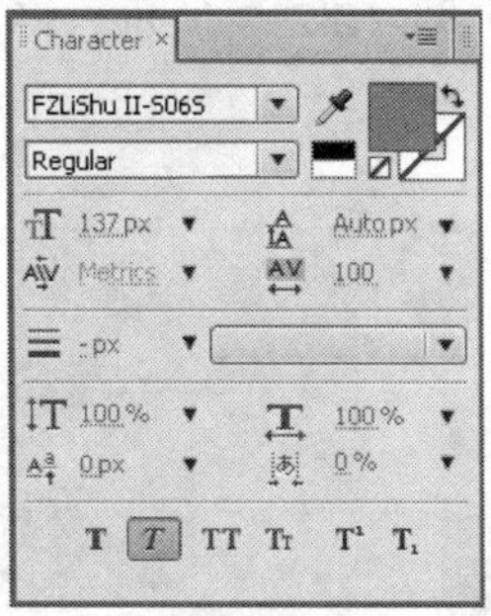

图 12-227

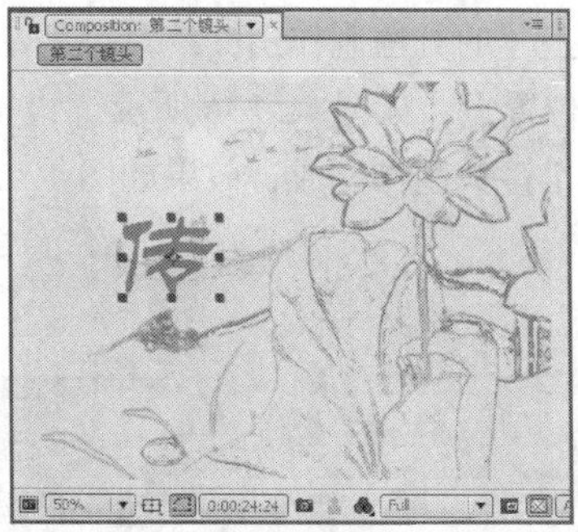

图 12-228

Step 09 选中“文字”层，展开“Transform”属性，将时间标签放置在 0s 的位置，设置“Position”选项的数值为-109、-84，“Scale”选项的数值为 260，“Rotation”选项的数值为 3、0，分别单击“Position”、“Scale”、“Rotation”选项前面的“关键帧自动记录器”按钮，如图 12-229 所示，记录第 1 个关键帧。将时间标签放置在 1:10s 的位置，设置“Position”选项的数值为 199、252，“Scale”选项的数值为 130，“Rotation”选项的数值为 0、0，如图 12-230 所示，记录第 2 个关键帧。

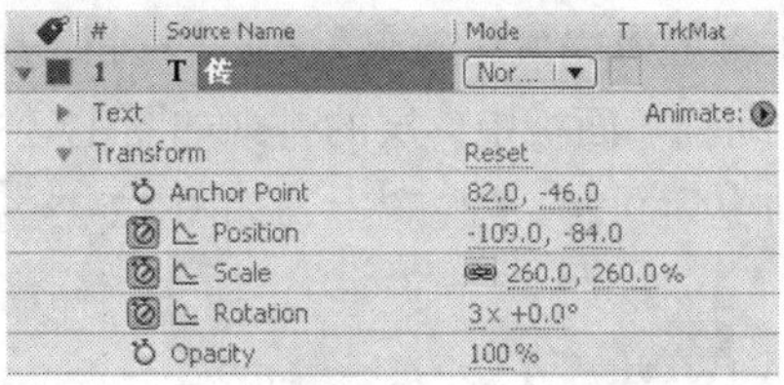

图 12-229

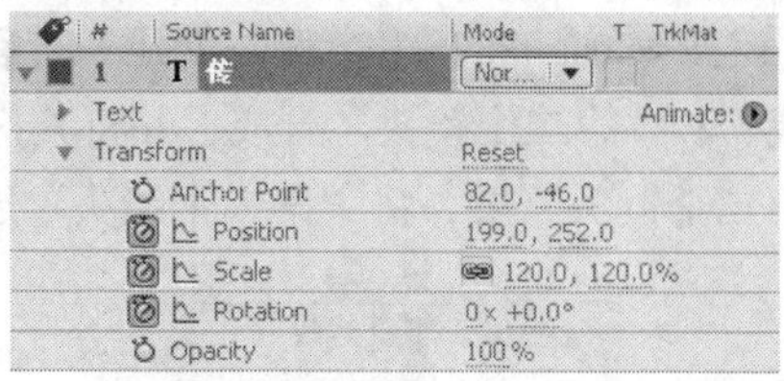

图 12-230

Step 10 选择“Effect > Blur & Sharpen t > Fast Blur”命令,将时间标签放置在 0s 的位置，设置“Blurriness”选项的数值为 20，在“特效控制”面板中单击“Blurriness”选项前面的“关键帧自动记录器”按钮，如图 12-231 所示，记录第 1 个关键帧。将时间标签放置在 1:10s 的位置，设置“Blurriness”选项的数值为 0，如图 12-232 所示，记录第 2 个关键帧。

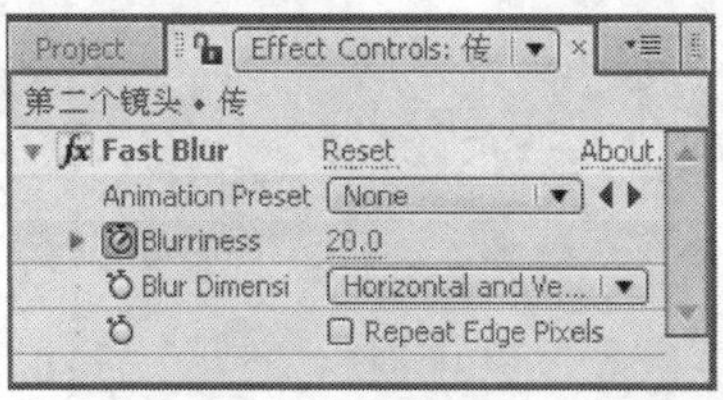

图 12-231

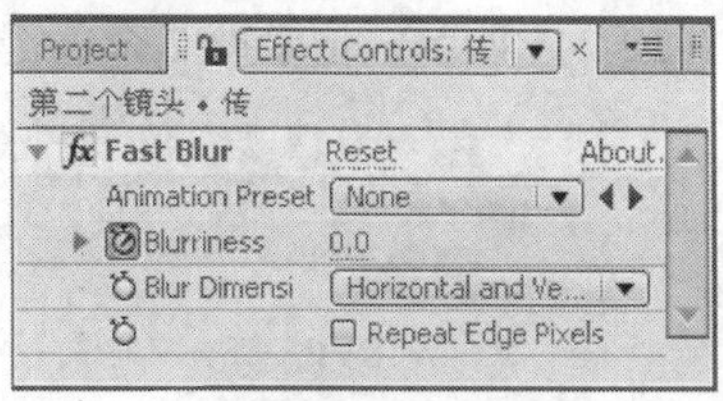

图 12-232

Step 11 选择“Effect > Perspective > Drop Shadow”命令，在“特效控制”面板中进行参数设置，如图 12-233 所示。合成窗口中的效果如图 12-234 所示。

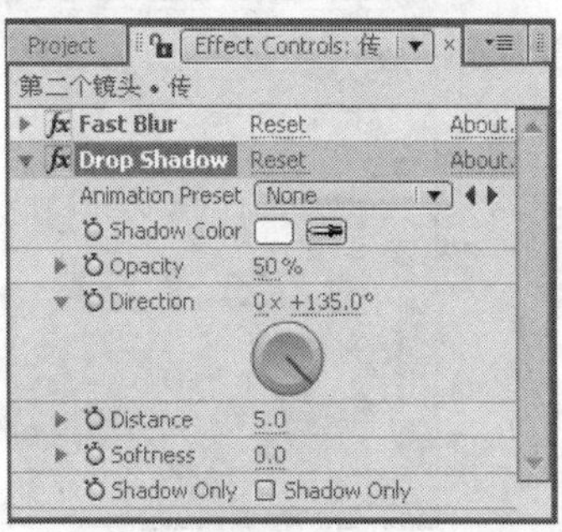

图 12-233

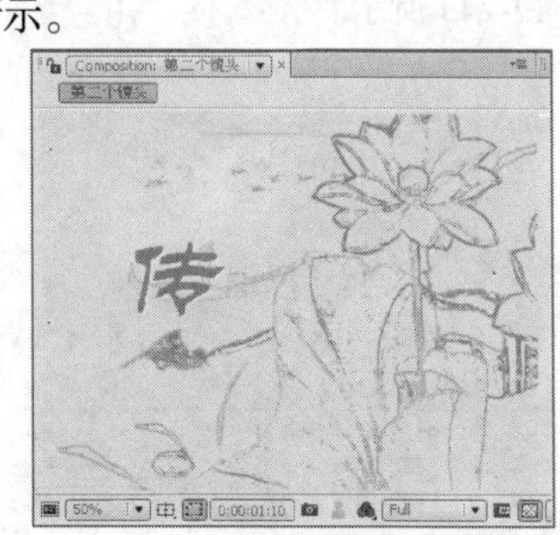

图 12-234

Step 12 按照上述的方法制作出“统”层的动画关键帧，如图 12-235 所示。将“统”层的时间轴拖到 1:09s 的位置上，如图 12-236 所示。

Step 13 第二个镜头制作完成，效果如图 12-237 所示。

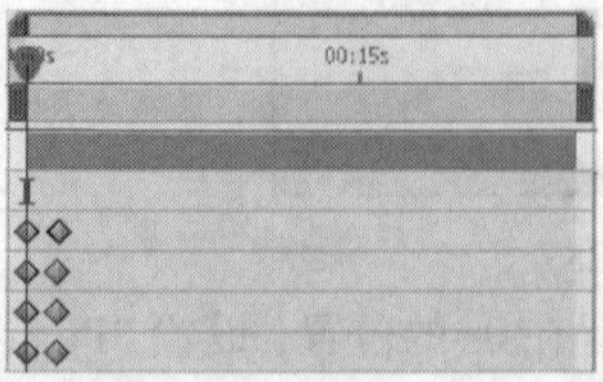

图 12-235

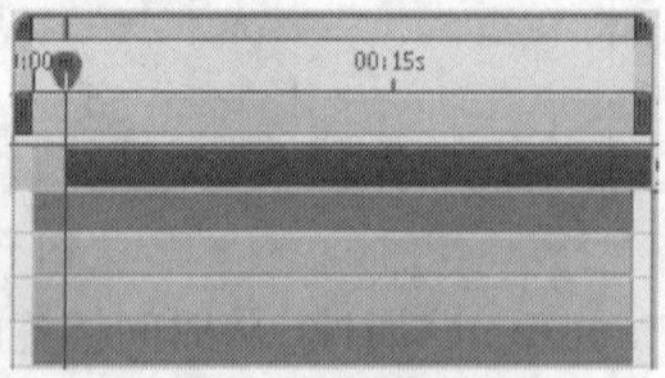

图 12-236

图 12-237

12.2.4 制作最终效果

Step 01 按<Ctrl>+<N>组合键，创建一个新的合成并命名为“最终效果”。在“项目”面板中选择“合成”和“第二个镜头”合成，并将其拖曳到“时间轴”面板中，层的排列如图 12-238 所示。选中“第二个镜头”层，将“第二个镜头”层的时间轴拖到 9:20s 的位置上，如图 12-239 所示。

图 12-238

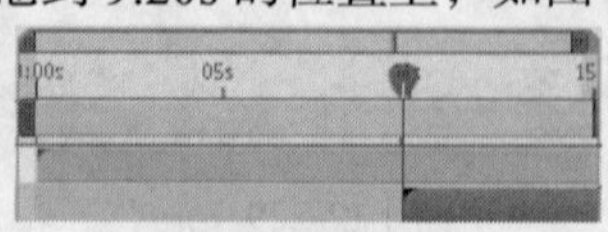

图 12-239

Step 02 选中“合成”层，按<T>键展开“Opacity”属性，设置“Opacity”选项的数值为 100，将时间标签放置在 10s 的位置，单击“Opacity”属性前面的“关键帧自动记录器”按钮，如图 12-240 所示，记录第 1 个关键帧。将时间标签放置在 10:16s 的位置，设置“Opacity”选项的数值为 0，如图 12-241 所示，记录第 2 个关键帧。

图 12-240

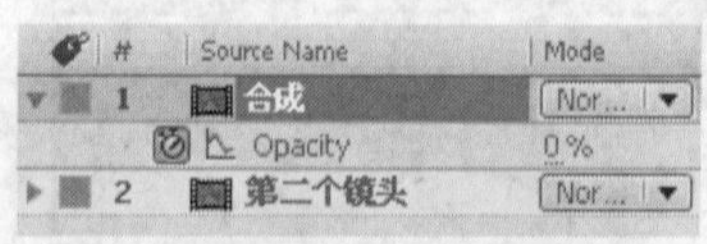

图 12-241

Step 03 选择“Layer > New > Adjustment Layer”命令，在“时间轴”面板中新增一个调节层，如图 12-242 所示。选择“Effect >Color Correction > Levels”命令，在“特效控制”面板中进行参数设置，如图 12-243 所示。

图 12-242

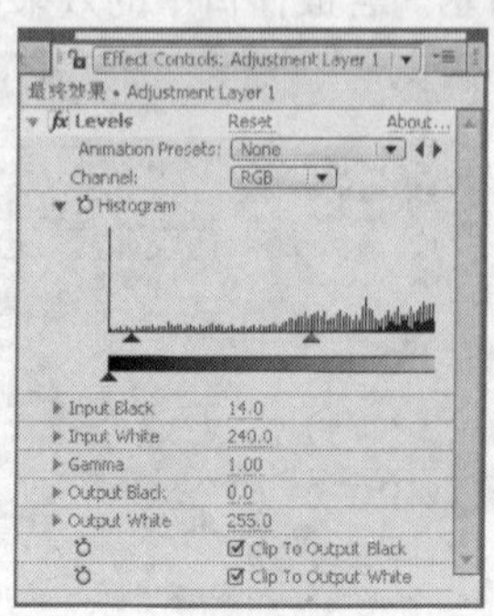

图 12-243

Step 04 选择“Layer>New> Solid”命令，弹出“Solid Settings”对话框，在“Name”选项的文本框中输入“遮罩”，将“Color”选项设为黑色，单击“OK”按钮，在“时间轴”面板中新增一个 Solid 层。选择“Rectangular Mask Tool”（矩形遮罩工具），在合成窗口中绘制一个 Mask 形状，如图 12-244 所示。展开“Mask1”属性，勾选“Inverted”选项，如图 12-245 所示。

Step 05 传统节目片头制作完成，如图 12-246 所示。

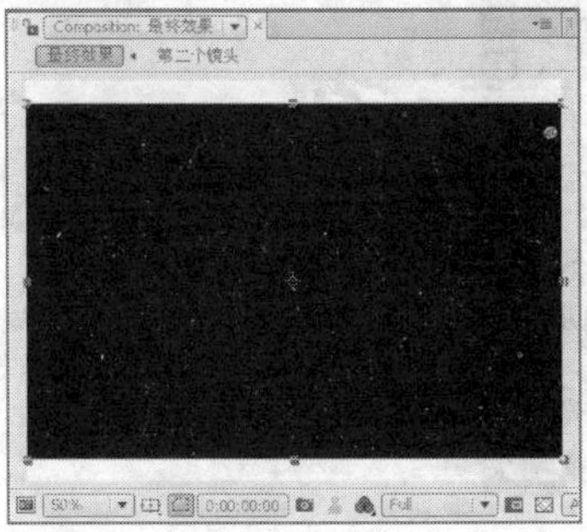

图 12-244

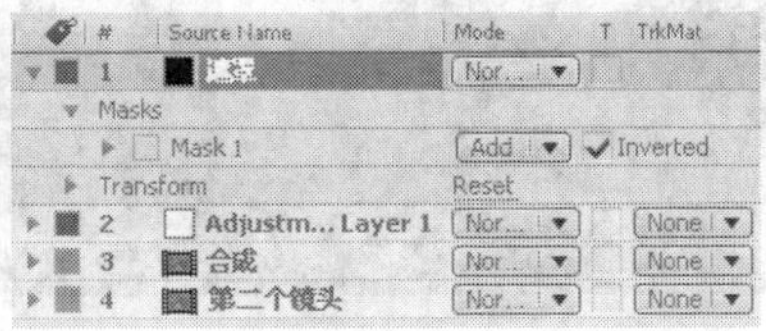

图 12-245

图 12-246

12.3 课堂练习——制作楼房节目宣传片

练习知识要点：使用“Scale”属性改变图片缩放动画，使用“Position”属性改变图片位置动画，使用“Opacity”属性改变图片不透明度动画，使用矩形遮罩工具绘制多个形状，使用文字类形工具输入时间，使用“Animation Preset Gallery”命令制作时间动画，使用“Levels”命令调整颜色亮度。宣传片效果如图 12-247 所示。

效果所在位置：光盘/Ch12/制作楼房节目宣传片/制作楼房节目宣传片.aep。

图 15-247

12.4 课堂练习——制作科技在线片头

练习知识要点：使用“Scale”属性改变图片缩放动画，使用“Position”属性改变图片位置动画，使用“Opacity”属性改变图片不透明度动画，使用“Rotation”属性制作图片旋转动画，使用矩形遮罩工具绘制多个形状，使用“Levels”命令、“Drop Shadow”命令、“Lens Flare”命令制作镜头特效。宣传片效果如图 12-248 所示。

效果所在位置：光盘/Ch12/制作科技在线片头/科技在线片头.aep。

图 12-248

12.5 课后习题——制作公益系列宣传片

习题知识要点：使用“Hue/Saturation”命令调整图片颜色，使用“Brightness & Contrast”命令调整图片亮度，使用“Scale”属性改变图像大小，使用矩形遮罩工具绘制形状，使用“3D layer”三维属性制作图片三维空间效果，使用“Light”命令新建灯光层编辑属性，使用“Opacity”属性改变图像的不透明度，使用“Opacity”属性改变图像的位置，使用“Time Stretch”命令倒放视频文件。宣传片效果如图 12-249 所示。

效果所在位置：光盘/Ch12/制作公益系列宣传片/制作公益系列宣传片.aep。

图 12-249